Alles, was Sie für ein erfolgreiches Berufsleben wissen müssen

Das große Hesse/Schrader Bewerbungs-handbuch

inklusive eBook

STARK

Die CD-ROM

Mit diesem Buch erhalten Sie auch eine CD-ROM. Wie Sie diese nutzen können, erfahren Sie auf der letzten Buchseite. Eine Inhaltsübersicht finden Sie auf der vorderen Innenseite des Buchumschlags.

Das eBook

Mit dieser Ausgabe erhalten Sie das gesamte Buch gratis als eBook. Eine Anleitung zum Herunterladen Ihres eBooks finden Sie auf der letzten Buchseite.

Die Autoren

Jürgen Hesse, Jahrgang 1951, geschäftsführender Diplom-Psychologe im Büro für Berufsstrategie, Berlin.
Hans Christian Schrader, Jahrgang 1952, Diplom-Psychologe in Baden-Württemberg.

Anschrift der Autoren
Hesse/Schrader
Büro für Berufsstrategie
Oranienburger Str. 4–5
10178 Berlin
Tel. 030 288857-0
Fax 030 288857-36
info@hesseschrader.com
www.hesseschrader.com

ISBN 978-3-8490-2043-9

Inhalt

Fast Reader

Für eilige Leser

Die perfekte Bewerbung: Alles wirklich Wichtige und Wissenswerte dazu finden Sie in diesem Buch. Wir geben Ihnen detaillierte Erläuterungen mit Beispielen und vielen Anregungen. Sie erfahren, ...

- wie Sie sich optimal auf Ihr Bewerbungsvorhaben vorbereiten,
- wie Sie Marketing in eigener Sache betreiben,
- worauf es bei den schriftlichen Unterlagen ankommt,
- welche alternativen Bewerbungsformen existieren,
- wie Sie sich professionell über E-Mail und Onlineformulare bewerben,
- wie Sie das Internet für Ihre Selbstpräsentation nutzen,
- wie Sie im Vorstellungsgespräch eine gute Figur machen,
- was beim Einstieg in den neuen Job zu beachten ist.

Im Einzelnen werden folgende Themen behandelt:

- **Selbstmarketing:** Wie Sie Ihre Kernkompetenzen und Alleinstellungsmerkmale erkennen (s. S. 39).
- **Bestandsaufnahme und Orientierung:** Tests zur beruflichen Orientierung und Neupositionierung, Reflexion Ihrer Wünsche und Zielvorstellungen (s. S. 55).
- Die richtige **Einstellung: mentale Vorbereitung** auf die Bewerbungssituation und **nützliche Kommunikationsstrategien** (s. S. 89).
- **Networking** – wertvolle Tipps (s. S. 101).
- Die besten **Recherchestrategien:** So finden Sie das passende Jobangebot (s. S. 141).
- **Zeitpunkte und Zeitfenster:** Arbeitsplatzwechsel, Quereinstieg, Teilzeit, Wiedereinstieg etc. (s. S. 187).
- **Bewerbungsunterlagen:** die perfekte Bewerbung verfassen und gestalten (s. S. 209).
- Bewerbung per **E-Mail** und **Online-Bewerbungsformular** und **Selbstpräsentation im Internet**, z. B. in Business-Communitys, Foren, im eigenen Blog (s. S. 369).
- **Das Vorstellungsgespräch:** optimal vorbereiten und im Gespräch überzeugen (s. S. 437).
- **Einstellungstests:** Wie besteht man hier? (s. S. 541).
- **Arbeitszeugnisse:** Formulierungen entschlüsseln (s. S. 615).
- **Der Einstieg in den neuen Job:** Was Sie in der wichtigen Anfangsphase beachten sollten (s. S. 651).

Vorwort

Unser Standardwerk: *Das große Hesse/Schrader Bewerbungshandbuch* in der vollständig überarbeiteten Neuauflage ist der perfekte Begleiter für die Herausforderungen der modernen Berufswelt. Erarbeiten Sie gemeinsam mit uns Schritt für Schritt Ihre optimale Bewerbungs- und Karrierestrategie. Sie werden erfahren, wie Sie Ihr persönliches Bewerberprofil entwickeln, wie Sie professionell Bewerbungsunterlagen erstellen und sich auf Vorstellungsgespräche und Einstellungstests vorbereiten. Gezielt ausgewählte Schwerpunkte geben Ihnen Strategien an die Hand, um mit den Veränderungen auf dem Arbeitsmarkt Schritt zu halten. Damit Sie auch unterwegs nicht auf unsere Beratung verzichten müssen, erhalten Sie das vollständige eBook zum Titel kostenlos dazu. Die beiliegende CD-ROM rundet unser Angebot mit Mustervorlagen, Checklisten, Videos und Audiobeispielen ab.

Bewerbungs- und Karriereentscheidungen werden durch viele Faktoren beeinflusst. Denken Sie an die klassische Bewerbungssituation des Interviews. Hier begegnen sich zwei einander unbekannte Menschen und die ersten Momente entscheiden über Sympathie oder Antipathie. Dieser erste Eindruck wird vor allem durch Erscheinung, Auftreten, Körpersprache und verbale Botschaften geprägt. Jetzt kann Vertrauen oder Misstrauen entstehen, wobei diese Vertrauensprüfung wechselseitig ist. Ihr Gegenüber und auch Sie selbst entscheiden, welches Zutrauen in die persönlichen Fähigkeiten und Möglichkeiten des jeweils anderen gesetzt werden.

Bedenken Sie, dass neben Kompetenz und Leistung die Persönlichkeit und damit das eigene Vertrauens- und Zutrauens-Potenzial zu den wichtigen Weichenstellern einer erfolgreichen Bewerbung gehört. Personaler sollen Ihnen die beruflichen Aufgaben und Herausforderungen zutrauen. Für eine vertrauenswürdige Selbstdarstellung in der Bewerbungssituation sind jedoch allein Sie verantwortlich. Recherchieren Sie, bereiten Sie sich vor, setzen Sie sich mit sich selbst und Ihren Unterstützern auseinander. Glauben Sie an Ihre Fähigkeiten und trauen Sie sich etwas zu.

Wir unterstützen Sie bei Ihrem Vorhaben mit über 30 Jahren Erfahrung auf dem Gebiet der Bewerber- und Karriereberatung. Vom Erfolg unserer Methode können inzwischen mehrere Millionen Leser und tausende von Klienten unserer Büros für Berufsstrategie berichten.

Vertrauen Sie uns! Wir wissen, worauf es ankommt.

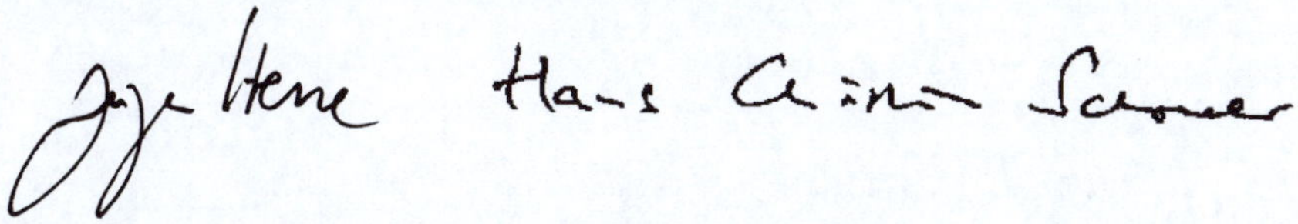

Was Sie noch wissen sollten

Das Autorenteam Hesse/Schrader ist seit über 30 Jahren auf dem Sektor der Bewerbungsratgeber sowie zu weiteren Themen aus der Arbeitswelt publizistisch tätig und hat im Laufe dieser Zeit mehr als 200 Bücher veröffentlicht. Am Anfang stand die erstmalige Veröffentlichung aller gängigen sogenannten Intelligenztests und deren kritische Reflexion in dem Buch *Testtraining für Ausbildungsplatzsucher* (1985).

Besonders interessant für die Bewerbung sind die Bücher in DIN-A4-Format, z.B. *Die perfekte Bewerbungsmappe*. Sie zeigen Musterbewerbungen im Originalformat.

Beide Autoren verfügen über eine langjährige Erfahrung als Seminarleiter bei Test- und Bewerbungstrainings. 1992 gründeten sie in Berlin die *Büro für Berufsstrategie GmbH*, die Arbeitnehmer in allen erdenklichen beruflichen Fragen berät und unterstützt.

Hinweise

Lesen Sie zunächst die Kapitel, die Sie ganz besonders interessieren.
Sie müssen sich nicht durch den ganzen Text »quälen«. Gleichwohl ist das Buch so aufgebaut, dass Sie sich eine sehr solide Ausgangsbasis erarbeiten, wenn Sie es Kapitel für Kapitel lesen und bearbeiten. Schauen Sie sich auch die Videos, Musterbeispiele, Checklisten und vielen zusätzlichen Informationen auf der CD-ROM an.

Wenn wir im Folgenden überwiegend die männliche Form (Mitarbeiter, Kollege, Vorgesetzter etc.) verwenden, stellt das keine Diskriminierung der Leserinnen dar, sondern geschieht allein deshalb, um den Sprachfluss nicht zu stören.

Verlag und Autoren bedanken sich bei den auf den Bewerbungsfotos abgebildete Personen und bei den Fotografen Katy Otto, Regine Peter und Antonius, bei denen das Copyright für die Fotos in diesem Buch liegt.

AUFTAKT & EINSTIMMUNG

» Wünsche sind die Vorboten unserer Fähigkeiten. «

Johann Wolfgang von Goethe

Jede Reise beginnt immer mit dem ersten Schritt,
aber am schwierigsten zu finden ist der Wegweiser.
Dieses Buch wird Ihnen Wegweiser und Schlüssel sein,
um Ihre beruflichen Fähigkeiten und Ziele zu identifizieren.
Es wird Ihnen helfen und Sie begleiten, denn jede Phase
einer Bewerbung birgt neue Chancen und Möglichkeiten.
Mithilfe unserer gezielten Vorbereitung stärken Sie jetzt
Ihre berufliche Durchsetzungsfähigkeit.

Hier ist der Schlüssel für Ihren zukünftigen Erfolg.

Stimmen und Stimmungen

»Ich bin überzeugt, dass die Chance, einen Arbeitsplatz zu finden, sehr viel mit der eigenen Ausstrahlung zu tun hat. Als ich vor Jahren arbeitslos war, sank mein Selbstbewusstsein immer tiefer in den Keller. Und es lief mit den Bewerbungen auch immer schlechter. Das Gegenüber im Vorstellungsgespräch merkt das auch, ob man wirklich von einer Stelle begeistert ist oder ob man nur so tut, weil man dringend einen Job braucht, um endlich nicht mehr arbeitslos zu sein. Ich habe zum Glück über eine Bekannte einen schönen Arbeitsplatz gefunden. Vor einem halben Jahr habe ich mich noch einmal spaßeshalber woanders beworben, um zu sehen, wie meine Chancen sind. Von drei Bewerbungen habe ich zwei Einladungen zum Vorstellungsgespräch bekommen. Bei einer Firma hätte ich sofort anfangen können.«

Angestellte, 37

»Als ich mich vor einem Jahr um eine Ausbildung als Bankkaufmann beworben hatte, war mir klar, dass es wichtig ist, sehr viel Eigeninitiative zu bringen. Ich habe mir die Mühe gemacht, persönlich bei mehreren Banken vorbeizugehen, um mich zu erkundigen, ob sie Azubis einstellen und bis wann man sich beworben haben muss. Die meisten Erfahrungen waren positiv. Die Bank, bei der ich dann angefangen habe, hat mir hinterher ausdrücklich bestätigt, dass mein persönlicher Besuch sehr gut ankam. So habe man gleich den Eindruck gehabt, dass ich sehr motiviert sei. Klar, es gab auch Banken, die haben gesagt, dass niemand Zeit hätte und dass ich meine Unterlagen schicken soll. Aber mir war das einen Versuch wert. Natürlich muss man noch den Einstellungstest packen. Aber ich hatte von Anfang an bei dem Ausbildungsleiter einen Stein im Brett. Und das hat mir geholfen.«

Bank-Azubi, 20

»Ich bin Abteilungsleiter in einem Industrieunternehmen und hatte mich um eine höhere Position beworben, also zum Hauptabteilungsleiter. Ich hatte gute Karten. Meine schriftlichen Unterlagen sind sehr gut angekommen. Dann folgte die Einladung zum Vorstellungsgespräch. Ich habe mir davor wenig Gedanken darüber gemacht, welche Fragen man mir stellt, sondern ganz auf meine Spontaneität vertraut. Im Nachhinein betrachtet war das ein Fehler. Denn manche Fragen machten mich wirklich sprachlos, sodass meine Antworten nicht gerade überzeugend ausfielen. Das muss ich leider zugeben. Zum Beispiel wurde ich nach meinem größten Fehler und meinem Lebensmotto gefragt oder was mir bei meinem jetzigen Chef nicht so gut gefällt. Ich habe zum Teil nur geantwortet, dass mir da jetzt auf die Schnelle gar nichts einfällt – das war natürlich nicht die adäquate Antwort aus dem Munde einer Führungskraft.«

Abteilungsleiter, 35

»Ich weiß noch, wie ich mich über meinen Masterabschluss gefreut habe und vor allem darüber, dass es nun endlich vorbei ist mit den Hausarbeiten, Prüfungen, Klausuren, Tests. Aber da habe ich mich zu früh gefreut. Denn nachdem ich mich als Trainee bei der Personalberatungsfirma beworben hatte, bekam ich eine Einladung zu einem Assessment Center. Die nannten das zwar Beurteilungsseminar, aber es war dasselbe in Grün. Wir waren 14 Bewerberinnen und Bewerber und wurden zwei Tage lang getestet ... Ich habe es tatsächlich gepackt. Aber ich bin nicht mehr so naiv zu glauben, dass es das jetzt war mit den Prüfungen. Schließlich müssen in diesem Unternehmen alle, die in höhere Positionen wollen, durch weitere entsprechende Assessment Center. Ohne die hat man keine Chance auf die große Karriere. Und die möchte ich machen.«

Hochschulabsolventin, 28

In der Tat, Prüfungssituationen werden uns wohl das ganze Leben begleiten. So schön und befriedigend es ist, eine Prüfung bewältigt zu haben, Sie können sicher sein: Die nächste wartet schon auf Sie. Wenn Sie vorhaben, sich zu bewerben, dann stecken Sie ja schon mittendrin in einer solchen Prüfungssituation. Und darauf können Sie sich vorbereiten wie auf andere Prüfungen auch.

Überblick

Was bedeutet erfolgreiche berufliche Selbstdarstellung und wie funktioniert diese im Kontext mit beruflichen Zielen wie einer Arbeitsplatzeroberung im digitalen Zeitalter? Uns geht es in diesem Buch vor allem darum, wie Sie positiv auffallen, sich ein gutes berufliches Image zulegen, kompetent und vertrauenswürdig rüberkommen und sich optimal auch mithilfe des Internets bewerben. Das erklären und zeigen wir Ihnen an ganz konkreten Vorgehensweisen mit vielen praktischen Beispielen.

Hinweise zum Aufbau dieses Handbuches, das vier thematische Blöcke enthält und in zwölf Hauptkapitel untergliedert ist:

Orientieren

- »Selbstdarstellung & Selbstinszenierung«, hier geht es um Ihre Kernkompetenzen und Alleinstellungsmerkmale
- »Bestandsaufnahme & Orientierung«, damit Sie sich klare Ziele setzen können
- »Aufstellung & Einstellung« für Ihre mentale Vorbereitung
- »Theorie & Praxis«, das Kapitel zum Networking
- »Strategien & Vorgehen«, um das passende Angebot zu finden
- »Zeitpunkte & Zeitfenster« mit den Themen Arbeitsplatzwechsel, Teilzeit, Wiedereinstieg und mehr

Dokumentieren

- »Bewerbungsformen & Bewerbungsinhalte«, damit Ihre Bewerbung perfekt wird
- »Online & Offline«, weil verschiedene Wege Sie zum Erfolg führen

Präsentieren

- »Antworten & Überzeugen«, Thema Vorstellungsgespräch

Reüssieren

- »Einstellungstest & Assessment Center«
- »Arbeitszeugnisse & Beurteilungen«
- »Arbeitseinstieg & Orientierung«

Für den schnellen Überblick ist diesen Kapiteln eine kurze, wegweisende Einleitung vorangestellt. In den Zusammenfassungen am Ende jedes Kapitels finden Sie die wichtigsten Informationen kurz und knapp auf den Punkt gebracht.

Sie finden auch auf der beigefügten CD-ROM weitere ausführliche Infos, die Ihnen helfen.

Arbeitssuche: Sprüche und Fakten

Rund drei Millionen Arbeitslose gibt es offiziell in der Bundesrepublik, verdeckt, schätzt man, sind es vielleicht eher doppelt so viele. Jeder dritte Arbeitsplatz, so Experten, ist gefährdet. Eine Garantie auf einen lebenslangen Arbeitsplatz ist Schnee von gestern. Heutzutage kann es jeden treffen: den ungelernten Lkw-Fahrer wie den Spitzenmanager, junge wie ältere Arbeitnehmer, ob lange Jahre in einer Firma beschäftigt oder noch ganz neu im Unternehmen. Kurz: Es gibt keine Sicherheit. Verständlich, dass viele Menschen Angst haben, den Job zu verlieren. Angst vor der Arbeitslosigkeit ist so auch eine der am häufigsten benannten – wie sich in Umfragen immer wieder bestätigt. Vor allem davor, keinen neuen Job zu finden, abzurutschen und womöglich auf Arbeitslosengeld II (»Hartz IV«) angewiesen zu sein.

Es wird immer neue Arbeitsplätze geben

Diese Ängste haben ihre Berechtigung. Andererseits muss man sich klar vor Augen führen: Der Arbeitsmarkt ist stets in Bewegung. Unternehmen kommen und gehen, demzufolge entfallen Arbeitsplätze, aber es entstehen eben immer wieder auch neue. Zeiten, in denen man sein Leben lang ein und denselben Arbeitsplatz eingenommen hat, sind längst vorbei. Immer mehr setzen sich befristete Arbeitsverträge durch. Etwa sechs Millionen aller abhängig Beschäftigten haben einen befristeten Arbeitsplatz (bei Neuverträgen fast jeder Zweite). Für viele bedeutet das, sich immer wieder einen neuen

Arbeitsplatz suchen zu müssen. Und es gibt sie, die Arbeitsplätze. Jedes Jahr scheiden etwa 3 Prozent aller Arbeitnehmer aus dem Arbeitsleben aus. Mitarbeiter werden befördert, anderen wird gekündigt, wieder andere kündigen selbst, machen sich selbstständig oder legen eine Pause ein (Elternzeit, Sabbatical etc.). Das bedeutet für Sie, dass doch immer wieder Stellen frei werden. Diese gilt es nur zu finden. Wenn Sie Ihre Suchstrategien verbessern, erhöhen Sie Ihre Chancen um ein Vielfaches. Damit wollen wir nicht andeuten, es wäre ganz einfach. **Wir warnen ausdrücklich vor solchen Sprüchen**, die ja immer wieder ins Feld geführt werden und Ihnen bestimmt nicht unbekannt sind.

»Wer arbeiten will, der kriegt auch Arbeit.«

- Wahr ist, dass Ihre innere Einstellung viel mit Ihrem Erfolg bei der Arbeitssuche zu tun hat. Denn Motivation und Engagement schlagen sich auch in der Art und Weise nieder, wie Sie die Suche angehen, und natürlich auch, wie Sie sich einem potenziellen Arbeitgeber präsentieren.
- Unwahr ist, dass es nur auf »das Wollen« ankommt. Vorbereitung und auch das berühmte Quäntchen Glück muss mithelfen, dass es mit dem Job etwas wird.

»Leistung zahlt sich aus«, oder: »Karriere kommt von Können.«

- Wahr ist, dass Leistung und Können gute Karrierebeschleuniger sind. Natürlich wünscht sich jeder Arbeitgeber Mitarbeiter, die fähig sind und etwas leisten. Nicht umsonst wird mithilfe von Einstellungstests versucht zu prüfen, wie leistungsfähig und kompetent Bewerber sind.
- Unwahr ist, dass allein Leistung und Können zählen. Wir wissen, dass etwa in Vorstellungsgesprächen die Persönlichkeit und damit der Faktor Sympathie ganz entscheidend sind. Ein Bewerber kann noch so kompetent und leistungsbereit sein, wenn dem Personalchef dessen Nase nicht gefällt, wird er kaum die Chance erhalten, seine Fähigkeiten in dem neuen Unternehmen unter Beweis zu stellen.

»Spätestens mit 45 ist alles gelaufen.«

- Wahr ist, dass es für ältere Bewerber immer noch sehr schwer ist, auf dem Arbeitsmarkt wieder Fuß zu fassen – besonders dann, wenn sie bereits arbeitslos sind. In einer Gesellschaft, die die Jugend zum Maß aller Dinge erhebt, wird man als nicht mehr ganz so junger Mensch viel zu schnell abgeschrieben.
- Unwahr ist, dass man gar keine Chancen hat. Gerade als älterer Bewerber gilt es jedoch, alternative Wege bei der Jobsuche zu gehen. Viel Eigeninitiative, die

Bereitschaft zu Flexibilität und Mobilität sind wesentliche Voraussetzungen für den Bewerbungserfolg. Und natürlich vor allem: Selbstvertrauen.

»In bestimmten Branchen, z. B. in der Medien- oder der Werbewelt, wird man nur eine Chance bekommen, wenn man sich eine geniale Bewerbungsidee einfallen lässt.«

- Wahr ist, dass Sie keine 0815-Bewerbung schreiben sollten. Das gilt übrigens nicht nur für die Werbebranche. Schließlich wollen Sie auf sich aufmerksam machen und sich positiv von Ihren Mitbewerbern abheben.
- Unwahr ist, dass die Bewerbung immer ein echter Kreativitätsknaller sein muss – etwa die ins Nutella-Glas gestopfte Bewerbung für die Firma Ferrero oder ein Paar knallrote Schwimmflügel mit dem Hinweis: »Mit mir gehen Sie nicht baden.« Bewerbungen dieser Art sind wirklich Geschmackssache und bestimmt kein Garant für den Erfolg einer Bewerbung.

Sie sehen – ein Funken Wahrheit steckt in jedem »Bewerbungsmärchen«. Aber sehr oft ist es eben wirklich nur ein Fünkchen. Die Wahrscheinlichkeit, an den Arbeitsplatz Ihrer Wahl zu kommen, erhöht sich in dem Maße, wie Sie Ihre Bewerbungsstrategie verbessern. Wenn Sie verstehen, wie der Arbeitsmarkt funktioniert, werden Sie zu der absolut sicheren Gewissheit gelangen: Ich finde einen passenden, angemessenen Arbeitsplatz. Wie schnell Ihnen das gelingt, hängt wesentlich davon ab, welche Suchmethoden Sie einsetzen. Wer weiß, wo er suchen muss, wer die notwendigen Qualifikationen mitbringt und wer in der Bewerbungsphase überzeugt, hat gute Aussichten auf einen dieser Jobs. Sie sollten allerdings realistisch sein. Unter Umständen müssen Sie sich zumindest vorübergehend für eine Beschäftigung entscheiden, die nicht ganz Ihren Wunschvorstellungen entspricht. Für den Einstieg reicht es heute in vielen Bereichen nicht mehr aus, hoch qualifiziert und absolut motiviert zu sein. So gibt es zum Beispiel wesentlich mehr Juristen mit ausgezeichnetem Examen als freie Arbeitsplätze auf dem Markt. Es wäre töricht, in dieser Situation zu behaupten: »Du musst es nur wollen, dann wirst du dein Berufsziel auch erreichen.«

Markt und Spielregeln verstehen

Sie sollten sich also auch darüber im Klaren sein, dass neue Arbeitsplätze Verschlechterungen mit sich bringen können. Stellen Sie sich darauf ein, dass Sie Ihren Traumjob eventuell nur über Umwege erreichen. Trotzdem gilt der Grundsatz: Es gibt immer freie Arbeitsplätze. Nur sind die oft nicht auf normalem Wege zu finden. Seien Sie kreativ: Genau bei diesem Prozess wollen wir Ihnen mit diesem Buch helfen.

Bedenken – Bewerten – Bewerben

Es mag ganz einfach klingen, und Sie können vielleicht sogar mit Recht behaupten, Sie wüssten das alles schon. Und doch ergibt sich offensichtlich bei der Umsetzung dieser einzelnen Schritte für viele Arbeitsuchende eine Reihe von Problemen. Zunächst müssen Sie sich selbst besser kennenlernen und überlegen, wo Sie Ihre Fähigkeiten und Kenntnisse einsetzen wollen. Sprechen Sie anschließend mit Leuten, die in den von Ihnen bevorzugten Tätigkeitsfeldern arbeiten, und bringen Sie in Erfahrung, ob diese mit ihrer Arbeit zufrieden sind und wie sie die Arbeitsstelle gefunden haben. Wählen Sie dann alle Arbeitgeber aus, für die Sie gerne arbeiten möchten, und nicht nur die, von denen Sie wissen, dass es dort freie Stellen gibt.

Wissen, wie der Arbeitsmarkt funktioniert

Natürlich müssen Sie sich gründlich über diese Unternehmen informieren, bevor Sie Kontakt aufnehmen. Erkundigen Sie sich, wer in diesen Firmen über Neueinstellungen entscheidet. Nutzen Sie wenn irgend möglich Ihre persönlichen Kontakte, um die Personalverantwortlichen zu treffen. Zeigen Sie den Entscheidungsträgern, wie Sie zum Unternehmenserfolg beitragen können.

Sie dürfen sich bei Ihrer Bewerbung nicht allein darauf beschränken, Ihre Unterlagen zu verschicken. Wer Bewerbungsschreiben als einzige Methode einsetzt und dann keine schnellen Erfolge sieht, läuft Gefahr, mutlos zu werden. Wer verschiedene Methoden variiert – Stellenanzeigen auswerten, ein eigenes Stellengesuch aufgeben, gezielte Kontakte bei Fachmessen und anderen Gelegenheiten knüpfen usw. –, verbessert aktiv seine Chancen. Das Internet – als Recherchetool und vielfältiger Bewerbungsweg – steht sicherlich heute an erster Stelle. Wichtig ist vor allem, dass Sie nicht die Geduld verlieren und optimistisch bleiben. Zugegeben: leicht gesagt und schwer durchzuhalten – aber haben Sie nicht schon ganz andere Krisen in Ihrem Leben erfolgreich überwunden? Na sehen Sie, es geht!

Wenn Sie eine neue Stelle suchen, bedeutet das harte Arbeit für Sie. Eine Möglichkeit, die Suche zu beschleunigen, ist, mit Leuten zu sprechen, die erfolgreich bei der Arbeitssuche waren und eine Stelle fanden, mit der sie zufrieden sind. Vereinfacht ausgedrückt: Imitieren Sie diese Menschen. Übertragen Sie deren Erfolgsmethode auf Ihre eigene Situation. In der Fachsprache der Unternehmen nennt man das Benchmarking. Letztendlich gilt dies für alle Bereiche, in denen Sie Erfolg haben wollen.

Vorbilder helfen

Vielleicht haben Sie auch falsche Vorstellungen davon, was Sie in Ihrem Wunschberuf erwartet. Manche haben die Erwartung, den ganzen Tag Menschen helfen zu können, und entdecken zu spät, dass sie die meiste Zeit Akten bearbeiten müssen. Andere freuen sich darauf, großartige Grafiken am Computer zu erstellen, sitzen dann aber häufiger in Besprechungen als am Bildschirm. Auch in diesem Fall hilft es, mit Arbeitnehmern aus verschiedenen Branchen Kontakt aufzunehmen, um sich ein realistisches Bild zu machen.

Gehen Sie davon aus, dass Sie zukünftig mehrere Male in Ihrem Leben einen neuen Arbeitsplatz suchen werden. Wenn Sie jetzt aus eigener Kraft einen Job finden, wissen Sie beim nächsten Mal besser, worauf es wirklich ankommt.

Am allerwichtigsten ist die richtige Einstellung zur Einstellung: zum Suchprozess, zur Arbeit selbst und zum möglichen Arbeitgeber.

Sehr wahrscheinlich arbeiten Sie zunächst einmal für die Sicherung Ihres Lebensunterhalts. Darüber hinaus erwarten Sie von Ihrer Arbeit für sich Zufriedenheit und Bestätigung. Da sich aber heute die Anforderungen in jedem Beruf sehr schnell verändern, sollten Sie Ihre berufliche Tätigkeit immer auch als Lernerfahrung betrachten. Sie werden ständig dazulernen. Seien Sie darauf nicht nur (passiv) vorbereitet, sondern (aktiv) wissbegierig. Beweisen Sie jedem potenziellen Arbeitgeber, wie sehr Sie an neuen Aufgaben interessiert sind und wie schnell Sie lernen.

Befriedigende Arbeit

In früheren Zeiten gab es mehr Arbeitsplätze und -aufgaben, mit denen eine direkte Anerkennung und Bestätigung verbunden war. Im Zeitalter der Globalisierung und der voranschreitenden Entfremdung können Sie nur noch von wenigen Arbeitgebern direktes Lob und Wertschätzung erwarten. Gerade in größeren Unternehmen werden Sie vermutlich auf diese Art von »Belohnung« verzichten müssen. Daher ist es wichtig, sich eine Arbeit zu suchen, die Ihre Selbstachtung und Ihr Selbstwertgefühl durch inhaltliche Erfolge stärkt. Lassen Sie sich lieber nicht auf Arbeiten ein, bei denen die einzige Anerkennung im Lob des Abteilungsleiters liegt. Bevor Sie Ihre Arbeitssuche beginnen, sollten Sie daher gut überlegen, welche Arten von Arbeit Ihnen durch das bloße Tun Spaß machen und Befriedigung geben würden.

Sie können sich sehr vorsichtig oder mit vollem Enthusiasmus auf den Arbeitsmarkt begeben. Wenn Sie widerwillig an die Suche herangehen, gleich eine Lebensstellung erwarten und auf jeden Fall Überraschungen vermeiden wollen, dann wird sich Ihre Arbeitssuche als schwierig erweisen.

Warten Sie nicht auf den »richtigen Zeitpunkt« für Ihren Karrierewechsel, den gibt es sowieso nicht. Die Lage wird immer schwierig sein; immer werden Sie Hindernisse überwinden müssen; immer erwartet Sie eine unkalkulierbare Herausforderung.

Falls Sie kein Single sind, sollten Sie in jedem Fall gemeinsam mit Ihrer Familie oder Ihrem Partner überlegen, welche Auswirkungen ein Arbeitsplatz- oder gar Berufswechsel haben kann. Wie denkt Ihre Familie über Ihre Pläne? Werden Ihre gemeinsamen Ersparnisse aufgebraucht? Wird sich der Lebensstandard ändern? Sind alle Betroffenen zu diesem Opfer bereit?

Der Zeitpunkt der Kündigung

Wenn Sie nicht arbeitslos sind, müssen Sie entscheiden, ob Sie kündigen wollen, bevor Sie Ihre neue Karriere beginnen. Die meisten Bewerbungsratgeber beginnen mit einer Warnung an den Leser: Kündigen Sie Ihren Arbeitsplatz nicht, bevor Sie einen neuen Arbeitsvertrag unterschrieben in der Hand halten. Mag der momentane Frust bei Ihrem jetzigen Job auch noch so groß sein – handeln Sie nicht unüberlegt, lautet die Mahnung der Berater.

Wer erst nach seiner Kündigung auf Arbeitsplatzsuche geht, gerät unter Druck und ist vielen Arbeitgebern suspekt. Noch schlimmer: Wer arbeitslos ist und sich aus dieser Situation heraus bewirbt, erfährt häufig ein gewisses Misstrauen oder sogar eine Art Ablehnung.

Wir ersparen uns und Ihnen hier diese mahnenden Worte. Sie werden wissen, was Sie tun, und es auch verantworten können. Trotzdem folgende Anmerkungen: Wenn sich ein Paar nach vielen gemeinsamen Jahren trennt, liegt häufig der Verdacht nahe, einer der Partner – insbesondere der, der die Trennung betreibt – habe einen neuen Partner für sich gefunden, den er/sie klar bevorzugt. In der Regel bestätigt sich das dann auch umgehend. In den Augen der Mitwelt findet dieses Vorgehen selten besondere Zustimmung oder gar Sympathie. Man identifiziert sich eher mit dem/der Zurückgelassenen.

Anders sieht es aus, wenn sich ein Paar trennt und keine neue Außenbeziehung dafür verantwortlich ist, sondern lediglich die Entscheidung des einen Partners oder beider gemeinsam, nicht mehr miteinander leben zu können und zu wollen. Trennungsmotiv ist dann die Erkenntnis, dass es zusammen nicht mehr geht. Die Akzeptanz dieser Art von Trennung ist weitaus höher, ja nötigt sogar Respekt ab. Als Außenstehender bewundert man eher den Mut der Beteiligten.

Bei der Trennung des Arbeitnehmers von seinem Arbeitgeber herrscht eine andere Moral: Wer hier seine »Außenbeziehung« legalisiert, ohne den beruflichen Status quo aufgekündigt zu haben, gilt als clever – ist kein »Bigamist«. Wer dagegen erst kündigt und dann auf Suche geht, gilt als dumm, wenn nicht sogar als verrückt, mindestens aber als unüberlegt Handelnder.

Argumentationshilfe

Die folgenden Sätze sind an die Adresse der Personalchefs gerichtet: Die Diskriminierung eines Bewerbers, der erst gekündigt und dann vielleicht ein oder zwei Monate pausiert hat, bevor er sich bewirbt, erscheint uns nicht gerechtfertigt. Eigentlich verdient dieser Bewerber eher Bewunderung für die korrekte Trennungsabwicklung von seinem vorherigen Arbeitgeber. Dieses Vorgehen spricht für Mut und Selbstbewusstsein, denn eine freiwillige (schöpferische) Pause kann der Arbeitsleistung gut bekommen – vorausgesetzt natürlich, man kann sich die Arbeitsunterbrechung (finanziell) leisten. Hier ist es an der Zeit, auf Arbeitgeberseite über eine Korrektur stereotyper Sichtweisen und Beurteilungen nachzudenken.

Diese Sätze sind auch als Argumentationshilfe gegenüber einem Personalchef geeignet, wenn Sie sich in ebendieser Situation befinden sollten, also vor einem neuen Bewerbungsvorhaben gekündigt haben.

Milestones und Essentials

Die aktuellen Arbeitsmarktdaten sind nicht besonders ermutigend, aber sie waren auch schon deutlich schlechter. Das Jammern über die Arbeitsmarktlage bringt nichts – höchstens das Gefühl, den Frust etwas ablassen zu können. Dagegen ist auch nichts zu sagen, wenn man es dabei nicht belässt, sondern überlegt, was zu tun ist. Wir sagen: Der Erfolg Ihres Bewerbungsvorhabens hängt sehr stark von Ihrer inneren Einstellung ab. Ihre Aufgabe: andere von sich und Ihrer Leistung zu überzeugen. Wie können Sie das, wenn Sie selbst nicht richtig überzeugt sind?

Steiniger Weg

Vor Ihnen liegt ein steiniger Weg. Stellen Sie sich darauf ein, und entwickeln Sie die Vorstellung, dass das Ganze eine Art Reise ist. Und dazu bedarf es selbstverständlich einiger Planung und Vorbereitung, um das Projekt erfolgreich durchzuführen. Je besser Sie vorbereitet sind, desto weniger bringen Sie auftretende Schwierigkeiten vom Weg ab.

Sie werden zunächst vor allem folgende Dinge brauchen:

- Mut
- Engagement
- das berühmte Quäntchen Glück

Entscheidend für Ihren persönlichen Erfolg sind die folgenden Weichensteller, die Essentials eines jeden Bewerbungsvorhabens:

- Kompetenz (berufliche und persönliche, das Wissen um die Dinge, auf die es wirklich in der Arbeitswelt ankommt)
- Leistungsmotivation (der Wunsch, etwas leisten zu wollen, Zielstrebigkeit)
- Persönlichkeit (das bedeutet zunächst einmal Charakterstärke, Mut, Ausdauer und Aufgeschlossenheit)

Hinzu kommen sieben weitere sehr wichtige Faktoren.

(1) Entwickeln Sie Ausdauer, Geduld und Gelassenheit

Ausdauer gehört sicherlich zu den wichtigsten Faktoren für ein erfolgreiches Bewerbungsvorhaben. Wer zu schnell resigniert, wird sein Ziel niemals erreichen. Wer hingegen – trotz offensichtlicher Aussichtslosigkeit – zu lange an einer Sache festhält, blockiert sich unnötig selbst. Erkennen Sie, wann Beharrlichkeit notwendig ist und wann Flexibilität. Das muss sich übrigens nicht nur auf das Berufsleben beschränken, auch in anderen Situationen, wie im wiederholten Werben um einen Menschen, in den man verliebt ist, kann ein realistisches Maß an Beharrlichkeit zum erhofften Ergebnis führen. Auch wenn Sie gelegentlich einen Durchhänger haben, geben Sie nicht auf. Wie in der Liebe, so auch im Berufsleben: Auf jeden Topf passt ein Deckel!

Beharrlichkeit und Durchhaltevermögen

(2) Bleiben Sie gelassen

Haben Sie keine Angst vor Rückschlägen. Alle Menschen machen Fehler, und niemand begeht sie absichtlich. Was Menschen jedoch unterscheidet, sind die Konsequenzen daraus. Viele Menschen entwickeln Versagensängste, die meist schon in der Kindheit entstehen und einem erfolgsorientierten Handeln im Wege stehen. Einen Fehler zu begehen ist jedoch nicht dasselbe wie Versagen. Lernen Sie aus Fehlern und machen Sie sie möglichst nicht noch einmal.

(3) Erkennen Sie Ihre wirklichen Fähigkeiten

Sie müssen den Arbeitgeber von Ihrer Leistungsfähigkeit überzeugen. Mehr als alles andere interessiert ihn, welchen Gewinn es ihm bringen wird, wenn er Sie einstellt. Seien Sie also auf die Frage »Was können Sie für mich, für das Unternehmen tun?« vorbereitet. Ziehen Sie eine Bilanz Ihrer Fähigkeiten und Stärken und fragen Sie sich, welche Eigenschaften Sie wirklich für die angestrebte Stelle qualifizieren.

Wenn Sie mehrere Jahre erfolgreich in einem Unternehmen gearbeitet haben, sollte es einfach für Sie sein, Ihr Können in Worte – oder besser noch in Zahlen – zu fassen. Beeindruckender als Vokabeln wie »leistungsfähig«, »motiviert« und »belastbar«, die zwar großartig klingen, aber wenig aussagen, sind konkrete Ergebnisse. Ist es Ihnen beispielsweise gelungen, den Umsatz Ihrer Abteilung im Laufe von drei Jahren um 30 Prozent zu steigern, wird das den Arbeitgeber, für den Sie in Zukunft arbeiten wollen, sehr interessieren. Falls Sie keine Berufserfahrung mitbringen, weil Sie gerade erst Ihr Studium oder eine Ausbildung beendet haben, fällt es Ihnen womöglich schwerer, Erfolge anzuführen, die den Arbeitgeber neugierig auf Sie machen. Natürlich ist Ihr guter Abschluss eine großartige Leistung, die Sie nur durch Zielstrebigkeit und Leistungswillen erreicht haben. Der Personalchef will jedoch nicht nur wissen, was Sie gelernt haben, sondern vor allem, was Sie können und tun werden.

Ihre Schlüsselqualifikationen

Sie sollten jetzt Antworten auf genau diese Frage finden, damit Sie im Gespräch mit dem Arbeitgeber nicht ins Stottern geraten. Wenn Sie Ihre Schlüsselqualifikationen, Ihre spezifischen Fähigkeiten nicht spontan benennen können – so geht es übrigens den meisten Leuten –, müssen Sie sich jetzt die Antworten erarbeiten. In diesem Buch finden Sie Übungen, die Ihnen dabei helfen.

(4) Entwickeln Sie Ihr Selbstvertrauen

Im Laufe des Bewerbungsprozesses sollten Sie in der Lage sein, dem Arbeitgeber selbstbewusst gegenüberzutreten, wobei diese Sicherheit durch das Bewusstsein der eigenen Fähigkeiten und Motivation viel eher und besser zustande kommt. Weder übersteigertes Selbstwertgefühl noch übertriebene Bescheidenheit sind auf dem Arbeitsmarkt gefragt.

Sie werden im Verlauf des Buches immer wieder darauf stoßen, dass nur derjenige erfolgreich ist, der weiß, was er will und was er kann. Wenn Sie mit Entscheidungsträgern sprechen, sollten Sie ihnen etwas zu bieten haben, denn kein Arbeitgeber hat Lust, seine Zeit zu verplempern. Sie müssen ihm das Gefühl geben, dass er von einem Gespräch mit Ihnen profitiert. Stellen Sie dabei nicht Ihre Person, sondern Ihre Leistungen in den Vordergrund.

(5) Bilden Sie Ihr Bewusstsein

Entwickeln Sie Ehrgeiz, den Erfolg potenzieller Arbeitgeber zu steigern. Verabschieden Sie sich vom reinen Anspruchsdenken (»Ich will mindestens 2.500 Euro netto, ein 13. Monatsgehalt, pünktlich um 17 Uhr gehen, ein modernes Büro ...«). Fragen Sie nicht, was das Unternehmen für Sie tun kann, sondern was Sie für das Unternehmen tun können.

Denken Sie nicht (länger): »Arbeit ist das, was ich von neun bis um fünf mache, damit ich genug verdiene. Das Leben findet nach fünf und an den Wochenenden statt.« Die Vorstellung von Arbeit als Zwang und Freizeit als Vergnügen ist immer noch weitverbreitet und geht Hand in Hand mit dem naiven Wunsch, für wenig Arbeit möglichst viel Geld zu bekommen. Dass man mit dieser Einstellung im Berufsalltag weder glücklich noch erfolgreich sein wird, liegt auf der Hand. Wenn Sie sich jetzt also beruflich neu orientieren, sollten Sie dabei unbedingt Ihre Interessen berücksichtigen, denn sonst wird es Ihnen am nötigen Engagement, dem echten Enthusiasmus fehlen.

Mental vorbereitet

Und noch etwas ist sehr wichtig: Für Ihre eigene Person benötigen Sie jetzt eine Art Bewusstseinstraining und mentale Vorbereitung auf das von Ihnen angestrebte berufliche Ziel. Sie sollten Ihr Wissen um besondere Spezialkenntnisse erweitern, die Ihnen bei der Realisierung Ihres Vorhabens entscheidend helfen werden. Dazu ist eine intensive Auseinandersetzung mit Ihren Vorstellungen, inneren Werteinstellungen und realistischen wie unrealistischen Wünschen unbedingt notwendig. Allzu häufig werden gerade an diesem wichtigen Vorbereitungspunkt Fehler gemacht, die ein Bewerbungsvorhaben ungemein behindern, manchmal sogar verhindern.

(6) Suchen Sie sich Unterstützer

Sie werden das Projekt Bewerbung kaum ohne Hilfe und Unterstützung durch andere meistern. Sie brauchen moralische Unterstützung. Vielleicht kennen Sie Ihre Stärken bereits und wissen, dass Sie leistungsfähig und qualifiziert sind. Es ist hilfreich, dies auch von anderen zu hören. Sie brauchen Freunde, die sagen: »Du kannst das!«, die Ihnen aber auch Unbequemes, Kritisches sagen (dürfen).

Ermutigung

Intensivieren Sie Kontakte zu denjenigen in Ihrem Bekanntenkreis, die genau wie Sie gerade Erfolg versprechend am eigenen beruflichen Ein- oder Aufstieg arbeiten, denn nur hier können Sie mit konstruktiver Hilfe rechnen. Wenn die meisten Ihrer Schul- oder Studienfreunde schon seit Jahren in ihren Wunschberufen arbeiten und Karriere machen, ist das wunderbar – vor allem für Ihre Freunde. Natürlich können diese Freunde Ihnen als Vorbilder dienen und Ihnen zeigen, was möglich ist und wie es geht. Weil es den Erfolgsverwöhnten meist an Verständnis für Ihre derzeitige Situation fehlt, wird jedoch die entscheidende Motivation für Ihre Bewerbungsaktivitäten sehr wahrscheinlich nicht aus diesem Kreis kommen. Eher hören Sie da schon einmal ein mitleidiges »Mensch, dass du immer noch nicht das Richtige gefunden hast. Nun bewirb dich aber auch endlich mal«. Gut gemeint, aber letztlich entmutigen solche Sprüche nur, weil im Unterton mitschwingt, dass man Sie für einen Versager hält. Hier ist wirklich Selbstschutz in Form von kritischer Distanz angezeigt.

(7) Entscheidend ist die innere Einstellung

Menschen sind aus verschiedenen Gründen unzufrieden mit ihrer beruflichen Situation. Sie hatten vielleicht nicht die Möglichkeit, den Beruf zu wählen, bei dem ihre Fähigkeiten und Interessen mit ihrem Karriereziel übereinstimmten; sie haben keine Aufstiegschancen, sind gelangweilt und unproduktiv; sie verdienen zu wenig; sie wollen einen anderen Karriereweg einschlagen; die Vorstellungen und Ziele des Arbeitgebers sind nicht mit den eigenen zu vereinbaren; sie klammern sich nur an ihre Beschäftigung, weil sie das Geld zum täglichen Leben brauchen.

Wunsch nach Veränderung

Deshalb wechseln jedes Jahr Millionen von Menschen ihren Arbeitsplatz. Sie sehen also, dass Ihr Wunsch nach Veränderung durchaus zu realisieren ist. Finden Sie heraus, was Sie wirklich wollen, sammeln Sie Ihre Kräfte und konzentrieren Sie sich auf die Strategie, die Sie an Ihr berufliches Ziel bringt. Erfolg kommt selten von allein. Natürlich helfen auch Glück und Zufälle, aber durch gute, gezielte Vorbereitung können Sie Ihre Erfolgschancen entscheidend verbessern. Arbeitsplatzsuche ist fast eine Vollzeitbeschäftigung. Wenn Sie nicht täglich mehrere Stunden investieren, suchen Sie nicht richtig und machen sich selbst etwas vor.

Wenn Sie arbeitslos sind, sollten Sie deutlich zeigen, dass Sie bestrebt sind, Ihre Situation zu ändern. Denken Sie daran, dass es ganz besonders auch von Ihrer eigenen Einstellung abhängt, wie sich Ihre Mitmenschen Ihnen gegenüber verhalten. Für Schwarzseher bleibt die Arbeitsplatzsuche meist von vornherein erfolglos.

Es hängt also auch von Ihrer inneren Einstellung ab, wie lange es dauert, bis Sie einen angemessenen Arbeitsplatz finden, und welche berufliche Position Sie letztendlich erreichen werden.

Man hört gelegentlich von Bewerbern mit glänzenden Abschlüssen, die keine Arbeit finden und jahrelang arbeitslos sind. Das macht einem nicht gerade Mut für die eigene Bewerbung, und wenn irgend möglich drückt man sich vor der Arbeitsplatzsuche oder einem selbst initiierten Wechsel. Viele arrangieren sich lieber und schlucken ihren Frust runter.

Wer einen Arbeitsplatz finden muss, entwickelt eine ungeahnte Fantasie, Dinge zu entdecken, die zunächst einmal wichtiger erscheinen als Bewerbungen. Schon lange nicht mehr ist die Wohnung so gründlich aufgeräumt worden wie in dem Moment, in dem man sich eigentlich um eine neue Stelle kümmern sollte. Oder man wartet darauf, dass man in bessere Stimmung für die Aufgabe kommt. Nicht selten hofft man insgeheim, den neuen Arbeitsplatz auf einem silbernen Tablett serviert zu bekommen.

Wir bewältigen schwierige Situationen, solange sie schnell vorübergehen. So ertragen wir zum Beispiel lästigen Besuch, wenn klar ist, dass er nach dem Wochenende wieder abreist. Aber wenn Probleme zu lange präsent sind, mögen wir das ganz und gar nicht. Genau in einer solchen Situation befinden sich jedoch viele, wenn sie arbeitslos sind. Eine kurze Arbeitslosigkeit ist oft kein Problem. Ernst wird es erst, wenn kein Ende abzusehen ist. Wenn sich Arbeitslosigkeit dann jedoch über längere Zeit hinzieht, drohen bisweilen sogar Depressionen und Schlimmeres.

Eine Frage der Sichtweise

Wer arbeitslos ist, den plagen häufig Selbstzweifel: »Was habe ich falsch gemacht?«, »Warum bin ich in diese Lage geraten?« Dagegen hilft vor allem eins: Machen Sie sich bewusst, dass Sie jederzeit die Möglichkeit haben, Ihre Sichtweise – und damit auch die Situation – zu ändern. Nicht die Dinge als solche beunruhigen uns, sondern unsere Vorstellung, unsere Interpretation und unsere Sichtweise.

Schmieden Sie Zukunftspläne, nutzen Sie die Zeit zur Fortbildung, konzentrieren Sie sich auf erfreuliche Dinge (z.B. Hobbys). Vor allem aber isolieren Sie sich nicht, sondern pflegen Sie Kontakte.

Sie sind vielleicht deprimiert, weil Sie in der Arbeitssuche keinen Sinn sehen. Sie halten die ganze Prozedur für Zeitvergeudung. Doch wer weiß: Vielleicht werden Sie eines Tages sogar sagen, diese Phase sei das Beste gewesen, was Ihnen passieren konnte, weil Sie gezwungen waren, sich intensiv mit sich selbst, Ihren Fähigkeiten und Wünschen auseinanderzusetzen. Wer beruflich ständig sehr eingespannt ist, hat oft gar keine Zeit, darüber nachzudenken, ob das, was er tut, wirklich sinnvoll ist.

Erinnern Sie sich an schwierige Perioden in Ihrem Leben und überlegen Sie, was Sie aus diesen Situationen gelernt haben. Auf die Frage »Warum gerade ich?« sollten Sie möglichst verzichten. Bedenken Sie, dass auf eine schwierige Periode schließlich auch wieder bessere Zeiten folgen. Das hilft Ihnen, die Zeit der Arbeitssuche für sich persönlich richtig einzuordnen.

Arbeitssuche macht Arbeit

Um einen für Sie angemessenen Arbeitsplatz zu finden und zu erobern, sollten Sie sich zunächst klarmachen, dass Sie bereits eine elementare Arbeit haben: die Jobsuche. Betrachten Sie sich also bitte bloß nicht als jemanden, der keine Arbeit hat. Sie haben in dieser Situation der Jobsuche wirklich mehr als genug zu tun. Im Laufe eines Lebens kann Arbeit verschiedene Formen annehmen. Vielleicht waren Sie eine Zeit lang angestellt und später selbstständig; nun sind Sie auf der Arbeitssuche. Das ist eine Vollzeitbeschäftigung wie jede andere auch, nur das mit der Bezahlung ist ein Problem.

Hinweise für Bewerber über 45

Für diejenigen, die verstanden haben, worauf es bei der Arbeitssuche ankommt, spielt das Alter kaum eine Rolle. Was man braucht, sind Selbstvertrauen, Energie und der Wunsch nach Erfolg. Alter allein ist kein Maßstab, und manche Menschen sind mit 25 schon alt.

Die Zeiten, in denen Arbeitslosigkeit bei Arbeitnehmern über 50 direkt zu Hartz IV führte, sind vorbei. Die Auffassung vieler Arbeitgeber, ältere Menschen seien automatisch weniger leistungsfähig, weniger motiviert und obendrein ständig krank, scheint langsam, aber sicher zu bröckeln. Bei immer mehr Unternehmen setzt sich die Erkenntnis durch, dass die Beschäftigung älterer Arbeitnehmer keine Belastung ist, sondern besondere Chancen bietet. Wissenschaftliche Untersuchungen zeigen, dass mit zunehmender Berufserfahrung kommunikative Fähigkeiten, komplexes Denken und Erfahrungswissen in den Vordergrund rücken. Das bedeutet:

- Ältere Arbeitnehmer haben einen hervorragenden Überblick über ihr Arbeitsgebiet,
- sie können ihr gut organisiertes Wissen leicht einbringen und machen deutlich weniger Fehler als junge Kollegen,
- sie entwickeln bei Problemen schnell effektive Handlungsstrategien,
- sie können so auch eine Vorbildfunktion für jüngere Kollegen haben.

Das sind starke Argumente, die viele ältere Arbeitnehmer nicht kennen. Machen Sie sich diese Argumente bewusst und nutzen Sie sie für Ihren Bewerbungsprozess!

Ihre stärksten Argumente

Nicht immer ist Ihr Alter der wirkliche Grund für eine Ablehnung. Manchmal dient es Unternehmen auch als Vorwand, neu ausgebildete, vor allem billigere Arbeitskräfte einzustellen. Wenn Sie älter sind und Arbeit suchen, müssen Sie unter Umständen Ihre Einstellung ändern. Heute gibt es auf dem Arbeitsmarkt mehr junge, hoch qualifizierte Berufsanfänger als jemals zuvor. Mit dieser Gruppe auf ihrem Niveau zu konkurrieren wäre dumm und deprimierend.

Was haben Sie als über 45-Jähriger zu bieten? Natürlich Erfahrung! Junge Leute hatten noch nicht mit den Schwierigkeiten zu kämpfen, die schon hinter Ihnen liegen. Suchen Sie sich deshalb einen Arbeitsplatz, bei dem es auf Ihre Erfahrung ankommt. In manchen Wirtschaftszweigen lässt sich ein Trend zurück zu älteren Arbeitnehmern beobachten, weil sie einfach erfahrener, zuverlässiger und nicht zuletzt auch fleißiger sind.

All dies spricht für Sie:

- Fachkenntnisse
- Erfahrungen
- Leistungen – beweisbare Ergebnisse/Erfolge
- gute Zeugnisse/Referenzen
- ggf. schnelle Verfügbarkeit/Mobilität

Ihr Lebenslauf sollte eine lange Liste von Errungenschaften enthalten. Präsentieren Sie sich als Lösung eines Problems und nicht einfach als jemanden, der Arbeit sucht.

Thematisieren Sie in Vorstellungsgesprächen Ihr Alter nur, wenn Sie ausdrücklich danach gefragt werden. Weisen Sie stattdessen auf Ihre Leistungen hin. Sagen Sie nicht, dass Sie finanziell abgesichert sind. Machen Sie deutlich, dass die Arbeit neben Familie das Wichtigste für Sie ist. Seien Sie zunächst einmal offen für verschiedene Vorschläge; auswählen können Sie später immer noch. Wenn Sie Ihre Erfahrung verkaufen wollen, müssen Sie alle Arbeitssuchtechniken überdurchschnittlich gut beherrschen:

- Suchen Sie Probleme. Bieten Sie kleineren Unternehmen, die sich in Schwierigkeiten befinden, Ihre Hilfe an. Sie können Probleme lösen und sind bezahlbar.
- Denken Sie nicht nur an unbegrenzte Arbeitsverhältnisse, sondern auch an kurzfristige Aufträge. Bei guter Leistung kann sich daraus etwas Dauerhaftes entwickeln.
- Schlagen Sie ein leistungsbezogenes Gehalt vor. Ein solches Angebot wird ein Arbeitgeber kaum ablehnen, und Sie können zeigen, was in Ihnen steckt.
- Wenn Sie bei Ihrem alten Arbeitgeber Kenntnisse erworben haben, die auch für die Konkurrenz interessant sind, bieten Sie Ihr Wissen und Ihre Kontakte anderen Firmen an. Vielleicht bilden Sie ein Team mit anderen früheren Kollegen.
- Wenn Sie ein guter Verkäufer sind, können Sie Ihre Dienste in einer Region anbieten, die bisher vernachlässigt wurde.
- Schreiben Sie einen Bericht über einen Wirtschaftszweig, einen Absatzmarkt oder ein Produkt und machen Sie auf diese Weise auf Ihre Sachkenntnisse aufmerksam. Falls Ihre Untersuchung neue und wertvolle Informationen enthält, können Sie sie sogar verkaufen. Für eine gute Idee dürfen Sie auch einen Vorschuss verlangen.
- Wenn Sie etwas zu sagen haben und sprachlich versiert sind, können Sie Zeitschriftenartikel oder ein Buch über ein Thema schreiben, das die Leute interessiert. Denken Sie immer auch an die entsprechenden Fachportale im Internet.
- Sie können als Teilzeitberater für mehrere Firmen gleichzeitig arbeiten. So bleiben Ihre Dienste bezahlbar, und Sie haben mehrere Einnahmequellen.
- Falls Sie über Spezialkenntnisse verfügen, die für Jugendliche interessant sind, können Sie Lehrer oder Trainer werden.
- Um in Übung zu bleiben, können Sie Kurse an einer Abendschule planen und durchführen. Wenn Sie Seminare anbieten, lernen Sie viele Leute kennen, vielleicht auch neue Kunden oder spätere Arbeitgeber.
- Denken Sie über Ihre Hobbys nach. Lässt sich damit Geld verdienen?
- Finden Sie heraus, welche Wirtschaftszweige wachsen. Bilden Sie sich weiter, und steigen Sie dort ein.
- Bieten Sie jungen Unternehmern, die gerade eine Firma gegründet haben, Ihre Hilfe an. Ihre Erfahrungen sind wertvoll.
- Arbeiten Sie ehrenamtlich in Ihrer Gemeinde oder einer Wohlfahrtseinrichtung. Das bringt zwar zunächst kein Geld ein, aber Sie werden wichtige Kontakte knüpfen und Ihre Leistungsfähigkeit demonstrieren.
- Schließen Sie sich zur Unternehmensgründung mit Leuten zusammen, deren Wesensart und Ausbildung sich gut mit Ihren Fähigkeiten kombinieren lassen.

- Ziehen Sie in eine andere Region, wenn es in Ihrer Stadt keine Arbeit gibt.
- Bleiben Sie in ständigem Kontakt mit Ihren Bekannten. Oft haben Freunde hilfreiche Ideen.
- Demonstrieren Sie Eigeninitiative mit einer Initiativbewerbung. Das ist für jeden Personalchef ein Zeichen von Motivation. Wenn die Bewerbung auf die Bedürfnisse der Firma zugeschnitten ist und zeigt, dass Sie sich mit dem Unternehmen befasst haben, gibt das wertvolle Pluspunkte.
- Räumen Sie Vorurteile über ältere Arbeitnehmer aus, indem Sie durch Ihr Auftreten, durch Kleidung und Frisur Dynamik und Selbstvertrauen signalisieren. Vermeiden Sie Sätze wie »Ich bin zwar schon älter, aber ...«. Falls Ihr Gesprächspartner Sorgen wegen Ihrer Belastbarkeit andeutet, erwähnen Sie, dass Sie seit Jahren Pilates betreiben oder Halbmarathon laufen.
- Weisen Sie potenzielle Arbeitgeber auf Fördermöglichkeiten hin. Der Staat gibt Finanzspritzen für Arbeitgeber, die ältere Mitarbeiter einstellen. Erkundigen Sie sich über diese Modelle und präsentieren Sie diese gegebenenfalls im Vorstellungsgespräch.
- Stellen Sie sich darauf ein, dass Sie vielleicht weniger verdienen werden als bei Ihrem letzten Arbeitgeber. Wichtig ist, dass Ihnen die Arbeit Spaß macht. Orientieren Sie sich mit Ihren Gehaltsforderungen an der Konkurrenz, auch wenn das zunächst zu Einbußen führt.
- Hören Sie nicht auf irgendwelche klugen Ratschläge. Wenn Ihre Arbeitssuche zu lange dauert, sollten Sie sich an einen Karriereberater wenden und Ihre Freunde bitten, Kontakte für Sie herzustellen.
- Schreiben Sie Ihre Bewerbungsbriefe am frühen Morgen oder abends. Tagsüber sollten Sie so viele Leute treffen wie möglich. Letztlich beschaffen Ihnen nicht Bewerbungsunterlagen, sondern Menschen Arbeit.

Geben Sie nicht auf. Auch Ablehnungen gehören zum (Arbeits-)Leben. Bemühen Sie sich intensiv darum, neue Kontakte zu knüpfen. Verbessern Sie durch Training Ihr Auftreten in Vorstellungsgesprächen.

Tagesstruktur schaffen

Wenn Ihre derzeitige Arbeit aus der Arbeitsplatzsuche besteht, sollten Sie, wie andere Arbeitnehmer auch, pünktlich beginnen und aufhören. Disziplin, vor allem Selbstdisziplin, ist jetzt mehr denn je vonnöten. Nur wer die Arbeitssuche als Vollzeitbeschäftigung betrachtet, kann mit relativ schnellem Erfolg rechnen. Die meisten Arbeitsuchenden verbringen bei unzureichender Vorbereitung viel zu wenig Zeit mit der Suche.

Auch wenn Sie es ungerecht finden sollten, dass Sie intensiv nach Arbeit suchen müssen, irgendwann werden Sie sich schließlich doch dazu aufraffen. Was können Sie also tun, um Ihre Situation zu ändern? Fangen Sie an, indem Sie sich bewusst machen, dass der Arbeitsmarkt immer in Bewegung ist. Unternehmen – und damit auch Arbeitsplätze – verschwinden, weil sie nicht mehr wettbewerbsfähig sind. Dafür werden anderswo mit Erfolg neue Firmen gegründet, in denen dann auch neue Mitarbeiter eingestellt werden müssen. Begreifen Sie, wie der Arbeitsmarkt funktioniert. Lernen Sie die Spielregeln, und Sie werden viel leichter und schneller Erfolg haben.

Vertrauen und Zutrauen

Gerade in Zeiten beruflicher Krisen und Verunsicherung ist es wichtig, nicht den Kopf in den Sand zu stecken. Hadern Sie nicht mit Ihrem Schicksal. Sie können es beeinflussen, indem Sie aktiv werden. Vertrauen Sie Ihren Stärken und sehen Sie sich positiv. Selbstbewusstsein und Selbstvertrauen sind die wichtigste Grundlage für Ihr erfolgreiches Bestehen in der Arbeitswelt.

Stärken Sie Ihr Selbstbewusstsein

Locker, sympathisch, kompetent, kurzum: einfach angenehm selbstbewusst – so stellt sich der ideale Mitarbeiter dar. Insbesondere in Zeiten, in denen unter Druck gearbeitet, das nahezu Unmögliche abverlangt wird und trotzdem Stellen gekürzt werden. Eine enorme persönliche und berufliche Herausforderung.

Ob Sie arbeitssuchend sind, von einer Kündigung bedroht sind oder sich beruflich einfach verändern möchten, es gilt gleichermaßen: Wer selbstbewusst auftritt, erobert leichter den Job, macht schneller Karriere, schlägt ein besseres Gehalt für sich heraus, hat mehr Spaß bei der Arbeit und kommt mit anderen leichter und besser ins Gespräch.

Woher das Selbstbewusstsein kommt, darüber streiten Psychologen und Soziologen. Ob nun die Beziehung zu den Eltern den Grundstein legt oder der Status der Familie – jeder kann auch aus eigener Kraft etwas dafür tun, sein Selbstbewusstsein zu verbessern.

Sich positiv sehen

Viele Leute kommunizieren »in Defiziten«. Sie stellen heraus, was sie noch nicht erreicht haben und wo ihnen Kompetenzen fehlen. Sehen Sie sich lieber positiv, und wechseln Sie damit auf die Erfolgsseite. Das Glas ist nicht halb leer, es ist halb voll. Was kann ich jetzt noch verbessern?

Selbstbewusstsein ist in der Arbeitswelt noch wichtiger als fachliche Kompetenz, wichtiger als Fremdsprachen- oder PC-Kenntnisse. Selbstbewusstsein ist das Fundament, auf dem Ihr »Haus« (sprich: Ihre berufliche Karriere) steht. Es ist einer der wichtigsten Weichensteller, ohne den alles andere wie Können, Leistungsbereitschaft und Ihre sonstigen Persönlichkeitsmerkmale nicht wirklich zum Tragen kommen.

Vertrauen und sich trauen

Je mehr Sie sich selbst vertrauen, desto eher werden das auch andere tun und Ihnen damit auch die entsprechenden Aufgaben und Kompetenzen zutrauen. Sie werden andere von sich und Ihren Zielen leichter überzeugen, konfliktfreier und zielorientierter kommunizieren und dadurch auch auf Ihre Leistungen positiv aufmerksam machen. Es wird Ihnen gelingen, die richtigen Ziele und Prioritäten zu setzen und dabei auch noch hilfreiche persönliche Unterstützung zu erhalten. Man wird Sie als wertvollen Mitarbeiter wahrnehmen, und Sie haben die besseren Chancen, Ihre wichtigsten Kernkompetenzen auszubauen. Selbst in Krisen können Sie gelassener und geduldiger bleiben und so durch Optimismus punkten.

Schritt für Schritt Selbstbewusstsein aufbauen

»Geht das überhaupt?«, werden Sie jetzt möglicherweise denken. Seien Sie versichert: Ja, es geht. Wenn auch nicht auf einmal oder in Riesensprüngen. Der Entwicklungsprozess des Selbstbewusstseins vollzieht sich allmählich. Manch einer macht große Schritte in kurzer Zeit, ein anderer wiederum viele kleine über einen längeren Zeitraum verteilt. Dabei ist der erste Schritt, wie bei so vielen Dingen im Leben, der wichtigste.

Wir zeigen Ihnen hier nur kurz, wie Sie ganz konkret Ihr Selbstbewusstsein für die Bewerbungsphase in drei Hauptschritten auf- und ausbauen können. Zum besseren Verständnis erklären und beschreiben wir eine Phase nach der anderen, tatsächlich greifen sie jedoch ineinander. Es geht dabei zunächst um eine Phase der Reflexion, das bedeutet Nach- und Überdenken, dann um Aktion, also ein mutiges, zielgerichtetes Handeln, nachdem man sich einen Plan gemacht hat, und schließlich um Autonomie, also die Unabhängigkeit.[1]

1. Schritt: Reflexion

Um mehr Selbstbewusstsein zu entwickeln, das persönliche Selbstwertgefühl zu steigern, den Glauben an die eigene Selbstwirksamkeit zu stärken, ist vorab eine gründliche Analyse Ihrer selbst wichtig. Also: Wer sind Sie? Ihr »Selbst« ist bereits vorhanden, Sie müssen es lediglich mit möglichst allen Facetten kennen, schätzen und annehmen lernen. Ziel ist dabei ein klarer Blick auf das, was Ihr Selbst ausmacht: Ihre Selbstbilder, Ihre Rollen, Überzeugungen und Werte, Ihre Gefühle und Bedürfnisse, aber auch Ihre Potenziale.

Erzählen Sie Ihre Geschichte

Wir sind, was wir von uns erzählen. Wenn Sie einem anderen zeigen wollen, wer Sie sind, erzählen Sie Geschichten aus Ihrem Leben: lustige Anekdoten aus Ihrer Kindheit, spannende Abenteuer aus Ihren Urlauben, Sie erzählen von Ihren Erfolgen im Beruf oder Ihren Missgeschicken. Jeder Mensch verarbeitet seine Erfahrungen, indem er sie zu Geschichten formt. Und aus diesen vielen kleinen Geschichten entsteht seine gesamte Lebensgeschichte.

So liefern wir in einem Vorstellungsgespräch dem Personalchef eine Lebensgeschichte ab, in der ein Bildungsabschluss den nächsten, ein beruflicher Erfolg den anderen jagt. Wir berichten von gelungenen Projekten, von gestiegenen Umsätzen, von bemerkenswerten Verbesserungsvorschlägen, beeindruckenden Innovationen – kurz: Wir erzählen die Saga eines Berufshelden. Sitzen wir dagegen mit unseren besten Freunden zusammen, erzählen wir vielleicht auch von unserer schwierigen Kindheit, von gescheiterten Beziehungen, von geplatzten Plänen und Träumen, von bitteren Enttäuschungen und Ängsten – die Geschichte eines mehr oder weniger großen Unglücksraben.

Beide Varianten sind »wahr«. Sie bauen auf den Fakten unseres Lebens und auf unseren Erinnerungen auf. Wir gewichten sie nur anders, denn wir »sind« diese und noch viel mehr Geschichten. Sie begründen unsere Identität. Deshalb sehen Experten unser Gedächtnis als Basis unseres Selbstkonzepts, d.h. unseres Selbstbewusstseins an.

Mental gut drauf

Wenn Sie gut gelaunt und voller Selbstvertrauen sind, fällt Ihnen viel eher Ihre gute Prüfung ein als Ihre Pleiten in der Schulsportstunde. Fühlen Sie sich ohnehin schlecht, dann laufen eher die unangenehmen Erinnerungen an Barren, Reck und 100-Meter-Bahn vor Ihrem inneren Auge ab. Spitzensportler nutzen diese Erkenntnis, indem sie sich in Wettkampfsituationen gezielt an ihre Erfolge erinnern, sich emotional möglichst intensiv in diese vergangenen Situationen hineinversetzen. Umgekehrt vermeiden sie es, sich an Misserfolge zu erinnern, und stoppen solche negativen Gedanken.

Diese Methode funktioniert nicht nur bei Spitzensportlern. Wenn Sie gezielt Erinnerungen an bestandene Prüfungen, gelungene Vorstellungsgespräche, überzeugende Präsentationen, erfolgreiche Gehaltsverhandlungen, brillante Geschäfts-Small-Talks und so weiter sammeln, dann haben Sie in jeder kritischen Situation einen Gedächtnisanker, an dem Sie Ihre positive Stimmung festmachen. Für den Fall, dass Zweifel, Enttäuschungen und Niederlagen aufkommen, können Sie so Ihre positive Stimmung leichter selbst wiederherstellen. Je mehr verschiedene, vielleicht auch widersprüchliche Aspekte Ihrer selbst Sie aus dem Episoden- und Wissensspeicher Ihres Gedächtnisses abzurufen in der Lage sind, desto stabiler wird Ihr Selbstbewusstsein.[2]

Suchen Sie also in Ihrem Erinnerungsfundus gezielt nach Geschichten, die Sie erlebt haben. Wann waren Sie ein Held? Wann ein Schurke, ein Eroberer, ein Biest, ein Kämpfer, ein Glückskind? Je mehr Geschichten Sie von sich erzählen können, desto besser können Sie Ihre Stimmungen steuern. Je mehr Sie sich klarmachen, dass Sie bisweilen sowohl die kleine und hilflose als auch immer wieder im besonderen Maße die heldenhaft strahlende Hauptperson Ihrer Lebensgeschichten sind, desto stabiler wird Ihr Selbstbewusstsein.

Nehmen Sie sich und Ihre gesamte Persönlichkeit an

Selbstbewusstsein kann erst dann erfolgreich aufgebaut werden, wenn auch scheinbar negative Aspekte Ihrer Persönlichkeit von Ihnen (an-)erkannt und akzeptiert werden. Versuchen Sie, genau auf sich und Ihre Reaktionen zu achten, lernen Sie alle Teile Ihrer Persönlichkeit mit den jeweiligen Bedürfnissen, Empfindlichkeiten und Konflikten kennen – und Sie werden entspannter und gelassener auch mit den schwierigen Situationen des Lebens umgehen können.

Wer beispielsweise in Konfliktsituationen mit patzigen Sprüchen reagiert wie »Dann eben nicht!« oder »Ist mir doch egal!«, handelt wohl eher wie ein Kind oder ein pubertierender Teenager. Stellen Sie sich in so einer Situation die folgende Frage: Wie alt fühle ich mich in diesem Moment, und ist dies das Alter, das ich haben müsste, um dieses Problem zu lösen?[3] Sobald Sie Ihre Teenager-, Trotz- oder Verweigerungsrolle identifiziert haben, sind Sie wieder Herr der Situation und können vielleicht über sich selbst schmunzeln.

Doch nicht nur unsere Kindheit, sondern auch deren Hauptdarsteller, unsere Eltern (vielleicht auch ältere Geschwister), sind mit ihren Werten und ihrer Persönlichkeit in uns selbst verinnerlicht. Das können kleine Details sein (»Nimm immer einen Pullover mit, sonst erkältest du dich!«) oder auch Einstellungen, die den eigenen Lebensweg behindern (»Hinter jedem erfolgreichen Mann steht eine starke Frau.«).

Wenn Sie lernen, in sich selbst hineinzuhorchen und die Stimmen Ihrer Eltern von Ihrer eigenen zu unterscheiden, können Sie ein deutlich selbstbestimmteres Leben führen. Probieren Sie es aus, es lohnt sich!

Aus Schwächen Stärken machen

Machen Sie sich ebenfalls bewusst, welche latenten Selbstbilder, welche eingebildeten Beurteilungen Sie mit sich durch Ihr Leben führen. Ob »Arbeiterin«, »kleiner Sachbearbeiter«, jemand »aus einfachen Verhältnissen«, »Nur-Hausfrau« und so weiter – lassen Sie sich von diesen Bildern nicht negativ beeinflussen! Stehen Sie zu sich selbst mit allem, was zu Ihnen gehört, und ziehen Sie Ihren Nutzen daraus. Auch Ihre vermeintlichen Schwächen können so zu Stärken mutieren!

Beschäftigen Sie sich mit Ihren Begabungen, Fähigkeiten und Neigungen

Sie verfügen über eine ganz bestimmte Kombination von Charaktermerkmalen, Talenten und Begabungen, Fähigkeiten und Fertigkeiten, Interessen, Neigungen und Bedürfnissen. Das macht Sie einzigartig.

Gerade im Bewerbungsverfahren ist es wichtig zu wissen, was Sie können und wo Ihre Stärken liegen. Nehmen Sie sich die Zeit, über sich selbst und Ihre Wünsche und Möglichkeiten nachzudenken. Vielleicht wollen Sie sich bei der Entdeckung und

Entwicklung verborgener Talente sogar helfen lassen. Letztlich jedoch können nur Sie selbst entscheiden, mit welchen Arbeitsaufgaben, in welcher Verantwortungsposition, in welchem Beruf und welcher Branche, aber auch in welcher Umgebung Sie glücklich werden.

2. Schritt: Aktion

Machen Sie sich bewusst, dass jeder in der Lage ist, eigenverantwortlich zu handeln. Mit reiner Reflexion ist es nicht getan – auf die Aktion, auf die Umsetzung kommt es an. »Unsere Handlungen sind eine Art Gymnastik, mit der wir die Selbstachtung fit halten«, erläutern die Psychologen Christophe André und François Lelord.[4] Ein Musiker darf sich auch nicht damit begnügen, auf seine Virtuosität stolz zu sein. Er muss ständig üben und auftreten, sonst verkümmert seine Kunstfertigkeit.

Selbstwirksamkeit steigernde (Alltags-)Aktivitäten

Doch was macht Sie selbstbewusster? Wie können Sie Ihr Selbstwertgefühl steigern? Sie werden erstaunt sein, womit sich dies alles erreichen lässt:

- **Bewegung:** Wenn Sie sich bewusst dazu entschließen, mehrmals wöchentlich einer bewegungsintensiven Sportart nachzugehen, sich also mehr bewegen als zuvor (zum Beispiel Joggen), hat dies eine positive Auswirkung auf Ihr Selbstwertgefühl.
- Auch eine **Veränderung Ihrer Ess- und Trinkgewohnheiten** wird sich positiv auswirken. Der Mensch ist, was er isst. Soll heißen: Wenn Sie Ihre Nahrungsaufnahme bewusster gestalten, tun Sie viel für Körper und Geist.
- **Hygiene und Kleidung:** Sie fühlen sich in einem drei Tage konsequent getragenen, bekleckerten und streng nach Schweiß riechenden T-Shirt anders als in einem frisch gewaschenen und gebügelten Hemd. Ihre gesamte Körperhygiene (Haare, Fingernägel, Unterwäsche etc.) hat starken Einfluss auf Ihr Selbstwertgefühl.
- Zufriedenstellende **berufliche Aufgaben,** die Ihnen ein angemessenes Maß an Selbstverwirklichung erlauben und Erfolgserlebnisse bereiten, spielen eine zentrale Rolle bei der Entwicklung Ihres Selbstbewusstseins. Gerade im beruflichen Umfeld ist es wichtig zu lernen, mit neuen Herausforderungen umzugehen. Wird Ihnen gesagt, dass Sie ein neues Projekt begleiten, sollten Sie sich freuen – denn Ihnen wird etwas zugetraut. Ähnlich positiv sollten Sie mit sich selbst umgehen.
- Auch eine **sinnvolle Tätigkeit außerhalb Ihrer beruflichen Sphäre,** zum Beispiel Ihr selbst gesteuertes (sprich: selbst gewähltes) Engagement für ein soziales Projekt, kann Ihr Selbstwertgefühl deutlich bereichern.

Schluss mit dem Aufschiebewahn

Kein Wandel ohne Handeln. Oft ist zwar die Erkenntnis da, aber mit der Umsetzung hapert es – wie bei den meisten guten Vorsätzen zu Silvester. Eigentlich will kaum jemand ernsthaft eine wichtige Angelegenheit aufschieben. Doch es ist ein Teufelskreis: Je mehr wir uns persönlich dem Druck aussetzen und uns kaum mehr entspannen, desto stärker wird der »innere Schweinehund« in uns. Je mehr wir diesen mit allen Mitteln bekämpfen, desto bissiger entwickelt er sich. Wir müssen also lernen, mit unserem Schweinehund zu leben und ihn entsprechend zu zähmen.

Vorsicht »Aufschieberitis«

Doch wie bekommen wir unseren inneren Widersacher in den Griff? Halten Sie sich dazu an diese Schritt-für-Schritt-Strategie:

- Treffen Sie eine eindeutige Entscheidung.
- Machen Sie eine klare Zielplanung.
- Beginnen Sie mit der konkreten Ausführung.
- Kontrollieren Sie Ihre Zwischenergebnisse.
- Belohnen Sie sich für Ihren Erfolg.[5]

Wenn Sie diese Empfehlungen beherzigen, werden Sie auch ungeliebte Aufgaben leichter erledigen können.

Lassen Sie Ihrer Kreativität freien Lauf

Jede künstlerische Aktivität wie Malen, Fotografieren oder das Erlernen und Spielen eines Musikinstruments wird sich positiv auf Ihr Selbstwertgefühl auswirken. Auch ein interessantes Hobby, egal ob Modelleisenbahn oder Rosenzucht, wirkt positiv. Das entscheidende Moment bei all diesen Aktivitäten ist – neben der intensiven Hingabe (Stichwort: Identifikation) – das Gefühl, etwas Besonderes für sich und die Umwelt zu bewirken, selbstbestimmt etwas tun zu können, von dem Sie überzeugt sind und das Sie und andere erfreut.

Akzeptieren Sie sich selbst

Selbstakzeptanz ist die vielleicht wichtigste Grundlage für Ihr Selbstbewusstsein. Wenn Sie sich selbst annehmen und akzeptieren können, wirken Sie auch selbstsicher nach außen. Die Annahme der eigenen Person fällt jedoch vielen Menschen sehr schwer; Selbstzweifel und Frustration sind die Folge.

3. Schritt: Autonomie

»Auto nomos« ist griechisch und bedeutet etwa: sich sein Gesetz selbst geben. Das Gegenteil davon wäre »Heteronomie« – andere das Gesetz machen lassen. Die Kunst des Lebens besteht darin, beides miteinander zu verbinden: sich selbst behaupten und gleichzeitig fähig sein zu Intimität in der Partnerschaft und Verbundenheit in Gruppen.

Sich selbst behaupten

Wer selbstbewusst auftritt und sich traut, seine Meinung zu sagen, zu widersprechen, »Nein« zu sagen oder etwas für sich angemessen zu fordern, stärkt sein Selbstbewusstsein. Wer schüchtern ist und seinen Mund hält, wird sein Selbstbewusstsein immer mehr verlieren. Der Erste freut sich über ein sich selbst bestätigendes System, der Zweite steckt in einem Teufelskreis.

Widerspruch fordert Widerstand heraus. Niemand ist erfreut, wenn Sie ihm eine Bitte abschlagen oder ihm glasklar darlegen, für wie unsinnig Sie seinen Standpunkt halten. Doch wenn Sie sich selbst behaupten, heißt das nicht, dass Sie in der Achtung Ihres Gegenübers sinken. Im Gegenteil! Entscheiden Sie selbst: Wen finden Sie beeindruckender – jemanden, der immer versucht, es allen recht zu machen? Oder jemanden, der seinen eigenen Weg geht, auch gegen Widerstände?

Selbstbehauptung trainieren

Es gibt etliche **Übungen**[6], mit denen Sie Ihre Fähigkeit zur Selbstbehauptung testen und verbessern können:

- **Proben Sie das Neinsagen.** Wenn Sie etwas nicht möchten, brauchen Sie Ihr Gegenüber nicht vor den Kopf zu stoßen. Viel leichter geht es, wenn Sie das »Nein« zur Sache mit einem »Ja« zur Person verbinden. Etwa so: »Ich freue mich sehr über Ihre Einladung, habe jedoch leider keine Zeit, zu kommen.« Oder: »Ich finde es sehr nett, dass Sie mir diese Aufgabe zutrauen. Dennoch, ich möchte sie zu diesem Zeitpunkt nicht übernehmen, da ich im Augenblick schon an zwei wichtigen Projekten arbeite und ich Ihrer Aufgabe dann nicht genügend Zeit widmen könnte.«
- **Lernen Sie, Respekt einzufordern.** Sie sind es wert, gut behandelt zu werden. Dementsprechend sollten Sie niemandem erlauben, Ihnen respektlos gegenüberzutreten. Mangelnder Respekt ist ein abwertendes Signal für Ihr Selbstwertgefühl. Fordern Sie von Ihren Mitmenschen ein, dass sie Sie entsprechend behandeln. Probieren Sie es aus, in einer entsprechenden Situation den Satz messerscharf auszusprechen: »Ich finde Ihr Verhalten/Ihre Bemerkung respektlos!« Drehen Sie sich um und verlassen Sie die Szene. Sie werden erstaunt sein über die Wirkung – bei sich selbst wie bei anderen.
- **Üben Sie, den eigenen Standpunkt zu vertreten.** Sie haben den Entschluss gefasst, etwas zu tun oder zu lassen. Gut! Belassen Sie es dabei. Sie müssen niemandem erklären, warum Sie sich so entschieden haben. Denn sobald Sie Ihre Entscheidung begründen, wird Ihr Gegenüber versuchen, Ihnen diese Gründe auszureden.

- **Mit anderen leben.** Der Mensch ist ohne die Gemeinschaft nicht denkbar, umgekehrt ist die Gemeinschaft ohne den Einzelnen nicht möglich. Beides bedingt einander. Wenn wir zeigen, dass wir auf andere eingehen können, werden andere auch eher bereit sein, auf uns einzugehen.
- **Zögern Sie nicht, um Unterstützung zu bitten.** Fällt es Ihnen schwer, andere um einen Gefallen zu bitten? Dann drehen Sie die Perspektive doch einmal um. Wie fühlen Sie sich, wenn jemand Sie um Unterstützung bittet? Je nachdem, wer Sie fragt und um was es geht, werden Sie von Herzen gerne helfen. Warum sollte es Ihrem Gegenüber anders gehen? Nehmen Sie allerdings in Kauf, dass Ihnen nicht sofort geholfen werden kann oder nicht exakt so, wie Sie sich das vorgestellt haben. Und: Ruhen Sie sich nicht auf der Hilfe der anderen aus, werden Sie auch selbst aktiv.
- **Aktivieren und pflegen Sie Ihr soziales Beziehungsnetz.** Rufen Sie Familie, Freunde und Bekannte regelmäßig an, treffen Sie sich, tauschen Sie sich aus, teilen Sie schöne Erlebnisse miteinander. Das stärkt das soziale Gefüge, in dem Sie sich bewegen – und damit auch Ihr Selbstbewusstsein. Aktivieren Sie Ihr Beziehungsnetz nur dann, wenn Sie etwas benötigen oder mal wieder so richtig jammern wollen, stoßen Sie bald auf Ablehnung.
- **Trainieren Sie Ihre kommunikativen Fähigkeiten.** Auch die direkte Kommunikation mit anderen, der sprachliche Austausch, wirkt positiv auf Ihr Selbstbewusstsein. Besonders wirksam ist dabei die freie Rede vor einem Publikum. Besuchen Sie einen Rhetorikkurs und nutzen Sie jede Gelegenheit, Ihre Fähigkeiten im Vortragen zu festigen, sei es von Geschichten, Reden oder Präsentationen.
- **Erweitern Sie Ihr soziales Wirkungsfeld.** Sie sollten jede Möglichkeit nutzen, Ihr Übungsterrain zu vergrößern, zum Beispiel durch eine aktive Mitgliedschaft in Vereinen, sozialen Gruppen, Interessengemeinschaften oder auch durch die Teilnahme an VHS-Kursen oder Weiterbildungsmaßnahmen.

Auf den Punkt gebracht

Trauen Sie sich etwas zu! Wenn Sie sich beruflich neu orientieren oder anders positionieren wollen, sind viele wichtige Dinge zu beachten. Erster und alles entscheidender Schritt ist es, die richtige Einstellung zu finden. Alles steht oder fällt mit Ihrem Bewusstsein. Wissen Sie erst einmal, worauf es wirklich ankommt, kennen Sie also die Weichensteller im Bewerbungsverfahren und im Berufsleben (Kompetenz, Leistungsmotivation, Persönlichkeit), dann haben Sie wahrscheinlich auch das richtige (Selbst-)Bewusstsein. Ohne Selbstbewusstsein, ohne Mut und bei fehlender Unterstützung ist alles doppelt oder gar dreifach so schwer.

Die richtige Sichtweise macht die »Arbeit mit der Arbeitssucherei« schon wesentlich erträglicher. Und wenn Sie dann noch ein wenig über die Fähigkeit der angemessenen Selbstdarstellung verfügen, ist der Erfolg Ihrer Suche lediglich eine Frage der Zeit. Selbst wenn Sie bereits über 50 sind, stehen Ihre Chancen nicht so schlecht, wie viele Ihnen weismachen wollen. Hier beginnt der Beton in den Köpfen vieler Personalentscheider zu bröckeln.

Trauen Sie sich etwas zu. Wenn nicht Sie, wer denn dann!

SELBSTDARSTELLUNG & SELBSTINSZENIERUNG

» Ich bin, was ich denke. « *Descartes*

» Ich bin, was ich tue. « *Fichte*

» Ich bin, was ich schaffe. « *Marx*

» Du bist, was Du isst. « *Rach (Restauranttester)*

» Klappern gehört zum Handwerk. « *Mario (Klempner)*

Was bedeutet heutzutage erfolgreiche Selbstdarstellung und wie funktioniert diese im Kontext mit beruflichen Zielen, insbesondere aber bei Ihrem Bewerbungsvorhaben?
Wichtige Stichworte dazu: Standortbestimmung, Potenzialanalyse, Selbstbewusstsein und Selbstvertrauen, unternehmerisches Denken und Handeln, Selbstmarketing, Networking und eine gute Medien-Basiskompetenz.
Starten Sie hier und jetzt mit neuen Chancen und lesen Sie, worauf es inhaltlich ankommt.

Zwischen Selbsterkenntnis und Selbstpräsentation

Eine Bewerbung ist immer eine besondere Form der Selbstpräsentation und damit eine klassische schriftliche (und bei einem Vorstellungsgespräch mündliche) Test- und Prüfungssituation. Und logisch: Darauf sollten Sie sich sehr gut vorbereiten. Investieren Sie Zeit und bedenken Sie, dass Ihr selbst gestalteter Internetauftritt (Stichwort Facebook), Ihr Wortbeitrag im Forum X und Ihre Liste an Lieblingsliteratur bei einem großen Buchversand bereits Faktoren sind, die das Bild, das andere sich von Ihnen machen, klar beeinflussen.

Die drei Bausteine **Selbsterkenntnis, Selbstbewusstsein und Selbstvertrauen** bilden dabei eine solide Ausgangsbasis und helfen Ihnen in der gezielten Vorbereitung und Auseinandersetzung:

1. Selbsterkenntnis – Ihre Kenntnisse, Fähigkeiten und Wesensart

Die Herausforderung besteht darin, Menschen, die sich für Sie interessieren, oder von denen Sie es sich wünschen, dass sie sich für Sie interessieren mögen, von Ihrer Kompetenz, Leistungsfähigkeit und Wesensart zu überzeugen. Das sind beruflich gesehen natürlich sehr häufig potenzielle Arbeit- bzw. Auftraggeber. Mehr als alles andere interessiert diese Menschen, welchen Gewinn es bringen wird, wenn man sich mit Ihnen beschäftigt, Ihnen vertraut, etwas zutraut, Sie gegebenenfalls beauftragt oder einstellt.

Ausgangspunkt Selbstreflexion

Seien Sie also auf die Frage: »Was können Sie für mich/uns, für das Unternehmen tun?« vorbereitet. Ziehen Sie vorab eine Bilanz Ihrer Fähigkeiten (Kompetenzen) und Stärken, und fragen Sie sich, welche Erfahrungen und Eigenschaften Sie für bestimmte Aufgaben, Aufträge und/oder eine angestrebte Position besonders qualifizieren. Vier bis sechs Kompetenz-, Leistungs- und Persönlichkeitsmerkmale sollten Sie von sich klar vermitteln können. Welche sind von spezieller beruflicher Relevanz und wie können Sie diese mit Beispielsituationen glaubhaft belegen?

2. Selbstbewusstsein – die Beherrschung der Spielregeln

Selbstbewusst auftreten, ein ausgeprägtes Selbstbewusstsein entwickeln und darüber verfügen können, wenn es darauf ankommt, ist insbesondere in der Arbeitswelt von unschätzbarem Wert und verleiht Sicherheit. Diese wird durch Ihr Bewusstsein über die eigenen Fähigkeiten (Ihr Angebot) und Ihre Motive (was verfolgen Sie, was treibt Sie an) stark beeinflusst. Bedenken Sie aber auch, dass weder übersteigertes Selbstwertgefühl noch übertriebene Bescheidenheit auf dem Arbeitsmarkt geschätzt werden. Stellen Sie bei Bewerbungen immer etwas weniger Ihre Person und Kompetenz als vielmehr Ihre Leistungen, die Sie in der Lage sind, für Ihren Auftraggeber zu erbringen, in den Vordergrund und geben Sie so dem Entscheidungsträger das Gefühl, dass er persönlich, dass sein Unternehmen davon profitiert, wenn man sich für Sie als den zukünftigen Mitarbeiter entscheidet.

Fundament Selbstbewusstsein

3. Selbstvertrauen – Ihr Glaube an Ihre Selbstwirksamkeit

Die Erfolgsaussichten Ihrer beruflichen Ambitionen verbessern sich entscheidend, wenn Sie ein stabiles Selbstvertrauen haben. Sie erlangen dieses durch festen Glauben an die eigenen Fähigkeiten, Ihre Kompetenzen und Ihre Leistungsmöglichkeiten sowie insbesondere durch die Kenntnis der Spielregeln des Arbeitsmarktes.

Die Beschäftigung mit dem, was Sie können, wollen und anzubieten haben, hat für Sie vielleicht gerade erst begonnen. Jetzt geht es darum, wie Sie diese Erkenntnisse angemessen dem potenziellen Auftraggeber, Einsteller, oder ganz allgemein Menschen, mit denen Sie beruflich in einem Kontext stehen, vermitteln. Geben Sie einem Arbeitsplatzanbieter ebenso wie einem Kunden das gute Gefühl, dass er mit Ihrer Unterstützung seine Probleme besser lösen kann. Und verdeutlichen Sie ihm, welchen Gewinn es ihm bringt, wenn er sich für Sie entscheidet, Ihre Expertise »einkauft«, Ihnen einen Auftrag erteilt.

Grundlage für eine Auftragserteilung sowie für eine Einstellungsentscheidung ist – wenn Sie erst einmal zu einem Vorstellungsgespräch eingeladen worden sind – in der Regel etwa zu 60 Prozent Ihre Persönlichkeit (Wesensart, Stichwort: Vertrauen), zu etwa 25 Prozent Ihre Leistungsmotivation (Leistungsversprechen, Stichwort: Erfahrung und Können) und vielleicht nur noch zu etwa 15 Prozent Ihre fachliche Kompetenz.

Wenn Sie sich jetzt durch eine erweiterte Selbsterkenntnis, ein deutlicheres Selbstbewusstsein und ein verbessertes Selbstvertrauen auch noch über Ihre berufliche Rolle klar werden, die Sie nach außen vermitteln wollen, treten Sie ganz anders auf und werden viel besser wahrgenommen.

Herausforderungen: emotional, mental, digital

Wir buchen unser Flugticket und die Bahnreise am Computer, verschicken Geburtstagsgrüße per E-Mail, kondolieren sogar auf diesem Wege den Hinterbliebenen, bestellen mit einem Klick neue Schuhe im Netz, versteigern die alte Vase im Internet-Auktionshaus oder suchen in Bewertungsportalen nach den vermeintlich besten Arbeitgebern. Wir schreiben dem Chef und den Kollegen, warum wir an einem wichtigen Meeting ausnahmsweise nicht teilnehmen können, und versenden unsere Bewerbungsunterlagen via E-Mail oder füllen schon mal den Online-Fragebogen aus, der sehr genau wissen will, welche Berufsstationen bereits hinter uns liegen und warum.

Ohne Internet geht es nicht

Keine Übertreibung: Tagtäglich bewegen wir uns in digitalen Welten und dies bedingt und prägt neue digitale Chancen in der Arbeitswelt, ganz andere Kommunikations- und Bewerbungswege und deutlich veränderte Spielregeln auf dem Arbeitsmarkt. Wir nehmen anders wahr und werden selbst anders wahrgenommen. Und genau darum geht es. Welche Möglichkeiten entstehen durch das Netz, welche Auswirkungen hat das auf die Suche nach einem neuen Arbeitsplatz?

Im Internet eröffnen sich uns scheinbar grenzenlos vielfältigste Möglichkeiten, um beruflich relevante Informationen zu finden, sich unter Gleichgesinnten auszutauschen, die eigene Expertenkompetenz eindrucksvoll zu inszenieren und zu präsentieren oder interessante Job-Kontakte zu knüpfen. Ging es anfangs nur ums Sehen (Informationsaufnahme) ist spätestens seit 2006 mit der Bezeichnung Web 2.0 das Selbst-gesehen-Werden in den Vordergrund gerückt. Mit der strategisch klugen Nutzung dieser Möglichkeiten sind viele berufliche Chancen verbunden. Das bedeutet aber auch, dass Sie keinesfalls auf jeder Hochzeit mittanzen müssen bzw. nicht jede technische Option, nicht jedes Portal für jede berufliche Situation sinnvoll ist. Es gilt, den individuell passenden Weg auszuwählen und mit Bedacht zu handeln.

Auf den folgenden Seiten geben wir Ihnen einen kurzen Ein- und Überblick, was für Möglichkeiten der überzeugenden Selbstdarstellung im Bezug auf Ihre beruflichen Ziele in dieser innovativen Arbeitsmarkt- und Bewerbungswelt existieren. Wir zeigen Ihnen hier die neuen Chancen einer gekonnt positiven Selbstinszenierung im WWW, aber auch Fallen und Gefahren auf.

Etwas pointiert gesagt, aber trotzdem sehr ernst gemeint: Kaum noch Karrierechancen ohne flankierende virtuelle Unterstützung. Über 80 Prozent aller Deutschen im Alter zwischen 10 und 59 Jahren tummeln sich auf den digitalen Bühnen des WWW. Hauptanlass: Kommunikation mit über 50 Prozent und Information mit etwa 33 Prozent, so die Befragungsergebnisse. Über 80 Prozent gaben an, sich aktiv in einem sozialen Netzwerk zu engagieren, sich zugehörig zu fühlen. Dabei scheinen sie in ihrem Selbstmitteilungsbedürfnis keine Öffentlichkeit zu scheuen – im Gegenteil – und publizieren selbst intimste Details aus ihrem (Arbeits-)Leben.[1] So vor aller (Internet-) Welt »entblößt« ergibt sich ein Persönlichkeitsbild, das nicht immer nur zum Vorteil gereicht, gerne aber gezielt von Arbeitsplatzanbietern und Vermittlern (Headhuntern) ausgewertet wird und über Einstellung, Auftragsvergabe, Beförderung oder auch nur Kontaktaufnahme (oder eben nicht!) ganz wesentlich mitentscheidet.

Das Internet ist längst zu einem Reputationsinstrument mutiert. Und wer vollkommen unreflektiert seine Spuren in sozialen und beruflichen Netzwerken wie XING, LinkedIn oder Facebook hinterlässt, kreiert ein Bild seiner Person, das oftmals mehr schadet als nutzt. Dabei ist gezielter positiver Nutzen durchaus realisierbar, wenn man weiß, wie es anzustellen ist. Fasst man verschiedene Studien zusammen, kann man zur Einschätzung gelangen, dass bereits über 50 Prozent der Arbeitgeber soziale Netzwerke wie Xing, experteer, Facebook oder den Microblogging-Dienst Twitter nutzen, um potente Jobkandidaten aufzuspüren. Nahezu 100 Prozent der sogenannten Headhunter (Searcher) nutzen diese »neuen« Medien, um sich an interessante und wechselwillige Kandidaten anzunähern.

Was ist also schlimmer? Das fragt sich die internetgläubige Gemeinde: unvorteilhaftes bis schlechtes Auftreten im WWW oder wenig bis überhaupt keine Präsenz? In jedem Fall ist man gut beraten, seine Online-Reputation selbst zu steuern. Und nur Naive glauben, dies nicht wesentlich beeinflussen zu können. Alle anderen setzen auf Personal Branding. »Sich selbst zum Markenartikel zu machen« wäre eine Kurzbeschreibung dessen, was sich hinter diesem noch relativ neuen Idiom verbirgt.

Der Mensch als Marke

Personal Branding, der Prozess, zu einer Art persönlicher Marke zu werden, kurzum Ihre berufliche Selbstpräsentation in Form von Netzwerkprofilen, Foreneinträgen, Blog-Kommentaren und eventuell sogar Lieblingslisten (Fachliteratur) wird heutzutage notwendiger denn je, wenn Sie auf berufliche Bedeutung und Kompetenzattribuierung in Ihrem Berufs- und Geschäftsumfeld Wert legen. Immer mehr Menschen nutzen das Internet, um Imagebuilding-Prozesse und Impression Management aktiv zu betreiben. Gut wenn man die Spielregeln kennt und halbwegs sicher beherrscht. Je länger Sie in der Arbeitswelt unterwegs sind, desto mehr sind Sie in einer Art Erklärungs- und Rechtfertigungssituation ob Ihrer beruflichen Spuren, Ihrer Erfolge, aber auch Misserfolge.

Man will sehr gezielt wissen, wer Sie sind, was andere über Sie denken und möglicherweise sogar aufgeschrieben haben. Also wird recherchiert, wird Ihr Profil unter die Lupe genommen und es werden von professionell arbeitenden Personalentscheidern Urteile (eingeholte Referenzen) über Sie eingeholt.

[1] http://de.statista.com/statistik/daten/studie/13070/umfrage/entwicklung-der-internetnutzung-in-deutschland-seit-2001/ (zuletzt eingesehen Oktober 2015)

Was können Sie dagegensetzen? Was wenigstens tun, statt dies nur passiv hinzunehmen und nie genau zu wissen, was jemand, der gezielt sucht, über Sie herausgefunden hat? Da hilft zunächst einmal nur eins: Googeln Sie sich selbst!

Ein Fallbeispiel

Silvia Sommer ist eine junge erfolgreiche BWLerin, die sich für Nachhaltigkeit und Ökobewusstsein im Produktions- und Management-Prozess starkmacht und immer wieder aktiv einsetzt. Ihre Karriere startete sie nach Studienabschluss in einem Unternehmen, bei dem sie bereits ein längeres Praktikum erfolgreich abgeschlossen hatte. Hier kannte man sie und schätzte ihre Leistungen. Als sie drei Jahre später wechseln wollte, hatte sie jedoch trotz gut gemachter Bewerbungsunterlagen, einem exzellenten Zwischenzeugnis und nachweislich guten Erfolgen in ihrer Tätigkeit nicht die Resonanz auf ihre Bewerbungsaktivitäten, die sie sich erhofft hatte. Auf viele Bewerbungen nur wenige Telefoninterviews, noch weniger Einladungen und leider nie ein Zweitgespräch.

Auch auf ihre Bemühungen hin herauszufinden, woran es gelegen habe, erhielt sie nie schlüssige Antworten. Endlich verriet ihr ein Personaler – unter dem Siegel der Verschwiegenheit –, dass man sie gegoogelt hätte und fündig geworden sei. Silvia Sommer war erstaunt, bis dato hatte sie sich fern gehalten, war nicht unter ihrem Namen bei Facebook und Co. aktiv und hatte keine kompromittierenden Geschichten oder Bilder im Netz von sich gefunden. Diesem Hinweis musste sie sofort nachgehen und stieß auch schnell auf eine sehr aktive Silvia Sommer (gleiches Alter, gleiche Haarfarbe), von der es zahlreiche, sehr unpassende Partybilder in verschiedenen sozialen Netzwerken gab.

Was tun? Silvia Sommer startete eine Selbstpräsentations-Offensive im Internet, schrieb über Umweltbewusstsein in verschiedenen Foren, pflegte ihre extra dafür eingerichtete Homepage regelmäßig mit selbst geschriebenen Beiträgen, initiierte Gruppen und Diskussionsrunden in ihrem Business Media und startete nach wenigen Wochen noch obendrein einen regelmäßigen Blog zum Thema Produktion-Umwelt-Nachhaltigkeit, den sie geschickt mithilfe von Freunden und Unterstützern zu einer ordentlichen Anzahl von Lesern mit guter Interaktionsrate brachte.

Jetzt präsentierten Suchmaschinen beim Eingeben ihres Namens auf den ersten Seiten ihr Leben und ihre Inhalte und nicht die Partybilder der anderen Silvia Sommer. Parallel bekam sie nun vermehrt Termine für Telefon- und Skype-Interviews, und im Anschluss deutlich häufiger Vorstellungsgesprächseinladungen, auch in die zweite Runde. Innerhalb von nur sechs Monaten hatte sich für Silvia Sommer das Blatt gewendet.

Also: Googeln Sie noch heute Ihren Namen (Anführungszeichen nicht vergessen: »Franziska Frohn«) und schauen Sie genau hin. Recherchieren Sie sich selbst und Freunde, aber vielleicht auch Ihren Vorgesetzten und das nächste Unternehmen, bei dem Sie sich bewerben wollen. Es ist unglaublich, was man im WWW alles findet. Und es ist schon recht überraschend, wie sehr Sie bei der Gestaltung dessen, was die Internetgemeinde über Sie in Erfahrung bringen kann, selbst aktiv mitwirken können.

Selbstdarstellung und Selbstinszenierung

Was wissen Sie über so wichtige Themen wie Selbstinszenierung und Impression Management? Und welche Bedeutung haben diese im Zeitalter von Facebook, Google & Co., wenn es um einen neuen Arbeitsplatz geht oder um Ihre berufliche Karriere ganz allgemein?

Hand aufs Herz: Sie wollen und müssen sich als am Arbeitsmarkt Beteiligter informieren, wollen für sich selbst und Ihre Branche relevante News/Nachrichten wahrnehmen und gleichzeitig auch selbst wahrgenommen werden, sich informieren, aber auch andere über sich informieren. Denn das – so hat es sich herumgesprochen – erhöht die Chance, einen interessanten Job zu finden, wenn nicht sogar angeboten zu bekommen, entdeckt zu werden. Sich zu profilieren und beruflich als angestellter Mitarbeiter oder als Selbstständiger, als Freelancer, das eigene berufliche Vorankommen zu forcieren, darum geht es.

Sie haben aber neben den fantastischen Chancen auch schon von erheblichen Risiken gehört, die diese relativ neue Kommunikationsform beinhaltet. Da tauchen peinliche uralte Fotos auf, Jugendsünden, werden Lügengeschichten verbreitet, ist es zu Missverständnissen gekommen usw., Chancen und Risiken liegen im Internet dicht beieinander und man tut gut daran zu wissen, welche Gefahren zu berücksichtigen sind und wie man Fehler vermeidet.

Sicher ist: Am Arbeitsmarkt »richtig aufgestellt« zu sein, bedeutet heutzutage immer mehr, sich wie ein Unternehmen nicht nur aktiv um die Auftraggeber (Kunden!), sondern auch um seinen Ruf, sein Image Gedanken zu machen. Dazu braucht es ein Konzept. Wie will man sich darstellen und wahrgenommen werden und das auch noch ganz speziell bezogen auf das Medium Internet und seine 1.000(000) Möglichkeiten?

Worum es bei Selbstinszenierung und Impression Management geht

Zwischen den Extrempolen: »Ich trete auf, also bin ich« und »Mehr Schein als Sein« will man sich seiner Umwelt so präsentieren, sich so darstellen, wie man meint zu sein, wie man glaubt, schneller wahrgenommen und nachhaltiger anerkannt zu werden. Das ist alles andere als selbstlos, wertfrei und ungezielt! Es geht bei der Selbstdarstellung, Selbstinszenierung und dem Impression Management immer um Einflussnahme. Darum, seinen Einfluss, seinen Wirkungsgrad zu vergrößern, mit dem Ziel in der Interaktion sein Gegenüber zu beeindrucken, zu steuern und auch eine gewisse Kontrolle auszuüben.

Und dabei geht es nicht nur um das Bemühen einer halbwegs angemessenen, objektiven Selbstdarstellung, sondern einen deutlichen Schritt weiter, um eine besondere Art der Inszenierung, eine noch viel stärkere, weitaus aktivere, gestaltende und gezielt eingesetzte Selbst-Darstellungsform.

Kurzum: Wer bin ich, und wenn ja, wie viele? Wem möchte ich was auf welcher Ebene von mir vermitteln, um was zu erzielen? Wir bewegen uns im Rahmen beruflicher Sphären, hier soll es nicht darum gehen, ob Sie potenziell oder prinzipiell ein/-e gute/-r Tanzpartner/-in sind oder wären, eine geeignete Elternfigur, Sportpartner/-in etc.

Sie kennen den Begriff der Inszenierung vielleicht aus dem Theater, wo ein Stück durch den Regisseur, der dieses mit einer Gruppe von Schauspielern probt, eine besondere Interpretation erfährt. Denken Sie einmal zur Verdeutlichung an Shakespeares *Romeo und Julia,* eine Liebestragödie, die ursprünglich im Verona des 16. Jahrhunderts spielt und nun von einem jungen Nachwuchsregisseur in die Neuzeit und in den ethno-krisengeschüttelten Berliner Bezirk Neukölln verlegt wird. Dort, wo sich rivalisierende, verfeindete Jugendbanden bekämpfen und es dennoch zu einer Liebesliaison zwischen zwei jungen Menschen kommt, die unterschiedliche Kulturen und Werte repräsentieren.

Der bewusste Steuerungsversuch, die Manipulation der Aufmerksamkeit und die Handhabung des Eindrucks, den wir (oder auch eine Sache) auf andere haben, bezeichnet man auch im internationalen Sprachgebrauch mit dem Begriff des Impression Management.

In Kontakt und kommunikativen Austausch zu kommen, wahrgenommen, entdeckt zu werden, Aufmerksamkeit zu binden, Anerkennung zu erlangen, als berühmt zu gelten, ein angesehener Spezialist zu sein, dieses Ziel lässt sich heute durch Publikationen, mittels Videos auf YouTube, durch Profile und Fotos in sozialen Netzwerken oder Blogs leichter denn je steuern. Nahezu überall kann jeder zum Hauptakteur seiner eigenen Inszenierung, seines »Stückes« (Dramas) werden.

Wir alle befinden uns auf einer Bühne und das Internet (Kontakt- und Kommunikationsinstrument, Informations- und Networking-Werkzeug), ist jetzt die Plattform für unsere Selbstinszenierungen in der E-Öffentlichkeit, privat, aber eben auch beruflich.

In den Medien präsent zu sein wird fast schon zum Normalfall. Das Internet macht es möglich und die Lust an der Selbstdarstellung, an der gezielten Selbstinszenierung wächst und wächst.

Was dahintersteckt

Medienpsychologen fragen sich, warum wir so viel Aufmerksamkeit wollen. Man glaubt, herausgefunden zu haben, dass der eigentliche Antrieb so etwas wie Unsicherheit und Angst ist, obwohl es seit jeher als schick galt, sich selbst gezielt anderen gegenüber darzustellen. Das Interesse, die Neugier des

Menschen auf den Menschen ist so alt wie die Menschheit selbst. Nur war es früher den sehr Reichen vorbehalten, die sich malen lassen konnten, oder Adligen, die in Prunkbauten residierten und sich entsprechend inszenieren konnten.

Ihre Kernkompetenz oder: Ihr USP

Wie stellt man sich vorteilhaft dar, wie vermittelt man seine Kernkompetenzen, wie unterscheidet man sich angenehm von Mitanbietern der gleichen oder doch sehr ähnlichen Ware »Arbeitskraft«? Wie erstellt man von sich ein interessanteres Profil und wie und wo feilt man an seinem USP (engl. unique selling proposition oder unique selling point, Alleinstellungsmerkmal, das, was Sie positiv von anderen beruflichen Anbietern der gleichen Fachrichtung unterscheidet, also von anderen Brückenbau-Ingenieuren, wenn Sie Brückenbau-Ingenieur sind, oder von anderen Vertrieblern, Juristen, Krankenschwestern, Bibliothekarinnen etc.)? Wir widmen dieser besonders wichtigen Ausgangsfrage viele Seiten (s. S. 57). Spätestens wenn der Personalentscheider oder Ihr direkter Vorgesetzter Sie im WWW recherchiert, zählen die »Fundstücke«. Und das überlassen Sie besser nicht dem Zufall. Mit unserem Leitfaden gelingt es Ihnen besser, sich selbst und später dann Ihren »Besuchern« (beispielsweise auf Ihrer Homepage) zu verdeutlichen, wofür Sie beruflich stehen.

Kennen Sie Ihre USPs?

Ganz konkret: Darum geht es inhaltlich

Zwei Dinge sind für Sie von besonderer Wichtigkeit, die wir Ihnen hier näherbringen und in vielen Facetten vorführen wollen, damit Sie wissen, was Sie gegebenenfalls tun oder vielleicht auch ganz bewusst lassen sollten, wenn es um Ihr berufliches Erscheinungsbild und um Ihr Image im WWW geht.

Anders ausgedrückt: Wie nimmt man einen Menschen wahr, der sich uns in einem geschäftlichen Zusammenhang präsentiert? Egal ob als Unternehmer, der einen Auftrag haben will, oder Bewerber, der ein Jobangebot bekommen möchte. Was sind die Beurteilungskriterien, wie versucht der Auftraggeber (egal ob ein Job zu vergeben ist oder eine Dienstleistung eingekauft werden soll) sich ein Bild von seinem Gegenüber, dem potenziellen Auftragnehmer (das sind beide!), zu machen?

Jetzt sind Sie spielerisch in der Rolle, zu überlegen, wie Sie vorgehen würden. Demnächst wollen Sie in die andere Rolle, auf die andere Seite wechseln, sich und Ihre Dienstleistung anbieten, optimal verkaufen, Menschen dazu bewegen, Ihnen zu vertrauen. Worauf kommt es dabei an?

Zum einen kommt es auf besondere Techniken der Selbstdarstellung Ihrer beruflichen Fähigkeiten, Ihres Leistungspotenzials, aber auch Ihrer Motive und Wesensart an; zum anderen geht es (ganz altmodisch ausgedrückt) um Inhalte, den Stoff, den

Sie vermitteln möchten. Was zählt, was ist gut vermittelbar, wonach richtet man sich in der Beurteilung, wenn es um problemlösungsrelevante, fachliche und persönliche Fähigkeiten sowie Charaktermerkmale geht?

Wie überzeugen Sie genau die Menschen von sich, auf die es Ihnen ankommt? Denn sich auf einem immer komplexer werdenden (Arbeits-)Markt angemessen, sicher und vor allem erfolgreich in Sachen Selbstdarstellung zu bewegen, ist leichter gesagt als getan. Zumindest warten da eine ganze Menge Fettnäpfchen. Wir helfen Ihnen, Peinlichkeiten zu vermeiden, und noch mehr und besser: Wir sagen Ihnen im nächsten Abschnitt, worauf es bei der beruflichen Selbstdarstellung wirklich ankommt.

Wegweiser: Orientierungsformeln

Für die gezielte berufliche Selbstdarstellung sind zwei Orientierungs-Modelle von einleuchtender, überzeugender Wirkungskraft.

Das einfachere dieser beiden Modelle (entwickelt von Hesse/Schrader 1988) konzentriert sich auf drei Ebenen **(KLP)** und ist ganz schnell vermittelt.

- **Kompetenz:** also alles, was Sie gelernt haben, Wissen und Können, kurzum vereinfacht: Ihre gesammelten beruflichen Erfahrungen, die Grundlagen
- **Leistungsmotivation:** das, was Sie bereits vorweisen können an beruflichen Erfolgen und was Sie glaubhaft in Aussicht stellen, noch alles in naher Zukunft zu tun
- **Persönlichkeit:** die Art und Weise, wie Sie ticken, aus was für einem Holz Sie geschnitzt sind, wie Sie mit anderen umgehen, klarkommen

Das etwas anspruchsvollere Modell arbeitet auf vier Ebenen, die auch schon im ersten Modell angesprochen werden und vertreten sind, und konzentriert sich klar auf Persönlichkeitsmerkmale.

Galt bis vor etwa 25 Jahren die fachliche Qualifikation – das reine Können – als der entscheidende Weichensteller, ob man Karriere machte oder Führungsverantwortung übertragen bekam, gilt seit etwa 20 Jahren die sichere Erkenntnis: Es sind die sozialen Komponenten, die Persönlichkeit und Art des Umgangs mit den Mitmenschen, die weichenstellend sind. Es ist die soziale, emotionale oder auch Erfolgsintelligenz, die über berufliche Leistung, also Produktivität, Erfolg und Zufriedenheit (die eigene und die Ihrer Kunden/Vorgesetzen) entscheidet.

Weichensteller KLP und SOAP

Wichtigster Untersuchungsgegenstand ist deshalb Ihre persönliche Verhaltensweise speziell im Umgang mit anderen Menschen. Und deshalb beschäftigen sich viele Themen in Bewerbungs- und Auswahlsituationen, insbesondere in Vorstellungsgesprächen und Assessment Center (AC) genau mit diesem Komplex.

Neben der zugegeben sehr einfachen KLP-Formel (Kompetenz, Leistungsmotivation und Persönlichkeit) beleuchten folgende vier Untersuchungsthemen Ihre persönliche Eignungsvoraussetzung und das notwendige Zutrau-Potenzial in beruflicher Hinsicht. Natürlich gelten nicht für alle Berufe die gleichen Voraussetzungen, aber die großen Themen sind auf alle Berufsgruppen anwendbar.

Dabei geht es um vier wichtige Themenblöcke/Ebenen – (Sozialverhalten, (berufliche) Orientierung, Arbeitsverhalten und Psyche = **SOAP** –, die alle stark mit Ihrer Persönlichkeit (Wesensart) verknüpft sind und zusammenhängen. Eine gute Orientierung, wenn auch etwas komplexer.

Und hier jetzt im Einzelnen mit den entsprechenden Unterthemen:

1. **Sozialverhalten – Ihre soziale Kompetenz**
   Oder: Wie gehen Sie mit anderen um? Wie kommen Sie mit anderen und die mit Ihnen klar?
   Unterteilt nach Themen wie:
   - Kontaktfähigkeit
   - Teamfähigkeit
   - Verträglichkeit
   - Einfühlungsvermögen

2. **(berufliche) Orientierung – Machtbewusstsein und Leistungsanspruch**
   Oder: Führungs- und Strategische Kompetenz: Was für berufliche Ziele haben Sie? In welcher »Liga«, auf welcher Ebene wollen Sie spielen (Ross sein oder lieber Reiter, der Superspezialist oder der Anführer, der seine Mitkämpfer beauftragt)?
   Unterteilt in Themen und verbunden mit Fragen nach:
   Wie steht es um Ihre:
   - Führungsmotivation
   - Gestaltungsmotivation
   - Leistungsmotivation
   - Durchsetzungsfähigkeit

3. **Arbeitsverhalten – Ihre Arbeitsweise**
   Oder: Problemlösungskompetenz – Wie ist Ihr Arbeitsstil?
   Wie gehen Sie an Aufgaben heran?
   Unterteilt nach Themen wie:
   - Handlungsorientierung
   - Flexibilität
   - Gewissenhaftigkeit
   - Einfallsreichtum

4. **Psychische Konstitution – Ihr Seelenzustand**
   Oder: Persönliche Kompetenz: Wie normal, wie stabil, wie gesund sind Sie?
   Unterteilt nach Themen wie:
   - Selbstbewusstsein
   - Emotionale Stabilität
   - Belastbarkeit
   - Sympathie- und Vertrauenswürdigkeit

   Kurzum: **SOAP**, es geht um Sie und Ihr/Ihre:
   - **S**ozialverhalten
   - (berufliche) **O**rientierung
   - **A**rbeitsverhalten
   - **P**syche

Wir wenden uns diesem interessanten Untersuchungspanorama später noch intensiver zu und stellen Ihnen die Fragen vor, die Ihnen helfen werden, Ihre Selbstpräsentation darauf abzustimmen, dass Sie die Informationen weitergeben, die anderen schnell verdeutlichen: Das ist ein Gewinner und sich mit ihm näher zu beschäftigen ist auch für mich ein Gewinn!

Wichtig ist zunächst, dass Sie sich selbst mit diesen vier großen Themenblöcken (und den dazugehörigen Unterthemen) intensiv auseinandersetzen. Wie steht es also um Ihren persönlichen Macht- und Leistungsanspruch, wie schätzen Sie diesen ein und wie vermitteln Sie Ihre Arbeitsweise, Ihr Sozialverhalten und Ihren Seelenzustand?

Es ist gut zu wissen, worauf es bei der beruflichen Selbstdarstellung wirklich ankommt und worum es inhaltlich geht. Der folgende, klar strukturierte Leitfaden hilft Ihnen dabei, sich und Ihre Persönlichkeit optimal zu präsentieren und die »neuralgischen Punkte« (hat der Kandidat auch dieses und jenes drauf?) gezielt zu bedienen:

- Googeln Sie Ihren Namen (Beispiel: »Michael Mustermann«, wichtig: Namen in Anführungszeichen setzen!)
- Funde erheben, analysieren, bewerten
- Gegenmaßnahmen gegen schlechte Eindrücke überlegen
- Verstärkungen für gute Eindrücke überlegen
- Eigenes Profil anlegen (XING, Facebook etc.)

Dieser Leitfaden hilft Ihnen, sich inhaltlich zu orientieren. Denn: kein Imagezuwachs ohne vorherige genaue Analyse.

Vereinfacht ausgedrückt: Wen wollen Sie durch was beeindrucken? Warum und was für Konsequenzen soll das für Sie und andere haben? Zunächst recht banal erscheinende Fragen, die aber in ihrer Beantwortung doch nicht ganz so einfach sind. Aber ohne ein Konzept, ohne fundierten Hintergrund gibt es kein klares, überzeugendes Auftreten, keine glaubwürdigen Botschaften, die schnell und nachhaltig verstanden werden.

Fazit: Mehr Schein als Sein?! Das wird auf Dauer keinesfalls gelingen. Strohfeuer werden schnell als solche erkannt und vergehen. Für den Aufbau von Reputation ist Substanz, unabhängig vom verwendeten Kommunikationskanal, unabdingbar.

Entscheidend: unternehmerisches Fühlen, Denken und Handeln

Verdeutlichen Sie sich als Erstes: Auf dem heutigen Arbeitsmarkt sind Sie nicht mehr klassischer Arbeitnehmer, der für einen beliebigen Arbeitgeber, ein Unternehmen tätig ist, sondern Sie sind eine Art selbstständiger Unternehmer – ein modernes Ein-Mann-/Eine-Frau-Dienstleistungsunternehmen. Ihr berufliches Know-how, Ihre Problemlösungsfähigkeiten, ob als Brückenbau-Ingenieur oder Bäcker, als Versicherungssachbearbeiterin oder Ärztin, Ihre Fähigkeiten, Aufgaben zu lösen und bei Problemen zu helfen. Das ist Ihr (Verkaufs-)Angebot, Ihr Vertriebsgegenstand, Ihre Dienstleistung.

Verstehen Sie sich als Unternehmer

Umso wichtiger ist es für Sie, unternehmerisch zu denken und zu handeln. Im Folgenden beschreiben wir Ihnen, worauf es wirklich ankommt, wenn Sie gut an- und rüberkommen wollen bei Ihrer Kundschaft, den Auftraggebern (Sie würden sagen Arbeitgebern, dabei geben Sie ja eigentlich Ihre Arbeitskraft und Leistung).

Verdeutlichen wir uns: Mehrere berufliche Ausbildungen, klare Berufswechsel ebenso wie immer wieder Zeiten der Arbeits- oder Auftragslosigkeit sind heutzutage die Norm, die Arbeits-Alltagsrealität. Und das bedeutet und erfordert – will man hier etwas Wirkungsvolles entgegensetzen – ein neues Gefühl, ein anderes Denken und ein viel stärkeres unternehmerisches Handeln.

Heute ist jeder, der sich auf dem Arbeitsmarkt bewegt, Unternehmer und muss unternehmerisch denken und auch handeln, ob sein Produkt nun eine greifbare Ware ist oder ob es um sein Know-how, seine Erfahrung, seine Ideen geht. Es ist egal, in welchem konkreten Arbeitsverhältnis Sie stehen, Sie müssen stets darauf achten, dass Ihre Kunden (beispielsweise Ihr Vorgesetzter) zufrieden mit Ihnen und Ihren Leistungen sind. Den Nutzen, den Sie dabei durch Ihre Arbeit »erwirtschaften«, sollten Sie für andere klar erkennbar machen. Deshalb ist auch ein gutes Maß an Selbstdarstellungsfähigkeit insbesondere im Internetzeitalter ein besonders wichtiges und Weichen stellendes Erfolgsmerkmal.

Die Kosten-Nutzen-Relation: messbarer Erfolg!

Ausgangsbasis: Das richtige Maß an Selbstbewusstsein, Selbstvertrauen, Selbstwirksamkeit

Egal ob Sie es unter Selbstbewusstsein, Selbstwertgefühl, Selbstvertrauen oder Selbstwirksamkeit verstehen und subsumieren wollen: Dies ist die entscheidende Ausgangsbasis, um erfolgreich zu sein, egal was Sie tun. Wer selbstbewusst ist, strahlt dies auch aus. Und das wiederum ist hilfreich für die Sympathiegewinnung und überhaupt für jede Art von Kontakt und Kommunikation, sei es face-to-face oder in der digitalen Welt.

Sechs Essentials, auf die es beim unternehmerischen Fühlen, Denken und Handeln wirklich ankommt:

- sich selbst und andere immer wieder neu motivieren können
- Sympathien gewinnen und seine Überzeugungskraft verbessern
- kundenorientiertes Fühlen, Denken und Handeln
- aktives Marketing in eigener Sache betreiben
- ziel- und erfolgsorientiert die richtigen Prioritäten setzen
- seine Problemlösungsfähigkeit ständig weiterentwickeln

Auf den Punkt gebracht

Sich immer wieder auf neues Denken einzulassen, seinen Standpunkt zu hinterfragen, einen ganz anderen Blickwinkel einzunehmen, könnte für viele nur mit enorm hoher Überwindungskraft verbunden sein.

Die Zeiten sind absolut vorbei, in denen man darauf setzen konnte, einen einmal ergriffenen Beruf lebenslang auszuüben, und sich über Arbeitslosigkeit keine Gedanken machen musste, weil das Unternehmen dafür sorgte, dass es immer etwas zu tun gibt. Mehrere berufliche Ausbildungen, deutliche Berufswechsel und immer wieder Zeiten der Arbeits- oder Auftragslosigkeit, sind heutzutage die Normalität. Das bedeutet und erfordert von jedem ein neues Gefühl, ein anderes Denken und ein viel stärkeres strategischeres Planen und dann auch Handeln. Die Auftrags- oder Jobsuche wird beinahe zum Dauerzustand verbunden mit der Sorge um die eigene Employability (Beschäftigungsfähigkeit) d. h. verfügt man über Fähigkeiten und Eigenschaften, die der Arbeitsplatzanbieter »gebrauchen« kann und die einen somit für ihn attraktiv machen.

BESTANDSAUFNAHME & ORIENTIERUNG

» Ich habe keine besondere Begabung, sondern bin nur leidenschaftlich neugierig. «
Albert Einstein

Vor der eigentlichen Bewerbung ist es unbedingt Zeit für eine intensive Bestandsaufnahme und Positionierung. Was sind Ihre Argumente? Womit wollen Sie überzeugen? Das Marketing in eigener Sache kann nur gelingen, wenn Sie genau wissen, was Sie zu bieten haben. Entdecken Sie Ihre Einzigartigkeit und überzeugen Sie insbesondere Ihren potenziellen Arbeitgeber.

Vorbereitung

Haben Sie einmal darüber nachgedacht, wie viel Zeit Sie an Ihrem Arbeitsplatz verbringen? Es sind im Laufe eines Arbeitslebens etwa 60.000 bis 80.000 Stunden, also fast ein Drittel Ihrer Lebenszeit.

Wissenschaftliche Untersuchungen ergaben, dass Menschen an einem ganz normalen Arbeitstag durchschnittlich lediglich neun Minuten mit ihrem Lebenspartner sprechen. Da Sie mit Sicherheit mehr als diese neun Minuten an Ihrem Arbeitsplatz mit Kommunikation verbringen, wird klar, dass der größte Teil Ihrer verbalen Interaktionen beruflicher Natur ist – mit Kollegen, Vorgesetzten, Kunden oder Lieferanten. Dennoch bringen die meisten Menschen bei der Wahl des Arbeitsplatzes nicht einmal einen Bruchteil der Sorgfalt und Mühe auf, die sie bei der Auswahl ihres Partners ganz selbstverständlich aufwenden. Begehen Sie nicht diesen Fehler. Denken Sie an eine ausreichende Vorbereitung. Denn sie ist der Schlüssel zum Erfolg und der wichtigste Wegweiser zu Ihrem Ziel. Wer bin ich? Was kann ich? Was will ich? Was ist möglich? – sind die entscheidenden Leitfragen, deren intensive Bearbeitung Ihnen helfen wird, den gewünschten Arbeitsplatz oder die angestrebte Position zu erobern.

Sie werden an dieser Stelle vielleicht einwenden, in wirtschaftlich schwierigen Zeiten seien die Auswahlmöglichkeiten begrenzt. Trotzdem sollten Sie wählerisch sein, denn für jeden Einzelnen hängt von der Art der Arbeitsaufgaben und der Qualität der zwischenmenschlichen Beziehungen am Arbeitsplatz viel ab. Wenn es am Arbeitsplatz gravierende Probleme gibt, haben diese mit Sicherheit Auswirkungen auf Ihren privaten Bereich, Ihre Beziehung zum Lebenspartner und damit auf Ihre Zufriedenheit und Gesundheit insgesamt.

Das passende Unternehmen

Natürlich ist es außerordentlich wichtig, die Spielregeln des Bewerbungsrituals zu kennen und sie innovativ und individuell anzuwenden. Zunächst einmal müssen Sie aber herausfinden, welche Aufgaben und Unternehmen zu Ihnen passen. Auch potenzielle Arbeitgeber befinden sich in einer Bewerbungssituation und müssen sich um Sie als zukünftigen Mitarbeiter angemessen bemühen. Sollten Sie bei der ersten Kontaktaufnahme und im weiteren Verlauf des Bewerbungsverfahrens einen schlechten Eindruck von einem Unternehmen gewinnen, muss dies Ihre Auswahlentscheidung beeinflussen. Zu viel Enttäuschung und Leid könnte auf Sie zukommen, wenn Vorgesetzte oder Kollegen für Sie nicht die richtigen Partner wären oder die Arbeitsaufgaben Sie massiv unter- oder überfordern.

Die meisten Arbeitsplatzanbieter geben sich große Mühe, für ihr Unternehmen geeignete Mitarbeiter einzustellen. Viele Arbeitnehmer investieren mehr Zeit und Geld für die Wahl eines günstigen Gebraucht- oder Neuwagens oder für die Anschaffung einer neuen Küche, als sich kritische Gedanken bei der Auswahl ihres Arbeitsplatzes und Arbeitgebers zu machen. Machen Sie es besser: Investieren Sie Ihre Lebensarbeitszeit sinnvoll und klug. Sie ist begrenzt.

Wie Sie herausfinden, was in Ihnen steckt

»Küss mich, ich bin ein verwunschener Prinz!«, bat der Frosch die verständlicherweise etwas zögerliche Prinzessin. Was im Märchen glücklich endet und sich als gute Partie entpuppt, muss im Berufsleben noch lange nicht so sein. Dort treiben sich viele »Frösche« in Gestalt von Berufsbildern umher, bei denen oft nicht klar ist, was sich dahinter verbirgt und ob man mit dieser Berufswahl auch wirklich glücklich werden kann.

Chance Neuorientierung

Astronaut, Tierärztin oder Feuerwehrmann – Kinder wissen meistens ganz genau, was sie beruflich einmal machen möchten. Ein paar Jahre später sieht es dann schon etwas anders aus. Im Wirrwarr der Ausbildungsmöglichkeiten suchen Schulabgänger nach Orientierung. Denn vielen Berufsanfängern ist nicht bewusst, was in ihnen steckt und wie sie ihren Talenten aber auch Wünschen auf die Spur kommen. Doch selbst gestandene Berufsvertreter stehen oft ratlos da, wenn die berufliche Situation eine Neuorientierung erfordert. Sie möchten endlich ihre wahre Berufung finden an einem Arbeitsplatz, der sie wirklich ausfüllt. Mit einem klaren Ziel vor Augen wird die Suche nach dem Job, der wirklich zu Ihnen passt, nicht nur leichter, sondern auch deutlich erfolgreicher.

Die Kunst der Entscheidungsfindung kann man planvoll angehen und vor allem üben. Das ist ungemein hilfreich, sowohl bei wichtigen Weichenstellungen wie auch Umbrüchen im Berufsleben. Und von denen gibt es reichlich. Eine gute Organisation und eine effektive Strategie bringen Sie besser ans Ziel. Dabei helfen die folgenden vier Essentials weiter:

- Begabungen, Fähigkeiten und Neigungen erkennen und klassifizieren
- Selbstbewusstsein, Selbstvertrauen und Selbstwirksamkeit stärken (an die eigene Einflussnahme glauben)
- die Spielregeln des Arbeitsmarktes verstehen
- Unterstützung und Informanten mobilisieren

Die zentralen Fragen: Was für ein Mensch bin ich? Was kann ich? Was will ich? Und, welche Möglichkeiten habe ich? Die Antworten darauf lassen sich nicht immer ganz schnell finden. Sie brauchen etwas Zeit, Geduld und Vorbereitung. Wir helfen Ihnen dabei!

Und jetzt kommt noch ein ganz entscheidender Hinweis: Sich nur eine Stunde Zeit für eine neue berufliche Orientierung zu nehmen, wird nicht ausreichen. Auch ein Tag wäre schon sehr, sehr schnell, eine Woche ebenfalls. Wir haben die Erfahrung gemacht, dass Sie Ihr Tempo am besten selbst bestimmen. Mit diesen von uns vorbereiteten Unterlagen können Sie es aber innerhalb weniger Tage bis in ein, zwei Wochen gut schaffen. Starten Sie jetzt!

Sehr vereinfacht könnte man sagen, dass es eine Art Dreiereinteilung in der »Berufewelt« gibt:

Macher (auf ganz einfachem Niveau) bis hin zu Anführer – er/sie will vor allem ...

- etwas machen, bewirken, mit den Händen oder mit dem Kopf
- maximalen Einfluss nehmen, etwas voranbringen
- erreichen, gestalten, verantworten
- bestimmen, entscheiden
- organisieren, managen
- initiieren, etwas durchsetzen

Helfer bis hin zu Lehrer – er/sie will vor allem ...

- behilflich sein, mithelfen,
- andere unterstützen
- erziehen, andere ermutigen
- aufbauen, anderen etwas beibringen
- zeigen, erklären, vermitteln, beraten
- andere interessieren, aufmerksam machen
- unterrichten, begeistern, überzeugen

Forscher bis hin zu Künstler – er/sie will vor allem ...

- etwas herausfinden, weiterentwickeln
- analysieren, entdecken, erforschen
- ausprobieren, testen, verbessern
- bringen, sichtbar werden lassen
- provozieren, erfinden, beweisen

Zu welcher dieser drei Großgruppen fühlen Sie sich hingezogen und auf welcher Ebene sehen Sie sich und Ihr Wirken dabei?

Machen wir gleich weiter mit drei kleinen Berufsorientierungs-Testfragen:

Aufgabe 1

In welcher Reihenfolge, nach dem Grad Ihrer Interessen und Neigungen, würden Sie Ihre zukünftige berufliche Tätigkeit eher vermuten?

- In dem Bereich Arbeit mit Händen, Werkzeugen, Maschinen
- In dem Bereich Arbeit mit Zahlen, Ordnungssystemen, Computern
- In dem Bereich Arbeit mit und an Menschen
- In dem Bereich Arbeit mit Ideen, Abstraktem, Künstlerischem

Ur-Berufe – ein einfacher Berufsorientierungs-Test

Investieren Sie fünf Minuten und verschaffen Sie sich ein Bild über Ihre beruflichen Wünsche. Starten wir mit einem kleinen Test. Versetzen Sie sich in eine längst vergangene Zeit. Viele Berufe gab es nicht. Hier finden Sie die wichtigsten verbunden mit der Frage: Für welchen dieser »Urberufe« hätten Sie sich damals – sagen wir mal vor etwa 3000 Jahren – entschieden?

Anführer – Bauer – Heiler – Jäger – Schmied (in alphabethischer Reihenfolge)

Überlegen Sie mal für einen Moment und schreiben Sie das Ergebnis auf. Denn hier im Anschluss werden Sie sich immer wieder entscheiden müssen, ganz schnell und spontan mit einem Ja oder Nein! Am Ende der Steinzeit hätten Sie welchem Beruf den Vorzug gegeben?

Ja oder Nein? Kreuzen Sie es bei jeder Frage an!

Ich wäre lieber **A**nführer als Jäger.	☐ Ja	☐ Nein
Ich wäre lieber **J**äger als Bauer.	☐ Ja	☐ Nein
Ich wäre lieber **B**auer als Schmied.	☐ Ja	☐ Nein
Ich wäre lieber **S**chmied als Anführer.	☐ Ja	☐ Nein
Ich wäre lieber **H**eiler als Bauer.	☐ Ja	☐ Nein
Ich wäre lieber **J**äger als Heiler.	☐ Ja	☐ Nein
Ich wäre lieber **B**auer als Jäger.	☐ Ja	☐ Nein
Ich wäre lieber **A**nführer als Heiler.	☐ Ja	☐ Nein
Ich wäre lieber **H**eiler als Anführer.	☐ Ja	☐ Nein
Ich wäre lieber **S**chmied als Heiler.	☐ Ja	☐ Nein
Ich wäre lieber **H**eiler als Jäger.	☐ Ja	☐ Nein
Ich wäre lieber **S**chmied als Bauer.	☐ Ja	☐ Nein
Ich wäre lieber **J**äger als Anführer.	☐ Ja	☐ Nein
Ich wäre lieber **A**nführer als Bauer.	☐ Ja	☐ Nein
Ich wäre lieber **B**auer als Heiler.	☐ Ja	☐ Nein
Ich wäre lieber **A**nführer als Schmied.	☐ Ja	☐ Nein
Ich wäre lieber **J**äger als Schmied.	☐ Ja	☐ Nein
Ich wäre lieber **B**auer als Anführer.	☐ Ja	☐ Nein
Ich wäre lieber **S**chmied als Jäger.	☐ Ja	☐ Nein
Ich wäre lieber **H**eiler als Schmied.	☐ Ja	☐ Nein

Auswertung

Zählen Sie jetzt nur die Anfangsbuchstaben der Berufe (A, B, H, J oder S), für die Sie sich jeweils mit Ja (und das ist ganz wichtig!) entschieden haben. Dann zählen Sie alle gleichen Anfangsbuchstaben zusammen. Welcher Beruf ist bei dieser Fragestellung von Ihnen am häufigsten gewählt worden? Für welchen Beruf hätten Sie sich garantiert nicht entschieden?

Bitte erst den kleinen Auswahltest machen, bevor Sie weiterlesen! Sonst funktioniert es nicht! Zur Auswahl standen: Anführer – Bauer – Heiler – Jäger – Schmied (in alphabethischer Reihenfolge. Maximal 4-mal kann ein Buchstabe/Beruf gewählt worden sein). Später können Sie sich auch noch einmal anschauen, was Sie unter keinen Umständen sein wollten. Hier die Interpretation Ihrer Positiv-Entscheidungen. Lesen Sie, was der häufigste (und auch zweithäufigste) Buchstabe bedeutet:

Anführer: Sie organisieren, trommeln die Leute zusammen, wollen bestimmen, entscheiden, wenigstens sehr selbstbestimmt, frei und unabhängig arbeiten, in der Tendenz eher mit anderen zusammen als ganz allein, aber in einer für Sie herausgehobenen Sonderposition. Sie trauen sich etwas zu, haben Selbstbewusstsein, sind bereit, Verantwortung zu übernehmen, Dinge ins Rollen zu bringen, wollen unbedingt etwas bewegen.
Stichworte: Direktion, Kommunikation, Aktionen initiieren
In einer Schule würden Sie als Direktor alles organisieren oder als Sportlehrer ein Team so richtig an- (oder voran-)treiben. Hinweis: Dieser Test wurde ursprünglich für Schüler entwickelt, deshalb wird immer der Bezug zur Schule hergestellt. Aber auch für Erwachsene, die ja auch in aller Regel die Schule aus eigener Erfahrung kennen, ist diese Vorstellung aufschlussreich.

Bauer: Sie wollen etwas entstehen lassen, wachsen sehen, ernten und dann auch verteilen (verkaufen), große kreative Erfindungen sind nicht Ihr Ding, aber im Detail und für die Praxis etwas zu entwickeln schon. Ein Dienstleistungsberuf auch im Handel und/oder in der Nahrungs- und Genussmittelindustrie, aber auch im Hotel und Gaststättengewerbe könnte vielleicht Ihr Interesse treffen.
Stichworte: sich kümmern, versorgen, umsetzen, einsetzen, machen, handeln
In der Schule wären Sie vielfältig einsetzbar, vielleicht sogar in naturwissenschaftlichen Fächern. Ansonsten würden Heimatkunde, lokale Geschichte, aber auch neue Fächer wie gesunde Ernährung gut zu Ihnen passen. Ihr besonderes Engagement würden Sie gerne den jüngeren Schülern anbieten.

Heiler: Sie denken nach, besprechen zunächst alle Aspekte. Die Zuwendung zum Menschen und das in besonderer Position und Beziehung, auch auf höherer Ebene, möglicherweise spirituell, sicherlich im gesundheitlichen, sozial-pädagogischen Kontext

oder vielleicht sogar auch auf künstlerischem Gebiet entspricht Ihrem Interesse. Sie verfügen sicher über ein besonderes Maß an Sensibilität.
Stichworte: Introspektion, Kreativität, künstlerische Ambition
In der Schule wären Sie für viele Schüler der Vertrauenslehrer, erster Ansprechpartner bei Problemen, aber vielleicht auch für die Fächer Philosophie, Psychologie, Musik und Kunst einsetzbar.

Jäger: Allein oder im Team – Sie wollen Herausforderungen und Aufgaben lösen, Probleme beseitigen, etwas Konkretes tun, und das sehr wahrscheinlich weniger vom Schreibtisch aus, weniger auf theoretischem Gebiet. Das Suchen und Finden schließt jedoch Planung und Recherche keinesfalls aus, auch darin finden Sie Bestätigung.
Stichworte: Aktion, Konzentration, Ziel, Sieg, Kampf
In der Schule wären Sie vielleicht der Lehrer für Chemie, Physik, aber auch Sport.

Schmied: Sie suchen handwerkliche oder technische Herausforderungen, aber auch Kreativität und Ästhetik. Das Gestalten von Dingen könnte Ihr Ding sein. Das umschließt ein breites Spektrum von Möglichkeiten – von IT-Lösungen bis hin zu den Aufgaben eines Optikers oder Zahntechnikers.
Stichworte: Konzentration und Kraft, konstruieren, entwickeln, reparieren
In einer Schule würden Sie eher das Fach Werken, vertretungshalber vielleicht auch noch Kunst unterrichten. Aber selbst bei Physik und Mathe-Vertretungsstunden wären Sie keine Fehlbesetzung.

Was fällt Ihnen dazu ein? Schreiben Sie es sich jetzt gleich auf!

Und auch die Beantwortung der folgenden Fragen hilft Ihnen weiter:
- Was sind Ihre stärksten Fähigkeiten/Merkmale?
- Welche Herausforderungen und Arbeitsaufgaben stellen Sie sich vor?
- In welcher Umgebung und in welchem geistigen und emotionalen Klima würden Sie am liebsten arbeiten (und leben)?
- Mit welchen Menschen möchten Sie bevorzugt zusammenarbeiten?
- Mit welchen Dingen (Arbeitsgegenstände, Materialien, aber auch Themen) möchten Sie sich beschäftigen?
- Welche kurz-, mittel- und langfristigen Arbeitsmotive und Ergebnisse sind Ihnen wichtig und warum?

Entdecken: Potenziale, Begabungen, Fähigkeiten

Als menschliches Wesen verfügen Sie über eine Vielzahl angeborener und erworbener Fähigkeiten, um den Alltag zu meistern. Sie haben Tausende von Fertigkeiten entwickelt, die Ihnen in den unterschiedlichsten Lebenssituationen weiterhelfen. Darüber hinaus gibt es Aufgaben, die Sie gerne erledigen, Umgebungen, in denen Sie sich zu Hause fühlen, und Aktivitäten, die Ihr Wohlbefinden steigern. Persönliche Qualitäten – gleichgültig ob es sich um Fähigkeiten oder Interessen handelt – sind Bausteine für Ihr Berufsziel. Nehmen Sie die Herausforderung an, Ihre verborgenen Fähigkeiten ans Tageslicht zu befördern.

Jetzt geht es um Ihre Fähigkeiten. Schaffen Sie sich eine weitere Grundlage für Ihre Arbeitsplatzsuche, indem Sie Ihre funktionalen, auf verschiedene Gebiete übertragbaren Fähigkeiten ermitteln.

Nach Meinung des Berufsberaters R. N. Bolles lassen sich Fertigkeiten in drei Gruppen aufgliedern: *Umgang mit Daten, Menschen, Werkzeugen.*[7]

Im Laufe der Jahre ist von Bolles noch eine vierte Berufskategorie hinzugefügt worden: das Künstlerisch-Kreative, das Abstrakte. Hierzu zählen Berufe wie Musiker, Dirigent, Kulturschaffender, Geisteswissenschaftler, aber auch Grafiker, Texter etc. Diese Erweiterung ist sinnvoll, aber auch in der Kombination von Daten und Menschen (Dirigent) zu finden.

- **Daten:** vergleichen – kopieren – errechnen – zusammenstellen – analysieren – koordinieren – Neuerungen einführen – Verbindungen herstellen
- **Menschen:** helfen – Anweisungen entgegennehmen – dienen – sprechen – Hinweise geben – unterhalten – überzeugen – beaufsichtigen – unterrichten – verhandeln – trainieren
- **Werkzeuge:** anfassen – Material zuführen/wegtragen – bedienen – einstellen – in Betrieb setzen – Feineinstellungen vornehmen – aufstellen

Innerhalb der drei Kategorien *Daten, Menschen, Werkzeuge* gibt es einfache und komplexere Fähigkeiten. Da in der Regel höhere Fähigkeiten voraussetzen, dass man über einfachere verfügt, können Sie es sich sparen, auf Letztere gesondert hinzuweisen.

Je höher Ihre übertragbaren Fähigkeiten einzustufen sind, desto mehr Freiheiten werden Sie in Ihrem Beruf haben. Wenn Sie nur einfachere Fertigkeiten für sich beanspruchen, wird Ihr Arbeitgeber Ihnen ständig Vorschriften machen. Mit einem höheren Grad an Geschicklichkeit haben Sie mehr Raum für die Verwirklichung Ihrer eigenen Ideen.

Wenn Sie Ihre wirklichen Fähigkeiten ermitteln, stärkt das Ihr Selbstbewusstsein. Sie können dann direkt auf »Arbeitgeber« zugehen und ihnen erklären, was Sie konkret für diese tun können. Gelegentlich kommt es sogar vor, dass ein Arbeitsplatzanbieter einen neuen Arbeitsplatz einrichtet, wenn er von der Persönlichkeit und Qualifikation eines Bewerbers überzeugt ist. Vielleicht hatte er schon seit Längerem über Veränderungen in seinem Betrieb nachgedacht, diese Überlegungen aber bisher nicht in die Tat umgesetzt.

Lösungen anbieten

Welche Probleme, die in Unternehmen auftreten, könnten Sie mit Ihren Kenntnissen und Fähigkeiten lösen? Wären Sie in der Lage, Kunden zur Rückkehr zu bewegen; die Qualität von Dienstleistungen oder Waren zu verbessern; dafür zu sorgen, dass Liefertermine eingehalten werden; Kosten zu senken oder neue Produkte zu erfinden? Was haben Sie darüber hinaus noch anzubieten?

Wie gehen Sie generell mit Problemen um? Warten Sie darauf, dass sich alles irgendwie ergibt, oder arbeiten Sie systematisch an einer Lösung?

Stellen Sie sich folgende Situation vor: Ihr/-e Partner/-in hat Sie verlassen. Nun möchten Sie nicht lange allein bleiben und gehen deshalb auf Kontaktsuche. Wie gehen Sie dabei vor? Hoffen Sie, dass Ihnen die oder der Richtige zufällig über den Weg laufen wird, oder wenden Sie sich an eine Partnervermittlung bzw. geben eine Kontaktanzeige auf?

Überlegen Sie in aller Ruhe, was Sie anderen – ebenfalls qualifizierten – Mitbewerbern auf dem Arbeitsmarkt voraushaben. In der Regel wird es eine Frage des Stils sein. Erledigen Sie die Ihnen übertragenen Aufgaben gründlicher, schneller – oder was ist es sonst? Je besser Sie diese Fragen in einem Vorstellungsgespräch beantworten können, desto eher werden Sie eingestellt. Erwarten Sie nicht, dass der Arbeitsplatzanbieter Ihre Fähigkeiten errät. Seien Sie darauf vorbereitet zu sagen: »Dies ist es, was mich auszeichnet.«

Sie sollten sich also unbedingt gründlich über die Unternehmen informieren, bei denen Sie sich bewerben wollen. Finden Sie heraus, welche Aufgaben und Projekte im Mittelpunkt stehen, welche Bedürfnisse, Probleme und Herausforderungen damit verbunden sind. Welche Ziele werden verfolgt? Welche Hindernisse sind zu überwinden? Überlegen Sie sich dann, wie Sie bei der Verwirklichung der Unternehmensziele mithelfen können. Schließlich wollen Sie im Vorstellungsgespräch vor allem zeigen, dass Sie etwas anzubieten haben, was gebraucht wird.

Präzise sein

Weil gute Angestellte ebenso schwer zu finden sind wie gute Arbeitgeber, ist jeder Personalchef bestrebt, herausragende Bewerber an sein Unternehmen zu binden. Wichtig für Ihr (Selbst-)Bewusstsein: Mit Ihrer Initiative helfen Sie letztlich nicht nur sich selbst, sondern auch dem Unternehmer. Auch wenn es paradox klingt: Je weniger Sie versuchen, für alles offen zu sein, je präziser Sie Ihre Geschicklichkeit im Umgang mit Daten, Menschen und Werkzeugen beschreiben können, desto eher finden Sie einen Arbeitsplatz. Das ist genau das Gegenteil von dem, was die meisten Bewerber am Anfang ihrer Suche glauben.

Theoretisch ist Ihnen klar, was Fähigkeiten sind. Jetzt kommt es darauf an, Ihre eigenen Stärken zu entdecken. Gehören Sie zu den wenigen glücklichen Bewerbern, die ihre Fähigkeiten in Worte fassen können, dann schreiben Sie sie jetzt einfach auf und setzen Ihre Lieblingsbeschäftigung ganz oben auf die Liste. Wenn Sie aber Ihre Begabungen noch nicht kennen, dann werden Ihnen die folgenden Übungen weiterhelfen. Hier geht es darum, berufliche oder private Erfolge zu benennen und zu schildern, wie sie erreicht wurden.

Man kann zunächst einmal zwischen Grundfähigkeiten und besonderen Fähigkeiten unterscheiden. Grundfähigkeiten (Lesen, Schreiben, Rechnen usw.) sind die Basis unseres täglichen Lebens und werden im Wesentlichen in der Schule erlernt. Wir betrachten diese Fähigkeiten häufig als Selbstverständlichkeit.

Durch besondere Fähigkeiten (Techniken) unterscheiden wir uns von unseren Mitmenschen. Besondere Fähigkeiten sind zunächst einmal nichts anderes als spezielle Anwendungen unserer Grundfähigkeiten, um damit ganz bestimmte Ergebnisse zu erzielen. Diese Techniken müssen nicht einmal sonderlich komplex sein, sie sind sogar meist einfach zu beschreiben. Es wird Sie überraschen, wie viele besondere Fähigkeiten Sie haben. Aus besonderen Fähigkeiten ergeben sich Vorgänge, an die Sie sich voller Stolz erinnern, weil sie Ihnen Freude bereiteten. Hierbei spielt es keine Rolle, ob das Ergebnis auch andere überzeugen konnte. Normalerweise ergibt sich das eine aus dem anderen: Wenn Sie etwas gut können, wird es Ihnen auch Spaß machen. Spaß haben Sie an einer Sache, weil sie Ihnen leichtfällt. Fragen Sie sich daher zunächst einmal bei einer Sache oder Tätigkeit: »Macht mir das Spaß?« – und nicht: »Mache ich das gut?«

Was Spaß macht, fällt auch leicht

Sie müssen aufhören, ein schlechtes Gewissen zu haben, wenn Sie etwas gut können. Haben Sie keine Angst, Ihre Erfolgsgeschichten könnten als Prahlerei angesehen werden. Arbeitgeber wissen sehr wohl, dass Ihr Leistungspotenzial ohne Enthusiasmus niemals voll ausgeschöpft wird.

Was sind Ihre besten (und liebsten) Fähigkeiten? Wenn Sie diese Frage nicht beantworten können, hilft Ihnen vielleicht die folgende Liste von Verben, Ihre Begabungen zu beschreiben. Unterstreichen Sie zunächst die Wörter, die Ihre Stärken bezeichnen. Fügen Sie weitere Fähigkeiten hinzu, die Ihrer Meinung nach in der Liste fehlen. Überlegen Sie dann, in welchen Berufen diese Fähigkeiten gebraucht werden. Hüten Sie sich davor, aus Ihren Talenten gleich auf eine bestimmte Berufsrichtung zu schließen, denn diese können in vielen verschiedenen Berufen eingesetzt werden. Halten Sie sich zunächst noch alle Türen offen.

analysieren
anbieten
anbringen
anleiten
annähern
anpassen
anpreisen
anregen
anwerben
arrangieren
auflösen
aufnehmen
aufstellen
aufwerten
ausdehnen
ausdrücken
ausgraben
ausstellen
auswählen
bauen
beantworten
bedienen
beeinflussen
befragen
begreifen
behandeln
bekommen
beliefern
benutzen
beobachten
beraten
berichten
beschützen
bestellen
betreuen
bewerten
beziehen
darstellen
definieren
dekorieren
diagnostizieren
dienen
drucken
einführen
einordnen
einschätzen
einsetzen
einspringen
empfangen
empfehlen
entdecken
entscheiden
entwickeln
erfinden
erforschen
erhalten
erinnern
erklären
erstellen
erneuern
erreichen
erschaffen
erwerben
erzählen
fahren
festigen
feststellen
finanzieren
folgen
formen
formulieren
fotografieren
fühlen
führen
geben
gebrauchen
gestalten
gewinnen
großziehen
gründen
halten
heben
helfen
herausgeben
herausfinden
herausziehen
herstellen
hervorheben
identifizieren
illustrieren
improvisieren
informieren
inspizieren
integrieren
interviewen
kochen
komponieren
kommunizieren
kontrollieren
koordinieren
kritisieren
lehren
leiten
lernen
lesen
liefern
lösen
malen
manipulieren
meistern
motivieren
nachforschen
nähen
nehmen
organisieren
planen
programmieren
publizieren
rechnen
reden
rehabilitieren
reisen
reparieren
restaurieren
richten
riskieren
sammeln
schreiben
singen
sortieren
spielen
sprechen
steuern
systematisieren
tanzen
teilen
testen
trainieren
treffen
trennen
überblicken
übergeben
überprüfen
übersetzen
überwachen
überzeugen
umschreiben
unterhalten
unternehmen
unterrichten
unterstützen
verantworten
verarbeiten
verbalisieren
verbessern
verbinden
vereinen
vergrößern
verhandeln
verkaufen
verkleinern
versammeln
verschreiben
versöhnen
versorgen
verstärken
verstehen
vertreiben
vertreten
vervollständigen
verweisen
visualisieren
voraussagen
vorbereiten
vorführen
vorstellen
vorwegnehmen
wiederfinden
wiegen
zeichnen
zeigen
züchten
zuhören
zusammenbauen
zusammenfassen

Von ganz entscheidender Bedeutung: Ihre Persönlichkeit

»Jedes Problem in einem Unternehmen ist letztlich ein Personalproblem«, lässt uns Alfred Herrhausen, langjähriger Vorstandssprecher der Deutschen Bank, wissen und hat mit dieser Quintessenz absolut recht! Folglich ist es die Persönlichkeit, die Wesensart, die ganz entscheidend ist, wie erfolgreich jemand in seinem Job ist, wie er/sie an Aufgaben herangeht und diese gemeinsam mit anderen im und für das Unternehmen löst, wenn zunächst einmal die Ausgangsbasis, die Grundkompetenz stimmt.

Von Ihren Charaktereigenschaften hängt es vor allem ab, wie engagiert Sie an Aufgaben herangehen. Sie müssen deshalb Ihre persönlichen Qualitäten, die für potenzielle Arbeitgeber interessant sind, zunächst für sich herausfinden, um sie dann im Bewerbungsverfahren besonders herausstellen zu können.

Persönliche Stärken sind – im Gegensatz zu Fähigkeiten – Auslegungssache. Da es schwierig ist, sie in Worte zu fassen, sollten Sie genau überlegen, bevor Sie in Ihrem Lebenslauf oder im Vorstellungsgespräch auf persönliche Eigenschaften eingehen. Sprechen Sie aber unbedingt von Ihren Stärken – allerdings niemals in Form einer Liste wie »Ich betrachte mich als leistungsfähig, innovativ, engagiert ...«, sondern immer nur in Verbindung mit konkreten Leistungen, beispielsweise: »In der Marketingabteilung war ich an der erfolgreichen Entwicklung innovativer Verpackungen maßgeblich beteiligt.«

Persönliche Qualitäten

Positive Eigenschaften allein machen Sie nicht gleich zur Führungskraft. Dennoch sind es meist diejenigen, die bereit sind, über sich und ihre Stärken zu sprechen, die uns und andere inspirieren. Eigenschaften übrigens, auf die es sich immer hinzuweisen lohnt, sind Mut, Kreativität, Ausdauer, Anpassungsfähigkeit, Motivationskraft und Durchsetzungsvermögen.

Die Art und Weise, wie Sie an Aufgaben herangehen, ist für Arbeitgeber ebenfalls stets interessant. Man kann in diesem Zusammenhang auch von Temperament oder Charakterzügen sprechen. Arbeitgeber suchen Bewerber, die voller Energie sind, auf Details achten, sich gut mit Kollegen verstehen, Entschlossenheit zeigen, gut unter Druck arbeiten können, sympathisch, intuitiv, beharrlich, dynamisch und verlässlich sind.

Entdecken Sie Ihre Einzigartigkeit

Es ist enorm wichtig zu überlegen, was man richtig gut kann, welche Interessen und Bedürfnisse der Arbeitgeber hat und wie beides zueinanderpasst. Denn daran scheitert es leider oft bei Bewerbungen. Das Problem ist nicht die Form – obwohl die häufig verbesserungswürdig ist –, sondern der Inhalt. Wer sich bewirbt, kennt sich häufig selbst nicht gut genug und weiß nicht oder viel zu wenig, was er anzubieten hat.

In Ihrer besonderen Mischung aus Fähigkeiten, Anlagen, Interessen, Neigungen, Energie, Hingabe, Inspiration, Bereitschaft und Zielstrebigkeit sind Sie einzigartig. Vielleicht wissen Sie das bloß noch nicht. Leider sind sich die wenigsten Menschen darüber im Klaren. Eher herrscht doch bei den meisten das Gefühl vor: »Das kann ich nicht. Andere sind besser als ich.« Viel zu viele werden von ihren Schwächen kontrolliert, statt stolz auf sich und ihre Fähigkeiten zu sein.

Einzigartigkeit hat viele Formen und braucht keine Bestätigung von außen. Sie müssen nur bereit sein, sich selbst intensiv zu erforschen und das Ergebnis halbwegs (besser: angemessen) selbstsicher und stolz zu präsentieren. Schämen Sie sich nicht dafür, dass Sie etwas können. Weg mit falscher, anerzogener Bescheidenheit und einer Sie furchtbar behindernden Schüchternheit. Auch wenn Sie sich überhaupt nicht so fühlen: Tun Sie so, als ob Sie aus einer Position der Stärke heraus auftreten. Sie werden für viel stärker und fähiger gehalten, als Sie es sich je erträumt haben. Lernen Sie so, über das Bild hinauszuwachsen, das Sie von sich selbst haben, und nähern Sie sich den Eigenschaften, die Sie für andere wichtig, ja sogar wertvoll machen. Diese Selbstanalyse ist zwar ein schwieriger Teil Ihrer Arbeitssuche, aber durchaus zu bewältigen und bringt Sie wirklich voran!

Keine falsche Bescheidenheit

Was für ein Mensch bin ich?

Nennen Sie zum Einstieg in diesen Fragenkomplex jetzt innerhalb einer Minute ganz spontan drei Adjektive, die wichtige Merkmale Ihrer Persönlichkeit charakterisieren.

Ich bin:

1. ______________________________

2. ______________________________

3. ______________________________

Sind Sie mit Ihrer Wahl zufrieden? Beschreiben diese Adjektive wirklich zentrale Eigenschaften Ihrer Persönlichkeit? Können Sie diese spontane Auswahl einer anderen Person überzeugend vermitteln?

Um Ihnen den Einstieg in diese Thematik zu erleichtern, haben wir eine umfangreiche Liste von Persönlichkeitsmerkmalen zur Selbsteinschätzung zusammengestellt. Wenn Sie über die Frage »Was für ein Mensch bin ich?« früh genug nachdenken, festigen Sie Ihre psychische Ausgangsposition und damit Ihr Selbstbewusstsein in der konkreten Bewerbungssituation.

Denken Sie daran: Sie müssen bei dieser Selbstbeurteilungsliste nicht um jeden Preis »gut abschneiden« wollen, sich niemandem gegenüber rechtfertigen. Es geht allein um Ihre persönliche Einschätzung.

In einem zweiten Schritt können Sie später eine (oder besser mehrere) Person(en) Ihres Vertrauens bitten, die Adjektivliste ebenfalls auszufüllen. (Machen Sie am besten eine Kopie der Liste.) Auf diese Weise erhalten Sie wertvolle Hinweise darauf, wie andere Sie einschätzen. Der Vergleich beider Ergebnisse (Selbst- und Fremdbild) sollte Sie zum Nachdenken und Diskutieren anregen.

Die Wirkung auf andere

Vielleicht wirken Sie viel furchtloser, als Sie sich fühlen. Oder Sie halten sich nicht für besonders ordentlich, werden aber durchaus als gut organisiert wahrgenommen. Wenn Ihnen das übertrieben erscheint, warten Sie ab: Sie werden bestimmt ein paar kleine Überraschungen erleben. Für eine realistische Einschätzung bilden Sie hinterher einen Mittelwert. Nun aber erst einmal zu Ihrer Selbstbeurteilung.

Um die Ausprägung einzelner Persönlichkeitseigenschaften besser einschätzen zu können, gibt es für jedes Adjektiv eine Skala von 1 bis 7. Die Extrempole sind 7 (sehr stark ausgeprägt) und 1 (kaum vorhanden).

Falls Sie zu den einzelnen Eigenschaften Fragen haben, nicht sicher sind, wie ein Begriff gemeint oder was darunter zu verstehen ist, entscheiden Sie bitte nach Ihrem persönlichen Verständnis.

Wie schätzen Sie sich ein? Kreuzen Sie bei jeder der folgenden Eigenschaften an, wie ausgeprägt diese Ihrer Meinung nach auf einer Skala von 1 (nicht oder nur ganz minimal) bis 7 (wirklich sehr stark) bei Ihnen ist:

7 = sehr stark ausgeprägt
6 = deutlich ausgeprägt
5 = ausgeprägt/vorhanden
4 = teils/teils
3 = weniger ausgeprägt/vorhanden
2 = kaum noch vorhanden
1 = nicht oder nur ganz schwach vorhanden

sympathisch	1	2	3	4	5	6	7	zuverlässig	1	2	3	4	5	6	7
vertrauenswürdig	1	2	3	4	5	6	7	freundlich	1	2	3	4	5	6	7
vorsichtig	1	2	3	4	5	6	7	glücklich	1	2	3	4	5	6	7
lernbereit	1	2	3	4	5	6	7	nervös	1	2	3	4	5	6	7
lernfähig	1	2	3	4	5	6	7	rechthaberisch	1	2	3	4	5	6	7
vertrauensvoll	1	2	3	4	5	6	7	ordnungsliebend	1	2	3	4	5	6	7
leistungsorientiert	1	2	3	4	5	6	7	ehrlich	1	2	3	4	5	6	7
sorgfältig	1	2	3	4	5	6	7	loyal	1	2	3	4	5	6	7
aufgeschlossen	1	2	3	4	5	6	7	schwermütig	1	2	3	4	5	6	7
belastbar	1	2	3	4	5	6	7	begeisterungsfähig	1	2	3	4	5	6	7
ausdauernd	1	2	3	4	5	6	7	intrigant	1	2	3	4	5	6	7
zufrieden	1	2	3	4	5	6	7	ordentlich	1	2	3	4	5	6	7
aggressiv	1	2	3	4	5	6	7	wählerisch	1	2	3	4	5	6	7
konformistisch	1	2	3	4	5	6	7	hartnäckig	1	2	3	4	5	6	7
dominant	1	2	3	4	5	6	7	entscheidungsfreudig	1	2	3	4	5	6	7
gerecht	1	2	3	4	5	6	7	spontan	1	2	3	4	5	6	7
verlässlich	1	2	3	4	5	6	7	praktisch	1	2	3	4	5	6	7
wankelmütig	1	2	3	4	5	6	7	beherrscht	1	2	3	4	5	6	7
zielstrebig	1	2	3	4	5	6	7	risikobereit	1	2	3	4	5	6	7
geduldig	1	2	3	4	5	6	7	selbstsicher	1	2	3	4	5	6	7
gehemmt	1	2	3	4	5	6	7	sensibel	1	2	3	4	5	6	7
vital	1	2	3	4	5	6	7	selbstständig	1	2	3	4	5	6	7
zweifelnd	1	2	3	4	5	6	7	offen	1	2	3	4	5	6	7
kompetent	1	2	3	4	5	6	7	willensstark	1	2	3	4	5	6	7
flexibel	1	2	3	4	5	6	7	zurückgezogen	1	2	3	4	5	6	7
aktiv	1	2	3	4	5	6	7	misstrauisch	1	2	3	4	5	6	7
wagemutig	1	2	3	4	5	6	7	leidenschaftlich	1	2	3	4	5	6	7
gefühlsbetont	1	2	3	4	5	6	7	unkompliziert	1	2	3	4	5	6	7
anspruchsvoll	1	2	3	4	5	6	7	fortschrittlich	1	2	3	4	5	6	7
passiv	1	2	3	4	5	6	7	überzeugungsstark	1	2	3	4	5	6	7
liebenswert	1	2	3	4	5	6	7	zwanghaft	1	2	3	4	5	6	7
gefühlsorientiert	1	2	3	4	5	6	7	verständnisvoll	1	2	3	4	5	6	7
impulsiv	1	2	3	4	5	6	7	kontaktfähig	1	2	3	4	5	6	7
durchsetzungsfähig	1	2	3	4	5	6	7	vorlaut	1	2	3	4	5	6	7
furchtsam	1	2	3	4	5	6	7	schlagfertig	1	2	3	4	5	6	7
sachorientiert	1	2	3	4	5	6	7	gründlich	1	2	3	4	5	6	7
fordernd	1	2	3	4	5	6	7	schüchtern	1	2	3	4	5	6	7
höflich	1	2	3	4	5	6	7	kreativ	1	2	3	4	5	6	7
autoritär	1	2	3	4	5	6	7	erfinderisch	1	2	3	4	5	6	7
pflichtbewusst	1	2	3	4	5	6	7	selbstbewusst	1	2	3	4	5	6	7
verantwortungsbewusst	1	2	3	4	5	6	7	introvertiert	1	2	3	4	5	6	7

extravertiert	1	2	3	4	5	6	7	herzlich	1	2	3	4	5	6	7
anpassungsfähig	1	2	3	4	5	6	7	ruhig	1	2	3	4	5	6	7
humorvoll	1	2	3	4	5	6	7	kompromissbereit	1	2	3	4	5	6	7
konservativ	1	2	3	4	5	6	7	tolerant	1	2	3	4	5	6	7
präzise	1	2	3	4	5	6	7	zuhörbereit	1	2	3	4	5	6	7
besorgt	1	2	3	4	5	6	7	selbstkritisch	1	2	3	4	5	6	7
nachdenklich	1	2	3	4	5	6	7	kränkbar	1	2	3	4	5	6	7
kooperativ	1	2	3	4	5	6	7	hilfsbereit	1	2	3	4	5	6	7
unerschütterlich	1	2	3	4	5	6	7	einfühlsam	1	2	3	4	5	6	7
problembewusst	1	2	3	4	5	6	7	gelassen	1	2	3	4	5	6	7
beliebt	1	2	3	4	5	6	7	unparteiisch	1	2	3	4	5	6	7
vernünftig	1	2	3	4	5	6	7	gütig	1	2	3	4	5	6	7
teamfähig	1	2	3	4	5	6	7	selbstironisch	1	2	3	4	5	6	7
ausgeglichen	1	2	3	4	5	6	7	unberechenbar	1	2	3	4	5	6	7
kommunikationsfähig	1	2	3	4	5	6	7	sarkastisch	1	2	3	4	5	6	7
integrationsfähig	1	2	3	4	5	6	7	genügsam	1	2	3	4	5	6	7

Ihnen ist sicherlich aufgefallen, dass positive und negative Eigenschaften aufgeführt sind. Sympathisch und aktiv möchte jeder sein, rechthaberisch und aggressiv sicherlich niemand. Bei anderen Adjektiven ist die Beurteilung schwieriger. Für einen Leuchtturmwärter ist »sehr stark zurückgezogen« sicherlich kein Berufshindernis, ein Reporter dagegen läge mit der gleichen Eigenschaft bei seiner Bewerbung ziemlich daneben.

Falls Sie in der Liste bestimmte Adjektive vermisst haben, schreiben Sie diese einfach darunter.

Schauen Sie sich alle Adjektive an, die eine deutlich herausgehobene Bewertung bekommen haben (bei dem einen ist es 1 bzw. 7, andere neigen dazu, die Ränder zu meiden und selten mehr als 2 bzw. 6 anzukreuzen). Auf wie viele Adjektive trifft eine deutlich herausgehobene Bewertung zu? Sind es 5 oder 15 oder vielleicht sogar 25? Sehr wahrscheinlich ist, dass Sie sowohl im hohen als auch im niedrigen Zahlenbereich einige Adjektive angekreuzt haben.

Am besten, Sie bilden, indem Sie für jedes Adjektiv eine einzelne Karteikarte anlegen, Gruppen von Eigenschaften (Adjektiven), beispielsweise für fünf Adjektive mit 1-Markierung, für drei mit 7. Anschließend versuchen Sie, inhaltliche Zusammenhänge zwischen den einzelnen Adjektiven herzustellen. Finden Sie Überschriften, denen Sie dann die Karteikarten entsprechend zuordnen.

Angenommen, Sie haben sich für die folgenden »7-Ankreuzungen« entschieden: sorgfältig, verlässlich, pflichtbewusst, verantwortungsbewusst, ordentlich, dann passen diese fünf Adjektive gut unter die Rubrik »preußische Tugenden«. Lauten Ihre »1-Ankreuzungen« unordentlich, spontan, fortschrittlich, werden hiermit Ihre sogenannten preußischen Tugenden eher ergänzt und bestätigt. Auch wenn diese Tugenden auf Arbeitgeberseite weiterhin gern gesehen sind, gibt es für Sie sicherlich noch andere herausragende Beschreibungsmerkmale.

Neues Selbstbewusstsein

Ziel dieser Übung war es vor allem, ein besseres (weil präziseres) Selbstbild in der Vorbereitung auf Ihre Bewerbung zu entwickeln. Wer die Ergebnisse anschließend mit dem Partner, mit Freunden oder Bekannten durchspricht, entwickelt eine neue verbale Kompetenz und (im doppelten Sinn) neues Selbstbewusstsein, wenn es darum geht, sich in der Bewerbungssituation erfolgreich zu präsentieren.

In einem weiteren Schritt sollten Sie sich nun mit folgenden Fragen auseinandersetzen: Welche Eigenschaften sind wichtig für den Arbeitsplatz, um den ich mich bewerbe? Wonach werden mich Firmenchefs fragen und wie stellen diese sich den idealen Stelleninhaber vor? Gehen Sie die Liste jetzt nur unter diesem Aspekt ein zweites Mal durch und kreuzen Sie (mit einem farbigen Stift) die Eigenschaften an, die für den von Ihnen angestrebten Arbeitsplatz etwa aus Arbeitgebersicht besonders wichtig sind.

Ein Vergleich von Selbstbild, Fremdbeurteilung und Anforderungsprofil gibt weitere Aufschlüsse und Hinweise, auch im Hinblick auf die nötige Anpassungsleistung, die in jeder Bewerbungssituation erbracht werden muss.

Stärken und Schwächen

Wenn Sie sich jetzt Gedanken über Ihre Stärken und Schwächen machen, sind Sie vor möglichen »Fallgruben« in Vorstellungsgesprächen geschützt und auf unangenehme Fragen schon recht gut vorbereitet. Denken Sie ruhig über Ihre Schwächen nach, damit Sie erkennen, wo Sie noch an sich arbeiten müssen: Selbstkontrolle, Weiterbildung, Hilfe von außen zulassen können … Aber verheddern Sie sich nicht. Viel wichtiger als Ihre Schwächen sind Ihre Stärken. Es kann allerdings nicht schaden, sich gelegentlich mit seinen Schwächen auseinanderzusetzen und sich vielleicht sogar mit ihnen zu versöhnen. Schauen Sie sich das folgende Beispiel an, bevor Sie eine eigene Liste aufstellen:

Stärken

1. Gutes Zahlenverständnis
2. Fähigkeit, mehrere Dinge parallel zu erledigen
3. Gut im Umgang mit Menschen
4. Kann anderen komplexe Zusammenhänge erklären
5. Lerne schnell

Schwächen

1. Ungeduldig – alles muss schnell gehen
2. Manchmal zu bescheiden
3. Nehme die Karriere nicht wichtig genug
4. Angst, Risiken einzugehen
5. Bin zu ehrgeizig

Würde dieser Bewerber in einem Vorstellungsgespräch nach seinen Schwächen gefragt, könnte er ohne allzu viel Zögern Ungeduld und Bescheidenheit nennen, denn beide Eigenschaften lassen sich auch als Stärke auslegen. Ungeduld bedeutet unter anderem, dass er seine Arbeit schnell erledigt und Verspätungen hasst. Bescheidenheit kann als Hinweis darauf gewertet werden, dass er nicht den ganzen Tag durch die Abteilungen marschieren wird, um allen zu erzählen, was für ein toller Hecht er ist.

Im Bewerbungsgespräch sollte er aber unbedingt von seinen Stärken sprechen. Ein Mitarbeiter, der komplexe Dinge und Sachverhalte gut erklären kann, verschiedene Arbeitsabläufe geschickt miteinander verbindet und schnell lernt, wird immer gebraucht und ist beinahe überall einzusetzen.

Lassen Sie sich von Ihren Schwächen nicht entmutigen. Es gibt niemanden ohne Schwächen. Wer sich seine Unvollkommenheit eingesteht, ist auf dem richtigen Wege. Vielleicht werden Sie sogar feststellen können, dass die eine oder andere vermeintliche Schwäche häufig nichts anderes als eine übertriebene Stärke ist. Denken Sie über Ihre Schwächen nach und wandeln Sie sie nach Möglichkeit in Stärken um.

Stärken	**Schwächen**
Strebt nach guter Leistung	Verlangt Perfektion
Bescheiden	Licht unter den Scheffel stellen
Führungsqualitäten	Kommandiert herum
Schnell	Impulsiv
Geht Risiken ein	Ist ein Spieler
Sparsam	Geizig
Beharrlich	Anmaßend
Gut im Verhandeln	Kompromisse eingehen
Auf Details achtend	Zwanghaftes Verhalten

Die folgende Selbstbeurteilungsskala wird Ihnen dabei helfen, Ihren persönlichen Standort detailliert zu bestimmen. Auf den nächsten Seiten finden Sie eine umfangreiche Liste von Kompetenzmerkmalen. Wie schätzen Sie sich selbst bezüglich der aufgeführten Fähigkeiten ein? Wie ist es etwa um Ihre Leistungsbereitschaft bestellt? Sie haben sicherlich eine Vorstellung davon, was allgemein unter diesem Begriff verstanden wird.

Und wieder: Wie stark, glauben Sie, ist Leistungsbereitschaft bei Ihnen ausgeprägt? Es geht allein um Ihre persönliche Einschätzung. Die brauchen Sie mit niemandem zu diskutieren. Sie müssen sich also für Ihre Einschätzung nicht rechtfertigen.

Um die einzelnen Merkmale einschätzen zu können, gibt es wieder eine Skala von 1 bis 7. Die Extrempole sind 7 (= sehr stark ausgeprägt bzw. vorhanden) und 1 (sehr schwach ausgeprägt, kaum oder gar nicht vorhanden). Zur Übersicht:

7 = sehr stark ausgeprägt
6 = deutlich ausgeprägt
5 = ausgeprägt/vorhanden
4 = teils/teils
3 = weniger ausgeprägt/vorhanden
2 = kaum noch vorhanden
1 = nicht oder nur ganz schwach vorhanden

Merkmalgruppe 1

Sensibilität	1	2	3	4	5	6	7	Überzeugungspotenzial	1	2	3	4	5	6	7
Fähigkeit, zuzuhören	1	2	3	4	5	6	7	Begeisterungsfähigkeit	1	2	3	4	5	6	7
Kontaktfähigkeit	1	2	3	4	5	6	7	Durchsetzungsfähigkeit	1	2	3	4	5	6	7
Aufgeschlossenheit	1	2	3	4	5	6	7	Motivationsfähigkeit	1	2	3	4	5	6	7
Teamorientierung	1	2	3	4	5	6	7	sprachliches Ausdrucksvermögen	1	2	3	4	5	6	7
Kooperationsfähigkeit	1	2	3	4	5	6	7	schriftliches Ausdrucksvermögen	1	2	3	4	5	6	7
Anpassungsfähigkeit	1	2	3	4	5	6	7	rhetorische Fähigkeiten	1	2	3	4	5	6	7
Kompromissbereitschaft	1	2	3	4	5	6	7	Teamfähigkeit	1	2	3	4	5	6	7
Diplomatie	1	2	3	4	5	6	7	Anpassungsbereitschaft	1	2	3	4	5	6	7
Verhandlungsgeschick	1	2	3	4	5	6	7	soziale Kompetenz	1	2	3	4	5	6	7
Integrationsvermögen	1	2	3	4	5	6	7	Kommunikations-fähigkeit	1	2	3	4	5	6	7

Merkmalgruppe 2

Zielstrebigkeit	1	2	3	4	5	6	7	Zuverlässigkeit	1	2	3	4	5	6	7
Selbstbewusstsein	1	2	3	4	5	6	7	Toleranz	1	2	3	4	5	6	7
Verantwortungs-bewusstsein	1	2	3	4	5	6	7	Unerschrockenheit	1	2	3	4	5	6	7
Kritikfähigkeit	1	2	3	4	5	6	7	Bereitschaft zur Übernahme von Verantwortung	1	2	3	4	5	6	7
Selbstbeherrschung	1	2	3	4	5	6	7								

Merkmalgruppe 3

Risikobereitschaft	1	2	3	4	5	6	7	Belastbarkeit	1	2	3	4	5	6	7
Entscheidungsfähigkeit	1	2	3	4	5	6	7	Stresstoleranz	1	2	3	4	5	6	7
Sicherheitsdenken	1	2	3	4	5	6	7	Lebensfreude	1	2	3	4	5	6	7
Delegationsbereitschaft	1	2	3	4	5	6	7	Flexibilität	1	2	3	4	5	6	7
Delegationsfähigkeit	1	2	3	4	5	6	7	Repräsentations-vermögen	1	2	3	4	5	6	7

Merkmalgruppe 4

Arbeitsmotivation / -wille	1	2	3	4	5	6	7	Durchhaltevermögen	1	2	3	4	5	6	7
Tatkraft	1	2	3	4	5	6	7	Durchsetzungsvermögen	1	2	3	4	5	6	7
Führungsmotivation / -wille / -fähigkeit	1	2	3	4	5	6	7	Frustrationstoleranz	1	2	3	4	5	6	7
Eigeninitiative	1	2	3	4	5	6	7	Erfolgsorientierung	1	2	3	4	5	6	7
Autonomie	1	2	3	4	5	6	7	Tatkraft	1	2	3	4	5	6	7
Durchsetzungsvermögen	1	2	3	4	5	6	7	Vitalität	1	2	3	4	5	6	7
Selbstvertrauen	1	2	3	4	5	6	7	Leistungsbereitschaft	1	2	3	4	5	6	7
Ehrgeiz	1	2	3	4	5	6	7	Idealismus	1	2	3	4	5	6	7
Zielstrebigkeit	1	2	3	4	5	6	7	Identifikationsbereitschaft mit Unternehmen / Institution	1	2	3	4	5	6	7

Merkmalgruppe 5

Autonomie	1	2	3	4	5	6	7	Stresstoleranz	1	2	3	4	5	6	7
Selbstständigkeit	1	2	3	4	5	6	7	Ausdauer	1	2	3	4	5	6	7
Verantwortungsbewusstsein	1	2	3	4	5	6	7	Belastbarkeit	1	2	3	4	5	6	7
Unabhängigkeit	1	2	3	4	5	6	7	Geduld	1	2	3	4	5	6	7
Zuverlässigkeit	1	2	3	4	5	6	7	Pflichtbewusstsein	1	2	3	4	5	6	7
Selbstdisziplin	1	2	3	4	5	6	7	Loyalität	1	2	3	4	5	6	7

Merkmalgruppe 6

analytisches Denken	1	2	3	4	5	6	7	kombinatorisches Denken	1	2	3	4	5	6	7
konzeptionelles Planen	1	2	3	4	5	6	7	effiziente Arbeitsorganisation	1	2	3	4	5	6	7
planvolles Vorgehen	1	2	3	4	5	6	7	Entscheidungsvermögen	1	2	3	4	5	6	7

Merkmalgruppe 7

Kosten-Nutzen-Bewusstsein	1	2	2	4	5	6	7	gesunder Materialismus	1	2	3	4	5	6	7
unternehmerisches Denken	1	2	2	4	5	6	7	physische Fitness	1	2	3	4	5	6	7
systematische Arbeitsorganisation	1	2	2	4	5	6	7	gesundheitliches Wohlbefinden	1	2	3	4	5	6	7
Zieldefinitionsfähigkeit	1	2	2	4	5	6	7	psychische Konstitution	1	2	3	4	5	6	7
Arbeitseffizienz	1	2	2	4	5	6	7	Selbstkontrollfähigkeiten	1	2	3	4	5	6	7

Auswertung

Welche 7- bzw. 1-Ankreuzungen haben Sie in den folgenden Merkmalgruppen vorgenommen? Bitte tragen Sie diese ein.

Sollten Sie die Extrempositionen (7, 1) vermieden haben (weniger als fünfmal), verwenden Sie die 6- bzw. 2-Ankreuzwerte.

In der Merkmalgruppe 1
Persönlichkeit / Kommunikationsfähigkeit / soziale Kompetenz:

In der Merkmalgruppe 2
Selbstständigkeit:

In der Merkmalgruppe 3
Entscheidungsverhalten:

In der Merkmalgruppe 4
Leistungsmotivation:

In der Merkmalgruppe 5
Selbstkontrollfähigkeit / Aktivitätspotenzial:

In der Merkmalgruppe 6
Systematisch-zielorientiertes Denken und Handeln:

In der Merkmalgruppe 7
Wichtige allgemeine Merkmale:

Nachdem Sie diese Liste bearbeitet haben: Gibt es Merkmale, die Sie vermisst haben und um die Sie die Liste erweitern möchten? Würden diese neuen, von Ihnen beigesteuerten Fähigkeiten eher die Bewertung 7 oder 1 bekommen? Was fällt Ihnen zu einzelnen Merkmalen, was zu den Merkmalgruppen insgesamt ein? Wo liegen Ihre Stärken, wo Ihre Schwächen? Welche Botschaft lässt sich aus Ihren positiven Fähigkeiten für Ihren Kunden, den potenziellen Arbeitgeber, formulieren? Mit welchen Defiziten müssen Sie sich ernsthaft auseinandersetzen, wenn Sie Ihre Dienstleistung erfolgreich vermarkten wollen? Welche Schwächen können Sie getrost vernachlässigen?

Im nächsten Schritt sollten Sie jetzt mit einem andersfarbigen Stift jeweils die Qualifikationsmerkmale markieren, von denen Sie glauben, dass sie von Arbeitgebern Ihres Wunschbereichs erwartet und für wichtig gehalten werden. Der Vergleich dieser beiden Profile (Selbstbild/imaginäres Idealbild; Markierungen durch eine Linie verbinden) wird Sie wiederum zum Nachdenken anregen.

Bitten Sie dann ausgewählte Personen Ihrer Umgebung, Sie einzuschätzen. Der Vergleich beider Profile (Selbst- und Fremdbild) wird Ihnen weitere Denkanstöße geben. Auch hier gilt: Sollten Sie die Extrempositionen (7, 1) in Ihren Ankreuzungen vermieden haben (weniger als fünfmal), müssen Sie zwangsläufig die 6- bzw. 2-Ankreuzwerte verwenden.

Selbst- und Fremdbild

Der Vorteil der Bearbeitung dieser Qualifikations-Merkmalliste besteht wie bei der ersten Adjektivliste in einem verbesserten Selbstbewusstsein über die eigenen Fähigkeiten. Nutzen Sie die Gelegenheit, an den im Selbst- oder Fremdbild sichtbar gewordenen Defiziten zu arbeiten.

Nach dieser Übung sind Sie sicher in der Lage, etwa fünf positive, aber auch möglicherweise drei bis fünf defizitäre Merkmale zu benennen, die Ihre Fähigkeiten, Ihr Können und Nichtkönnen zutreffend beschreiben.

Und wieder: Lernziel Selbstdarstellung

Nicht ohne Grund tun wir uns schwer, wenn wir uns selbst positiv darstellen sollen oder wenn wir gebeten werden, von unseren Qualitäten und herausragenden Leistungen zu sprechen. Das Erziehungsmotto »Eigenlob stinkt« beinhaltet oft eine uns antrainierte Bescheidenheit und stets auferlegte Zurückhaltung, was sich in der Bewerbungssituation häufig in Form von mangelndem Selbstwertgefühl zeigt.

Wir alle kennen das Phänomen: Für eine fremde Sache oder andere Personen können wir uns viel besser engagieren sowie deren Interessen deutlich erfolgreicher vertreten als unsere eigenen Belange. So versagen oft auch nachweislich erfolgreiche Top-Führungskräfte, wenn es darum geht, die eigenen Qualitäten und Leistungen in der Prüfungssituation Bewerbung auf den Punkt zu bringen und überzeugend darzustellen.

Und noch ein weiterer Gedanke: Sie werden uns zustimmen, dass die Formulierung einer Heiratsannonce oder das Antwortschreiben auf eine solche eine heikle Sache ist. Heikel nicht etwa im moralischen Sinne, sondern wirklich schwierig, weil dieses Unterfangen zeitaufwendig ist, wenn Mann/Frau seiner eigenen Person gerecht werden und damit auch Erfolg haben will.

Nicht viel anders verhält es sich bei der Gestaltung des Bewerbungsanschreibens, insbesondere des Lebenslaufes. Dabei steht außer Zweifel, dass jeder Mensch im persönlichen wie im beruflichen Bereich Qualitäten besitzt. Die Frage ist nur, ob Sie diese wirklich kennen und in der schriftlichen Bewerbung angemessen darstellen können, sodass Ihr Gegenüber, der Leser Ihrer Bewerbungsunterlagen, Interesse an Ihrer Person bekommt, verbunden mit dem Wunsch, Sie persönlich kennenzulernen.

Neue Form der Selbstdarstellung

Sie kommen also höchstwahrscheinlich nicht darum herum, eine neue Form der Selbstdarstellung zu erlernen. Für die Bewerbungssituation oder den Arbeitsplatzwechsel gelten spezielle Spielregeln und Kommunikationsformen. Gerade in dieser Situation ist es jetzt besonders notwendig, sich selbst erfolgreich zu vermarkten.

Ein wichtiger Aspekt für Ihre weitere berufliche Zukunft ist also das Erlernen von speziellen Bewerbungstechniken und-strategien, um die eigenen Interessen und Ziele durchzusetzen. Gut verpackt ist jede Ware attraktiver für den Kunden. Das gilt insbesondere für die Ware Arbeitskraft.

Begabungen und Eigenschaften

Diese Fähigkeiten können sich auf Ihr Berufs- oder auf das Privatleben beziehen. Es handelt sich hierbei um Dinge, die Sie in der Schule oder beruflich gelernt oder die Sie sich selbst angeeignet haben. Es kommt nur darauf an, dass durch den Einsatz dieser Techniken messbare Ergebnisse erzielt werden.

»Briefe auf dem Computer erstellen« ist eine besondere Fähigkeit, denn das Ergebnis (der Brief) ist sichtbar. Das gilt auch für »Brücken bauen«, »Verkaufskampagnen entwickeln«, »Pflanzen züchten« und »Spendengelder auftreiben«. Am einfachsten lernen Sie Ihre besonderen Fähigkeiten kennen, indem Sie zunächst Ihre Grundfähigkeiten ermitteln und diese anschließend genauer beschreiben. Beim Beispiel »Schreiben« kann das folgendermaßen aussehen:

Berichte schreiben *Briefe schreiben* *Geschichten schreiben*
Arbeitszeugnisse schreiben *Reiseberichte schreiben*

Um einen guten Überblick über Ihre besonderen Fähigkeiten zu bekommen, sollten Sie aus der Liste der Fähigkeiten die zehn auswählen, in denen Sie sich am sichersten fühlen. Gehen Sie dann folgendermaßen vor:

1. Finden Sie andere Ausdrücke, die mit der jeweiligen Fähigkeit vergleichbar sind, und schreiben Sie diese auf.
2. Notieren Sie wenigstens fünf mögliche oder bereits realisierte Einsatzmöglichkeiten für Ihre besonderen Fähigkeiten.
3. Beenden Sie die Übung nicht, bis Sie nicht wenigstens 50 Beispiele gefunden haben. Wählen Sie dann die 25 Fähigkeiten aus, mit denen Sie sich am ehesten identifizieren können, schreiben Sie alle auf eine Liste und entscheiden Sie für jede einzelne Fähigkeit, welche der folgenden Aussagen zutreffen:

- Es würde mir Spaß machen, diese Fähigkeit einzusetzen.
- Diese Fähigkeit ist eine meiner besonderen Stärken.
- Ich verfüge über berufliche oder private Erfahrungen mit dieser Fähigkeit in einem bestimmten Bereich.
- Dies ist etwas, das ich weiter ausbauen will und kann.

Beispiel

Grundfähigkeit: Andere führen

Andere Möglichkeiten, dies zu beschreiben: Beaufsichtigen – steuern – Leute organisieren – andere anleiten – beraten

Wie ich diese Fähigkeiten am liebsten einsetzen würde:

- den Aufbau einer neuen Bibliothek beaufsichtigen
- die Aktivitäten zum Eintreiben von Geldern für eine Wahlkampagne steuern
- einen Fußballverein organisieren
- eine Kirchengruppe beim Sammeln von Geld für die neue Orgel anleiten
- junge Menschen bei der Berufswahl beraten

So weit, so gut. Sie haben nun einen Grundstock von Fähigkeiten, die Sie potenziellen Arbeitgebern anbieten können. Sie wissen nun besser, was Sie wirklich können. Darüber hinaus wird es Ihnen jetzt leichter fallen, Ihr Leistungsvermögen in Worte zu fassen. Es ist wichtig, dass Sie die neuen Erkenntnisse jetzt aufschreiben.

Wenn Sie Außergewöhnliches leisten, nehmen Ihre Mitmenschen Notiz davon. Wer eine neue Stelle sucht, muss durch Leistung auffallen. Im Folgenden geht es darum, Ihre Fähigkeiten aufzudecken und diese zunächst in Bewusstsein und dann in Handlungen umzusetzen.

Sie wissen: Ihre Leistungen sind der Schlüssel für die Erstellung Ihres Lebenslaufes sowie die Basis für das erfolgreiche Absolvieren von Vorstellungsgesprächen und damit für die Eroberung des gewünschten Arbeitsplatzes.

Ihre Erfolge

Wir kaufen etwas, wenn wir überzeugt sind, dass wir es brauchen, und dieses Marketingprinzip gilt auch für den Arbeitsmarkt. Ein Arbeitgeber wird sich nur für Sie interessieren, wenn er von Ihren früheren Erfolgen und jetzigen Plänen für die Zukunft beeindruckt ist und sich davon etwas verspricht.

Es geht um Ihre besonderen Erfolge, große und auch kleine, kurzum das, was Sie persönlich erreicht haben: die Verbesserung einer Situation, die Lösung eines Problems oder ein materieller oder geistiger Gewinn.

In der Liste Ihrer Leistungen sollten Sie Ihre gesamte schulische und berufliche Laufbahn berücksichtigen. Denken Sie an jedes Ereignis, das von anderen bewundert wurde oder auf das Sie stolz waren. Ihre Liste muss möglichst lang sein und sollte die entsprechenden Hinweise für die folgenden Aufgaben enthalten.

Überlegen Sie zunächst, welche Fähigkeiten Sie erfolgreich machten. Anschließend benutzen Sie diese Erfolge als Bausteine für Ihre Bewerbungsunterlagen. Am Ende müssen Sie sich noch überlegen, wie Sie Ihre Leistungen am geschicktesten im Vorstellungsgespräch verkaufen, aber dazu später mehr (s. S. 437).

Erinnern Sie sich an Ihren ersten Job. Vielleicht haben Sie in den Schulferien gearbeitet, um Ihr Taschengeld aufzubessern. Ziehen Sie für Ihre Liste jede Arbeit in Betracht, die Sie im Laufe Ihres Lebens ausgeübt haben.

Ihre Liste beruflicher Erfolge sollte Situationen wie die folgenden beinhalten:

- Sie lösten ein Problem oder bewährten sich in einer Ausnahmesituation.
- Sie haben etwas erschaffen oder gebaut.
- Sie entwickelten eine Idee.
- Sie zeigten Führungsqualitäten, als man Sie herausforderte.
- Sie hielten sich an spezielle Anweisungen und erreichten das Ziel.
- Sie erkannten ein besonderes Bedürfnis und befriedigten es.
- Sie haben aktiv zu einer Entscheidung oder einem Wechsel beigetragen.
- Sie steigerten den Gewinn oder reduzierten die Kosten.
- Sie halfen jemandem, sein Ziel zu erreichen.
- Sie sparten Zeit und Geld.

Im Einzelnen:

1. Wo lag das Problem?
2. Wie lösten Sie es?
3. Welche Fähigkeiten setzten Sie ein?
4. Welchen Vorteil hatten Sie?
5. Wie profitierte Ihr Unternehmen?

Wodurch wurde der Erfolg erzielt?

- Einsatz
- Einsparungen
- Gewinne
- Umsatz
- Effektivität
- Neue Aufträge
- Bewältigung einer schwierigen Situation
- Kreativität
- Spitzenleistungen
- Erfindungen
- Entdeckungen
- Unterrichten
- Restrukturieren

Welche Leistungen führten Sie zum Erfolg?

- Leistungssteigerung
- Zeitersparnis
- Bessere Gestaltung von Produkten
- Verbesserung des Betriebsklimas
- Gesteigerte Zuverlässigkeit
- Abfallreduzierung
- Bessere Arbeitsbedingungen
- Neue Talente für das Unternehmen finden
- Erschließung neuer Märkte

Beim Auflisten Ihrer Leistungen sollten Sie versuchen, zunächst so weit wie möglich ins Detail zu gehen. Es gibt unzählige mögliche Themen. Beschreiben Sie, wie Sie ein neues Produkt entwickelten, eine Filiale eröffneten, eine Abteilung leiteten, Ihre Kollegen motivierten oder EDV-Probleme lösten. Als Berufseinsteiger können Sie zum Beispiel darstellen, wie Sie Ihre Wohnung renovierten oder ein neues Auto kauften. Bei der Themenwahl sind Ihrer Fantasie keine Grenzen gesetzt.

Berücksichtigen Sie in Ihrer »Erfolgsgeschichte« unbedingt die folgenden Punkte:

- Das Ziel, das Sie erreichen wollten: »Ich brauchte ein anderes Auto.«
- Ein Hindernis, das sich Ihnen in den Weg stellte: »Als Student konnte ich mir keinen Neuwagen leisten.«

- Schilderung Ihres Vorgehens, Schritt für Schritt: »Ich bat einen Freund, der Automechaniker ist, mich beim Kauf zu beraten. Wir schauten in die Autobeilage der Zeitung und wählten verschiedene Angebote aus.«
- Beschreibung des Resultats: »Ich entschied mich letztlich für ein vier Jahre altes Modell, mit dem ich bis heute sehr zufrieden bin.«
- Eine messbare Angabe zur Leistung: »Im Vergleich zu einem Neuwagen sparte ich 10.000 Euro.«

Beschreiben Sie den Vorgang so genau wie möglich, denn dann lassen sich aus Ihren Erfolgsberichten übertragbare Fähigkeiten ableiten. So zögert der Autokäufer in unserem Beispiel nicht, andere zurate zu ziehen, weil er sich davon ein besseres Ergebnis verspricht – eine Eigenschaft, die Arbeitgeber interessieren wird, denn es gibt zu viele Angestellte, die aus falschem Stolz oder aus Angst, Schwächen einzugestehen, sich lieber allein »durchwursteln«, als andere um Hilfe zu bitten. Wenn es Ihnen im Vorstellungsgespräch gelingt, Ihre Fähigkeiten glaubhaft darzustellen, kann das den Ausschlag dafür geben, dass man Ihnen den Job anbietet.

Hinter jeder Ihrer Leistungsbeschreibungen stehen genau die Fähigkeiten, die Sie ans Ziel brachten. Wenn Sie Ihre Erfolge schildern, zeigen Sie dem potenziellen Arbeitgeber, wie Sie mit Ihren Fähigkeiten an Aufgaben in seinem Betrieb herangehen würden. Sie vermitteln ihm einen Eindruck, was er von Ihnen erwarten kann, falls er Sie einstellt.

Leistungswille

Berücksichtigen Sie auch Fähigkeiten, die Sie bisher nicht als Gelderwerbsquellen angesehen haben. Vielleicht bauen Sie mit Vergnügen Dinge zusammen, haben Spaß am Schreiben oder malen gerne Bilder. Es reicht allerdings nicht, talentiert zu sein. Sie müssen den Wunsch und den Willen haben, Ihre Fähigkeiten auch einzusetzen. Das ist genau der Punkt, an dem viele Begabte scheitern. Zum Aufbau einer Karriere gehören Zielstrebigkeit und Disziplin unbedingt dazu. Es geht also immer auch um Ihren Leistungswillen.

Greifbare Ergebnisse

Wenn wir jetzt von Ergebnissen sprechen, müssen Sie Ihre Sichtweise ändern. Bisher ging es um die Erforschung der eigenen Persönlichkeit und darum, Eigenschaften in Worte zu fassen, die für den Außenstehenden sonst nicht erkennbar wären. Nun interessieren konkrete Ergebnisse.

In diesem Zusammenhang ist ein Ergebnis ein fassbares, messbares Endprodukt oder eine Leistung, die Sie durch Ihre Beteiligung an einem bestimmten Vorgang zustande brachten. Ergebnisse sind sichtbar und können nicht ignoriert werden. Sie sind die Highlights Ihres Lebenslaufs. Wer von Erfolgen spricht, hinterlässt einen bleibenden Eindruck.

Vergleichen Sie die beiden folgenden Aussagen:

a) Zu meinen Aufgaben gehörten Kostenanalyse, Zeitplanerstellung für die Bauarbeiten, Finanzplanung, Entwurf des Bauplans und technische Aufsicht.
b) Ich habe am Ausbau des Dortmunder Westfalenstadions mitgewirkt.

Schließen Sie nun Ihre Augen. An welche Äußerung erinnern Sie sich?

Je greifbarer die Ergebnisse in Ihrem Lebenslauf sind, desto eher kann sich der Arbeitgeber ein Bild Ihrer Fähigkeiten machen. Es gibt unzählige Beispiele für positive Ergebnisse aus allen Bereichen Ihres Lebens, die Sie als Erfolge anführen können. Für viele Menschen sind die Aufgaben, die sie täglich bewältigen, schon so selbstverständlich, dass sie kaum erklären können, was sie mit ihrer Arbeit eigentlich bewirken. Sie suchen dann nach großartigen, rekordverdächtigen Ergebnissen, und wenn ihnen keine einfallen wollen, führen sie lieber gar nichts an.

Im Folgenden bitten wir Sie, einige Ergebnisse aufzulisten, die Sie im Laufe Ihres Lebens erzielt haben – alles, was Ihnen einfällt, egal, ob es Ihnen im ersten Augenblick wichtig oder unwichtig erscheint. Schreiben Sie zunächst wirklich alles auf, auswählen können Sie später immer noch.

Wünsche und Zielvorstellungen

Was wollen Sie wirklich? Wahrscheinlich glauben Sie spontan, diese Frage leichter beantworten zu können als die Frage nach den eigenen Fähigkeiten. Aber je länger Sie über die Frage nach Ihren persönlichen Zielen nachdenken, desto verschwommener und widersprüchlicher wird vermutlich das Bild, das Sie entwerfen. Aus diesem Grunde sollten Sie sich auch für diesen Aspekt genügend Zeit nehmen.

Wenn Sie gerade arbeitslos sind oder sich in einer finanziellen Notsituation befinden, mag Ihnen die Frage »Was will ich?« geradezu luxuriös erscheinen. In diesem Fall wird Ihre Antwort vermutlich kurz und bündig »Arbeit und damit Geld« lauten.

Was will ich?

Trotz eventueller Probleme und berechtigter Sorgen ist eine intensive Auseinandersetzung mit den persönlichen Zielvorstellungen immer sinnvoll. Die resignativ-depressive Haltung »In meiner Situation nehme ich jede akzeptable Arbeit an« verbessert die beruflichen Zukunftsaussichten nicht, so subjektiv verständlich sie auf den ersten Blick auch erscheinen mag.

Bei der Frage »Was will ich?« sind private und berufliche Ziele zu unterscheiden, mit all ihren Überschneidungsmöglichkeiten.

Zum weiteren, intensiven Einstieg in die Thematik empfehlen wir zunächst, sich mit den zehn Aussagen zur Arbeitssuche zu befassen, die David Maister, ein amerikanischer Arbeitsforscher, aufgestellt hat[8]:

1. Sie können nicht wissen, was Sie von Ihrem Berufsleben erwarten, wenn Ihnen nicht klar ist, was Sie von Ihrem Leben erwarten.
2. Suchen Sie sich keinen Arbeitsplatz, bevor Sie nicht wirklich darüber nachgedacht haben, was Erfolg für Sie bedeutet.
3. Bestimmen Sie zuerst, was Sie im Leben erreichen wollen, und machen Sie sich erst dann auf den Weg zu Ihren Zielen.
4. Man kann schnell einer (Selbst-)Täuschung anheimfallen, wenn es um die Frage geht: Was erwarte ich vom Leben?
5. Viele Leute um Sie herum sagen Ihnen, was Sie vom Leben erwarten sollten: Ihre Eltern, Lehrer, ältere Geschwister, Freunde. Sie müssen die Ratschläge anderer Menschen für sich nicht akzeptieren. Gehen Sie Ihren eigenen Weg.
6. Streichen Sie bei der Arbeitsplatzsuche das Wort »sollte« aus Ihrem Vokabular.
7. Die meisten Menschen sind permanent bemüht, andere Menschen zu beeindrucken. Finden Sie heraus, wen Sie beeindrucken wollen und warum.
8. Man kann nicht alle Menschen gleich beeindrucken. Manche sind durch Geld, Status, Intellekt, Charakter, Fertigkeiten usw. zu überzeugen. Weshalb wollen Sie bewundert werden und von wem? Wir wünschen uns alle Beachtung und Wertschätzung. Die Frage ist nur, in wessen Augen und auf welche Weise.
9. Keiner spricht gerne offen von seinen Wünschen, beispielsweise steinreich zu werden, immer im Mittelpunkt des Interesses zu stehen, von allen bewundert zu werden oder Macht ausüben zu können. Überwinden Sie sich und gestehen Sie sich schonungslos ein, was Sie anderen gegenüber nicht so gerne zugeben würden. Es hilft Ihnen, herauszufinden, worum es Ihnen wirklich geht.
10. Sorgen Sie sich nicht, ob Sie eine berufliche Aufgabe gut lösen können.
11. Wenn es die richtige Herausforderung für Sie ist, wenn Sie Spaß und Erfüllung dabei haben, werden Sie diese auch gut bewältigen.

Setzen Sie sich unbedingt mit diesen Thesen auseinander. Es lohnt sich, länger darüber nachzudenken.

Auch die weiteren Fragen werden Ihnen bei der Zielfindung helfen:

Zur persönlichen Situation

- Was haben Sie bisher in Ihrem Leben erreicht?
- Was haben Sie bisher trotz guter Vorsätze nicht erreicht und warum nicht?
- Was missfällt Ihnen an Ihrer jetzigen persönlichen Situation?
- Was möchten Sie an Ihrer jetzigen persönlichen Situation am schnellsten ändern, und was kann noch warten?
- Wie sieht Ihre Partner-/Familiensituation aus? Gibt es da größere Probleme?
- Wer fördert oder behindert Sie in Ihrer persönlichen Entwicklung?
- Welchen Einfluss auf Ihre persönlichen Zielvorstellungen und Entscheidungen haben Ihr/-e Partner/-in, Ihre Kinder, Freunde und andere Bezugspersonen?

- Welche Ihrer persönlichen Eigenschaften und Fähigkeiten sind für Ihre Mitmenschen besonders wertvoll und wichtig?
- Welchen Einfluss hätte Ihre angestrebte Berufstätigkeit vermutlich auf Ihr Privatleben, und welchen Einfluss hat Ihr Privatleben umgekehrt auf Ihren Beruf?
- Welche persönlichen Gründe sprechen gegen einen Arbeitsplatz-, Branchen- oder Berufswechsel?
- Welche persönlichen Gründe sprechen gegen einen Ortswechsel?
- Fühlen Sie sich einer deutlichen Veränderung des Lebensumfeldes gewachsen?

Zur beruflichen Situation

- Was haben Sie bisher beruflich erreicht?
- Was haben Sie bisher trotz aller Vorsätze beruflich nicht erreicht? Woran lag das?
- Wie entsteht bei Ihnen berufliche Zufriedenheit oder Unzufriedenheit?
- Was missfällt Ihnen an Ihrer jetzigen beruflichen Situation?
- Was möchten Sie an Ihrer jetzigen beruflichen Situation am schnellsten ändern, und was kann noch warten?
- Welche Ihrer beruflichen Kenntnisse und Fähigkeiten sind für Ihren zukünftigen Arbeitgeber und Ihre Kollegen besonders wertvoll und wichtig?
- Fühlen Sie sich in beruflicher Hinsicht zurzeit eher über- oder unterfordert?
- Welche Gründe gibt es dafür?
- Wie kommen Sie mit Ihren Vorgesetzten und Kollegen aus?
- Welche beruflichen Förderer und »Steine-in-den-Weg-Werfer« haben Sie?
- Wer könnte das in Zukunft sein?
- Welche Position streben Sie an? Wie viel wollen Sie verdienen?
- Welche Chancen für Entwicklung und Aufstieg haben Sie an Ihrem jetzigen Arbeitsplatz?
- Wie sind die generellen Zukunftsaussichten an Ihrem Arbeitsplatz (in Ihrer Branche, in Ihrem Beruf)?
- Welche beruflichen Schwierigkeiten sehen Sie in der Zukunft für sich?
- Sind Sie mit den Leistungen (Bezahlung, Sozialleistungen, Extras) Ihres jetzigen Arbeitgebers zufrieden?
- Welchen Einfluss auf Ihre beruflichen Zielvorstellungen und Entscheidungen haben Ihr/-e Partner/-in, Ihre Kinder, Freunde und andere Bezugspersonen?
- Welche Gründe sprechen für einen beruflich begründeten Ortswechsel?
- Sind Sie flexibel?
- Trauen Sie sich zu, eine völlig neue berufliche Aufgabe zu übernehmen?

Beantworten Sie die Fragen schriftlich und versuchen Sie, aus den Antworten zu jeder einzelnen Frage Schlüsselworte zu entwickeln, die Ihr Ziel kurz und prägnant beschreiben. Abstrahieren Sie dabei ruhig, verkürzen und vereinfachen Sie gegebenenfalls und bringen Sie die für Sie ganz persönlich wichtigen Dinge auf den Punkt.

Eine Rangfolge der Zielvorstellungen hilft Ihnen, Prioritäten zu erkennen und Schwerpunkte zu bilden. Eine solche persönliche und berufliche Situationsanalyse verschafft Ihnen Klarheit und hilft Ihnen beim Abwägen von Gründen für oder gegen einen Arbeitsplatz, der vielleicht völlig andere Aufgaben als die zurzeit von Ihnen bewältigten beinhaltet. Wichtig dabei ist auch die neu gewonnene verbale Kompetenz in Bezug auf die Fragen »Was wollen Sie eigentlich?« und »Was ist wirklich wichtig für Sie?«.

Chancen und Möglichkeiten

Sie haben geklärt, wer Sie sind, was Sie können und sich wünschen. Nun fragt sich, was möglich, also machbar ist. Vom Tellerwäscher zum Millionär, vom Schauspieler zum Präsidenten – und umgekehrt: Nichts erscheint unmöglich. Aber Vorsicht, glauben Sie nicht leichtfertig schnell gemachten Versprechungen, egal von welcher Seite.

Andererseits erreichen Sie weniger als vielleicht möglich, wenn Sie gegen Ihre Wünsche und Vorstellungen vorschnell die Schere im Kopf ansetzen. Zu viel, aber auch zu wenig Fantasie kann schädlich sein. Sie müssen die für Sie persönlich richtige Balance individuell herausfinden.

Schön wäre es, wenn wir Ihnen auch für den Aspekt »Was ist möglich?« einen durch Fragen gesteuerten Leitfaden als Analysehilfe vorstellen könnten. Die Frage nach Ihren individuellen Möglichkeiten lässt sich nicht einfach pauschal abhandeln, trotzdem werden Ihnen die folgenden Überlegungen weiterhelfen.

In den vorangegangenen Abschnitten haben Sie einiges über persönliche Qualitäten, berufliche Fähigkeiten und über Lebensziele erfahren. Aus dieser Analyse von Istzustand und Zielen ergeben sich die Fragen:

- In welches Aufgabengebiet passen genau Ihre Stärken wie der sprichwörtliche Schlüssel zum Schloss? Mit welchen Qualitäten und Fähigkeiten können Sie erfolgreich Probleme lösen oder Aufgaben konstruktiv bewältigen?
- Überhaupt: Welche speziellen Aufgabenstellungen ergeben sich aus Ihren persönlichen und beruflichen Fähigkeiten und Qualitäten?
- Fakt ist: Auf dem Arbeitsmarkt müssen Sie Ihre Fähigkeiten verkaufen. Wer auf dem Arbeitsmarkt könnte also an Ihren Fähigkeiten interessiert sein? Bei welchen Arbeitgebern ließe sich Ihre besondere Kompetenz auch optimal zur Geltung bringen?
- Welche Einsatzgebiete gibt es für Ihre Fähigkeiten, und wie sehen Ihre »Verkaufschancen« aus?

Kombination von Fähigkeiten und Qualitäten

In den Dingen, die Sie wirklich gerne und deshalb auch gut machen, werden Sie sich leichter weiterentwickeln und immer besser und erfolgreicher sein. Überlegen Sie auch, wie Sie Ihre unterschiedlichen Fähigkeiten und Qualitäten so kombinieren, dass diese Ihre Verkaufschancen auf dem Arbeitsmarkt erhöhen. Auf welchem Gebiet und für welchen Arbeitgeber Sie arbeiten, sollten Sie weitestgehend selbst bestimmen. Plakativ verkürzt: Die Tatsache, dass Bäcker gesucht werden, weil keiner gerne früh aufsteht, ist noch lange kein Grund, dass Sie sich diesen Job aussuchen. Fragen Sie sich immer zuerst, für welche Problemlösungen auf dem Arbeitsmarkt Ihre speziellen Fähigkeiten am besten geeignet sind.

Wo finden Sie den für Sie und Ihre Fähigkeiten optimalen Einsatzort oder Arbeitsplatz?

Wichtig erscheint uns, auf Folgendes noch einmal hinzuweisen: Jeder Mensch neigt dazu, in einer persönlichen und beruflichen Übergangs- oder Krisensituation seinen Handlungsspielraum und seine Gestaltungsmöglichkeiten zu unterschätzen. Zu allem Überfluss beschneidet uns die Schere im Kopf in solch einer Situation dann auch noch in unserer Aktivität. Schließlich geht es doch um nichts Geringeres als die Verwirklichung der individuellen beruflichen Identität. Die Erkenntnisse aus der ersten, zweiten und dritten Situationsanalyse (Was für ein Mensch bin ich? Was kann ich? Was will ich?) müssen mit der Realität (Was ist möglich?) in Einklang gebracht werden. Dabei sollte man aber nicht nur seinen eigenen Realitätssinn zum Maßstab nehmen, sondern auch andere Personen und deren Blick für die Möglichkeiten einbeziehen. Gespräche mit dem Lebenspartner, Freunden, Bekannten, Fachberatern (im Arbeitsamt oder in Personalberatungsunternehmen) und Berufskollegen können sehr hilfreich sein.

Stehen Sie zu Ihren Wünschen

Natürlich gibt es individuelle Ausgangssituationen, in denen die Frage »Was ist möglich?« nur sehr schwer zu beantworten ist. Versuchen Sie, wenn irgend möglich, sich mit diesem Thema nicht allein herumzuquälen. Beteiligen Sie andere Personen an diesem Denkprozess.

Auf den Punkt gebracht

Die gründliche Vorbereitung auf das Bewerbungsverfahren ist der Grundstein für den Erfolg, so wie ein solides Fundament die sicherste Basis für einen Hausbau ist. Unterschätzen Sie nicht die Zeit, die für eine gute Vorbereitung Ihres Bewerbungsvorhabens notwendig ist: Planen Sie 50 bis 100 Stunden ein. Ob Sie das in einer Woche oder in vier durchziehen, hängt sicherlich nicht nur von Ihrer Kondition, sondern auch von dem Zeitbudget ab, das Ihnen aktuell zur Verfügung steht.

Wenn es Ihnen wirklich ernst ist, dann fangen Sie jetzt mit einer intensiven Vorbereitung an. Und das bedingt immer die Auseinandersetzung mit der eigenen Person und Ihren Fähigkeiten, eine Bestandsaufnahme. Die Beantwortung der Fragen »Was für ein Mensch bin ich?«, »Was kann ich?«, »Was will ich?« und »Was ist möglich?« bringt Sie in eine gute Ausgangsposition.

AUFSTELLUNG & EINSTELLUNG

» Inmitten der Schwierigkeiten liegt die Möglichkeit. «

Albert Einstein

» Mut steht am Anfang des Handelns, Glück am Ende. «

Demokrit

» Noch wichtiger als die Aufstellung ist die Einstellung. «

Joachim Löw

In welcher beruflichen Rolle sehen Sie sich aktuell?
Und was ist die optimale persönliche Einstellung
für Ihre erfolgreiche berufliche Einstellung?
Unsere Kernbotschaften sind jetzt genauso wichtig für Sie
wie Ihre Botschaften, Ihr gut durchdachtes Konzept von dem,
was Sie anbieten und Ihrem Gegenüber vermitteln wollen.

Unsere wichtigsten Kernbotschaften

Wenn Sie einen neuen Arbeitsplatz suchen, gilt vor allem: Machen Sie Schluss mit einer einseitigen Bittstellerhaltung, erarbeiten Sie sich ein neues (Selbst-)Bewusstsein als Basis Ihrer erfolgreichen Bewerbungsstrategie. Begeben Sie sich nicht – wie die meisten Bewerber – in die Rolle eines bemühten Antragstellers, der krampfhaft versucht, einen Arbeitgeber davon zu überzeugen, der beste Kandidat für eine bestimmte Position zu sein.

Nehmen Sie doch mal folgende Perspektive ein: Sie sind Unternehmer. Am Markt müssen Sie mit Ihrem Produkt Ihre potenziellen Kunden überzeugen. Um Ihr Produkt erfolgreich an den Käufer zu bringen, sollten Sie deshalb Marktforschung betreiben.

Nun ist Ihr Produkt kein Gegenstand, sondern eine Dienstleistung. Es handelt sich um Ihr Know-how, Ihr spezielles Fachwissen, Ihre Arbeitskraft. Warum soll ein Kunde (Arbeitsplatzanbieter, Einkäufer) ausgerechnet Ihre Dienstleistung kaufen? Diese Frage stellt sich jeder Unternehmer angesichts der Vielzahl der Bewerber. Es geht um Produkt- und Käuferanalyse und die Marktchancen, die sich aus den Bedürfnissen der Käufer und den Möglichkeiten der Anbieter ableiten lassen.

Käufer finden

Auf welchem Gebiet liegen Ihre Fähigkeiten und Stärken, und wo sind die Arbeitsplatzanbieter, die genau diese Eigenschaften, Ihre Fähigkeiten und Stärken, einkaufen möchten und Ihnen einen ordentlich bezahlten Arbeitsplatz anbieten können? Warum soll ein Kunde (altmodisch: Arbeitgeber) sich für Ihr Produkt (Ihr Know-how, Ihre Fähigkeiten) interessieren und bereit sein, 50.000 Euro plus Lohnnebenkosten pro Jahr zu bezahlen?

Was sind Ihre Argumente? Womit wollen Sie überzeugen? Wer diese Fragen nicht sorgfältig beantwortet, wer nicht sehr ausgiebig einzelne Verkaufsargumente sammelt, abwägt, formuliert und diese dann gezielt als Verkaufsbotschaft vermittelt, wird kaum einen interessanten und lukrativen Arbeitsplatz erobern (s. S. 97). Es geht hier also um eine Herausforderung besonderer Art, nämlich Marketing in eigener Sache.

Wenn das alles für Sie nach absoluter Anpassung an den Markt klingt, werden Sie gleich erkennen, wie Sie durch intensive Vorbereitung Ihre Vorstellungen und Ihre Persönlichkeit in den Bewerbungsprozess einbringen und auch durchsetzen können.

Selbstanalyse

Welche Fragen bringen Sie bei der Herausforderung, ein Marketing in eigener Sache zu entwickeln, voran? Was kann Ihnen helfen, Ihre persönliche Botschaft zu formulieren?

Zunächst einmal sollten Sie eine Art Bestandsaufnahme vornehmen. Sie wird Ihnen helfen, sich selbst richtig einzuschätzen und Ihren individuellen Standort zu bestimmen. Es ist wichtig, dass Sie sich dafür Zeit nehmen und die angebotenen Übungen sorgfältig durchführen. Besser über sich Bescheid zu wissen und insbesondere seine Stärken, aber auch Schwächen zu kennen, zahlt sich garantiert aus.

Sie werden sich sehr ausführlich mit folgenden Fragen auseinandersetzen:

- Was mache ich am liebsten?
- Wo möchte ich meine Fähigkeiten einsetzen?
- Wie finde ich die entsprechende Arbeit/den »Auftraggeber«?

Überzeugung bewirkt Engagement

Die meisten Arbeitssuchenden würden die Fragen nach dem »Was« und »Wo« am liebsten überspringen und sich gleich den »Wie«-Fragen widmen: Wie findet man freie Stellen? Wie gestaltet man die Bewerbungsunterlagen? Wie verhält man sich im Vorstellungsgespräch? Und so gibt es dann auch eine Unmenge von Ratgebern, die sich lediglich mit den »Wie«-Fragen auseinandersetzen.

Wie das folgende Beispiel zeigt, ist dies ein großer Fehler. Angenommen, Sie werden gebeten, in Ihrem Büro nach einem Gegenstand zu suchen, den ein Ihnen eher unsympathischer Kollege verloren hat. Aus Höflichkeit spazieren Sie zwar kurz einmal durch den Raum und schauen sich um, aber im Grunde ist es Ihnen relativ gleichgültig, ob das verloren gegangene Objekt wieder auftaucht oder nicht.

Ganz anders wird die Suche verlaufen, wenn es um Ihren eigenen wertvollen Füllfederhalter geht, den Sie tagelang vergeblich gesucht haben. Eine Kollegin erzählt Ihnen nun, sie habe diesen Füller noch vor ein paar Stunden irgendwo zwischen den Papieren gesehen. Mit diesem frischen Hinweis im Sinn nehmen Sie jetzt praktisch die ganze Büroetage auseinander und kommen nicht eher zur Ruhe, bis das gute Stück gefunden ist.

Daraus ergibt sich: Die Entschlossenheit Ihrer Suche steht direkt proportional zu der Bedeutung, die Sie dem gesuchten Objekt – oder in unserem Fall dem gewünschten Arbeitsplatz – beimessen.

Das Erfolgsgeheimnis bei der Arbeitssuche

Nur wenn Sie absolut überzeugt von einem Beruf, einer Aufgabe sind, werden Sie diese mit allen Mitteln suchen. In diesem Moment ändert sich nicht nur Ihre Arbeitssuche, sondern auch Ihre gesamte Lebenseinstellung.

Blick in die Zukunft

Sie erhöhen Ihre Erfolgsaussichten bei der Arbeitssuche nicht etwa allein durch das Erlernen neuer Bewerbungstechniken oder durch bessere Antworten auf die Fragen des Arbeitgebers im Vorstellungsgespräch. Letztlich werden Sie Ihren Wunscharbeitsplatz nur bekommen, wenn Sie wirklich bereit sind, intensiv über Ihre Zukunft nachzudenken.

Also: Wenn Sie Ihren beruflichen Träumen nicht jetzt folgen, wann überhaupt? Genau jetzt ist der Punkt erreicht, sich noch einmal zu erinnern, was Sie ursprünglich mit Ihrem (Berufs-)Leben vorhatten.

Natürlich ist das mit harter Arbeit, Umstellung, Ungewissheit und Risiken verbunden. Aber bedenken Sie: »Wer nicht wagt, der nicht gewinnt.«

Es gibt viel zu viele Arbeitnehmer, die nur auf das freie Wochenende warten und sich in ihren derzeitigen Jobs zu Tode langweilen. Manche wissen durchaus, was sie lieber tun würden, können jedoch den Absprung nicht finden; andere haben sich nie die Mühe gemacht, darüber nachzudenken, wo ihre persönlichen Interessen und Stärken liegen. Sie alle lassen sich eher von Umständen, Zufällen und Launen treiben.

Prüfungssituation Bewerbung

Woher kommt eigentlich das Unbehagen, das sich meist schon bei der gedanklichen Vorstellung einer Bewerbungssituation spontan einstellt? Der Hauptgrund ist die Abneigung, sich einem Anpassungs- und Unterwerfungsritual zu unterziehen, das klar die Gefahr beinhaltet, als Person abgewiesen zu werden. Hinzu kommt das Bewusstsein, dass die klassischen Prüfungssituationen in Schule, Studium und Berufseinstieg zum Glück der Vergangenheit angehören und man sich einem derartigen Stress nicht mehr unterziehen möchte.

Angst vor Abweisung

Dabei ist jeder von uns täglich vielen Bewerbungssituationen ausgesetzt – immer wenn es darum geht, für ein eigenes Anliegen zu werben, sei es beruflich oder privat. Gemeinsamer psychologischer Hintergrund aller Bewerbungssituationen ist der Wunsch, willkommen geheißen und angenommen zu werden, verbunden mit der gleichzeitigen Angst vor Abweisung. Die Bewerbungsthematik begleitet uns ein Leben lang.

Deutliche Bewerbungsherausforderungen begleiten uns durch die Kindheit. Die Art und Weise, wie wir vor der Autoritätsfigur Weihnachtsmann ein Gedicht aufsagen, scheint sich auf die Verteilung der Geschenke auszuwirken, und die ersten Tage in Kindergarten und Schule sind klassische Bewerbungssituationen für den Neuankömmling.

Bewerbungsalltag

Auch bei der Partnersuche und-auswahl geht es um nichts anderes als um ein typisches Bewerbungsritual (Kleidung, Auftreten, Wortwahl). Liebesbriefe sind durchaus vergleichbar mit dem Bewerbungsanschreiben für eine ausgeschriebene Position. Kontakt- und Heiratsanzeigen weisen so gesehen Parallelen zu Stellenanzeigen auf.

Das Alltagsleben steckt voller Bewerbungssituationen: Da bewirbt man sich um eine Wohnung und muss sich vor dem Vermieter mehr oder weniger entblößen. Und auch das Kreditgespräch am Bankschalter hat den Charakter einer Bewerbung. Selbst wer eine fremde Person auf der Straße nach der Uhrzeit oder einer bestimmten Adresse fragt, bekommt nur dann eine brauchbare Antwort, wenn er sein Anliegen entsprechend formuliert.

Wer von anderen etwas haben will, setzt sich auch immer der Möglichkeit aus, abgewiesen zu werden. Das bewusste Reflektieren der Gefahr einer narzisstischen Kränkung hilft, das Unbehagen vor und bei einer Bewerbungssituation weitgehend in den Griff zu bekommen und sich auf die Chancen zu konzentrieren.

Die richtige Einstellung

Wer wirklich überzeugt ist, dass er etwas erreichen oder bekommen kann, hat sein Ziel schon halb erreicht. Jeder Bewerbung sollte eine mentale Einstimmung und Vorbereitung vorausgehen. Mit der richtigen Einstellung kann man sein Ziel besser erreichen. Nicht nur im Sport bedient man sich dieser Psychotechnik, auch in der Medizin gewinnt sie täglich an Bedeutung. So wird z. B. mentales Training in der Psychosomatik beim Zusammenspiel von Seele und Körper gezielt eingesetzt, um Gesundungsprozesse zu ermöglichen.

Die mentale Vorbereitung macht's

Die mentale Vorbereitung auf den Arbeitsplatzwechsel oder -einstieg und damit Ihre Einstellung zur Einstellung ist ungeheuer wichtig: Stellen Sie sich einen Bewerber vor, der sich nicht sicher ist, ob er die angebotene Position wirklich haben möchte. Im Vorstellungsgespräch plagen ihn darüber hinaus Zweifel, ob er der neuen Aufgabe überhaupt gewachsen ist. Die Wahrscheinlichkeit, dass man ausgerechnet diesem Bewerber den Arbeitsplatz anbietet, ist doch wohl sehr gering. Sein Mangel an Motivation und seine Misserfolgserwartung werden dem Arbeitgeber im Vorstellungsgespräch nicht verborgen bleiben, sodass der sich dann für einen anderen Bewerber entscheidet.

Der Umkehrschluss, der Bewerber bekomme den Arbeitsplatz allein schon deshalb, weil er nur fest genug daran glaubt, genau der Richtige zu sein, ist allerdings auch falsch. Womöglich erklärt der Bewerber seinem Gegenüber gleich zu Anfang des Vorstellungsgesprächs, es könne gar keinen Zweifel daran geben, dass allein er der geeignete Kandidat sei. Auch auf diesem Wege verbaut er sich vermutlich alle Chancen auf den neuen Arbeitsplatz.

Und trotzdem: Sie als Bewerber müssen schon von sich, Ihren Qualitäten und Qualifikationsmerkmalen überzeugt sein. Wer denn sonst, wenn nicht Sie selbst? Natürlich spielen auch Ihre Mitmenschen eine wichtige Rolle. Glaubt man an Sie und an Ihre Fähigkeiten, oder wird Ihnen direkt, offen oder versteckt angedeutet, Sie seien ein Pechvogel? Eine Bewerbung ist somit immer auch ein gutes Stück Überzeugungsarbeit. Wer überzeugen will, braucht Überzeugungskraft. Diese muss erst einmal vorhanden sein.

Wer als Kind ständig gesagt bekam: »Lass das! Finger weg! Das kannst du nicht! Du bist ein Dummkopf!«, wird später auf seinem »Selbstvertrauenskonto« ein Minus haben und sich schwertun, wenn er darauf zurückgreifen will oder es vielleicht nur kurzfristig überziehen möchte.

Anders liegt der Fall, wenn einem Kind im rechten Augenblick und Maß wiederholt signalisiert wurde: »Das wirst du schaffen, auch wenn es schwierig ist! Wir glauben an dich! Nur weiter so!« Hier kann man im Erwachsenenleben (und damit auch in beruflichen Angelegenheiten) auf ein gut gefülltes »Konto« zurückgreifen und dieses in Maßen getrost auch einmal überziehen.

Nutzen Sie die Vorbereitungsphase auf Ihre Bewerbung für eine konstruktive Auseinandersetzung mit sich selbst und den Ihnen nahestehenden Menschen. Nehmen Sie sich Zeit und haben Sie Geduld mit sich und Ihrer Umwelt. Eine intensive Auseinandersetzung mit Ihrer inneren Einstellung zu dem Projekt Arbeitsplatzwechsel/-einstieg wird Ihnen bei diesem wichtigen Vorhaben ein gutes Stück weiterhelfen.

Wie lautet Ihre Botschaft?

All dies geschieht im Hinblick auf Ihr Ziel: Wie können Sie für Ihr zunächst schriftliches Bewerbungsvorhaben dem potenziellen neuen Arbeitgeber Ihre persönlichen und fachlichen Qualitäten so prägnant und so eindrucksvoll wie möglich in einer zusammenfassenden Botschaft vermitteln?

Aber fangen wir doch noch etwas weiter vorn an ...

Rollenbewusstsein: Haben Sie Ihre Rolle schon gefunden?

Früher hieß es Klassenbewusstsein, und möglicherweise können Sie mit diesem Begriff überhaupt nichts anfangen. Was Sie jedoch jetzt brauchen, ist eine klar definierte und umschriebene Rolle (in Ihrem Bewusstsein), in der Sie sich einem ausgewählten Publikum (z.B. einem Arbeitsplatzanbieter, möglichen Interviewer) präsentieren wollen.

Schwierige Frage: Als wer/was wollen Sie auftreten, wie wollen Sie rüberkommen und wahrgenommen werden? Bestimmte Rollenbilder aus den Märchen kennen Sie sicher: Da gibt es den strahlenden Held (jung Siegfried), Frau Holle (fleißig und durchaus machtbewusst), den Froschkönig (hilfreich, aber nicht uneigennützig), das unschuldige, aber doch auch kluge und sehr engagierte verlässliche Schwesterchen vom Brüderchen oder, oder, oder ... Liegt Ihnen vielleicht mehr die Rolle des Captain Kirk vom Raumschiff Enterprise?

Kurzum: Sehen Sie sich eher als freundlicher Moderator, forscher »An- und Aufgreifer« und Macher, als reflektierter Philosoph, als kostenbewusster Oberbuchhalter, als geborener Verkäufer usw.?

Es lohnt sich, darüber nachzudenken und sich klar zu werden (und festzulegen), wie und in welcher Rolle Sie sich Ihrer beruflichen Umwelt präsentieren wollen, insbesondere aber auch, in welcher Rolle Sie im Netz, in Foren oder Chats bis hin zu Vorstellungsgesprächen zukünftig auftreten.

Gedanken in diese Richtung helfen Ihnen bei der Vorbereitung und beim Vermitteln eines hoffentlich positiven, nachhaltigen Eindruckes. Wenn Sie als Rambo auftreten, verhalten Sie sich doch sicher anders, als wenn Sie das nette, liebe (wenn auch keinesfalls dumme) Rotkäppchen geben möchten. Sicher, beides sind keine ernst zu nehmenden Rollenempfehlungen. Darüber nachzudenken und sich zu überlegen, wie Sie Ihrem beruflichen Gegenüber ganz allgemein (im Netz) und in der persönlichen Begegnung glaubwürdig versichern können, so und so und nicht anders zu sein, macht Sinn. Sie haben Zweifel? Glauben Sie uns, es lohnt sich! Hören wir da jemanden sagen: Man solle sich doch aber besser ganz natürlich verhalten, so wie man wirklich auch sei. Oh ja, diese (eher unreflektierte) Antwort können Sie immer wieder lesen und auch hören.

Natürlichkeit – was soll das sein?

Aber wie sind Sie denn nun wirklich? Z.B. in einem Gespräch mit dem Vermieter einer Wohnung, die Sie mit Ihrer Familie oder mit einem halben Dutzend Freunden gerne als WG mieten möchten. Oder wenn Sie in einer Verkehrskontrolle angehalten werden und man Sie (weil am Steuer) fragt, ob Sie wissen, wie schnell Sie gefahren sind, Sie aber gerade zuvor ein klitzekleines Bier getrunken haben (vor etwa 10 Minuten, aber wirklich nur eins und nur 0,2l). Oder am Grab Ihrer geliebten Großmutter, die mit 90 Jahren verstorben ist. Oder auf der Hochzeit Ihres Freundes, der eine ganz bezaubernde Frau heiratet, die Ihnen leider damals, als Sie sie das erste Mal gesehen haben, einen Korb gegeben hat.

Ja, Sie sind immer Sie! Aber in einer Rolle, und Sie verhalten sich der Situation entsprechend angemessen, manchmal auch angepasst. Und genau das ist es, was jetzt auch von Ihnen erwartet wird. Deshalb empfiehlt es sich, darüber nachzudenken, wie Sie sich präsentieren, wie Sie auftreten, wie Sie erlebt werden möchten.

Und damit klar wird – Ihnen und Ihrer Umgebung –, wie Sie sich selbst sehen und erleben und wie Sie auch von Ihrer beruflichen Umgebung erlebt werden wollen, ist es wichtig, sich ein Drehbuch zu schreiben, in dem Sie Ihre Rolle zunächst einmal sich selbst verdeutlichen. Das ist die wichtigste Vorarbeit, denn erst wenn Sie sich damit vertraut gemacht haben, macht es Sinn, auf andere zuzugehen und sich »vorzustellen«. Dabei wird Ihnen dieser Prozess viel leichterfallen, wenn Sie dieses Vorstellen wirklich verinnerlicht haben.

Was sagen Sie denn als Erstes, Zweites und Drittes einer Person, der Sie klar in einem beruflichen Kontext begegnen und sich vorstellen wollen? »Mein Name ist … ich bin geboren, aufgewachsen …« Sicher doch nicht! Aber vielleicht: »Marcus Müller, Fachanwalt für Verkehrsrecht, ich sorge dafür, dass Ihr Führerschein keinen Urlaub in Flensburg macht …« Das wäre ein recht knackiger Einstieg.

Selbstverständnis

Natürlich ist der erste und vielleicht größte Weichensteller Ihr (Selbst-)Verständnis. Als was (Status) und in welcher Mission (Sache), in welchem Thema sind Sie unterwegs? Als Jobsuchender, oder wollen Sie als Experte für … wahrgenommen werden? All das fließt hier ein und hat eine große Auswirkung darauf, wie Sie Ihre Rolle gestalten und wie erfolgreich Sie darin sind, insbesondere aber wie deutlich und wie klar Sie darin wahrgenommen werden.

Vor den Erfolg haben die Götter den Schweiß gesetzt. Den Spruch kennen Sie sicher. Also geht es erst einmal darum, ein Konzept zu entwickeln, sich mit sich selbst zu beschäftigen, andere zu fragen, wie sie einen erleben, um das alles dann nochmals gut zu durchdenken und Rückschlüsse sowie Konsequenzen daraus zu ziehen. Dann erst kann der nächste Schritt gemacht werden: sich in einer bestimmten Rolle »einzurichten«. Es ist klar, dass sich in der Kürze dieser Skizzierung dem einen oder anderen Leser die Nackenhaare sträuben. Aber verdeutlichen Sie sich am Beispiel anderer Personen, die Ihnen nahestehen: Wir sind alle irgendwie Schauspieler und in der Bedeutung für andere Rollenträger.

Besser überzeugen

Wer weiß, in welcher Rolle er auftreten will (jedenfalls größtenteils), und wem klar ist, was er den Einladern, Interessenten, Beobachtern, Auftraggebern von sich vermitteln möchte, tritt anders auf und wird auch anders wahrgenommen. Und darum geht's: Wer aufgefordert ist, sich selbst zu präsentieren, und wer vermitteln möchte, er würde so und so ticken, sei aus diesem oder jenem Holz geschnitzt (Persönlichkeit), habe diese besonderen Beweggründe (Leistungsmotivation) und sich auch auf die zukünftigen beruflichen Herausforderungen (Kompetenz) vorbereitet, kommt deutlicher besser rüber und hilft der Auswahljury, sich leichter für ihn zu entscheiden.

Bisher haben wir uns vor allem mit dem Was beschäftigt: mit Ihrer Person, Ihren persönlichen Merkmalen und den (zukünftig notwendig werdenden) beruflichen Fähigkeiten, die man bei Ihnen beispielsweise im Assessment Center (AC) beobachten will und auf die Sie auch im Vorstellungsgespräch konkret angesprochen werden. Jetzt geht es uns um das Wie, um den gelungenen Transfer, also: Nach »Was wollen Sie von sich vermitteln?« kommt jetzt »Wie kommunizieren Sie es erfolgreich?«. Und vor allem: »Wie verankern Sie es in den Köpfen Ihrer Zuhörer und Entscheider?«.

Transfer: Kommunikationsziel, Botschaften und Argumentation (KBA)

Sie wollen einen Gedanken, eine Idee oder Botschaft einer Person näherbringen. Sie möchten eine Entscheidung beeinflussen. Sie soll so fallen, wie Sie es sich wünschen. Dabei müssen Sie ähnlich vorgehen, wie wir es aus der Welt der Werbung kennen. Darauf basiert das KBA-System. Es eignet sich hervorragend, um erfolgreich zu kommunizieren und zu überzeugen. Drei aufeinander abgestimmte Schritte (Kommunikationsziel, Botschaften und Argumentation, kurz: KBA) sind dafür zu beachten:

1. Was wollen Sie Ihrem Gegenüber, z.B. dem Arbeitsplatzanbieter, kommunizieren? Was ist Ihr Anliegen, Ihr Ziel? Dies ist der wichtigste und schwierigste Baustein, der die längste Bearbeitungszeit in Anspruch nimmt: die Definition Ihres Kommunikationsziels.
2. Wie formulieren Sie aus den sorgfältigen Überlegungen zu Ihrem Kommunikationsziel verständliche, schnell begreifbare, überzeugende Botschaften? Hier kommt es besonders auf Ihre Fähigkeit an, etwas auf den Punkt zu bringen.
3. Wie untermauern Sie die ausgewählten und präzise formulierten Botschaften, um deren Glaubwürdigkeit und Überzeugungskraft (mittels Argumentation) ebenso zu stärken wie deren Erinnerungsgehalt?

Wir stehen am Anfang eines Drei-Schritte-Systems: Kommunikationsziel definieren – Botschaften formulieren – Argumente zusammenstellen. Kommunikationsziel, Botschaften und Argumentation (KBA) sind ein Leitfaden oder eine Art Struktur, mit der Sie sich inhaltlich so organisieren können, dass bei Ihrem Gegenüber auch wirklich etwas ankommt! Es bedeutet, dass Sie sich zunächst mit der Frage auseinandersetzen, was Sie Ihren Gesprächspartnern von sich vermitteln wollen (Kommunikationsziel).

Vielen fällt – wenn überhaupt – noch spontan ein: »Ich will diesen oder jenen Job, denn: Ich bin der Beste, Kompetenteste, ganz besonders motiviert ...« – so die häufigste Argumentation. Ziemlich schwach; auch andere Mitbewerber behaupten, für den Job/die Trainee-Stelle am besten geeignet zu sein. Jetzt geht es für Sie darum: Wie können Sie es besser machen und sich damit von anderen positiv abheben?

Das Kommunikationsziel

Zunächst entwickeln Sie ein Kommunikationsziel. Sie haben die Aufgabe, sich genau zu überlegen:

- Was für ein Mensch sind Sie beruflich und privat?
- Was für besondere Fähigkeiten und Leistungsmerkmale zeichnen Sie aus?
- Was können und wollen Sie damit zum Wohle eines Ihnen vertrauenden Auftraggebers oder eines Unternehmens, dass Sie einzustellen wünscht, beitragen?

Als Leitlinie können Sie die Betrachtungsebenen nutzen, die Sie bereits kennen (s. S. 48): Kompetenz, Leistungsmotivation, Persönlichkeit, das dreiteilige KLP-Modell, oder das etwas komplexere, vierteilige Modell SOAP: Sozialverhalten, berufliche Orientierung, Arbeitsverhalten, psychische Konstitution. In einem zeitlichen Kontext geht es dabei immer um Vergangenheit, Gegenwart und Zukunft, das VGZ-Modell:

- Woher kommen Sie und was haben Sie dort geleistet?
- Wofür stehen Sie, aus was für einem Holz sind Sie geschnitzt?
- Was können Sie für das Unternehmen zukünftig leisten, was ist Ihr Versprechen?

Mit diesen Modellen können Sie Ihr Kommunikationsziel und Ihre Botschaften inhaltlich füllen und dann durch konkrete Berichte unterfüttern, um deren Glaubwürdigkeitsgehalt zu steigern. Ein Beispiel: Ihr definiertes und niedergeschriebenes Kommunikationsziel könnte z. B. so aussehen:

»Mein Kommunikationsziel ist es, den Personalentscheidern zu vermitteln, dass ich ein Mensch bin, der über außergewöhnliche kommunikative Begabungen verfügt. Darunter ist zu verstehen: Ich bin sehr gut in der Kontaktaufnahme zu anderen, kann mich schnell und gewandt ausdrücken und ohne große Hemmungen mit jedem Menschen leicht ins Gespräch kommen, und das mit Menschen aller Ebenen. Andere vertrauen mir auffällig schnell. Ich wirke auf viele Personen ermutigend und bin ein sehr guter und aufmerksamer Zuhörer. Trotz meiner Freude am Austausch und gezielten Gesprächen kann ich mich abgrenzen und agiere überlegt.«

Die Botschaften

In einem zweiten Schritt sollten Sie aus Ihren Zielvorstellungen klare und schnell zu verstehende Botschaften entwickeln. In unserem Beispiel wären das folgende:

»Meine drei wichtigsten Botschaften lauten: Ich bin ein kommunikativ begabter Mensch, der mit anderen mühelos ins Gespräch kommt und dadurch nachhaltige Beziehungen aufbaut. Ich gewinne schnell das Vertrauen anderer Menschen und bin ein guter und aufmerksamer Zuhörer, aber auch ein präziser Beobachter. Dadurch gelingt es mir, Probleme und deren Ursachen schneller zu erkennen und einer Lösung zuzuführen. Bei aller Kontakt- und Kommunikationsfreudigkeit kann ich mich auch abgrenzen, bleibe souverän und unabhängig, vernachlässige keinesfalls das Nachdenken und Handeln.«

Die Argumentation

»Die Botschaft hör ich wohl, allein mir fehlt der Glaube« – so lautet ein bekanntes Goethe-Zitat. Um diesen Glauben zu schaffen, ist es in einem dritten Schritt wichtig, die Argumente zu finden, die aus den Behauptungen Fakten werden lassen.

Denken Sie also darüber nach: Mit welchen beispielhaften Anekdoten, durch welche Detailbeschreibungen können Sie Ihrem Gegenüber verdeutlichen, dass Ihre in den Botschaften enthaltenen Aussagen glaubwürdig sind? Welche Situationen, Begebenheiten in Ihrem (Berufs-)Leben verdeutlichen, was Ihre Botschaften als Kurzformeln transportieren sollen? Wenn Sie hier den richtigen Erzählstoff beisammenhaben, stehen Ihre Argumente. Sie können damit die Glaubwürdigkeit Ihrer überlegt ausgewählten Botschaften festigen und untermauern. In unserem Beispiel könnten die Argumente so aussehen:

»In meinem Job als Teamleiter für eine PR- und Eventagentur verfügte ich über ein großes Netzwerk. Ich wurde und werde immer noch zu vielen privaten Veranstaltungen meiner Kollegen und sogar von Vorgesetzten eingeladen, bin mit einigen von ihnen in verschiedenen Interessengruppen zusammen. So hatte ich immer einen gewissen Informationsvorsprung, der mir oft geholfen hat, besser zu verstehen, was die besonderen Herausforderungen sind.«

Anhand dieses Beispiels vermitteln Sie auch Ihre ...

- **Kompetenz:** »... meine Ausbildung, mein Werdegang (konkret, aber kurz benennen), die Schwerpunkte und Erfolge (dito), ein gewisses Geschick im Umgang mit Menschen.«

- **Leistungsmotivation:** »... die Ziele, die ich mir selbst gesetzt und erreicht habe, im Ausbildungskontext und im beruflichen Sinne (2–3 Beispiele), aber auch im Privaten (dito).«
- **Persönlichkeit:** »Ich bin ein kontakt- und kommunikationsstarker Typ, dem Menschen schnell vertrauen. Ich erweise mich dieses Vertrauens würdig.«

Und Sie können so Ihre Vergangenheit, Gegenwart und Zukunft miteinbeziehen:

Woher komme ich, was habe ich dort bisher geleistet: »Nach meinem Abitur habe ich ein Studium ... absolviert und bin dann wegen eines Praktikums nach ... gegangen. Ich lernte auf diese Weise ... Dadurch gelang es mir, dies und das zu begreifen ... und so konnte ich ... Ich habe dadurch ...«

Dafür stehe ich, so funktioniere ich: »Neulich erfuhr ich von einem Kollegen, dass er an mir dies und das besonders schätzt. Ich kann nur sagen, ich stehe für ... Meine wichtigsten Werte sind ... Als mein Leitbild habe ich immer ... angesehen. Dieser/jener hat mich besonders beeindruckt durch/weil ... Das hat mich entscheidend geprägt ...«

Was verspreche ich, zukünftig für meinen Auftraggeber zu leisten: »Aus meiner Sicht sehe ich in dieser Problemkonstellation/in diesem Setting/bei dieser Aufgabe ... eine besondere Herausforderung für mich insoweit, als ...«

Auf den Punkt gebracht

Wie wollen Sie wahrgenommen werden? In welcher Rolle treten Sie auf? Sie werben jetzt für sich und Ihre Dienstleistung. Das will gut vorbereitet sein und fällt nicht nur Ihnen schwer. Damit haben nahezu alle Kandidaten heftige Probleme. Und ohne Vorüberlegungen und Üben, das Erarbeitete auch gelassen auszusprechen, wird es schwer. Schon allein das bedeutet für viele Verdruss, wird oftmals als Zumutung erlebt, ist aber unbedingt notwendig, denn angemessen Auskunft über sich selbst zu geben, fällt nicht leicht. Die Prüfungssituation Bewerbung ist dazu angetan, Zweifel und Unsicherheit aufkommen zu lassen. Aber schon die Bereitschaft, sich vorzubereiten, alles zu durchdenken und sich das Kommunikationsziel, die Botschaften und die Argumentation zurechtzulegen, hilft beim erfolgreichen, überzeugenden Auftritt. Sie werden es erst später bemerken und dann froh sein, dass Sie durch diese »Vorbereitungshölle« gegangen sind.

THEORIE & PRAXIS

» Es gibt nichts Praktischeres als eine gute Theorie. «
Immanuel Kant

Wie schaffen Sie es, dass Menschen Ihnen helfen und Sie bei Ihrem beruflichen Vorhaben unterstützen? Wer andere für sich einnehmen kann und weiß, wie man »Marketing in eigener Sache« und beruflichen Erfolg »buchstabiert«, ist seinen Zielen schon deutlich näher. Den Anfang bildet stets die theoretische Auseinandersetzung, dann gelingt die praktische Umsetzung umso besser.

Drei wichtige Ansätze, die Berufserfolg gut und hilfreich erklären, sind die »EKS-Methode«, das »Erfolgsintelligenz-Modell« und Networking. Wir stellen sie Ihnen hier jetzt vor.

Der Schlüssel zum Menschen

Haben Sie sich schon einmal gefragt, was der Schlüssel zum Menschen ist? Was fällt Ihnen auf diese Frage spontan ein? Geld – nach dem Motto »Jeder ist käuflich, es kommt nur auf die Summe an«? Oder Macht – weil sie ebenfalls wie Geld den Menschen korrumpiert? Oder vielleicht Liebe – weil man mit Liebe alles erklären, begreifen oder bewegen kann?

Viele Antworten sind denkbar, und wir wollen hier nicht so vermessen sein, unsere Antwort als die alleingültige zu präsentieren. Unserer Meinung nach ist der Schlüssel zum Menschen die Kommunikation. Auch Gefühle würden wir uns als Antwort gut vorstellen können. Und wenn Sie mit uns konform gehen, dann wissen Sie jetzt, worauf es im Umgang mit Menschen, zum Beispiel beim Small Talk, besonders ankommt. Zeigen Sie, wie kommunikativ Sie sind, und zielen Sie auf die Gefühle Ihres Gegenübers. Wenn Sie in der Lage sind, auf andere offen und unverkrampft zuzugehen, auf eine angenehm ungezwungene Art ins Gespräch zu kommen, leicht eine gute Atmosphäre herstellen zu können, stellen Sie nicht nur Ihre Kontakt- und Kommunikationsfähigkeit unter Beweis, sondern praktizieren Impression Management.

Menschen für sich einnehmen

Nicht nur bei der Wahrnehmung von Karrierechancen spielen Souveränität, soziale Kompetenz und emotionale Intelligenz eine entscheidende Rolle. Networking, PR in eigener Sache und die Fähigkeit, Sympathie zu mobilisieren, sind Verhaltensweisen, auf die es heutzutage immer mehr ankommt. Wer das Richtige im entscheidenden Moment zu sagen weiß, ist im Vorteil und profitiert – im Leben ganz allgemein und in der Arbeitswelt im Besonderen. Die Fähigkeit zum Small Talk ist dabei ein ganz wichtiger, von vielen aber immer noch unterschätzter Baustein für denjenigen, der beruflich, aber auch sonst im Leben Erfolg haben will. Das trifft auf ein Vorstellungsgespräch ebenso zu wie auf die großen Konferenzen, die kleinen Meetings, Messegespräche, Kundenbesuche etc.

Beziehungsmanagement: beeinflussen, überzeugen und gewinnen

Hervorragendes Fachwissen, jahrelange Erfahrung, gute Leistungen, tolle Bewerbungsunterlagen sind das eine – das andere ist der persönliche Kontakt, von Angesicht zu Angesicht oder auch zunächst nur am Telefon oder schriftlich per Mail. Erst in der persönlichen Begegnung wird sich herausstellen, ob die Chemie zwischen Ihnen und Ihrem Gegenüber stimmt, ob Sie wirklich einen sympathischen, motivierten und überzeugenden Eindruck machen und so Ihrem Ziel ein bisschen oder schon deutlich näherkommen. Aber bereits im Vorfeld können Sie sehr erfolgreich die Weichen dafür stellen.

Was macht einen zwischenmenschlichen Kontakt »erfolgreich«? Wann fühlen Sie sich mit Ihrem Gegenüber wohl und warum? Was können Sie persönlich dafür tun, dass Ihre Geschäfts- und Arbeitsbeziehungen bestens funktionieren? Mit diesen Fragen lohnt es sich zu beschäftigen, wenn man durch sein persönliches Auftreten und in seiner Selbstpräsentation erfolgreich sein will und wenn man bei seinem Gegenüber etwas bewirken möchte.

Natürlich stellt all dies eine Herausforderung dar – an Ihr Selbstvertrauen, Ihre Fähigkeit, Menschen für sich zu gewinnen, Ihre kommunikativen und selbstdarstellerischen Begabungen.

Be- und Verzaubern

Gerade in Situationen, in denen Sie auf neue Menschen treffen, die etwas für Sie tun sollen (nämlich sich für Sie entscheiden, Ihre Kompetenzen erkennen und schätzen und Ihnen etwas zutrauen!), ist es besonders wichtig, dass Sie den von Ihnen gewünschten Eindruck hinterlassen. Dieser (manchmal auch erste) Eindruck wird vor allem von Ihrer Selbstdarstellung und Ihrem Auftreten geprägt. Was Sie sagen, ist dabei viel weniger entscheidend als das Wie. Ausschlaggebend ist, so etwas wie positive Energie und Optimismus auszustrahlen. Sie bekommen (meist) keine zweite Chance, einen ersten Eindruck zu hinterlassen. Was da hilft? Z. B. »zaubern« zu können. Und das geht etwa so: Sie kennen sicherlich Menschen, die sowohl im Beruf als auch im Privatleben andere für sich gewinnen können und einfach mehr Erfolg im Leben haben. Sie sind in der Lage, andere so zu motivieren, dass sie den eigenen Wünschen entsprechend agieren. Das nennen wir »Zaubern« und es hat viel mit Sympathie zu tun. Lernen auch Sie, zu (be)zaubern, und Sie werden Ihre Ziele einfacher und schneller erreichen.

Sympathie: Wie sympathisch können Sie sein?

Wie viel Sympathie können Sie für sich mobilisieren? Nach unseren Erfahrungen in Beratungsgesprächen antworten neun von zehn Personen mit dem Hinweis, dass das wohl kaum von ihnen selbst abhinge. Das Gegenüber müsse einen schließlich beurteilen und sympathisch finden. Man selbst könne dafür doch nichts oder nur sehr, sehr wenig tun.

Das klingt logisch. Und trotzdem: Angenommen, man könnte Sympathie ganz einfach messen. Wie viel Prozent an Sympathiezuschreibung durch eine x-beliebige Person glauben Sie, für sich mobilisieren zu können? Mit dieser noch präziseren Fragestellung stürzt man die meisten Befragten in arge Schwierigkeiten. Ohne das unterstützende Angebot »Was denken Sie, eher 90 Prozent oder doch nur 10 Prozent? Oder vielleicht 50 Prozent?« sind die meisten Menschen gar nicht zu einer Aussage zu bewegen. Hinzu kommt immer wieder der Hinweis, das hinge doch allein vom Gegenüber ab.

Nach längerem Zögern und viel Nachdenken ist dann vielleicht die Hälfte unserer Klienten bereit einzuräumen, weniger als 30 Prozent Sympathie für sich mobilisieren zu können. Die andere Hälfte kommt auf etwa 50 Prozent. Meistens ist es nur einer von etwa 15 Befragten, der sich in der Lage sieht, etwa 70 Prozent und mehr für sich beim anderen herauszuholen.

Allen Klienten ist klar, worum es geht. Um beispielsweise einen Job zu erobern, muss man dem Auswähler, Personalchef oder Inhaber vor allem sympathisch sein. Aber auch ganz allgemein: Wollen Sie, dass jemand etwas für Sie tut, ist die Mobilisierung von Sympathie ein sehr wichtiger Erfolgsfaktor.

Die konträre Frage, also »Wie schaffe ich es, meinem Gegenüber augenblicklich unsympathisch zu werden?«, können fast alle Befragten schnell und mühelos beantworten. Hier hat beinahe jeder das Gefühl, genau zu wissen, was zu tun ist, um beim Gegenüber für sich eine starke Antipathie zu mobilisieren. Vielleicht geht es Ihnen ähnlich. Sich aktiv unbeliebt zu machen, sich »so richtig schön unmöglich zu verhalten«, ist Ihnen möglicherweise auch viel schneller im Bewusstsein als das Gegenteil. Hinzu kommt bei unseren Klienten, wie sicherlich bei Ihnen, noch das deutliche Gefühl, dass eine aktive Sympathiegewinnung ziemlich schwer sei und wohl kaum einer so etwas hundertprozentig beherrschen könne.

Unbeliebt machen ist einfach

Viele Menschen, ob Verkäufer, Vertreter oder Moderator, Schauspieler oder Politiker, sind aber sehr wohl in der Lage, professionell die Sympathien ihres Gegenübers für sich zu mobilisieren. Am eklatantesten wird dies übrigens bei einer Berufsgruppe deutlich: den Heiratsschwindlern oder ähnlichen Betrügern. Damit wollen wir jetzt aber nur veranschaulichen, dass die professionelle Mobilisierung von Sympathiepotenzial nicht so außergewöhnlich ist.

Zur Entstehung von Sympathie, Vertrauen und Zutrauen

Egal, ob es ums Beeinflussen oder Überzeugen geht – beides wird Ihnen umso besser gelingen, je sympathischer Sie Ihr Gegenüber erlebt. Sympathie ist die Basis von Vertrauen, und wenn Ihnen jemand erst einmal vertraut, dann traut er Ihnen auch gewisse Kompetenzen zu, ist bereit, an Ihre Fähigkeiten zu glauben und Ihnen beruflich eine Chance zu geben. Wie wichtig das gerade in der Arbeitswelt ist, steht außer Frage. Der erste Eindruck entscheidet bei zwei Gesprächspartnern innerhalb von wenigen Sekunden über Sympathie oder Antipathie. Er findet nicht nur in der ersten persönlichen und direkten Begegnung statt, sondern schon bei der schriftlichen oder telefonischen Kontaktaufnahme, und vor allem, wenn man etwas im Internet über Sie liest.

Psychologische Studien weisen darauf hin – wenn es auch nicht unumstritten ist –, dass im ersten Moment der persönlichen Begegnung zu etwa 50% der äußere Eindruck, zu 35% der Klang der Stimme und nur zu etwa 15% der Inhalt des Gesagten zählt. Dies ist vor allem evolutionstechnisch sowie sozialpsychologisch begründet. Menschen versuchen vom Äußeren einer anderen Person auf ihre inneren Werte zu schließen. Hierbei werden attraktiven Personen immer höhere Kompetenzen zugesprochen als unattraktiven. Und das hängt oft stark von ihrem Äußeren ab.

Zu Sympathiegefühlen bei Ihrem Gegenüber kommt es immer dann, wenn Sie den (ersten) Eindruck und die Hoffnung erwecken, seine Bedürfnisse (z.B. nach Aufmerksamkeit, Zuwendung, Erfolg oder Macht) zumindest zum Teil befriedigen zu können. Ein weiterer verbindender Faktor sind gemeinsame Werte. Neben den reinen Äußerlichkeiten werden insbesondere biografische Gemeinsamkeiten zum Sympathiecheck herangezogen (z. B. frühere Wohnorte, Ausbildungsstätten und -inhalte, gemeinsame Bekannte, Freunde, Interessen, Engagements). Betonen Sie diese Gemeinsamkeiten und widmen Sie sich zielorientiert und dennoch entspannt Ihrem Gegenüber.

Sympathiefördernd sind also vor allem Identifizierungsprozesse (»Mein Gegenüber ist ja genauso/ähnlich wie ich«) und biografische Gemeinsamkeiten, gleiche oder wenigstens ähnliche Wertvorstellungen.

Das Gefühl der Antipathie basiert dagegen auf dem Eindruck, dass der/die andere zur eigenen Bedürfnisbefriedigung keinen oder einen zu geringen Beitrag leisten kann und eben leider nicht auf gleicher Wellenlänge ist.

Während *Sympathie* (wie auch Antipathie) bei einer ersten Begegnung spontan affektiv spürbar ist, werden die Schlüsselmerkmale Leistungsmotivation und Kompetenz attribuiert (zugeschrieben). Diese offenbaren sich nicht so schnell wie das zentrale, auf die Persönlichkeit bezogene und auch durch unbewusste Faktoren gesteuerte Sympathiegefühl. Wer jedoch leistungsmotiviert und kompetent wirkt, macht sich zusätzlich zu seinen sonstigen Persönlichkeitsmerkmalen sympathisch und trägt beim Jobanbieter oder Auftraggeber dazu bei, dessen Bedürfnis nach Erfolg zu realisieren.

Schlüsselmerkmale

Aus Sicht des Dienstleistungsanbieters muss es daher Ziel sein, die drei wichtigsten Entscheidungsfaktoren (ob Auftrag/Job oder nicht), nämlich Kompetenz, Leistungsmotivation und Persönlichkeit, während des gesamten (Be-)Werbungsverfahrens als Signale so auszustrahlen, dass sie beim potenziellen Kunden (dem Auftraggeber/Arbeitsplatzanbieter) gut »rüber-« und auch wirklich »ankommen«.

Wichtige Sympathie mobilisierende Faktoren

Sympathie- oder Antipathiegefühle werden stark durch unser Auftreten hervorgerufen. Hierbei spielt insbesondere unser Aussehen, aber vor allem auch unsere Körpersprache eine große Rolle. Schon bei der Begrüßung und bei der Verabschiedung gilt es aufzupassen: Bei einem Händedruck beispielsweise sollten Sie darauf achten, dass er kräftig ist (ohne zu übertreiben), da Sie so Ihrem Gegenüber »Aufrichtigkeit und Sicherheit« signalisieren.

Das sind die wichtigsten Faktoren:

- die richtige Haltung einnehmen und bewahren
- Ihr Blick
- Ihre Stimme
- Ihr Aussehen und Outfit
- mit Worten gewinnen
- lächeln
- Interesse zeigen
- Aufmerksamkeit schenken
- Lob und Wertschätzung aussprechen
- zusammenfassen
- nachfragen und um Rat bitten

Wie Sie das alles in Ihrer Selbstpräsentation, klassisch oder modern digital, schriftlich oder in der persönlichen Begegnung, aber auch im WWW und den Social Networks, Blogs & Co. für Ihre erfolgreiche berufliche Online-und Offline-Reputation einsetzen, dazu werden wir Ihnen gleich noch mehr anbieten.

Sicherlich ahnen Sie auch jetzt schon, wie wichtig Ihr Foto für Ihre erfolgreiche sympathische Selbstdarstellung sein wird, welche Bedeutung Ihre Stimme bekommen könnte, Ihre Haltung, Ihr Auftreten, die Körpersprache usw.

Kompetenzattribuierung

Psychologen sprechen von Kompetenzattribuierung, einem Zuschreibungsprozess, der sich etwa so erklärt: Gemeint ist der Glaube, das Vertrauen, jemand könne etwas tun bzw. bewirken (beispielsweise mir helfen, meine Problem zu lösen). Sympathie ist die Grundlage und darauf aufbauend findet dann der nächste Prozess statt, bei dem das Gegenüber (oder auch Sie) beim anderen etwas Bekanntes entdeckt. Beispielsweise: Der andere stammt aus der gleichen Gegend, ist auch verheiratet, hat wie ich zwei Kinder und einen Hund, ist vielleicht sogar in die gleiche Schule gegangen usw. Je mehr Gemeinsamkeiten man entdeckt, desto größer ist die Wahrscheinlichkeit, dass Sympathie entsteht und daraus Vertrauen. Und darauf kann dann das Zutrauen aufsetzen, dem anderen positiv etwas zuzutrauen.

Networking

Es ist noch gar nicht so lange her, da hatte Networking ein bisschen den Ruf, ein »Schmuddelkind« zu sein. Jetzt hat es sich zu einem der Businessbeschleuniger schlechthin entwickelt. Nach einer IBM-Studie beruhen 60% des beruflichen Erfolgs auf »Beziehungen«. Was können Sie dafür tun, dass Ihre Geschäfts- und Arbeitsbeziehungen bestens funktionieren? Mit dieser Frage lohnt es sich zu beschäftigen, wenn man durch sein persönliches, aber eben auch virtuelles Auftreten und dabei mit seiner Selbstpräsentation erfolgreich sein will und wenn man bei seinem Gegenüber etwas bewirken möchte, sich Unterstützung oder Vorteile erhofft.

Noch deutlicher gesagt: Networking bedeutet, Aufmerksamkeit zu bekommen, Engagement zu zeigen, Verbindungen zu schaffen, in näheren Kontakt und Austausch zu kommen und auch – je nach Nützlichkeitserwägung – zu bleiben. Es ist ziemlich unwahrscheinlich, dass dabei nichts herauskommt für Sie, für Ihr Gegenüber, für viele, die Sie mit Aufmerksamkeit, Engagement und dem Wunsch, in Kontakt zu kommen und zu bleiben, »verfolgen«. Jedoch unterscheiden sich sowohl die Qualität als auch die Quantität all dieser Bemühungen.

Natürlich stellt all das eine Herausforderung dar, an Ihr Selbstvertrauen, Ihre Fähigkeit, Menschen für sich zu gewinnen, Ihre kommunikativen und selbstdarstellerischen Begabungen. Gerade in Situationen, in denen es für Sie um neue Kontakte geht, um Menschen, die etwas für Sie tun sollen (nämlich sich für Sie entscheiden, Ihnen vertrauen, Ihre Kompetenzen (an)erkennen und schätzen!), ist es besonders wichtig, dass Sie den von Ihnen gewünschten positiven Eindruck hinterlassen. Dieser (manchmal auch erste) Eindruck wird vor allem von Ihrer Selbstdarstellung, von Ihrem Auftreten geprägt. Was Sie sagen, ist dabei erstaunlicherweise weniger entscheidend als das Wie. Viel wichtiger ist es, so etwas wie positive Energie und Optimismus auszustrahlen.

Beziehungen aufbauen und pflegen

Kurzum, jetzt geht es gezielt darum: Hier ist mein Angebot – hilfst du mir, helfe ich dir, helfen wir uns und anderen ... die entsprechenden Begriffe verdeutlichen schnell: Es ist nicht wirklich etwas vollkommen Neues. Hilfe, Unterstützung, Solidarität, Beziehungen sind eigentlich so alt wie die Menschheit. Und der dafür relativ neu entwickelte Begriff, der den Verbindungscharakter zu unserem digitalen Zeitalter deutlich im Namen trägt, heißt Networking.

Networking, zu Deutsch Netzwerken, umfasst alles, was zum Aufbau und zur Pflege eines soliden Kontaktnetzwerks notwendig ist, um damit bestimmte berufliche Ziele leichter und schneller erreichen zu können. Dazu gehört die sorgsame Auswahl an Kontakten ebenso wie ein bestimmtes Verhalten, die Network-Etikette. Ein gut funktionierendes Netzwerk basiert grundsätzlich auf Vertrauen, Loyalität, Gegenseitigkeit, Hilfsbereitschaft, Freiwilligkeit und diplomatischer Ehrlichkeit. Vor allen Dingen braucht der Aufbau aber Zeit und Fingerspitzengefühl.

Und deshalb: Knüpfen Sie Kontakte – das gilt ganz besonders während einer Phase der Arbeitslosigkeit, in der ja viele Arbeitssuchende dazu neigen, sich eher ins stille Kämmerlein zurückzuziehen. Nutzen Sie jede Gelegenheit, neue Menschen kennenzulernen und in Kontakt zu treten. Wenn Sie beispielsweise einen interessanten Vortrag besuchen, sind Sie am Ende der Veranstaltung unter denen, die mit dem Referenten sprechen und ihm kluge Fragen stellen – u.a. vielleicht auch, welche Berufsaussichten er für jemanden mit Ihren Kenntnissen sieht. Auf diese Weise erhalten Sie vielleicht hilfreiche Informationen. Sie können den Referenten auch fragen, ob Sie ihn für weitere Auskünfte anrufen dürfen.

Im Laufe der Zeit werden Sie so viele Informationen zusammentragen, dass Sie sich unmöglich alles merken können. Versäumen Sie es daher nicht, eine Kartei anzulegen bzw. unterstützende Software auf Ihrem PC oder Smartphone zu verwenden.

Schreiben Sie Namen, (E-Mail-)Adressen, Telefonnummern, Arbeitgeber und Bekannte Ihrer Kontaktpersonen auf. Sie sollten unbedingt regelmäßig durch diese Dateien gehen (Karten blättern) und sie aktualisieren.

Ungeahnte Möglichkeiten

Klassisch, digital, am besten beides

Wie gehen Sie also am besten vor? Sie treffen sich privat oder geschäftlich mit Leuten, in Gruppen oder zu zweit. Sie lernen andere kennen, und jeder erzählt von sich. Bei dieser Gelegenheit erhalten Sie Informationen über Berufe und Firmen und knüpfen persönliche Kontakte. Ihre Bekannten bilden ein unterstützendes Team. Durch dieses Netzwerk ergeben sich in kürzester Zeit ungeahnte Möglichkeiten. Ein einzelnes Gespräch kann viel effektiver sein als eine Anzeige, die von Tausenden gelesen wird.

Bei der Suche nach einem Arbeitsplatz müssen Sie Zeit dafür investieren, sich mit Leuten zu treffen und sich auszutauschen, um auf diesem Wege von neuen Arbeitsmöglichkeiten zu hören. Durch Ihre Kontakte gelangen Sie in interessante Unternehmen und stoßen auf Angebote des verborgenen Arbeitsmarktes, also Stellen, die bisher nicht im Internet oder in der Zeitung standen oder Arbeitsvermittlern mitgeteilt wurden. Etwa 60 Prozent der zu besetzenden Arbeitsplätze werden dem freien Arbeitsmarkt zuerst nicht in Form von Stellenangeboten zugänglich gemacht.

Die persönliche Empfehlung

Sie setzt voraus, dass Sie Leute kennen, die Sie mögen, die sich für Sie einsetzen und die bereit sind, Sie zu fördern. Ohne entsprechende Position in einem Unternehmen ist das natürlich schwierig. Die Kontakte anderer, die sich für Sie einsetzen, sollten Sie weder über- noch unterschätzen.

Vielleicht verfügen Sie ja auch schon über besondere Beziehungen. Wenn nicht, sorgen Sie dafür, dass diese entstehen, zum Beispiel durch Verwandte, Bekannte, Freunde, Freunde der Freunde, Exkollegen, Ausbilder oder Vorgesetzte. Der Fantasie sind keine Grenzen gesetzt. Und wenn Sie keiner empfiehlt, empfehlen Sie sich selbst. Das (Berufs-)Leben schafft Kontakte, sei es zum Beispiel auf Fachmessen, Kongressen, Tagungen, bei Verkaufskontakten oder Forschungsvorhaben. Eins der wichtigsten Werkzeuge ist dabei auch das Internet!

Aufbau und Pflege eines Beziehungsnetzes

Sie müssen mit möglichst vielen Leuten reden, damit Sie die gewünschten Reaktionen im Zusammenhang mit Ihrem Bewerbungsvorhaben bekommen. Gibt es auf dem Arbeitsmarkt freie Stellen in den angestrebten Berufen? Befinden sich diese Arbeitsplätze in der Nähe Ihres derzeitigen Wohnortes oder werden Sie in eine andere Stadt ziehen müssen?

Nur wer mit anderen Leuten spricht, findet heraus, welchen Wert seine Interessen, Kenntnisse und Erfahrungen für die geplante Karriere haben. Diese frühzeitige Einschätzung hilft Ihnen, Zeit und Mühen zu sparen, die Sie sonst für die Suche nach einem Job eingesetzt hätten, der für Sie vielleicht gar nicht infrage kommt.

Der Stoff, aus dem Networking entsteht

Vorteile von Netzwerken

- Sie treffen sich mit Leuten, für die Sie kein Unbekannter mehr sind, da man Sie weiterempfohlen hat. Solche Gespräche sind in jedem Fall besser und einfacher als »kalte Gespräche« (= ohne gemeinsame Bekannte).
- Sie bestimmen Ihre Strategie, Ihr eigenes Tempo. Sie mischen Informationsgespräche mit Ratschlägen und ersten Vorstellungsgesprächen. Auf diese Weise lernen Sie viel.
- Ihre Bekannten werden Ihnen zu Treffen mit Leuten verhelfen, die sie kennen. Es ist sehr viel effektiver, wenn ein Dritter den Personalchef anruft und Sie weiterempfiehlt: »Neulich lernte ich eine interessante Person kennen. Ich denke, ihr solltet euch einmal zusammensetzen ...« Ohne diese Unterstützung wäre Ihre erste Kontaktaufnahme weniger wirkungsvoll.
- Während Sie Ihr Netzwerk aufbauen, werden aus Bekannten manchmal Freunde. Ein gutes Netzwerk ist ein fortlaufender Prozess. Sie werden ständig neue und interessante Leute kennenlernen und dadurch Ihren Horizont erweitern.

Wenn sich die Spreu vom Weizen trennt

Haben Sie Erfolg im Beruf, sind Sie schnell von »Freunden« umgeben, die Sie um Rat bitten und deren eigenes Vorwärtskommen von Ihrer Hilfe abhängt. Sollten Sie aus irgendwelchen Gründen Ihre Stelle verlieren, stehen diese Leute wahrscheinlich ganz weit oben auf Ihrer Netzwerkliste.

Spätestens jetzt werden Sie feststellen, dass es zwei Arten von Bekannten gibt. Da sind einmal die »Gut-Wetter-Freunde«, die alles für Sie getan haben, als Sie noch in Amt und Würden waren, plötzlich aber nur noch sehr schwer zu erreichen sind. Diese Menschen schätzten Ihre Stellung, als Person waren Sie ihnen ziemlich gleichgültig.

Zum Glück gibt es aber auch Freunde, die sich wirklich engagieren und Bemühungen auf sich nehmen, um Ihnen zu helfen. An diese Leute werden Sie sich noch über lange Zeit erinnern, nachdem Sie sich an Ihrem neuen Arbeitsplatz eingelebt haben. Gehen Sie am besten von vornherein davon aus, dass Sie im Laufe Ihres Bewerbungsprozesses ein paar Namen aus Ihrer Netzwerkliste streichen können.

Warum Netzwerke so wichtig sind

Über beinahe jede freie Stelle sprechen die Verantwortlichen zunächst mit Freunden oder Geschäftspartnern, bevor die Position öffentlich ausgeschrieben wird, wenn man sie überhaupt auf dem Arbeitsmarkt anbietet. Wenn jemand befördert, entlassen oder versetzt wird, ist dies eine Zeit lang nur einem kleinen Kreis von Leuten bekannt. Das beginnt schon bei der Planung.

Zuerst redet man in der Abteilung über die anstehende Veränderung, dann werden die nächsthöheren Vorgesetzten informiert und um Zustimmung gebeten. Anschließend wird überlegt, welche der vorhandenen Mitarbeiter für eine Beförderung infrage kommen. Erst nach all diesen Erwägungen schaltet sich die Personalabteilung ein, die sich dann früher oder später für oder gegen eine Stellenanzeige oder den Einsatz eines externen Personalberaters entscheidet.

Informationskreise finden

Diesen informellen Prozess gibt es täglich überall auf der Welt. Neue Arbeitsplätze entstehen, ohne dass jemand in der Öffentlichkeit davon erfährt. Auf der Suche nach einem neuen Arbeitgeber muss es Ihnen daher gelingen, diese Informationskreise zu finden. Sie sollten also auf Ihre Kenntnisse und Leistungen möglichst frühzeitig aufmerksam machen, nämlich bevor in der Zeitung eine Annonce erscheint, auf die dann 500 andere Bewerber antworten.

Dieses Ziel erreichen Sie, indem Sie mit möglichst vielen Menschen Kontakte knüpfen, bis Sie letztendlich auf Leute treffen, die von interessanten freien Stellen gehört haben oder Ihnen sogar direkt weiterhelfen können. Sind Sie erst einmal Teil dieses Informationskreislaufs, haben Sie einen enormen Vorteil gegenüber anderen Kandidaten.

Ziel Ihrer Netzwerkstrategie muss es natürlich sein, auf Leute zu treffen, für die Sie gerne arbeiten würden. Aber auch die Menschen, die Ihnen auf dem Weg dorthin begegnen, sollten Teil Ihres Netzwerkes werden, denn Zufälle spielen eine wichtige Rolle beim Informationsfluss. Der entscheidende Hinweis auf einen Arbeitsplatz kann von jedem Ihrer Mitmenschen kommen.

Bewusstsein für die verschiedenen Arten von Netzwerken

Kontakte zu knüpfen und zu nutzen liegt in der menschlichen Natur. Ohne Kontakte wäre Tauschhandel, die früheste Form des Handels, unmöglich gewesen. Das Bilden von Interessensgemeinschaften zieht sich durch die Geschichte – beste Beispiele sind die Kaufmannsgilden, die Zünfte oder die Hanse. Auch die Freimaurerlogen, Zirkel und Salons sind Netzwerke, der ADAC und Facebook, XING und LinkedIn nicht weniger und schon immer waren diese Netzwerke Regeln unterworfen. Je nach Zielrichtung und Zusammensetzung wurde auch der Zutritt streng geregelt.

Netzwerke der heutigen Zeit haben viele Gesichter. Sie sind regional oder überregional, offen oder geschlossen, real oder virtuell.

Es gibt unterschiedliche öffentliche Netzwerke, in die man sich »nur« integrieren muss, während andere mit privatem Charakter selbst aufgebaut werden müssen:

- **Institutionelle Netzwerke**
  Firmen, Vereine, Verbände, Organisationen
  Diese haben den Vorteil, dass man als Mitglied einen bestimmten Nutzen oder Service erwarten kann. Sie sind aber häufig sehr träge, unflexibel und zum Teil unpersönlich.
- **Fachliche Netzwerke**
  Berufsverbände
  Diese dienen der Wissenserweiterung und bieten ihren Mitgliedern häufig Dienstleistungen an. Sie verfügen in der Regel über aufbereitetes Informationsmaterial.
- **Informelle Netzwerke**
  Diese Netzwerke entsprechen persönlichen und freundschaftlichen Kontakten, die von gegenseitigen Hilfestellungen leben. Für längerfristige Karrierestrategien sind sie äußerst wichtig und leben nahezu ausschließlich vom persönlichen Engagement.

Auch die virtuellen Communitys im Internet sind sehr beliebt zur Kontaktanbahnung. Die bekanntesten Plattformen sind sicherlich XING und LinkedIn. Darüber lassen sich virtuelle Kontakte in reale verwandeln. Alles, was Sie über diese Social Networks im Netz wissen müssen, finden Sie ab S. 409 ausführlich dargestellt.

Ganz besonders wichtig: Virtuelle Netzwerke

Jeder Mensch hat bereits ein Kontaktnetzwerk in der Realität – Familie, Freunde, (Studien-)Kollegen, Geschäftspartner etc. Es liegt an Ihnen, erstens: sich das bewusst zu machen, und zweitens: es bestmöglich zu nutzen, eingeschlafene Kontakte (mit aller

Vorsicht) zu reaktivieren, neue zu knüpfen, zwischen Ihren Kontakten zum Nutzen aller zu vermitteln usw.

Dies geschieht unter Einhaltung gewisser Regeln. Und auch das Internet bietet immer mehr Möglichkeiten, Kontakte zu finden, zu knüpfen und zu pflegen. Diese virtuellen Netzwerke haben einen entscheidenden Vorteil: Sie geben Ihnen Gelegenheit, Kontakte über regionale und hierarchische Grenzen zu knüpfen. Ermöglicht wird das alles durch das Web 2.0, lapidar ja auch das »Mitmach-Internet« genannt. War das Internet früher ein reines Medium zur Informationsbeschaffung, können die User heute selbst an der Informationsweitergabe teilhaben – in Blogs, Foren und eben in den virtuellen Netzwerken. Vereinfachte Techniken zur Installation z. B. eines Blogs oder neu entwickelte Funktionen wie die des Kommentars machen es möglich. Wissen vervielfacht sich, wird aber auch kontrollierbar (durch die Möglichkeit anderer, Fehler zu korrigieren). Bestes Beispiel: das Internetlexikon Wikipedia.

Rat und Expertenwissen können Sie sich schnell und unkompliziert auf Portalen wie www.wer-weiss-was.de oder www.gutefrage.net holen. Wollen Sie selbst eine Frage stellen, müssen Sie sich jedoch registrieren. Bekanntschaften, Freunde und Partner finden Sie über offene Plattformen wie Facebook. Für Kinder/Jugendliche und junge Erwachsene, die mit sozialen Medien aufgewachsen sind (Stichwort »digital natives«), ist Netzwerken etwas völlig Natürliches. Somit bringen sie schon eine wichtige Fähigkeit für das spätere Berufsleben mit. Und Berufstätige profilieren sich auf Businessplattformen wie XING oder LinkedIn. »Social Networking« nennt sich dieses gesellschaftliche Phänomen.

Jedes Netzwerk, ob offen oder geschlossen, wird moderiert. So soll ausgeschlossen werden, dass Daten der Mitglieder oder die Plattform selbst für widerrechtliche Aktivitäten missbraucht oder Beleidigungen ausgesprochen werden. Selbst in Business-Plattformen wie XING kommt der Faktor »Social« nicht zu kurz. Dort können Gruppen sowohl zu Berufs- als auch zu Freizeitthemen gegründet werden. Die jeweiligen Moderatoren sind frei in ihrer Entscheidung, ihre Gruppe als offenes oder geschlossenes »Netzwerk im Netzwerk« zu gestalten. Mehr dazu finden Sie in diesem Buch im Kapitel »XING« (ab S. 412).

Unschlagbarer Vorteil Internet

Das Internet hat durch seine technischen Möglichkeiten gegenüber realen Netzwerken einen entscheidenden Vorteil: die Schnelligkeit. Neueste Entwicklungen, Infos, News, Erkenntnisse können blitzschnell an die Mitglieder weitergereicht, Entscheidungen getroffen, Ratschläge erteilt, spontane Treffen arrangiert werden etc. Reale Netzwerke, wie Berufsverbände, Gewerkschaften und Interessensgemeinschaften, machen sich diesen Umstand längst zunutze.

Was Ihnen ein Netzwerk bringen wird

Das Kennzeichen eines stabilen effektiven Netzwerks ist eine gewisse Ausgewogenheit im Geben und Nehmen. Jeder sollte einen Nutzen davon haben. Die Basis ist, sich gegenseitig zu helfen und im Rahmen der jeweiligen Möglichkeiten seinen beruflichen Zielen näherzukommen. Das Ideal ist eine sogenannte Win-win-Situation.

Ihr Nutzen sind immer neue Ansprechpartner für Ihre Fragen und damit eine große Vielfalt an Ansichten, aus denen Sie sich dann Ihre eigene Meinung bilden können. Zwischen den Mitgliedern existiert ein schneller Informationsfluss über News aus der Branche, wichtige Termine, einflussreiche Ansprechpartner etc. Virtuelle Kontakte können selbstverständlich auch privat gepflegt werden. Das sollten sie sogar, denn eines erspürt ein virtuelles Netzwerk nicht: die »Chemie«.

Trotz aller Sympathie, die durch regelmäßige Postings entsteht und die sich durch ein Erkennen von gleichen oder doch ziemlich ähnlichen Wertewelten einstellt – eine persönliche Begegnung wird in jedem Fall die Sympathie verstärken oder falsche Eindrücke korrigieren. Außerdem birgt ein persönliches Gespräch immer noch etwas andere Möglichkeiten, mehr über sein Gegenüber zu erfahren. Faktoren wie Stimme, Mimik und Gestik, das Auftreten und das Verhalten anderen Menschen gegenüber sind unerlässlich, um einen Menschen ganz einschätzen zu können und eine wirkliche Vertrauensbasis aufzubauen.

Sichtbarkeit und Zeitersparnis

Je intensiver Sie sich an Ihrem Netzwerk beteiligen, desto eher können Sie sich mit Ihrem Wissen profilieren, werden also selbst zum begehrten Ansprechpartner – z.B. von potenziellen Kunden. Haben Sie ein Anliegen, dürfen Sie in Ihrem Netzwerk effektiv dafür werben. Sie können sich auch nach außen empfehlen durch die Übernahme von Ämtern wie z.B. der Moderatorentätigkeit oder der Bereitschaft, »echte« Treffen zu organisieren. Ein weiterer Vorteil: Sie sparen sich durch Ihr Netzwerk kostbare Zeit, die Sie ansonsten investieren müssten, um sich passende Kontakte zu suchen. Außerdem können Sie Ihre soziale Kompetenz unter Beweis stellen. Gelten Sie als hilfsbereit und zuverlässig, profitieren Sie davon, wenn Sie einmal Hilfestellung brauchen. So bekommen Sie jede Menge neue berufliche Impulse und Anregungen. Konkretester Nutzen ist in jedem Fall die Akquirierung eines neuen Jobs oder neuer Aufträge.

Was ein guter Netzwerker braucht

Für den größtmöglichen Nutzen aller muss jeder Netzwerker bestimmte Voraussetzungen mitbringen: Natürlich sollte er über ein gewisses Fachwissen verfügen und unter Beweis stellen können, dass er zumindest Erfahrung in seinem Metier hat. Idealerweise hat er selbst bereits ein gutes Kontaktnetzwerk, das er einbringen kann.

Grundvoraussetzung ist, dass er sein Wissen mit den Mitgliedern teilen möchte und sich nicht nur als Nutznießer des Wissens anderer präsentiert.

Kontakt- und Kommunikationsvermögen

Als erfolgreicher Netzwerker sollten Sie neben ausgeprägter sozialer Kompetenz über ein gewisses Maß an Menschenkenntnis verfügen, um die richtigen Kontakte auszuwählen und ein Netzwerk nicht durch wahlloses »Einsammeln« von Kontakten zu gefährden. Kontaktfreude ist notwendig, aber nur in der richtigen Dosierung. Wichtig ist Loyalität, Respekt (auch vor anderen Meinungen), Einfühlungsvermögen, die Bereitschaft zu vermitteln, Kompromissbereitschaft, aber vor allem – Hilfsbereitschaft. Haben Sie selbst Hilfestellung erhalten, sollten Sie dies unbedingt anerkennen und Ihrerseits Hilfe im Rahmen Ihrer Möglichkeiten anbieten.

Wie man um Hilfe bittet

Um Hilfe zu bitten, ist für die meisten von uns äußerst unangenehm. Die Befürchtung, als »Versager« dazustehen, sich abhängig zu machen oder gar am Ende den Falschen gebeten zu haben, ist groß. Diese Haltung ist verständlich, jedoch hinderlich, wenn nicht sogar falsch. Innerhalb eines Netzwerks schrumpfen diese Bedenken, denn jeder Beteiligte weiß, dass es auch um Hilfestellung geht.

Trotzdem sollten Sie sich Gedanken darüber machen, wie Sie um Hilfe bitten. Aus Scham oder Panik zu sagen: »Ich brauche einen Auftrag/einen Job, egal welchen!« oder: »Können Sie mir irgendwas zum Thema Telekommunikation erzählen?«, bringt weder Sie noch Ihren Ansprechpartner weiter. Im Gegenteil! Eine solche Form der Ansprache sorgt gelinde gesagt für Unverständnis, wenn nicht gar für Verärgerung. Zudem vermitteln Sie damit das Gefühl, sich nicht richtig mit der Materie auseinandergesetzt zu haben. Im schlimmsten Fall könnte man Ihnen sogar unterstellen, bequem und ohne eigenes Zutun Wissen zu »schnorren«, das sich andere mühsam erworben haben. Außerdem fühlt sich jedes Mitglied eines Netzwerks seinen Kontakten gegenüber verpflichtet. Dies darf aber niemals durch unnötige Zeit- und Nervenverschwendung auf Kosten des anderen gehen. Übrigens ist dies auch ein Grund, weswegen man bei der Auswahl seiner Kontakte vorsichtig sein sollte. Fällt einer Ihrer Kontakte unangenehm auf, färbt das auch auf Sie ab.

Die richtige Ansprache

Um seine Kontakte nicht überzustrapazieren, gilt es, folgende Regeln zu beachten:

- Definieren Sie für sich Ihr ganz persönliches Ziel. Machen Sie sich klar, was Sie sich wünschen, was davon realistisch ist, aber auch, wie Sie danach fragen.
- Überlegen Sie, was für Sie zum Erreichen Ihres Ziels notwendig ist, was Sie davon selbst bereits wissen/besitzen und wo Sie noch Lücken/Bedarf haben.

- Fragen Sie sich, welcher Ihrer Kontakte Ihnen wozu nützlich sein kann. Achten Sie darauf, dass Ihre Bitte Ihren Kontakt nicht allzu viel Aufwand kostet und im Rahmen des Machbaren bleibt. Ein Programmierer, der den ganzen Tag nichts anderes tut, wird Ihnen leichter helfen können als ein Musiker, der ein paar Computerkurse absolviert hat, Ihnen aber noch einen Gefallen schuldet.
- Schildern Sie Ihrem Kontakt kurz und präzise Ihr Anliegen und fragen Sie ihn unbedingt, ob er bereit wäre, Ihnen zu helfen, oder ob er eventuell jemanden empfehlen könnte, der in der Lage ist, zu helfen. Auch das wäre ja schon eine gewisse Unterstützung. So geben Sie Ihrem virtuellen Gegenüber die Chance, »nein« sagen zu können, ohne ein schlechtes Gewissen haben zu müssen. Weiß er genau, worum es geht, kann er Ihnen immerhin vielleicht sagen, wer aus dem Netzwerk – nach seiner Einschätzung – besser geeignet ist.

Die SMART-Formel

Viele Menschen glauben zu wissen, was sie wollen. Bei dem Versuch, dies in Worte zu fassen, wird es für die meisten aber schon schwierig. Fragen tauchen auf, Widersprüche werden deutlich, man wird sich zum ersten Mal über die Folgen klar … Mit all dem sollten Sie Ihre Kontakte besser nicht behelligen. Ein konkretes Ziel erfüllt alle Kriterien der SMART-Formel. Es ist …

S – spezifisch = so detailliert und unmissverständlich wie möglich formuliert
M – messbar = überprüfbar
A – aktionsorientiert = positiv handlungsbezogen
R – realistisch = umsetzbar
T – terminierbar = zu einem bestimmten Zeitpunkt

Die folgenden Fragen sind eine gute Hilfestellung, um diese Kriterien so konkret wie möglich zu erfüllen:

- Was will ich?
- Was kann ich?
- Was macht mich aus?
- Was will und kann ich von meinen Fähigkeiten mit einbringen?
- Was ist realistisch?
- Wie viel Zeit und Geld kann und will ich dafür investieren?
- Wie stelle ich fest, dass ich mein Ziel erreicht habe?
- Welche Alternativen gibt es für mich?

Überlegen Sie sich, welchen besonderen Nutzen Ihr Kontakt hat und, wenn er Ihnen hilft, was Sie als Gegenleistung anzubieten haben.

Netzwerk für Fortgeschrittene

Begreifen Sie aber auch, dass die Bitte nach Unterstützung und Mithilfe ein hervorragendes Mittel der Selbstinszenierung, der ersten Kontaktaufnahme sein kann. Es muss für Sie also gar nicht immer nur darum gehen, wirklich etwas zu erbitten, sondern dies kann auch als eine Form der Kontaktanbahnung verstanden werden. Es setzt voraus, dass Ihr Gegenüber prinzipiell bereit ist, Ihnen Aufmerksamkeit zu gewähren, und gegenüber anderen, neuen Kontakten nicht völlig verschlossen ist. Zu helfen bringt dem Helfer ja schließlich auch Gewinn: ein gutes Gefühl. Dies ist hier der Dreh- und Angelpunkt, dessen man sich sehr wohl auch bedienen kann.

Ihr eigenes Netzwerk

Neben der Teilnahme an Netzwerken ist auch der Aufbau eines eigenen Netzwerkes von Ihnen in Erwägung zu ziehen. Netzwerke bilden sich immer zuerst am leichtesten unter Gesinnungsgenossen, Menschen in derselben oder doch sehr ähnlichen Situation. Sie haben vergleichbare Erfahrungen gemacht und können Situationen deswegen besonders gut einschätzen. Vor allem sind sie wichtig, um vor Anfängerfehlern zu warnen. Wichtig für die Qualität Ihres Netzwerkes sind daneben Kontakte mit ausgemachtem Expertenwissen und Träger von Informationen, die nicht unbedingt in der Zeitung stehen. So wissen Sie immer schon ein bisschen früher als andere von beruflichen Veränderungen, neuen Trends etc. Kennen Sie eine Person, die von Ihren Fähigkeiten vollständig überzeugt ist, dann könnte diese Ihnen vielleicht bei passender Gelegenheit sogar eine Referenz, eine Empfehlung geben.

Wo Sie Ihre Kontakte finden

Manchmal ist das Kontakteknüpfen sehr einfach: eine zufällige Bekanntschaft, das Kennenlernen des Freundes eines Freundes … Viele Kontakte durch Freunde oder Bekannte passen beruflich meist auch recht gut, da sich oft auch berufliche Gemeinsamkeiten ergeben. Überprüfen Sie Ihre bisherigen Kontakte einmal auf ihren »Nutzen«. Z. B., wenn Sie auf Jobsuche sind: Kennt einer Ihrer Kontakte jemanden aus Ihrem Wunschunternehmen, der Ihnen passende Ansprechpartner für Ihre Bewerbung nennen und Ihnen Interessantes über das Unternehmen berichten kann? Oder vielleicht haben Sie einen Branchenkollegen, mit dem es sich lohnen würde, ein gemeinsames Projekt auf die Beine zu stellen (mit Ihren Kontakten und seinem Know-how oder umgekehrt).

Effektiver als auf den Zufall zu warten, ist immer, selbst aktiv zu werden und sich seine Kontakte dort zu suchen, wo sie erwartungsgemäß sind. Neben dem virtuellen Raum sind das Fachmessen, Veranstaltungen zu den für Sie interessanten Themen, Kongresse oder Weiterbildungsmaßnahmen – überall dort finden Sie Leute, die ähnliche Ziele haben wie Sie oder die in der Lage sind, Ihnen bei Ihrem Weiterkommen behilflich zu sein. Fanden Sie einen Vortrag interessant, bitten Sie den Redner um ein kurzes (fachliches) Gespräch und bitten Sie darum, über Neuigkeiten zu dem Thema informiert zu werden. Viele Experten haben mittlerweile Blogs oder Foren und verschicken Newsletter. Außerdem veranstalten Verbände und Vereine Ihrer Branche häufig Treffen, bei denen sich die Mitglieder persönlich kennenlernen können, bieten aber auch im Netz die Möglichkeit des Austausches (und damit der Vernetzung).

Nicht abwarten, aktiv werden

Wie Sie erfolgreich Kontakte knüpfen

Eine gute Vorbereitung auf einen solchen virtuellen Kontakt oder sogar ein reales Treffen ist das A und O. Überlegen Sie einfach, was Sie sich fragen würden, wenn Sie sich kennenlernen und mehr über sich und über das erfahren wollten, was Sie tun. Denn es macht immer einen besseren Eindruck, wenn Sie selbst um keine Antwort verlegen sind. Geben Sie erst einmal nicht zu viel von sich preis, »füttern« Sie Ihr Gegenüber sozusagen »an«. Denn sobald Sie Gefahr laufen, den Gesprächspartner totzureden, haben Sie sich selbst Chancen verdorben. Achten Sie darauf, ob Ihr potenzieller Kontakt wirklich interessiert ist oder nur aus Höflichkeit Ihren Ausführungen lauscht, Ihre Beiträge liest, in Wahrheit aber nach der nächsten Fluchtmöglichkeit fahndet, Sie lange auf Antwort warten lässt bzw. nur sehr »einsilbig« reagiert. Kombinieren Sie aus dem, was Sie von Ihrem Gesprächspartner wissen, wie er Ihnen helfen könnte, und stellen Sie ihm diesbezügliche Fragen. Je mehr Ihre Fragen darauf schließen lassen, dass Sie sich in Ihrem Metier auskennen, desto höher ist die Bereitschaft Ihres Gesprächspartners, sich wirklich mit Ihnen auseinanderzusetzen.

Zusätzlich zu Ihrer fachlichen sollten Sie aber Ihre soziale Kompetenz ausspielen. Die genannten Voraussetzungen, ein guter Netzwerker zu sein, braucht es auch, um überhaupt erst in Kontakt zu kommen. Ein Sympathieträger wird es diesbezüglich immer leichter haben als ein Misanthrop, der seine gesellschaftliche Antipathie deutlich zur Schau stellt.

Im Alltag vermitteln Sie Sympathie bereits über ein gepflegtes Äußeres, eine aufrechte, dem Partner offen zugewandte Körperhaltung, ein gewinnendes Lächeln und große Aufmerksamkeit, die Sie Ihrem Gegenüber entgegenbringen. Dabei ist natürlich Ihr Fingerspitzengefühl und Ihre Selbsteinschätzung gefragt. Permanente Lobhudelei, ein Dauerlächeln oder übertriebene Selbstdarstellung sind für den sensiblen Vorgang einer Kontaktanbahnung der pure Tod. Deswegen ist eine anfängliche Zurückhaltung immer zu empfehlen. Sympathie überträgt sich auch durch Gemeinsamkeiten wie Hobbys, gemeinsame Herkunft, gemeinsame Bekannte etc.

Sympathie-mobilisierung

Man merkt relativ schnell, ob die »Chemie stimmt«. Da spricht dann auch nichts dagegen, ein bisschen Small Talk zu machen, einen lockeren Plauderton anzuschlagen. Achten Sie jedoch immer auf die Signale des Gegenübers, sollte er das Gespräch beenden wollen. Sie erlösen ihn aus seiner misslichen Lage, wenn Sie ihm von sich aus anbieten, das Gespräch vielleicht zu einem anderen Zeitpunkt fortsetzen zu wollen. Einem Austausch von Visitenkarten steht dann nichts mehr im Wege.

Im Netz ist die einzige Möglichkeit, herauszufinden, wie der andere »tickt«, indem Sie auf das Foto (sofern vorhanden) und die Art seiner Kontaktaufnahme achten. Bei XING ist die schriftliche Begründung eines Kontaktwunsches Pflicht. Ist das Anliegen höflich und dezent formuliert oder gleicht es eher einer »Ruf mich an!«-Anzeige aus den einschlägigen Anzeigenabteilungen der Boulevardblätter? Auch ein Blick auf die Postings des anderen lohnt sich immer. Ausdrucksweise sowie Verhalten auch anderen Mitgliedern des Netzwerks gegenüber sind gute erste Indizien.

Sollten Sie auf diese Weise geschlossene berufliche Kontakte vertiefen wollen, ist es unbedingt zu empfehlen, einen persönlichen Kontakt zu der betreffenden Person herzustellen.

Networking als Empfehlungs-, Jobsuch- und Auftragssuchinstrument

Das Gefühl einer gewissen Vertrautheit, gleiche oder wenigstens sehr ähnliche Wertewelten, der immer wieder gepflegte Kontakt und Austausch, all das erhöht die Chance, aus Ihrem Netzwerk an Infos zu gelangen, die Sie Ihren beruflichen Zielen näherbringen. Es geht darum, dass Menschen in Ihrer (virtuellen) Umgebung (in Ihrem Netzwerk) Ihnen etwas »zutrauen«, eine positive Kompetenz- und Leistungsattribuierung vornehmen und Sie davon profitieren.

Empfehlungen sind die besten Unterstützer

Das fällt natürlich nicht vom Himmel, und bevor jemand denkt, Sie können bestimmte Probleme besser lösen als irgendjemand anderes, müssen Sie schon gezielt dafür sorgen, dass Sie einen entsprechenden Ruf (Image) haben, dass bekannt ist, wofür Sie beruflich stehen und was Sie in der Lage sind zu leisten. Diese Art des Empfehlungs-Networkings ist Ihnen als Tippgeber (Empfehler) selbst nicht fremd. Denn wenn das entsprechende Stichwort fällt, die Frage beispielsweise nach einem vertrauenswürdigen Zahnarzt auftaucht, sind Sie sofort bereit, jemanden zu benennen. Erfahrungshintergrund: Ihr Zahnarzt hatte Sie neulich noch in seiner Praxis als Notfallpatient akzeptiert, obwohl es Freitagnachmittag war und die offizielle Sprechstunde bereits beendet war. Dieses Engagement wussten Sie sehr zu schätzen und werden sich erinnern, wenn in Ihrem Umkreis der Wunsch nach einer Zahnarztempfehlung auftaucht.

Pflegen und entwickeln Sie Ihr Beziehungsnetz

Zeigen Sie Ihren Mitmenschen, dass sie Ihnen wichtig sind. Stellen Sie sicher, dass Menschen, deren Hilfe Sie eines Tages brauchen werden, nicht das Gefühl bekommen, als nützliche Ratgeber instrumentalisiert und ausgenutzt zu werden. Sie sollten sich also, schon lange bevor Sie sich beruflich verändern wollen oder müssen, Zeit für Ihre Mitmenschen nehmen. Mit Freunden, die in der Nähe wohnen, können Sie sich regelmäßig treffen. Bei Bekannten, die weiter entfernt wohnen, melden Sie sich in bestimmten Abständen.

Bitten Sie also nicht aus heiterem Himmel Leute um Hilfe bei Ihrer Arbeitssuche, für die Sie sich jahrelang nicht interessiert haben. Es wird nicht funktionieren, sich nach zehn Jahren bei einem alten Klassenkameraden zu melden: »Hallo Klaus, wie geht es dir? Ich will mich jetzt in der Firma XY bewerben. Sag mal, ist dein Onkel dort eigentlich immer noch Prokurist? Ruf ihn doch bitte mal an und leg ein gutes Wort für mich ein.« Sie können sicher sein, dass Ihr Schulfreund mit seinem Onkel sprechen wird. Er wird ihm allerdings nach Ihrem merkwürdigen Anruf nichts Positives über Sie berichten können, denn die Botschaft, die hinter solch einer Aktion steckt, ist eindeutig: Der Klassenkamerad ist Ihnen absolut gleichgültig, aber nun »darf« er Ihnen einen Gefallen tun. Hüten Sie sich also davor, als jemand abgestempelt zu werden, der andere lediglich benutzt. Freundschaften funktionieren nur, wenn man sich gegenseitig hilft und ein relativ ausgewogenes Geben und Nehmen herrscht.

Ausgewogenes Geben und Nehmen

Hilfreich ist die Erstellung einer kontinuierlich erweiterten Liste von Personen, die Ihnen später in Ihrer Karriere oder bei der Arbeitssuche helfen können. Es ist wichtig, ständig neue Namen auf diese Liste zu setzen: Menschen, die auf dem Gebiet tätig sind, das Sie anstreben, und darüber hinaus Leute, deren Namen Ihnen von anderen genannt werden. Sprechen Sie ruhig auch bei privaten Einladungen über Ihre Pläne. Vielleicht treffen Sie auf jemanden, der eine Idee hat, wo jemand mit Ihren Fähigkeiten gebraucht wird.

Bemühen Sie sich um emotionale Unterstützung

Sorgen Sie für ein gutes Verhältnis zu Familienmitgliedern und Freunden, damit Sie mit Ihren emotionalen und sozialen Bedürfnissen gerade in einer schwierigen Bewerbungsphase nicht alleingelassen werden. Sie brauchen Menschen, die sich gerne mit Ihnen unterhalten oder auch einfach nur zuhören. Sie benötigen andere, die die Initiative ergreifen und Sie regelmäßig anrufen. Darüber hinaus sollte es jemanden in Ihrer Umgebung geben, der sich nicht scheut, auch einmal hart mit Ihnen ins Gericht zu gehen, wenn das nötig ist.

Einmal in der Woche sollten Sie sich mit mehreren Leuten zusammensetzen und über die Ereignisse der letzten Tage sprechen. Es sollte einen Freund geben, der Ihnen zuhört, wenn Sie deprimiert sind; einen anderen, der Sie motiviert, wenn Sie sich am liebsten verkriechen würden; einen weiteren, der weise genug ist, um Ihnen Ratschläge erteilen zu können; und einen vierten, der Sie antreibt, wenn Ihre Disziplin nachlässt. Im Idealfall kennen Sie darüber hinaus jemanden, der Sie lobt, wenn sich erste Erfolge abzeichnen.

Es liegt eine sehr schwere Zeit vor Ihnen, wenn Sie ohne Unterstützung dastehen, mit niemandem reden können und das Gefühl haben, alleingelassen zu sein. Warten Sie nicht darauf, dass Ihre Familie oder Ihre Freunde merken, wie schlecht es Ihnen geht, und auf Sie zukommen, um Sie zu trösten. Wenden Sie sich an Ihre Freunde und bitten Sie sie um Hilfe und Unterstützung.

Kontakte zu Arbeitnehmern in Ihrem Wunscharbeitsfeld

Recherchieren Sie genau zu Arbeitsfeldern und Unternehmen, bevor Sie sich für einen Karrierewechsel entscheiden. Gespräche sind in diesem Bereich allerdings nur sinnvoll, wenn Sie direkt mit Leuten sprechen, die Ihren Wunschberuf bereits ausüben. Besorgen Sie sich also die Namen von möglichen Ansprechpartnern im Bekanntenkreis oder bei Beratungsstellen. Sobald Sie die Namen haben, rufen Sie die Leute an und bitten sie um ein kurzes Gespräch. Bereiten Sie eine Liste mit den wichtigsten Punkten vor. Wenn Ihnen nichts einfällt, versuchen Sie es mit folgenden Fragen:

Hilfe suchen

- Wie fanden Sie den Einstieg in Ihr Berufsfeld, in diese spezielle Position?
- Was gefällt Ihnen an Ihrem Beruf am besten?
- Was stört Sie am meisten an Ihrer Arbeit?
- Mit wem, der ebenfalls in diesem Bereich arbeitet, sollte ich noch reden?

Kritisch prüfen

Sie sollten möglichst direkt und geradezu hautnah erfahren, wie Ihr Wunschberuf aussieht, und den entsprechenden Berufsalltag kennenlernen. Dieser Vorgang lässt sich gut mit dem Kauf eines neuen Kleidungsstückes vergleichen. Wenn Ihnen ein im Schaufenster ausgestelltes Bekleidungsstück gefällt, gehen Sie in das Geschäft und probieren es an, bevor Sie es kaufen, denn was in stundenlanger Kleinarbeit mit Hunderten von Stecknadeln kunstvoll auf die Schaufensterpuppe drapiert wurde, mag an Ihnen wie ein Kartoffelsack hängen. Mit Berufen ist das nicht anders.

Keine falsche Scham: Beziehungen nutzen

Sie brauchen viele Menschen, die Ihnen helfen, eine neue Stelle zu finden. Sobald Sie genau wissen, welche Arbeit und welches Umfeld Sie suchen, sollten Sie ausgesuchte Leute um Unterstützung bitten. Starten Sie diese Aktion aber wirklich erst dann, wenn Ihnen absolut klar ist, was Sie erreichen wollen. Wenden Sie sich nun an Freunde, Verwandte, Studien- und Arbeitskollegen.

Sprechen Sie mit Ihren Kontaktpersonen, wenn Sie in Ihrer Suche auf Hindernisse stoßen. Es gibt genügend Beispiele für mögliche Schwierigkeiten:

- Sie finden niemanden, der Ihren Wunschberuf bereits ausübt.
- Sie wissen nicht, wo Leute mit Ihren Fähigkeiten eingestellt werden.
- Sie interessieren sich für ein bestimmtes Unternehmen, Ihnen ist aber nicht bekannt, wer dort für die Personalauswahl zuständig ist.
- Sie haben herausgefunden, wer neue Mitarbeiter einstellt, sehen allerdings keine Möglichkeit, an die Person heranzutreten.

In diesen Situationen telefonieren Sie so lange mit Leuten, bis Sie jemanden gefunden haben, der Ihre speziellen Fragen beantworten kann. Hüten Sie sich aber davor, Ihre Freunde mit allgemeinen und ungenauen Fragen zu belästigen: »Monika, ich bin arbeitslos. Wenn du irgendetwas hörst, sag mir bitte Bescheid.« Irgendetwas? Finden Sie zunächst heraus, was Sie wollen, und erwarten Sie nicht, dass andere Ihnen diese Arbeit abnehmen.

Vitamin B

Der sicherste Weg zum Vorstellungsgespräch führt über Bekannte, die Ihren Wunscharbeitgeber kennen. Dieser gemeinsame Freund kann dann einen Gesprächstermin für Sie arrangieren. Jede Person, die Sie kennen, kommt als Kontakt infrage. Jedes Familienmitglied, jeder Ihrer Freunde, jeder Händler oder Verkäufer, dem Sie begegnen. Jeder Handwerker, der in Ihrer Wohnung etwas repariert, jedes Mitglied Ihres Sportvereins, jeder Lehrer, der Sie einmal unterrichtet hat. Jede Person, der Sie vorgestellt werden, jeder, dem Sie während Ihrer Arbeitssuche begegnen.

An der Geschichte eines Bewerbers, der für ein bestimmtes Unternehmen arbeiten wollte, wird deutlich, wie wichtig Kontakte sein können. Besagter Bewerber besucht zunächst die Personalabteilung des Unternehmens und erfährt im Gespräch mit einem Angestellten, es gebe keine freien Stellen. An diesem Punkt gibt er sich zunächst geschlagen.

Einige Wochen später jedoch hört der Bewerber von der Strategie, Personalchefs über Kontaktpersonen zu erreichen. Er nutzt die Kontakte, die sich ihm bieten, bis es ihm gelingt, einen Termin beim Leiter des Unternehmens zu bekommen. Die beiden verstehen sich auf Anhieb, und schon während des Vorstellungsgesprächs wird der Arbeitsvertrag unterschrieben. Wie Sie an diesem Beispiel sehen, sind Kontakte der Schlüssel zur neuen Arbeitsstelle. Sie brauchen die Hilfe Ihrer Mitmenschen, wenn

Sie Ihre gewünschte Arbeitsstelle finden wollen. Je mehr Menschen Sie kennen und treffen, desto eher werden Sie einen Job finden.

Nun zur Vorgehensweise. Fragen Sie jeden Ihrer Mithelfer: »Kennen Sie jemanden, der in der Firma XY arbeitet oder gearbeitet hat?« Wenn Sie auf jemanden treffen, der die Frage mit Ja beantwortet, erkundigen Sie sich nach Namen und Telefonnummer der Person, die für XY arbeitet. Wenn Sie Glück haben, ist Ihre Kontaktperson bereit, diesen Menschen anzurufen und zu sagen, wer Sie sind.

Anschließend rufen Sie selbst die Person, die für das Unternehmen XY arbeitet, an und bitten um ein kurzes Gespräch. Nach Austausch der üblichen Höflichkeitsfloskeln kommen Sie dann auf Ihr Anliegen zu sprechen. Da Ihr Gesprächspartner die Organisation XY von innen kennt, wird er Ihre Frage genau beantworten können: »Wer stellt in der Firma XY das Personal für den Bereich ein, in dem ich arbeiten möchte?« Fragen Sie nicht nur nach Namen, Adresse, Telefonnummer des Verantwortlichen, sondern auch nach seinem genauen Aufgabenbereich, seinen Hobbys und seinem Befragungsstil.

Dankesbrief

Stellen Sie gegen Ende des Gespräches allgemeine Fragen zum Unternehmen. Am Schluss bedanken Sie sich bei Ihrer Kontaktperson und verabschieden sich. Versäumen Sie auf gar keinen Fall, sich noch am selben Abend hinzusetzen und einen Dankesbrief zu schreiben.

Mögliche Referenzgeber kontaktieren

Überlegen Sie sich, wer positive Aussagen über Sie und Ihre Leistungen machen kann. Sie sollten diese Leute um Kooperation bitten. Besprechen Sie mit ihnen, welche Auskünfte man über Sie geben wird. Am besten beschränkt man sich in diesen Aussagen auf sachliche Hinweise zu Ihren Leistungen. Das Letzte, was Sie brauchen, sind langatmige, subjektive Rückblicke. Beachten Sie, dass Übertreibungen den Fragesteller veranlassen werden, weiter nachzuforschen.

Wenn Sie Glück haben, fragt Sie Ihr möglicher Referenzgeber: »Welche Auskunft soll ich geben?« Sollte diese Situation eintreten, ist es sinnvoll, die Anforderungen des angestrebten Arbeitsplatzes aufzulisten und zu überlegen, welche Ihrer bisherigen Leistungen einen Bezug dazu haben. Jeder, der Ihre Leistungen bestätigen kann, ist ein guter Auskunftgeber.

Natürlich setzen Sie nicht ausgerechnet Ihre ehemaligen Widersacher ganz oben auf die Liste der Leute, die Auskunft über Sie geben sollen. Trotzdem ist es ein beruhigendes Gefühl, zu wissen, dass selbst diese Personen nach einem klärenden Gespräch nicht mehr allzu negativ über Sie berichten werden.

Wenn Sie eine Führungsposition innehatten, sollten Sie als mögliche Kontaktpersonen auch Leute angeben können, die bereits für Sie gearbeitet haben. Diese früheren Mitarbeiter sind in der Lage, Ihre Qualitäten aus einer anderen Perspektive zu schildern.

Resümee

»Fare bella figura« – für die Italiener ist eine gute Figur zu machen essenziell. Das gilt im Privaten wie im Berufsleben. Dazu gehören selbstverständlich gute Kleidung und beste Manieren für einen hervorragenden Gesamteindruck. »If you can't make it good, at least make it look good«, so ein Zitat von Bill Gates, das den Anspruch zusammenfasst, etwas gut aussehen zu lassen, selbst wenn man von einer Sache eigentlich nicht viel Ahnung hat bzw. sich nicht gut auf etwas vorbereitet hat. Beide Redewendungen passen auch sehr gut auf das Netzwerken im Internetzeitalter. Sie werden im Netz mit Ihrem Jobprofil bzw. Ihrer digitalen Kompetenzen-Visitenkarte nur dann von anderen gesehen, wenn Sie auffallen. Das heißt, entweder wirken Sie durch Ihre Fähigkeiten, besondere Fertigkeiten, interessante berufliche Stationen. Oder Sie bereiten Ihre Kompetenzen gestalterisch auf Ihrer eigenen Website, Ihrem Business-Netzwerk, wie bei XING, oder Ihrem Blog interessant auf.

Grundsätzlich sollten Sie Ihren Mitmenschen etwas mitzuteilen haben, das in einem interessanten beruflichen Zusammenhang steht und das unter dem Aspekt des Networkings von Bedeutung für den Leser Ihrer Website, Ihres Blogs ist. Sehr Persönliches und Triviales eignet sich besser für Ihr privates Facebook-Profil. Es gibt auch keinen grundlegenden Unterschied zwischen Offline- und Onlinewelt in Sachen »Sehen und gesehen werden«: Inhalte und Form sollten zielgruppenspezifisch passen und bei Artikeln, Kommentaren, Beschreibungen Ihrer Kompetenzen denken Sie immer an den Leser und die Zeit – eher kurz als lang.

Erfolg: Wie Sie erfolgsintelligent handeln

Wären Sie Unternehmer und würden ein Produkt herstellen, müssten Sie bestens darüber Bescheid wissen, um es überzeugend präsentieren und dadurch optimal verkaufen zu können. Logisch!

Bei genauer Betrachtung sind Sie jedoch auch immer Unternehmer(in) – selbst wenn Sie jetzt noch denken und argumentieren: »Ich arbeite doch lohnabhängig, bin angestellt!?« Sie geben Ihre Arbeit, Sie verkaufen eine Dienstleistung (Ihr Spezialwissen, Ihr Problemlösungs-Know-how). Sie wollen und müssen Ihre Kunden, allen voran Ihren Hauptabnehmer (Ihren Chef oder Vorgesetzten), von sich und Ihrer Dienstleistung überzeugen – jetzt und zukünftig! Und diese Leistung sollte eben nicht beliebig austauschbar sein. Denn Sie wollen ja nicht ausgetauscht oder ersetzt werden. Genau darum dreht es sich hier: um das Marketing in eigener Sache, die Selbst-PR, das Bewusstsein, sich selbst aktiv ins rechte Licht zu rücken.

Sie sind unverwechselbar. Verdeutlichen Sie sich das immer wieder. Das bedeutet für Sie und Ihre Dienstleistung: Sie müssen Ihre Kompetenzen und Stärken kennen und wissen, worüber Sie sprechen (Auskunft geben!). Nur so können Sie Ihr Gegenüber auf ganz gezielte Weise ansprechen, überzeugen und sich selbst als bestmöglicher Problemlösungs-Anbieter und Mitarbeiter schließlich unentbehrlich machen.

Was lässt Sie erfolgreich werden?

Wir möchten Sie unterstützen, damit Ihre Bewerbungsaktivitäten erfolgreich sind. Nur – was ist eigentlich Erfolg? Die Antwort ist leicht und schwer zugleich: Jeder weiß, wovon die Rede ist. Trotzdem ist es schwierig, diesen Begriff zu definieren, denn Erfolg ist subjektiv. Während der eine es als Erfolg wertet, als Sozialarbeiter den Besuchern einer Altentagesstätte mit einer gut organisierten Weihnachtsfeier ein paar schöne Stunden zu bereiten, bedeutet Erfolg für den anderen, Teppichböden für fünf Millionen Euro verkauft zu haben.

Erfolg erarbeiten

Erfolg, da ist man sich wahrscheinlich einig, stellt sich nicht zufällig ein. Man muss selbst etwas dafür tun. Sonst ist es nur Glück oder Zufall. Wer Probleme und Hindernisse überwindet und ein gestecktes Ziel erreicht, der handelt erfolgreich. Um Erfolg muss man sich immer wieder neu bemühen, denn er dauert nicht ewig. Wer sich auf einmal Erreichtem ausruht, dem kann es leicht passieren, dass er sich nicht länger zu den Erfolgreichen zählen darf.

Sie sehen schon, so einfach, wie die Beantwortung der Frage nach dem Erfolg erscheint, ist sie wahrlich nicht.

Es gibt verschiedene Erfolgsinstrumente. Die wichtigsten möchten wir Ihnen im Folgenden vorstellen.

20 Stufen der Erfolgsintelligenz

Was macht Erfolg aus? Wie wird und bleibt man erfolgreich? Diese Fragen haben auch den amerikanischen Psychologen Robert J. Sternberg beschäftigt. Er prägte den Begriff der Erfolgsintelligenz und liefert interessante Hinweise (wenn auch manchmal sehr amerikanisch), wie Erfolg erarbeitet werden kann. Sternberg unterscheidet zunächst zwischen …

- analytischer,
- kreativer und
- praktischer Intelligenz.

Mit analytischer Intelligenz werden Probleme gelöst; kreative Intelligenz lässt gute Ideen entstehen, die sich jedoch ohne praktische Intelligenz gar nicht verwirklichen ließen. Niemand erreicht in allen drei Intelligenzformen Höchstwerte. Die Kunst liegt darin, Stärken zu betonen und damit Schwächen zu kompensieren. Hier nun die wichtigsten Aspekte, die laut Sternberg zum Erfolg führen:

1. Lernen Sie, sich selbst zu motivieren

Gemeint ist hier der Wille zum Erfolg. Grundsätzlich gibt es zwei Gruppen von Motivationen: die innere und die äußere. Zur äußeren gehören Faktoren wie Anerkennung oder materielle Anreize. Diese machen jedoch das notwendige Handeln von Umständen abhängig, auf die man keinen oder nur einen geringen Einfluss hat. Die Motivation aus sich selbst heraus (z. B. durch Freude an der Arbeit) ist hingegen vorteilhafter, da sie unabhängiger von externen Faktoren macht. Am erfolgsintelligentesten sind sicher die Menschen, die beide Arten der Motivation gut miteinander verbinden können.

2. Die Fähigkeit, Impulse kontrollieren zu können

Impulsive Reaktionen sind an sich nichts Ungewöhnliches und in einigen Situationen durchaus notwendig. Dennoch kann das sofortige Umsetzen von inneren Impulsen zu unüberlegtem Handeln führen und verhindern, dass eigentlich vorhandene Fähigkeiten genutzt werden können. Personen mit Erfolgsintelligenz handeln daher – wenn nötig – rasch, ansonsten aber eher aus ihrer Erfahrung heraus und nach einer Zeit des Abwägens.

3. Das Wissen um die Notwendigkeit von Durchhaltevermögen und Ausdauer

Ausdauer gehört zu den wichtigsten Faktoren der Erfolgsintelligenz. Wer zu schnell resigniert, wird seine Ziele niemals erreichen können. Wer hingegen – trotz offensichtlicher Aussichtslosigkeit – zu lange an einer Sache festhält, blockiert sich auf seinem Lebensweg unnötig selber. Erfolgsintelligent handeln also Menschen, die erkennen, wann Beharrlichkeit notwendig ist; dies muss sich nicht auf das Berufsleben beschränken, auch in anderen Situationen kann ein realistisches Maß an Beharrlichkeit von Vorteil sein und zum erhofften Ergebnis führen.

4. Lernen Sie, das Beste aus Ihren Fähigkeiten zu machen

Zunächst einmal ist es wichtig, seine Fähigkeiten überhaupt zu erkennen. Häufig geschieht dies durch die Erfahrungen, die im Berufsleben gesammelt werden. Personen mit Erfolgsintelligenz ziehen daraus ihre Schlüsse und wechseln, falls möglich, in einen Berufszweig, der ihren Fähigkeiten am besten entspricht.

5. Das Umsetzen von Ideen in Taten

Die besten Ideen führen letztendlich zu nichts, wenn sie nicht umgesetzt werden. Menschen können dann sogar von »ihren Gedanken begraben« werden (E. R. Guthrie). Erfolgsintelligente Personen haben gelernt, das Handeln ihrem Denken entsprechend umzusetzen. Interessanterweise ist diese Fähigkeit nicht immer von einem hohen IQ abhängig: Während Menschen mit einem höheren IQ in entspannten Situationen bessere Führungsstärken zeigen als Personen mit einem eher niedrigen IQ, ist dies bei Stress sehr häufig umgekehrt.

6. Ergebnisorientiertes Handeln

»Der Weg ist das Ziel.« Diese alte Weisheit trifft ausnahmsweise nicht zu, wenn es um Erfolgsintelligenz geht. In diesem Falle ist eher das Ergebnis von entscheidender Bedeutung; das Betrachten einer schönen Allee bringt einen noch nicht zum gewünschten Zielort. Menschen mit Erfolgsintelligenz interessieren sich zwar durchaus auch für Verlaufsprozesse, legen aber ihre eigentliche Konzentration auf das Produkt, das erzeugt werden soll. Sie handeln stark ergebnisorientiert.

7. Das Erledigen angefangener Arbeiten

Personen mit Erfolgsintelligenz sind keine Abbrecher. Dinge, die einmal begonnen worden sind, werden von ihnen meistens auch zu Ende geführt. Die Furcht vor dem Danach, die viele Menschen zaudern lässt, ist ihnen weitestgehend unbekannt. Sie finden für sich auch danach eine neue, lohnenswerte Aufgabe.

8. Selbst die Initiative ergreifen

Jede Initiative bedeutet eine Bindung an eine Situation und bedingt Konsequenzen. Die Hemmung, sich auf etwas einlassen zu können, ist einer der Hauptgründe, weswegen Menschen eine Scheu haben, die Initiative zu ergreifen. Die Angst vor Verbindlichkeit hindert viele daran, eine tiefere Beziehung zu einem anderen Menschen einzugehen. Erfolgsintelligente Personen besitzen die Fähigkeit, sich verantwortungsbewusst auf etwas einzulassen, und fürchten sich somit auch im Gefühlsleben nicht vor positiven Konsequenzen.

9. Keine Angst vor Fehlschlägen

Alle Menschen machen Fehler, und niemand begeht sie absichtlich. Was Menschen jedoch unterscheidet, sind die Konsequenzen daraus. Viele Menschen entwickeln Versagensängste, die meist schon in der Kindheit entstehen und ein erfolgsorientiertes Handeln behindern. Einen Fehler zu begehen ist jedoch nicht dasselbe wie zu versagen. Auch erfolgsintelligente Personen begehen natürlich Fehler. Sie machen jedoch den gleichen Fehler in der Regel nicht noch einmal. Aus Fehlern zu lernen und sie zu korrigieren ist ein wichtiger Aspekt der Erfolgsintelligenz.

10. Dinge nicht auf die lange Bank schieben

Viele Menschen behaupten, sie könnten unter Zeitdruck besser arbeiten. Diese Bewältigungsstrategie ist jedoch meist sehr problematisch; erwiesenermaßen würden fast alle Aufgaben qualitativ besser ausfallen, wenn man die entsprechend dafür notwendige Zeit aufwendet. Dass sich ein Zaudern im Berufsleben negativ auswirkt, ist nur eine Konsequenz daraus. Personen mit Erfolgsintelligenz teilen sich daher ihre Zeit so ein, dass sie ihre Aufgaben gut erledigen können.

11. Akzeptieren Sie berechtigte Kritik

Menschen, die derart von sich überzeugt sind, dass sie sich für nahezu unfehlbar halten, suchen für jeden gemachten Fehler, mag er auch noch so klein sein, einen Schuldigen. Doch falsche Schuldzuweisungen können im Privat- wie im Berufsleben schwerwiegende negative Konsequenzen nach sich ziehen. Personen mit Erfolgsintelligenz übernehmen die Verantwortung für gemachte Fehler. Sie fordern keine Entschuldigungen und übertragen auch nicht ihre Schuld auf andere. Die Zugabe eines Irrtums lässt auf innere Größe rückschließen und bietet zudem die Chance, daraus zu lernen.

12. Bedauern Sie sich nicht ständig selbst

Es ist oftmals recht schwer, sich nicht selbst zu bedauern, wenn sich Lebenssituationen ergeben haben, mit denen man nur schwer zurechtkommt und die einen stark belasten. Permanentes Selbstmitleid jedoch ist kontraproduktiv und erzeugt genau das Gegenteil von dem, was eigentlich intuitiv erhofft wurde – Zuwendung. Stattdessen reagieren die Mitmenschen mit wachsender Ungeduld und wenden sich schließlich ab. »Personen mit Erfolgsintelligenz haben keine Zeit für Selbstmitleid.« Sie setzen stattdessen alles daran, für sie ungünstige Situationen so schnell wie möglich wieder ins Lot zu bringen.

13. Bewahren Sie Ihre Unabhängigkeit

Selbstständiges Handeln ist für die meisten Aufgaben im Leben eine unabdingbare Voraussetzung. Bleibt die Fähigkeit hierzu unterentwickelt, kann der schulische und später der berufliche Erfolg stark gefährdet sein. Auch in der Teamarbeit werden in gewisser Weise selbstständiges Arbeiten und Denken erwartet. Personen mit Erfolgsintelligenz bauen in erster Linie auf sich selbst; sie agieren souverän und übernehmen natürlich auch die Verantwortung für ihre Handlungen.

14. Lernen Sie, persönliche Schwierigkeiten zu überwinden

Wir alle haben irgendwann einmal feststellen müssen, dass das Leben nicht nur Sonnen-, sondern auch Schattenseiten hat. Die Krisen im Leben haben meist Auswirkungen auf alle Lebensbereiche und somit auch auf das Berufsleben. Erfolgsintelligente Menschen haben erkannt, dass es nicht der richtige Weg ist, persönlichen Schwierigkeiten auszuweichen, und stellen sich auch unangenehmen Situationen; doch sie trennen ihr Berufs- und Privatleben so weit wie möglich.

15. Konzentrieren Sie sich auf die eigenen Ziele

Intelligenz ist keine Voraussetzung für Konzentrationsfähigkeit. Vielen Menschen gelingt es nie, sich längere Zeit auf eine einzige Sache zu konzentrieren. Gewiss ist Ablenkbarkeit ein Faktor, den niemand gänzlich ausschließen kann, doch können erfolgsintelligente Menschen sich ohne allzu große Probleme auf die wesentlichen Dinge konzentrieren, da sie die Rahmenbedingungen kennen, unter denen sie am effektivsten arbeiten können, und sich diese zu ihrem eigenen Vorteil auch schaffen.

16. Finden Sie das richtige Maß zwischen Überlastung und Unterforderung

Zu viel Ehrgeiz kann auch schädlich sein. Wer sich überschätzt und sich zu viel zumutet, erreicht die gesteckten Ziele trotz Engagement und harter Arbeit nur selten. Es besteht ständig die Gefahr, sich in zu vielen Einzelprojekten zu verlieren. Genauso schädlich kann jedoch Unterforderung sein, da persönliche Qualitäten nicht zum Einsatz kommen und so verkümmern können; darüber hinaus werden möglicherweise Chancen verpasst. Menschen mit Erfolgsintelligenz wissen daher ihre Kapazitäten optimal einzusetzen und auch ihre Zeit zur Leistungssteigerung richtig einzuteilen.

17. Haben Sie Geduld beim Warten auf Belohnungen

Die Erfolgsleiter im Leben ist meist steil und hoch. Erfolg zu erlangen ist ein langwieriger Prozess, der das berechtigte Anliegen nach entsprechender Anerkennung oft lange Zeit unberücksichtigt lässt. Dieser Wunsch bringt viele Menschen dazu, sich nur auf Aufgaben einzulassen, die in relativ kurzer Zeit zu realisieren sind; dabei bleiben größere, längerfristig konzipierte Projekte leider unverwirklicht. Personen mit Erfolgsintelligenz nehmen zwar die kleinen Entlohnungen des Lebens wahr, konzentrieren sich jedoch primär auf die Dinge – sei es nun beruflich oder privat –, die ihnen längerfristig die größten Erfolgserlebnisse bereiten.

18. Zwischen wichtigen und unwichtigen Dingen unterscheiden können

Sicher gibt es Situationen, in denen winzige Details immens bedeutsam sein können, wie etwa beim Bergsteigen, wo die kleinste Unaufmerksamkeit fatale Folgen haben kann. Meist jedoch ist es im Leben wichtiger, die Konzentration auf die Gesamtheit einer Sache zu lenken. Erfolgsintelligente Menschen besitzen die Fähigkeit, zwischen den wichtigen und unwichtigen Dingen im Leben zu differenzieren, und konzentrieren sich auf das, was sie tatsächlich ihren Zielen näherbringt.

19. Ein vernünftiges Maß an Selbstvertrauen und der Glaube an die eigenen Fähigkeiten

Das eigene Selbstwertgefühl wird im Alltag nicht selten durch harte Rückschläge auf die Probe gestellt. Selbstzweifel können die Folge sein. Diese Zweifel sind durch das Fehlen von genügend Selbstvertrauen oft unverhältnismäßig groß. Zu viel Selbstvertrauen hingegen kann ebenso schädlich sein, denn es führt nicht selten zu Selbstüberschätzung und dann zwangsläufig zu Enttäuschungen. Erfolgsintelligente Menschen kennen ihre Qualitäten und glauben an ihre Fähigkeiten, ohne dabei das richtige Maß aus den Augen zu verlieren.

20. Eine ausgewogene analytische, kreative und praktische Denkweise

Verschiedene Situationen im Leben erfordern unterschiedliches Denken zum Bewältigen von Aufgaben: Manchmal ist analytisch geprägtes Denken von Vorteil, ein anderes Mal ist ein kreatives Herangehen notwendig, genauso wie eine praxisorientierte Handlungsweise bei einigen Aspekten das Beste ist. Menschen mit Erfolgsintelligenz besitzen nicht nur analytische, kreative und praktische Denkfähigkeiten, sondern sie wissen darüber hinaus, in welcher Situation die richtige Art des Denkens und Handelns gefordert ist. Dadurch sind sie in der Lage, Anforderungen besser gerecht zu werden.

Sie werden jetzt vielleicht denken: Hört sich gut an. Aber wie soll ich das alles umsetzen? Dazu kann man nur sagen: Es wäre fast übermenschlich, alle Punkte immer und überall dem eigenen Denken und Handeln zugrunde zu legen. Schließlich ist man auch nur ein Mensch mit guten und schlechten Tagen. Versuchen Sie dennoch, an sich zu arbeiten und sich diese 20 Erfolgsaspekte immer wieder bewusst zu machen. Die Gefahr, dass sie im Alltagstrott untergehen, ist dann viel geringer. Sie wissen ja: Einsicht ist der erste Weg …

Marketing-Erfolg mit der EKS-Methode

Außergewöhnliche Erfolge, so die Erklärung des Systemforschers Wolfgang Mewes, haben ihren Ursprung in der Konzentration der wirksamsten Kräfte, zum Beispiel in einer klaren, eindeutigen Spezialisierung, in der bewussten Ausrichtung auf ein ganz bestimmtes berufliches Ziel. Denn wer auf allen oder zumindest auf vielen beruflichen Gebieten besonders gut sein will, der kann meist nur Durchschnittliches erreichen.

Versuchen Sie erst gar nicht, es allen Menschen recht zu machen, sich selbst und gleichzeitig allen anderen. Setzen Sie Prioritäten, auch bei beruflichen Zielen. Das setzt jedoch eine gezielte Vorgehensweise voraus, eine gut geplante und konsequent umgesetzte Strategie. Für Wolfgang Mewes ist Erfolg einzig und allein eine Frage der richtigen Strategie. Da in unserer Leistungsgesellschaft die einzige verlässliche Konstante die Veränderung ist, gewinnt die richtige berufliche Strategie immer mehr an Bedeutung. Wer sich erfolgreich den Herausforderungen stellen will, muss strategisch vorgehen.

Nur die ständige Veränderung ist sicher

Wenn die Starken über die Schwächeren triumphieren, die Großen die Kleinen dominieren, die Schnellen die Langsameren überholen, dann kann sich beruflich nur derjenige mit der besseren Strategie durchsetzen.

Machen Sie sich Folgendes bewusst: Auf dem heutigen Arbeitsmarkt sind Sie nicht mehr wirklich in der Position eines klassischen Arbeitnehmers, selbst wenn Sie mit der Lohnsteuerkarte in der Hand einen klassischen Arbeitgeber suchen. Abgesehen davon, dass ja eigentlich Sie Ihre Arbeitskraft geben und der klassische Unternehmer als sogenannter Arbeitgeber Ihre Arbeitsleistung entgegennimmt, damit also zum wirklichen »Arbeitnehmer« wird, ist dieses Denkmodell absolut überholt.

Unternehmerisch denken

Stellen Sie sich um. Verstehen Sie sich ab sofort als Unternehmer, als ein modernes Ein-Mann-/Eine-Frau-Dienstleistungsunternehmen, und lernen Sie, konsequent unternehmerisch zu denken und zu handeln. Es geht bei der schwierigen Suche nach einem Arbeitsplatz um ein gezieltes Marketing Ihrer Dienstleistung. Da Ihre Kunden, die Käufer Ihrer Fähigkeiten, sich entsprechend den Marktgesetzen verhalten, sollten Sie sich darüber im Klaren sein, dass gute Marketing- und Verkaufsstrategien über Ihren beruflichen Erfolg entscheiden.

Von dieser einfachen Erkenntnis geht Wolfgang Mewes aus. Das oberste Gebot seiner EKS-Methode lautet: »Volle Konzentration aller verfügbaren Kräfte auf die Lösung eines speziellen Problems.« Die Abkürzung EKS steht übrigens für »Engpasskonzentrierte Strategie«.

Das EKS-System, das häufig auch Erfolgsstrategie genannt wird, besteht aus zwei leicht nachvollziehbaren Etappen.

Erste Etappe: Die vier Prinzipien der EKS-Methode

Vier Prinzipien gelten als Erfolgsbasis:

1. Konzentration ist besser als Verzettelung.
2. Der wirkungsvollste Ansatzpunkt ist zu finden.
3. Das Erkennen eines Engpasses, einer Marktlücke ist wichtig.
4. Nutzenorientierung ist besser als Gewinnmaximierung.

1. Konzentration statt Verzettelung

Es leuchtet wohl jedem ein, dass kein Sportler gleichzeitig Spitzenleistungen im Tennis, Schwimmen, Ski- und Radfahren erbringen kann. Und genauso verhält es sich auch in beruflicher Hinsicht. Wer sich in seinen Vorhaben und Leistungen verzettelt, bleibt in seinen Ergebnissen meist durchschnittlich. »Nicht kleckern, sondern klotzen« lautet das Motto. Die wesentliche Voraussetzung dafür ist, dass Sie die volle Konzentration der Kräfte auf das lenken, was Sie am besten können, und dabei auf etwas, was für Ihren Kunden, den potenziellen Arbeitgeber, von hohem Nutzen ist.

Konzentrieren Sie sich auf das, was Sie gerne machen und gut beherrschen. Mit dem Lerngewinn und den Erfahrungen wächst auch Ihre Problemlösungskompetenz. Durch Ihr kontinuierliches Training werden Sie tatsächlich mit der Zeit ein echter Spezialist für Ihren Fachbereich.

Wachsende Problemlösungskompetenz

2. Auf den wirkungsvollsten Ansatzpunkt kommt es an

Eine Kettenreaktion ist schnell ausgelöst. Stellen Sie sich einen riesigen Stapel Dosen vor. Wer hier einfach von unten zugreift und eine Dose herausziehen will, riskiert den kompletten Einsturz.

Die Sprengladung für einen hohen Industrieschornstein hingegen wird am untersten Ende angesetzt werden müssen, um das zu erreichen, was man bei den Dosen verhindern will. Auf den wirkungsvollsten Punkt kommt es also an, auf die volle Konzentration der Kräfte, und dann muss der so gefundene gordische Knoten nur noch durchschlagen werden. Entscheidend ist also weniger wie, sondern wo man zuschlägt.

Sie erinnern sich an das höchst ungleiche Kämpferpaar David und Goliath. Wie hat der kleine David den um vieles stärkeren Goliath besiegt? Durch den Einsatz einer Steinschleuder konzentrierte David seine ganze Kraft und zielte auf die Stirn seines Gegners. Wenn man sich also strategisch richtig auf den wichtigsten bzw. wirkungsvollsten Ansatzpunkt konzentriert, lösen sich die Probleme fast wie von selbst im gewünschten Sinne.

3. Das Erkennen eines Engpasses, einer Marktlücke ist wichtig

Vielleicht liegt der wichtigste Schlüssel zum beruflichen Erfolg in der richtigen Idee bzw. Entscheidung oder Erkenntnis: Hier wird etwas dringend gebraucht, und genau das kann ich anbieten, genau auf diesem Sektor bin ich wirklich gut.

Der effektivste Ansatz

Es ist nicht ganz einfach, den richtigen, den effektivsten Ansatz für die Lösung eines Problems zu finden. In der heutigen Wirtschaft sind es die Marketingabteilungen, die sich speziell mit diesem Problem beschäftigen. Es geht darum, Bedürfnisse der Konsumenten zu entdecken sowie auch neu zu wecken, um diese dann erfolgreich bedienen zu können. Das folgende Beispiel veranschaulicht, worauf es dabei ankommt: Das Wachsen und Gedeihen einer Pflanze hängt ganz wesentlich von vier Bedingungen ab: Wasser, Luft, Nährstoffe und Licht benötigt sie, um zu Wachstumserfolgen zu gelangen. Bei einem heißen Sommer ohne Regen erkennt jeder den wichtigsten Engpass. Wer jetzt Wasser anbieten kann, wer dieses Mangelprodukt liefert, wird sich einer großen Nachfrage erfreuen.

Neben der Konzentration der eingesetzten Energie, angesetzt am wirkungsvollsten Punkt und zum günstigsten Moment, kommt es ebenso darauf an, ein Bedürfnis zu erkennen, für das Sie Erfüllung bieten, oder eine Engpasssituation zu entdecken, die Sie beheben können. Wenn Sie also mit Ihren beruflichen Fähigkeiten auf einem speziellen Gebiet bei Ihrer Zielgruppe, den Arbeitsplatzanbietern, auf diese Situation stoßen, dann bekommen Sie den Job.

Anders ausgedrückt: Wenn Sie den richtigen Schlüssel für ein Problem Ihrer Zielgruppe haben, wird – je besser Ihr Schlüssel passt und je brennender das Problem Ihrer Zielgruppe ist – Ihr beruflicher Marktwert steigen. Wer wichtige, essenzielle Probleme seiner Zielgruppe zu lösen vermag, bekommt auch attraktive Jobangebote.

4. Nutzenorientierung ist besser als Gewinnmaximierung

Die Wahl des richtigen Ansatzpunktes mit voller Konzentration und ganzer beruflicher Kraft, das Erkennen einer Marktlücke und das richtig ausgewählte Ziel entscheiden, wie groß Ihr beruflicher Erfolg ist.

Ständig müssen Sie in beruflicher Hinsicht Entscheidungen treffen, Wichtiges von weniger Wichtigem unterscheiden und Prioritäten setzen. Orientierung tut not, und dabei helfen Ihnen vor allem klar definierte berufliche Ziele. Je klarer man ein Ziel vor Augen hat, desto leichter fällt es wahrscheinlich, die notwendigen Entscheidungen zu treffen.

Nutzen steigern

Dabei sollte es Ihnen aber nicht um eine kurzfristige Erfolgs- bzw. Gewinnsteigerung gehen. Nicht der Job, der Ihnen das meiste Geld bringt, ist der richtige, sondern der, der Ihren Nutzen für den Arbeitsmarkt und damit auch für andere Arbeitsplatzanbieter steigert. Denn nur wer wichtige Probleme anderer besser lösen kann, macht sich auf Dauer beruflich unentbehrlich.

Zweite Etappe: Sieben Schritte zum Erfolg

In der zweiten Etappe lernen Sie die entscheidenden sieben Schritte kennen, um Ihr berufliches Angebot an Arbeitsplatzanbieter so einzigartig und attraktiv zu gestalten, dass Ihre Bewerbung erfolgreich sein wird. Hier zunächst die Übersicht über die notwendigen Schritte:

1. Bestandsaufnahme Ihrer beruflichen Stärken
2. Auswahl eines Erfolg versprechenden beruflichen Betätigungsfeldes
3. Festlegung auf die entsprechende Zielgruppe von Auftraggebern
4. Differenzierte Analyse der wichtigsten beruflichen Probleme dieser speziellen Zielgruppe
5. Anbieten beruflicher Neuerung oder Verbesserungen
6. Suche nach potenten beruflichen Unterstützern
7. Spezialisierung auf elementare berufliche Problemlösungen

1. Absolutes Muss: Die Bestandsaufnahme Ihrer beruflichen Stärken

Um beruflich erfolgreich sein zu können, müssen Sie zunächst Ihre persönlichen Fähigkeiten genau analysieren. Dabei interessieren vor allem Ihre beruflichen Stärken, aber auch Ihre charakterlichen Qualitäten und Merkmale, also insgesamt alles, was Sie von anderen positiv unterscheidet. Nicht nur Ihr Selbstbild und Selbstwertgefühl, sondern auch die Kompetenz, die Ihnen andere zuschreiben, sollten Sie dabei berücksichtigen. Wir haben Ihnen zu diesen Bereichen in den vorangegangenen Abschnitten bereits ausführliche Hilfe- und Fragestellungen gegeben. Jedoch ist dieses Thema für Ihre berufliche Entwicklung von so zentraler Bedeutung, dass wir es hier noch einmal komprimiert wiederholen.

Die entscheidenden Fragen lauten also:

- Welches Know-how kann ich einem potenziellen Arbeitgeber anbieten?
- Was habe ich anderen Kandidaten voraus?
- Wie sieht mein persönliches Stärkenprofil aus, das mich vielleicht unverwechselbar macht, in jedem Fall aber positiv auszeichnet?

Auf Stärken konzentrieren

Begehen Sie nicht den Fehler, bei der Analyse Ihrer Fähigkeiten und Ihres Potenzials an Ihren Schwachpunkten oder Unzulänglichkeiten hängen zu bleiben oder sich darin gar depressiv zu verlieren. Denken Sie an das Kaninchen, das hypnotisiert in die Augen der Schlange starrt und wenige Augenblicke später tragisch endet. Auf Defiziten herumzureiten bringt Sie überhaupt nicht weiter, sondern nimmt Ihnen im Gegenteil jede Motivation. Wenn Sie an Ihren Schwächen herumfeilen, alles Mögliche zu lernen und vor allem zu verbessern versuchen, ist das Resultat bestenfalls durchschnittlich und Sie sind reichlich frustriert.

Da ist es viel klüger, sich auf das zu konzentrieren, was Sie bereits gut können und gerne machen, und zu versuchen, hierin noch besser zu werden. Statt sich auf vermeintliche oder reale Schwächen zu stürzen und sich diese qualvoll und lustlos vorzuknöpfen, sollten Sie Ihre Stärken weiter ausbauen.

Ausgangs-situation und Ziel

Voraussetzung: Sie führen eine Bestandsaufnahme Ihrer Fähigkeiten durch und entwickeln aufgrund der »Ist«-Lage eine »Soll«-Zielvorstellung. Wo keine klare Ausgangssituation dokumentiert worden ist oder ein deutlich definiertes Ziel fehlt, können Fortschritte nur ungenau festgestellt werden. Bildhaft gesprochen: Was ist der Anfangskassenstand und wie viel Geld liegt einige Zeit später in der Kasse? An der Differenz können Sie deutlich ablesen, welche Einnahmen Sie in der Zwischenzeit erzielt haben.

Und noch etwas zum Thema Bestandsaufnahme und Analyse Ihrer Fähigkeiten: Je sicherer Sie Ihre persönlichen Stärken benennen können, desto besser wird es Ihnen auch gelingen, in einem späteren Schritt genau die Zielgruppe zu identifizieren, die Vorteile aus Ihren Qualitäten und Nutzen aus Ihrer Stärke ziehen kann.

Es ist wichtig, dass Ihre Zielgruppe Sie als kompetenten Problemlöser für ganz bestimmte elementare Probleme erkennen kann. Deshalb muss es Ihnen gelingen, mit einem unverwechselbaren Leistungsprofil Ihr besonderes Angebot nach außen klar und deutlich zu dokumentieren. Dies wird Sie von anderen Anbietern unterscheiden und Ihre Attraktivität für Ihre spezielle Zielgruppe steigern.

Beantworten Sie die folgenden Fragen, damit Sie besser Auskunft über sich selbst geben können:

- Welche persönlichen Eigenschaften, Merkmale kennzeichnen Sie?
  Es geht um Ihre Wesensart.
- Was sind Ihre Stärken?
  Es geht um Fähigkeiten und um beruflich nutzbares Potenzial.
- Welche speziellen Probleme haben Sie bereits wiederholt befriedigend gelöst?
  Es geht um Ihr besonderes Problemlösungs-Know-how.
- Was traut man Ihnen zu und was Sie sich selbst?
  Es geht um Ihr Selbstbild, aber auch um Ihr Image.
- Über welche besonderen Kontakte zu wichtigen Personen verfügen Sie?
  Es geht um Ihre Beziehungen und Verbindungen (Networking).
- Wie sehen Ihre Ziele, wie Ihre Träume aus?
  Es geht um Ihre Vorstellungen, Visionen, um Ihre Philosophie. Es geht um Ihre Persönlichkeit und Ihr Kommunikationsvermögen, Ihre Fähigkeiten und Problemlösungskompetenz, Leistungsmotivation und Zielvorstellungen.

Überlegen Sie, welche Kombination aus den eben erhaltenen Ergebnissen die größte Aussicht auf Erfolg hat.

2. Ausschau halten: Welches Betätigungsfeld ist für Sie Erfolg versprechend?

Nach Analyse und Bestimmung Ihrer Fähigkeiten und der anschließenden Konzentration auf Ihr Potenzial muss es nun darum gehen, den effektivsten Einsatzort zu finden.

Mit einem Tresorschlüssel können Sie keine Haustür aufschließen, und mit herausragenden IT-Spezialkenntnissen ist es widersinnig, als Bademeister oder als Bäcker zu arbeiten. Ihre Talente würden sich in diesen Bereichen kaum entfalten können und wahrscheinlich verkümmern. Berufliches Know-how und Aufgabenbereich müssen zueinanderpassen.

Sie brauchen zunächst eine grobe Orientierung, welches Aufgabengebiet Ihren speziellen Fähigkeiten entspricht. Welche besonderen Probleme können gerade Sie aufgrund Ihrer speziellen Fähigkeiten kompetent lösen? In welchen Bereichen gibt es Engpässe, die Sie mit Ihrer Kompetenz gezielt überwinden und beseitigen können? Kompetenz und Aufgabenstellung, Problem und Problemlösungsstrategie müssen zueinanderpassen wie der berühmte Deckel auf den Topf oder wie der Schlüssel ins Schloss.

Wo sind Engpässe?

Außerordentlich wichtig ist es auch, ein Gespür für Kernprobleme zu entwickeln, damit deren Lösung für eine bestimmte Zielgruppe von hohem Nutzen ist. Es kommt darauf an, Käufer für Ihre speziellen Fähigkeiten (Ihre Arbeitsleistung) zu finden, die für Ihr Wissen oder Ihre Dienstleistung gerne bezahlen, weil es ihnen Gewinn bringt. Waren brauchen Käufer, jeder Käufer braucht ganz bestimmte Waren. Beides muss zusammenpassen – je besser, desto größer der Erfolg und der gegenseitige Nutzen.

Versuchen Sie nicht, den Eskimos in Alaska Tiefkühltruhen zu verkaufen. Liefern Sie diese Geräte lieber in die Sahara. Sie sollten schon etwas Besonderes anzubieten haben, und zwar im richtigen Moment, am richtigen Ort, mit einem klaren Nutzen für genau Ihre spezielle Zielgruppe. Je leistungsfähiger Sie auf einem speziellen Sektor sind und je eher Sie wichtige Bedürfnisse befriedigen können, desto größer ist Ihr Wert für bestimmte Arbeitgeber und desto höher kann Ihr Verdienst ausfallen. Letztendlich geht es auch auf dem Arbeitsmarkt um Angebot und Nachfrage, um die Kosten-Nutzen-Relation.

Zur richtigen Zeit am richtigen Ort

Halten Sie also Ihre Ausgangsposition fest: Wo, wie und unter welchen Umständen können Sie Ihre Kompetenzen, Stärken und Vorzüge beruflich am besten einsetzen? Lassen Sie zunächst Ihrer Fantasie freien Lauf. Hier geht es erst einmal darum, alle möglichen Einsatzfelder für Ihre Fähigkeiten aufzuschreiben, die Ihnen spontan einfallen. Für den Anfang reicht eine grobe Orientierung. Wenn die Ideenfindung abgeschlossen ist, sollten Sie präziser werden. Je genauer Sie wissen, welche Aufgaben Sie in einem bestimmten Einsatzfeld übernehmen können und wollen, desto schneller werden Sie Erfolg haben.

Hierzu ein Beispiel: Wenn Sie als EDV-Fachmann Lösungen für eine spezielle Branche entwickeln – beispielsweise für Buchhandlungen – und ein Programm entwerfen, das Bestellungen und Lagerkontrolle vereinfacht, ist diese Spezialisierung Erfolg versprechender, als wenn Sie sich ganz allgemein mit den EDV-Problemen des Einzelhandels auseinandersetzen. Unterschiedliche Branchen – wie Lebensmittel, Bekleidung oder Unterhaltungselektronik – verlangen nach speziellen Lösungen. Auch hier sollten Sie sich wieder auf das erste Prinzip (Konzentration der Einsatzkräfte) besinnen, um möglichst schnell erfolgreich zu sein.

3. Zur besseren Orientierung: Warum die Konzentration auf Zielgruppen wichtiger ist als die auf Betätigungsfelder

Nach der Analyse Ihrer Stärken und der Entscheidung über Betätigungsfelder sollten Sie sich jetzt klarmachen, dass eine Konzentration Ihrer Fähigkeiten Erfolg versprechender ist, wenn Sie sich auf eine Personenzielgruppe konzentrieren und nicht primär auf ein spezielles Betätigungsfeld. Wenn das für Sie im ersten Augenblick verwirrend klingt, schauen Sie sich die folgenden Erläuterungen an.

Sie sind Unternehmer

Zunächst müssen Sie sich als Unternehmer verstehen. Auch wenn Sie als Arbeitnehmer mit Lohnsteuerkarte arbeiten – Sie sind auf dem Arbeitsmarkt ein freier Unternehmer, der Chef eines Dienstleistungsunternehmens. Sie müssen und wollen Ihr Know-how vermarkten. Ihr Kunde, der klassische Arbeitgeber, nimmt Ihre Dienstleistung in Anspruch und entlohnt Sie dafür.

Manche Berufe sind heute beinahe ausgestorben. Jäger, Melker, Scherenschleifer, Uhrmacher, Tankwarte oder Klavierstimmer werden heutzutage kaum noch gebraucht. Man kann sich also nur für eine gewisse Zeit auf ein bestimmtes Betätigungsfeld konzentrieren, denn die Bedürfnisse des Arbeitsmarkts ändern sich permanent. Früher weitverbreitete Dienstleistungsberufe, wie etwa der des Tankwarts, verloren manchmal schnell, in anderen Fällen nach und nach an Bedeutung. Die entsprechenden Dienstleistungen wurden nahezu unverkäuflich. Viele Arbeitnehmer wurden entlassen und blieben lange Zeit arbeitslos.

Ähnlich erging es Unternehmen, die einmal wichtige und erfolgreiche Produkte herstellten, ob es sich nun um Kutschen oder mechanische Uhren handelte. Ganze Industriezweige gingen unter und wurden abgelöst. Als Anbieter von Dienstleistungen oder Produkten muss man sich an den Bedürfnissen seiner Kunden und nicht ausschließlich an einem Betätigungsfeld orientieren.

Kenntnisse ausbauen

Aus Gesprächen mit den zukünftigen Nutzern Ihrer Dienstleistung lernen Sie, Ihr Arbeits- und Leistungsangebot den Bedürfnissen und Wünschen Ihrer Zielgruppe immer besser anzupassen und auf diese Weise Ihren Marktwert zu steigern. Bauen Sie Ihre Kenntnisse aus und sorgen Sie dafür, dass Ihre Arbeitsleistung einzigartig bleibt. Wer sich intensiv mit möglichen Betätigungsfeldern für sein Arbeitsangebot auseinandersetzt, wird auch zusätzliche Zielgruppen für sich entdecken. Finden Sie also heraus, welche Zielgruppen sich hinter dem von Ihnen ausgewählten Betätigungsfeld verbergen.

Angenommen, Sie sind ein Verkaufstalent und besitzen somit eine der wichtigsten Fähigkeiten in unserer Arbeitswelt. Neben der entscheidenden Frage, was Sie verkaufen wollen – Gummibärchen oder Kraftwerksturbinen, Konzertkarten oder Kooperationskonzepte für multinationale Konzerne –, sollten Sie sich über die potenziellen Auftraggeber Gedanken machen. Weil sich Gummibärchen-Großhändler von Unternehmensberatungen für Großkonzerne unterscheiden, müssen Sie Ihre Kontaktaufnahme an die einzelnen Zielgruppen anpassen. Natürlich gestaltet sich auch die langfristige Kommunikation in den jeweiligen Betätigungsfeldern grundlegend anders, was Konsequenzen für Sie als Anbieter einer Dienstleistung hat.

Die präzise Ausrichtung auf Ihre Zielgruppe, auf die Einkäufer Ihrer Dienstleistung, ist also einer der wichtigsten Schritte in Ihrem strategischen Vorgehen. Wenn Sie dann noch das dringendste Problem Ihrer Zielgruppe erkennen und lösen, wird Ihr beruflicher Erfolg nicht lange auf sich warten lassen.

4. Zur Analyse: Die wichtigsten Probleme Ihrer speziellen Zielgruppe

Sie wissen, worin Sie besonders gut sind. Sie kennen demnach das für Sie am meisten Erfolg versprechende berufliche Betätigungsfeld und haben die interessanteste Zielgruppe identifiziert. Jetzt kommt es darauf an, die wichtigsten Aufgaben und Probleme dieser Zielgruppe so genau wie möglich zu studieren und zu analysieren, damit Sie die passenden Lösungen anbieten können. Je besser Ihnen dies gelingt, desto wertvoller werden Sie für Ihre Zielgruppe. Kurz gesagt: Es geht um die Feinabstimmung.

Hierbei hilft Ihnen ein vorübergehender Rollentausch: Wenn Sie sich in die Lage Ihrer Zielgruppe versetzen, sollte es Ihnen gelingen, deren Probleme besser zu erkennen und zu verstehen. Nun wird es Ihnen leichterfallen, überzeugende Problemlösungsvorschläge zu unterbreiten.

Nutzen optimieren

Was wäre als Unternehmer XY in der Branche Z vermutlich Ihr größtes Problem? Mit regelmäßigen Bedarfs- und Problemanalysen Ihrer Zielgruppe und durch ständigen Dialog mit den Käufern Ihres Arbeitsangebotes sorgen Sie dafür, dass Sie den Anschluss nicht verpassen. Lassen Sie sich dabei immer von der Frage leiten, was Sie tun können, um den Nutzen Ihrer Dienstleistung für Ihre Zielgruppe zu optimieren. Letztlich hat die Verbesserung der beruflichen Situation Ihrer Zielgruppe positive Rückwirkung auf Sie. Dabei werden Sie früher oder später auch an die Grenzen Ihrer Leistungs- und Problemlösungsfähigkeiten stoßen. Sie müssen dies zum Anlass nehmen, Ihr Leistungsangebot zu überdenken und womöglich zu erweitern.

5. Stagnation vermeiden: Warum ein kontinuierlicher Verbesserungsprozess für Ihre Zielgruppe und damit auch für Sie so wichtig ist

Sie kennen die wesentlichen beruflichen Probleme Ihrer Zielgruppe und wissen vor allem auch, welches Lösungs-Know-how Sie anzubieten haben. Nach dieser Feinabstimmung müssen Sie sich nun vor Augen führen, dass Sie mit Ihrem Angebot auf dem Arbeitsmarkt auf Dauer nur Erfolg haben werden, wenn Sie das einmal gewonnene Lösungs-Know-how kontinuierlich pflegen, vor allem aber ständig verbessern.

Lebenslanges Lernen und berufliche Fortbildung sind die Zauberwörter. Wichtig dabei ist ständiger Informationsaustausch mit Ihrer Zielgruppe, um keinen Veränderungsprozess zu verlieren. Man hat schneller den Anschluss verloren, als einem lieb ist. Bleiben Sie also mit Ihrer Zielgruppe im Gespräch über die wichtigsten Herausforderungen und Ihre Lösungsvorschläge. Entwickeln Sie ein Informationsmanagement und interessieren Sie sich für die Fachbeiträge über die neuesten Entwicklungen in den relevanten Medien. So bleiben Sie am Ball.

Weiterentwicklung

Es geht um die permanente Verbesserung Ihrer Dienstleistung, den kontinuierlichen Ausbau Ihrer speziellen Lösungskompetenz. Sammeln Sie systematisch Ideen, Einfälle, Anregungen und Vorschläge, die zur Entwicklung neuer Vorgehensweisen oder anderer Lösungsansätze beitragen könnten. Häufig ist es wie bei einem Puzzle: Erst nach langem Ausprobieren gelingt es, die Teile richtig zusammenzusetzen, und man erhält eine Vorstellung vom Gesamtbild und kann dann gezielter an die Lösung herangehen.

Wie lassen sich die Fragen Ihrer Zielgruppe beantworten? Was müsste verändert oder erfunden werden, um die dringendsten Probleme zu lösen? Analysieren Sie auch, was Ihnen persönlich noch fehlt, um bessere Ergebnisse erzielen zu können. Bei Ihren Überlegungen sollten Sie bedenken, dass Sie das Rad nicht neu erfinden müssen. Nicht jedes Problem ist wirklich absolut neu. Häufig gibt es bereits gute Lösungsansätze aus anderen Bereichen, die an die jeweilige Situation angepasst werden können.

Werten Sie also vorliegende Erkenntnisse aus, suchen Sie Vorbilder und modifizieren Sie Lösungen so, dass Sie Ihrer Zielgruppe optimal helfen können. Nutzen Sie die Erkenntnisse anderer als Grundlage für Ihre eigene, ganz individuelle Lösungsstrategie.

So nähern Sie sich Stück für Stück, manchmal in ganz kleinen Schritten, dem großen Ziel. Gelegentlich werden Sie feststellen müssen, dass Sie nicht alles aus eigener Kraft lösen können. Sie brauchen also Unterstützung.

6. Gemeinsam statt einsam: Auf der Suche nach starken beruflichen Unterstützern

Sie haben analysiert, ausgewählt und entschieden. Bei allem Spezialwissen und fachlichen Können werden immer wieder Probleme auftreten, die Sie nicht allein bewältigen können, weil Ihnen dazu ganz einfach die Grundlagen fehlen. In diesen Fällen sollten Sie nicht zögern, die Hilfe anderer in Anspruch zu nehmen. Nur so wird es Ihnen schneller und leichter gelingen, bestimmte Aufgaben zu lösen und neue Ziele anzugehen. Durch Bündelung der Anstrengungen erreicht man häufig einen überzeugenderen und größeren Erfolg.

Verbündete suchen

Durch die richtige Auswahl Ihrer Kooperationspartner können Sie ungemein profitieren. Wenn Sie produktiver sein wollen, sollten Sie darauf achten, dass die Fähigkeiten Ihrer Partner die eigenen optimal ergänzen. Kooperation ist besser als Konkurrenz. Wenn Sie gemeinsam vermutlich mehr schaffen als jeder Einzelne für sich, wenn es ein gemeinsames, verbindendes Ziel gibt, dann können Sie sich verbünden. Der zu erwartende Vorteil ist so groß, dass Sie das Risiko möglicher Meinungsverschiedenheiten oder anderer schädlicher Auswirkungen eingehen sollten.

7. Auf Dauer vorteilhafter: Die Spezialisierung auf elementare Problemlösungsbedürfnisse Ihres Auftraggebers

Beständig ist nur der Wandel. Theoretisch wissen wir das, aber nur selten richten wir uns auch danach. Dabei sollten wir gerade im Berufsleben diesen Wandel immer vor Augen haben. Wenn wir langfristig erfolgreich sein wollen, müssen wir uns an den Wünschen und Bedürfnissen einer besonderen Zielgruppe orientieren und dafür unsere Spezialkenntnisse ständig ausbauen und erweitern. Dabei sollten wir uns weniger auf variable als auf konstante Bedürfnisse konzentrieren.

Flexibilität

Als konstant und damit relativ stabil gelten Grundbedürfnisse wie Ernährung, Gesundheit, Kommunikation, Kleidung, Mobilität, Information und der ewige Wunsch nach Selbstverwirklichung. Viel weniger stabil sind die Dinge, die der Befriedigung dieser Bedürfnisse dienen, wie zum Beispiel bestimmte Lebensmittel. Gilt es eine Zeit lang als schick, mexikanisch zu essen, ist wenig später Sushi in aller Munde – die Geschmäcker ändern sich nun einmal. Aber auch das Know-how und die Konzepte von heute sind morgen vielleicht schon überholt. Es leuchtet ein, dass nur derjenige langfristig erfolgreich arbeiten kann, dem es gelingt, sich durch wohlüberlegte Spezialisierung auf ein konstantes elementares berufliches Bedürfnis einer besonderen Zielgruppe von Auftraggebern zu profilieren.

Vergessen Sie nie, dass erfolgreiche Konzepte Nachahmer finden. Daher müssen Sie Ihre Angebote ständig anpassen und verbessern, um konkurrenzfähig zu bleiben. Ganz wichtig ist dabei der ständige Austausch mit Ihrer Zielgruppe. Nur durch ein ausgefeiltes institutionalisiertes Informationsmanagement bleiben Sie ganz dicht an den wichtigen Bedürfnissen Ihrer Zielgruppe. Anders lässt sich dauerhafter beruflicher Erfolg gar nicht realisieren.

Auf den Punkt gebracht

Unterschätzen Sie zudem niemals die Vorteile von Netzwerken. Der professionelle bzw. persönliche Kontakt zu Personen aus Ihrer Branche (oder Ihrem Wunsch-Unternehmen) kann Ihnen Zugang zu exklusiven Informationen oder Möglichkeiten eröffnen. Die Präsenz auf Karrierenetzwerken im Internet (z. B. XING) wird in vielen Branchen immer mehr eine Selbstverständlichkeit.

Erfolg fällt einem nicht zu. Man muss einiges dafür tun, zum Beispiel auf Engpässe positiv reagieren und sich entsprechend spezialisieren. Das ist das Kernprinzip der EKS-Methode. Hier die entscheidenden ersten vier Punkte:

1. Konzentration ist besser als Verzettelung.
2. Der wirkungsvollste Ansatzpunkt ist zu finden.
3. Das Erkennen eines Engpasses, einer Marktlücke ist wichtig.
4. Nutzenorientierung ist besser als Gewinnmaximierung.

Nach den Prinzipien der Erfolgsintelligenz kommt es vor allem darauf an, sich selbst zu motivieren und Impulse kontrollieren zu können. Die 20 goldenen Regeln auf einen Blick:

1. Lernen Sie, sich selbst zu motivieren.
2. Die Fähigkeit, Impulse kontrollieren zu können.
3. Das Wissen um die Notwendigkeit von Durchhaltevermögen und Ausdauer.
4. Lernen Sie, das Beste aus Ihren Fähigkeiten zu machen.
5. Das Umsetzen von Ideen in Taten.
6. Ergebnisorientiertes Handeln.
7. Das Erledigen angefangener Arbeiten.
8. Selbst die Initiative ergreifen.
9. Keine Angst vor Fehlschlägen.
10. Dinge nicht auf die lange Bank schieben.
11. Akzeptieren Sie berechtigte Kritik.
12. Bedauern Sie sich nicht ständig selbst.
13. Bewahren Sie Ihre Unabhängigkeit.
14. Lernen Sie, persönliche Schwierigkeiten zu überwinden.
15. Konzentrieren Sie sich auf die eigenen Ziele.
16. Finden Sie das richtige Maß zwischen Überlastung und Unterforderung.
17. Haben Sie Geduld beim Warten auf Belohnungen.
18. Zwischen wichtigen und unwichtigen Dingen unterscheiden können.
19. Ein vernünftiges Maß an Selbstvertrauen und der Glaube an die eigenen Fähigkeiten.
20. Eine ausgewogene analytische, kreative und praktische Denkweise.

STRATEGIE & VORGEHEN

» Das Geheimnis auch der großen und umwälzenden Aktionen besteht darin, den kleinen Schritt herauszufinden, der zugleich auch ein strategischer Schritt ist, indem er weitere Schritte einer besseren Wirklichkeit nach sich zieht. «

Gustav Heinemann

Bewerbungserfolg hat immer mehrere Komponenten.
Vor allem aber einen guten Plan.
Sie suchen oder noch besser: lassen sich finden.
Dazu gehören aber gewisse Techniken. Ganz wichtig dabei:
die Kommunikation mit anderen Menschen.
Wer andere für sich gewinnen kann, gewinnt selbst.

Jobsuchstrategien

Wer träumt nicht davon? Man liegt auf der Couch, es klingelt an der Tür, der Postbote bringt einen Brief vom Personalchef des Traumunternehmens. Auf dem blütenweißen Papier liest man die freundliche Bitte, morgen zum Vorstellungsgespräch vorbeizuschauen. Das lässt uns glatt in lauten Jubel ausbrechen ... und schon wachen wir auf, aus der Traum! Die Realität sieht leider etwas anders aus.

Zunächst einmal muss man wissen, wo man sich bewirbt und wie man den Einstieg schafft. Es gibt verschiedene Methoden, Arbeitsplätze aufzuspüren, und auch verschiedene Wege, auf denen man sich bewerben kann. Wir geben Ihnen nun einen ersten Überblick.

Als Allererstes: Networking

Kontakte sind das A und O in der Geschäftswelt. Mehr als 30 Prozent der deutschen Arbeitnehmer finden einen neuen Job durch die Vermittlung von Bekannten und Freunden. Sie verfügen nicht über die richtigen Beziehungen? Dann sorgen Sie dafür, dass sie entstehen. Überlegen Sie, wen Sie ansprechen könnten.

Zeitgemäß: Recherche im Internet

Beinahe 90 Prozent der 1.000 größten deutschen Unternehmen veröffentlichen ihre Stellenausschreibungen (auch) auf der eigenen Webseite. 69 Prozent der Großunternehmen nutzen regelmäßig die kommerziellen Jobbörsen im Internet. Wer mehr über den potenziellen Arbeitsplatzanbieter herausfinden will, besucht am besten direkt die firmeneigene Webseite. Dort finden sich neben den aktuellen Jobangeboten auch interessante Informationen zu neuen Projekten, Firmenphilosophie oder Mitarbeiterzahlen.

Klassisch: Stellenangebote in Tageszeitungen

Traditionell finden sich Stellenangebote im Anzeigenteil fast aller deutschen Tageszeitungen. Während die überregionalen Medien, allen voran die FAZ und die Süddeutsche Zeitung, sich besonders als Markt für Fach- und Führungskräfte etabliert haben, rekrutieren kleine und mittelständische Unternehmen im produzierenden Gewerbe überwiegend in regionalen Blättern. Darüber hinaus sollten Sie die branchenspezifischen Fachblätter nicht vergessen. Gerade diese nutzen Unternehmen zunehmend als fruchtbares Forum der Mitarbeitergewinnung. Fast alle Medien sind auch im Internet vertreten.

Aktiv: Die Initiativbewerbung

Blind- oder Direktbewerbung, kalte oder aktive Bewerbung – gemeint ist immer dasselbe: Sie nehmen von sich aus unaufgefordert Kontakt zu einem Unternehmen auf. Gut formuliert und ansprechend präsentiert haben Initiativbewerbungen eine gute Chance. Über 20 Prozent aller Bewerber ergattern auf diesem Weg einen Job. Der Vorteil liegt auf der Hand: Sie sind nicht einer von vielen Bewerbern, die Konkurrenz ist deutlich geringer. Wenn Sie in der Bewerbungsphase eigene Ideen verwirklichen, die über das Reagieren auf Anzeigen hinausgehen, stärkt das zudem auch Ihr Selbstbewusstsein, weil Sie aktiv sind und die Dinge selbst bestimmen. Die Herausforderung besteht darin, auf einen Blick zu sagen, warum gerade Sie in diesem Unternehmen, in dieser Position arbeiten wollen und was Sie Besonderes zu bieten haben.

Selbstbewusst: Stellengesuche aufgeben

Das eigene Stellengesuch ist eine gute, wenn auch etwas kostspielige Möglichkeit, aktive Werbung in eigener Sache zu betreiben. Wählen Sie sorgfältig die richtige Plattform für Ihre Annonce. Die wichtigsten Medien für Fach- und Führungskräfte sind nach wie vor die überregionalen deutschen Tageszeitungen. Aber auch Fachzeitschriften Ihrer Branche oder entsprechende Webseiten oder Stellenbörsen können Ihnen zum Auftritt vor einem interessierten Arbeitgeber-Publikum verhelfen. Gefragt ist die Kunst der Reduktion. Die Leitfragen dabei heißen »Welche Eigenschaften sind für die gesuchte Position besonders wichtig?« und »Welche Eigenschaften besitze ich, die ich anderen Bewerbern voraushabe?« Je prägnanter und kürzer der Text für die hervorstechenden Merkmale des Bewerbers wirbt, desto besser. Die Zeitungsannonce ist Ihnen zu teuer? Dann inserieren Sie doch kostenfrei im Internet bei einer der großen kommerziellen Jobbörsen.

Selbst aktiv werden

Kommunikativ: Telefonieren

Greifen Sie zum Telefon, stellen Sie Ihre Kommunikationsfähigkeit unter Beweis und sammeln Sie Sympathiepunkte. Es gibt drei interessante Ausgangssituationen:

1. **Informationen erfragen:** Im Internet oder in einer Zeitung lesen Sie eine Stellenanzeige, die Sie interessiert. Eine Telefonnummer ist auch angegeben und wenn Sie Glück haben, auch ein konkreter Ansprechpartner. Sie rufen also an, um mehr Informationen zu erfragen.

2. **Initiativbewerbung:** Sie sind interessiert an einem Arbeitsplatz in einer bestimmten Firma und wollen – bevor Sie eine Initiativbewerbung verschicken – wissen, ob für Sie eine Chance besteht. Falls ja, senden Sie sofort Ihre schriftliche Bewerbungsmappe zu oder bewerben sich online.

3. **Nachfragen:** Mehrere Wochen nachdem Sie Ihre Bewerbung abgesendet haben gab es weder eine Bestätigung, dass Ihre Unterlagen eingetroffen sind, noch eine Einladung zum Vorstellungsgespräch. Rufen Sie an, um freundlich und ohne Vorwürfe nach dem Stand der Dinge zu fragen.

Für alle drei Situationen gilt: Bereiten Sie sich auf das Gespräch vor, damit Sie in kurzen Sätzen sagen können, was Sie wollen. Lassen Sie durch das Telefon eine »emotionale Brücke«, eine positiv gefärbte erste Beziehung entstehen. Sie können sicher sein: Man wird Ihre Bewerbungsunterlagen mit ganz anderen Augen lesen.

Mutig: Einstieg mit Zeitarbeit

Hat ein Unternehmen personelle Engpässe, oder braucht es kurzfristig kompetente Mitarbeiter, kann es sich für die Personalbeschaffung an eine Zeitarbeitsfirma wenden. Nicht nur gewerbliche Mitarbeiter, zunehmend Angestellte der mittleren Ebene und neuerdings eine wachsende Zahl von hoch qualifizierten Spezialisten und erfahrenen Führungskräften werden immer häufiger über ein Zeitarbeitsunternehmen angefordert. Dieses nimmt seinem Kunden die aufwendige Beschaffung und Auswahl ab sowie all die damit verbundenen Unannehmlichkeiten von Risiko, Zeit- und Kostenaufwand. Auf Wunsch wird dann der Leihmitarbeiter im Unternehmen »getestet«, und nach einer gewissen Zeitspanne kann der auf diese Art eingeführte neue Mitarbeiter eventuell fest eingestellt oder an die Ausleihfirma ohne Komplikationen wieder »zurückgegeben« werden. Flexibilität, Verfügbarkeit und Risikomanagement sind hier wohl die wichtigsten Stichworte einer modernen Dienstleistungsgesellschaft, die immer mehr Outsourcing, Lean Production und Lean Management praktiziert.

Als Arbeitssuchender müssen Sie das nicht unbedingt negativ sehen. Der Weg zu einem und über ein Zeitarbeitsunternehmen kann Ihnen einige interessante Türen öffnen. Sie sammeln selbst Erfahrungen und haben eine Chance, sich dort überzeugend zu präsentieren, wo es ohne Zeitarbeit vielleicht nicht möglich wäre.

Was Arbeitgeber sich wünschen

Worauf achten Arbeitgeber bei der Auswahl neuer Arbeitskräfte? Welche persönlichen und beruflichen Anforderungen stellen sie? Wovon träumen Arbeitgeber? Oder besser: Arbeitsplatzanbieter? Das sind wichtige Fragen bei der Vorbereitung auf Ihre Bewerbung. Arbeitsplatzanbietern reicht es nicht, dass Sie Fähigkeiten besitzen. Sie wollen wissen, wie Sie diese anwenden: ob Sie etwa Betriebsamkeit nur vortäuschen oder wirklich versuchen, Probleme zu lösen. Es ist erschreckend, wie wenige Bewerber sich bei einem Bewerbungsvorhaben Gedanken über die Bedürfnisse der Einsteller machen. Einsteller brauchen Angestellte, die Ergebnisse produzieren: Gewinne, Sicherheit, Kostensenkung, Organisation, neue Lösungen. Ein motivierter Bewerber geht auf die Bedürfnisse des Arbeitgebers ein. Wenn Sie nicht wissen, was in einem bestimmten Unternehmen oder Berufsfeld von Ihnen erwartet wird, werden Sie den Personalentscheider nur schwerlich überzeugen können. Sie sollten ihm durch Zielstrebigkeit und Kenntnisse über sein Arbeitsfeld zeigen, was er in Zukunft von Ihnen erwarten kann.

Bedürfnisse der Arbeitsplatzanbieter

Sagen Sie jetzt bitte nicht: »Wie soll ich als Arbeitnehmer denn wissen, was der Arbeitgeber erwartet – das ist doch eine völlig andere Welt!«

Wenn Sie es sich genau überlegen, werden Sie sehen, dass Sie selbst ständig »Arbeitsaufträge geben«, also gleichsam »Arbeitnehmer und-geber«, sind. Wenn Sie Ihr Gemüse im Supermarkt um die Ecke kaufen, sorgen Sie dafür, dass dort Arbeitsplätze erhalten bleiben oder auch neue entstehen. Was erwarten Sie als derjenige, der »Arbeitsaufträge gibt«? Sie möchten, dass man freundlich zu Ihnen ist. Sie verlangen eine gute Leistung zu günstigen Preisen, Sie haben den Anspruch, rasch bedient zu werden. Falls eine oder mehrere dieser Bedingungen nicht erfüllt werden, überlegen Sie es sich, in Zukunft lieber drei Kilometer weiter zum nächsten Verbrauchermarkt zu fahren, weil man dort kundenfreundlicher ist.

Ein weiteres Beispiel: Sie ziehen in eine neue Wohnung und brauchen eine neue Einbauküche. Da Sie in einer Großstadt leben, stehen Ihnen einige Dutzend Möbelhäuser zur Auswahl. Sie haben sich schon bei verschiedenen Händlern umgeschaut, und auch in den Prospekten, die Ihnen mit der Wochenendausgabe Ihrer Tageszeitung ins Haus flattern, gibt es interessante Angebote. Im Möbelladen und auf dem Papier sehen die Küchen großartig aus. Wer garantiert Ihnen aber, dass die Möbel pünktlich geliefert, fachgerecht aufgebaut werden und von hoher Qualität sind? Weil Sie sich nicht allein auf Werbesprüche verlassen wollen, hören Sie sich im Bekanntenkreis um und entscheiden sich schließlich für den Lieferanten, der vor ein paar Monaten bei einer Freundin die neue Küche eingebaut hat. Als Sie vor ein paar Tagen bei ihr eingeladen waren, konnten Sie sich mit eigenen Augen davon überzeugen, wie gut die Monteure des Möbelhändlers arbeiten.

Ein letztes Beispiel: Sie entscheiden sich kurzfristig, nach Sydney zu reisen, und möchten nun den Flug buchen. Vor Ihnen liegt der Reiseteil Ihrer Zeitung mit den Angeboten und Telefonnummern verschiedener Reisebüros. Zunächst rufen Sie im Reisebüro A an. Die Dame am anderen Ende ist kurz angebunden: »Ich habe jetzt keine Zeit. Rufen Sie in einer Stunde wieder an.« Nächster Versuch im Reisebüro B. Dort nimmt man sich immerhin die Zeit, Sie über die aktuellen Trends zu informieren: »Nein, da muss ich gar nicht nachschauen. Im Moment fliegt kein Mensch nach Australien. Da wird schon etwas frei sein. Kommen Sie in den nächsten Tagen einfach mal vorbei.« Erst in Reisebüro C geht man auf Ihre Wünsche ein: »Nennen Sie mir doch bitte die Daten für Hin- und Rückflug, Herr Müller. Wissen Sie schon, mit welcher Gesellschaft Sie fliegen möchten, oder soll ich schauen, welche Linien günstige Tarife und Abflugzeiten bieten? Wenn Sie möchten, rufe ich Sie in fünf Minuten zurück, dann habe ich die nötigen Informationen. Falls Sie heute keine Zeit haben, in unser Büro zu kommen, können wir Ihnen auch gerne für ein paar Tage die Plätze freihalten.« Keine Frage, wo Sie am Ende Ihren Flug buchen!

Sympathie, Engagement, Kompetenz

An diesen Beispielen ist sehr gut zu erkennen, worauf »Arbeitsplatzanbieter« Wert legen: Sie wollen sympathische Mitarbeiter, die sich für sie engagieren und kompetent sind. Gerne stellen sie Leute ein, die ihnen von Vertrauenspersonen empfohlen wurden. Auf diese Weise glauben sie, das Risiko einer Fehlentscheidung so gering wie möglich zu halten. Es gibt also durchaus eine Hierarchie der Methoden, mit denen Arbeitgeber vorzugsweise freie Stellen besetzen. Oben auf der Liste steht das beliebteste Verfahren, auf die letzte Möglichkeit wird nur ungern zurückgegriffen.

Mögliche Gedanken eines Arbeitgebers

- Ich möchte jemanden einstellen, dessen Arbeitsweise ich kenne (Beförderung eines Angestellten innerhalb des Betriebes; Festanstellung eines bisher freien Mitarbeiters).
- Ich möchte jemanden einstellen, der in mein Büro kommt und mir Arbeitsproben zeigt.
- Ich möchte jemanden einstellen, der mir von einem Freund empfohlen wird.
- Ich möchte jemanden für das Management einstellen, daher beauftrage ich einen Headhunter, um herausragende, nachweislich erfolgreiche Kandidaten zu finden, die zurzeit für andere Unternehmen arbeiten.
- Ich möchte für eine einfache Position jemanden einstellen, der vorab von anderen für mich durchleuchtet worden ist (entweder von einer privaten Arbeitsvermittlung oder der eigenen Personalabteilung).
- Ich werde mir Bewerbungsunterlagen anschauen, die unaufgefordert eingegangen sind.
- Ich suche jemanden über eine Stellenanzeige in einer Zeitung.

Arbeitgeber stellen sich folgende Fragen

1. Mobilisiert der Bewerber Sympathiegefühle, kann man sich mit ihm wohlfühlen, ihm vertrauen und passt er zum Team, zum Unternehmen/zur Institution? Kurz gefragt: Stimmt die persönliche Chemie?
2. Was bewegt den Bewerber? Was sind seine Motive für Arbeitsplatz- und Aufgabenwahl und ist er motiviert, Außerordentliches zur Verwirklichung von Unternehmens- bzw. Institutionszielen beizutragen?
3. Verfügt er über die erforderlichen generellen wie fachlichen Qualifikationsmerkmale (Ausbildung/Berufserfahrung)?

Während Sympathie (wie auch Antipathie) bei einer ersten Begegnung sofort spontan emotional spürbar ist, werden die Schlüsselmerkmale Leistungsmotivation und Kompetenz attribuiert. Da es sich hier um Merkmale handelt, die sich nicht unmittelbar mitteilen, sind wiederum Zu- und Vertrauen mit im Spiel. Sie offenbaren sich nicht so schnell wie das zentrale, auf die Persönlichkeit bezogene und auch durch unbewusste Faktoren mit gesteuerte Sympathiegefühl. Aus Bewerbersicht muss es daher Ziel sein, die drei Grundzüge Persönlichkeit, Leistungsmotivation und Kompetenz während des gesamten Bewerbungsverfahrens als Signale so auszusenden, dass sie beim Arbeitsplatzanbieter ankommen. Sie erinnern sich an die Auseinandersetzung mit den vier Fragen zu Ihrer Standortbestimmung: Wer bin ich? Was kann ich? Was will ich? Was ist möglich? Ihre Antworten auf diese Fragen fließen jetzt direkt in die Bewerber-Prüfungsbereiche Persönlichkeit, Leistungsmotivation und Kompetenz ein. Nun kommt es auf die von Ihnen ausgewählten Schlüsselbegriffe an.

- Was für ein Mensch sind Sie? Wie präsentieren Sie sich?
- Wie bringen Sie Ihre Leistungsmotivation deutlich zum Ausdruck?
- Wie überzeugend vermitteln Sie Ihre Fachkompetenz?

Die Reihenfolge ist nicht zufällig gewählt. Am wichtigsten ist Ihre Person, Ihre Wesensart. Der zentrale Faktor Persönlichkeit spielt auch bei allen anderen Themen eine wichtige Rolle.

Bevor Sie sich mit Ihrer Kompetenz auseinandersetzen, sollten Sie über Ihre Leistungsmotivation nachdenken. Was bewegt Sie und wie stark ist Ihre Antriebskraft? Wie sehen Ihre Ziele aus und wie wollen Sie diese erreichen? Was haben Sie in der Vergangenheit geleistet und welche Prognosen kann man daraus für die Zukunft ableiten?

Erst nach diesen beiden Aspekten folgt dann der Kompetenzfaktor. Adäquate Ausbildung und einschlägige Berufserfahrung als Komponenten der fachlichen Qualifikation werden im Grunde vorausgesetzt. Natürlich spielt Kompetenz in der Bewerbungssituation eine gewichtige Rolle, aber nicht die entscheidende. Auch der kompetenteste Kandidat kann sehr wohl scheitern, wenn er nicht so sympathisch erscheint, dass man mit ihm zusammenarbeiten möchte.

Was haben Sie zu bieten?

Ein Arbeitgeber entscheidet spontan, ob Sie ihm sympathisch sind, offen für die Interessen und Bedürfnisse Ihrer Mitmenschen, oder ob Sie nur mit sich selbst beschäftigt sind. Er spürt, ob Sie Energie und Enthusiasmus ausstrahlen oder mürrisch sind und es bequem lieben, ob Sie unzufrieden oder ausgeglichen, extrovertiert oder introvertiert, kommunikativ oder einsilbig sind. Ein Arbeitgeber hat eine Antenne dafür, ob Sie etwas zu bieten haben oder nur fordern, ob Sie bereit sind, alles zu geben, oder gerade das Nötigste erledigen.

Lieber stellt ein Arbeitsplatzanbieter jemanden mit geringerer Qualifikation, aber der richtigen Grundeinstellung zur Arbeit ein als den unsympathischen Hochqualifizierten, denn er weiß aus Erfahrung, dass er sehr bald das Bedürfnis verspüren würde, den Unmotivierten zu entlassen. Daher ist er vom ersten Moment an hypersensibel, was Ihre Einstellung zum Job angeht.

Zeigen Sie deutlich, was Sie für das Unternehmen tun können, und fragen Sie nicht als Erstes, was der Arbeitgeber Ihnen zu bieten hat. Vermitteln Sie den Eindruck, dass Sie Probleme lösen können – und wollen.

Versuchen Sie sich vorzustellen, was Arbeitgeber hassen – Angestellte, die zu spät kommen, sich häufig freinehmen, nur ihre eigenen Ziele verfolgen –, und verdeutlichen Sie Ihrem Gegenüber, dass Sie genau das Gegenteil sind. Zeigen Sie, wie Sie Effektivität und Produktivität des Unternehmens steigern wollen und auch können.

Probleme lösen

Für jeden Betrieb stehen zwei Dinge im Vordergrund: Probleme, die sich täglich stellen, und angestellte Mitarbeiter, die diese Schwierigkeiten beseitigen. Daher will der Unternehmer im Vorstellungsgespräch herausfinden, ob Sie zu Lösungen beitragen oder selbst zu einem Teil des Problems werden. Unternehmer hängen einem Idealbild von Mitarbeitern nach, die pünktlich morgens anfangen und bis Dienstschluss oder gar länger bleiben, auf die man sich verlassen kann, die die richtige Einstellung haben. Sie suchen und brauchen Angestellte mit Schwung, Energie und Enthusiasmus, nicht solche, die nur auf die nächste Gehaltsüberweisung warten, Mitarbeiter, die diszipliniert, organisiert und hoch motiviert sind, die ihre Zeit richtig einteilen, die gut mit Menschen umzugehen wissen, kooperativ sind und am Computer arbeiten können. Arbeitsplatzanbieter erwarten von ihren Angestellten, dass sie gerne im Team arbeiten, sich neuen Situationen schnell anpassen, lernfähig sind, projekt- und zielorientiert planen, Probleme lösen und kreativ sind, dem Unternehmen Loyalität entgegenbringen, Gelegenheiten nutzen und Trends erkennen. Schließlich wollen Arbeitgeber Personal, das ihnen mehr einbringt, als es kostet.

Zeigen Sie, dass Sie diese Kriterien mühelos erfüllen. Vergessen Sie jedoch bei all dem auch nie: Wir sind nicht auf der Welt, um so zu sein, wie andere uns haben wollen.

Recherche

Eine gut durchdachte Suchstrategie ist Basis Ihres Bewerbungserfolgs. Sie sollten sich darüber im Klaren sein, dass Ihrer Bewerbung eine zielgerichtete Recherche vorangehen muss. Sie verlieren viel Zeit und Energie, wenn Sie nicht planvoll vorgehen. Zielgerichtete Recherche bedeutet, Informationen zu sammeln, um mosaikartig ein Bild zusammenzusetzen, das zeigt, wie der Arbeitsmarkt in einer bestimmten Branche aussieht. Wie die Vorbereitung dieser Recherche aussieht, wissen Sie bereits. Es sind Ihre Überlegungen und Antworten zu den Fragen »Wer bin ich?«, »Was kann ich?«, »Was will ich?« und »Was ist möglich?«. Gerade die letzte Frage bedeutet, aktuelle Informationen über potenzielle Arbeitsmöglichkeiten zu sammeln. Dies kann natürlich nur in engem Zusammenhang mit der Beantwortung der ersten drei Fragen geschehen.

Besonders bei der Frage nach dem Machbaren sollten Sie auch Experten für sich arbeiten lassen. Nutzen Sie zum Beispiel Kontakte zu Firmen, Personalabteilungen, Interessenvertretungen, Bewerbungs- und Personalberatungsunternehmen bis hin zu Sondierungsgesprächen bei der entsprechenden Fachvermittlungsstelle der Arbeitsagentur.

Praktikum machen – Probearbeiten anbieten

Ansonsten können Sie auch direkt in die Betriebe gehen und dort mit Leuten reden. Den besten Einblick in ein Unternehmen bekommen Sie allerdings durch ein (meist unbezahltes) Praktikum bzw. eine kurze Probearbeitszeit. Bieten Sie Arbeitgebern für eine begrenzte Zeit kostenlos Ihre Dienste an. Natürlich werden manche das Angebot sofort ablehnen, andere aber könnten interessiert sein. Wer Ihnen ein Praktikum/ein Probearbeiten ermöglicht, geht kaum ein Risiko ein, weil er Sie jederzeit nach Hause schicken kann, wenn Sie sich als Last erweisen sollten.

Nutzen Sie aber auch die Hilfe von Experten, nehmen Sie Beratungsangebote wahr und denken Sie an die Kammern von Industrie, Handel und Handwerk bis hin zu besonderen Interessenvertretungen. Insider, die bereits in dem angestrebten Beruf oder in der Branche tätig sind, können Ihnen möglicherweise wertvolle Informationen für Ihr Bewerbungsvorhaben geben. Dabei spielt es keine Rolle, ob Sie es mit einem erfolgreichen oder unzufriedenen Informanten zu tun haben – Sie werden in beiden Fällen wissenswerte Anhaltspunkte bekommen und Ihre entsprechenden Schlüsse ziehen. Ihre Gesprächspartner können Ihnen Wege aufzeigen, Kontakt zu möglichen

Arbeitgebern zu bekommen. Dazu gehören auch Hinweise auf spezielle Stellenangebote und -gesuche im Internet, in Fachzeitschriften, Tages- und Wochenzeitungen. Modernes Recruiting findet zunehmend auch auf Messen und Tagungen statt. Hier treffen Sie direkt auf Vertreter eines potenziellen Arbeitgebers und können sich noch vor dem ersten Schritt des klassischen Bewerbungsprozesses kennenlernen.

Suchen und gefunden werden

Das wissen Sie schon: Zu besetzende Arbeitsplätze stehen längst nicht mehr *nur* in Zeitungen und (Fach-) Zeitschriften oder werden *allein* durch Institutionen wie die Arbeitsagentur oder durch Personalberatungsgesellschaften, im Einzelfallauch auch mal von Mund zu Mund bekannt gemacht. Fast im Gegenteil möchte man beinahe sagen!

Kaum dass im Kopf einer einflussreichen, mit Personalentscheidungskompetenz ausgestatteten Person Gedanken einer Stellenbesetzung entstehen, geht diese ihre Kontakte durch: Wer passt auf die zu besetzende Position? Da stehen automatisch alle Kontakte mit guter (digitaler) Vernetzung, ganz weit vorn im Bewusstsein des nachdenkenden und suchenden Personaleinstellers.

Kein Zweifel: Ein engagierter Bewerber und überhaupt jeder Unternehmer muss sich heutzutage nicht nur im Internet umsehen, sondern auch Präsenz zeigen. Dieses Medium hat nicht nur den Arbeitsmarkt, sondern auch den Werbeträgermarkt umgekrempelt und die ehemaligen Angebotsführer, die Printmedien, in Sachen Stellenangebote und -gesuche, aber auch sonstige Werbung, alt aussehen lassen. Und dieser Prozess ist noch keinesfalls abgeschlossen.

Stichwort umsehen: Das tun etwa 90 Prozent aller Arbeitsuchenden, wenn auch immer noch nicht alle! Dabei liegen die Vorteile auf der Hand: Das Netz bietet die Möglichkeit, bequem von zu Hause aus 24 Stunden täglich nationale und internationale Stellenangebote in dem von Ihnen angestrebten Arbeitsbereich abzurufen. Durch die Angabe der richtigen Suchbegriffe können Sie Ihre Recherche ganz gezielt selektieren und sogar auf viele Zeitungsanzeigen, die ins Netz gestellt werden, bequem »zugreifen«. Oft besteht die Möglichkeit, sich mithilfe aufrufbarer Bewerbungsunterlagen direkt übers Netz bei der entsprechenden Firma zu bewerben und den Weg über die herkömmliche Post zu sparen.

Das Internet erlaubt Ihnen sich auf dem Arbeitsmarkt zu orientieren, gezielt zu recherchieren und direkt per E-Mail mit Ihrem potenziellen zukünftigen Arbeitsplatzanbieter in Kontakt zu treten. Auf diese Weise können Sie sich ganz anders vorbereiten, sich mehr Informationen über die ausgeschriebene Stelle erbitten oder auf einem eher informellen Weg schon einmal in Kontakt treten, sich vorstellen.

Apropos umsehen: Das allein reicht nicht! Verdeutlichen Sie sich die Chancen, die darin liegen, nicht nur passiv aufzunehmen (suchen), was angeboten wird, sondern sich und Ihre Arbeitskraft (Problemlösungs-Know-how) auch aktiv im Netz anbieten zu können. Ergo: Wie nutzen Sie das Internet für Ihre berufliche Selbstdarstellung?

Selbstdarstellung und Medienkompetenz

Was hat eine gewisse Medienkompetenz mit erfolgreicher beruflicher Selbstdarstellung zu tun? Inzwischen sehr viel. Um es einmal etwas nüchtern zu formulieren: Wir leben im Zeitalter der digitalen Kommunikation. Natürlich kann man heutzutage noch immer den Alltag wie vor 30 oder 40 Jahren gestalten – ohne Internet, Social Media oder Smartphones. Aber: Damit verschenkt man wichtige Karrierechancen, die mit diesen Medien verbunden sind. Und um diese Chancen nutzen zu können, ist eine gewisse Medienkompetenz unerlässlich. Am Anfang hiervon steht (wieder einmal) die richtige Einstellung. Aussagen im Stil »Diese sozialen Netzwerke sind nichts für mich und meine Generation. Damit können sich meine Enkel beschäftigen« oder »Warum sollte ich das Internet nutzen, wenn ich meine Informationen doch aus der Tageszeitung erhalte?« sind legitim, jedoch nicht hilfreich bei diesem Thema.

Betrachten wir dieses Thema aus einem anderen Blickwinkel: Veränderung gehört zum Leben. Veränderungen gab es immer und wird es immer geben. Zu Goethes Zeiten existierte beispielsweise kein Telefon. Aber sollten wir deshalb heute ebenfalls auf ein Telefon verzichten? Veränderte Zeiten bringen veränderte Gewohnheiten mit sich. Und zu den aktuellen Alltagsherausforderungen gehört ein geübter Umgang mit den neuen Medien. Wir haben Lesen, Rechnen, Schreiben gelernt und sollten versuchen, egal wie alt wir sind, eine gewisse Medienkompetenz zu erwerben.

Und natürlich darf man sich hierzu gerne fachkundige Hilfe im Freundes- oder Bekanntenkreis organisieren. Aber auch spezielle Kurse, zum Beispiel an Volkshochschulen, sind eine Alternative.

Es ist inzwischen eigentlich unverzichtbar, sich aktiv mit dem Internet und den damit verbundenen beruflichen Chancen auseinanderzusetzen, denn ansonsten kann sich dies negativ auf das gesamte berufliche Profil und den eigenen Marktwert auswirken.

Einige Beispiele: Wissenschaftler verpassen vielleicht bedeutsame Projekte, wenn sie sich untereinander nicht via ResearchGate (ein soziales Netzwerk für Forscher aus allen Bereichen der Wissenschaft) verbinden und austauschen. Freie Berater finden vielleicht nicht alle relevanten Zielgruppen, wenn sie nicht auch mit einer professionellen Webseite ihre Kompetenzen darstellen. Generell wird man als Fachkraft vielleicht von interessierten Firmen nicht gefunden, wenn man nicht bei XING oder LinkedIn mit einem aussagefähigen Profil vertreten ist. Und wichtige berufliche Informationen bleiben Ihnen womöglich vorenthalten, wenn Sie nicht in virtuellen Fach- und Diskussionsportalen unterwegs sind. Es kann auch passieren, dass bestimmte Networking-

Kontakte Schwierigkeiten damit haben, uns neuen, interessanten Gesprächspartnern vorzustellen. Allein, weil wir in gewissen Business Communities nicht sichtbar sind. Hinzu kommt, dass eine berufliche Reputation heutzutage neben traditionellen Kanälen, also mittels klassischer Mundpropaganda, quasi zwingend auch in digitalen Medien aufgebaut und etabliert werden sollte.

Die Nutzung von Suchmaschinen wie Google, Bing oder Yahoo gehört heute zum Alltag wie zu Goethes Zeiten das Briefe schreiben. Natürlich können Sie auch heute noch Briefe schreiben. Wenn jedoch Firmen oder interessante Geschäftskontakte via Internet nach bestimmten Fachleuten, Experten bzw. hochspezialisierten Problemlösern suchen, so gilt es sich kompetent in diesem Medium zu präsentieren.

Auch im Arbeitsalltag bestimmen neue Medien mehr und mehr unsere Aufgaben, die beispielsweise nur mit vernetzten Arbeits- und Projektplanungs-Tools produktiv zu bewältigen sind. Wer also allein auf die traditionelle Karte der Fachkompetenz setzt, der wird wahrscheinlich im direkten Vergleich mit einem ähnlich fachkompetenten Wettbewerber – der jedoch zusätzlich überaus medienkompetent agiert – den Kürzeren ziehen. Verbinden Sie also Ihre beruflichen Stärken mit einer starken Medienkompetenz und erschließen Sie sich in den neuen Medien vielfältige neue Karrierechancen.

Alles Googeln

Mit Suchmaschinen kennen Sie sich gut aus? Sie informieren sich im Netz über einen potenziellen neuen Auftraggeber bzw. Arbeitsplatzanbieter? Richtig so! Jedoch, auch die andere Seite kennt diesen Weg und versucht sich ein Bild zu machen.

Jede Bewerbungsform stellt die Basis für die Beschäftigung mit dem Kandidaten dar. Jedoch galt bisher im papierenen Zeitalter: alles kann kontrolliert so dargestellt werden, wie man es als Bewerber vorstellen möchte. In der vernetzten, digitalen Welt zeichnet sich ein viel komplexeres, vielleicht auch authentischeres Bild vom Bewerber ab. Wer sich in den Unterlagen als seriöser Versicherungsvertreter vorstellt, jedoch im Internet auf unvorteilhaften Partybildern zu entdecken ist, hat eher schlechte Karten. Darum spielt Ihre digitale Reputation eine immer wichtigere Rolle und ist deshalb strategisch klug zu steuern. Mehr dazu finden Sie ab S. 39.

Jeder 2. Personalentscheider googelt die ihn interessierenden Bewerber, um dann zu entscheiden: Vorabtelefonat und/oder Einladung zum ersten Kennlerngespräch. Warum googeln Sie nicht auch mal Ihre potenziellen Gesprächspartner, bevor Sie sich bewerben, spätestens aber bevor Sie ins Vorstellungsgespräch gehen?

Kurz gesagt: Bereiten Sie sich gezielt mithilfe des Internets vor! Der beste Ausgangspunkt dafür ist die Internetseite des Sie interessierenden bzw. auch schon einladenden Unternehmens. Insbesondere Großunternehmen bieten reichhaltiges Material mit Namen ihrer Hauptverantwortlichen, haben aber auch Mitarbeiterinterviews und Blogs auf ihren Seiten, die Ihnen einen Eindruck vermitteln sollen, so sind wir hier, so ist unser Unternehmen. Sie gelangen immer an Namen, mit denen Sie jetzt gezielt auf die Suche gehen können, um im Netz weitere Infos und Kontakte an Land zu ziehen. LinkedIn, XING, Twitter und sogar Facebook liefern Ihnen bestimmt interessante Einblicke und Anknüpfungspunkte.

Besonders wichtige Quellen für Ihre Vorbereitung sind neben Google/Bing die Online-Archive der Wirtschaftsredaktionen. Mit ein paar spezifischen Infos, die sich im Anschreiben oder auch besonders gut im Vorstellungsgespräch einstreuen lassen (z.B. In meiner Vorbereitung auf unser Treffen habe ich gelesen ...), punkten Sie durch Hintergrundwissen. Darüber hinaus können sie vielleicht auch selbst besser die Gesamtlage und Branchenverfassung einschätzen und für sich entscheiden: Zukunftstauglich oder nicht.

Noch spannendere Rechercheergebnisse versprechen gezielte Besuche auf den einschlägigen Arbeitgeber-Bewertungsportalen Kununu, BizzWatch oder Jobvoting. Hier lesen Sie, was (Ex-)Mitarbeiter über ihre Unternehmen sagen und wie sie diese beurteilen.

Was weiß das Netz über Sie

Natürlich läuft ein erstes Web-Screening auch auf der Seite der Personaler. Und deshalb wird Ihr guter Ruf im Netz als ein Auswahlaspekt immer wichtiger. Sie sollten bei Ihren Inhalten in sozialen Netzwerken daher darauf achten, dass dort keine anstößigen und peinlichen Bilder und Texte, Kommentare oder Gruppen auftauchen. Beachten Sie deshalb genau, wie die Sicherheitseinstellungen bei den von Ihnen verwendeten Netzwerken funktionieren. Sie haben es selbst in der Hand, was ein Personaler über Sie vorab erfährt (s. S. 432).

Achten Sie während eines Bewerbungsprozesses auf Anfragen von Leuten, die Sie nicht kennen. Es könnte dahinter der Versuch eines HR-Mitarbeiters stecken, Informationen über Sie zu erhalten.

Googeln Sie sich regelmäßig selbst (und recherchieren Sie alternativ auch mit anderen Suchmaschinen wie Bing). Dann haben Sie einen Überblick, was über Sie im Internet kursiert. Sollten Sie doch etwas Unpassendes über sich entdecken, haben Sie folgende Möglichkeiten: Sie können selbst Inhalte aus Ihren Profilen in Sozialen Netzwerken entfernen und deren Sichtbarkeit verändern. Oder Sie bitten einen Dienst wie Google darum, die Einträge zu löschen oder Ihnen zu helfen, den Verantwortlichen zum Löschen zu bewegen. Wenn Sie ehrverletzende oder sogar strafrechtlich relevante Inhalte finden, empfiehlt sich der Gang zum Anwalt.

Es gibt inzwischen speziell für das Reputationsmanagement im Netz spezialisierte Agenturen. Für Privatpersonen und kleines Geld ist sicherlich der Dienst secure.me zu empfehlen, der beispielsweise mit XING und GMX kooperiert. Er bietet zum Schutz Ihrer Privatsphäre weltweit seine Dienste an und durchsucht das gesamte Internet nach vorher von Ihnen festgelegten Suchbegriffen. Foren, Blogs, Foto- und Videoseiten, Twitter oder andere Communities werden ebenso durchforstet. Hat secure.me Einträge zu Ihren Suchbegriffen im Internet gefunden, werden Sie per E-Mail automatisch darüber informiert. So wissen Sie zu jeder Zeit genau, was das Internet über Sie weiß und können rechtzeitig darauf reagieren: der erste Schritt unerwünschte Einträge und Bilder gezielt löschen zu können. Viele andere Spezialanbieter sind wegen der meist hohen Kosten eher für Unternehmen und weniger für Einzelpersonen geeignet.

Falls Sie zu einem ersten Gespräch eingeladen werden, Ihre »virtuelle Weste« nicht ganz blütenrein ist und der Personaler Sie darauf anspricht, ist ein offensiver Umgang die beste Verteidigung. Überlegen Sie sich vorher, was Sie auf solche Fragen antworten können, um dem Ganzen etwas den Wind aus den Segeln zu nehmen.

Aus diesen Gründen ist es für Bewerber schon heute wichtig und wird künftig noch wichtiger sein, ein aktives strategisches Reputationsmanagement zu betreiben.

Internet

Nutzen Sie das Internet, um geeignete Stellenanzeigen zu finden. Das World Wide Web bietet unzählige Möglichkeiten, sich über potenzielle Arbeitgeber zu informieren und auch andere nützliche Kontakte zu knüpfen, die Ihnen bei der Suche nach einem neuen Job helfen können. Außerdem finden Sie dort allgemeine oder fachlich spezialisierte Jobbörsen – virtuelle Arbeitsmärkte, auf denen Sie nach geeigneten Stellen suchen oder sich selbst über ein Stellengesuch vorstellen können. Damit das Fischen im Netz nicht uferlos wird und Sie zu viel Ihrer wertvollen Zeit kostet, haben wir auf den folgenden Seiten wichtige Tipps für Sie zusammengestellt. Es geht dabei im Einzelnen um folgende Recherchemöglichkeiten:

- Die Suche nach Informationen über Arbeitgeber
- Die Suche nach Stellenangeboten in Zeitungen
- Die Suche nach Stellenangeboten auf den Firmenhomepages
- Die Suche auf virtuellen Arbeitsmärkten
- Das Stellengesuch im Netz
- Die elektronische Kontaktaufnahme
- Social Networking: Die Suche nach Kontakten im Netz

Die Suche nach Informationen über Arbeitgeber

Egal, ob Sie dabei sind, Ihre Bewerbungsmappe zusammenzustellen, oder ob Sie bereits einen Termin zum Vorstellungsgespräch in der Tasche haben: Ihre erste Pflicht als Bewerber ist es, sich so viel wie möglich an Informationen über den jeweiligen Arbeitgeber zu besorgen. Da Sie sich gezielt als optimaler Problemlöser für das Unternehmen profilieren wollen, müssen Sie zunächst wissen, was das aktuelle Problem dieses Arbeitgebers ist. Wenn ein Betrieb zum Beispiel gerade neue Modelle der Gruppenarbeit in der Fertigung einführt, dann sollten Sie vor dem Zusammenstellen Ihrer Bewerbungsmappe noch einmal einen Blick auf Ihre Unterlagen zum Thema Arbeitswissenschaft werfen. Wenn Sie dagegen aus dem Netz erfahren, dass das Unternehmen große Projekte mit skandinavischen Firmen abwickelt, stellen Sie Ihr fließendes Norwegisch bei einer Bewerbung besonders in den Vordergrund.

Um das Internet als Quelle für Informationen über Unternehmen zu nutzen, reicht es meist aus, den Firmennamen auf folgende Weise einzugeben: www. (Firmenname).de für deutsche Firmen, bei US-amerikanischen benutzen Sie www.(Firmenname).com (http:// am Anfang nicht vergessen!). Bei europäischen Unternehmen gelten die Endungen .it für Italien, .uk für Großbritannien, .fr für Frankreich, .ch für Schweiz und .at für Österreich.

Werden Sie auf diese Weise nicht fündig, so rufen Sie eine der gängigen Suchmaschinen (Google, Yahoo usw.) auf. Obwohl alle Suchmaschinen grundsätzlich Ähnliches zutage fördern, ist jede unterschiedlich organisiert und offeriert andere Wege zu den von Ihnen benötigten Informationen. Yahoo und andere bieten zum Beispiel schon auf der Startseite Rubriken wie Business, Travel oder auch Job und Karriere an. Diese können Sie zu Beginn aktivieren und damit Ihre Suche weiter spezifizieren.

Suche optimieren

Allerdings sollten Sie auf jeden Fall erst einmal die Suchhilfe, eine Art Bedienungsanleitung der jeweiligen Suchmaschine, durchlesen. Meist befindet sich direkt neben dem Suchfeld ein SeekHelp- oder Suchhilfe-Button, mit dem Sie praktische Tipps zur Vereinfachung Ihrer Suche aufrufen können. Das kostet Sie vielleicht anfänglich fünf Minuten Zeit, wird Ihnen aber letztlich viel Ärger und Mühe ersparen. Wer nicht lernt, so effizient wie möglich im Netz zu suchen, kann sich leicht in der Fülle der angebotenen Informationen verlieren.

Nachdem Sie also Ihren Suchbegriff eingegeben haben, spuckt der Rechner eine ganze Reihe von Internetadressen aus, die in irgendeiner Form mit den Suchbegriffen zu tun haben. Diese Adressen sind zu den Seiten der Firmen »gelinkt«. Das bedeutet: Sie können durch Anklicken auf der Liste direkt zu den gesuchten Homepages gelangen. Dort finden Sie in der Regel bereits Informationen in Hülle und Fülle. Diese Informationen sind nicht linear aufgebaut wie in einer Broschüre. Ein Printmedium gibt durch seinen Aufbau vor, in welcher Reihenfolge die Informationen vom Leser aufzunehmen sind. Auf den Seiten des Internets dagegen kann der Leser nach eigenem Gusto hin und her springen. Er kann mit der Suchfunktion des jeweiligen Unternehmens (falls vorhanden) Informationen gezielt und schneller auffinden und Querverweise nutzen. Sind Begriffe farblich abgesetzt, gelangt der User durch Anklicken dieser Links automatisch auf andere Seiten des Internets, beispielsweise auf die von Kooperationspartnern und Zulieferern des Unternehmens.

Ein Defizit muss allerdings angemerkt werden: Obwohl das Internet prinzipiell die Möglichkeit einer ständigen Aktualisierung der präsentierten Informationen bietet, verfügen viele Unternehmen nicht über eine adäquate Internetbetreuung. Das hängt möglicherweise damit zusammen, dass sich diese Art der Mitarbeiterrekrutierung noch nicht einschlägig durchgesetzt hat. So nutzen bislang zwar knapp 70 Prozent aller Großunternehmen das Internet zur Mitarbeitersuche, aber lediglich 40 Prozent der mittleren und 20 Prozent aller Kleinunternehmen.

Die Suche nach Stellenangeboten in Zeitungen

Auch auf den Webseiten einiger Zeitungen, etwa der Frankfurter Allgemeinen und der Süddeutschen Zeitung, von Handelsblatt und Zeit, finden sich Stellenangebote. Viele dieser Seiten machen von den technischen Möglichkeiten des Netzes Gebrauch und sind interaktiv gestaltet. Das bedeutet: Sie können sich von dort direkt auf die Seiten der inserierenden Firmen klicken. Im Allgemeinen übernehmen die Zeitungen aber lediglich ihre bereits gedruckten Anzeigen ins Internet.

Für Sie als Bewerber ist die Suche auf den Internetseiten der Zeitungen vor allem dann von Vorteil, wenn Sie sich in internationalen Publikationen oder mehreren Zeitungen gleichzeitig umsehen wollen. Sie ersparen sich damit den Weg zum Bahnhofskiosk. Achten Sie in jedem Fall darauf, wie aktuell die Anzeigen sind! Obwohl das Internet in der Theorie ein hochaktuelles Medium ist, sind die elektronischen Anzeigen der Zeitungen nicht immer up to date.

Die Internetadressen der jeweiligen Printmedien finden Sie in den Zeitungen selbst, meistens im Impressum. Sie können natürlich auch nach den elektronischen Adressen via Suchmaschine fahnden. Wenn Sie dann auf der richtigen Homepage gelandet sind, klicken Sie sich von dort auf den Anzeigenmarkt weiter. Als starting point ist der Anzeigenmarkt der Wochenzeitung Die Zeit (www.jobs.zeit.de) zu empfehlen, da er übersichtlich organisiert ist und man von dort zu anderen Anzeigenmärkten gelangt, vorausgesetzt, dass diese funktional eingerichtet sind.

Ein weiterer Tipp: Auch Fachzeitungen und-zeitschriften bieten Stelleninserate an. Wenn Sie sich also in der günstigen Situation befinden, schon genau zu wissen, welchen Bereich Sie anstreben, suchen Sie auch in kleineren, möglicherweise speziellen Fachpublikationen.

Die Suche nach Stellenangeboten auf den Firmenhomepages

Haben Sie Ihr Traumunternehmen gefunden, unterstützt Sie das Internet dabei, Ihre Bewerbung maßzuschneidern. Immer mehr Firmen liefern alle notwendigen Details über ihre Produkte, ihre Philosophie und ihre Geschäftsstrukturen und Fakten auf ihren Homepages.

Die technischen Möglichkeiten des Internets, das Interesse des Users zu wecken, reizen Unternehmen auf ihren Homepages weidlich aus. Podcasts präsentieren wichtige Details zum Unternehmen und zur künftigen Arbeit, kurze professionelle Videos (Vodcasts) zeigen künftige Arbeitsplätze, Kollegen und Arbeitsabläufe von ihrer besten Seite, und in Mitarbeiterblogs oder einschlägigen Foren erfährt der Bewerber viel über den Arbeitsalltag.

Eine Homepage bietet Arbeitgebern die Möglichkeit, ihr Unternehmen im besten Licht zu präsentieren – für Kunden und Bewerber gleichermaßen. In Zeiten des Fachkräftemangels wird die Suche nach dem idealen Mitarbeiter durchaus zur Herausforderung. Zudem kann ein Unternehmen schnell über seine Homepage über aktuelle Entwicklungen und Erfolge informieren. Wer sich ein umfassenderes und weniger subjektiv gefärbtes Bild von einem Unternehmen machen möchte, sollte über die einschlägigen Suchmaschinen nach Artikeln über die Firma, Beurteilungen und auch kritischen Stimmen fahnden.

Unsere Empfehlung: Nutzen Sie alle relevanten Informationen, die Sie im Netz finden, für das gesamte Bewerbungsverfahren. Je mehr Sie über das Unternehmen wissen, desto passgenauer können Sie Ihre Bewerbung verfassen und desto besser sind Sie auf ein persönliches Gespräch vorbereitet. Investieren Sie diese Zeit! Über die Firmenseiten gelangen interessierte Bewerber oft direkt zu Onlineformularen. Mit dem entsprechenden Button holen Sie sich das Formular auf den Bildschirm, das Sie wie einen standardisierten Bewerbungsvordruck ausfüllen und via E-Mail zurückschicken. Seien Sie allerdings gewarnt: Dieses automatisierte Auswahlverfahren kann recht brutal sein.

Häufen Sie Wissen an

Die Suche auf virtuellen Arbeitsmärkten

Am wichtigsten ist das Internet für die konkrete Job- bzw. Mitarbeitersuche über Online-Stellenbörsen wie Monster, Stepstone oder Jobrobot. Beide Seiten – Bewerber wie Arbeitgeber – sparen so Zeit, Geld und Nerven. Das Eingeben von Stichwörtern (sog. Tags) bringt die Zeitersparnis. Oft haben – je nach Einstellung – mehrere Firmen bzw. Bewerber gleichzeitig mit einem Mausklick Zugriff auf das Stellenangebot oder das Stellengesuch. Stellenbörsen sind nicht nur ein virtueller Arbeitsmarkt, sie bieten oft auch einen Rundumservice zum Thema Bewerbung. Auf vielen dieser Seiten können Bewerber gegen eine Gebühr ihre Lebensläufe aufnehmen lassen, sodass auch Arbeitgeber in Ruhe die Profile der einzelnen Bewerber studieren können.

Die wichtigsten Arbeitsmarkt-Adressen

- www.arbeitsagentur.de
- www.jobpilot.de (gehört zu monster.de)
- www.jobrobot.de
- www.monster.de
- www.stepstone.de
- www.meinestadt.de/deutschland/jobs
- www.jobs.zeit.de
- stellenmarkt.sueddeutsche.de
- www.fazjob.net
- karriere.handelsblatt.com
- www.arbeiten.de (gewerblich orientiert)

Zeitarbeitsfirmen

- www.manpower.de
- www.randstad.de
- www.adecco.de

Internationale Stellenmärkte

- www.cadresonline.com (Frankreich)
- www.job-consult.com (Europa)
- www.jobmonitor.com
- www.jobserve.com
- www.jobsite.com

Extratipp für Frauen

- Arbeitsangebote speziell für Frauen bietet der Stellenmarkt der Zeitschrift Brigitte (www.brigitte.de). Frauen können kostenlos ein eigenes Gesuch aufgeben.

Extratipp für Führungskräfte

- Den Stellenmarkt der Verlagsgruppe Handelsblatt erreichen Sie, wenn Sie www.karriere.de eingeben. Über 1.000 Angebote sind hier im Schnitt zu finden. Auch eigene kostenlose Gesuche sind möglich.
- Unter www.adamsons.com stoßen Sie auf einen internationalen Headhunter, der aber auch Führungspositionen in Deutschland vermittelt.

Extratipp für Studierende / Hochschulabsolventen / Ausbildungsplatzsuchende

- http://www.career.uni-mannheim.de: Dies ist eine der größten Börsen für Studentenpraktika. Sie können zusätzlich eine Suchmaschine nutzen und haben die Möglichkeit, sich individuell zugeschnittene Angebote mailen zu lassen und ein kostenloses Gesuch zu schalten.
- Eine bunte Palette an Praktika bietet www.unicum.de. Eigene Praktikumsgesuche sind aber leider nicht möglich.
- Die Praktikumsbörse der Zeitschrift Wirtschaftswoche www.wiwo.de/praktikum.htm bietet Praktika aus fast allen Branchen – auch im Ausland. Eine eigene Anzeige ist allerdings nicht möglich.
- www.go-jobware.de: Praktika, Diplomarbeitsthemen, Werkstudenten-, Ferien- und Aushilfsjobs sind hier zu finden. Eigene Anzeigen von Bewerbern sind nicht möglich.
- Angehende Studenten und Azubis können sich auch online über Fragen zur Studien- und Berufswahl unter folgenden Adressen informieren: www.studienwahl.de, www.berufswahl.de, www.bildungsserver.de

Das Stellengesuch im Netz

Wenn Sie nicht nur darauf warten wollen, endlich das richtige Stellenangebot im Netz zu finden, dann haben Sie mit einem eigenen Stellengesuch eine gute Möglichkeit, aktive Werbung in eigener Sache zu betreiben. In den meisten Jobbörsen ist es möglich, ein eigenes Gesuch zu schalten. Wichtig ist aber auch in diesem Medium, dass Ihr Stellengesuch generell zwei Bedingungen erfüllt:

- Die Überschrift / Betreffzeile muss bereits beim Überfliegen neugierig machen.
- Der gesamte Text muss eine hohe Zahl von relevanten Informationen transportieren und damit den Leser für Sie einnehmen.

So gehen Sie vor

Schreiben Sie Ihren Text auf – und zwar bevor Sie ins Netz gehen. Ganz besonders bei diesem Text gilt es, sich vorab intensiv mit diesen drei Fragen zu beschäftigen (siehe auch S. 97):

- Was ist Ihr Kommunikationsziel?
- Welche Botschaften wollen Sie vermitteln?
- Mit welchen Argumenten können Sie überzeugen?

Behalten Sie beim Formulieren von Überschrift und Text Ihre Zielgruppe (Arbeitgeber, Chef, Personalabteilung) im Auge. Nach der Überschrift sollten ein bis zwei Sätze folgen, in denen Sie Ihren Berufswunsch präzisieren und die Sie mit Angaben über Ihre Qualifikationen/Talente ergänzen. Weitere Informationen (z.B. besondere Kenntnisse, Interessen, Hobbys) können Sie dann in Stichworten anführen – wie im Lebenslauf einer Bewerbung auf Papier. Vielleicht haben Sie ja auch eine eigene Homepage im Netz? Darauf können Sie im letzten Satz Ihres Gesuchs hinweisen.

Fassen Sie sich kurz

Auch wenn die Stellenbörse Ihnen viel Platz einräumt, geben Sie knapp und eindeutig Auskunft zu den wichtigen Fragen:

- Was haben Sie Besonderes zu bieten? (Berufliche Schwerpunkte, fachliche und soziale Kompetenzen, Qualifikationen und gegebenenfalls Sprach- und PC-Kenntnisse)
- Wer sind Sie? (Alter, Geschlecht, Mobilität, Ausbildungsabschluss und Titel)
- Was suchen Sie?

Personalentscheider wollen ohne Zeitverschwendung Kandidaten für ihre freien Stellen finden. Sie sollten aber nicht, um Platz zu sparen, alle möglichen Wörter abkürzen. Vermeiden Sie Abkürzungen, mit Ausnahme der üblichen. Achten Sie besonders darauf, grammatikalisch korrekt zu sein. Gerade in Texte, die am Bildschirm geschrieben werden, schleichen sich oft Flüchtigkeitsfehler ein.

Chiffrieren oder nicht?

Schließlich gilt es, noch zu entscheiden, ob Sie Ihren Namen, Ihre Adresse und Telefon-/Faxnummer oder Ihre E-Mail-Adresse angeben. Das hat den Vorteil, dass der interessierte Arbeitgeber Sie direkt und schnell erreichen kann. Andererseits ist damit zu rechnen, dass mit Ihrer Adresse unter Umständen Missbrauch getrieben wird – angefangen bei lästiger Werbung, die Ihnen fortan ins Haus flattert, bis hin zu unangenehmen anonymen Anrufen.

Die meisten Jobbörsen bieten kostenloses Chiffrieren Ihres Namens an – auch deshalb, damit interessierte Arbeitgeber sich an die Jobbörse wenden, die für die Herausgabe des Namens eine Gebühr verlangt.

Halten Sie Ihre Unterlagen bereit

Sobald Sie das Gesuch veröffentlichen, sollten Sie Ihre Unterlagen (Lebenslauf, Zeugniskopien etc.) bereithalten. So können Sie auf die eingehenden Angebote schnell reagieren. Denn oft ist es so – Internet hin oder her –, dass Personalentscheider eben doch noch gern die üblichen Bewerbungsunterlagen in bekannter Form, sprich auf dem Papier, haben möchten.

Die elektronische Kontaktaufnahme

Sie können zu dem Unternehmen Ihrer Wahl auch elektronischen Kontakt aufnehmen. Über alle Internetseiten verstreut finden Sie Kontaktbuttons, mit denen Sie eine Mail-Maske aufrufen und an den von Ihnen ausgesuchten Ansprechpartner eine Art elektronische Postkarte abschicken können.

Elektronische Post

Inzwischen ist die Kommunikation per Mail in fast allen Unternehmen eine Selbstverständlichkeit und Sie können damit rechnen, auf Ihre Anfrage innerhalb kurzer Zeit eine Antwort zu erhalten – immer vorausgesetzt, Sie haben den richtigen Ansprechpartner ermittelt und Ihr Anliegen klar und deutlich formuliert. Hin und wieder werden Sie in kleineren traditionellen Unternehmen noch auf eine Hemmschwelle der Mitarbeiter gegenüber dem Medium Internet treffen. Allerdings ist eine solche Haltung nicht mehr weitverbreitet. Sehen Sie das Internet einfach als eine wichtige, aber eben nicht ausschließliche Möglichkeit der Kontaktaufnahme an. Manchmal ist ein Anruf doch die bessere Option, mit einer noch unbekannten Person ins Gespräch zu kommen.

Social Networking: Die Suche nach Kontakten im Netz

Unbezahlbar für die berufliche Orientierung, die Stellensuche, aber auch für die Arbeitsplatzsicherung ist das sogenannte Social Networking: der Aufbau und die Pflege eines beruflichen Netzwerks. Das Internet bietet diese Möglichkeiten auf verschiedenen Plattformen an. Zum einen gibt es offene Kontaktbörsen wie zum Beispiel XING (früher Open BC) mit etwa 7 Millionen registrierten Nutzern oder LinkedIn mit weltweit über 50 Millionen Mitgliedern. Hochrangige Bewerber bevorzugen oft auch geschlossene Netzwerke, die gewisse Zugangsbeschränkungen (Alter, Position, Gehalt, Mitgliedschaft nur auf Empfehlung etc.) haben. Egal, ob es um die Jobsuche, Kontakt zu Kollegen, Ratschläge oder um reinen Wissensaustausch geht – das Internet vernetzt auf diesen Plattformen Menschen aus den unterschiedlichsten Branchen, Hierarchien und Ländern, nimmt Berührungsängste und sorgt so für manche beruflichen Überraschungen.

Vorteile von Businessbörsen

Business-Kontaktbörsen bieten Ihnen die Möglichkeit, Ihr berufliches Profil im Internet zu präsentieren, interessante Kontakte zu knüpfen und gleichzeitig mögliche neue Arbeitgeber oder Firmenvertreter direkt anzusprechen. Diese können sich umgehend Ihren beruflichen Werdegang ansehen und bei Bedarf umfangreichere Bewerbungsunterlagen anfordern.

Anders als bei einer »normalen« Jobbörse wie zum Beispiel www.monster.de sind die Teilnehmerprofile für alle Mitglieder sichtbar – jeder kann jedes vorhandene Profil aufsuchen und bei Interesse eine Nachricht hinterlassen. Business-Kontaktbörsen sind eine moderne Form der unkomplizierten Ansprache und des Austausches von untereinander unbekannten Personen. Bisweilen ist die Möglichkeit der Kontaktaufnahme mit einer kostenpflichtigen Mitgliedschaft verbunden.

XING & Co.

Suchen Sie eine Business-Kontaktbörse, die von Ihren Wunscharbeitgebern genutzt wird, und hinterlegen Sie Ihr Profil. Beachten Sie, dass diese Profilinformationen zu Ihrem beruflichen Hintergrund passen bzw. stimmen Sie Ihre schriftlichen Bewerbungsunterlagen dahingehend ab. Dazu gehören ein ansprechendes Foto in entsprechender »Berufs(ver)kleidung« sowie eine Auflistung der relevanten beruflichen Stationen. Dann können Sie gezielt Ansprechpartner suchen und diese höflich kontaktieren.

Grundsätzlich gilt: Kontakte, die im Internet angebahnt werden und sich vielversprechend anlassen, müssen kurzfristig durch eine persönliche Begegnung intensiviert werden. Das gilt besonders für den Bewerbungsprozess.

Einige Grundregeln

Vermeiden Sie in Ihrem Profil die Erwähnung von unvorteilhaften beruflichen Informationen, wie zum Beispiel mehrere kurzzeitige Beschäftigungsverhältnisse oder Zeiten der Arbeitslosigkeit. Überlegen Sie vorher genau, was Sie von sich erzählen und welche Freunde oder Bekannte Sie in Ihrem Kontaktnetzwerk aufführen wollen.

Seien Sie wählerisch, was die intensiver gepflegten Kontakte angeht. Die Praxis zeigt: Je höher man in der Hierarchie (bezogen auf Unternehmen und Position) steht, umso weniger haben Kontakte einen echten Nutzen. Eine hohe Anzahl an Kontakten innerhalb eines solchen Netzwerks kann auch mit einer gewissen Wahllosigkeit und Beliebigkeit einhergehen und verfehlt so das eigene Ziel.

Ein Geben und Nehmen

Generell gilt für die virtuellen Netzwerke natürlich das, was Sie schon über das Networking an sich gelernt haben: Auch hier ist die goldene Regel vom Geben und Nehmen von hoher Wichtigkeit. Achten Sie darauf, nicht immer nur die eigenen Wünsche, Fragen und Bedürfnisse in den Vordergrund zu stellen, sondern Ihren Netzwerkkontakten auch konkrete Unterstützung anzubieten. Pflegen Sie die Kontakte, die Ihnen wichtig sind, und signalisieren Sie, wann immer das möglich ist, Ihrem Gegenüber, dass Sie etwas für ihn oder sie tun können. Auch der virtuelle Kontakt funktioniert nur dann langfristig gut, wenn er keine Einbahnstraße darstellt. Lesen Sie dazu auch die Anmerkungen und Empfehlungen zum Thema Networking allgemein (s. S. 107).

Offene Business-Kontaktbörsen:

- www.xing.com
- www.linkedin.com

Geschlossene Business-Kontaktbörsen:

- www.performerscircle.com
- www.manager-lounge.com

Ein Beispiel für Social Networking: XING

Ziel der 2003 gegründeten Kontaktbörse war es, das Knüpfen neuer geschäftlicher Kontakte zu erleichtern, alte Kontakte wiederzufinden (Schul- und Studienfreunde, ehemalige Kollegen und Geschäftsfreunde) und sich in verschiedenen Gruppen im beruflichen und im Freizeitbereich näherzukommen. Auf diese Weise sollte jeder Nutzer seine Kompetenz zeigen und sich aktiv mit anderen austauschen. Kurzum, es ging um die bewusste Bildung von nützlichen Netzwerken.

XING greift die These auf, dass sich alle Menschen irgendwie »um sechs Ecken kennen«. Diese indirekte Bekanntschaft erleichtert es psychologisch, Kontakte zu (noch) Unbekannten aufzunehmen, und senkt die Hemmschwelle. Über jedem Kontakt ist die Verbindung zu sich selbst über die bewussten sechs Ecken (also hier: Kontakte) in einem Verbindungspfad (mit Foto und Namen der Betreffenden) zu sehen.

Das A und O: Kontakte und Gruppen

Durch Ihre Kontakte haben Sie leichteren Zugang zu deren Netzwerk. Wollen Sie hier Kontakte knüpfen, können Sie sich – nach Absprache – auf Ihre direkten Kontakte beziehen.

Als Faustregel gilt: Je reger Sie die Möglichkeiten von XING nutzen, sich in Gruppen engagieren oder gar selbst eine Gruppe gründen oder sie moderieren, desto größer ist Ihre Chance, aufzufallen, gefunden zu werden. Und genau darum geht es.

Ihr XING-Profil fungiert dabei wie eine eigene Website. Sie können sie jederzeit um Ihre beruflichen Neuigkeiten erweitern oder sie ändern. Über eine bestimmte Funktion bekommen dies alle direkten Kontakte mit – ein guter Aufhänger für die Kontaktpflege.

Hilfreich zum Kontaktknüpfen ist auch der Newsletter von XING. Dort finden Sie Ihre Termine über XING (Einladungen zu Veranstaltungen, zu XING-Treffen etc.), Geburtstage Ihrer direkten Kontakte und alles, was es sonst Neues von XING gibt.

Mitglied werden, Mitglied sein

Grundsätzlich ist XING eine offene Plattform. Es gibt zwei Formen der Mitgliedschaft – die kostenlose und die kostenpflichtige. Für einen vierteljährlichen Mitgliedsbeitrag bekommen Sie diverse Erleichterungen bei der Kontaktaufnahme zu anderen Mitgliedern. So können Sie private Nachrichten an andere Mitglieder versenden, Sie erfahren, wer Sie auf Ihrer Profilseite besucht hat, und erhalten Vergünstigungen bei Kooperationspartnern von XING.

Nicht-Premium-Mitglieder sehen auf der Seite »Besucher meines Profils« lediglich ein Foto ohne Angabe des Namens und der Firma und ohne die Möglichkeit, das Profil des Besuchers anzuklicken. So ist eine Chance vertan, mit einer Person, die bereits auf Sie aufmerksam geworden ist, in Kontakt zu treten. Auch die Suche nach bestimmten Kriterien wie Branche, Stadt oder Universität ist zumindest eingeschränkt. Ein weiterer Nachteil: XING platziert seit einiger Zeit auf den Seiten seiner Nicht-Premium-Mitglieder willkürlich Werbung. Die Wirkung auf einen Interessenten entspricht der auf einen Personaler, der eine E-Mail-Bewerbung von kostenlosen E-Mail-Accounts wie GMX oder YAHOO mit dicken Werbebannern erhält.

Fundgrube

Allen zugänglich sind aber die Teilnahme an den Gruppen und das Lesen der eingestellten Artikel – eine wahre Fundgrube an Wissen und Ratschlägen! Ausnahmen sind Gruppen, die auch ihre Artikel verschlüsseln. Ein Tipp zur Registrierung: Im Netz ist es zwar recht weitverbreitet, sich sogenannte Nicknames zu geben, um seine Identität nicht preiszugeben. Dies ist auf XING jedoch nicht üblich. Sie sollten als Benutzernamen Ihren vollen Namen angeben, um für die anderen Mitglieder seriös zu wirken.

XING als Arbeitsmarkt

Auch die Nutzung von XING als eine Art virtuellem Arbeitsmarkt ist für alle Mitglieder möglich. Die meisten Gruppen haben eine Jobbörse, in der die Gruppenmitglieder Aufträge einstellen und bekommen können – egal, ob als Angestellter oder als Freischaffender. Der gut besuchte »Freiberufler-Projektmarkt« bietet beispielsweise quer durch die Branchen die vielfältigsten Angebote.

Jobbörse

XING sucht sogar für Sie aktiv nach einer möglichen Stelle mit. Nach Ihren Suchwörtern werden Stellenangebote auf XING durchforstet und Ihnen jeden Tag auf Ihrer Seite präsentiert. Im »Marketplace« finden Sie täglich branchenübergreifend interessante Angebote. Grundsätzlich empfiehlt es sich, auf Angebote in den Gruppen-Jobbörsen mit einer persönlichen Nachricht zu reagieren. Das wird häufig auch in den Angeboten so verlangt. Im öffentlichen Raum über Gehälter, Honorare oder besondere berufliche Fähigkeiten zu verhandeln, ist eher unüblich und zeigt wenig Professionalität.

Übrigens ist es jederzeit möglich, sein XING-Profil auch Nicht-Mitgliedern zugänglich zu machen – mit einer Verlinkung zu Google. Diese Entscheidung ist im wahrsten Sinn des Wortes Einstellungssache.

Stellenangebote

Wenn Sie auf der Suche nach Stellenangeboten sind, sollten Sie zunächst in Erfahrung bringen, in welchen regionalen oder überregionalen Tages- und Wochenzeitungen Sie Stellenanzeigen aus Ihrem Berufsumfeld finden können. Vielleicht gibt es für Ihre Branche auch spezielle Fachzeitschriften.
Wesentliche Quellen sind sicher die Wochenendausgaben der großen Zeitungen (zu Letzteren gehören u.a. Frankfurter Allgemeine Zeitung, Frankfurter Rundschau, Süddeutsche Zeitung, Die Welt, Westdeutsche Allgemeine, Tagesspiegel, Berliner Zeitung, Thüringer Allgemeine sowie die Wochenzeitung Die Zeit). Auf drei Varianten von Stellenanzeigen möchten wir Sie aufmerksam machen:

1. Anzeigen, die eine direkte Kontaktaufnahme mit dem potenziellen Arbeitgeber (z.B. auch über einen angegebenen Mitarbeiter) ermöglichen (ein vorheriges Telefongespräch muss sorgfältig geplant werden, s. S. 173).
2. Anzeigen, bei denen eine Personalberatungsfirma zwischengeschaltet ist, die im Auftrag des Arbeitgebers die Bewerberauswahl übernimmt.
3. Anzeigen, deren Auftraggeber inkognito bleibt und nur über Chiffrezuschrift an die Zeitung erreicht werden kann.

Inhaltlich gliedern sich Stellenanzeigen in folgende Punkte:

- Eine Firmenpräsentation (Wer sucht?)
- Das konkrete Stellenangebot (Für welche Tätigkeit?)
- Die Anforderungen (Wen, mit welchen Qualifikationen, Fähigkeiten?)
- Eventuell Hinweise auf die Vergütung, Einstellungsdatum, Aufstiegschancen, Arbeitszeiten etc. (Zu welchen Bedingungen?)
- Die gewünschte Art der Kontaktaufnahme (Vollständige Bewerbungsunterlagen, E-Mail-Bewerbung etc.)

Entscheidend für Sie als Bewerberin oder Bewerber ist die Frage: Passe ich mit meinem Profil auf die ausgeschriebene Position und zu dem Unternehmen? Erfülle ich die gestellten Anforderungen? An den genannten Mindestanforderungen führt meist kein Weg vorbei. Erfüllen Sie auch die Zusatzqualifikationen, heben Sie sich zweifellos schon von der Masse der Bewerber ab. Aber keine Sorge: Bewerben Sie sich auch, wenn Sie nur etwa 70 Prozent des Anspruchs erfüllen. Denn es kommt darauf an, wie Sie sich präsentieren.

Grundsätzlich fordern die meisten Unternehmen die sogenannten Hard sowie Soft Skills. Zu den harten Faktoren zählen zum Beispiel Aus- und Bildungsabschlüsse (Tischler, Buchhalterin, Diplom-Ingenieur, Betriebswirt etc.) oder eine entsprechende Berufserfahrung. Zu den weichen Kriterien hingegen gehören soziale Kompetenzen wie Kommunikationsfähigkeit oder Teamorientierung.

Die Anforderungen lassen sich in sogenannte Muss- und Soll-Kriterien unterteilen. Formuliert das Stellenangebot für die harten Fakten ausdrücklich

»Voraussetzung ist …« oder »Erwartet wird …«, sollte das Profil des Bewerbers möglichst nicht allzu weit vom Geforderten abweichen. »Haben Sie außerdem noch …« signalisiert deutlich: »Wir bevorzugen Bewerber, die dieses Kriterium erfüllen.«

Schauspielerische Qualitäten

Sollten Sie Differenzen feststellen zwischen dem, wie Sie sind, und dem, was Sie sein wollen/sollen, besteht kein Anlass zu Depressionen, jetzt sind vielmehr Ihre schauspielerischen Qualitäten und Ihr Talent zur Selbstdarstellung gefordert. Die »Hochtalentierten«, »Glückspilze« und »Goldfische« sind vor allem Meister in der Inszenierung ihrer Person. Auch Sie können das erlernen. Sie müssen dafür sorgen, dass Sie die wichtigen Merkmale ausstrahlen. Dies gilt für Ihre schriftliche Bewerbung genauso wie später für den ersten persönlichen Kontakt.

Stellengesuche

Haben Sie sich einmal Stellengesuche von anderen Bewerbern angesehen? Ja? Was ist Ihnen dabei aufgefallen? Vielleicht, dass die meisten Anzeigen sehr eintönig, geradezu langweilig sind. Dabei stellt das Stellengesuch eigentlich eine ausgezeichnete Möglichkeit dar, die von Arbeitgebern so sehr geschätzte Leistungsbereitschaft und Motivation zu unterstreichen. Wenn Sie in die Offensive gehen und selbst eine solche Anzeige in die Zeitung setzen, zeigen Sie eindrucksvoll, dass Sie über diese Eigenschaften in hohem Maß verfügen. Allerdings kommt es nicht nur darauf an, dass man ein Stellengesuch aufgibt, sondern vor allem natürlich, wie sich der Stellensuchende darin präsentiert. Sie sollten verhindern, dass Ihre Anzeige farblos und austauschbar ist. Sonst löst sie bei Personalentscheidern eher ein Achselzucken aus als den Wunsch, mit Ihnen Kontakt aufzunehmen. Ausgangspunkt und Basis der Gestaltung eines erfolgreichen Stellengesuchs sind kurze, prägnante Antworten auf die Ihnen schon bekannten Fragen: Wer bin ich? Was kann ich? Was will ich?

Wenn Sie nicht ausgerechnet eine Position als graue Maus ins Auge gefasst haben, sollte Ihr Stellengesuch zwei Bedingungen erfüllen:

1. Die Überschrift muss bereits beim Überfliegen der Zeitungsseite anziehen, fesseln und neugierig machen.
2. Der gesamte Text muss eine hohe Zahl von relevanten Informationen transportieren und damit den Leser für Sie erobern.

Sechs Schritte zum wirkungsvollen Stellengesuch

Wie Sie ein Stellengesuch entwerfen, vermitteln wir Ihnen in sechs Schritten. Wer jetzt allerdings bereits Papier und Bleistift gezückt hat und auf die ersten Formulierungshilfen wartet, wird enttäuscht sein. Auch das Formulieren eines Stellengesuchs bedarf der ausführlichen Vorbereitung.

1. Suchen Sie ein geeignetes Medium

Zunächst einmal gehen Sie auf die Suche nach einer geeigneten Zeitung oder einem geeigneten Magazin für Ihre Anzeige. Etwas typisiert gilt: Volks- und Betriebswirte, die sich überregional bewerben, wählen das *Handelsblatt*, Ingenieure die *VDI-Nachrichten*, Mediziner und Geisteswissenschaftler *Die Zeit*, Handwerker Fachzeitschriften der entsprechenden Innung oder Lokalzeitungen. Wer sich nur lokal umsehen möchte, ist (vor allem in den Wochenendausgaben) bei einer der großen regionalen Zeitungen gut aufgehoben: *Berliner Zeitung, Tagesspiegel, Kölner Stadtanzeiger, Stuttgarter Zeitung, Hannoversche Allgemeine, Mainzer Allgemeine Zeitung, Leipziger Volkszeitung, Westdeutsche Allgemeine* usw. Für den gesamten süddeutschen Raum ist besonders die *Süddeutsche Zeitung* interessant. Bundesweit sind *Frankfurter Allgemeine Zeitung* und *Die Welt* zu empfehlen.

Auf eine ganz bestimmte Branche festgelegte Bewerber inserieren am besten in einem speziellen Fachmagazin, da dort die Streuverluste geringer ausfallen und sie gezielt die infrage kommenden Arbeitgeber ansprechen können. Für die Werbebranche beispielsweise gilt *Werben & Verkaufen* als Pflichtlektüre, für Juristen die *Neue Juristische Wochenschrift*. Wenn Sie nicht wissen, welches Fachorgan geeignet ist, erkundigen Sie sich bei einem Fachmann oder einer Fachfrau aus der Branche, bei der Industrie- und Handelskammer, bei Innungen oder Verbänden und Gewerkschaften. Mitglieder von Berufsverbänden erhalten oft Vergünstigungen, wenn sie in dem dazugehörigen Magazin inserieren.

2. Nehmen Sie Stellengesuche und Stellenangebote unter die Lupe

Bevor Sie beginnen, den Text zu formulieren, schauen Sie sich doch einmal Stellenangebotsanzeigen an. Aus den darin sichtbar werdenden Anforderungsprofilen lässt sich viel lernen. Dann untersuchen Sie sorgfältigst das Umfeld für Ihr künftiges Stellengesuch. Dazu schauen Sie sich auch die Anzeigen anderer Jobsuchender an. Beurteilen Sie die einzelnen Stellengesuche nach folgenden Kriterien:

- Was gefällt Ihnen spontan an der Anzeige und was nicht?
- Wird klar gesagt, was der Inserierende zu bieten hat und was seine wichtigsten Qualifikationen sind?
- Geht aus dem Text eindeutig hervor, was gesucht wird?
- Werden Allgemeinplätze und Selbstverständlichkeiten vermieden?

- Ist die Anzeige insgesamt wirklich aussagekräftig?
- Würden Sie sich als Personalchef angesprochen fühlen?

Wenn Sie diese Fragen für jede der Anzeigen kurz beantworten, haben Sie schon eine Menge über Stellengesuche gelernt. Außerdem finden Sie auf diese Weise heraus, welche Fehler Sie bei Ihrer Anzeige vermeiden müssen, um sich positiv von Mitbewerbern abzuheben.

3. Formulieren Sie einen Text mit dichtem Informationsgehalt

Auch jetzt sollten Sie noch nicht mit dem Texten loslegen. Beantworten Sie besser zunächst drei Fragen:

- Was ist Ihr Kommunikationsziel?
- Welche Botschaften wollen Sie »rüberbringen«?
- Mit welchen Argumenten können Sie überzeugen?

Natürlich gibt es ihn nicht, den Königsweg der Formulierung. Ihr Text muss angemessen sein (sowohl dem, was Sie anbieten, als auch dem, was Sie suchen), gleichzeitig »wahr« und hochinformativ. Ihr Stellengesuch wird man ähnlich wie ein Arbeitszeugnis lesen: sehr gründlich und zwischen den Zeilen.

Folgende Angaben dienen lediglich als Eckwerte und nicht als feste Vorgabe. Ihr Text sollte enthalten:

- Ihre wichtigsten fachlichen Qualifikationen
- Ihre beruflichen Erfolge
- Eine präzise Angabe, was Sie suchen
- Ihr Alter und Geschlecht
- Ggf. eine Angabe zu Ihrer Mobilität

Wenn Sie sich (noch) in ungekündigter Stellung befinden, erwähnen Sie das in jedem Fall. Sind Sie arbeitslos, ist das Stellengesuch nicht der Ort, wo Sie sich »outen«. Denn obwohl Arbeitslosigkeit kein Hinweis auf mangelnde Qualifikation oder fehlende Leistungsbereitschaft ist, wird sie immer noch von vielen Chefs so bewertet. Daher sollten Sie den Ausdruck »arbeitslos« in Ihrem Stellengesuch unbedingt vermeiden. Wenn man Sie bei der Kontaktaufnahme danach fragt, geben Sie an, dass Sie sich weiterbilden, freiberuflich tätig sind oder Ähnliches. Ebenso empfehlen wir Ihnen, Angaben wie »suche dringend« oder »zum baldmöglichsten Termin« zu vermeiden. Sie wollen doch nicht von vornherein Probleme bei der Arbeitsplatzsuche signalisieren.

Für alle Formulierungen gilt: Seien Sie immer klar und verständlich und wiederholen Sie nicht im Text, was bereits in der Überschrift steht. Erwähnen Sie keine Selbstverständlichkeiten wie zuverlässig oder korrekt. Sprechen Sie nicht von neuen Wirkungskreisen oder von interessanten Aufgaben. Niemand weiß, was darunter zu verstehen ist.

Keine Wiederholungen

Alle Aussagen müssen spezifisch und präzise sein. Nennen Sie Ross und Reiter! Machen Sie eine klare Angabe zu der Stellung, die Sie suchen. Wer nicht genau weiß, was er eigentlich sucht, wird von den meisten Personalentscheidern nicht ernst genommen. Überlassen Sie es den Lesern, Ihnen möglicherweise ein berufsfremdes Angebot zu machen!

Beispiele:

CHEFSEKRETÄRIN

Assistentin des Geschäftsführers

49 J., Spanisch, Englisch, Französisch in Wort und Schrift, gute Kenntnisse in Portugiesisch und Italienisch, engagiert, hilfsbereit, langj. Berufserfahrung im In- und Ausland (auch Export und Messen), sucht verantwortungsvolle Position, gern auch als Alleinsekretärin.

Zuschriften erbeten unter …

Software-Entwickler

39, ungekündigt, mit naturwissenschaftlichem Hintergrund, promoviert, sucht Position mit Personalverantwortung in innovativem Unternehmen, das die Unterstützung eines Spezialisten in Sachen 2D/3D-Algorithmen, C/C++, Java, Windows-NT und nummerische Simulationen braucht.

Ein Anruf genügt: ☎ 09289 6553

Diesen Inserenten ist es gelungen, klar und deutlich zu formulieren, wer sie sind, was sie können und wollen. Ein Stellensuchender macht sogar das Angebot, ihn telefonisch zu benachrichtigen. Das erleichtert natürlich die Kontaktaufnahme.

Aber jetzt zurück zu den Details eines überzeugenden Stellengesuchs: Vermeiden Sie Abkürzungen, mit Ausnahme der üblichen: w. für weiblich, m. für männlich (falls das Geschlecht nicht schon aus der Überschrift hervorgeht), langj. für langjährig, J. für Jahre bei der Altersangabe, Dipl. für Diplom. Andere Abkürzungen machen den Text schlecht lesbar und unverständlich.

4. Formulieren Sie eine Überschrift

Die Überschrift fällt als Erstes ins Auge und ist deshalb der prominenteste Ort Ihrer Anzeige. Denken Sie daher bei der Formulierung nicht so sehr daran, was Sie suchen, sondern welche Qualifikation Sie anbieten. Nur wenn die Überschrift das Interesse eines Personalchefs weckt, wird er den übrigen Text überhaupt lesen. Gehen Sie also mit Ihren neu gewonnenen Erkenntnissen aus Schritt 2 und 3 an die Formulierung einer persönlichen Werbebotschaft. Da Sie sich abheben wollen, müssen Sie wirklich spezifisch sein, z. B.:

Volljuristin
Schwerpunkt Online-Recht

Verkaufsleiter / GVL

Arzthelferin mit
Zusatzausbildung zur Heilpraktikerin

Wie Sie sehen, muss es bereits in der Überschrift gelingen, sich von anderen Inserenten abzusetzen, damit man genau bei Ihrer Anzeige hängen bleibt. Aber bitte keine unseriösen Aufschneidereien wie Supermanager oder Vollprofi. Solche und andere wichtigtuerischen Formulierungen rufen allenfalls ein nachsichtiges Lächeln hervor.

Stöbern Sie stattdessen in Ihrem reichlichen Erfahrungsschatz, und fördern Sie etwas zutage, was für Arbeitgeber von Bedeutung ist. Wichtig: Die Überschrift muss grafisch vom Rest abgesetzt sein (Fettdruck/größerer Schriftgrad).

5. Versetzen Sie sich in die Lage eines Personalleiters, der sonntagsmorgens beim Frühstück die Stellengesuche überfliegt

Nehmen Sie nun noch einmal die Perspektive Ihrer Zielgruppe ein (Chef, Personalverantwortlicher, Abteilungsleiter). Dieser Personenkreis hat vor allem eins: wenig Zeit und wenig Geduld, sich mit nichtssagenden Stellengesuchen zu befassen. Daher sollten Sie bei der Formulierung von Überschrift und Text diese anspruchsvolle Zielgruppe genau im Auge behalten. Prüfen Sie immer wieder: Wird meine Wortwahl Personalentscheider dazu bringen, mit mir Kontakt aufzunehmen?

6. Zum Schluss

Die meisten Stellengesuche werden unter Chiffre aufgesetzt, um Anonymität zu wahren (z. B. wegen noch bestehender Arbeitsverträge). Ob Sie nun Ihre Adresse oder Chiffre angeben, in beiden Fällen empfiehlt es sich, zusätzlich Ihre Telefon- und Faxnummer und Ihre private Mailadresse anzubieten. Denken Sie daran: Sie müssen es der Personalleitung so leicht und angenehm wie möglich machen, sich mit Ihnen in Verbindung zu setzen. Wenn der Personalchef spontan entscheidet, dass sich eine Kontaktaufnahme lohnen könnte, wird er eher zum Telefon oder Fax greifen, als die

Sekretärin damit zu beauftragen, Ihnen in den nächsten Tagen unter Chiffre eine Nachricht zukommen zu lassen.

Was noch zu bedenken ist

Einige Rahmenbedingungen sollten Sie bei Aufgabe eines Stellengesuchs beachten: Größe, grafische Gestaltung und Kosten der Anzeige. Bei Fragen können Sie sich auch an die Anzeigenberater/-innen der Zeitungen wenden.

- *Größe:* Ein zu kleines Stellengesuch signalisiert ebenso wie ein zu großes: Hier ist etwas nicht in Ordnung! Der Inserent unter- oder überschätzt sich! Wenn Sie sich ausführlich mit den Stellengesuchen der anderen Inserenten befasst haben, können Sie inzwischen einschätzen, welche Größe für Sie infrage kommt.
- *Kosten:* Eine Sachbearbeiterin, die mit einer achtel Seite für sich wirbt, investiert nicht nur viel Geld (ab 4.000 Euro aufwärts), sondern würde auch Befremden auslösen. Dagegen dürfte ein Manager, der ein Jahresgehalt von 80.000 Euro und mehr anstrebt, mit einer einspaltigen 20-mm-Kleinanzeige (für weniger als 100 Euro) allenfalls einen Heiterkeitserfolg erzielen. Als Faustregel gilt: in einer überregionalen Zeitung bis zu 1 Prozent Ihres anvisierten Jahresgehalts, regional bis zu 0,5 Prozent.
- *Und noch etwas:* Haben Sie ein wenig Geduld. Bis zu drei Versuche sollten Sie sich selbst schon gönnen.

Zeit nehmen

Ein eigenes Stellengesuch lässt sich nicht in 20 Minuten texten. Planen Sie lieber einen ganzen Nachmittag dafür ein. Lassen Sie den Entwurf über Nacht liegen und sehen Sie ihn am nächsten Morgen erneut an. Hält er Ihrem kritischen Blick stand? Dann legen Sie Ihre Anzeige noch einmal einer von Ihnen ausgewählten »Personalkommission« zur Beurteilung vor.

Wenn Ihnen diese Prozedur zu anstrengend ist, können Sie sich auch an einen professionellen Karriereberater oder vielleicht sogar an das Arbeitsamt wenden. Hier stehen Ihnen erfahrene Fachkräfte mit Rat und Tat zur Seite. In manchen Fällen übernimmt das Arbeitsamt sogar die Kosten für eine solche Anzeige.

Sobald Ihre Eigenanzeige erscheint, sollten Sie Ihre Unterlagen (Lebenslauf, Zeugniskopien etc.) bereithalten. So können Sie auf die eingehenden Angebote schnell reagieren.

Aber wie gesagt: Erwarten Sie nicht gleich zu viel. Manchmal muss man einen zweiten oder dritten Anlauf unternehmen, bis man Reaktionen auf die Anzeige erhält.

Zum Schluss noch einige positive und negative Beispiele zur Veranschaulichung. Wie Sie es besser *nicht* machen sollten:

1)

Industriekaufmann

28 J., Schwerp. Vertrieb, Bundeswehr abgeleistet, wg. Firmenkonkurs suche ich neue verantwortungsvolle Tätigkeit. Raum HH. Zuschr. u. CZ 56565

2)

Hilfe,
ich suche eine neue Herausforderung

Handwerker für alle Fälle, 49 J., verh., FS Kl. B, T: 0780/12345

Zu 1: Zu viele Abkürzungen und auch inhaltlich wenig ansprechende Informationen.
Zu 2: Ein Hilfeschrei gehört einfach nicht in ein Stellengesuch. Unseriös.

Die folgenden Beispiele eignen sich deutlich besser:

1)

GERNE AUCH AUF ZEIT

Projektmanager
Geschäftsführung / Verlag

Dipl.-Kfm. (53), langjährige Führungserfahrung. Schwerpunkte: Controlling / Rechnungswesen, nachweislich erfolgreiches Finanzmanagement – auch in schwierigen Situationen. # 53-0812 X

2)

flexibel einsetzbare, erfahrene Bilanzbuchhalterin

(50 J.), gerne Urlaubsvertretung, Aufarbeitung, sofort verfügbar, Fax 021-1234

3)

Meine Stärke: selbstständige Korrespondenz. Kompetente, absolut zuverlässige

Chef- Sekretärin
Office Managerin

25 Jahre Berufserfahrung i. d. Baubranche, Alleinkraft, verantwortungsbewusst, flexibel, stressresistent, alle PC-Kenntnisse, frei ab 1.1., sucht vergleichbare Position im Raum PLZ 6500.

12-3467 NN Brieffach 3456

4)

Gewissenhafter Rechtspfleger

mit 5 J. Berufserfahrung bei Gericht, jetzt 2 J. Bürovorsteher in Kanzlei, sucht ab 3. Quartal neue Position im Notariat / Grundstückswirtschaft. Angebote unter Postfach 23 53 12

Zu Stellengesuch 1: Alles Wissenswerte ist in dieser Anzeige zu finden – in Anbetracht der angestrebten Position hätte das Gesuch etwas größer ausfallen können bzw. sogar müssen. Sehr gut die Doppelüberschrift mit dem Hinweis auf eine zeitweise Beschäftigung. Damit erhöht der Stellensuchende seine Chancen, die – das haben wir bereits mehrfach erwähnt – als nicht mehr junger Bewerber deutlich reduziert sind.

Zu Stellengesuch 2: Ein kurzes, präzises Gesuch. Gut ist der Hinweis, dass auch eine befristete Anstellung, z.B. als Urlaubsvertretung, gewünscht ist. Gerade älteren Arbeitssuchenden bieten Übergangsjobs eine gute Gelegenheit zum Wiedereinstieg. Denn immer wieder mal wird aus einer zeitweisen Beschäftigung eine unbefristete. Die Angabe der Faxnummer ermöglicht die schnelle Kontaktaufnahme.

Zu Stellengesuch 3: Diese Inserentin stellt zunächst einmal ihre besondere Stärke dem eigentlichen Text voran. Damit sorgt sie für Aufmerksamkeit und hebt sich wohltuend von dem üblichen Aufbau anderer Gesuche ab. Alle wichtigen Informationen hat sie aufgeführt.

Zu Stellengesuch 4: Keine aufsehenerregende, dafür aber doch sehr solide und seriös wirkende Anzeige. Die Überschrift macht deutlich, dass es sich hier ganz offensichtlich um einen zuverlässigen Arbeitnehmer handelt, der auch Führungsaufgaben übernehmen kann. Eventuell hätte die Anzeige etwas größer ausfallen können, zumal sie nicht in einer großen überregionalen Zeitung mit hohen Anzeigenpreisen erschienen ist, sondern in einer Lokalzeitung.

Telefon

In großen Unternehmen treffen regelmäßig Hunderte von Bewerbungsbriefen ein – dementsprechend gering sind die Chancen, dass man ausgerechnet Sie zu einem Vorstellungsgespräch einladen wird, wenn Sie es allein beim Verschicken der Unterlagen belassen. Warum helfen Sie nicht telefonisch etwas nach?

Wenn Sie Ihren Wunscharbeitsplatz schnell erhalten wollen, ist es hilfreich, das Medium Telefon einzusetzen. Briefaktionen ohne telefonische Unterstützung sind unproduktiv. Als selbstsicherer und motivierter Bewerber sollten Sie nichts dem Zufall überlassen und deshalb Techniken des erfolgreichen Telefonierens erlernen. Die richtige Taktik vorausgesetzt, können Sie beinahe jede Führungskraft telefonisch erreichen. Natürlich werden Ihnen diese Fähigkeiten nicht nur in der Bewerbungsphase, sondern während Ihrer gesamten Karriere weiterhelfen.

Viele Bewerber unterschätzen die Chancen, die der gezielte Einsatz des Telefons bei einem Bewerbungsvorhaben bringt: Lediglich 10 Prozent greifen während der Stellensuche zum Hörer. Die nicht telefonierende, schweigende Mehrheit pirscht sich dagegen nur schriftlich an die begehrten Arbeitsplätze heran. Das ist sicherlich ein strategischer Fehler. Wie man das Telefon am wirkungsvollsten für eigene Bewerbungszwecke nutzt, soll hier dargestellt werden. Diese Hinweise können jedoch die praktische Erfahrung am und mit dem Telefon – und damit meinen wir Übungen – nicht ersetzen.

Obwohl Informationen eigentlich am schnellsten und leichtesten über das Telefon weiterzugeben sind, haben viele Bewerber erstaunliche Hemmungen, bei einer Firma anzurufen. Viele fürchten, nicht die richtigen Worte zu finden oder einen schlechten Eindruck zu hinterlassen. Dabei liegen die Vorteile eines Telefonats klar auf der Hand: Durch einen Anruf kann man sich bereits in der allerersten Bewerbungsphase positiv von anderen Kandidaten abheben, bevor überhaupt die Bewerbungsunterlagen ausgewertet werden. Die meisten Unternehmen suchen kontaktfreudige und kommunikative Mitarbeiter. Ein gut vorbereitetes Telefongespräch ist die beste Möglichkeit, die eigene Kommunikationsfähigkeit (soziale Kompetenz) unter Beweis zu stellen. Hier können Sie als Kandidat Interesse wecken und einen ersten positiven Eindruck hinterlassen (»Na, der/die klang aber sympathisch!«).

Kommunikationsfähigkeit unter Beweis stellen

Bei den fünf folgenden Ausgangslagen eignet sich der Einsatz des Telefons im Bewerbungsvorhaben besonders:

1. Informationen sammeln

Bevor Sie mit Ihrer Bewerbung beginnen, sollten Sie möglichst viele Informationen über das anvisierte Unternehmen einholen, denn schließlich wollen Sie sich als optimaler Problemlöser für genau dieses Unternehmen präsentieren. Beginnen Sie Ihre Recherche in der Telefonzentrale der Institution. Oft wird man Sie von dort in die Öffentlichkeitsabteilung weiterverbinden. Lassen Sie sich ein Profil, eine Pressemappe oder ähnliche Unterlagen zusenden. Bei großen Unternehmen gibt es außerdem Broschüren und Mitarbeiterzeitungen für einzelne Geschäftsbereiche.

2. Kontakt aufnehmen

Bevor Sie Ihre Bewerbungsunterlagen einsenden, sollten Sie auf jeden Fall (natürlich gut vorbereitet – siehe unten) den als am wichtigsten erkannten Entscheidungsträger anrufen. Nach einem Telefongespräch fällt der erste Satz im Anschreiben an Ihren Gesprächspartner leichter. Der kann dann ungefähr so lauten: »Vielen Dank für das informative Telefonat vom 1. August. Das Gespräch hat mich darin bestärkt, mich bei Ihnen um eine Stelle als Junior-Produktmanager zu bewerben.«

Sollten Sie den Entscheidungsträger/Geschäftsführer/Personalchef nicht persönlich an die Strippe bekommen und (nur) mit seinem Referenten oder der Sekretärin telefoniert haben, empfiehlt es sich dennoch, im Einleitungssatz Ihres Bewerbungsanschreibens darauf hinzuweisen: »Nach einem Telefonat mit Ihrem Mitarbeiter, Herrn X/Ihrer Sekretärin, Frau Y ...« Höchstwahrscheinlich wird sich der Adressat in einem solchen Fall bei Herrn X bzw. Frau Y über den Anrufer erkundigen, um sich den persönlichen Eindruck schildern zu lassen.

Ziel dieser ersten telefonischen Kontaktaufnahme ist es, Interesse zu wecken und den Personalentscheider neugierig auf Ihre Bewerbungsunterlagen zu machen. Im besten Fall wirkt Ihr Telefongespräch wie ein gut gemachter Trailer im Kino oder im Fernsehen, der in kürzester Form Werbung für einen neuen Film macht. Vielleicht schaffen Sie es, bereits während dieses Telefonats persönliche Sympathie bei Ihrem Gesprächspartner zu mobilisieren. Das gelingt beispielsweise, wenn man überraschend auf Gemeinsamkeiten stößt (»Ach, Sie haben auch in München studiert« oder »Ich war auch ein Jahr in Spanien«). Übertreiben Sie aber nicht, indem Sie zu vertraulich werden.

Sympathie mobilisieren

3. Kontakt halten

Nutzen Sie das Telefon, um mit Ihrem Wunscharbeitgeber in Verbindung zu bleiben. Ein Jungmediziner, der im Anschluss an sein drittes Staatsexamen eine der begehrten Stellen als Arzt im Praktikum in der Chirurgie erhalten hat, berichtet: »Um als junger Arzt heute noch eine gute Stelle im Krankenhaus zu ergattern, muss man sich fast die Mentalität eines Versicherungsvertreters zulegen: Jeden dritten Tag anrufen und fragen, ob der Chef sich entschieden hat, wie lange es noch dauert und ob es etwas Neues gibt. Man darf sich auch als Arzt nicht zu schade dafür sein.«

Bei solchen Aktionen sollte immer eine Kopie Ihrer Bewerbung griffbereit neben dem Telefon liegen, denn nach 20 Bewerbungen können Sie nicht mehr genau wissen, was Sie wem und wie geschrieben haben. Seien Sie außerdem darauf vorbereitet, über Ihre Gehaltsvorstellung zu sprechen. Am besten antworten Sie auf eine solche Frage nicht direkt, sondern machen deutlich, dass Sie inhaltlich motiviert sind und Geld zwar eine wichtige Rolle spielt, aber nicht die entscheidende. Bei weiteren Nachfragen benennen Sie besser eine Spanne, also z.B. 30 – 35.000 Euro.

Vorbereitet sein

4. Nachfassen

Sollten Sie etwa ein bis zwei Wochen nach Absenden der Unterlagen noch nichts gehört haben, ist dies abermals Anlass, zum Telefonhörer zu greifen. Dabei können ganz unerwartete Dinge passieren. Ein Diplom-Ingenieur, Klient unseres Büros für Berufsstrategie, erlebte Folgendes: Er hatte seine Unterlagen an einen Handy-Entwickler geschickt und nach drei Wochen immer noch nichts gehört. Telefonisch erkundigte er sich höflich nach dem Stand der Dinge. Der Personalleiter packte die Gelegenheit beim Schopf: »Wie sieht es aus, Herr ..., können Sie morgen um 16 Uhr zum Vorstellungsgespräch kommen?« Der Kandidat ging zum vereinbarten Termin und wurde umgehend eingestellt.

Auch in anderen Phasen Ihrer Bewerbung sollten Sie zum Telefon greifen. Wenn Sie beispielsweise nach einem Vorstellungsgespräch eine Absage erhalten, dürfen Sie ruhig nach den Gründen fragen, aber auf keinen Fall beleidigt oder vorwurfsvoll. Schließlich wollen Sie ehrlich wissen, warum man sich nicht für Sie entschieden hat.

Fragen Sie ruhig nach einem persönlichen Tipp für Ihre weiteren Bewerbungen. Erstens gibt jeder Mensch anderen gerne Ratschläge, und zweitens bringen Sie sich auf diese Weise noch einmal in Erinnerung und zeigen Einsatzbereitschaft und soziale Kompetenz auch in einer für Sie schwierigen Situation.

5. Speziell bei der Initiativbewerbung

Hier leistet das Telefon hervorragende Dienste. Etwa so:

Personalchef: »Strey ...«

Bewerberin: »Guten Tag, Herr Strey, mein Name ist Ulrike Savic, ich rufe Sie aus Bonn an. Ich bin Volljuristin, kenne mich gut aus im Bereich der kommunalen Müllentsorgung und habe bereits zwei Jahre bei der Stadtverwaltung in diesem Bereich gearbeitet. Haben Sie einen Augenblick Zeit oder passt es Ihnen besser, wenn ich Sie morgen früh gegen 10 Uhr noch einmal anrufe?«

Personalchef (etwas ungeduldig): »Worum geht es denn?«

Bewerberin: »Herr Strey, es geht darum, dass ich mich bei Ihnen für den Projektbereich Chemie-Sondermüll bewerben möchte. Sehen Sie da eine Chance? Ich verfüge über Spezialwissen in der Biochemie und ...« (hier folgen weitere Werbeargumente in eigener Sache).

Wenn Sie sich telefonisch initiativ bewerben, sollten Sie als Erstes fragen, ob Ihr Gesprächspartner in diesem Augenblick gerade Zeit für Sie hat:

»Frau Gerald, da Ihr Unternehmen plant, die Ölpumpenserien auszubauen, würde ich mich gerne als Softwaretechniker bewerben. Haben Sie fünf Minuten Zeit für mich, oder passt es Ihnen besser, wenn ich Sie morgen Nachmittag, sagen wir gegen 15 Uhr, wieder anrufe?«

Schlagen Sie unbedingt eine konkrete alternative Anrufzeit vor und verabreden Sie möglichst einen festen Termin: »Gut, dann rufe ich Sie morgen um 15 Uhr noch einmal an. Ich freue mich, wenn Sie dann ein paar Minuten Zeit für mich haben.«

Überraschungen inklusive

Auch Personalchefs greifen während der Bewerberauslese zum Telefon. Sie rufen ohne Vorwarnung bei den Kandidaten an und verschaffen sich auf diese Weise Zugang zu deren Privatsphäre. Wie reagiert der Bewerber auf diese unerwartete Situation? Mit wem lebt er zusammen? Wie ist sein privates Umfeld? Manche Personalleiter ziehen daraus Schlüsse und entscheiden so, bei wem es sich lohnt, ihn zum Vorstellungsgespräch einzuladen.

Die Person, die anruft, ist immer im Vorteil. Sie hat sich auf das Gespräch vorbereitet, während Sie wahrscheinlich nicht einmal Ihre Unterlagen vor sich liegen haben. Was können Sie also tun? Eine klassische Lösung ist: »Guten Tag, Herr Waldmann. Ich verabschiede gerade meinen Besuch. Kann ich Sie gleich zurückrufen?« (Vergessen Sie nicht, nach der Durchwahlnummer zu fragen, bevor Sie auflegen.) Nun haben Sie ein paar Minuten Zeit, einen Blick in Ihre Notizen zu werfen und sich innerlich auf das Gespräch einzustellen.

Ein Vor-Vorstellungsgespräch am Telefon kann leicht als Prüfungssituation empfunden werden und entsprechende Ängste hervorrufen. Bleiben Sie deshalb unbedingt ruhig, atmen Sie tief durch, und sprechen Sie deutlich und flüssig, nicht zu langsam und nicht zu schnell. Geben Sie auf Nachfrage die wichtigsten Informationen weiter, die für den Arbeitgeber und den Auswahlprozess relevant sind.

Besonders auf die provozierende Frage des Personalchefs – ob sie nun ausgesprochen wird oder nicht – »Warum sollten wir ausgerechnet Sie einladen?« müssen Sie gut vorbereitet sein. Sie sollten aus dem Stegreif eine Werbebotschaft, also Verkaufsargumente in eigener Sache, überzeugend vortragen. Vermitteln Sie bei alledem gute Laune und Aktionspotenzial, selbst wenn gerade die Badewanne überläuft oder das Omelette in der Pfanne anbrät. Fassen Sie sich unbedingt kurz. Chefs haben wenig Zeit, sind jedoch jederzeit offen für ein interessantes Gespräch.

Gute Laune

Auch am späten Abend und am Wochenende müssen Sie auf solche »Einbrecher«-Anrufe vorbereitet sein. Erklären Sie Ihren Familienmitgliedern oder Mitbewohnern, wie sie sich verhalten sollen, falls in Ihrer Abwesenheit ein Arbeitgeber für Sie anruft:

- Freundlich-höfliches Reagieren
- Namen von Anrufer und Firma aufschreiben, ebenso die Telefonnummer
- Einen Rückruf zu einer konkreten Zeit zusagen
- Am Schluss für den Anruf danken

Veranstalten Sie ruhig eine kleine Schulung mit allen, die möglicherweise bei Ihnen ans Telefon gehen! Sprechen Sie außerdem eine freundlich-verbindliche, professionell klingende Ansage auf Ihren Anrufbeantworter und verabschieden Sie sich von akustischen Visitenkarten mit Jux und Tollerei.

Das 1 x 1 des erfolgreichen Telefonierens

Vielleicht denken Sie jetzt: »Telefonieren kann doch jeder!« Stimmt schon, aber Sie wollen bei der ersten Kontaktaufnahme ja nicht klingen wie jeder. Telefonieren Sie deshalb im Stehen. Das gibt Ihrer Stimme Kraft und vermittelt einen dynamischen Eindruck. Wenn Ihr Telefon es erlaubt (und Sie gerade nichts notieren müssen), können Sie während des Gesprächs auf und ab gehen.

Beachten Sie die nur scheinbaren Nebensächlichkeiten

Ziehen Sie sich für ein wichtiges Telefonat an wie für ein Vorstellungsgespräch. Mit Jogginganzug und Pantoffeln, zusammengesunken auf Ihrem Sofa, werden Sie andere nicht überzeugen können. Schauen Sie in einen auf dem Schreibtisch aufgestellten Spiegel oder besser noch – weil Sie ja stehen – in Ihren Wandspiegel. Lächeln Sie sich selbst an. Nicht grinsen! Sie werden sehen, wie positiv das Ihre Ausstrahlung am Telefon beeinflusst. »Die Form des Munds hat Einfluss auf den Klang der Stimme«, so der Amerikaner George Walther, Autor des Buches *Phone Power* und Profi-Telefontrainer.

All diese Empfehlungen mögen Sie vielleicht im ersten Moment befremden, aber wenn Sie sich mit der Materie wirklich intensiv beschäftigen, merken Sie schnell, dass es sich hier um erprobte und hilfreiche Tipps handelt.

Absolute Ruhe

Während des Telefongesprächs mit Ihrem potenziellen Arbeitgeber muss Ihre Umgebung absolut ruhig sein. Das bedeutet unter anderem, dass Sie besser nicht aus einer Telefonzelle oder von unterwegs mit dem Handy anrufen. Sorgen Sie dafür, dass im Hintergrund niemand mit Geschirr klappert, Ihr Hund nicht bellt und die Katze nicht aufs Telefon springt. Vermeiden Sie außerdem Bürolärm, der den Eindruck erweckt, Sie telefonieren auf Kosten Ihres jetzigen Arbeitgebers, ein Fauxpas, den Sie nie wieder gutmachen können.

Ihre Türklingel sollten Sie möglichst abschalten oder wenigstens akustisch abschotten. Wenn Sie endlich »den Richtigen« am Telefon haben, wollen Sie nicht von Prospektverteilern, die an die Briefkästen im Hausflur wollen, oder der Nachbarin, die nach einer Tasse Mehl fragt, gestört werden.

Gedächtnisstütze

Da es natürlich nicht nur auf die Form, sondern auch auf den Inhalt Ihres Anrufs ankommt, sollten Sie vor dem Telefonieren ein Skript mit Ihren wichtigsten Punkten verfassen. Schreiben Sie als Gedächtnisstütze auf, was Sie sagen wollen. Ihr Gesprächspartner wird Sie sonst durch seine gehetzte Art leicht aus dem Konzept bringen. Auch wer lieber improvisiert, sollte sicherheitshalber ein Skript vor sich liegen haben. Notieren Sie ganz oben den Namen Ihres gewünschten Gesprächspartners, im Zweifelsfall erkundigen Sie sich vorher nach der korrekten Aussprache.

Sprechen Sie den Menschen am anderen Ende der Leitung mit Namen an:

»Herr Kerscher, haben Sie einen Augenblick Zeit für mich? Es dauert nicht länger als drei Minuten.« »Frau Thomma, ich habe im Internet gesehen, dass Sie ein neues Projekt im Bereich automatische Spracherkennung ins Leben gerufen haben.« »Frau Seibt, ich danke Ihnen herzlich für diese Informationen. Ich schicke Ihnen dann meine Unterlagen.«

Bitte übertreiben Sie nicht. Es stimmt zwar, dass jeder gerne seinen Namen hört, allerdings nicht ununterbrochen. Wenn Sie es für besonders geschickt halten, Ihren Gesprächspartner mit seinem Namen zu bombardieren, irren Sie gewaltig. Wer ständig mit Floskeln wie »Ja, Herr Meier«, »Nein, Herr Meier«, »Stimmt, Herr Meier«, »Natürlich, Herr Meier«, »Gern, Herr Meier«, »Vielen Dank, Herr Meier« um sich wirft, raubt dem Menschen am anderen Ende der Leitung den letzten Nerv und klingt eher wie der Vertreter einer Drückerkolonne als jemand, den man einstellen möchte.

Natürlichkeit bewahren

Bevor Sie Namen zu häufig gebrauchen, ist es richtiger, dies auf die Begrüßung und den Schluss zu beschränken. Wichtig ist, dass Sie freundlich und natürlich klingen. Ihr Gegenüber soll nicht das Gefühl bekommen, Sie seien gerade von einem missglückten Rhetorikseminar mit dem Thema »So überzeuge ich andere« zurückgekehrt.

Kommen Sie auf den Punkt

Unabhängig davon, in welcher Phase Ihrer Bewerbung Sie anrufen, müssen Sie stets den Eindruck vermitteln, dass Sie wirklich etwas zu sagen oder zu fragen haben. Ein Personalchef spricht gern über sein Unternehmen, vor allem über die Größe und die Zahl der Mitarbeiter. Zeigen Sie ihm durch Ihre Fragen, dass Sie sich für seine Arbeit und seinen Betrieb interessieren. Machen Sie auch deutlich, dass Sie die Stellenausschreibung sorgfältig gelesen haben.

Beispiele

»Guten Tag, Frau Jansen. Gerade habe ich über Ihr Unternehmen in der FAZ gelesen. Ich interessiere mich sehr für eine Tätigkeit im Bereich Kongressmanagement und möchte Ihnen gerne meine Bewerbungsunterlagen zusenden. Dem Zeitungsbericht war zu entnehmen, dass Sie gute Erfahrungen mit der Beschäftigung von Geisteswissenschaftlern in Ihrem Unternehmen gemacht haben. Deshalb meine Frage: Ich bin promovierter Physiker, habe aber bereits einige Erfahrungen mit der Planung wissenschaftlicher Kongresse. Zum Beispiel habe ich letztes Jahr die Hauptversammlung der Internationalen Naturwissenschaftlervereinigung gestaltet. Sehen Sie da eine Chance für mich, oder sind Sie auf Geisteswissenschaftler festgelegt?«

»Guten Tag, Herr Pinnow, ich habe gehört, dass Sie zurzeit Programmierer suchen. Da ich Mathematik studiert habe, bin ich vor allem auf konzeptionelle Arbeit spezialisiert. Ich würde mich daher gern kurz mit dem zuständigen Projektleiter unterhalten. Es geht um die Frage, ob er jemanden zum Programmieren oder eher für die Konzeption benötigt. Können Sie mich weiterverbinden?«

Lassen Sie sich dabei nicht zu schnell abwimmeln. Sie können Ihre Unterlagen ja auch bei der Sekretärin abgeben. Auf diese Weise gelingt es vielleicht, sie zu Ihrer Verbündeten zu machen. Das wird sich schon bei Ihrem nächsten Anruf für Sie bezahlt machen. Außerdem ist Ihr Kurzbesuch ein weiteres Zeichen Ihrer Einsatzbereitschaft und Motivation. Wenn dann noch der Zufall mitspielt und der Chef gerade ins Vorzimmer kommt, kann sich durchaus ein kurzes erstes Vorstellungsgespräch entwickeln. Auch hierauf sollten Sie vorbereitet sein.

Stimmt Ihre Stimme?

Viele Leute sind unsicher, wie ihre Stimme am Telefon klingt. In solchen Fällen ist es hilfreich, Freunde oder Bekannte gezielt auf dieses Thema anzusprechen. Vielleicht können Sie ein Probetelefonat mit Ihrem besten Freund oder Ihrer besten Freundin einmal auf Tonband aufzeichnen. Überhaupt sind Rollenspiele am Telefon sehr zu empfehlen. Auch Atem-, Entspannungs- und Stimmübungen tun gute Dienste und verschaffen der Stimme mehr Präsenz. Die Persönlichkeitstrainerin Sabine Asgodom rät, das Telefonskript vorher zu singen (ja, Sie haben richtig gelesen: zu singen!) – nach einer bekannten oder erfundenen Melodie. Ihr Vortrag wird dadurch mehr Klang und Fülle bekommen. Schließlich wollen Sie am Telefon nicht nur mit Worten, sondern auch durch Ihre Persönlichkeit überzeugen.

Übung und Glück

Natürlich sollte der Tag, an dem Sie wichtige Telefongespräche führen, ein *lucky day* sein. Gut ausgeschlafen, gut gelaunt und voller Tatendrang greifen Sie zum Telefon. Telefonexperten raten Bewerbern: Erfolgreiches Telefonieren ist auch eine Frage des Biorhythmus. Ein Morgenmuffel kann nicht schon vormittags mit der Stimme kraftvolle Bilder malen, Ideen vermitteln und Power rüberbringen. Außerdem sollte man sich nicht vorher über irgendjemanden furchtbar geärgert haben. So etwas überträgt sich garantiert auf das Telefonat.

Apropos Frühaufsteher: Wenn Sie Sorge haben, mit Ihrem Anliegen nicht an der Sekretärin vorbeizukommen, versuchen Sie es doch einmal morgens zwischen 7 und 8.30 Uhr. Vielleicht haben Sie Glück, und der Chef ist schon im Büro. Als Morgenmuffel versuchen Sie es besser nach 17 Uhr, freitagnachmittags oder in kleineren Unternehmen auch mal am Wochenende. Nicht selten sind Chefs auch noch um 18 oder 20 Uhr und samstagsvormittags im Büro und wie jeder Mensch neugierig, wenn das Telefon klingelt. Auch wenn Ihr Gegenüber sich nicht gleich zu erkennen gibt und sich nur mit »Hallo« meldet, gehen Sie ruhig davon aus, dass Sie einen Entscheidungsträger am anderen Ende der Leitung haben. Das ist Ihre Chance. Tragen Sie Ihr Anliegen vor.

Übung macht den Meister

Telefonieren ist in erster Linie Übungssache, doch leider haben die meisten Bewerber kaum Erfahrung, Gesprächstermine am Telefon zu vereinbaren. Daher ist es sinnvoll, als Vorübung zunächst Freunde anzurufen. Wer so anfängt, lernt schrittweise, seine Pläne in Worte zu fassen, und fühlt sich mit der Zeit wohler in seiner Haut. Beginnen Sie die Gespräche, indem Sie sich nach dem Befinden Ihrer Freunde erkundigen, und erzählen Sie dann, was es Neues bei Ihnen gibt.

Ihre Freunde haben Kontakte, die Sie mit Ihnen teilen können, und wissen unter Umständen von interessanten Arbeitsmöglichkeiten. Halten Sie Ihre Freunde also über Ihre Pläne auf dem Laufenden. Gespräche mit guten Bekannten sind ein guter Einstieg in den verborgenen Arbeitsmarkt. Doch selbst wenn die Versuchung groß ist, alles am Telefon zu erledigen – mit Ihren Freunden sollten Sie sich regelmäßig treffen.

Nützliche Hinweise

Für jede Art von Telefongespräch, das Sie führen werden – sei es nun mit Telefonistinnen, Sekretärinnen oder Führungskräften –, sollten Sie Notizen vorbereiten. Orientieren Sie sich dabei an den vorangehenden Beispielen und beachten Sie die folgenden Punkte:

- Verhalten Sie sich am Telefon ungezwungen. Es hilft, wenn Sie sich Tonbandaufnahmen Ihrer Telefongespräche anhören.
- Fassen Sie sich kurz. Bilden Sie einfache Sätze. Geben Sie der anderen Person Gelegenheit zu antworten.
- Seien Sie präzise. Vermeiden Sie leere Floskeln, und kommen Sie schnell zur Sache.
- Schließen Sie an Ihre Äußerungen Fragen an, die nur mit Ja beantwortet werden können. Gewöhnen Sie sich an die Sag-es-Frag-es-Strategie: Sie formulieren Ihre Aussagen in Form von Fragen. »Als ich für die Firma XY arbeitete, stiegen dort im letzten Jahr die Verkaufszahlen um 20 Prozent; interessieren Sie sich für solche Ergebnisse?« oder »Möchten Sie wissen, wie ich das erreicht habe?«
- Kalkulieren Sie bei der Vorbereitung Ihrer Notizen ein, dass Gespräche mitunter anders als geplant verlaufen. Üben Sie schon vor Beginn Ihrer Anrufe, auf schwierige Fragen schlagfertig zu antworten. Bereiten Sie einen ein- bis zweiminütigen Werbespot in eigener Sache vor, den Sie immer dann einsetzen können, wenn Sie nach Ihrem Lebenslauf gefragt werden. Wiederholen Sie diese kurze Geschichte so oft, bis Sie flüssig und natürlich erzählen können, wer Sie

sind, was Sie machen und wo Sie gearbeitet haben. Nennen Sie ein oder zwei wichtige berufliche Erfolge und bitten Sie um einen Gesprächstermin.

- Überlegen Sie, was Ihnen bei Telefongesprächen die größten Schwierigkeiten bereitet. Arbeiten Sie an diesen Problemen.
- Bitten Sie einen Freund, mit Ihnen verschiedene Gesprächssituationen durchzuspielen. Nehmen Sie diese Dialoge mit einem Tonband auf.
- Achten Sie auf den Klang Ihrer Stimme, wenn Sie sich die Aufnahmen anhören: Klingen Sie fröhlich, freundlich, selbstbewusst, pessimistisch, aggressiv oder unsicher? Machen Sie sich auf eine Überraschung gefasst. Sie werden sofort sagen: »Das bin nicht ich, das klingt ja unmöglich ... !«
- Beim Korrigieren Ihrer Schwächen darf die Natürlichkeit nicht auf der Strecke bleiben.
- Wer richtig telefoniert, wird wesentlich schneller zu Vorstellungsgesprächen eingeladen. Wenn Sie die Telefontechniken beherrschen und freundlich sind, ohne sich anzubiedern, werden Sie zum überzeugenden Gesprächspartner.

Vorbereitung auf Telefongespräche

- Sie informieren sich über Ihren Gesprächspartner.
- Sie schneiden Stellenanzeigen aus und kleben sie in ein Notizheft. Auf manche Annoncen antworten Sie schriftlich, anderen Unternehmen nähern Sie sich über Kontaktpersonen. Deshalb müssen Sie vorher Namen, Telefonnummer und Anschrift Ihrer Zielperson herausfinden.
- Sie haben verschiedene Notizzettel bereitliegen, sodass Sie für unterschiedliche Gesprächssituationen gerüstet sind.
- Ihr Lebenslauf liegt für den Fall vor Ihnen, dass man genaue Daten von Ihnen verlangt.
- Ihr Terminkalender ist zur Hand, damit Sie sofort Zeit, Ort und Datum aufschreiben können, wenn Sie Verabredungen treffen.
- Wenn Sie am Telefon ein Informationsgespräch vereinbaren wollen, sollte eine Liste mit Fragen vor Ihnen liegen, denn unter Umständen lässt sich Ihre Zielperson nicht auf ein Treffen ein, ist aber bereit, kurz am Telefon mit Ihnen zu sprechen.

Informationen über Ihre Zielperson

Erfahren Sie so viel wie möglich über Ihre Zielperson, bevor Sie sie anrufen. Am besten erkundigen Sie sich gleich bei der Kontaktperson, die das Treffen vorgeschlagen hat. Bemühen Sie sich um folgende Informationen über Ihre Zielperson:

Beruflicher Hintergrund

- Genauer Titel
- Beschäftigungsfeld (z. B. Produktmanager, Verwaltungsleiter, Verkaufsleiter, Personalchef – was genau macht diese Person?)
- Aktivitätsstand (Ist sie sehr beschäftigt? Wie schwer ist es, an ihn heranzukommen? Ist er entspannt und umgänglich?)
- Lebenslauf (Welche Universität besuchte er? Für welches Unternehmen hat er vorher gearbeitet? Gibt es Parallelen zwischen ihrem und Ihrem Lebenslauf?)
- Vereine/Verbindungen (Welchen Organisationen gehört sie an? Wo hält sie sich häufig auf? Kennen Sie Leute, die auch dorthin gehen?)
- Wie passt diese Person in das Gesamtbild, das Sie vom Unternehmen haben?

Persönlicher Hintergrund

- Hilft Ihr Gesprächspartner gerne anderen Menschen?
- Ist sein Name in letzter Zeit in den Medien aufgetaucht? Wenn ja, ergibt sich aus diesen Meldungen ein interessantes Gesprächsthema?
- Seit wann lebt er in der Stadt? Je länger er dort wohnt, desto mehr Leute werden ihn kennen.

Zielgerichtet fragen

Mithilfe der oben stehenden Fragen machen Sie sich ein klares Bild, bevor Sie telefonieren. Zu viele Bewerber versuchen, Kontakte zu nutzen, ohne ein konkretes Ziel vor Augen zu haben. »Ruf Ralf an, er wird dir bestimmt helfen. Sag ihm, ich hätte dir den Tipp gegeben. Hier ist seine Nummer …« Die meisten Bewerber wählen dann unvorbereitet die Nummer – und vergeben unter Umständen eine riesige Chance. Wenn man Ihnen den Rat gibt, mit einer bestimmten Person zu sprechen, sollten Sie die Gelegenheit nutzen und um nähere Informationen bitten. Wenn Sie alles notieren, was Sie über Ihre Zielperson erfahren, sind Sie für ein späteres Treffen gut vorbereitet.

Die Anrufe

- Seien Sie darauf vorbereitet, dass man Sie zurückweist. Niemand gewinnt jedes Spiel, aber je mehr Sie üben, desto eher haben Sie das Glück auf Ihrer Seite. Experten schätzen auf 10 bis 20 Versuche eine verfolgenswerte Perspektive und die Chance, eine Runde weiterzukommen …
- Versuchen Sie jeden Tag, am Telefon Verabredungen zu arrangieren. Aus jedem Kontakt können sich weitere Möglichkeiten ergeben.
- Notieren Sie Namen, Telefonnummer und Adresse Ihres Gesprächspartners und eventuelle Tipps zur Anreise.
- Beenden Sie das Gespräch so schnell wie möglich, nachdem Sie Datum, Uhrzeit und Adresse bestätigt haben.

Das Telefon ist für Ihre Bewerbung ein zentral wichtiges Medium. Je besser Sie damit umgehen können, desto erfolgreicher wird Ihr Vorhaben sich realisieren.

Initiativbewerbung

Wer sagt denn, dass man mit einer Bewerbung warten muss, bis man »offiziell« dazu aufgefordert wird? Verschicken Sie doch eine Initiativbewerbung. Bei dieser unaufgeforderten Bewerbung gibt es die Möglichkeit, zwischen einer Kurz- und einer Langversion Ihres Angebots zu wählen. Die Langversion enthält alle für eine Bewerbung üblichen Bestandteile. Unter einer Initiativ-Kurzbewerbung hingegen versteht man lediglich das Bewerbungsanschreiben mit allen wichtigen Fakten und Argumenten zu Ihrer Qualifikation und Bewerbungsmotivation, jedoch bis auf einen eventuell beigefügten ein-, maximal zweiseitigen Lebenslauf mit Foto ohne weitere Unterlagen. Wenn Sie eine solche Kurzbewerbung verschicken, sollte unbedingt im Anschreiben die Formulierung enthalten sein, dass Sie auf Wunsch gerne die ausführlichen Bewerbungsunterlagen nachreichen.

Die Vorteile einer Initiativbewerbung liegen auf der Hand:

1. Pläne für Neueinstellungen existieren bereits in den Köpfen der Personalchefs, bevor sie die Stellen auch tatsächlich ausschreiben.
2. Sie verschaffen sich eine Alleinstellung, d.h., es gibt (noch) keine oder nur wenig Konkurrenz.
3. Sie demonstrieren Engagement, Initiative und Motivation.
4. Sie müssen beim Formulieren des Anschreibens nicht die Anforderungen einer Stellenanzeige berücksichtigen, sondern können Ihre besonderen Qualitäten nach Ihrer Vorstellung ins rechte Licht rücken.
5. Selbst wenn gerade keine Stelle frei ist, behält man vielleicht Ihre Unterlagen dort, bis eine Vakanz entsteht.

Viel Fingerspitzengefühl

Die Initiativbewerbung stellt einen besonderen Anspruch an Sie. Hier kommt es darauf an, dass Sie die Werbung in eigener Sache besonders gut beherrschen. Wenn Ihnen das gelingt, stehen die Chancen, auf diesem Weg zu einer Stelle zu kommen, gar nicht schlecht. Eine Initiativbewerbung erfordert sehr viel Fingerspitzengefühl und zeigt im Erfolgsfall Ihre Kompetenz auf verschiedenen berufsrelevanten Gebieten wie Leistungsmotivation, Persönlichkeit, Initiative etc. Das entscheidende Kommunikationsziel bei der unaufgeforderten Bewerbung ist die überzeugende Ansprache, warum man sich gerade für dieses spezielle Unternehmen interessiert und was man Besonderes anzubieten hat. Natürlich sind das Aspekte, die es bei jeder Bewerbung inhaltlich auszufüllen gilt, bei einer Initiativbewerbung ist dies jedoch eine ganz besondere Herausforderung, denn es kommt ja darauf an, einen vielleicht noch gar nicht erkannten Bedarf zu wecken.

Am Anfang steht die Vorauswahl von Branche und Unternehmen und die möglichst genaue Analyse, was wo gebraucht und gewünscht wird. Die per Telefon und/oder schriftlich durchgeführte Initiativbewerbung ist umso Erfolg versprechender, je mehr Sie von der Branche und den Bedürfnissen des speziellen Unternehmens wissen. Denken Sie an gute Fernsehwerbefilme, die Sie neugierig gemacht oder sogar zum Ausprobieren verleitet haben, und werben Sie in der unaufgeforderten Bewerbung für sich: Sie sind der Produzent, das Produkt sind Ihre besonderen Fähigkeiten und Kenntnisse sowie Ihre Arbeitskraft.

Nur wirklich gut vorbereitet und besonders zielgerichtet treffen Sie mit diesem Schuss ins Schwarze. Sorgfältige Beobachtung des Marktes, fundierte Kenntnisse der Unternehmenssituation sowie möglichst die Hilfe einer Person aus dem Netzwerk, die einen Ansprechpartner nennen kann, tragen dazu bei, dass Ihr Bewerbungsangebot wirklich ankommt.

Hundert und mehr Blindbewerbungen, wie sie oft von verzweifelten Arbeitssuchenden über Unternehmen ausgestreut werden, tragen nicht zu Unrecht die Vorsilbe »blind«. Mag sein, dass auch mal ein blindes Huhn ein Korn findet – die meisten dieser Aktionen jedoch sind im wahrsten Sinne des Wortes Blindgänger und erhöhen nicht nur unnötig die Ausgaben (Papier-, Mappen-, Portokosten), sondern auch die Frustrationsrate, weil so wenig positive Resonanz erfolgt. Kein Wunder, denn bei Bewerbungen werden Sie nur mit Qualität, nicht mit Quantität zum Ziel kommen. Es liegt oft weniger am Alter als an der fehlenden Mühe und Sorgfalt, die Bewerber für ihre Bewerbung aufwenden. Es ist Ihren Unterlagen anzumerken, ob Sie sich wirklich mit dem Unternehmen, bei dem Sie sich bewerben, auseinandergesetzt haben oder ob Sie ein Standardschreiben verwenden, das Sie gleichmäßig über die Republik verteilen.

Standardschreiben vermeiden

Wenn es Ihnen hierbei nicht wirklich gelingt, auf Anhieb ein Interesse an Ihrem Angebot, Ihren Fähigkeiten und Ihrer Person zu wecken, stehen Ihre Chancen schlecht. Ihre Botschaft muss in der Lage sein, ein latentes Bedürfnis nach einem neuen Mitarbeiter schnell zu wecken. Hier ist eine optimale Strategie für die dramaturgisch-geschickte Präsentation Ihrer Fähigkeiten absolut gefragt. Denken Sie an die große Bedeutung des Einstiegs. Was für eine »normale« Bewerbung zutrifft, gilt hier in noch stärkerem Maße. Schließlich erwartet der/die Angeschriebene gar keine Bewerbung – deshalb müssen Sie mit einem interessanten Einstieg auf sich neugierig machen und zum Weiterlesen verleiten.

Bedürfnis wecken

Experten gehen übrigens davon aus, dass etwa 20 bis 30 Prozent aller Arbeitsplätze über eine Initiativbewerbung besetzt werden.

Auf den Punkt gebracht

Ob durch Zeitarbeit oder Telefonakquise, mittels Networking oder Stellengesuch: Sie brauchen neben der Analyse Ihrer Fähigkeiten und Möglichkeiten, neben der Beschäftigung mit den Dingen, die wirklich im Erfolgsfalle zählen (Erfolgsintelligenz), eine gute Strategie. Recherche als Erfolgsinstrument einzusetzen heißt, so viele Informationen wie möglich über den potenziellen Arbeitsplatzanbieter zu sammeln, Netzwerke zu nutzen, sich in die Lage des Chefs zu versetzen und zu fragen: Welche Bedürfnisse hat er, wie kann ich meine Fähigkeiten einsetzen? Mit anderen Worten: Wie passt mein Schlüssel zu seinem Schloss? All das sind Überlegungen und daraus abgeleitete Vorgehensweisen, die Sie Ihrem Ziel näherbringen. Ohne Analyse und Planung wird Ihr Bewerbungsvorhaben schwieriger sein und länger dauern. Die hier in die strategische Vorbereitung investierte Zeit macht sich absolut »bezahlt« – ein gutes Investment.

ZEITPUNKTE & ZEITFENSTER

» Abschied ist ein scharfes Schwert.
Auf den richtigen Zeitpunkt kommt es an
und der Moment entscheidet. «

Roger Whittaker

Nicht immer gelingt der Arbeitsplatzwechsel so reibungslos, wie man es sich wünschen würde. Wann ist überhaupt der richtige Moment zu gehen? Wie viel muss man ertragen und wann ist Schluss?
Wie vermeiden Sie Umsteige- und Wechselfehler?
Wie geht man mit den neuen Arbeitsmarktchancen und Zeitmodellen um? Quereinstieg, Probearbeiten und wie gelingt der Wiedereinstieg nach Jahren der Elternzeit?
Das sind jetzt unsere Themen.

Arbeitsplatzwechsel

»Am liebsten würde ich alles hinschmeißen!« Haben Sie das auch schon mal gedacht oder gesagt, weil Ihnen die Arbeit, die Kollegen, der Vorgesetzte oder schlimmstenfalls alle(s) zusammen den letzten Nerv raubten? Klar, da kann einem manchmal schon der Kragen platzen. Gerade dort, wo Menschen miteinander zu tun haben, kracht es immer mal wieder. Das ist normal. Die Frage ist nur: Was ärgert Sie genau? Ist das mehr als ab und an eine Meinungsverschiedenheit? Und: Welche Gefühle überwiegen am Arbeitsplatz? Lässt sich das ungute Gefühl als Dauerzustand beschreiben, oder tritt es nur hin und wieder auf? Wenn Sie sich schon längere Zeit ärgern oder die Stimmung, die Lust zu arbeiten, das Miteinander der Kollegen sich immer weiter verschlechtert, dann ist es höchste Zeit für Sie, einmal grundsätzlich über Ihre berufliche Situation nachzudenken.

Stellen Sie sich die folgenden Fragen:

- Wie sehr belastet mich die Situation?
- Lässt sie sich verändern, oder ist alles schon so festgefahren, dass kein Weg zu einer besseren Atmosphäre, zu mehr Spaß, mehr Motivation und Leistungsbereitschaft zurückführt?
- Was ist aus meinen ursprünglichen Zielen geworden? Kann ich die berufliche Entwicklung/Karriere machen, die ich mir immer vorgestellt habe? Wenn nein, warum nicht? Was hindert mich?
- Sollte ich das Unternehmen wechseln, oder gibt es innerhalb der Firma Möglichkeiten, eine andere Richtung einzuschlagen?

Das alles lässt sich selbstverständlich nicht »mal eben so« auf die Schnelle beantworten. Benutzen Sie diese Fragen gewissermaßen als Leitgedanken, wenn Sie sich in Ruhe mit Ihrer Situation am Arbeitsplatz auseinandersetzen.

Nur gut überlegt handeln

Auf keinen Fall überstürzt handeln und aus lauter Frust die Flinte einfach ins Korn werfen. Denn die Konsequenzen, die ein Wechsel mit sich bringt, sind nicht unerheblich. Bevor Sie in ein anderes Unternehmen wechseln, überprüfen Sie ganz genau, ob der neue Arbeitsplatz im Vergleich zum alten wirklich entscheidende Verbesserungen mit sich bringt. Sonst kommen Sie am Ende vom Regen in die Traufe, sind völlig frustriert und werden am neuen Arbeitsplatz bestimmt nicht mit besonderen Leistungen überzeugen.

Um mehr Klarheit über die eigene Situation zu bekommen, sollten Sie zuerst einmal den Grad Ihrer (Un-)Zufriedenheit im Job überprüfen. Wir haben für Sie einen Test entwickelt, der darüber Aufschluss gibt, wie wohl oder unwohl Sie sich an Ihrem Arbeitsplatz fühlen. (s. S. 195)

Verweilen, verabschieden, verlassen

Warnsignale: Zeit zum Wechseln

Sind Sie sehr unzufrieden an Ihrem Arbeitsplatz? Haben Sie richtig Frust? Ist es vielleicht so schlimm, dass Sie trotz reiflicher Überlegung gar keine Möglichkeit mehr sehen, dass alles wieder ins Lot kommt bzw. Sie die Freude und Motivation wiederfinden? Dann ist es mit Sicherheit Zeit, ernsthaft über einen neuen Arbeitsplatz nachzudenken.

Sind Sie aber immer noch unsicher, dann möchten wir Ihnen eine weitere Entscheidungshilfe anbieten. Es gibt klare Indizien, die signalisieren, dass Sie »reif« für einen neuen Arbeitsplatz sind. Wir haben die Alarmsignale zusammengetragen:

Die *Arbeitsatmosphäre* ist schlecht. Das zeigt sich u. a. daran, dass ...

- es in der Firma ständig einen großen Krankheitsstand gibt und die Kündigungszahlen in die Höhe schnellen,
- die Anforderungen permanent steigen,
- Urlaub nicht genommen werden kann, sondern ausgezahlt wird,
- Überstunden und Arbeit am Wochenende nicht die Ausnahme, sondern die Regel sind,
- die Kollegen ständig unfair miteinander umgehen,
- den Mitarbeitern immer wieder vorgerechnet wird, wie viel Umsatz Sie machen müssen, um Ihr Geld wert zu sein,
- die Firma kurz vor der Pleite steht.

Auch ein unfähiger *Vorgesetzter* kann einem das (Arbeits-)Leben zur Hölle machen. Das zeigt sich u. a. daran, dass ...

- er Sie vor anderen bloßstellt,
- er Ihre Meinung grundsätzlich ignoriert,
- Sie keine Einladung mehr für Seminare, Weiterbildungen bekommen,
- Ihre Urlaubsanträge willkürlich abgelehnt werden,
- Sie Projekte bekommen, die eher an Beschäftigungsmaßnahmen erinnern und nicht gerade erfolgversprechend sind,
- der Chef Ihre Leistungen und Ideen als seine eigenen verkauft,
- Sie nicht mehr auf dem Verteiler von Protokollen stehen,
- Ihr Chef regelmäßig »ausrastet« und auch sonst alle Anzeichen einer handfesten Neurose aufweist,
- er Sie nicht mehr auf Dienstreisen schickt,
- Ihre Gehaltserhöhung/Beförderung immer wieder abgelehnt wird,

- Sie einen Kollegen ohne ersichtlichen Grund »zur Unterstützung« an die Seite gestellt bekommen,
- Ihr Chef Sie nur noch kurz und knapp grüßt, statt wie sonst nett mit Ihnen zu plaudern.

Ein untrügliches Zeichen ist auch, wenn Ihre eigene Motivation »im Keller« ist. Gründe dafür sind, dass ...

- es für Sie keine Aufstiegs- und Entwicklungschancen gibt,
- Sie gemobbt werden und alle Versuche, dieses Problem zu beseitigen, bisher gescheitert sind,
- Ihre Leistungskurve dauerhaft nach unten zeigt,
- Sie zu viel arbeiten, ausgepowert sind und Ihre Vorgesetzten das Arbeiten an der Leistungsgrenze als normal einstufen und immer noch mehr von Ihnen fordern,
- Sie sich permanent langweilen, weil die Arbeit Sie unterfordert.

Apropos Langeweile

Wenn die Arbeit zur Routine wird und Sie keine größere Anstrengung benötigen, um die täglichen Aufgaben zu bewältigen, ist das zwar demotivierend. Andererseits bietet eine solche Phase eine gute Gelegenheit, Ihre »überschüssigen Energien« sinnvoll in eigener Sache zu nutzen, indem Sie sich anderswo bewerben. Testen Sie Ihren »Marktwert«. Ihre Arbeit nimmt Sie nicht völlig in Beschlag, sodass Sie abends nicht total erledigt sind. Deshalb ist der Zeitpunkt jetzt günstig, sich in Ruhe umzuschauen, zu überlegen, welches Unternehmen für Sie in Frage kommt, und versuchsweise, zwei, drei Bewerbungen abzuschicken. Was haben Sie zu verlieren?

Die innere Kündigung

Treffen ein paar oder sogar einige der zuvor aufgeführten Warnsignale auch auf Ihre berufliche Situation zu? Sie zögern aber trotzdem noch, sich etwas Neues zu suchen? Es ist mit Sicherheit nicht unsere Aufgabe, Sie zum Gehen zu überreden. Aber bedenken Sie: Ist es sinnvoll, sich täglich zu ärgern oder am Ende nur noch Dienst nach Vorschrift zu machen? Dann haben Sie sich in gewisser Weise auch von dem Job verschiedet. Sie haben nämlich innerlich gekündigt. Und ob sich mit dieser Haltung eine Besserung der Situation erzielen lässt, ist wirklich fraglich.

Denken Sie daran, wie viel Zeit Sie an Ihrem Arbeitsplatz verbringen – wollen Sie all die Stunden, Tage, Wochen, Monate, Jahre mit einer Tätigkeit vergeuden, an der Ihr Herz nicht hängt? Meinen Sie, dass Sie es lange durchhalten, die Zeit auf der Arbeit quasi »abzusitzen«, ohne wirklich darunter zu leiden?

Traurig, aber wahr: Es gibt Unternehmen, in denen man einfach keine Chance hat, wo Vorgesetzte alles daran setzen, das Vorankommen ihrer Mitarbeiter zu behindern. Wenn man dann trotzdem bleibt, ist die Wahrscheinlichkeit sehr groß, dass der eigene Stolz und vor allem die Selbstachtung nicht unerheblichen Schaden nehmen. Also, überlegen Sie noch einmal, ob Sie sich das antun wollen.

Sicher: Für einen Wechsel braucht man Mut. Und auch das Bleiben kann u. U. für den Arbeitnehmer sprechen – indem er z. B. zeigt, dass er sich den Problemen stellt, dass er jemand ist, der nicht so schnell aufgibt. Zu wechseln ist also noch kein Wert an sich.

Doch manchmal ist die Situation am Arbeitsplatz so gut wie aussichtslos. Dann trotzdem noch auszuharren, grenzt schon fast an Masochismus. Ihre Aufgabe ist es, eine realistische Einschätzung zu finden: Wie wahrscheinlich ist die Aussicht, dass sich Ihre berufliche Situation zum Positiven verändert?

Nicht wenige Arbeitnehmer halten trotz düsterer Prognose am alten Arbeitsplatz aus. Die Gründe:

- **Falsch verstandene Loyalität:** Oft haben sich Arbeitnehmer mit ihrem Unternehmen sehr identifiziert und hier auch Freundschaften gefunden. Da fällt der Weggang erst recht schwer. Es ist ja nicht verwerflich, sich an ein Unternehmen emotional zu binden, allerdings muss man aufpassen, dass aus falsch verstandener Loyalität nicht ein Karriereblocker wird.
- **Angst:** Natürlich ist kein Jobwechsel ohne Risiko. Sie haben mit neuen Leuten zu tun, es gelten andere Spielregeln, aber ein neuer Arbeitsplatz bedeutet nicht nur Risiken, sondern auch Chancen. Vielleicht gelingt es Ihnen endlich, Ihre Karriere anzukurbeln, die Fähigkeiten und Talente anzuwenden, die im alten Unternehmen nicht richtig gefordert wurden. In einem neuen Unternehmen hat man die Chance, neu gesehen zu werden. Während man in einer Firma nach jahrelanger Zugehörigkeit oft »in eine Schublade gesteckt« wird, aus der man nur ganz schwer wieder herauskommt, haben Sie in einem anderen Unternehmen die Möglichkeit, sich so zu präsentieren, wie Sie gesehen werden möchten.
- **Alter:** Die Bereitschaft zu wechseln steht auch in engem Zusammenhang mit dem Alter. Wer mehr an Jahren zählt, tut sich in der Regel schwerer, noch einmal etwas Neues zu wagen. Eine gewisse Etabliertheit – eigenes Haus, Familie, guter Freundeskreis – hält viele davon ab, den Wohnort zu wechseln oder gar ins Ausland zu gehen. Allerdings ist es gerade mit zunehmendem Alter wichtig, Flexibilität unter Beweis zu stellen. Wer fast sein ganzes Leben nur in einem Unternehmen tätig war und dann evtl. sogar gezwungenermaßen etwas Neues sucht, wird sich möglicherweise schwertun.

Also, gehen Sie noch einmal in sich und überlegen Sie, was für und was gegen einen Wechsel spricht. Vielleicht machen Sie es schriftlich. Tragen Sie in folgende Liste ein, was Ihnen der Wechsel in ein anderes Unternehmen bringen kann, und welche Nachteile Sie befürchten.

Pro	Kontra

Alles Schwarz auf Weiß vor sich zu sehen, kann vieles verdeutlichen. Wägen Sie Risiken und Chancen ab, seien Sie ehrlich zu sich selber. Und übersehen Sie nicht die Möglichkeiten im eigenen Unternehmen – zum Beispiel der Wechsel in eine andere Filiale, ins Ausland, Aufstiegsmöglichkeiten etc.

Reden ist Silber ...

Wenn Sie mit dem Gedanken spielen, den Arbeitgeber bzw. den Arbeitsplatz zu wechseln, ist es verständlich, dass Sie sehr viel Energie und Kraft auf das Bewerbungsvorhaben verwenden. Trotzdem sollten sie nicht die Arbeit an Ihrem (Noch-)Arbeitsplatz vernachlässigen, denn es gibt so etwas wie eine »Treuepflicht« gegenüber dem alten Arbeitgeber. Dieser bezahlt Sie ja immerhin noch und hat deshalb auch Anspruch auf volle Leistung. Und wer weiß, wie lange es dauert, bis Sie einen neuen, interessanten Arbeitsplatz finden.

Falls Sie einen neuen Arbeitsplatz haben, sollten Sie trotzdem Loyalität gegenüber dem jetzigen Boss walten lassen und zum Beispiel Ihre Kunden nicht abwerben und zum neuen Arbeitgeber »mitnehmen« dürfen. Das hat das Bundesarbeitsgericht deutlich geregelt: Demnach dürfen Sie als Arbeitnehmer/Bewerber Ihrem Noch-Arbeitgeber keine Konkurrenz machen. Wer es doch tut, ist verpflichtet, das seinem Chef mitzuteilen. Hält sich der Arbeitnehmer nicht daran, drohen fristlose Kündigung und die Zahlung von Schadensersatz.

Zurückhaltung und Diskretion

Als wechselwilliger Arbeitnehmer sollten Sie Ihr Mitteilungsbedürfnis gegenüber den Kollegen zügeln. Klar, dass Sie sich freuen, eine vielversprechende neue Stelle in Aussicht zu haben und den ganzen Ärger, den der alte Job mit sich gebracht hat, endlich hinter sich lassen zu können. Trotzdem: Halten Sie sich an das Sprichwort: Reden ist Silber, Schweigen ist Gold. Wenn nämlich die Geschäftsleitung auf diese Weise von Ihrem – wie die Juristen es nennen – Abkehrwillen erfährt, kann sie mit einer Kündigung reagieren. Das heißt natürlich nicht, dass Sie gar nicht mehr sagen dürfen, was Ihnen »stinkt«; denn wem rutscht am Arbeitsplatz nicht schon ab und an mal ein Wort des Unmuts raus. Aber die konkrete Absicht zu gehen, sollten Sie erst dann kundtun, wenn Sie »Nägel mit Köpfen« gemacht haben, im Idealfall, wenn der Vertrag mit dem neuen Arbeitgeber unter Dach und Fach ist. Also: Wenn Sie sich nach einem neuen Unternehmen umsehen: Machen Sie es diskret.

Stichwort Verweildauer

Hier eine zeitliche Orientierung, die mithilft, den richtigen Zeitpunkt zu bestimmen: Als Faustregel gilt:

- Im 3. Lebensjahrzehnt (im Alter zwischen 20–29) sollten Sie nicht unter einem Jahr in einer Firma verweilen. Je näher Sie an die 30 kommen, desto angemessener sind mindestens zwei, besser drei Jahre Verweildauer.
- Im 4. Lebensjahrzehnt (30–39) sollten Sie nicht unter drei bis vier Jahre Verweildauer vorweisen;
- im 5. Lebensjahrzehnt (40–49) nicht unter vier bis fünf Jahre;
- im 6. Lebensjahrzehnt (50–59) nicht unter fünf Jahre.

Eine kürzere Verweildauer wird von der Auswählerseite oftmals als problematisch interpretiert und sehr kritisch hinterfragt. Eine deutlich längere Verweildauer als die hier beschriebene führt andererseits zu Nachfragen, ob Sie wirklich flexibel und dynamisch sind. Wer also mit 25 einen Arbeitsplatz besetzt und Ihn mit 50 wechseln will, stößt auf eine enorme Menge an Vorbehalten, auch wenn es gute Gründe für den Wechsel geben sollte (z.B.: das Unternehmen geht in die Insolvenz).

Die häufigsten Umsteige- und Wechselfehler

Versuchen Sie, diese typischen Fehler zu vermeiden:

- **Zu schnelles Aufgeben:** Geben Sie nicht zu schnell auf, d.h., nicht jede Krise am Arbeitsplatz ist gleich ein Wechselgrund. Wer zu schnell bzw. häufig wechselt, schadet der eigenen Karriere. Ungefähr drei Jahre sollte man schon an einem Arbeitsplatz aushalten, sonst wird man schnell in die Schublade »Jobhopper« gesteckt. Wenn Sie sich dann erneut bewerben, vermuten Arbeitgeber hinter häufigen Wechseln Unzuverlässigkeit, fehlendes Durchhaltevermögen. Ein Arbeitgeber scheut sich davor, so jemanden einzustellen, weil er befürchten muss, dass er diesen Arbeitnehmer in Kürze schon wieder los ist. Und das geht ins Geld. Der Wechsel kostet ein Unternehmen einiges: »Mindestens ein halbes Jahresgehalt – für Unproduktivität vor der Trennung, Personalsuche, Einarbeitungszeit, Schulungen«, sagt Matthias Richter, Geschäftsführer der Zeitarbeitsfirma Adecco. Großkonzerne kommen so schnell auf dreistellige Millionenbeträge.
- **Flucht vor Problemen:** Laufen Sie nicht vor Problemen weg. Wenn Sie vor den Schwierigkeiten am Arbeitsplatz einfach flüchten, besteht die Gefahr, dass Sie über kurz oder lang am neuen Arbeitsplatz mit ähnlichen Problemen zu tun haben. Das Ganze ist mit einer Beziehung vergleichbar. Wenn man sich bei den kleinsten Auseinandersetzungen gleich von seinem Partner trennt, ohne vorher nach einer Lösung gesucht zu haben, wird man in der neuen Partnerschaft bald wieder auf ähnliche Schwierigkeiten stoßen. Denn man hat verpasst, Probleme anzusprechen und vor allem: aus ihnen zu lernen.
- **Zu langes Bleiben:** Genauso schädlich wie das zu häufige Wechseln kann sich das zu lange Bleiben auswirken. Das führt oft zu Inflexibilität. Man ist seit Jahren an die Abläufe in der alten Firma gewöhnt, da fällt es so manchem Arbeitnehmer schwer, sich umzustellen, Neues dazuzulernen. Sieben bis zehn Jahre gelten gemeinhin als Obergrenze.
- **Nur ans Geld denken:** Sicher ist es verlockend, wenn Sie einen neuen Arbeitsplatz mit einem erheblich besseren Verdienst in Aussicht haben. Aber denken Sie an die Binsenweisheit: Geld allein macht auch nicht glücklich. Was nützt Ihnen das Geld, wenn die Arbeit keinen Spaß macht, Sie sich in dem Umfeld nicht wohlfühlen, sich persönlich nicht weiterentwickeln? Wenn Sie die Arbeit sehr frustriert, werden Sie es womöglich nicht lange aushalten. Und dann wird es erst recht schwierig, bei weiteren Bewerbungsvorhaben zu erklären, weshalb Sie so schnell schon wieder wechseln wollen. Stichwort Jobhopping.
- **Sich von großen Namen blenden lassen:** Der Name eines Unternehmens oder eines Managers allein sollte für Sie nicht der entscheidende Wechselgrund sein. Denn das ist noch keine Garantie, dass Ihnen die Arbeit, das Betriebsklima, Aufstiegsmöglichkeiten etc. mehr als in ihrem jetzigen Unternehmen zusagen.

Test: Sind Sie reif für einen Arbeitsplatzwechsel?

Beantworten Sie ganz spontan 10 Fragen:

1. Können Sie bei Ihrer Arbeit Ihre Fähigkeiten voll einsetzen?
2. Erkennt Ihr Chef Ihre Arbeit, Leistungen angemessen an?
3. Kommen Sie gut mit Ihren Kollegen klar?
4. Können Sie nach Feierabend gut abschalten?
5. Haben Sie gute Chancen bei Gehalt und Position weiterzukommen?
6. Sprechen Sie gerne mit anderen über Ihren Job?
7. Sind Sie mit Ihren Arbeitszeiten zufrieden?
8. Freuen Sie sich (manchmal) am Sonntagnachmittag auf den Montagmorgen und die Arbeit?
9. Brauchen Sie täglich weniger als eine Stunde Zeit für An-und Abfahrt zum Arbeitsplatz?
10. Machen Sie das, was Sie im Job hauptsächlich tun, gerne?

Zählen Sie Ihre Nein-Antworten. Hier die Auswertung:

Bis 3 Nein-Antworten: Kaum ein Job ist perfekt und bei Ihnen läuft es eigentlich ganz gut. Versuchen Sie im Gespräch mit Ihrem Chef, negative Aspekte zu optimieren.

4 – 6 Nein-Antworten: Fragen Sie sich ganz genau, wie lange die negativen Aspekte schon anhalten und wann Besserung in Sicht ist. Wenn nicht, sollten Sie zumindest schauen, was es auf dem Arbeitsmarkt für Sie sonst noch gibt.

Ab 7 Nein-Antworten: In Ihrem Job läuft einiges schief. Ein neuer Arbeitsplatz könnte eine Chance für Sie sein, wieder mehr Freude im Beruf zu haben.

Durch Jobwechsel Karriere machen

Vom Tellerwäscher zum Millionär – sehr schwierig. Vom Azubi zum Vorstandschef – keinesfalls leichter! Die Eselstour war gestern – heute ist regelmäßiger Jobwechsel angesagt! Aber wann macht Wechseln Sinn, welche Gehaltssprünge sind drin und worauf ist peinlichst zu achten?

Probleme und Frust mit dem Vorgesetzten, schon lange keine Gehaltssteigerungen, aber immer mehr Arbeit, unerfreuliche Kollegen – es gibt viele Gründe den Arbeitgeber zu wechseln.

Wann ist ein Jobwechsel strategisch sinnvoll?

Dafür gibt es zwei Bilanzierungsmodelle. Das erste ist das sogenannte Defizitmodell, wenn man im Job wenig Erfüllung findet, weil Aufgaben immer weniger bis überhaupt keinen Spaß mehr machen, Stress mit dem Chef an der Tagesordnung ist und die Kollegen als immer unangenehmer erlebt werden. Es existiert aber auch die positive Variante, dann wenn man Neues lernen will, mehr bewegen, sich beweisen will. Ausgangssituation etwa nach dem Motto: am besten geht man dann, wenn es eine Weile gut läuft, nahezu am schönsten ist. Der bisherige Job macht zwar Spaß, aber in einem anderen Unternehmen kann man noch mehr Erfolge für sich verbuchen. In beiden Fällen ist ein Wechsel sinnvoll, zumindest das intensive darüber Nachdenken.

Viele Personalfachleute behaupten, ohne Jobwechsel könne man keine Karriere machen. Die Situation, dass man in einem Unternehmen die Eselstour vom Azubi bis hin zum Vorstand schafft, ist heutzutage die absolute Ausnahme. Verkürzt kann man sagen: Sehr kurze Verweilzeiten an einem Arbeitsplatz sind Gift, aber sehr lange auch.

Insbesondere Berufseinsteigern wird empfohlen, häufiger den Job zu wechseln, um passable Gehaltsprünge zu machen. An sich jedoch sind Jobwechsel allein wegen des Geldes nicht klug. Gerade am Anfang der Karriere ist es viel wichtiger, mehr zu lernen, mehr ausprobieren zu dürfen, als mehr zu verdienen. Entscheidend ist nicht, was Sie in den ersten 5 Jahren verdienen, sondern in den nächsten 15, 20 Jahren. Besser also die Langstrecke im Blick behalten.

Bezahlung steht erst an vierter Stelle der Motivationsskala

Und auch nicht jeder Jobwechsel muss automatisch einen deutlichen Gehaltssprung bringen! Sigmund Freud hat einmal gesagt: »Geld ist nie ein Wunsch in der Kindheit gewesen.« Das bedeutet: Manchmal liegen die Verbesserungen auch in ganz anderen Bereichen wie besseren Arbeitszeiten, spannenderen Projekten. Nichtsdestotrotz darf man bei einem Wechsel versuchen, um die 10 Prozent mehr Gehalt auszuhandeln. Wenn man das schafft, kann man sehr zufrieden sein. In der Regel landet man irgendwo zwischen fünf und bestenfalls fünfzehn Prozent.

Je öfter man den Arbeitgeber wechselt, umso wichtiger ist es, sich im Guten zu trennen. Nicht ganz einfach, denn viele Vorgesetzte und Firmeninhaber reagieren persönlich beleidigt, wenn man seinen bevorstehenden Abschied vorträgt. Daher ist es wichtig, sich an die Spielregeln zu halten und nicht etwa verbrannte Erde zu hinterlassen. Gerade am Ende des Beschäftigungsverhältnisses sollte man sehr versöhnlich auftreten. Und genau das machen viele Wechsler falsch. Eine Kündigung darf nie der Zeitpunkt sein abzurechnen, sondern eher der Moment, Danke zu sagen: Es war gut, ich habe viel gelernt, ich werde mich sehr gern erinnern usw. Schlechte Abschiede sprechen sich schnell in der Branche herum und wirken sich negativ aufs Image aus.

Zeitarbeit

Was Zeitarbeit ist, müssen wir hier wohl kaum erklären. Etwa eine Million Zeitarbeiter (bei etwa 42 Millionen Beschäftigten) – weniger charmant auch als Leiharbeiter bezeichnet – gibt es aktuell in Deutschland. Aus eigener Erfahrung kennt nur etwa jeder 100. Arbeitnehmer diese Form der Beschäftigung, die immer noch unter einem stark negativen Image leidet. Zu Recht? Nicht ganz einfach einzuschätzen, zumindest lohnt sich eine intensivere Auseinandersetzung mit dem Thema.

Diese Form des Beschäftigungsverhältnisses ist eine Art Dreiecksverhältnis zwischen Arbeitgeber (dem Verleihunternehmen), dem Arbeitnehmer (Zeitarbeitnehmer, Leiharbeiter) und dem Unternehmen, bei dem ein Arbeitnehmer dann für einen kürzeren oder bisweilen auch längeren Zeitraum tätig ist (Entleiher). Die Zeitarbeitsbranche weist jährlich hohe Zuwachsraten von um die 10 Prozent auf und gilt in Bankkreisen als ein zukunftsträchtiges Modell. Der Arbeitnehmer schließt dabei einen Arbeitsvertrag mit einem Zeitarbeitsunternehmen bzw. Personaldienstleister, was nicht bedeuten muss, dass dieser Vertrag zwingend befristet ist. Das Zeitarbeitsunternehmen bemüht sich dann sehr schnell, seinen Mitarbeiter in einem Unternehmen »unterzubringen«, zu verleihen, denn nur damit verdient es sein Geld. Der Zeitarbeiter braucht sich ab dann nicht mehr darum zu kümmern, einen Arbeitsplatz zu bekommen. Dass er weniger bezahlt bekommt, als das Zeitarbeitsunternehmen für ihn kassiert, ist Teil der Spielregel. Dieses muss ihm aber auch die gesetzlich zustehenden Urlaubs- und Krankheitstage bezahlen. Klar, dass in der Regel so ein Zeitarbeitsgehalt nicht allzu üppig ausfällt.

Moderne Zeiten

Unternehmen greifen gerne auf Zeitarbeit zurück, wenn Sie kurzfristig oder saisonbedingt einen erhöhten Bedarf an Arbeitskräften haben. Und genau das ist der Moment, wo Zeitarbeitsfirmen erfolgreich ihre Mitarbeiter einem Unternehmen anbieten und ins Geschäft kommen.

Gab es in Deutschland früher fast ausschließlich gewerbliche Zeitarbeiter, ist ein klarer Trend zu erkennen, dass auch Spezialisten und bestens ausgebildete Fachkräfte diese Form der Arbeitsvermittlung für sich in Anspruch nehmen. Für das entleihende Unternehmen scheint diese Formen des Einkaufes von Arbeitskraft und Problemlösungs-Know-how eine schnelle, wenn auch zunächst etwas teurere Lösung darzustellen, die aber doch immer häufiger in Anspruch genommen wird.

Chancen und Risiken

Bisweilen finden auf diese Weise auch Zeitmitarbeiter, die für ein Unternehmen arbeiten und sehr gute Leistungen erbringen, hier ihren neuen zukünftigen (Dauer-)Auftrag- und Arbeitgeber. Es kann also in der Tat funktionieren, was Zeitarbeitsunternehmen immer wieder sehr gerne proklamieren: Zeitarbeit sei eine moderne Form der Arbeitsvermittlung, eine Art Brückenbau zwischen Menschen, die einen Einstieg in die Arbeitswelt suchen, die Erfahrungen sammeln, die sich vor Ort umschauen und vergleichen wollen, ob ihnen Aufgaben und Arbeitsplatz in einer Branche, in einem Unternehmen zusagen oder nicht.

Das den Auftrag erteilende Unternehmen lernt auf diese Weise neue potenzielle Mitarbeiter kennen, die von der Zeitarbeitsfirma vorausgewählt wurden. Das spart Zeit und Risiko, denn das Unternehmen kann, ohne weitere Formalitäten zu beachten, den »gemieteten« (ausgeliehenen) Mitarbeiter »zurückgeben« und sich einen anderen »bestellen«. Überzeugt ein Zeitmitarbeiter das Unternehmen in dem er gerade arbeitet, kann dieses gegen eine Ablösesumme, die dann der Zeitarbeitsfirma zusteht (etwa 1–3 Monatsgehälter), den Mitarbeiter in die eigene feste Mitarbeiterschaft integrieren. Experten weisen immer wieder darauf hin, dass dies zwar passiert, aber doch eher die Ausnahme als die Regel darstellt. Dennoch können wir berichten, wie auf diese Weise Klienten von uns einen neuen Dauerarbeitsplatz gefunden haben und damit außerordentlich zufrieden sind.

Innerhalb der letzten Jahre ist der Anteil der Unternehmen, die auf das Modell Zeitarbeit setzen, jedenfalls enorm gestiegen. Kein Wunder, denn gerade in wirtschaftlich wechselhaften Zeiten bietet Personaldienstleistung eine attraktive Mitarbeiterflexibilität für das Entleihunternehmen.

Das Image hat sich gebessert

Dennoch ist dies nur eine der neuen Spielarten auf dem Arbeitsmarkt, die nicht nur Chancen, sondern auch Risiken birgt, selbst wenn die Beziehung zwischen dem Entleihbetrieb im sogenannten Arbeitnehmerüberlassungsgesetz (AÜG) ziemlich aufwendig geregelt ist und die meisten Zeitarbeitsfirmen sogar noch im Rahmen ihres Branchentarifvertrags agieren (Empfehlung: vorher mal anschauen!). Sie sollten als Mitarbeiter einen guten Zeitplan haben und wissen, was Sie wollen, was Ihre Ziele sind, damit auch Sie am Ende davon profitieren. Denn eins dürfte klar sein. Sich neu einzuarbeiten und schnell sehr gute Leistungen abzuliefern ist nicht jedermanns Sache. Diese Eigenschaft wird aber von Ihnen als Zeitarbeiter ganz klar erwartet. Was übrigens bedeutet, dass Zeitarbeiter nicht etwas schlechter sind als sonstige Bewerber, im Gegenteil. Der auswählende

Personalchef fragt garantiert sehr interessiert nach, warum und mit welchen Erfahrungen jemand als Zeitmitarbeiter unterwegs war.

Wenn Sie also als Bewerber ein Zeitarbeitsunternehmen von ihren Leistungen überzeugt haben und dieses Sie in ein Ausleihunternehmen vermittelt, können Sie nicht nur Erfahrungen sammeln, sondern auch für sich und ihre Dienstleistung direkt und in ganz anderer Form werben als der unbekannte Außenbewerber. Diese Vorgehensweise bietet Chancen, kann in der Tat Ihren Berufshorizont erweitern, ist aber auch nicht ganz bequem.

Das sind Ihre Vorteile, wenn Sie sich als Zeitmitarbeiter bewerben

Der Auswahlprozess bei Zeitarbeitsvermittlern ist ziemlich professionell. Wer hier besteht, wer ausgewählt wird und erfolgreich eine gewisse Zeit bei Leihunternehmen arbeitet, sammelt durchaus wertvolle Erfahrungen, weiß, wie sein »Geschäft« (Arbeitsgebiet) funktioniert und welche Unterschiede, welche Spanne von Arbeitsrahmenbedingungen es gibt. Das ermöglicht Ihnen zukünftig eine bessere Einschätzung und Beurteilung, erweitert Ihren beruflichen Horizont. Besser diese Form der Beschäftigung als langzeitarbeitslos zu werden bzw. zu bleiben.

Ein weiterer Punkt, der für Sie interessant sein könnte: Zwischen den Arbeitseinsätzen bestimmen Sie, wie lange Sie (wenn Sie es sich leisten können/wollen) pausieren.

Probearbeiten

»Wären Sie auch bereit einen Tag (eine Woche, einen Monat) bei uns zur Probe zu arbeiten?« Vielleicht haben Sie auch schon einmal dieses Angebot erhalten, akzeptiert oder abgelehnt und dann sogar auf den Job verzichtet bzw. wussten nach der Arbeitsprobe, nein, hier will oder kann ich nicht arbeiten.

Vielleicht haben Sie sogar von sich aus bei Ihrer Bewerbung angeboten, probehalber zu arbeiten. Das Internet ist voll von Bewerberfragen, wie man so etwas macht, ob man es machen sollte und gegebenenfalls wie lange. Es ist nicht leicht, hier eine Pauschalantwort zu geben, denn der Chirurg unterscheidet sich da doch etwas von der Chefsekretärin und der junge frische Hochschulabsolvent in BWL vom gestandenen Ingenieur für Luft- und Raumfahrttechnik. Prinzipiell sind Arbeitsproben erst einmal ein gutes Mittel, um für sich zu werben und zu überzeugen. Wenn Sie es denn beim richtigen Arbeitsplatzanbieter machen. Bleibt noch die Frage: Wie lange sollte denn so eine Probearbeit dauern und gibt es wirklich kein Geld (und Versicherungsschutz und was sagt die Arbeitsagentur, wenn man Arbeitslosengeld bezieht)?

Kompromisse eingehen, aber nicht um jeden Preis

Wichtig ist zunächst: Wie stehen Sie selbst als Bewerber dazu? Können Sie es sich vorstellen, wollen Sie es vielleicht sogar offensiv anbieten und für wie lange sind Sie bereit, sich zu welchen Konditionen auf so etwas einzulassen? Der Koch wird dies sicherlich viel leichter für 1–3 Tage tun können, wenn er bereits ohne Arbeit ist, der Mediziner kann es nicht so ohne Weiteres, die Verkäuferin ist da in einer anderen Position.

Fakt ist aber auch: Alle neuen Arbeitsverhältnisse unterliegen einer gesetzlich geregelten Probezeit. In dieser kann relativ schnell von beiden Seiten gekündigt werden. Bei klar befristeten Arbeitsverhältnissen sieht es ein bisschen anders aus. Jedenfalls können »Probearbeitsaufnahmen« eine Chance für den Bewerber sein, um herauszufinden, ob man wirklich zukünftig an dieser Stelle mit diesen Aufgaben arbeiten will. Andererseits dürfen Sie nicht zu lange völlig unbezahlt arbeiten und damit Gefahr laufen, ausgenutzt zu werden. Ein Tag ist ok, bei einer Woche fängt es an, aber wenn Ihr Probeengagement einen ganzen Monat oder sogar drüber hinaus gehen soll, dann gehen Sie ein gewisses Risiko ein.

Auch sehr wichtig: Besprechen Sie das gegebenenfalls mit Ihrem Sachbearbeiter bei der Arbeitsagentur: Dieser kann Sie und den neuen möglichen »Auftraggeber« (das Unternehmen) unterstützen. Ohne diesen einzuweihen, kann es ziemlich viel Ärger geben. Und horchen Sie auf Ihren Bauch. Was für ein Gefühl haben Sie? Wenn Sie hier kein »Grummeln« wahrnehmen, sondern vielleicht sogar Lust verspüren sich für eine klar begrenzte und vorher festgelegte Zeit auf ein solches Experiment einzulassen – warum nicht?

Quereinstieg

Ein Arbeitsplatzwechsel erscheint gelegentlich verlockend, insbesondere wenn alles passt. Was aber, wenn man in einen ganz neuen Bereich wechseln möchte, in dem man die nachweisliche Erfahrung eben noch nicht vorweisen kann, weil es eine Art Quereinstieg werden soll?

Keine Erfolgsgarantie, aber eine Recherche wert

Schön, wenn man angesprochen und abgeworben, also ermutigt wird, weil andere einem den Job und die Kompetenz zutrauen. Was aber, wenn erst einmal nur Sie selbst den Wunsch verspüren, beispielsweise vom Handwerk in die Organisations- und Dienstleistungsbranche zu wechseln, um lieber Kongresse zu organisieren, statt bei Neubauten Fenster ein- und auszubauen? Wie realisiert man einen kompletten Quereinstieg? Worauf kommt es an und was gehört eigentlich zu einem Quereinstieg, damit das Vorhaben gut gelingt? Die Autoren Stefan Rippler und Branko Woischwill haben die verschiedenen Erfolgsfaktoren in ihrem Buch *Erfolgreich als Quereinsteiger* gut dargestellt.

Am Anfang steht sicherlich die schmerzhafte Erkenntnis, dass nicht jeder Quereinstieg problemlos möglich ist. Ein Bäcker kann nicht als Gehirnchirurg arbeiten, außer er absolviert den hierfür langwierigen Ausbildungsweg. Es gibt gesetzlich geschützte Berufe, die einen spontanen Quereinstieg unmöglich machen. Doch abseits davon gibt es auch viele Chancen für berufliche Quereinsteiger. Gerade in der Medien- und Werbewelt sind sie anzutreffen.

Generell funktioniert der Quereinstieg auch in anderen Branchen vor allem dann, wenn Aufgabenbereiche häufig mit allgemeinen Projektarbeiten verbunden sind, eine gute Portion gesunder Menschenverstand für Problemlösungen wichtig ist und notwendige Fachkenntnisse unkompliziert in kurzer Zeit erlernt werden können.

In der modernen Arbeitswelt stehen die Chancen für einen Quereinstieg momentan sehr gut. Durch die Vielzahl an unterschiedlichsten Jobspezialisierungen können Firmen nicht immer auf Bewerber hoffen, die über einen idealtypischen Ausbildungs- und möglichst auch schon Erfahrungshintergrund verfügen. Viele Personaler haben dies erkannt, weshalb es sogar schon Stellenanzeigen mit der Bezeichnung »Quereinsteiger (m/w)« gibt. Firmen schätzen außerdem das Potenzial von Quereinsteigern, den sogenannten frischen Wind in die Firma zu bringen, denn sie sehen Dinge oftmals aus einer ganz anderen Perspektive, die vielleicht sehr nützlich für das Unternehmen sein kann.

Wichtig für potenzielle Quereinsteiger ist zunächst eine fundierte Bestandsaufnahme: Was sind meine beruflichen Stärken? Welche Fähigkeiten übe ich erfolgreich im Arbeitsalltag aus? Und welche dieser Kompetenzen werden auch in anderen Berufen und Branchen nachgefragt?

Mut zum Quereinstieg

Eine wichtige Erkenntnis in der aktuellen Arbeitswelt lautet: Lassen Sie sich nicht von Stellenbezeichnungen irritieren, sondern schauen Sie, was von Ihnen konkret im Arbeitsalltag erwartet wird. Oftmals verbergen sich gerade hinter geheimnisvoll imposanten Jobbezeichnungen eher sehr gewöhnliche Arbeitsaufgaben. Um dies erkennen zu können, ist Recherche notwendig. Analysieren Sie die Stellenanzeige, schauen Sie sich auf der Firmenhomepage um, und noch viel wichtiger: Sprechen Sie mit der Firma. Reden Sie mit Leuten, die schon in Ihrem Wunschbereich tätig sind. Sie finden Ansprechpartner in Business Communities, z.B. XING, auf Fachmessen, beim Tag der offenen Tür und auch durch Zeitarbeit sowie Praktika.

Mit diesen Informationen gilt es, einen Plan zu erstellen: Welcher Quereinstieg ist realistisch? Welche Branchen passen zu mir? Welche Zusatzqualifikationen bzw. Aus- und Fortbildungen muss ich noch erwerben? Und wie sollte eine erfolgreiche Bewerbung aussehen? Gerade dieser Punkt ist nicht zu unterschätzen. In Anschreiben, Lebenslauf und vielleicht auch der Dritten Seite sollten überzeugende Argumente präsentiert werden, dass der Quereinstieg nicht einfach nur eine Laune ist, sondern gut überlegt wurde und man für den neuen Job durchaus gewisse Grundkompetenzen und verwertbare Erfahrungen mitbringt. Hierzu können Fähigkeiten zählen, die am bisherigen Arbeitsplatz eingesetzt wurden und leicht abgewandelt auch im neuen Betätigungsfeld wertvoll sind.

Wer das Controlling für eine Spedition durchgeführt hat, kann auch mit etwas Einarbeitungszeit Kalkulationen für einen Umweltverband übernehmen. Wichtig ist beim Projekt Quereinstieg eine gute Mischung aus Mut zum Wechsel und Realismus, was wirklich machbar ist.

In diesem Sinne ist immer auch Ausdauer und Frustrationstoleranz beim Quereinstiegs-Projekt notwendig. Nicht jeder Anlauf wird sofort erfolgreich sein. Es gilt Rückschläge einzuplanen und immer wieder den Austausch zu Leuten zu suchen, die beim Quereinstieg helfen können. Neben den bereits genannten Branchenvertretern zählen hierzu beispielsweise Coaches, die diesen Prozess begleiten. So kann ein Berater helfen, noch notwendige Soft Skills zu trainieren oder die Selbstdarstellung im Internet an die neuen Karriereziele anzupassen.

Nicht schnell aufgeben

Und wenn alles gut funktioniert hat, so gilt es auch in der Probezeit zu überzeugen. Als zunächst eher Fremder betrachtet sollten Sie mögliche Vorbehalte diplomatisch entkräften. Zeigen Sie sich lernbereit, interessiert und denken Sie mit. Wer ständig durch nervende, unüberlegte Fragen auffällt und diese fast schon vorwurfsvoll mit dem Spruch »Das hat mir niemand gesagt« begründet, wird wenig Sympathie, Verständnis und Unterstützung erwarten können.

Unsere Empfehlung: Bereits im Vorstellungsgespräch sollten die Einarbeitungszeit sowie die Abstände von Feedbackgesprächen besprochen werden.

Wichtige Erfolgsfaktoren für Quereinsteiger im Überblick:

- Ein Quereinstieg sollte sorgfältig durchdacht und geplant sein.
- Branchenvertreter können wertvolles Hintergrundwissen vermitteln.
- Notwendige Zusatzausbildungen oder Qualifikationen nachholen.
- Überzeugende Argumente für die Bewerbung finden.
- Die Probezeit aktiv zur erfolgreichen Integration nutzen.

Teilzeitarbeit

Teilzeitarbeit kann auch eine Art sein, sich zu bewerben und für mehr zu empfehlen. Der Wiedereinstieg nach der Elternzeit oder nach einer Phase der Arbeitslosigkeit ist so manchmal leichter möglich. Das Modell Teilzeit dient anderen dazu, Arbeitszeit zu reduzieren und so in eine bessere »Work-Life-Balance« zu kommen oder eine Fortbildung zu machen. In Deutschland wählt inzwischen etwa ein Viertel der Arbeitnehmer ein Teilzeitmodell – Tendenz steigend.

Interessant ist die Teilzeitarbeit auch für ältere Arbeitnehmer in Form der »Altersteilzeit«. Sie bietet die Möglichkeit, sozusagen aus dem Arbeitsleben zu »gleiten« – mit zwei Alternativen: Das Blockmodell sieht eine Vollzeitbeschäftigung auf zwei Jahre vor, an die sich eine zweijährige »Freizeitphase« anschließt. Die zweite Variante sieht eine Reduzierung der Arbeitszeit auf Teilzeit vor. Danach geht es in den Ruhestand. Sogar Studierende greifen mittlerweile auf die Teilzeit als gängige Studienform zurück – allerdings sind es hier eher finanzielle Gründe. Viele von ihnen müssen sich Studium und Lebensunterhalt durch Jobben verdienen – mit einem Vollzeitstudium kaum noch zu vereinbaren.

Recht auf Teilzeitarbeit

Nach dem Teilzeit- und Befristungsgesetz von 2001 hat ein Arbeitnehmer einen grundsätzlichen Anspruch auf Teilzeitarbeit, wenn sein Arbeitsverhältnis mehr als sechs Monate besteht und sein Arbeitgeber mehr als 15 Mitarbeiter hat. Er muss drei Monate vor dem geplanten Beginn der Teilzeitphase dem Arbeitgeber seinen Wunsch mitteilen. Verweigert dieser den Wunsch seines Mitarbeiters, muss er nachweisen, dass die Arbeitsorganisation durch die Teilzeit erheblich beeinträchtigt wird, Sicherheitsrisiken bestehen oder zu hohe Kosten entstehen. Die Meinung der Arbeitgeber zur Teilzeit ist gespalten. Allmählich setzt sich jedoch die Anerkennung ihrer Vorteile durch. Sie können flexibel auf Kundenbedürfnisse reagieren und verbessern so den Service. Fähige familienbewusste Mitarbeiter bleiben dem Unternehmen erhalten. Produktivität, Motivation und Leistungsfähigkeit steigen, Krankheitstage und Fehlerquoten sinken. Das macht den erhöhten Organisationsaufwand und befürchtete Mehrkosten wieder wett.

Mit den Jahren hat sich die Teilzeit stark den verschiedenen Bedürfnissen der Arbeitnehmer angepasst. Das klassische Teilzeitmodell reduziert die Vollzeit von 40 Stunden auf wahlweise 20 oder 30 Stunden. Die verbliebenen Stunden werden auf fünf Wochentage verteilt – die einfachste Art der Organisation für den Arbeitgeber. Vorteil für den Arbeitnehmer: ein täglicher Zeitgewinn von zwei, wahlweise vier Stunden.

Man kann sich aber auch für die »Classic-Vario«-Variante entscheiden, bei der man die Stunden auf zwei oder drei Tage Vollzeit verteilt und an den restlichen Tagen frei hat. Die Verteilung der Zeit wird zwischen Arbeitgeber und Arbeitnehmer abgesprochen.

Die Variante »Team« eignet sich für alle Teamarbeiter. Der Arbeitgeber bestimmt lediglich, wie viele Mitarbeiter zu welchen Zeiten anwesend sein müssen. Die Arbeitszeit teilen die Teammitglieder je nach Bedürfnis in Voll- oder Teilzeit unter sich auf. Die Entscheidungen können kurzfristig und nach Bedarf gefällt werden. Diese Form der Arbeitsorganisation erfordert allerdings genaue Absprachen und ihre absolut zuverlässige Einhaltung.

Das »Saisonmodell« ist für alle Saisonarbeiter gedacht – beispielsweise in der Gastronomie oder im Baugewerbe. In den Spitzenzeiten arbeitet der Arbeitnehmer die erforderlichen Stunden in Vollzeit über mehrere Monate am Stück bei Teilzeitbezahlung ab und hat im Gegenzug einige Wochen oder Monate frei. Der Arbeitgeber umgeht so notwendige Entlassungen, der Arbeitnehmer hat das ganze Jahr sein gesichertes Grundgehalt und Anspruch auf Sozialversicherung.

»Jobsharing« bietet auch Fach- und Führungskräften die Möglichkeit der Teilzeitarbeit, indem sich zwei Mitarbeiter Job und Verantwortung teilen. Für werdende Mütter ist es eine bedenkenswerte Alternative, wenn sie nach der Familienphase wieder in ihren Beruf einsteigen wollen. Ein solches Vorhaben muss rechtzeitig vorher mit dem Vorgesetzten besprochen werden. Die Voraussetzungen für ein reibungsloses Jobsharing sind eine genaue Absprache und ein ständiger Informationsaustausch, um immer auf dem neuesten Stand der Dinge zu sein und auch auf Ereignisse in der »Amtszeit« des Kollegen reagieren zu können. Jeder der beiden leistet dann je 25 Wochenstunden nach Absprache ab.

Eine interessante Alternative ist das Teilzeitmodell »Invest« für alle, die längere Zeit Freizeit haben oder Zeit für ihre Weiterbildung nutzen wollen. Gearbeitet wird Vollzeit, gezahlt ein Teilzeitlohn. Der Arbeitgeber legt die Differenz auf einem Langzeitkonto an – in Form von Zeit oder Geld. Die freien Phasen können bis zu einigen Monaten dauern. »Sabbaticals«, wie sie auch genannt werden, erfreuen sich wachsender Beliebtheit. Die Umstellung auf dieses Teilzeitmodell muss der Arbeitnehmer natürlich dem Arbeitgeber rechtzeitig mitteilen, um ihm die Möglichkeit zu geben, für die Zeit seiner Abwesenheit zu planen.

Die Variante »Home« ist gerade bei Arbeitnehmern mit Kindern sehr beliebt. 24 Stunden werden je nach Bedarf und Absprache mit Kollegen und Vorgesetztem in Kombination aus Voll- und Teilzeit oder nur in Teilzeit über die Woche verteilt. Die Vorzüge, von zu Hause aus zu arbeiten, schätzen aber auch alle anderen, die dieses Modell in Anspruch nehmen – den Wegfall der Fahrtkosten, das Einsparen der Zeit für Hin- und Rückweg, die Eigenverantwortung, das Arbeiten im gewohnten Umfeld, ohne die Störungen, die im Arbeitsalltag mit Kollegen nicht zu vermeiden sind, und die bessere Vereinbarkeit von Familie und Beruf. Allerdings muss sich der Arbeitnehmer auch zu Hause nach den verabredeten Zeiten richten, um erreichbar zu sein und jederzeit per Telefon oder E-Mail auf Unvorhergesehenes reagieren zu können. Alle Familienmitglieder sollten sich an diese Zeiten halten. Vorteil für den Arbeitgeber: eine hohe Mitarbeiterbindung und eine spürbar bessere Kundenorientierung.

Von Teil- zu Vollzeit

Bedenken Sie die verschiedenen Modelle auch bei einer Bewerbung. Informieren Sie sich, ob das Unternehmen Teilzeitarbeit anbietet. Nicht selten führt der Weg zur Festanstellung über eine (auch befristete) Teilzeitstelle. Machen Sie sich klar, was für Sie persönlich infrage kommt.

Wiedereinstieg nach der Elternzeit

Der berufliche Wiedereinstieg nach einer längeren Familienphase ist für viele Eltern – in Deutschland sind das in erster Linie immer noch die Mütter – nicht nur ein großer Wunsch, sondern eine ebenso große Herausforderung. Der Weg zurück in den Beruf ist nicht leicht, weil z.B. die Arbeitszeiten nicht mit der Kinderbetreuung vereinbar sind, weil das Rückkehrrecht zwar eine Stelle, aber nicht den alten Arbeitsplatz sichert, weil sich im Unternehmen während der Abwesenheit vieles verändert hat. Oder weil man sich grundsätzlich neu orientieren muss und einen neuen Arbeitgeber sucht.

Wieder-einstieg rechtzeitig planen

Wie gut sich die Sorge um das eigene Kind mit dem Berufsleben vereinbaren lässt, ist von Fall zu Fall verschieden. Nicht alles ist planbar. Im beruflichen Umfeld lässt sich jedoch der Wiedereinstieg bereits vor dem Ausstieg organisieren. Die Einarbeitung der Kollegen, die in der Zeit die Aufgaben übernehmen, eine Vereinbarung, regelmäßig Informationen über die Arbeitsabläufe zu erhalten, anstehende Projekte und Veränderungen innerhalb des Unternehmens auszutauschen, vermeidet bei der Rückkehr eine allzu lange Wiedereinarbeitungszeit und größere Missverständnisse. Es gibt weniger Irritationen, neue Projekte können besser vorbereitet werden, das Gefühl, draußen zu sein, kommt so unter Umständen gar nicht erst auf. Außerdem ist ein regelmäßig gepflegter Kontakt zum vertrauten beruflichen Umfeld während der Familienphase eine der wenigen Konstanten in einer Zeit voller Veränderungen. Der Blick aus einer anderen Perspektive, als »Außenstehender«, führt häufig sogar zu überraschenden Denk- oder Lösungsansätzen.

Immer weniger Eltern schöpfen die ihnen gesetzlich zustehende Elternzeit voll aus. Erwiesenermaßen ist nach drei Jahren Elternauszeit das Risiko, arbeitslos zu werden, am höchsten: in Westdeutschland, weil dort die Kinderbetreuung fehlt, in Ostdeutschland, weil die Arbeitsplätze fehlen.

Natürlich ist es ratsam, vor dem Ausstieg eine Absprache mit dem Arbeitgeber über die Möglichkeit zu treffen, einen Teil seiner Arbeit von zu Hause aus zu erledigen. Vorstellbar ist auch die Teilnahme an einer Weiterbildung oder die Umwandlung einer Vollzeit- in eine Teilzeitstelle während der Elternzeit. Einige Unternehmen bieten auch eine Kinderbetreuung an oder unterstützen diese. Für diese ist das Siegel des Audit »Beruf und Familie« mittlerweile fester Bestandteil ihres Images. Eigentlich hat jeder Arbeitnehmer Anspruch auf eine Teilzeitstelle. Mehr zu diesem Modell finden Sie im nächsten Abschnitt.

Für nicht wenige Menschen ist eine Rückkehr an den alten Arbeitsplatz ausgeschlossen – wegen einer zwischenzeitlichen Firmenpleite oder weil eine mehrjährige Pause einen weiteren Verbleib unmöglich machen würde, vielleicht auch weil sie selbst keinen Sinn in einer weiteren Zusammenarbeit sehen. In diesen Fällen ist die Familienphase eine hervorragende Gelegenheit, sich neu zu orientieren. Egal, ob der neue Job weiterhin in der alten Branche oder in einem neuen Umfeld sein soll – diese Zeit ist für eine berufliche Weiterbildung bestens geeignet, beispielsweise durch Fernkurse oder über die moderne Variante E-Learning. Beides ermöglicht eine freie Zeiteinteilung. Wer an einer Führungsposition interessiert ist, kann sich mithilfe eines Fernstudiums (z.B. an der Business School der Open University) weiterbilden. Hier ist die Studienzeit hervorragend mit Beruf und Familie vereinbar, der MBA-Abschluss international anerkannt und für Arbeitgeber ein Zeichen von Durchhaltevermögen. Auch die Vermittlung von Schlüsselqualifikationen wie Leadership, strategisches Denken und Projektmanagement machen »Rückkehrer« für Arbeitgeber besonders interessant, ebenso wie alle Arten von Praktika oder Ehrenämtern, die dem Wissenserwerb dienen. Zeitarbeit bietet ebenfalls eine Einstiegschance.

Wichtig: Weiterbildung

Auch das Lesen von Fachliteratur oder der Austausch mit Kollegen im Internet sind gute Möglichkeiten, immer auf dem neuesten Wissensstand der jeweiligen Branche zu sein. In Bewerbungen und Vorstellungsgesprächen ist das ein wichtiger Pluspunkt – gerade wenn Ihr Gegenüber skeptisch ist, was Ihren Kenntnisstand anbelangt.

Ein Tipp: Personalverantwortliche fürchten ein veraltetes Wissen bei zu langer Pause. Deswegen empfiehlt es sich, die Familienphase in der schriftlichen Bewerbung als »Weiterbildungsphase« zu bezeichnen. Eine gute Vorbereitung signalisiert Interesse am Beruf und erspart unnötige Fragen nach der Motivation.

Soll es in eine völlig neue berufliche Richtung gehen, vielleicht sogar in Richtung Selbstständigkeit, bietet es sich an, ein Profil der Fähigkeiten, Talente und Charaktereigenschaften anzulegen, das künftig als Grundlage für neue Ideen und Pläne dient. Gerade die Herausforderung der Familienorganisation fördert Fähigkeiten und Soft Skills, die vorher in dieser Form vielleicht nie gebraucht wurden. Arbeitgeber, die von der beruflichen Qualität von Frauen mit Familie überzeugt sind, schätzen vor allem ihr Organisations- und Improvisationstalent, ihr Einfühlungsvermögen und ihre Stressresistenz.

Ein gut organisiertes Netzwerk ist das A und O bei der Vorbereitung auf ein Leben, in dem nicht nur die neue Arbeitsstelle für Spannung sorgt. Gerade Frauen sind für ihre Teamfähigkeit bekannt und auch deswegen talentierte Netzwerkerinnen. Unterstützung finden Sie z.B. auf folgender Internetseite: www.bmfsfj.de (Stichwort: »Familie«, »Familie und Arbeitswelt«, Seite des Bundesministeriums für Familie, Senioren, Frauen und Jugend).

Auf den Punkt gebracht

Auf hoher See ohne Orientierung zu sein, ist der Albtraum eines jeden Seefahrers. Notfalls ist die Orientierung für den Kundigen das Firmament. Der Ahnungslose dagegen bewegt sich im Kreis und wird wahrscheinlich nie da ankommen, wo er eigentlich hin will. Und das ist schon das Stichwort: Was und wohin wollen Sie und wann ist der richtige Zeitpunkt für den Wechsel? Wie lange sollte die Verweildauer an einem mehr oder weniger (un)geliebten Arbeitsplatz sein? Es ist schwierig auf alle diese Fragen, eindeutige und richtige Antwort zu geben. Aber die Mühe, darüber intensiv nachzudenken, sollten Sie sich machen. Wir hoffen Ihnen dafür einige Anregungen gegeben zu haben.

Zeitarbeit, Probearbeiten oder der Quereinstieg in fremdes, berufliches Terrain sind Herausforderungen, mit denen sich die meisten Bewerber schwer tun. Was trauen Sie sich selbst zu? Die Antwort darauf ist quasi die Voraussetzung dafür, was andere Ihnen zutrauen. Wenn Sie für sich den Wunsch nach Teilzeitarbeit verspüren, sprechen Sie das Thema an. Je mehr von Bewerber- und »Antragsteller«-Seite nachgefragt wird, desto flexibler müssen Arbeitsplatzanbieter werden. Junge Väter, die Elternzeit in Anspruch nehmen wollen, werden heute weit weniger skeptisch betrachtet, als noch vor fünf Jahren. Und wer aus der Elternzeit wieder erfolgreich in die Arbeitswelt starten will, sollte während dieser Phase noch ein paar wichtige Weichenstellungen vornehmen.

Zur See zu fahren setzt bestimmte Kenntnisse voraus: einen Fixpunkt haben, die Handhabung der Navigation und das Wissen um Gefahren. Ganz ähnlich verhält es sich auf dem Arbeitsmarkt und beim Bewerben. Ohne ein klares Ziel vor Augen und eine Vorstellung, wie man es erreichen kann, ist es nicht nur mühsam, sondern ziemlich leichtsinnig, sich (quasi blind) suchend und ahnungslos auf den Arbeitsmarkt zu begeben. Um erfolgreich zu agieren, gehört immer Hintergrundwissen, Vorbereitung und das Gespür für den richtigen Zeitpunkt mit dazu. Das Wissen um diese Dinge ist der Schlüssel für einen erfolgreichen Einstieg in die wichtige Vorbereitungsphase der schriftlichen Bewerbungsunterlagen, die gleich im Anschluss unser Thema sein werden.

BEWERBUNGSFORMEN & BEWERBUNGSINHALTE

» Sagt den Leuten nicht, wie gut ihr die Güter macht, sagt ihnen, wie gut eure Güter sie machen. «

Leo Burnett

Nach eingehender Vorbereitung und Auseinandersetzung mit sich selbst, den eigenen beruflichen Zielen und natürlich auch dem potenziellen Arbeitgeber, kommt jetzt der Augenblick die schriftlichen Bewerbungsunterlagen zu erstellen. Auch hierfür braucht es ausreichend Zeit, will man sofort beim Empfänger mit seinen Unterlagen einen exzellenten Eindruck hinterlassen.

Gerne dürfen Sie auch zuallererst mit diesem Kapitel starten. Schauen Sie sich ebenfalls die Beispiele auf unserer CD-ROM an.

Viel Neues, noch mehr Bewährtes

Bewerbungen haben eine Konstante: Sie müssen Interesse wecken, noch besser: Neugier auslösen. Nur eins dürfen sie nicht: langweilen. Erfolgreiche Bewerbungen leben von einem stabilen Fundament und einem kleinen Kick Andersartigkeit. Das Fundament bildet ein sorgfältig getexteter, gut gestylter Lebenslauf mit klaren Botschaften und einem sympathischen Foto. Ein auf den Punkt gebrachtes Anschreiben hilft, darf aber in seiner Funktion nicht überschätzt werden. Der berufliche Werdegang stellt die Weichen. Insbesondere das, was man zuletzt getan hat, was die aktuellen Problemlösungserfahrungen und Erfolge anbetrifft, zählt.

Der Trend geht zu Onlinebewerbungen und hat längst die 50-Prozent-Marke deutlich überschritten. Zwei Formen sind zu unterscheiden: die Klassische als Mail versendete Form und der am Computer ausgefüllte Onlinebewerbungsfragebogen. Die Forschungsgruppe Wahlen Online hat in einer Studie festgestellt, dass jeder zweite Arbeitnehmer (53 Prozent), der seinen Job als unsicher einstuft, via Internet nach einer neuen Stelle sucht. Bei den Arbeitslosen sind es sogar 87 Prozent, die online recherchieren. Jeder dritte Nutzer ab 18 Jahren (33 Prozent) fahndet virtuell nach der Traumstelle – Tendenz steigend. Besonders junge Bewerber setzen auf das Internet. Eine eigene Homepage mit beruflichen Stationen, besonderen Fertigkeiten und interessantem sozialen Engagement kann Personalentscheider positiv beeindrucken. Der Bewerber zeigt technische Kompetenz, ist up to date und kann Bilder oder ein Video für sein Selbstmarketing einbauen.

Stichwort Selbstmarketing: Wer heute als Kandidat auf dem Arbeitsmarkt bestehen will, muss sich von der Konkurrenz, den Mitbewerbern, deutlich abheben. Es geht um den USP, das Alleinstellungsmerkmal. Bewerber verkaufen ihr (Problemlösungs-) Können. Entscheidend ist aber die vom Auswähler zugeschriebene Trias aus Sympathie, Vertrauen und das daraus resultierende Zutrauen in die Problemlösungsfähigkeiten, die anhand von Arbeitsproben im PDF-Format oder Links zur eigenen Homepage mit weiteren Informationen untermauert werden können. Die Selbstpräsentation in sozialen Netzwerken wie XING, LinkedIn, Blogs oder Facebook ist dann gut, wenn der Bewerber den Fokus auf seine beruflichen Stationen legt. Aber bitte keine Details aus dem Privatleben mit Urlaubsschnappschüssen. Das gehört in keine Bewerbung und insbesondere junge Bewerber sollten darauf achten: Das Internet vergisst nichts! Zwei von drei Personalentscheidern googeln die Namen ihrer Bewerbungskandidaten.

Auf den USP kommt es an

In der Kreativwirtschaft wie in Werbeagenturen oder Start-ups kommen Video-Bewerbungen gut an. Allerdings setzt das eine gewisse Professionalität bei der Produktion voraus. Die eigene Botschaft und warum man der Beste für den Job ist, sollten neben den Kontaktdaten Inhalt eines solchen Mini-Movies (1 bis max. 3 Min.) sein.

Konservative Branchen (Banken, Handel, Versicherungen) bevorzugen immer noch den Klassiker: Anschreiben, Lebenslauf, Zeugnisse und eventuell Arbeitsproben. Sind sich Bewerber unsicher, was sie alles mitschicken sollen, lohnt sich ein Griff zum Telefon. Ein kurzes Gespräch mit der Wunschfirma hinterlässt bereits einen ersten Eindruck, von der Stimmung vor Ort und wie man behandelt wird.

Ob off- oder online – die KLP-Formel öffnet die Türen: Kompetenz, Leistungsmotivation und die Persönlichkeit (KLP) als komprimierte, aber durchdachte Botschaften führen am sichersten zum Erfolg. Erst zur Einladung und dann zum Job!

Auf Ihre Einstellung kommt es an

Was ist jetzt das Wichtigste?

Generell sind zum Thema Bewerbung wohl zahlreiche Empfehlungen und viele konkrete Tipps vorstellbar. Nach unserer Einschätzung ist jedoch Ihre Einstellung am allerwichtigsten – und das im doppelten Wortsinn. Die mentale Auseinandersetzung und Einstimmung auf Ihr Vorhaben, einen Arbeitsplatz zu bekommen, sind zentral. Dabei spielt die gründliche Vorbereitung die alles entscheidende Hauptrolle, was übrigens regelmäßig unterschätzt wird. Die richtige Vorbereitung aber ist genau der Grundstein für den Erfolg, so wie ein solides Fundament die sicherste Basis für einen stabilen Hausbau ist. Häufig werden in Bewerbungsverfahren viele Fehler gemacht, weil die Bewerber sich oft nicht intensiv genug vorbereiten, nicht wissen, was auf sie zukommt und worum es wirklich geht.

Durch Vorbereitung überzeugen

Das sind die entscheidenden Weichensteller

Kompetenz, Leistungsmotivation und Persönlichkeit sind die Essentials jeder Bewerbungssituation – und jetzt die Herausforderung beim Erstellen Ihrer schriftlichen Bewerbungsunterlagen.

Unsere über dreißigjährige Forschungs-, Beratungs- und Publikationstätigkeit zur speziellen Thematik Prüfungssituation Bewerbung hat als Quintessenz diese drei entscheidenden Faktoren ergeben, auf die es aus der Sicht des Arbeitsplatzanbieters bei der Bewerberauswahl ganz besonders ankommt.

Die Personalverantwortlichen wollen vor allem Folgendes in Erfahrung bringen:

1. Verfügt der Bewerber über die erforderlichen generellen und fachlichen Qualifikationen?
2. Was bewegt den Bewerber, was sind seine Motive für Arbeitsplatz- und Aufgabenwahl? Ist er motiviert, Außerordentliches zur Verwirklichung von Unternehmens- bzw. Institutionszielen zu leisten?

3. Mobilisiert der Bewerber Sympathiegefühle, kann man sich mit ihm im Arbeitsalltag »wohlfühlen« und passt er zum Team, zum Unternehmen (bzw. zur Institution)? Neudeutsch formuliert: Stimmt die persönliche Chemie?

Warum neben Kompetenz vor allem Sympathie und Leistungsmotivation so wichtig sind

Abgesehen vom fachlichen Können sind die absoluten Weichensteller Ihr Sympathie mobilisierender Auftritt und die Leistungsmotivation, die man Ihnen zutraut. Wenn Sie denken, dass das ja frühestens beim Vorstellungsgespräch zum Tragen kommt, irren Sie sich! (Stichwort: Foto!)

Während Sympathie (wie auch Antipathie) bei einer ersten Begegnung sofort spontan affektiv spürbar ist, werden die Schlüsselmerkmale Leistungsmotivation und Kompetenz attribuiert, also kognitiv zugeschrieben. Es sind Merkmale, die sich uns nicht unmittelbar affektiv mitteilen. Und dennoch: Es geht gerade bei Leistung und Können auch um Zutrauen in Ihre Potenziale. Und das bedeutet Vertrauen, also doch wieder auch die Beteiligung von Gefühlen. Leistungsmotivation und Kompetenz offenbaren sich nicht so schnell wie das zentrale, auf die Persönlichkeit bezogene und auch durch unbewusste Faktoren maßgeblich mitgesteuerte Sympathiegefühl.

Hauptschlüssel Sympathie und Vertrauen

Wie sich das alles schon beim Erstellen Ihrer schriftlichen Bewerbungsunterlagen niederschlägt, erfahren Sie gleich. Hauptziel Ihres Bewerbungsvorhabens muss es also sein, die drei Essentials in der Bewerbungssituation, die Weichensteller für eine Einladung zum Vorstellungsgespräch – Persönlichkeit, Leistungsmotivation und Kompetenz – als Signale so prägnant auszusenden, dass sie beim potenziellen Arbeitgeber überzeugend ankommen. Das gilt für die Erstellung der schriftlichen Unterlagen ebenso wie für das persönliche Auftreten später im Vorstellungsgespräch.

Machen Sie sich vor der Bewerbung Gedanken, wie Sie sich präsentieren. Sammeln Sie Antworten, Keywords zu den Fragen:

- Was für ein Mensch sind Sie und wie präsentieren Sie sich?
- Wie bringen Sie Ihre Leistungsmotivation deutlich zum Ausdruck?
- Wie vermitteln Sie überzeugend Ihre Kompetenz?

Entwickeln Sie eine Leitidee oder einen roten Faden. Diese berühmten vier Fragen sind dabei hilfreich:

- Was für ein Mensch bin ich?
- Was kann ich?
- Was will ich?
- Was ist für mich möglich?

Zu Ihrer Standortbestimmung eignen sich auch die folgenden Fragen:

- Was liegt hinter Ihnen?
- Wie schätzen Sie sich und Ihre Fähigkeiten ein?
- Wie sieht Ihre aktuelle Situation aus, mit der Sie sich auseinandersetzen müssen? Geht es bei Ihnen um einen Neueinstieg, Wechsel oder Wiedereinstieg?

Und das ist die konzeptionelle Basis Ihrer schriftlichen Bewerbung – egal ob auf Papier oder digital: Sie wollen Ihre Botschaft einer Person näherbringen. Sie möchten eine Entscheidung beeinflussen. Sie soll so fallen, wie Sie es sich wünschen.

Wie gehen Sie vor? Aus der Welt der Werbung kennen wir eine besondere Vorgehensweise, die Ihr Bewerbungsvorhaben positiv unterstützen kann. Drei aufeinander abgestimmte Schritte sind zu beachten, die Ihnen bereits aus dem Kapitel »Aufstellung & Einstellung« bekannt sind (s. S. 89), weshalb im Folgenden nur kurz darauf eingegangen wird:

1. Was wollen Sie Ihrem Gegenüber mitteilen (Anliegen/Ziel)?
2. Wie formulieren Sie aus den Überlegungen zu Ihrem Kommunikationsziel überzeugende Botschaften?
3. Wie untermauern Sie diese Botschaften, um deren Glaubwürdigkeit zu stärken?

Wir stehen aber immer noch am Anfang der Trias Kommunikationsziel definieren – Botschaften formulieren – Argumente zusammenstellen, und das bedeutet, Sie sollten sich zunächst mit der Frage auseinandersetzen, was Sie Ihrem Gesprächspartner von sich vermitteln wollen.

Beginnen Sie zunächst mit der Definition Ihres Kommunikationszieles

Zunächst geht es darum, ein besonderes Kommunikationsziel zu entwickeln. Leichter gesagt als getan. Sie haben die schwierige Aufgabe, sich genau zu überlegen, …

- was für ein Mensch Sie sind,
- was für besondere Fähigkeiten Sie haben und
- was Sie damit eigentlich anfangen wollen.

Als Leitlinie können Sie sich an den drei Essentials orientieren, die Ihnen bereits in diesem Buch vorgestellt wurden: Kompetenz, Leistungsmotivation, Persönlichkeit. Das KLP-Modell soll Ihnen dabei helfen, Ihre Botschaften inhaltlich zu füllen und durch konkrete Berichte zu untermauern, die Ihre Glaubwürdigkeit steigern. Folgendes Beispiel verdeutlicht dies:

Mein Kommunikationsziel ist es, ...

... den Lesern und Personalentscheidern zu vermitteln, dass ich ein Mensch bin, der über außergewöhnliche kommunikative Begabungen verfügt. Darunter ist zu verstehen: Ich bin sehr gut in der Kontaktaufnahme zu anderen, kann mich schnell und gewandt ausdrücken und ohne große Hemmungen eigentlich mit jedem Menschen leicht ins Gespräch kommen. Andere vertrauen mir auffällig schnell. Ich wirke auf viele Personen ermutigend und bin ein sehr guter und aufmerksamer Zuhörer. Trotz meiner Freude an Unterhaltungen sowie an gezielten Gesprächen bin ich jemand, der sehr diskret sein kann und bei dem ein Geheimnis sicher aufgehoben ist.

Formulieren Sie daraus leicht verständliche, klare Botschaften.

Ihre zweite Aufgabe besteht darin, aus Ihren Zielvorstellungen klare und schnell zu verstehende Botschaften zu entwickeln. In unserem Beispiel sind das folgende drei Botschaften:

1. Ich bin ein kommunikativ begabter Mensch, der mit anderen mühelos jederzeit ins Gespräch kommen kann.
2. Ich gewinne schnell das Vertrauen anderer Menschen.
3. Ich bin ein guter und aufmerksamer Zuhörer.

Suchen Sie sich die besten, überzeugendsten Argumente aus.

Jetzt fehlt nur noch der dritte Schritt in dieser Vorbereitung. Entwickeln Sie wohlüberlegte Argumente. Lediglich Behauptungen aufzustellen, ist zu wenig. Es geht darum, seinem lesenden Gegenüber anhand Detailbeschreibungen zu vermitteln, dass Ihre in den Botschaften enthaltenen Aussagen wirklich glaubwürdig sind.

Welche Situationen, Begebenheiten in Ihrem (Berufs-)Leben verdeutlichen, was Ihre Botschaften transportieren sollen? Wenn Sie hier den richtigen Erzählstoff beisammenhaben, stehen Ihre Argumente und unterstreichen so die Glaubwürdigkeit Ihrer überlegt ausgewählten Botschaften.

Kommunikationsziel, Botschaften und Argumentation ergeben in einem idealen Dreiklang die Entscheidungsgrundlage, auf der sich ein Arbeitsplatzanbieter für Sie als den richtigen Kandidaten entscheiden kann. Machen Sie es ihm nicht schwer. Entscheidungen sind schließlich das Schwierigste, was es in unserem Leben zu treffen gilt. Sie selbst müssen in Ihrem eigenen Interesse Ihr berufliches Vorhaben positiv befördern.

Darum geht es jetzt: biografische Anpassungsleistungen

Ihr sogenannter Lebenslauf, besser: Ihr beruflicher Werdegang, ist zusammen mit dem Arbeitszeugnis das wichtigste Dokument, das für oder gegen Sie als Kandidaten spricht. Sie haben es selbst in der Hand, ob Ihre Unterlagen mit Interesse gelesen werden oder auf dem Stapel »Kommt nicht infrage« landen.

Also gilt: Die Präsentation Ihrer Unterlagen muss perfekt sein, die Formulierung sehr sorgfältig. Und das bedeutet: Rechnen Sie mit einem deutlichen Zeitaufwand.

Ihre Unterlagen haben vielleicht nur eine Minute Zeit, um zu wirken! Das müssen Sie unbedingt wissen: Der Personalentscheider nimmt sich bei der ersten Durchsicht nur sehr, sehr wenig Zeit für Ihre schriftlichen Unterlagen.

Manche Personalchefs behaupten, in weniger als einer Minute herausfinden zu können, ob der Kandidat oder die Kandidatin sie interessiert. Andere investieren zwei, drei, selten fünf Minuten. Ihre Unterlagen haben wirklich sehr wenig Zeit, um zu überzeugen. Vor allem, wenn man berücksichtigt, dass heutzutage auf eine Stellenanzeige (z.B. in Berlin, im Bereich Sekretariat) zwischen 150 und bis über 500 Bewerbungen kommen. Diese Zahl sieht für Juristen, Architekten oder Chemiker nicht sehr viel anders aus.

Ihr wichtigstes Ziel: die Einladung zum Vorstellungsgespräch, weil man durch Ihre Unterlagen neugierig auf Sie geworden ist und sich viel von Ihnen verspricht. Damit dieses Interesse auf der Leser- und Auswählerseite entsteht, sollten Sie gewisse Spielregeln beachten und einige dramaturgische Tricks einsetzen.

Aber noch etwas ist wichtig: Ihre Unterlagen sollten ein interessantes Angebot enthalten. Diesem muss leicht und glaubwürdig zu entnehmen sein, dass Sie etwas Besonderes für das Unternehmen, Ihren Kunden, den Arbeitsplatzanbieter machen können. Etwas, was dieser gerade dringend benötigt und bestens gebrauchen kann. Eigentlich logisch.

Die Verdeutlichung dieser elementaren Aspekte hilft Ihnen bei der Erstellung Ihres persönlichen Werbe- und Verkaufsprospektes.

Ihr Ziel

Die überzeugende schriftliche Selbstdarstellung – egal ob klassisch auf Papier, digital per Mail übersandt oder in Form eines ausfüllten digital vorgegebenen Onlinefragebogens – öffnet Ihnen die Türen zu Vorstellungsgesprächen in genau den Berufsfeldern und Unternehmen, die Ihren persönlichen Wünschen und Zielen entsprechen. Allerdings brauchen Sie bei der heute geforderten beruflichen Flexibilität mehrere Versionen Ihrer schriftlichen Bewerbungsunterlagen, um sich für interessante Positionen jeweils von Ihrer besten Seite präsentieren zu können.

Einstieg: Bewerben übers Internet

Immer mehr Firmen schreiben ihre zu besetzenden Arbeitsplätze im Internet auf der eigenen Homepage oder in Jobbörsen aus. Und immer weniger Bewerber stellen eine papierene Bewerbungsmappe zusammen, die meisten schicken ihre Unterlagen einfach auf digitalem Weg.

Immer häufiger besteht bei Großunternehmen der erste Schritt des Bewerbungsverfahrens im Ausfüllen eines Onlineformulars auf den firmeneigenen Karriereseiten.

In jedem Fall geht der Trend zur E-Mail- bzw. Onlinebewerbung, denn heute werden schon etwas mehr als 70 Prozent der Stellenangebote im Internet platziert, wobei selbst das vielleicht nur etwa ein gutes Drittel aller Vakanzen ist – gut die Hälfte aller zu besetzenden Stellen werden gar nicht offen präsentiert, sondern beispielsweise durch Initiativbewerbungen, persönliche Empfehlungen und interne Ausschreibungen vergeben.

Unterschiede im Bewerbungsverfahren und beim Einstellungsprozess zwischen den verschiedenen Arbeitgebern bestehen natürlich. Bei jedem Unternehmen durchläuft der Bewerber eine andere Anzahl an Rekrutierungsstufen und Auswahlverfahren.

Jedoch ganz gleich, ob klassisch auf Papier oder digital: Die Grundregeln einer guten Bewerbung zu begreifen und für sich erfolgreich umzusetzen ist in jedem Fall unabdingbar.

Die Vorteile liegen auf der Hand: Die Abwicklung über das Internet ist für beide Seiten günstiger, man spart auf Bewerberseite Arbeitsaufwand, Material und Porto und bei den Firmen sinkt der Verwaltungsaufwand. Immer mehr Branchen sehen die Vorteile von E-Mail- und Onlinebewerbungen. Bei der momentanen Entwicklung scheint es sogar so, als stünde die klassische schriftliche Bewerbungsmappe früher oder später ganz vor dem Aus.

In nicht wenigen Großunternehmen findet eine erste Kontaktaufnahme mit der Personalabteilung ausschließlich per E-Mail oder Onlineverfahren statt. Die Annahme von klassischen, papierenen Bewerbungsunterlagen, versandt in dicken Umschlägen, wird verweigert. Sie werden postwendend zurückgeschickt.

Dies bedeutet aber nicht, Sie bräuchten keine auf Papier ausdruckfähige Version Ihres beruflichen Werdegangs (Lebenslauf, Foto, Anlagen). Im Gegenteil – Sie werden entweder vor oder nach dem ersten persönlichen Vorstellungsgespräch, bisweilen auch schon nach einem Vorabtelefonat, um Ihren Lebenslauf gebeten. Wenn man Sie nicht schon direkt beim Ausfüllen des Online-Bewerbungsformulars dazu auffordert, diesen hochzuladen.

Ziel: Einladung zum Vorstellungsgespräch

Ihre Bewerbungsunterlagen sagen etwas über Sie aus. Sollen sie ja auch, das ist schließlich Sinn und Zweck »der Übung«. Sie wissen das und der Arbeitsplatzanbieter und Personalentscheider ebenfalls. Nun bleibt nur noch zu klären, was Ihre Unterlagen aussagen und ob es genau das ist, was Sie auf diesem Wege in schriftlicher Form von sich zu vermitteln wünschen. Und ob es zum Ziel führt: dass Sie zum Vorstellungsgespräch eingeladen werden.

Sie wissen längst: Wer sich bewirbt, macht Werbung in eigener Sache, für die eigene Person, für die dem Kunden (Arbeitgeber) angebotene Dienstleistung. Sie vermarkten Ihr Know-how, Ihre Arbeitskraft und Problemlösungsfähigkeit. Mit der schriftlichen Bewerbung geben Sie eine Art Visitenkarte ab, eine allererste Arbeitsprobe, und erzeugen damit einen ersten Eindruck bei Ihrem potenziellen Arbeitgeber, Ihrem eigentlichen Kunden, dem Einkäufer der von Ihnen angebotenen Arbeitskraft.

In sehr komprimierter Form geht es jetzt vor den praktischen Beispielen zunächst um den theoretischen Hintergrund zur Erstellung schriftlicher Bewerbungsunterlagen.

Wie lautet Ihre Botschaft und was ist Ihr Angebot?

Die zentrale Frage in diesem Stadium Ihrer Bewerbungsaktivitäten lautet also: Was ist Ihre Botschaft, was Ihr konkretes in Aussicht gestelltes Angebot? Und gelingt es Ihnen, diese beiden Aussagen auch erfolgreich beim Empfänger Ihrer Bewerbung rüberzubringen?

Da wir es mit einer Werbeaktion in eigener Sache zu tun haben, ist es nicht nur gerechtfertigt, sondern auch hilfreich, sich zu verdeutlichen, dass Sie mit all Ihren schriftlichen Bewerbungsunterlagen (also unabhängig von der Form, auch alle e-Varianten) eine Art Verkaufsprospekt präsentieren. Dieser besteht üblicherweise aus mehreren Unterlagen: Bewerbungsanschreiben, Lebenslauf, Foto und Zeugniskopien. Weitere Anlagen können sein: Zertifikate über besondere Schulungen, Kurse usw., eventuell sogar noch eine Handschriftenprobe, in seltenen Fällen Referenzen/Empfehlungen oder gar das polizeiliche Führungszeugnis.

Gut formuliert sollte das Anschreiben Aufmerksamkeit und Interesse wecken. Hilfreich für Ihr Bewerbungsschreiben ist dabei die AIDA-Formel aus der Werbepsychologie.

AIDA steht in diesem Zusammenhang für:

A = attention (Aufmerksamkeit für Ihre Bewerbung erzeugen)
I = interest (Interesse an Ihrer Person wecken)
D = desire (Wunsch entstehen lassen, Sie kennenzulernen)
A = action (die Handlungsaktivität »Einladung« provozieren)

Es kommt also darauf an, in komprimierter Form alle wichtigen Argumente, die für Sie sprechen, die Interesse auslösen und so zu einer Einladung führen, gut formuliert vorzutragen. Der Leser soll neugierig gemacht werden auf Ihre weiteren Unterlagen und natürlich ganz besonders auf Sie als Person. Beim Lesen muss unbedingt der Wunsch entstehen, Sie kennenzulernen. Verbunden mit der Hoffnung, Sie könnten zur aktuellen Problemlösung und auch zukünftig wesentlich etwas beitragen.

Spätestens an dieser Stelle sind jedoch einige relativierende Bemerkungen zur Bedeutung des Bewerbungsanschreibens notwendig. Nicht alle Personalentscheider werden Ihre Unterlagen in der Reihenfolge Anschreiben – Lebenslauf etc. lesen, sondern immer häufiger versucht der oft unter einem enormen Zeitdruck arbeitende

Entscheidungsträger, sich zunächst einmal durch das flüchtige Blättern in Ihrer Selbstdarstellung – Ihrem Werbeprospekt in eigener Sache, Ihren Bewerbungsunterlagen, dem Mitarbeitsangebot – einen ersten Eindruck zu verschaffen. Es geht darum, schnell zu entscheiden, ob sich eine nähere Beschäftigung mit Ihnen (bzw. zunächst einmal mit Ihren Unterlagen) lohnt oder ob diese Unterlagen zur (falschen) Seite gelegt werden, ob Sie, wenn Sie Glück im Unglück haben sollten, diese zurückbekommen. Etwa 60 Prozent aller Unternehmen schicken heutzutage klassisch papierene Unterlagen nicht mehr zurück!

Werbung in eigener Sache

Blitzschnelle Durchsicht, wenig Zeit zu Wirken

Für den ersten schnellen, aber doch schon recht entscheidenden Gang durch Ihre Bewerbungsunterlagen werden vom Profi meist eine bis maximal (und wirklich nur in seltenen Fällen) fünf Minuten Lese- und Bearbeitungszeit einkalkuliert.

Der Durchschnitt liegt eher um die eineinhalb bis zwei Minuten. Diese wenige und umso wertvollere Zeit wird deshalb primär auf die beruflichen Daten (aktuelle Ausgangsposition, Entwicklung etc.) verwandt und weniger auf das begleitende Anschreiben. Es ist in der Regel doch recht stereotyp und deshalb meist wenig aussagekräftig.

Zu einem späteren Zeitpunkt wendet man sich natürlich auch wieder dem Bewerbungsanschreiben zu und schaut sich an, ob man Sie einlädt oder vorab telefonisch interviewt.

Beschäftigen wir uns jetzt also zunächst einmal mit der ganz generellen Frage, was Ihre Bewerbungsunterlagen unabhängig von der Art (off- oder online) erfolgreich werden lässt, Ihnen eine Einladung bringt, weil man neugierig geworden ist, sich von Ihnen etwas Besonderes verspricht. Danach wenden wir uns dem konkreten Erstellen zu, zuletzt auch dem Anschreiben.

Die Dramaturgie Ihres Drehbuches

Zunächst müssen Sie entscheiden, wie Ihre (E-)Bewerbungsunterlagen aussehen sollen, welche »Seiten«, welche Infos Sie in welcher Abfolge zusammenstellen und präsentieren wollen. Bildlich gesprochen: Wie wollen Sie das »Drehbuch« Ihres Werbe- und Erfolgsfilms konzipieren? Wir greifen hier zunächst auf die papierene Darstellung zurück, weil sich daran schneller vermitteln lässt, welche inhaltlichen Möglichkeiten Sie haben, welche Varianten vorstellbar sind. Die Übertragung in ein beliebiges digitales Medium (E-Mail mit Dateianhängen, PowerPoint-Präsentation, Online-Fragebogen etc.) ist der nächste Schritt.

Alle Rollen werden durch Sie besetzt. Sie sind der Produzent, Drehbuchautor, Regisseur und – wenn Sie weiterkommen und eingeladen werden – sind Sie selbstverständlich der Hauptdarsteller.

Zur Drehbuch-Metapher

Als Drehbuchautor müssen Sie zunächst wissen, was Sie Ihrem (Lese-)Publikum vermitteln wollen und auf welche Art das geschehen soll. Für Ihre Unterlagen bedeutet dies: Was soll wie auf welchen »Seiten« stehen? Wir zeigen Ihnen verschiedene Varianten in Form von Skizzen. Betrachten Sie diese Vorschläge als Anregung. Sie entscheiden, was Sie für sich in Anspruch nehmen wollen und was nicht. Der Einfachheit halber behandeln wir im Folgenden die Bewerbung so, als ob es nur um die papierene, klassische Bewerbung geht. Schlussendlich folgt die E-Bewerbung aber auch in weiten Teilen diesem Modell.

Je differenzierter Sie den Inhalt jeder einzelnen »Seite« planen, desto leichter wird Ihnen später die Umsetzung fallen. Wie umfangreich Ihr »Werbeprospekt in eigener Sache« insgesamt wird, bestimmen Sie. Ob es nur zwei, drei »Seiten« plus Anlageseiten werden oder sechs bis sieben »Seiten«, ob es ein Deckblatt gibt, oder besser eine Einleitung, eine ausführliche Selbstdarstellung bis hin zum Anlagenverzeichnis mit Überblick über weitere zehn Dokumente – das hängt vor allem von Ihrem Alter und der entsprechenden Berufserfahrung sowie von Ihrer Position (Verantwortung) ab. Und nicht alles, was man als Bewerber zu bieten hat, gehört in die Unterlagen. Da ist oft weniger mehr!

Jetzt zeigen wir Ihnen, welche Abfolge- und Gestaltungsmöglichkeiten Sie haben – bei Ihren Bewerbungsunterlagen allgemein (Dramaturgie) und speziell bei der E-Mail-Bewerbungsvariante. Schematisch sieht das so aus:

Abfolge 1: klassisch

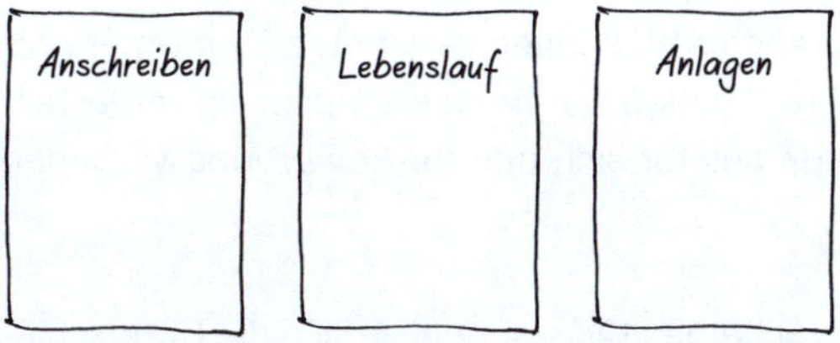

Abfolge 2: erweitert klassisch

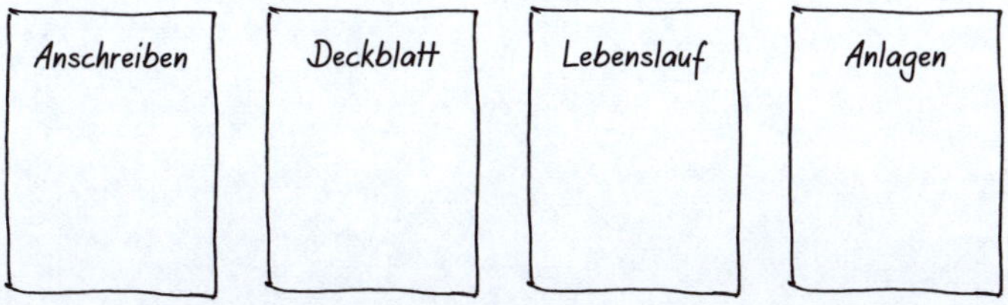

Abfolge 3: erweitert klassisch mit Dritter Seite

Abfolge 4: erweitert klassisch mit Dritter Seite und Anlagenübersicht

Abfolge 5: erweitert klassisch mit Inhaltsübersicht und Dritter Seite

Fünf ganz klassische Abfolge-Versionen (auch Abteilungen genannt, z.T. mit mehr als nur einer Seite Umfang wie hier gezeichnet) haben wir Ihnen exemplarisch vorgestellt und Sie entscheiden, wie und was Sie daraus für sich und Ihr Bewerbungsvorhaben machen.

Bei der E-Mail-Bewerbung variiert dieses Schema etwas, sehen Sie sich die Unterschiede an. Entscheidend ist nur, wie Sie den E-Mail-Maskentext für sich verstehen und nutzen wollen; kurz, mittellang oder sehr ausführlich mit Lebenslaufdaten.

Hinweis: Für den Empfänger ist es am praktischsten, wenn sich alle angehängten Dokumente in einer Datei befinden.

Version 1: mit kurzer E-Mail und Dateianhang mit Anschreiben, Lebenslauf sowie Anlagen

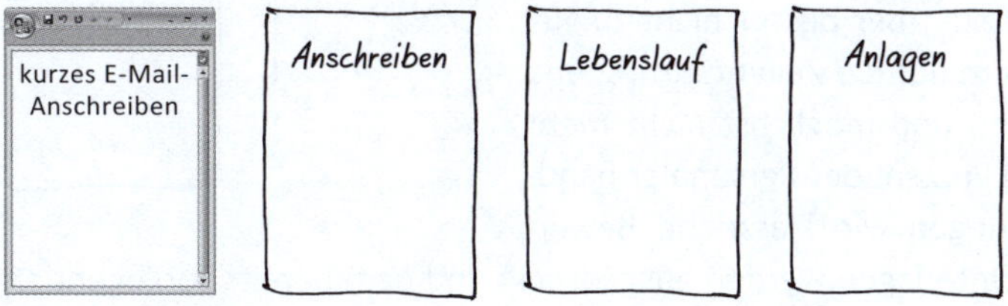

Version 2: mit ausführlicher E-Mail und Dateianhang mit Lebenslauf und wenigen ausgewählten Anlagen

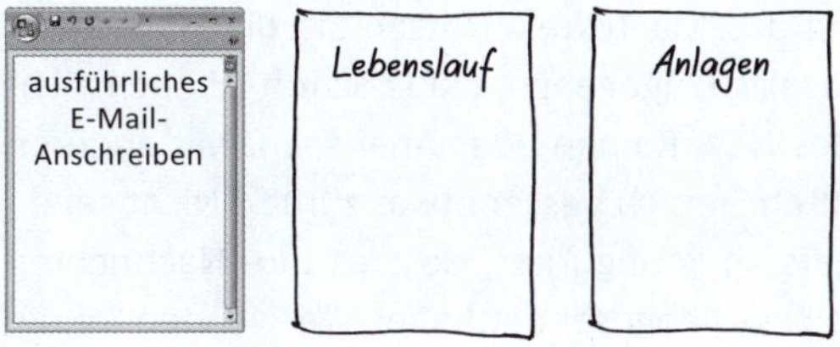

Version 3: mit kurzer E-Mail und Dateianhang mit Anschreiben, Deckblatt, Lebenslauf und Anlagen

Version 4: Dateianhang mit Deckblatt, Lebenslauf, Dritter Seite und Anlagen

Zu den einzelnen Elementen der E-Mail-Bewerbung

Anschreiben

Dieses können Sie durchaus etwas anders gestalten als ein klassisches per Brief versandtes, also z.B. ohne Anschriftenfeld. Aber besser nicht zu viel schreiben, und vor allem auf die Zeilenführung und Absatzgestaltung achten und möglichst nicht mehr als eine Seite! Über 70 Prozent der Personaler handhaben E-Mail-Bewerbungen wie klassische Bewerbungen. Interessante Unterlagen werden ausgedruckt und dem bereits vorliegenden Bewerbungsmappen-Stapel hinzugefügt. Nehmen Sie daher in der Mail selbst schon kurz Bezug auf Ihren beruflichen Werdegang. Das gibt dem Leser einen ersten Überblick, weckt hoffentlich Vorfreude, und lässt das Gefühl aufkommen, hier lohnt sich der Klick, der Blick in die angehängte Datei. Beschränken Sie besser Ihre Kreativität auf den Inhalt, nicht auf die Gestaltung des Mailtextes. Nutzen Sie die klassischen Formatierungen – schwarz auf weiß, einzeilig (zugegeben, blaue Schrift ist auch nicht schlecht und es muss nicht immer Times New Roman oder Arial sein). Mit anderen Textformatierungen (fett, kursiv etc.) halten Sie sich besser etwas zurück. Nicht selten ist das E-Mail-Programm des Empfängers so konfiguriert, dass es Ihre Nachrichten nicht in dem Format lesen kann, in dem Sie es abgesendet haben. Verwenden Sie die einfachsten Standards und keine allzu großen Spielereien!

Kontaktdaten / Unterschrift Ihre Kontaktdaten platzieren Sie bei einer E-Mail am besten am Ende des Nachrichtentextes. Nur wenn sichergestellt ist, dass Ihre HTML-E-Mail auch korrekt empfangen bzw. dekodiert werden kann, lohnt sich die Arbeit, am Ende des Textes Ihre eingescannte Unterschrift einzufügen. Während die eigene Signatur an dieser Stelle also eine interessante Option darstellt, ist sie im angehängten Anschreiben sowie im Lebenslauf fast schon ein ganz klares Muss. Das sieht sehr schön aus, ist persönlicher und kann auch in blauer Schrift formatiert werden – Stichwort: königsblau.

Deckblatt

Hier haben Sie maximalen Spielraum. Ob nur mit der Überschrift »Bewerbung« oder mit Foto, Namen und Anschrift, Geburtsdaten, allen anderen wichtigen Daten und sogar Ihrem Lebensmotto versehen, mit oder ohne ausgangssituativer, beruflicher Beschreibung, Ausbildungs- und Erfahrungshintergrund – Sie sind der »Regisseur«, Sie entscheiden, was und wie viel Sie hier präsentieren. Ein Deckblatt ist keinesfalls ein Muss, aber heute doch sehr üblich (jede dritte Bewerbung).

Lebenslauf

Nach dem Anschreiben folgt Ihr Lebenslauf. Sie dürfen, aber müssen nicht mit einer Seite auskommen. Bis zu drei Seiten, in besonderen Fällen auch vier sind vorstellbar. Gerade aber bei einer E-Mail-Bewerbung ist oftmals weniger mehr.

Da, wie Sie bereits wissen, Anlagen gerne ausgedruckt werden, ist ein gut formatierter Lebenslauf besonders wichtig. Alternativ können Sie ihn auch als absolute Kurzversion direkt in die E-Mail schreiben. Das erspart dem Leser bei der ersten Durchsicht einen zweiten Klick auf eine angehängte Datei und damit Zeit, und könnte im besten Fall »appetitanregend« wirken. Es wäre doch wunderbar, wenn Sie so eine erste Spur legen und Neugierde wecken.

Dritte Seite

Sie dürfen, aber müssen keine Dritte Seite verwenden! Wichtig: Wenn Sie eine Dritte Seite hinzufügen, dann nur ganz exzellent getextet, was voraussetzt, Sie haben über Ihre Botschaft gut nachgedacht und diese sehr sorgfältig formuliert. Und schreiben Sie die Seite bloß nicht zu voll!

Anlageverzeichnis

Damit der Empfänger sich nicht durch die Anlagen »quälen« muss, können Sie ihm hier eine Unterstützung anbieten. Insbesondere bei E-Mail-Bewerbungen müssen aber gar nicht so viele Zeugnisse angefügt werden!

Anlagen

Hier gilt: Oftmals ist weniger mehr. Es kommt jedoch immer noch vor, dass selbst ein 45-Jähriger nach seinem Abiturzeugnis gefragt bzw. aufgefordert wird, es nachzureichen und natürlich kommen hier schnell drei und mehr Seiten zusammen! Aber bitte auch nicht mehr als sechs bis neun Seiten unaufgefordert schicken, und nicht jedes Dokument muss mit allen Seiten beigefügt werden!

Beachten Sie bitte, dass beim Versand von Anlagen idealerweise nur ein zentrales Dokument versandt werden sollte. Das vereinfacht das Abspeichern und Öffnen für die Empfänger und stellt auch sicher, dass keine Unterlagen vergessen werden. Die Datenmenge sollte nicht zu groß sein. Versehen Sie das Dokument mit einem aussagekräftigen Namen, z.B. »bewerbung_anne_schulz_25102010«.

Eine Alternative für die Bezeichnung: Ihr Familienname, Vorname und der Hinweis auf Lebenslauf, Anschreiben oder Zeugnisse wie z. B. »Mueller_Martin_Anschreiben« ist verständlicher als »AN.MM« Achten Sie dann innerhalb des angehängten Dokuments auch auf die richtige Reihenfolge der Texte.

Foto

Scannen Sie Ihr Bewerbungsfoto ein bzw. lassen Sie sich dabei von professioneller Seite helfen – sofern Sie es vom Fotografen nicht ohnehin in digitaler Form erhalten haben. Speichern Sie das eingescannte Bild in einem universell verbreiteten Bildformat ab und fügen Sie es in Ihren Lebenslauf ein. Beachten Sie hierbei, dass das Bild nicht zu viel Speicherplatz einnimmt und damit die Datenmenge Ihrer Bewerbung zu groß wird. Konkret empfehlen wir Ihnen das JPG-Format, das über unterschiedlichste Computersysteme hinweg akzeptiert wird. Alternativ, weil ebenfalls sehr gebräuchlich, können Sie auch ein PDF erstellen.

Lebenslauf, beruflicher Werdegang, CV

Für 90 Prozent aller Personalauswähler und Einsteller ist die Analyse des sogenannten Lebenslaufs entscheidendes Auswahlkriterium – so das Ergebnis einer von uns durchgeführten Befragung der Personalabteilungen führender Unternehmen. Das unterstreicht: Ihr Lebenslauf stellt die entscheidende Weiche für eine Einladung zum Vorstellungsgespräch.

Wichtig: Die Bezeichnung Lebenslauf ist irreführend. Es geht nicht wirklich um den Verlauf Ihres Lebens, sondern darum zu sehen: Aus welcher Situation heraus, von welcher Position mit welchem Hintergrund bewerben Sie sich?

Entscheidende Weichensteller

Zusammen mit dem Bewerbungsanschreiben ist der Lebenslauf das wichtigste Dokument, das für oder gegen Sie spricht. Daher gilt: Die Präsentation muss überzeugen und die Formulierung sehr sorgfältig sein. Rechnen Sie mit einem Zeitaufwand von 10 bis 30 und mehr Stunden. Der tabellarische Lebenslauf gibt Ihrem potenziellen Arbeitgeber in kurzer Form eine Übersicht über Ihren Werdegang. Alle wichtigen Daten sind daraus ersichtlich, Schwerpunkte in Ausbildung und Beruf kann der Leser ohne große Mühe entnehmen. Die Informationen müssen kurz und prägnant sein und sich in logischer Abfolge aneinanderreihen. Achten Sie darauf, dass keine offensichtlichen Lücken auftreten oder dass Sie diese plausibel erklären.

Vielleicht überrascht es Sie: Jeder Lebenslauf ist nur einmal verwendbar. Lebensläufe sind also nicht recycelbar. Denn sie müssen – genauso wie das Bewerbungsanschreiben – der jeweiligen Bewerbung angepasst werden. Aus Ihrem Lebenslauf soll hervorgehen, dass Sie genau dem Anforderungsprofil der angestrebten Stelle entsprechen.

Anpassungsleistung

Eine Anpassungsleistung ist von Ihnen gefordert. So genial Sie auch sein mögen – erst mal müssen Sie beweisen, dass Sie die Spielregeln beherrschen und sich anpassen können. Wenn Sie das Ritual nicht perfekt mitspielen, haben Sie in der Regel kaum eine Chance, bei Ihrer Bewerbung weiterzukommen. Natürlich ist es Ihre Entscheidung, inwieweit Sie Ihrer Individualität Ausdruck verleihen wollen.

Ihr Lebenslauf, wir nennen ihn besser den beruflichen Werdegang, ist das wichtigste Dokument, das für oder gegen Sie spricht. Also muss die Präsentation überzeugen, die Formulierung sehr sorgfältig sein, egal ob Sie ihn per E-Mail verschicken, bereits eine Kurzversion in der Mail-Maske unterbringen oder ihn für das Onlineformular vorbereiten. Rechnen Sie bei der Erstellung mit einem gewissen Zeitaufwand.

Jeder Lebenslauf sollte der jeweiligen Bewerbung »angepasst« werden, genauso wie das Bewerbungsanschreiben. Aus beiden muss hervorgehen, dass Sie genau dem Anforderungsprofil der angestrebten Stelle entsprechen. Für jede Bewerbung benötigen Sie also im Grunde einen neuen Lebenslauf.

Empfehlung: Treten Sie in Ihrem Lebenslauf mit kleinen Zusatzqualifikationen aus der Masse hervor. Vielleicht haben Sie ein berufsspezifisches Ehrenamt oder Engagement, vielleicht ein besonderes Hobby oder eine spezielle Stärke, vielleicht waren Sie im Ausland oder haben sich aktuell aus Eigeninitiative weitergebildet.

Als Faustregel gilt: Ihre Freizeitbeschäftigungen sind dann von besonderem Interesse, wenn sie mit dem Arbeitsplatz und seinen Anforderungen in irgendeiner Verbindung stehen. Beispielsweise sind Ihre aktive Sportbegeisterung und die Tatsache, dass Sie Mannschaftskapitän Ihres Handballteams sind, dann von besonderem Informationswert, wenn Sie einen Beruf wählen, in dem es auf Ihre soziale Kompetenz ankommt. (Sportaktive gelten als sehr soziale Menschen). Wenn Sie z.B. Kassenwart in einem Verein waren, zieht ein Personalchef möglicherweise Rückschlüsse auf Ihre Zuverlässigkeit, Genauigkeit und Vertrauenswürdigkeit.

Der entscheidende Gedanke bei der Gestaltung des Lebenslaufes ist: Was könnte Sie bei dem angestrebten Arbeitsplatz in den Augen des Arbeitsplatzanbieters interessant machen, aufwerten und von anderen Mitbewerbern positiv unterscheiden? Neben Kompetenz und Leistungsmotivation geht es besonders um Ihre Persönlichkeit. Dabei sagen Ihr Hobby und Ihre Interessen eine ganze Menge über Sie als Menschen aus.

Form / Umfang

Was ist für die Gestaltung Ihres Lebenslaufs das Wichtigste? Ein Lebenslauf gehorcht den Prinzipien »Kürze« und »Klarheit«. Die Informationen und Argumente, die für Ihre Person sprechen, müssen auf den ersten Blick ins Auge stechen.

Diese Kürze und Klarheit muss mittels eines geeigneten Layouts auch optisch transportiert werden. Eine bis maximal vier Seiten sollten Sie dafür veranschlagen.

Handgeschriebene Lebensläufe sind nur auf ausdrückliche Aufforderung hin einzureichen. Wir halten diese Forderung im Übrigen für überflüssig – ein handgeschriebener Lebenslauf kann nie gut aussehen und sprengt auch vom Platz her mit Sicherheit den Rahmen. Unsere Empfehlung in dieser Angelegenheit: Widersetzen Sie sich diesem Wunsch und steuern Sie lieber ein anderes handgeschriebenes Blatt bei, auf dem Sie eine zusätzliche Werbung in eigener Sache platzieren.

Gliederung

Grundsätzlich sind zwei Möglichkeiten zu unterscheiden. Am meisten verbreitet ist die chronologische Variante. Sie schreiben die Eckdaten der Zeitfolge nach auf, von der Schulbildung bis zur derzeitigen Tätigkeit. Dabei haben Sie wiederum die Auswahl, ob Sie mit Ihrer aktuellen Situation beginnen und auf der Zeitachse zurückgehen (sogenannte französische bzw. amerikanische und moderne, bevorzugte Form) oder ob Sie die Ereignisse nacheinander erzählen bis zum heutigen Zeitpunkt (sogenannte deutsche und klassische Form), was immer weniger praktiziert wird.

Inhalt

Viele Angaben im Lebenslauf sind »Kann-Bestimmungen«. Die Angabe des Familienstandes ist beispielsweise nicht zwingend notwendig. Abzuraten ist von Selbstbeschreibungen wie »geschieden« oder »wieder verheiratet« – gegebenenfalls schreiben Sie »verheiratet« oder »unverheiratet«. Folgendes Schema ist eine Orientierung für die Gestaltung Ihres Lebenslaufs.

1. Persönliche Daten

- Vor- und Zuname
- Anschrift, Telefon
- Geburtsdatum und -ort
- Religionszugehörigkeit (nur wenn arbeitsplatzbezogen wichtig)
- Familienstand, ggf. Zahl und Alter der Kinder
- ggf. Name und Beruf des Ehepartners
- Staatsangehörigkeit (bei Ausländern oder ausländisch klingenden Namen)

2. Berufstätigkeit

- Art der Berufsausbildung
- Ausbildungsfirma/-institution (mit Ortsangabe)
- Abschluss/Berufsbezeichnungen
- Positionen, evtl. Kurzbeschreibung
- Arbeitgeber (Orte und Zeitangaben)

3. Berufliche Weiterbildung

- Alles, was mit der Berufspraxis in Zusammenhang steht.

4. Ausbildung/Studium

- Fachrichtung/Fächer
- Universität und Abschlüsse
- ggf. Schwerpunkte
- ggf. Thema der Examensarbeit/Promotion

5. Schulausbildung

- besuchte Schulen (Typen)
- Schulabschluss (Zeitangabe in Jahren)

6. Außerberufliche Weiterbildung

- Kurse (Vorsicht bei der Auswahl!): Fremdsprachen ja, Fallschirmspringen und Esoterik-Kurs nein

7. Besondere Kenntnisse

- Fremdsprachen, EDV, Führerschein, andere Scheine und Qualifikationen

8. Hobbys / Interessen, ehrenamtliches oder soziales Engagement, Sport, evtl. sogar Politik

- Überlegen Sie stets, welches Bild Sie dabei von sich entwerfen und ob diese Tätigkeiten zu Ihrer Bewerbung um diesen Arbeitsplatz passen.

9. Sonderinformationen

- z.B. über Auslandsaufenthalte, Praktika, oder eine zusätzliche Erklärung, warum Sie diesen Arbeitsplatz wünschen

10. Foto

- Ein professionelles Foto z.B. oben rechts auf den Lebenslauf kleben oder besser auf eine Deckblattseite. Das Foto keinesfalls klammern oder heften.
- Sie können auch sehr gute Kopien digitaler Fotos auf hochwertigem Fotopapier verwenden – oder Sie fügen das Digitalfoto direkt in die Datei des Lebenslaufs ein und drucken diesen mit einem leistungsfähigen Drucker.
- Auch wenn Sie Ihre Bewerbung per Mail verschicken (s. S. 371), achten Sie auf eine ausreichend hohe Auflösung des Fotos!

So könnte die Abfolge aussehen. Dabei ist das Foto sicherlich sehr wichtig und wird hier eigentlich zu Unrecht am Schluss aufgeführt. Unsere zahlreichen Lebenslaufbeispiele, die Sie auf den folgenden Seiten finden, sollen Ihnen verdeutlichen, wie groß Ihr Gestaltungsspielraum ist.

Kommentierte Beispiele

Nun folgen vier Lebensläufe eines Diplom-Ingenieurs mit anschließendem Kommentar. Sie sehen nun in praktischer Ausführung die wichtigsten Möglichkeiten, den Lebenslauf zu strukturieren (chronologisch, zielgerichtet, funktional, kreativ).

Chronologischer Lebenslauf

Simon Lehmann – Dipl.-Ing. (FH)

Steubenstr. 5
28207 Bremen
Tel.: 0421 4568909 / E-Mail: slehmann@freenet.de

geboren am: 30. August 1973
Geburtsort: Münster / Westfalen

Berufserfahrung

2011 bis heute
IKROM AG, Berlin
Leiter Qualitätswesen

- direkte Personalverantwortung für 25 Mitarbeiter der Abteilung Qualitätswesen
- langjährige Kompetenz in den Bereichen der Qualitätsplanung, -technik und -berichterstattung
- Erstellung und Pflege eines QM-Systems nach DIN EN ISO 9001
- Durchführung von internen und externen Qualitätsaudits
- Durchführung von betriebsinternen Qualitätsschulungen
- Projektmanagement im Bereich Qualitätssicherung
- Mitarbeit bei der Einführung von Fertigungsinseln, Lean Management und anderen Restrukturierungsmaßnahmen

2005 - 2010
Energie GmbH, Werk Bremen
Gruppenleiter Qualitätssicherung

- Gruppenleitung von 20 Mitarbeitern
- Durchführung von Wareneingangs- und Fertigungsprüfungen
- Aufbau eines Qualitätssicherungssystems
- Konzeption von Verfahrens- und Prüfanweisungen
- Auswertung von statistischen Messdaten
- Mitarbeit beim Aufbau eines QS-Systems im Werk Spanien

Ausbildung

2013	Deutsche Gesellschaft für Qualität (DGQ), München zum DGQ-Auditor / EOQ Quality Auditor
2008 - 2010	zum Qualitätsfachingenieur DGQ
2005 - 2007	zum Qualitätstechniker DGQ
1999 - 2004	Technische Fachhochschule (TFH), Hannover Diplom-Ingenieur Fachrichtung Maschinenbau

Mitgliedschaften

Verein Deutscher Ingenieure (VDI) – Sektionsleiter in Berlin

Zielgerichteter Lebenslauf

Simon Lehmann – Dipl.-Ing. (FH)

Steubenstr. 5
28207 Bremen
Tel.: 0421 4568909 / E-Mail: slehmann@freenet.de

geboren am:	30. August 1973
Geburtsort:	Münster / Westfalen

Berufsziel: Bereichsleiter Qualitätsmanagement

Berufserfahrungen

- Führungsqualifikation
- fundierte Kenntnisse in allen Bereichen der Qualitätsplanung, -technik und -berichterstattung
- Aufbau und Pflege von QM-Systemen
- Projektmanagement im Bereich Qualitätssicherung
- Durchführung von internen und externen Qualitätsaudits
- Durchführung von betriebsinternen Qualitätsschulungen
- statistische Auswertung von Messdaten

Arbeitsergebnisse

- Gruppenleitung von 25 Mitarbeitern
- Erstellung und Pflege eines QM-Systems nach DIN EN ISO 9001
- Mitarbeit bei der Einführung von Fertigungsinseln, Lean Management und anderen Restrukturierungsmaßnahmen
- Durchführung von Wareneingangs- und Fertigungsprüfungen
- Aufbau eines Qualitätssicherungssystems
- Konzeption von Verfahrens- und Prüfanweisungen
- Mitarbeit beim Aufbau eines QS-Systems

Berufsstationen

2011 bis heute	IKROM AG, Berlin **Leiter Qualitätswesen**
2005 - 2010	Energie GmbH, Werk Bremen **Gruppenleiter Qualitätssicherung**

Ausbildung

2013	Deutsche Gesellschaft für Qualität (DGQ), München zum DGQ-Auditor / EOQ Quality Auditor
2008 - 2010	zum Qualitätsfachingenieur DGQ
2005 - 2007	zum Qualitätstechniker DGQ
1999 - 2004	Technische Fachhochschule (TFH), Hannover Diplom-Ingenieur Fachrichtung Maschinenbau

Mitgliedschaften

Verein Deutscher Ingenieure (VDI) – Sektionsleiter in Berlin

Funktionaler Lebenslauf

Simon Lehmann – Dipl.-Ing. (FH)

Steubenstr. 5
28207 Bremen
Tel.: 0421 4568909 / E-Mail: slehmann@freenet.de

geboren am: 30. August 1973
Geburtsort: Münster / Westfalen

Abteilungsleiter Qualitätswesen

- direkte Personalverantwortung für 25 Mitarbeiter der Abteilung Qualitätswesen
- langjährige Kompetenz in den Bereichen der Qualitätsplanung, -technik und -berichterstattung
- Erstellung und Pflege eines QM-Systems nach DIN EN ISO 9001
- Durchführung von internen und externen Qualitätsaudits
- Durchführung von betriebsinternen Qualitätsschulungen
- Projektmanagement im Bereich Qualitätssicherung
- Mitarbeit bei der Einführung von Fertigungsinseln, Lean Management und anderen Restrukturierungsmaßnahmen

Gruppenleiter Qualitätssicherung

- Gruppenleitung von 20 Mitarbeitern
- Durchführung von Wareneingangs- und Fertigungsprüfungen
- Aufbau eines Qualitätssicherungssystems
- Konzeption von Verfahrens- und Prüfanweisungen
- Auswertung von statistischen Messdaten
- Mitarbeit beim Aufbau eines QS-Systems im Werk Spanien

Betriebsschlosser

- fundierte Fachkenntnisse durch 7-jährige Berufspraxis
- Reparatur und Wartung von Werkzeugmaschinen für die Stanzindustrie

Berufsstationen

2011 bis heute	IKROM AG, Bremen – Leiter Qualitätswesen
2005 - 2010	Energie GmbH, Werk Bremen – Gruppenleiter Qualitätssicherung
1992 - 1999	3 verschiedene Firmen der Metallindustrie, Hannover und Berlin

Mitgliedschaften

Verein Deutscher Ingenieure (VDI) – Sektionsleiter in Berlin

Ausbildung

2013	Deutsche Gesellschaft für Qualität (DGQ), München zum DGQ-Auditor / EOQ Quality Auditor
2008 - 2010	zum Qualitätsfachingenieur DGQ
1999 - 2004	Technische Fachhochschule (TFH), Hannover Diplom-Ingenieur Fachrichtung Maschinenbau

Kreativer Lebenslauf

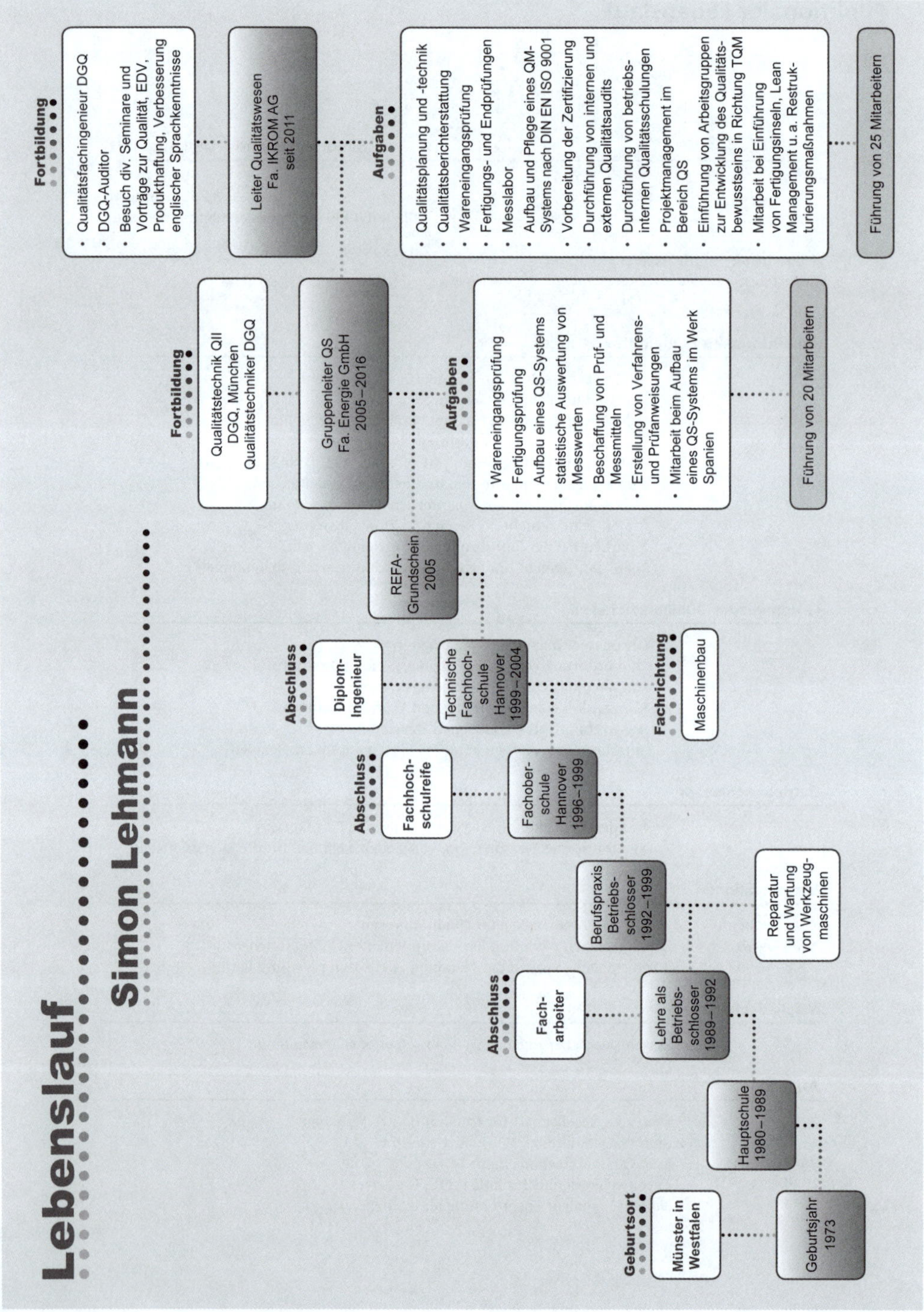

Zu den Lebenslauf-Varianten von Simon Lehmann

Hier haben wir Ihnen vier separate Lebensläufe zu diesem Bewerber vorgestellt, die jeweils in einer sehr kurzen und knappen Form auf nur einer Seite das Wesentliche präsentieren. Mit diesen Beispielen möchten wir Ihnen demonstrieren, dass Ihrer Kreativität bei der Gestaltung Ihres Lebenslaufes fast keine Grenzen gesetzt sind. Die Form kann je nach Funktion ganz unterschiedlich aussehen und jeweils einem besonderen Zweck dienen.

Chronologischer Lebenslauf

In der ersten Variante werden nach den persönlichen Daten die Berufserfahrung, Ausbildung und Mitgliedschaften in komprimierter Form dargestellt. Es wird beim beruflichen Werdegang bewusst »Berufserfahrung« als Überschrift gewählt und das letzte Arbeitsverhältnis als Erstes aufgeführt. Beachten Sie auch, dass dieser Stellung der meiste Platz eingeräumt wird. Die Berufspositionen und Firmen werden hervorgehoben und die Aufgaben und Erfolge des Bewerbers genau beschrieben. Aus Platzgründen werden nur die letzten beiden Arbeitsstationen angegeben.

Dieser chronologische Lebenslauf entspricht, von geringfügigen Abweichungen abgesehen, der gängigsten Form, mit der die Arbeitsplatzanbieter vertraut sind. Die Anwendung ist zu empfehlen, wenn Sie im gleichen Berufsfeld bleiben möchten, Ihr Aufstieg auf der Karriereleiter gut zu erkennen ist und Sie die letzte Position besonders hervorheben wollen.

Zielgerichteter Lebenslauf

Bei der zweiten Variante fällt als Erstes die Überschrift »Berufsziel« ins Auge. Es werden ohne Daten die Berufserfahrungen und Arbeitsergebnisse betont. Erst danach folgen mit Zeitangaben die letzten Berufsstationen, Ausbildung und ggf. Mitgliedschaften.

Dieser zielgerichtete Lebenslauf bietet sich an, wenn Sie ein klares Berufsziel vor Augen haben. Es ist allerdings unabdingbar, das gewünschte Berufsfeld sorgfältig erforscht zu haben. Sie sollten vor allem zukunftsbezogene Fähigkeiten präsentieren und diese durch Ergebnisse und Leistungen unterstützen. Bei dieser Form können Sie auch Kenntnisse aufführen, die Sie bisher beruflich noch nicht eingesetzt haben. Nicht zu empfehlen ist dieser Lebenslauf jedoch, wenn Sie sich Ihrer Fähigkeiten nicht ganz sicher sind oder erst am Anfang Ihrer Karriere stehen und deshalb kaum Erfahrung besitzen.

Funktionaler Lebenslauf

Ohne Zeitangaben werden die wichtigsten Fähigkeiten des Bewerbers nach Sachgebieten gegliedert beschrieben, das heißt mit den Überschriften »Abteilungsleiter Qualitätswesen«, »Gruppenleiter Qualitätssicherung« und »Betriebsschlosser« versehen. Wie beim zielgerichteten Lebenslauf werden erst danach die Berufsstationen, Mitgliedschaften und Ausbildung mit zeitlichen Daten aufgelistet.

Bei dem funktionalen Lebenslauf können Sie also Ihre Schwerpunkte und Stärken – nach Sachgebieten gegliedert – sehr gut unterstreichen und in eine Reihenfolge bringen, die auf Ihr Berufsziel zugeschnitten ist. Da Sie bei dieser Darstellung nicht an eine chronologische Auflistung gebunden sind, ist sie zu empfehlen, wenn Lücken (s. S. 336) und unproduktive Phasen in Ihrer beruflichen Entwicklung bestehen. Sie können sie ferner wählen, falls Sie einen Karrierewechsel vorhaben, viele verschiedene zusammenhanglose Tätigkeiten hatten oder gar Ihre erste Stelle suchen. Ebenso wie in der zielgerichteten Form können Sie hier Erfahrungen und Fähigkeiten hervorheben, die Sie sich in Ihrer Freizeit oder durch ehrenamtliche Tätigkeiten angeeignet haben.

Der Nachteil dieser Version ist der Aufwand, denn für jede einzelne Stelle muss dieser Lebenslauf neu gegliedert werden. Wie beim zielgerichteten Lebenslauf sind die Arbeitsplatzanbieter nicht an diese Form der Darstellung gewöhnt. Daher könnte sie zunächst Verwirrung hervorrufen. Es liegt also an Ihnen, durch Ihre Bewerbungsunterlagen diese eventuell fehlende Gewöhntheit auszubalancieren, indem Sie durch das Gesamtbild Ihres Werbeprospektes in eigener Sache überzeugen.

Kreativer Lebenslauf

Die letzte Version stellt eine besonders innovative Lebenslaufform dar. Wie wirkt diese Form auf Sie? Mit diesem Schaubild sind die einzelnen beruflichen Stationen grafisch klar und übersichtlich dargestellt. Bei den letzten beiden beruflichen Positionen sind auch die wichtigsten Aufgaben aufgelistet. Insgesamt kommt der berufliche Aufstieg sehr gut zur Geltung. Eine wirklich überzeugende, gelungene Präsentation!

Das Verfassen solch eines kreativen Lebenslaufes sollte allerdings gut überlegt sein. In sehr konservativen Bereichen (z. B. öffentlicher Dienst, Banken etc.) ist diese Form sicherlich nicht angebracht. Sie wählen diese Darstellung besser auch nur dann, wenn Sie wirklich in der Lage sind, etwas Überraschendes und Kreatives zu produzieren. Anwendungsmöglichkeiten bieten z. B. die Berufsbereiche: Schauspieler, Werbetexter, Produktmanager oder Journalisten. Ein Werbetexter könnte eine gut geschriebene Anzeige über sich selbst verfassen, ein Produktmanager sich selbst als » Produkt « darstellen. Je moderner das gewünschte Unternehmen ist, in dem Sie sich vorstellen möchten, desto unkonventioneller kann Ihre Präsentation ausfallen. Bleibt hier nur noch die Frage, wo das Foto platziert wird. Vorschlag: im Anschreiben.

Grundsätzlich zur Platzierung des Fotos

Wenn man sich nicht für ein kleines Foto oben rechts unterhalb der Briefkopf-Absender-Gestaltung entscheiden will, bietet sich noch ein Deckblatt an, das neben dem Foto auch die persönlichen Daten des Bewerbers enthält, oder man platziert das Foto auf dem Anschreiben im oberen Bereich.

Kinder und Familienphase

Oft erschrecken Personalchefs, wenn sie im Lebenslauf lesen, dass die Bewerberin oder der Bewerber ein oder mehrere kleine Kinder hat. Sie sind nicht dazu verpflichtet, Ihre Kinder anzugeben. Wenn Sie den Nachwuchs aber nicht einfach unterschlagen wollen, können Sie einen kurzen Vermerk in Klammern dahintersetzen, z. B. zwei Kinder (deren Versorgung durch die Groß-, Schwiegereltern, Tante/die Kinderkrippe sichergestellt ist).

Und ein Hinweis zu den sogenannten »weißen Stellen« im Lebenslauf: Sollten Sie keine lückenlose Berufspraxis vorzuweisen haben, so stellen Sie dies deutlich und selbstbewusst als Familienphase bzw.-arbeit heraus. In dieser Zeit haben Sie unendlich viel gelernt, was sich sinnvoll für Ihr berufliches Leben nutzen lässt, wie Organisation, Erziehung, Flexibilität, Belastbarkeit, Zeitmanagement etc.

Also noch einmal ganz deutlich: Sie waren nicht nur Hausfrau und Mutter, sondern Chefin eines eigenen funktionierenden »Unternehmens« – umgekehrt gilt das natürlich auch für Männer, die Elternzeit genommen haben. Führen Sie sich diese Qualifizierung immer wieder vor Augen.

Europass Lebenslauf

Über die EU und die Euro-Währung sind wir wirtschaftlich (und nicht nur das) stark mit unseren Nachbarländern verbunden. Europa wächst immer mehr zusammen und das hat auch Bedeutung für das Bewerben um einen Arbeitsplatz. Und natürlich regt sich da eine neue Regelungspolitik.

Es gibt folgende europäische Initiative: Das Nationale Europass Center (NEC) in der Nationalen Agentur Bildung für Europa, angesiedelt beim Bundesinstitut für Berufsbildung (kurz: NA beim BIBB) wirbt dafür, dass Sie Ihre Bewerbung in einer dezidierten Form erstellen können, dem Europass Lebenslauf. Klar, übersichtlich und korrekt – das seien die drei wesentlichen Vorteile, die den Europass Lebenslauf auszeichnen und zu einem Plus für jede Bewerbung machen, so die Argumente. Das sehen und beurteilen wir ein wenig anders und empfehlen Ihnen hier, noch nicht dieser schematischen Struktur zu folgen. Es kann sein, dass sich das in wenigen Jahren ändert; aktuell jedenfalls werden Sie mit dem Formular viele Empfänger (klassisch: Arbeitgeber) hierzulande eher irritieren. Wenn Sie sich im nicht deutschsprachigen Ausland bewerben, sieht es vielleicht schon ein wenig anders aus (ehrlich gesagt, in Italien wissen geschätzte 95 % der Arbeitgeber damit überhaupt nichts anzufangen, so die Meinung einer in Deutschland lebenden und arbeitenden Italienerin), und auch in den DACH-Ländern (steht für Deutschland, Österreich und die Schweiz) empfehlen wir Ihnen, Ihre eigene Form der Selbstdarstellung und des Verlaufes Ihrer Ausbildungs- und Erfahrungsstationen zu wählen. Ganz zweifellos haben sich die Macher und Anbieter unter www.europass-info.de etwas Besonderes ausgedacht und, insbesondere was den Profilpass anbetrifft, auch wirklich etwas Gutes einfallen lassen (also ruhig anschauen!).

Gleichwohl: Wir empfehlen Ihnen ganz klar, sich mit einer eigenen Form an Ihren möglichen Auftraggeber/Kunden (altmodisch: Arbeitgeber) zu wenden. Anregungen können Sie sich überall holen, speziell hier im Buch; standardisierte Formen, eine Art Vordruck sind eher ungünstig.

Checkliste für Ihren Lebenslauf

- ○ Der Leitfaden wird durch die Keywords bestimmt: Kompetenz, Leistungsmotivation, Persönlichkeit (KLP).
- ○ Konzentrieren Sie sich auf Leistungen (Ergebnisse), Fähigkeiten und Persönlichkeitsmerkmale, die Sie vorweisen und belegen können.
- ○ Schreiben Sie möglichst nichts, was Sie nicht auch gegebenenfalls (mündlich) beweisen können.
- ○ Je weiter Sie in der Zeit zurückgehen, desto weniger Einzelheiten sollten Sie nennen. Zeigen Sie dem Arbeitgeber Ihre jüngsten Erfolge, die sich unmittelbar auf die aktuellen Anforderungen des Arbeitsmarktes beziehen. Wenn Sie vor zehn Jahren EDV-Experte waren, interessiert das heute niemanden mehr.
- ○ Ihr Lebenslauf muss leicht zu lesen sein. Achten Sie deshalb auf richtige Abstände und Ränder und vermeiden Sie »Überfüllung«.
- ○ Gebrauchen Sie Abkürzungen nur, wenn Sie eindeutig und gängig sind. Ansonsten unbedingt erklären! Seien Sie klar und präzise.
- ○ Belegen Sie Erfolge nach Möglichkeit mit Zahlen.
- ○ Orientieren Sie sich an unseren Beispielen.
- ○ Vermeiden Sie Übertreibungen und nichtssagende Ausdrücke.
- ○ Es reicht bei Ausbildungs-, Studien- und Beschäftigungsdauer in der Regel die Jahresangabe. Wenn Sie während Ihrer Tätigkeit für einen Arbeitgeber befördert wurden, können Sie den entsprechenden Monat in Klammern hinter die einzelnen Berufs- bzw. Kompetenzbezeichnungen setzen.
- ○ Liefern Sie nur so viele Informationen, wie nötig sind, um das Interesse des Lesers zu wecken; zu viele Details können Ihnen schaden.
- ○ Den Arbeitsplatzanbieter interessiert, ob Sie über die Kenntnisse verfügen, die er braucht. Wenn aus Ihrem Lebenslauf nicht deutlich die entsprechende Kompetenz hervorgeht, wird es keine Einladung zum Vorstellungsgespräch geben.
- ○ Testen Sie Ihren Lebenslauf, bevor Sie ihn losschicken. Bitten Sie Freunde um ihre Eindrücke, nutzen Sie Ihr Beziehungsnetzwerk. Achten Sie darauf, wie Ihr Lebenslauf ankommt. Vermittelt er eine überzeugende Botschaft? Tritt Ihre Aussage deutlich genug hervor? Ist Ihr Lebenslauf interessant? Hat er die Kraft, neugierig zu machen?
- ○ Ihr Lebenslauf ist wie ein Foto von Ihnen. Sie müssen sich mit ihm als »Werbemittel« wohlfühlen. Wenn er Sie nicht von Ihrer besten Seite zeigt, überarbeiten Sie ihn so lange, bis dieses Ziel erreicht ist.
- ○ Mit jedem (faulen) Kompromiss verschwenden Sie Zeit und Geld. Geben Sie sich daher bei der Erstellung Ihrer Unterlagen stets allergrößte Mühe. Lassen Sie sich ggf. von einem Bewerbungscoach beraten.

Persönliche Daten

Vor- und Zuname
Anschrift, Telefon (besser auf der Deckblattseite)
Geburtsdatum und -ort
Religionszugehörigkeit
(nur wenn arbeitsplatzbezogen wichtig)
Familienstand, ggf. Zahl und Alter der Kinder
Ggf. Name und Beruf des Ehepartners (muss nicht sein)
Staatsangehörigkeit (bei Ausländern)

Foto

Ein professionelles Foto, z. B. oben rechts einscannen oder auch als Foto einkleben!

Schulausbildung

Zeitangaben	Besuchte Schulen (Typen) Schulabschluss (Zeitangabe in Jahren)

Berufsausbildung / Studium

Zeitangaben	Ausbildender Betrieb, ggf. Schwerpunkte, Abschluss, Berufsbezeichnung usw.

Hochschulstudium

Zeitangaben	Fach / Fächer, Universität und Abschlüsse, ggf. Schwerpunkte, ggf. Thema der Examensarbeit / Promotion

Berufstätigkeit

Zeitangaben	Positionen, evtl. Kurzbeschreibung Arbeitgeber (Orte und Zeitangaben)

Berufliche Weiterbildung

Zeitangaben	Alles, was mit der Berufspraxis in Zusammenhang steht

Außerberufliche Weiterbildung

Zeitangaben	Kurse, aber Vorsicht bei der Auswahl: Fremdsprachen ja, Fallschirmspringen und Esoterik-Kurs nein

Besondere Kenntnisse

Fremdsprachen, EDV, Führerschein, andere Scheine und Qualifikationen

Hobbys / Interessen, ehrenamtliches oder soziales Engagement, Sport, Politik

Überlegen Sie stets, welches Bild Sie dabei von sich entwerfen und ob diese Tätigkeiten zu Ihrer Bewerbung um diesen Arbeitsplatz passen.

Sonderinformationen

Z. B. über Auslandsaufenthalte, Praktika
Hier könnten Sie auch eine zusätzliche Erklärung unterbringen, warum Sie diesen Arbeitsplatz wünschen.

Foto

»Bild schlägt Text« ist eine Journalistenregel, die deutlich die Wirkungskraft von Bildern unterstreicht. Bei Ihrem Bewerbungsfoto ist das genauso. Der Personalchef wird als Erstes das Foto unter die Lupe nehmen und sich in Sekundenschnelle ein Urteil bilden: Was für einen Eindruck macht dieser Mensch? Wirkt er sympathisch oder unsympathisch? Mürrisch oder freundlich? Zugewandt oder verschlossen? Und mit diesem Bild im Hinterkopf (und der schnellen Meinung, die er sich gemacht hat) beginnt der Chef, Ihre Bewerbung durchzulesen, egal ob Sie sich für die digitale oder klassische Form entschieden haben.

Es geht um den ersten Eindruck. Wenn Sie mit Ihrem Foto schon zu Beginn des Auswahlverfahrens Sympathie hervorrufen, haben Sie ganz einfach die besseren Chancen. Besonders dann, wenn die Qualifikationsnachweise doch nicht perfekt sind. Das heißt: Benutzen Sie keinen Fotoautomaten, sondern gehen Sie zum Fotografen. Abgesehen von den automatenüblichen Fehlbelichtungen und verzerrten Farbgebungen wird sich ein solches Billigverfahren auch negativ auf die Beurteilung Ihrer Persönlichkeit auswirken. Man könnte Sie für geizig halten, Ihr Selbstwertgefühl für wenig ausgeprägt, Ihre Motivation für die Bewerbung als zu gering. Ein Personalberater: »Aus der Qualität des Fotos ergibt sich ein Hinweis auf die Zielstrebigkeit des Bewerbers.«

Ihr Foto als wichtigster Sympathieträger

Übrigens: Eingescannte Fotos oder exzellente Kopien sind heute voll akzeptiert.

Auch beim Format ist Vorsicht angebracht. Ein winziges Foto legt die Deutung nahe, dass Sie sich nicht wichtig genug nehmen. Umgekehrt spricht ein Postkartenporträt Bände über Ihre Eitelkeit. Wir zeigen Ihnen hier interessantere Formate und auch attraktivere Bildausschnitte. Der Kopf darf angeschnitten sein und wirkt so viel dynamischer und spannender.

Wir empfehlen ein Schwarz-Weiß-Foto. Das wirkt sowohl zurückhaltender als auch interessanter. Es lässt dem Betrachter mehr Interpretationsmöglichkeiten bei der Beurteilung Ihres Gesichts. Falls Sie dennoch ein Farbfoto vorziehen, wählen Sie dezente Kleidung und – für die Damen – sparsames Make-up.

Apropos Kleidung: Von einem offenen Hemdkragen ist ebenso abzuraten wie von einem tiefen Dekolleté. Wählen Sie die Kleidung, die dem von Ihnen angestrebten Berufsstand angemessen ist. Die Haare sollten gepflegt sein und auf keinen Fall die Augen verdecken – Sie haben doch nichts zu verbergen. Männer sollten sich vor dem Fototermin rasieren. Ansonsten gilt: Lächeln Sie, was das Zeug hält, machen Sie ein freundliches Gesicht.

Wir raten Ihnen, mehrere Fotos anfertigen zu lassen, diese dann (wohlmeinenden) Freunden zur Beurteilung vorzulegen und gemeinsam das beste auszuwählen.

Wo Sie das Bild platzieren, bleibt Ihnen überlassen: entweder auf dem Umschlag bzw. Deckblatt Ihrer Bewerbungsunterlagen, auf der ersten oder zweiten Seite, je nachdem, wie Sie Ihren beruflichen Werdegang bzw. Lebenslauf präsentieren.

Gelungene Bewerbungsfotos

Foto 1

Foto 2

Foto 3

Foto 4

Foto 5

Foto 6

Foto 1: Ein sehr außergewöhnliches Format, ein heller, fast weißer Hintergrund und ein leicht angeschnittener Kopf lösen sofort Interesse aus, machen dieses Bild zum Hingucker und transportieren viel Sympathie.

Foto 2: Eher der Klassiker, aber wegen der Helligkeit allein auf dem Gesicht – verstärkt durch das weiße Hemd – schon sehr auffällig.

Foto 3: Und hier haben wir ein besonderes, quadratisches Format mit angeschnittenem Kopf wie bei fast allen anderen Fotos. Mit dem Hintergrund und der Zeitschrift als Requisite sehr außergewöhnlich!

Foto 4: Ganz starke Zentrierung auf das Gesicht, klassisches Format, aber starker Anschnitt machen das Foto sehr wirkungsvoll, weil man sich auch direkt angeschaut fühlt!

Foto 5: Quadratisch mit deutlicher Konzentration auf dem Gesicht, gut ausgefüllt mit leichtem Anschnitt. Das Foto wirkt!

Foto 6: Interessantes Format, gut ausgefüllt, leicht angeschnitten, ein deutlicher Hingucker. Darauf verweilt das Auge länger.

Dritte Seite

Personalentscheider stehen oft unter Zeitdruck. So kann es leicht passieren, dass die im Bewerbungsanschreiben vorgetragenen Informationen und »Verkaufsargumente« wegen der Vielzahl der eingehenden Bewerbungsunterlagen gar keine oder viel zu wenig Beachtung finden.

Häufig wird der Text des Anschreibens – wenn überhaupt – blitzschnell überflogen (30 Sekunden bis maximal 1,5 Minuten). Der professionelle Leser wendet sich dann in der Regel schnell den Bewerbungsunterlagen, insbesondere dem Foto des Bewerbers, der beruflichen Ausgangssituation, seinen Interessen, Hobbys oder sonstigen Kenntnissen, den formalen Ausbildungs- und Arbeitsdaten zu. Erst wenn dies geschehen und ein positives Zwischenresultat im Kopf des Lesers abgespeichert ist, finden die weiteren Anlagen – meist Arbeits- und Ausbildungszeugnisse – Beachtung. Was also tun?

Interesse auslösen, Spannung erzeugen

Fügen Sie doch die sogenannte Dritte Seite bei. Beim Blättern in Ihren Unterlagen stößt der Personalchef auf die für ihn unerwartete Seite mit beispielsweise der Überschrift:

- Was mir wichtig ist
  oder
- Was Sie noch wissen sollten

Wer könnte da widerstehen? Dieser Text wird bestimmt – trotz allen Zeitdrucks – sehr aufmerksam gelesen und zur Kenntnis genommen. Wem es an dieser Stelle gelingt, in wenigen kurzen Sätzen das richtige Bild zu vermitteln, kann – wenn die anderen Eckdaten stimmen – mit einer Einladung zum Vorstellungsgespräch rechnen.

Diese Dritte Seite könnte Sie positiv von der Menge der eingesandten Bewerbungsunterlagen unterscheiden, wenn sie wirklich gut getextet ist. Eine fantastische Chance für Sie als Bewerber, als »Drehbuchautor« und »Regisseur« Ihrer »Verkaufs-« (d.h. Bewerbungs-)Unterlagen.

Diese zusätzliche, sich an den Lebenslauf, beruflichen Werdegang etc. anschließende Seite hat vielen von uns beratenen Bewerbern eine Einladung zum Vorstellungsgespräch eingebracht.

Etwas bekannter und bereits Bewerbungsstandard ist an dieser Stelle vielleicht eine Extraseite mit der Auflistung von Publikationen (so Sie welche zu verzeichnen haben, ggf. Master- oder Diplomarbeit o.Ä., Kurzzusammenfassung, Ergebnisse), der Skizzierung von besuchten Fortbildungsveranstaltungen, besonderen Arbeitsschwerpunkten oder Projekten, die für Sie als den richtigen Kandidaten sprechen.

Bisweilen wird sogar eine Handschriftenprobe abverlangt, und manche Kandidaten schreiben dann offensichtlich in Ermangelung einer kreativen Idee skurrile Texte aus der Zeitung ab, was auch eine Art Dritte Seite darstellt.

Unsere Dritte Seite kann zusätzlich oder alternativ verwendet werden und transportiert richtig konzipiert die entscheidenden Argumente, warum Sie als Bewerber unbedingt in die engere Auswahl gehören, also zum Vorstellungsgespräch eingeladen werden und den vakanten Arbeitsplatz einnehmen sollten.

Ob handschriftlich mit blauer Tinte oder wie die anderen Seiten per Laser- oder Tintenstrahldrucker erstellt – mit dem richtigen Konzept, gut formuliert und trotzdem kurz, erreichen Sie die optimale Aufmerksamkeit des auswählenden Lesers.

Aber nochmals: Eine Dritte Seite ist kein Muss. Und schlecht oder langweilig getextet spricht sie möglicherweise eher gegen als für Sie. Also Vorsicht! Überlegen Sie sich sehr gut, was Sie hier von sich vermitteln wollen. Im Zweifel lieber darauf verzichten, statt sich lächerlich zu machen!

Gestaltungsdetails

Ob Sie Ihre Bewerbung auf Papier oder digital verschicken – es empfiehlt sich, diese Seite genauso zu gestalten wie die vorhergehenden Seiten.

Überschrift

Die Überschrift hat die Funktion, zu überraschen, Interesse und Neugierde zu wecken und inhaltlich kurz auszusagen, worum es geht. Hier einige weitere Beispiele:

- Zu meiner Bewerbung
- Meine Motivation
- Warum ich mich bewerbe
- Zu meiner Person
- Was Sie noch wissen sollten
- Ich über mich
- Was mich qualifiziert
- Warum ich?

Der Kreativität sind fast keine Grenzen gesetzt. Überschrift und Text sollten aber passen! Eventuell schreiben Sie die Headline mit der Hand. Am besten bringen Sie erst einmal die zu vermittelnde Botschaft zu Papier und formulieren dann die geeignete Titelzeile.

Aufbau

Was sind die Argumente und Aussagen, was ist Ihre Botschaft, die bei dem auswählenden Leser Ihr Ziel erreicht, also eine Einladung zum persönlichen Gespräch bewirkt?

Da Sie etwa 7 bis maximal 15 Zeilen zur Verfügung haben, ist hier der entscheidende Platz, Ihre Person entsprechend vorzustellen. (Bitte nicht mehr als etwa 60 Anschläge pro Zeile, übliche Schriftgröße, bloß nicht zu klein, fürs Auge zu beschwerlich, grafisch unappetitlich.)

Inhalt

Thematisch kommen Aussagen zu Ihrer Person, Motivation und Kompetenz infrage. Versuchen Sie aber bloß nicht, zu viele Informationen auf diese eine Seite zu pressen, das würde eher einen nachteiligen Eindruck erzeugen.

Inhaltlich darf die von Ihnen gewählte Botschaft in Zusammenhang stehen mit Aussagen im Anschreiben, mit Lebenslauf- und Arbeitsplatzstationen und darüber hinaus noch etwas persönlicher, pointierter formuliert sein.

Bloße Aufzählungen wie » Ich bin der Größte, Schnellste, Schönste « etc. überzeugen wenig, bewirken eher das Gegenteil. Nicht die pure Aneinanderreihung ist ausschlaggebend, sondern die für den Leser nachvollziehbare – weil auch im Lebenslauf erkennbare – Argumentation.

Abschluss

Ob Sie zum Abschluss mit königsblauer Tinte unterschreiben bzw. Ihre Unterschrift einscannen oder nicht (mit Ort, Datum), steht Ihnen frei. Wir jedenfalls empfehlen es.

Anlagen

Das Wort » Anlagen « suggeriert, es könnte sich um eine Art nebensächliches Anhängsel handeln. Doch Vorsicht! Unterschätzen Sie die Bedeutung dieser (auch digitalen) Papiere nicht.

Arbeitszeugnisse

Ziemlich wichtig: Wissen Sie, was wirklich in Ihren Arbeitszeugnissen über Sie ausgesagt wird? In Zeugnissen findet eine Art » Geheimsprache « Verwendung. Um sicher zu sein, informieren Sie sich. Holen Sie Expertenrat ein.

Diplom-, Master-, Bachelor-, Ausbildungs-, Fortbildungs- und Arbeitszeugnisse

Legen Sie solche Zeugnisse bitte nur bei, wenn diese nicht älter als zehn, fünfzehn Jahre sind. Generell gilt: immer den höchsten Ausbildungsabschluss in die Anlage, das heißt bei Studium kein Abiturzeugnis, bei Abitur keins der mittleren Reife etc.

Zertifikate

Zertifikate von privaten Einrichtungen oder Kursen, die eher den privaten Bereich betreffen, sind nur dann sinnvoll, wenn sie mit der Bewerbung in unmittelbarem Zusammenhang stehen. Zertifikate über Volkshochschulkurse können Sie beifügen, wenn sie speziell Ihrer beruflichen Weiterbildung gedient haben.

Handschriftenprobe

Falls eine von Ihnen verlangt wird: Widersetzen Sie sich der Bitte um einen handgeschriebenen Lebenslauf. Sie kommen in Platznöte, und schön sieht eine solche Präsentation (meistens jedenfalls) auch nicht aus. Nutzen Sie vielmehr die Gelegenheit, handschriftlich auf einer Extraseite (nach dem Lebenslauf) mit einigen gut platzierten Sätzen auf sich aufmerksam zu machen; umreißen Sie die Motivation Ihrer Bewerbung und weisen Sie nochmals auf Ihre Qualitäten hin. Schreiben Sie bloß nichts aus der Zeitung ab. Entwerfen Sie ein paar Sätze als Eigenwerbung.

Referenzen

Wollen und können Sie jemanden benennen, der für Sie als Fürsprecher auftritt? Nahe Verwandte sind nicht akzeptabel. Ihr zukünftiger Chef wünscht sich einen Profi, der längere Zeit mit Ihnen zusammengearbeitet hat. Es kann sich deshalb nur um Vorgesetzte oder Mitarbeiter mit höherer Kompetenzstufe handeln, in Ausnahmefällen um Personen mit öffentlicher Autorität (z. B. Bürgermeister).

Sprechen Sie potenzielle Referenzgeber an, klären Sie ab, was Sie über sich berichtet haben wollen (egal ob mündlich oder schriftlich). Falls Sie niemanden finden, nicht schlimm, denn die Bewertung von Referenzen ist keineswegs eindeutig. Personalchefs, die über einen Bewerber etwas herausfinden möchten, bevorzugen oft ihre eigenen Informationswege. Sie verdächtigen den Bewerber und seine Referenzpersonen der Subjektivität.

Wenn Sie wissen wollen, was Ihr ehemaliger Arbeitgeber von Ihnen hält, gibt es einen Trick. Bitten Sie eine Person Ihres Vertrauens, bei Ihrem letzten Chef anzurufen, und lassen Sie diese – getarnt als potenzieller neuer Arbeitgeber – eine Einschätzung Ihrer Person einholen.

Ihr ehemaliger Arbeitgeber darf (laut Gesetz) nichts Nachteiliges über ausgeschiedene Mitarbeiter aussagen. Er muss sogar, falls er durch seine negativen Auskünfte eine Beschäftigung des Bewerbers bei einer anderen Firma verhindert, für den Schaden (Verdienstausfall etc.) aufkommen. So ist es zumindest in der Theorie. In der Praxis wird das allerdings nur sehr schwer nachzuweisen sein.

Arbeitsproben

Eigentlich kein Thema. Aber denken Sie daran: Ihre kompletten Bewerbungsunterlagen sind bereits eine erste Arbeitsprobe! Wie Sie sich präsentieren, wie sorgfältig Sie mit sich umgehen, sagt eine ganze Menge über Sie aus. Geben Sie sich Mühe, werden Sie sich auch bei der Arbeit engagieren. Gut formulierte und strukturierte Bewerbungsunterlagen sprechen für die Klarheit Ihres Denkens etc.

Anschreiben

Anschreiben und E-Mail-Text

Das Anschreiben ebenso wie den E-Mail-Maskentext (den wir aber noch gesondert behandeln) verfassen Sie am besten zuallerletzt. Nehmen Sie darin deutlich Bezug auf den Text im Stellenangebot (wenn es sich um ein Bewerbungsschreiben auf eine Anzeige hin handelt) oder den sonstigen Bewerbungsanlass (z. B. auf ein vorab geführtes Telefonat, auf eine unaufgeforderte Bewerbung).

Das Anschreiben zuletzt

Welche Argumente sprechen dafür, dass Sie der richtige Bewerber für die zu besetzende Stelle sind? Was sind Ihre Qualifikationen und Qualitäten (Kenntnisse, Fähigkeiten, Eigenschaften), die z. B. den im Anzeigentext genannten Anforderungen entsprechen? Warum bewerben Sie sich (Motivation), was ist Ihre Ausgangssituation und was sind Ihre Ziele (gegebenenfalls: Ab wann sind Sie verfügbar)? Eine prägnante Zusammenfassung der wichtigsten Pro-Argumente ist die Herausforderung. Was spricht für Sie als Bewerber?

Nach diesen in der Regel fünf bis maximal zehn (in Ausnahmefällen höchstens fünfzehn) gut formulierten, überzeugenden Sätzen endet Ihr Bewerbungsanschreiben (hoffentlich nur eine Seite!) mit der Bitte um ein Vorstellungsgespräch, der Grußformel, Ihrer Unterschrift (Vor- und Zuname beide immer ausgeschrieben) und dem Hinweis auf die Anlagen.

Bewerbungsprofis entwickeln übrigens drei alternative Anschreiben, um diese einer selbst gewählten »Personalkommission« vorzulegen. Durch Tipps und kritische Anregungen von anderen lässt sich das Bewerbungsanschreiben oftmals wesentlich verbessern und von Mal zu Mal überzeugender gestalten.

Mit Rücksicht auf den Arbeitgeber sollten Sie die goldene Regel beherzigen: In der Kürze liegt die Würze. Am besten ist ein Anschreiben von einer Seite. Vertretbar sind maximal eineinhalb Seiten, aber nur, wenn Sie wirklich etwas ungewöhnlich Wichtiges zu kommunizieren wissen. Natürlich mögen Sie Gründe haben, warum Sie nicht mit weniger als zwei Seiten auskommen. Aber damit erzeugen Sie beim eiligen Leser schon mehr als nur Ungeduld. Mit eineinhalb bis zwei Seiten sind Sie sehr wahrscheinlich aus dem Rennen. Digitale Bewerbungen mit mehr als drei Anhängen und einer Größe von 5 Megabyte und mehr werden oft gar nicht erst geöffnet, sondern gleich gelöscht.

Aufbau

»Sehr geehrte Damen und Herren« – so beginnen meist Geschäftsbriefe. Wenn Sie diese Anrede in einem Bewerbungsschreiben (das gilt auch für die digitale Form) wählen, kann diese Formel einen groben Fehler darstellen. Nämlich dann, wenn aus der Anzeige hervorgeht, dass eine bestimmte Person diese Bewerbung entgegennimmt. An sie müssen Sie das Bewerbungsanschreiben namentlich adressieren. Das allgemeine »Sehr geehrte Damen und Herren« könnte von Ihrem potenziellen Arbeitgeber als Nachlässigkeit gedeutet werden.

Das ist nur ein Beispiel dafür, wie aufmerksam Sie mit der Anzeige umgehen sollten. Sie kommen nicht darum herum, auf den Text im Stellenangebot Bezug zu nehmen.

Wenn Sie sich unaufgefordert bewerben, müssen Sie sich vorher (z. B. telefonisch) informieren, an wen Sie Ihr Anschreiben am besten adressieren, um dann klar herauszustellen, was Sie anzubieten haben.

Versuchen Sie zu erklären, warum Sie der richtige Bewerber bzw. die richtige Bewerberin für die zu besetzende Stelle sind. Was sind Ihre Qualifikationen und Qualitäten? Garantiert falsch: 08/15-Anschreiben, die verschickt werden wie eine Massensendung.

Anschreiben und Struktur

Um einen besseren Eindruck zu machen, beantworten Sie folgende Fragen: Warum bewerben Sie sich, wo stehen Sie jetzt, was haben Sie anzubieten und was sind Ihre Ziele? Antworten auf diese Fragen sollten aus Ihrem Anschreiben ebenso klar wie knapp hervorgehen. Beenden Sie Ihren Brief wie schon aufgeführt mit der Bitte um ein Vorstellungsgespräch, der Grußformel (»Mit freundlichen Grüßen«), Ihrer Unterschrift (immer voller Vor- und Zuname) und dem Hinweis auf die Anlagen (diese müssen nicht einzeln aufgelistet werden).

Auftakt

Jeder Journalist muss seine Leser mit dem ersten Satz neugierig machen, fesseln und zum Weiterlesen »verführen«. Denn Leser sind ungeduldig. Genau dasselbe gilt auch für Personaler. Deshalb sollten Sie den Einstieg zu Ihrer Bewerbung so gestalten, dass Ihr Arbeitgeber »dranbleiben« will. »Hiermit bewerbe ich mich um …« oder »Ich beziehe mich auf Ihre Anzeige …« sind stereotype und sehr langweilige Einstiege. Als Richtlinien für den Anfang gelten: Spannung erzeugen – Interesse wecken – Freundlichkeit vermitteln. Denken Sie an die AIDA-Formel (s. S. 217).

Hier einige mögliche Eröffnungen:

- In Ihrer Anzeige vom ... suchen Sie eine/-n ...
- Sie beschreiben eine berufliche Aufgabe, die mich besonders interessiert ...
- Ich beziehe mich auf die von Ihnen ausgeschriebene Position ...
- Mit großem Interesse habe ich Ihre Anzeige gelesen und möchte mich Ihnen als ... vorstellen
- Sie suchen einen ...
- Ich bin ... und habe mit großem Interesse ... gelesen ...
- Die von Ihnen ausgeschriebene Position/Aufgabe ...
- Ich stelle mich Ihnen als ... vor und habe großes Interesse an ...

Hauptteil

Im Hauptteil Ihres Briefes liefern Sie ausgewählte Informationen, die wirklich substanziell sind. Sie müssen hier in kurzer und prägnanter Form darstellen, warum Sie sich bewerben und weshalb Sie der richtige, geradezu ideale Bewerber sind. Vermitteln Sie, dass Sie genau ins Anforderungsprofil der Firma passen.

Schluss

Auch hier nicht in Plattheiten abgleiten, sondern einen freundlich-verbindlichen Schlusston setzen. Der letzte Satz klingt immer noch ein paar Momente im Gedächtnis nach. Nutzen Sie eventuell die Gelegenheit, durch ein »PS« nochmals auf sich und Ihr Anliegen aufmerksam zu machen. Führen Sie einen Aspekt an, der Ihnen einen zusätzlichen Pluspunkt bringt. Vielleicht gefällt das freundliche Postskriptum. Aufmerksamkeitsanalysen haben ergeben, dass auf einer »Briefseite« das Postskriptum (PS) nach der Betreffzeile (oder einer anderen Überschrift) die größte Beachtung findet.

Einige Abschlusssätze:

- Wenn ich/meine Bewerbung Ihr Interesse geweckt habe/hat, freue ich mich über eine Einladung zu einem Vorstellungsgespräch.
- Sollten Ihnen meine Bewerbungsunterlagen zusagen, stehe ich Ihnen gern für ein Vorstellungsgespräch zur Verfügung.
- Wenn Sie nach Durchsicht der Unterlagen weitere Informationen bzw. ein erstes persönliches Gespräch wünschen, so stehe ich hierfür gern zur Verfügung.
- Ich würde mich freuen, wenn Sie mich nach Prüfung der Unterlagen zu einem Vorstellungsgespräch einladen. Hier könnten wir dann gegebenenfalls weitere Details (z.B. Eintrittstermin, Gehalt) besprechen.
- Über die Einladung zu einem Gespräch freue ich mich.
- Für alle weiteren Auskünfte stehe ich Ihnen gerne in einem persönlichen Gespräch zur Verfügung.

Neue Formen der Bewerbung

Generell ist die Wirksamkeit neuer Bewerbungsformen unter Personalentscheidern durchaus umstritten. Befürworter sehen darin den Vorteil, dass sie an der Art und Ausführung der Idee viel über die Persönlichkeit des Bewerbers erfahren. Gegner sehen ihren Berufsstand nicht genug gewürdigt, trauen dem Absender nicht die notwendige Seriosität zu und geben offen zu, sich damit gar nicht erst beschäftigen zu wollen. Humor und Kreativität sind eben immer auch eine heikle Sache.

Was gibt es?

Damit Sie sich mit Ihrer Bewerbung positiv vom Durchschnitt abheben, stehen Ihnen die folgenden drei großen »Aufmerksamkeit erweckenden Werkzeuge« mit ihren spezifischen Umsetzungsmethoden zur Verfügung. Manche kennen Sie bereits, einige andere stellen wir Ihnen im Anschluss näher vor.

Ästhetische Tricks und Kniffe

- besondere optische/haptische Ansprache (Papier, Farbe, Wasserzeichnungen, Aufnahme von Logos etc.)
- andere Formate (quadratisch, rechteckig, quer)
- außergewöhnliche inhaltliche Formen (z. B. Interview, Artikel, Speisekarte, Rezept)

Überraschung durch Add-on-Strategie (zusätzliches Infomaterial)

- besondere Eröffnung
- Anlagenübersicht (s. S. 223)
- Dritte Seite (s. S. 241)
- Empfehlungsschreiben (s. S. 244)
- Handgeschriebenes
- Rück-Antwortkarte
- ein zeitsparender Hinweis (s. S. 253)

Spezieller Medieneinsatz

- Profilcard (s. S. 266)
- Kurzbewerbung (s. S. 254)
- Flyer (s. S. 257)
- Minizettel am Baum
- Großplakat

Damit diese Bewerbungsalternativen gut ankommen, sollten Sie Folgendes beachten: Überlegen Sie, wie konservativ die Branche bzw. das Unternehmen ist, für das Sie sich interessieren. Recherchieren Sie, ob man dort ausschließlich eine bestimmte Form der Bewerbung vorsieht oder ob das Unternehmen eher Offenheit ausstrahlt.

Sie brauchen eine Vision, wie und was Sie wem vermitteln wollen, und auch Gespür dafür, nicht über das Ziel hinauszuschießen. Auffallen, um des Auffallens willen, ist nicht der richtige Weg, denn Personaler sind bereits »allergisiert«. Um böse Überraschungen zu vermeiden, ist eine objektive Begutachtung durch Freunde empfehlenswert. Diese können Ihnen sagen, ob die Bewerbung verständlich ist, ob wichtige Informationen fehlen oder ob grundsätzlich Zweifel am Erfolg einer solchen Bewerbung bestehen.

Das macht Ihre Bewerbung erfolgreich

Die hier vorgestellten Vorgehensweisen, mit denen Ihre Bewerbungsaktivitäten positiv auffallen, lassen sich in drei Kategorien aufteilen:

1. Sie sind der Form nach konservativ, inhaltlich aber unkonventionell.
2. Sie sind in der Form unkonventionell, dafür aber inhaltlich eher konservativ.
3. Sie sind in Form und Inhalt (Aussage) mehr oder weniger unkonventionell.

Um Bewerbungsunterlagen zu erstellen, die sich deutlich positiv vom Durchschnitt abheben, stehen Ihnen diverse Möglichkeiten zur Verfügung, auf die wir in diesem Buch nicht genauer eingehen können. Wenn Sie sich eingehender mit neuen Gestaltungsideen beschäftigen möchten, finden Sie einen guten Überblick in unserem Buch »Neue Formen der Bewerbung«. Hier werden innovative Strategien der Bewerbung vorgestellt.

Voraussetzungen für Ihre erfolgreiche Bewerbung

Damit Sie die optimal zu Ihnen passende Variante wählen und nicht Gefahr laufen, übersehen oder aussortiert zu werden oder gar über das Ziel hinauszuschießen, weil Ihre Bewerbung Heiterkeit oder schlimmer noch Verärgerung auslöst, sollten Sie folgende Hinweise beachten.

Eine gute Idee

Am Anfang steht ein kreativer Einfall eine gute, pfiffige Idee, mit deren Hilfe Sie Ihre Botschaft sinnvoll transportieren und erfolgreich vermitteln können. Sie brauchen eine Vision davon, wie Sie was wem vermitteln wollen. Was wird den Empfänger Ihrer Botschaft überzeugen?

Authentizität

Sich von seiner besten Seite zu zeigen, ist absolut legitim. Achten Sie dabei jedoch auf den Wiedererkennungseffekt. Ihre Persönlichkeit muss sich in Form und Inhalt Ihrer Bewerbung widerspiegeln.

Zielorientierung

Bei aller Originalität ist es wichtig, die Bedürfnisse des Empfängers zu (er-)kennen. Zusätzlich sollte es auch noch gelingen, dies alles auf den Punkt zu bringen und die Bewerbung so zu gestalten, dass die angebotene Mitarbeit als ideale Möglichkeit erscheint. Wer es nicht schafft, den Funken bei seinem Gegenüber überspringen zu lassen, dem wird kaum eine Chance eingeräumt, auch nur vorzusprechen, geschweige denn etwas von seiner Kompetenz und Leistungsfähigkeit unter Beweis zu stellen.

Recherche

Ebenso wirkungsvoll wie originell wird eine Bewerbung erst, wenn der Bewerber im Vorfeld auch noch recherchiert hat, wie groß die Wahrscheinlichkeit ist, dass seine Bewerbung nicht kommentarlos in den Papierkorb wandert. Um das herauszufinden, empfiehlt sich ein Blick auf die Webseite des Unternehmens sowie in Presseberichte oder sogar ein persönlicher Besuch, sofern das Unternehmen in erreichbarer Nähe liegt. So findet sich meistens auch rasch ein Anhaltspunkt für eine gute Idee. Für konservative Branchen empfiehlt sich immer Bewerbungsvariante 1: Konservativer Rahmen mit erfrischendem Inhalt (ein ungewöhnlich getextetes Anschreiben, eine überraschende Botschaft etc.).

Gutes Gespür

Schießen Sie nicht über das Ziel hinaus. Eine gute Portion Frechheit mag nicht verkehrt sein, soweit sie mit Charme gepaart ist. Niemals darf die Bewerbung aber anmaßend, beleidigend oder einfach nur zeitraubend sein. Gewisse Provokationen können schlimm nach hinten losgehen, wenn sie nicht aufgelöst werden oder ihr Sinn missverstanden wird. Schauen Sie sich den Stil des Unternehmens an und passen Sie Ihre Bewerbungsmaßnahmen entsprechend an.

Um böse Überraschungen zu vermeiden, ist eine objektive Begutachtung durch Freunde (Ihr »Kontrollgremium«) hilfreich und unbedingt zu empfehlen. Diese Menschen sind hoffentlich ehrlich genug, zu sagen, wenn der Witz an der Bewerbung auch nach dem dritten Lesen oder Hinschauen nicht verständlich ist, wenn wichtige Informationen fehlen oder überhaupt Zweifel am Erfolg einer solchen Bewerbung bestehen. Wichtig ist darüber hinaus, die Bewerbung auf größtmögliche Pannenfreiheit zu überprüfen.

Ein verstopftes Mail-Postfach nach dem versehentlichen zehnmaligen Versenden einer sowieso schon unerwünschten Datei, das vergessene Verkleinern einer Bilddatei, sodass allenfalls die Nasenspitze eines Bewerbers zu erkennen ist, quälender unmusikalischer Singsang auf unerwünschten Videos, zu früh explodierende Tischfeuerwerke – all das kann schon im Vorfeld verhindert werden. Schlamperei an dieser Stelle hat meist zur Folge, dass die gut gemeinte kreative Bewerbung nur Verärgerung auslöst.

Für Sie bedeutet das

An Ihrer Bewerbung sollte man Sie erkennen. Originalität lässt sich nicht erzwingen. Eine übernommene Idee, die nicht dem Charakter des Bewerbers entspricht oder nicht zu seinem beruflichen Metier passt, geht meist daneben. Manche Menschen präsentieren sich besser in Bildern, andere mit Worten. Wem die zündende Idee fehlt, der ist besser beraten, sich auf seine Kompetenz, seine Leistungsbereitschaft und auf seine charakterlichen Stärken oder persönlichen Erkennungsmerkmale und Einstellungen zu besinnen. Man kann auch diese sehr wohl als Ausgangsbasis wählen und damit eine außerordentliche Bewerbung erfolgreich platzieren.

Darauf kommt es an

- Ihre Idee
- Ihre Authentizität
- Ihre Zielorientierung
- Ihre Recherche
- Ihr Gespür

So reagieren Arbeitgeber

Trotz aller Vorbehalte gewinnen neue Formen wie z. B. das Skype-Interview oder die Videobewerbung auch hierzulande an Bedeutung. Dieser Trend kommt aus den USA, wo selbst konservative Branchen wie Banken und Versicherungen, aber auch das klassische Handwerk sich für diese Art des Kennenlernens schnell begeistern konnten. Hat man doch das Gefühl, den Bewerber und sein Auftreten auf den ersten Blick schon deutlich besser einschätzen zu können.

So kann es klappen

Was es alles gibt an Einfällen, Versuchen und Experimenten, das zeigt sich schon an den diversen Möglichkeiten, den eigenen Lebenslauf zu »verpacken«: Mal ist er an einem Rettungsring in der Signalfarbe Orange befestigt, dann auf eine Klopapierrolle geschrieben und anschließend aufgerollt; es gibt ihn in modischer Booklet-Form mit Bebilderung (Fotos, Zeichnungen) oder versehen mit dem Hinweis auf die eigene Bewerber-Homepage. Auch der Einsatz eines A-cappella-Chors, den ein Bewerber bei seinem potenziellen Arbeitgeber vorbeigeschickt hat, ist dokumentiert, ebenso wie Überlegungen, die Bewerbung in Form eines Interviews, als Angebotsschreiben, als Rede, Fragebogen oder Gebrauchsanweisung zu verfassen.

Ein junger Mann druckte seine Bewerbung um einen Ausbildungsplatz als Grafiker bei der Agentur Jung von Matt auf ein großes Plakat und hängte es im Eingangsbereich der Agentur auf. Einer anderen Bewerbung lagen frische Äpfel mit der Bemerkung »Ich bin so knackig und frisch wie ein Apfel!« bei. Und auch ein Koch, der seine Bewerbungsunterlagen in einer Bratpfanne verpackte, hatte Erfolg und bekam eine Einladung zum Vorstellungsgespräch. TV-Starmoderator Stefan Raab legte seiner konventionellen Bewerbung bei VIVA ein Glas Honig und einen Pinsel bei und schrieb mutig dazu, dass sich die Mitarbeiter den Honig selber ums Maul schmieren sollten.

Der Franzose Victor Petit verschickte eine DIN-A4-Seite, auf der auf der einen sein Lebenslauf, auf der anderen ein großformatiges Bewerbungsfoto abgebildet war. Die Besonderheit: An der Stelle, an der der Mund wäre, war ein QR-Code abgebildet, den der Personaler aufrufen konnte. Legte er das Handy dann auf den QR-Code, also auf den Mund, sah er auf dem Smartphone-Display nun wiederum den Mund von Petit – in Bewegung (Bewerbungsvideo zu finden unter: https:/vimeo.com/21228618)! Petit übermittelte dem Personaler hier noch eine zusätzliche Botschaft, die sicher überzeugte!

Vielleicht gibt es so etwas wie sehr gute Ideen, weniger gute und nicht so gute Ideen. Sie werden es aber auch nicht jedem Entscheider recht machen können. Letztendlich entscheiden Sie, und ein bisschen Mut zum Risiko gehört dazu! Was zählt, sind eine tolle Idee, eine professionelle Umsetzung und der richtige Zeitpunkt.

Zunächst geht es uns um die zum Teil noch eher klassischen Formen und Wege, jedoch »gewürzt« mit etwas Besonderem. Starten wir zu allererst mit einer fast noch klassischen, sehr ordentlichen Präsentation Ihrer schriftlichen Bewerbungsunterlagen. Diese kommt auf dem Post- oder digitalen Weg zum Empfänger, vermittelt aber schon, hier hat sich jemand besondere Mühe gemacht. Ihre Unterlagen sollen dem Empfänger Ihrer Bewerbung immer vermitteln, dass Sie, der Absender, sich etwas Spezielles für ihn haben einfallen lassen. Schon auf diese Weise hebt sich Ihre Bewerbung von den vielen anderen ab, die sich eben offensichtlich nicht so viel Mühe gemacht haben.

Besondere Bewerbungsunterlagen

Ihr Lebenslauf, besser Ihr beruflicher Werdegang ist das, was den Personalentscheider wirklich interessiert. Ihre berufliche Vita soll vor allem Auskunft darüber geben, was Sie aktuell leisten und wie es dazu gekommen ist (Stichwort roter Faden), um den Entscheider sicherer abschätzen zu lassen, ob er Ihnen neue Aufgaben zutrauen kann. Ein guter Auftritt auf Papier oder auch digital kann Ihnen schon wesentlich dabei helfen, Sie im Bewerbungsprozess ein gutes Stück weiterzubringen. Ihr Ziel ist die Einladung zu einem persönlichen Gespräch.

Ihre Unterlagen sollen Interesse an Ihrer Person, an Ihren Fähigkeiten und damit an Ihren Problemlösungsqualitäten auslösen. Und bei der Anfertigung dieser Unterlagen bieten sich Ihnen viele Möglichkeiten, sich aus der Masse positiv abzuheben, angenehm aufzufallen. Egal ob durch ein besonderes Anschreiben, eine außergewöhnliche Anordnung der Dokumente oder ein beeindruckendes Foto: Wir zeigen Ihnen, was bei diesem Herzstück Ihrer Bewerbung möglich ist und worauf Sie achten müssen.

Standards und Patentrezepte oder »Erlaubt ist, was gefällt«?

In den diversen Ratgebern zu diesem Thema finden Sie immer wieder recht starre Empfehlungen und Regeln: Benutzen Sie nur weißes Papier, nennen Sie keinesfalls ein Hobby oder Ihre Gehaltsvorstellung und vielerlei mehr. Manche Aussagen sind sogar widersprüchlich und verunsichern eher, als dass sie helfen. Vergessen Sie dies alles!

Je nach Branche und Bewerbertyp existieren sicherlich Grenzen für die kreative und individuelle Gestaltung einer Bewerbung. Aber innerhalb dieser Grenzen gibt es erstaunlich viele innovative Möglichkeiten, die Sie nutzen sollten. Aufgrund unserer nunmehr über dreißigjährigen Erfahrung in der Beratung von vielen Tausend Bewerbern wissen wir um die »modischen« Entwicklungen und Trends und haben diese auf ihre Praxistauglichkeit hin überprüft.

Falls Sie beispielsweise entscheiden, Ihre Bewerbung per Hand auf feuerrotem Papier mit grüner Tinte zu schreiben, kann das durchaus Erfolg haben, zumal wenn es sich um einen relativ kreativ-aufgeschlossenen Tätigkeitsbereich handelt, wie etwa die PR-Abteilung eines Energiekonzerns, der sich besonders umweltbewusst gibt. Klar ist jedoch auch, dass das gleiche Vorgehen bei einer großen deutschen Bank allerbeste Chancen für die Rundablage P (= Papierkorb) hat.

Fazit: Es gibt nicht den Königsweg für die hundertprozentig erfolgreiche überzeugende schriftliche Bewerbung. Man kann mit einem innovativ-kreativen Bewerbungsdesign nicht jeden Personalchef überzeugen und muss eventuell damit leben, dass fünf von zehn den Kopf schütteln und Ihnen alles zurückschicken. Sehr wahrscheinlich aber werden ein, zwei Personalauswähler Ihr Engagement zu schätzen wissen und entsprechend positiv darauf reagieren. Und nur darauf kommt es an. Sie sollten wissen, was Sie wollen, denn jeden zu überzeugen – everybody's darling zu sein – ist nun mal nicht möglich.

Ein kleiner Hinweis

Gemeint ist hier Folgendes: Erteilen Sie dem Empfänger die Erlaubnis, Ihre Unterlagen zu vernichten, wenn er Sie nicht zum Vorstellungsgespräch einladen möchte. Sie zeigen so, dass Sie praktisch mitdenken, und ersparen dem Leser Arbeit, Zeit und auch ein schlechtes Gewissen. Immer mehr Unternehmen schicken die Bewerbungsunterlagen der abgelehnten Kandidaten sowieso nicht mehr zurück. So ein gut getexteter Hinweis kann schon mal »das Zünglein an der Waage« sein, denn er lässt erkennen, dass Sie sich Gedanken machen und ein gewisses Organisations-Einfühlungsvermögen zeigen.

Natürlich muss dieser Hinweis nicht nur sorgfältig formuliert, sondern auch gut platziert sein. Er hat schon einen besonderen Platz verdient. Hier bieten sich an: das Ende des Anschreibens (falls Sie kein PS haben), die letzte Seite vor den Anlagen oder der spezielle (fett gedruckte) Hinweis im Anlagenverzeichnis, unbedingt auf die allerletzte Seite zu schauen wegen einer besonderen »Verarbeitungsinformation« oder wie Sie es nennen wollen. Diese letzte Seite kann z. B. auch ein andersfarbiges Papier sein; dort findet der Empfänger dann Ihren etwa dreizeiligen Hinweis. Das kann recht positive Auswirkungen für Sie haben. Manchmal sind es diese ganz kleinen Details, die letztendlich den Ausschlag geben!

Kurzbewerbung

Die Kurzbewerbung geistert in den Köpfen vieler Bewerber herum, und kaum einer weiß oder fühlt sich sicher, wie diese nun eigentlich zu konzipieren ist.

Entscheidendes Merkmal ist hierbei – wie es der Begriff schon sagt – die Kürze und Schnelligkeit, mit der der Schreiber informiert. Ob es dabei nur um eine oder bis zu drei Seiten geht, ist allein Ihre Entscheidung. Bei einer Seite wird man wohl am häufigsten eine Art Kombination von Anschreiben und wichtigsten Lebenslaufdaten präsentieren. Häufiger werden zwei Seiten verwendet: eine, die das (knappe) Anschreiben transportiert, eine zweite, die die berufliche Entwicklung, den Lebenslauf darstellt. Das kann auch ein Kurztext in der Mailmaske sein, der als eine Art Anschreiben aufgemacht wird, plus Dateianhang mit einer, aber nicht mehr als zwei Seiten. Sehr selten werden dieser Kurzform weitere Anlagen beigelegt (Ausnahmen bestätigen die Regel, so z. B. bei Azubi-Bewerbern als dritte Seite die Kopie des letzten Schulzeugnisses). Trotzdem sollten Sie in jedem Fall auch diesen wenigen Seiten ein Foto von sich beilegen.

Besondere Vorteile einer Kurzbewerbung sind die preisgünstige Herstellung und der Versand, wenn Sie die Unterlagen klassisch per Post verschicken.

Wichtig bleibt, wie bei all Ihren Bemühungen, Ihre konzeptionell gut durchdachte Vorbereitung. Dieses Verfahren ist völlig in Ordnung für Azubis, junge Hochschulabsolventen und Kandidaten, die weniger als 50.000 Euro im Jahr verdienen, oder auch für etwas reifere Bewerber (Ende 50). Für alle anderen dagegen eignet es sich eher sehr schlecht.

Sehen Sie sich nun die Kurzbewerbung von Richard Meyer und unseren Kommentar dazu an.

RICHARD MEYER
Quentinufer 67
32052 Herford
Tel. 05221/3456529
E-Mail: richard.meyer@web.de

Autohaus Kogel
Herrn Volker Benjamin
Im Schiernholz 8
32049 Herford

Herford, 11. Februar 2016

Sehr geehrter Herr Benjamin,

ich möchte Sie gern auf jemanden aufmerksam machen: auf mich.

Wer ich bin:	Richard Meyer, 50 Jahre alt und ein engagierter und erfahrener KFZ-Mechaniker.
Was ich will:	Einen Arbeitsplatz in Ihrem Unternehmen, das ich bereits als Kunde kennen und sehr schätzen gelernt habe. Gern würde ich hier meine Stärken wie Präzision, Geschicklichkeit und Selbstständigkeit einsetzen.
Was ich kann:	Ich biete Ihnen langjährige Erfahrung mit den verschiedensten Fahrzeugtypen: VW/Audi, Ford, Volvo und Mercedes. Die Reparatur und Wartung von LKWs gehört auch zu meinem Repertoire, ebenso wie der Führerschein Klasse B. Außerdem bringe ich gute Kenntnisse der hydraulischen, pneumatischen und elektronischen Systeme und Anlagen mit. Eine permanente Fortbildung ist mir sehr wichtig. Daher habe ich verschiedene Schweißerlehrgänge besucht und erfolgreich abgeschlossen. Ich arbeite gern im Team, bin aber dank meines Organisationstalentes und großer Flexibilität auch in der Lage, eigenverantwortlich zu agieren.

Gern sende ich Ihnen weitere Unterlagen zu. Für ein persönliches Gespräch stehe ich selbstverständlich jederzeit zur Verfügung.

Mit freundlichen Grüßen

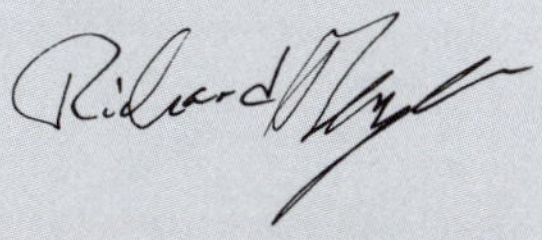

Zur Kurzbewerbung von Richard Meyer

Es handelt sich um eine Bewerbung in ihrer minimalsten Form, da sie wirklich nur eine Seite umfasst. Jedoch sind auch hier die wichtigsten Daten des Kandidaten enthalten und geschickt präsentiert.

Als Erstes fällt der interessant »komponierte« Briefkopf auf. Die grafische Gestaltung mit dem grauen Kasten findet ihre Wiederholung im quadratischen Foto und ergänzt sich gut. Dies ist wirklich eine schöne Idee.

Der Kandidat muss über die Firma Erkundigungen eingeholt haben, denn er kann den verantwortlichen Ansprechpartner in Anschrift und Anrede benennen. Dann folgen ein sehr selbstbewusster Einleitungssatz und das ansprechende Foto. Der Hauptteil des Schreibens ist durch drei kurze und klare Fragen in der rechten Spalte gegliedert, die in der linken Spalte in prägnanter Form beantwortet werden.

Der Bewerber versteht es, in dieser sehr komprimierten Form für sich zu werben. Der Leser wird neugierig und möchte sicherlich mehr erfahren. Die Kurzbewerbung endet mit dem Hinweis, dass der Kandidat gern weitere Unterlagen zusendet. Diese Anmerkung ist bei solch einer Bewerbung unabdingbar.

Einziger Kritikpunkt bei diesem Schreiben: Vielleicht wird es noch nicht ganz deutlich, warum sich der Kandidat gerade in diesem Unternehmen bewerben will. Der Hinweis, dass er die Firma als Kunde kennen und schätzen gelernt hat, ist möglicherweise ein zu schwaches Argument.

Einschätzung: Eine insgesamt gute und einfallsreiche Kurzbewerbung.

Bewerbungsflyer

Nun stellen wir Ihnen zwei Bewerbungsflyer vor, hier in etwas verkleinerter Form wiedergegeben. Im Original füllen diese Flyer ein komplettes DIN-A4-Blatt, vorder- und rückseitig bedruckt. Aber was das Format anbetrifft, ist man in der Gestaltung sowieso relativ frei. Mit Ihrem PC und dem Textverarbeitungsprogramm lässt sich so ein Flyer oder Folder problemlos herstellen. Richten Sie im Querformat drei Spalten ein oder legen Sie sich eine dreispaltige Tabelle als Grundlage an, und schon kann es losgehen. Um den Flyer auch aufklappen zu können, wird er von beiden Seiten bedruckt.

Überhaupt: Die grafischen Darstellungsmöglichkeiten sind vielfältig. Größtes Problem bei dieser Art von Mini-Faltprospekt in eigener Sache ist die Notwendigkeit, mit wenig Text auszukommen. Wer sich dieser Herausforderung stellt und das Problem gut löst, hat wirklich die Essentials seines Angebots herausgearbeitet (hoffentlich!).

Mit einem kurzen Begleitschreiben in Richtung »Sie halten jetzt wahrscheinlich die leichteste Bewerbungsmappe der Welt in der Hand ... « kann man sogar hartgesottene Personalchefs immer noch überraschen. Trotzdem sollte diese äußerst günstige Variante nicht dazu verleiten, kopflos Hunderte von Flyern zu verschicken. Nicht die Quantität zählt schließlich, sondern die Qualität.

Und hier sind wir bei der Besonderheit des Flyers: der haptische Eindruck. Man kann einen Flyer persönlich überreichen, z. B. beim Messebesuch, man kann ihn auch per klassischer Post verschicken – der Versand per E-Mail macht aber keinen Sinn.

Diese Form der schriftlichen Kontaktaufnahme stellt eine Alternative dar, die in der Lage ist, Aufmerksamkeit, Interesse und Neugier an Ihrer Person zu wecken.

Ein Flyer ist auch immer eine besondere Art der Visitenkarte, wenn es z. B. um Erstkontakte auf Messen oder bei sonstigen Zusammenkünften mit potenziellen Arbeitgebern geht. Schnell bei der Hand und bequem verfügbar, ermöglicht Ihnen der Flyer, Ihre Werbebotschaft auf ansprechende Weise zu überreichen.

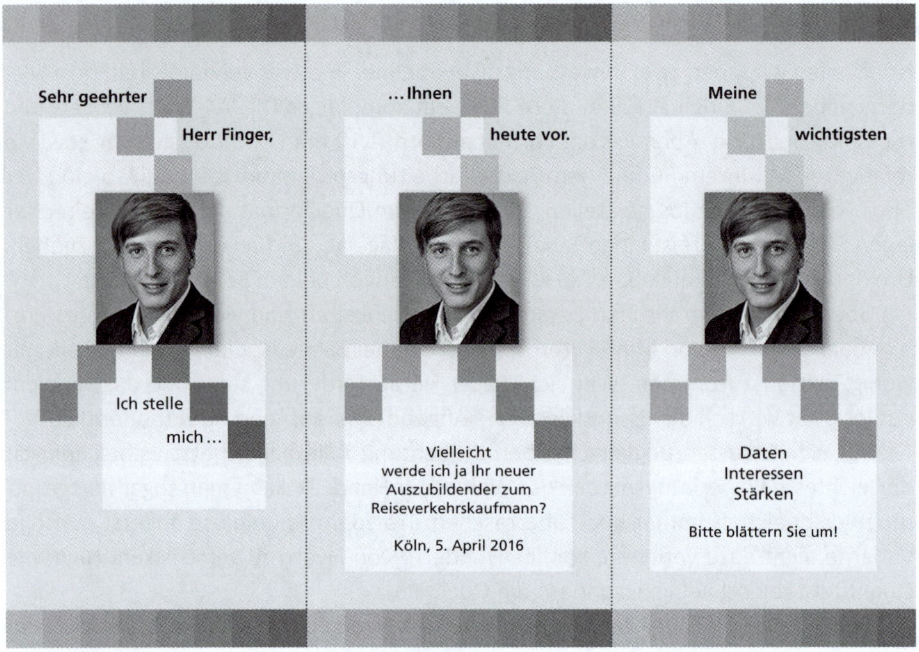

Sehr geehrter
Herr Finger,

Ich stelle
mich …

… Ihnen
heute vor.

Vielleicht
werde ich ja Ihr neuer
Auszubildender zum
Reiseverkehrskaufmann?

Köln, 5. April 2016

Meine
wichtigsten

Daten
Interessen
Stärken

Bitte blättern Sie um!

1. Ansicht – Vorderseite **2. Ansicht – Vorderseite** **3. Ansicht – Vorderseite**

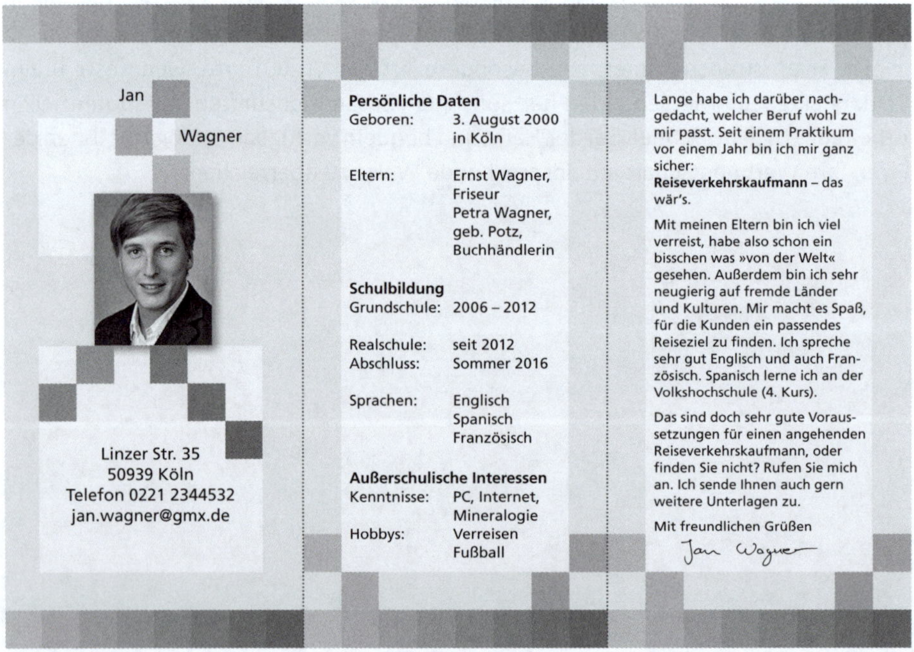

Jan
Wagner

Linzer Str. 35
50939 Köln
Telefon 0221 2344532
jan.wagner@gmx.de

Persönliche Daten

Geboren:	3. August 2000 in Köln
Eltern:	Ernst Wagner, Friseur Petra Wagner, geb. Potz, Buchhändlerin

Schulbildung

Grundschule:	2006 – 2012
Realschule:	seit 2012
Abschluss:	Sommer 2016
Sprachen:	Englisch Spanisch Französisch

Außerschulische Interessen

Kenntnisse:	PC, Internet, Mineralogie
Hobbys:	Verreisen Fußball

Lange habe ich darüber nachgedacht, welcher Beruf wohl zu mir passt. Seit einem Praktikum vor einem Jahr bin ich mir ganz sicher:
Reiseverkehrskaufmann – das wär's.

Mit meinen Eltern bin ich viel verreist, habe also schon ein bisschen was »von der Welt« gesehen. Außerdem bin ich sehr neugierig auf fremde Länder und Kulturen. Mir macht es Spaß, für die Kunden ein passendes Reiseziel zu finden. Ich spreche sehr gut Englisch und auch Französisch. Spanisch lerne ich an der Volkshochschule (4. Kurs).

Das sind doch sehr gute Voraussetzungen für einen angehenden Reiseverkehrskaufmann, oder finden Sie nicht? Rufen Sie mich an. Ich sende Ihnen auch gern weitere Unterlagen zu.

Mit freundlichen Grüßen

Jan Wagner

1. Ansicht – Rückseite **2. Ansicht – Rückseite** **3. Ansicht – Rückseite**

Sehr geehrte Frau Winkelhuber

hätten Sie ein paar Minuten Zeit für mich? Ich möchte mich Ihnen gern vorstellen.

1. Ansicht – Vorderseite

Mein Ziel ...

... ist es, bei Ihnen als Marketingreferentin zu arbeiten. Mein Wissen, Engagement und meine Erfahrungen möchte ich sehr gern in den Dienst der Deutschen Bahn AG stellen ...

Berlin, 05. Januar 2016

Helena Münch

2. Ansicht – Vorderseite

... und deshalb bewerbe ich mich heute bei Ihnen!

Helena Münch
Gotthelfstr. 19
12051 Berlin
Tel. 030 566782
E-Mail: helena@muench.de

Möchten Sie mehr über mich wissen? Dann blättern Sie doch einfach um ...

3. Ansicht – Vorderseite

Meine wichtigsten Daten

Helena Münch
geboren am 11.11.1987 in Kassel
ledig, ortsungebunden
Master in Betriebswirtschaftslehre und Politikwissenschaft

Helena Münch

1. Ansicht – Rückseite

Meine wichtigsten Stationen

Honorartätigkeit
Werbeagentur: ViP & Partner, Berlin, seit 9/12

Praktika
u. a. in den Bereichen Marketing, Incentives, Betriebsorganisation, Marktanalysen (Hoechst, Olympus, Reemtsma)

Studienschwerpunkte
Betriebswirtschaftslehre: Marktforschung, Marketingmanagement u. -instrumente; Politologie: u. a. Organisationssoziologie, neue Managementkonzepte, Meinungsmanagement

Weiterbildung
Teilnahme an diversen Fachveranstaltungen

Sprachkenntnisse
Englisch, Französisch, Spanisch

2. Ansicht – Rückseite

Meine Pluspunkte

- entscheidungsstark
- selbstkritisch
- unternehmerisches Denken
- kundenorientiertes Handeln

- zukunftsorientiert mit Augenmaß für das Machbare
- überzeugende fachliche Voraussetzungen
- starke Lernbereitschaft

... und nicht zu vergessen:

- großer Spaß an der Arbeit!

3. Ansicht – Rückseite

Zum Bewerbungsflyer von Jan Wagner

Das erste Beispiel beginnt mit einer sehr schlichten Titelseite (s. 1. Ansicht – Vorderseite). Der Kandidat hat vorn gleich sein Foto positioniert, was – wenn das Bild sympathisch wirkt – wahrscheinlich noch eine größere Zugkraft hat als einleitende Worte. Sie wissen ja: Bild schlägt Text. Originell auch die Formulierung »Ich stelle mich ...«, die der Bewerber dann auf der nächsten Seite aufklärt mit »... Ihnen heute vor«. Sehr selbstbewusst folgt dann die Frage: »Vielleicht werde ich ja Ihr neuer Auszubildender zum Reiseverkehrskaufmann?«

Die nächste Seite (s. 3. Ansicht – Vorderseite), zwar schlicht und dennoch grafisch sehr ansprechend gestaltet, leitet über zum Lebenslauf. Hier erfährt der Leser neben Adresse und persönlichen Daten in sehr komprimierter Form das Wichtigste über die Schulbildung und außerschulische Interessen (s. 1. u. 2. Ansicht – Rückseite).

Recht selbstbewusst und passend zu der aus dem Rahmen fallenden Form dieser Bewerbung ist auch der Text über die Motivation, weshalb der Kandidat Reiseverkehrskaufmann werden möchte. Und selbst im letzten Satz bleibt er sich treu: Statt des üblichen »... ich freue mich, wenn ich ...«, um auf die Gesprächseinladung hinzuweisen, schlägt er kurz und knapp vor: »Rufen Sie mich an.« Wichtig: der Hinweis, dass weitere Unterlagen angefordert werden können. Vielleicht ist der Adressat neugierig geworden, möchte aber noch mehr wissen, bevor er den Bewerber persönlich einlädt.

Einschätzung: Eine gelungene, schlichte und selbstbewusste Form der eigenen Darstellung, der wir die Note »gut« geben.

Zum Bewerbungsflyer von Helena Münch

Das zweite Beispiel fängt auch mit einer sehr einfachen ersten Seite an, auf der die Kandidatin die Adressatin namentlich benennt, ihr direkt eine Frage stellt und den Wunsch äußert, sich vorzustellen (s. 1. Ansicht – Vorderseite).

Auf der nächsten Seite (s. 2. Ansicht – Vorderseite) geht die Bewerberin auf ihr Ziel ein, das sie in einem Satz kurz ausdrückt.

Nach der Nennung des Ziels wird am Anfang der dritten Ansicht der Vorderseite noch einmal der Bewerbungsgrund genannt. Es folgen Foto sowie Name und Anschrift. Am Schluss gelingt mit der direkten Frage »Möchten Sie mehr über mich wissen?« und den Worten »Dann blättern Sie doch einfach um ...« ein guter Übergang zur nächsten Seite.

Unter der Überschrift »Meine wichtigsten Stationen« sind die persönlichen Daten und ein prägnant verfasster Lebenslauf mit Themenblöcken aufgelistet. Diese sind durch Fettdruck betont. Der Leser bekommt so einen guten Überblick und wird hoffentlich neugierig, mehr über die Kandidatin zu erfahren.

Die letzte Ansicht der Rückseite führt unter der Überschrift » Meine Pluspunkte « die wichtigsten Stärken der Bewerberin auf, die durch Aufzählungszeichen betont werden. Am Schluss wird als letzter Aspekt der »Spaß an der Arbeit« besonders hervorgehoben. Bravo, ein gelungenes Ende!

Zum Foto: Hier ist das interessante Format Grund für das Betrachterinteresse und die etwas längere Verweildauer. Das schafft zusammen mit der außergewöhnlichen Bewerbungsform Pluspunkte und führt zur gewünschten Einladung.

Bei diesem Flyer sehen Sie, wie durch die grafische Gestaltung die Aufmerksamkeitswirkung noch erheblich gesteigert werden kann. Dadurch hebt man sich bestimmt von der breiten Masse ab. Aber seien Sie vorsichtig und gestalten Sie Ihren Werbeprospekt nicht mit zu vielen verschiedenen grafischen Mitteln: Weniger ist oft besser als mehr.

Einschätzung: Eine einfallsreiche und ins Auge fallende Gestaltung, die durch eine grafische Akzentuierung erzielt wird. Note: »gut«.

Profil

Zusammenhänge: Der rote Faden

Wenn Sie von Ihren Fähigkeiten, von Ihren Leistungspotenzialen und persönlichen Qualitäten überzeugen wollen, ist es hilfreich, Ihrem potenziellen Auftraggeber zu verdeutlichen, dass Ihre berufliche Entwicklung kein Zufallsprodukt ist. Beeindruckend wäre ein Bild, das Sie als sich beständig beruflich weiterentwickelnden Mitarbeiter zeigt, der genau über die Problemlösungskompetenz verfügt, die für die zu besetzende Position gebraucht wird. Sie gewinnen an Glaubwürdigkeit, wenn es gelingt, Ihren beruflichen Werdegang so darzustellen, dass sich dem Empfänger ein gut nachvollziehbares Bild Ihres kontinuierlichen Kompetenz- und Leistungszuwachses vermittelt. In diesem Zusammenhang wünscht sich ein kritischer Personalentscheider eine lückenlose Darstellung Ihrer Arbeitsverhältnisse, gepaart mit möglichst konkret benannten Erfolgen, die auf Ihre engagierte Mitwirkung zurückzuführen sind.

Wie ist das zu erreichen? Von besonderer Wichtigkeit ist hier die gedankliche Vorarbeit. Wie gelingt es Ihnen, Ihren Werdegang so darzustellen, dass sich daraus eine Art roter Faden ergibt, der Ihr Kommunikationsziel, Ihre Botschaften und Argumente optimal herausstellt? Unserer Einschätzung nach tun das weniger als 10 Prozent aller Bewerber! Hierin liegt für Sie eine große Chance. Viele unserer Kunden kommen zu uns in die persönliche Beratung und berichten, dass sie sich wirklich bemüht haben, jedoch keinen – so ihre eigene Einschätzung – richtigen Erfolg in der Entwicklung eines roten Fadens hatten. Zugegeben, nicht immer ist dieses Vorhaben ganz einfach. Aber Sie sollten zumindest eine genaue Vorstellung haben, was das Kommunikationsziel sein soll, mit welchen Botschaften (oder Aussagen) Sie dies kommunizieren (vermitteln!) wollen und welche Argumente (Geschichten aus der Arbeitswelt) dies unterfüttern. Dass dabei Ihr USP (Alleinstellungsmerkmal, das was Sie von anderen Berufsvertretern positiv unterscheidet) auf den Punkt zu bringen ist, ist dann ein nächster Schritt.

Wenn der Inhalt Ihres Lebenslaufes steht, müssen Sie sich überlegen, wie Sie ihn optisch gestalten – dieser Aspekt ist natürlich auch von ganz besonderer Bedeutung für den Eindruck, den Ihre Unterlagen machen sollen.

Unterschiede: Lebenslauf oder Profil

Stellenbörsen im WWW bieten meist die Möglichkeit, einen Lebenslauf bzw. ein Profil in ihre Bewerberdatenbank einzustellen. Auch beim Erstkontakt mit einem Unternehmen können Sie wählen, ob Sie einen Lebenslauf oder ein Profil, eventuell sogar beides schicken. Im Unterschied zum Lebenslauf, ist das Profil eine komprimierte Darstellung der wichtigsten Merkmale Ihres Mitarbeitsangebotes, unabhängig von vergangenen Zeiträumen und ehemaligen Auftrags- und Arbeitgebern (s. Beispiel S. 265).

Ein (Angebots- bzw. Bewerber-)Profil hat also vor allem die Funktion, ein besonderes Nutzenangebot, den USP (unique selling proposition, also Ihr Alleinstellungsmerkmal, das Sie positiv von anderen Bewerbern unterscheidet) kurz und knapp zu vermitteln. Ihr Profil sollte möglichst komprimiert Auskunft darüber geben, was Sie aktuell leisten können (und bereits geleistet haben), um einen Auftraggeber/Personalentscheider sicherer abschätzen zu lassen, ob er Ihnen die neue Aufgabe zutrauen kann. Das macht Ihr »Lebenslauf« zwar auch, aber in anderer Form: Darin stellen Sie alle Ihre Ausbildungs- und beruflichen Stationen möglichst lückenlos dar. Bei beiden geht es jedoch auch immer um den Nachweis Ihrer speziellen Kompetenz, hohen Leistungsmotivation und besonderen Persönlichkeit.

Ein aussagekräftiges, komprimiertes Profil, das Sie auch ohne weitere Anlagen nur mit einem kurzen Anschreiben versenden können, gibt Ihnen die Möglichkeit, sich positiv aus der Masse der Mitbewerber abzuheben!

Inhalt: Ihr Profil bildet die wichtigsten »Kennzeichen« ab, die erkennen lassen, dass Sie für die zu besetzende Position die richtige Person sind. Es sollte also sehr genau auf die Position oder (bei einer Initiativbewerbung) die Art von Problemen, die Sie bevorzugt lösen wollen, ausgerichtet sein.

Umfang: Alles, was Sie für diese Aufgaben besonders qualifiziert, notieren Sie. Alles andere lassen Sie weg. Auch an dieser Auswahl erkennt der Leser, mit wem er es zu tun hat! Ihr Profil sollte deshalb nicht länger als eine, maximal bis zu zwei Seiten lang sein!

Form: Unter der Überschrift Profil empfiehlt sich z.B. ein zweispaltiger Aufbau – links die Überschriften, rechts die dazu passenden Inhalte. Übrigens ist es nicht üblich, das Profil zu unterschreiben.

Die folgenden Punkte sind eine Anregung, es gibt keine feststehenden Regeln, nach denen sich Ihr Profil aufbaut.

Themenvorschläge für Ihr Profil

- Vor- und Zuname, Geburtsdatum/-ort
- Berufsbezeichnung
- Kontaktdaten (nur die wichtigsten)
- Ausbildungshintergrund
- Schwerpunktkenntnisse und Erfahrungen (das ist sehr wichtig!)
- durchgeführte Projekte und erzielte Erfolge (hier steht am meisten!)
- ggf. berufliche Auslandsaufenthalte
- Weiterbildung und Seminare
- Engagement, Interessen
- ggf. Mitgliedschaften in Verbänden und Fachgremien
- Sprachkenntnisse
- EDV-Kenntnisse
- Führerscheine/Lizenzen
- ggf. Veröffentlichungen, Vorträge
- ggf. Lehr- und/oder Prüfungs- und/oder Gutachtertätigkeit
- Interessen, Engagement, Hobbys

Profile in Internet-Stellenbörsen

Die notwendigen Vorgänge, um ein Profil in eine Stellenbörse einzubinden, sind je nach Stellenbörse unterschiedlich. Bei jobrobot.de beispielsweise wird der Bewerber nach seiner Privatdresse und Mailadresse befragt und, ob die Anonymität seiner persönlichen Daten erwünscht ist. Nach der Benennung eines frei wählbaren Kennworts und der Eingabe einer ständig wechselnden Zahl (Spamschutz) kann der Bewerber nun seine Stellenwünsche und Tätigkeitsfelder angeben (mit dem Hinweis, dass diese Daten veröffentlicht werden). Im eigentlichen Gesuchsfeld mit Titelzeile formuliert dann der Bewerber den Text, der später in der Stellenbörse zu lesen sein wird. Im Anschluss werden im »Anklick«-Verfahren Studium, Berufserfahrung, Führungserfahrung, Fremdsprachenkenntnisse, Gehaltsvorstellung, Mobilität und Verfügbarkeit etc. erfragt.

Bei z. B. stellenanzeigen.de bleibt der Lebenslauf anonym, und es ist dem Bewerber selbst überlassen, sich auf das Angebot eines Arbeitgebers zu melden.

Zwei Tipps von uns: Erstens – recherchieren Sie vorab genau, bei welchen Stellenbörsen es sinnvoll ist, Ihr Profil zu präsentieren. Es ist durchaus üblich, dass Portale mit bestimmten Firmen und/oder Branchen besonders eng zusammenarbeiten, was die Auswahl an interessanten Arbeitgebern beschränkt. Für Sie gilt deshalb auch hier das Motto: Weniger ist mehr. Stellen Sie nicht überall Ihr Profil ein, sondern finden Sie genau die Plattformen, bei denen auch Ihre Wunscharbeitgeber nach passenden Arbeitnehmern suchen. Zweitens – machen Sie sich klar, dass neben eher passiven Strategien (Profil einstellen und darauf zu hoffen, gefunden zu werden), es wichtig ist, das

Profil direkt und aktiv bekannt zu machen. Also: Sprechen Sie auch weiterhin Firmen bzw. Firmenvertreter direkt an, suchen Sie den Austausch per Telefon, präsentieren Sie Ihr Profil auf Firmenmessen, kommunizieren Sie mit relevanten Ansprechpartnern per E-Mail sowie in Business-Communities.

Profile auf der Firmenhomepage

Auch auf einigen Firmenhomepages können Sie Ihr Berufsprofil hinterlegen. Diese Profile werden nach entsprechenden Kriterien technisch ausgewertet und ggf. den Entscheidern zugeleitet, die dann bei Interesse Kontakt zu Ihnen aufnehmen können. Im Grunde funktioniert dieses Verfahren wie eine Initiativbewerbung oder das Ausfüllen eines Onlineformulars ohne konkrete Stellenausschreibung. Ob diese technischen Bewertungsverfahren allerdings immer die besten Kandidaten herausfiltern und weiterleiten, ist fraglich. Nutzen Sie daher bei solchen Firmen parallel auch andere Formen der Bewerbung.

Die Kunst beim Ausfüllen der berufsbezogenen Fragen besteht in der richtigen Mischung aus »angepasstem« Ausfüllen und individueller Präsentation. So können Sie Ihre eigene Persönlichkeit für andere schnell und gut erkennbar werden lassen. Am besten funktioniert das mit der Eingabe von freien Texten unter der Bezeichnung »Sonstiges« oder »Wollen Sie uns noch etwas mitteilen?«. Vergessen Sie nicht, die eingegeben Daten zu sichern oder einen Ausdruck für sich zu erstellen. Damit punkten Sie, wenn im Vorstellungsgespräch die Rede auf Details kommt. Teilweise können Sie auch Ihre eigenen Dokumente hochladen. Das ist Ihre Chance, sich abseits von standardisierten Eingabemasken individuell zu präsentieren.

BERUFSPROFIL

Tim Edwards, Junior Test Engineer
Am Park 1, 97070 Würzburg, Tel.: 0171 2931452
tim.edwards@aol.com
www.linkedin.com/profile/tim_edwards
geboren in Chicago (USA) am 21. Februar 1983
bilingual aufgewachsen in den USA und Europa,
ungebunden, mobil, Führerschein Klasse B

Qualifikation	▸ Master of Science (Wirtschaftsinformatik), Fachhochschule Ulm ▸ Doppel-Bachelor (Wirtschaftsinformatik und Technisches Englisch) Technische Universität Chicago, USA ▸ ISTQB Certified Tester – Foundation Level ▸ Certified Agile Tester
Erfahrungshintergrund	Junior Testingenieur mit 5 Jahren Erfahrung bei Tests und Optimierungen von SW Applikationen, 1 Jahr davon Abnahmetests einer komplexen Logistik Applikation. Ich habe mich sehr schnell in die Tests eines Medizinproduktes eingearbeitet und teste seit sechs Monaten verschiedene Versionen der Partikeltherapie KTS Applikation basierend auf der Plattform Synyo.
Kompetenzschwerpunkt	Test-Spezifikation und -durchführung des ‚XT Medical Therapy Suite' (KTS), ein Synyo-basiertes medizinisches System für die Behandlung mit Partikeltherapie. Dokumentation und Analyse der Testergebnisse sowie Überwachung des Fehlerreports und die dazu gehörigen Regressionstests. Erstellung, Gestaltung und Produktion von Testdaten für den MTS Test (CIT, CAT, SIT) nach Medizinproduktvorgaben in verschiedenen SW Versionen. Produktbetreuung des IndienTransport Management Systems (ITM). ITM unterstützt die Logistikprozesse für die Lieferung von komplexen Telekommunikationssystemen. Einführung, Tests und Optimierung der Logistikprozesse.
Besondere Kenntnisse	**Fachliche und methodische Schwerpunkte** ▸ Prozessoptimierung in der Logistik ▸ Klinische Workflow Partikeltherapie. DICOM Protocol ▸ Bedienung des XT Treatment Planungssystems (synyo based) ▸ Dokumentation nach Medizinproduktgesetz (CALIBER, CHARM NT; SAP) ▸ Logistik der Testdatensätze für CIT, CAT und SIT ▸ Mitarbeit im SCRUM MTS Entwicklungsteam als Test Designer ▸ Testmanagement Werkzeuge (iTestbench, TMT) ▸ Java, C#, ABAP, SQL, LaTeX, MS Office **Sprachen** Englisch und Deutsch (beide muttersprachlich) Würzburg, 14.04.2016

Kommentar zum Profil von Tim Edwards

Wir sehen hier ein Berufsprofil mit Foto und ohne Unterschrift. Es wäre auch ohne Foto gut vorstell- und einsetzbar, während eine Unterschrift eher unüblich ist. Dieser Kandidat zeigt Ihnen den großen Spielraum, der Ihnen trotz minimaler Fläche bleibt, um sich vorzustellen und Ihre Leistungen zu vermitteln. Der IT-ler in diesem Beispiel legt seine Kompetenzen ausführlich dar und benutzt dafür das entsprechende Fachvokabular. Seine Präsentation ist dennoch spannend und schnell erfassbar. Darauf kommt es an! Oben bei den persönlichen Daten verweist Tim Edwards auf sein LinkedIn-Profil – das ist als Ergänzung äußerst sinnvoll: Während der Empfänger sich über das Profil ein umfassendes Bild über die Kompetenzen des Bewerbers machen kann, erfährt er beim Betrachten des LinkedIn-Profils mehr Details zu dessen beruflichen Werdegang.

Profilcard

Auf Visitenkarten, die etwa 5 x 9 Zentimeter groß sind, stehen Name, Adresse und häufig der Beruf des Besitzers. Die Profilcard könnte man als »große Schwester« der Visitenkarte oder als »kleine Schwester« des Flyers bezeichnen. Anders als ein Flyer wird sie nicht verschickt, sondern nur persönlich übergeben. Deshalb ist sie ideal für Ihren Messebesuch geeignet.

Material und Format

Auf S. 267 sehen Sie eine Profilcard. Zur Orientierung können Sie das Format eines quadratischen Zettelblocks nehmen. Verwenden Sie dickes Papier oder dünne Pappe, die noch in Ihren Drucker passt. So kann die Profilcard nicht knicken, wenn Sie in eine Jackentasche, den Kalender oder die Geldbörse gesteckt wird. Ausschneiden sollten Sie die Karte nicht mit der Schere, denn das wird immer etwas schief. Nehmen Sie ein Teppichmesser und ein Metalllineal. So kriegen Sie einen ganz geraden Schnitt hin. In vielen Kopierläden finden Sie auch Schneidemaschinen.

Inhalt

Mit so wenig Platz für Interesse zu werben und dennoch alles Wichtige zu sagen ist schon eine echte Herausforderung. Was in keinem Fall fehlen darf: ein eingescanntes/digitales Foto, Ihre Adresse, Geburtsdatum, Schulabschluss und Ihr Berufswunsch, wenn es um einen Ausbildungsplatz geht, andernfalls: Ihr besonderes Mitarbeitsangebot.

Unsere Bewerberin Lena Reiner hat sogar noch einen kleinen Spruch auf der ersten Seite und Ihre persönlichen Stärken auf der Rückseite unterbekommen. Spielen Sie ein wenig mit der Schriftart und-größe, können Sie manchmal wertvolle Zentimeter gewinnen. Grundsätzlich gilt: Auch wenn die Profilcard wenig Platz bietet, sollten Sie nicht unbedingt jede weiße Fläche ausnutzen! Das führt manchmal nur dazu, dass diese kürzeste aller Bewerbungen zu unübersichtlich oder zu voll wirkt und keiner mehr Lust hat, sie zu lesen.

Reisen bildet

... und gute Tourismuskaufleute werden von Ihnen ausgebildet!

Lena Reiner – mein Name

Tourismuskauffrau – mein Ziel

Meine Profilcard – für Sie!

Info zu meiner Person – auf der Rückseite ➔

Person

geb. am 11.08.2000 in Frankfurt •
Schulabschluss 04/2016: Mittlere Reife •
Lieblingsfächer: Erdkunde, Englisch •
Hobbys: Segeln, Volleyball •

Persönliches

aufgeschlossen, freundlich •
aufmerksam, kommunikativ •
sprachbegabt, humorvoll •

Ich freue mich sehr, wenn Sie meine vollständige Bewerbung anfordern:

Raiffeisenstr. 2, 24148 Kiel
Tel. 0431 272 44 11 – lena@mail.de – www.lena-reiner.de

Kommentar zur Profilcard von Lena Reiner

Diese Bewerberin interessiert sich für eine Ausbildung zur Tourismuskauffrau und geht auf eine große Reisemesse. Weil sie nicht glaubt, hier gleich ihre Bewerbungsmappe übergeben zu dürfen, hat sie sich für die Profilcard entschieden und freut sich nun, wenn sie diese einem interessanten Gesprächspartner überreichen kann. Das ist angemessen und wird sicher goutiert. Die Profilcard enthält alle nötigen Daten und die Bewerberin hat darüber hinaus noch ein passendes Motto und ihre wichtigsten Stärken eingebaut. Das wirkt nicht überladen und gibt der Karte eine besondere persönliche Note.

Initiativbewerbung

Nehmen Sie es selbst in die Hand. Bewerben Sie sich unaufgefordert, »eigeninitiativ«, und zeigen Sie damit, dass Sie etwas bewegen, etwas Besonderes leisten wollen. Die sicherlich kürzeste Initiativbewerbung wäre ein Stellengesuch.

Bevor wir uns mit der Initiativbewerbung intensiver auseinandersetzen, kurz zur verwirrenden Begriffsvielfalt: Blind- oder Direktbewerbung, kalte, aktive oder unaufgeforderte Bewerbung ... alle benennen denselben Bewerbungsvorgang. Der Bewerber nimmt unaufgefordert, auf eigene Initiative hin, Kontakt mit einem potenziellen Arbeitgeber auf, um sich und seine Fähigkeiten anzubieten.

Nutzen Sie konkrete Anlässe für Ihre Bewerbung. Sie können beispielsweise Themen aus Fachartikeln in Zeitungen oder Zeitschriften aufgreifen, die sich mit den Firmen beschäftigen, bei denen Sie sich bewerben möchten. Dabei spielt es keine Rolle, ob diese auf ein hundertjähriges Firmenjubiläum stolz sind, eine Innovation am Markt einführen wollen oder Absatzschwierigkeiten haben.

Das entscheidende Kommunikationsziel bei der Initiativbewerbung ist, die Fragen zu beantworten, warum Sie sich gerade für dieses spezielle Unternehmen interessieren und was Sie Besonderes anzubieten haben. Aspekte, die bei jeder Bewerbung inhaltlich zu berücksichtigen sind, besonders jedoch bei einer Initiativbewerbung, da es darauf ankommt, einen noch nicht erkannten Bedarf zu wecken.

Eine Initiativbewerbung muss besonders sorgfältig vorbereitet sein, um in der Argumentation überzeugend aufzutreten. Ihre zentralen Botschaften sollten Auge, Herz und Verstand des Lesers und Entscheiders erreichen und den Wunsch auslösen, Kontakt mit Ihnen aufzunehmen.

Am Anfang steht die Vorauswahl von Branche und potenziellen Arbeitgebern sowie die genaue Analyse, was wo gebraucht wird und was daraufhin speziell Ihr Angebot ist. Je mehr Sie von der Branche wissen, je individueller Ihre Unterlagen auf die speziellen Bedürfnisse des jeweiligen Arbeitgebers zugeschnitten sind, desto Erfolg versprechender ist Ihre Bewerbung.

Experten gehen davon aus, dass aktuell etwa 20 bis 30 Prozent aller Arbeitsplätze über eine Initiativbewerbung besetzt werden. Personalchefs interpretieren diese Form des Vorgehens als Hinweis auf eine starke Motivation und zielorientiertes, aktiv-dynamisches, erfolgsorientiertes Vorgehen und Handeln und bewerten diese Bewerbungen daher eher positiv.

Kommentierte Beispiele

Die auf den nächsten Seiten gezeigten Bewerbungsunterlagen-Beispiele verdeutlichen, was wir Ihnen bisher theoretisch erläutert haben. Sie sollen Sie dazu anregen, eigene Gestaltungsversuche zu unternehmen.

Der Gesamteindruck dieser Bewerbungsunterlagen-Beispiele kann hier auf den schlichten Buchseiten natürlich nur andeutungsweise wiedergegeben werden. Falls Sie Ihre Unterlagen nicht nur elektronisch versenden, sondern auch haptisch überreichen wollen, spielen natürlich Bindesystem, Deckel, Rücken, Papiersorte und-farbe eine wichtige, zusätzliche Rolle.

Dass hier im Buch die Zeugnisunterlagen fehlen, ist allein dem Platzumfang geschuldet. Nicht alle Beispiele sind komplett (d. h. vom Anschreiben bis hin zur Anlagenübersicht; generell fehlen die typischen Beilagen wie Zeugnisse etc.).

Die Tatsache, dass Sie die Anzeigen nicht kennen, auf die diese Bewerbungen erfolgten, ist für unsere didaktischen Zwecke nicht relevant.

In der Realität haben die Textseiten selbstverständlich DIN-A4-Format. Für dieses Buch haben wir sie in proportionalem Maßstab verkleinert. Die durch das kleinere Format etwas erschwerte Lesbarkeit wird durch den Vorteil des maßstabgerechten Eindrucks der Gesamtgestaltung ausgeglichen.

Auch wenn die Beispiele weitgehend für sich sprechen, fügen wir am Ende jeder Bewerbungsunterlagen einen Kommentar an, um besonders gelungene Passagen zu würdigen und auf Fehler oder Verbesserungsmöglichkeiten hinzuweisen. Alle gezeigten Beispiele sind in ganz ähnlicher Form erfolgreich von Bewerbern und Klienten unseres *Büro für Berufsstrategie* eingesetzt worden. Gleichwohl mussten wir natürlich Personen, Daten, Orte, Arbeitgeber, Ausbildungsgänge, Berufstätigkeiten, Zeiten etc. chiffrieren. Entstandene Ähnlichkeiten mit realen Personen wären also rein zufällig. Sollten Sie detektivisch auf gewisse Ungereimtheiten stoßen, bitten wir um Verständnis. Diese erklären sich aus den eben aufgeführten Verschlüsselungsgründen.

Verbesserungsmöglichkeiten

Bei den Unterlagen finden Sie Hinweise, an welcher Stelle man das Foto gut und wirkungsvoll platzieren kann. Selbstverständlich sind auch andere Platzierungsmöglichkeiten vorstellbar.

Bei den Foto-Formatvorschlägen weichen wir zum Teil bewusst von den üblichen 08/15-Passfotomaßen ab. Im Wesentlichen geht es uns bei den folgenden Beispielen darum, Ihnen zu zeigen, welche breite Palette an Darstellungsmöglichkeiten Sie bei der Gestaltung Ihrer Bewerbungsunterlagen haben. Warnen möchten wir Sie allerdings eindringlich davor, der Versuchung anheimzufallen, einfach nur die verwendeten Formulierungen abzuschreiben und das vorgeschlagene Layout exakt so zu übernehmen. Sie sollten sich in jedem Fall der sicherlich zeitaufwendigeren Aufgabe stellen, eine eigene (Werbe-)Botschaft zu formulieren und dabei Ihren eigenen, ganz persönlichen Stil zu entwickeln.

Persönlichen Stil entwickeln

Die für die Erstellung einer solchen Bewerbung durchschnittlich benötigte Zeit liegt bei etwa 15 bis 30 Stunden. In unserem Büro für Berufsstrategie in Berlin haben wir die Bewerber bei der Entwicklung und Erstellung von kompletten Bewerbungsunterlagen etwa drei bis vier Stunden beraten. Meistens waren drei größere Korrekturgänge notwendig.

BIRGIT MÜLLER
HASENSPRUNG 1A
14194 BERLIN (WILMERSDORF)
TELEFON: 030 8128270
B.MUELLER@GMX.DE

ABC Maschinen GmbH
Personalabteilung
Herrn Kaiser
Wrangelstr. 28
10997 Berlin

02.02.16

Ihre Anzeige in der Berliner Morgenpost vom 30.01.2016
Sachbearbeiterin

Sehr geehrter Herr Kaiser,

in Ihrer Anzeige beschreiben Sie einen Arbeitsbereich, der mich in höchstem Maße interessiert und auch meinen Fähigkeiten und Neigungen voll entspricht.

Kurz zu meiner Person:
Ich bin ausgebildete Industriekauffrau und habe mich im Bereich Informationsmanagement erfolgreich weitergebildet. Langjährige umfassende Erfahrungen in Büro-Administration und anspruchsvoller, selbstständiger Sachbearbeitung in der Chemiebranche ergänzen mein Tätigkeitsprofil.

Aktuell befinde ich mich in einer von der Arbeitsagentur geförderten EDV-Fortbildungsmaßnahme und könnte Ihnen deshalb auch sehr kurzfristig zur Verfügung stehen.

Über eine Einladung zum Vorstellungsgespräch freue ich mich
und verbleibe

mit freundlichem Gruß

Birgit Müller

Anlagen

Bewerbungsunterlagen

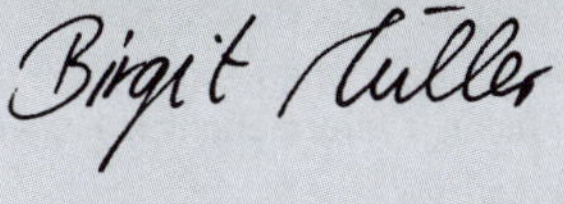

BIRGIT MÜLLER
HASENSPRUNG 1A
14194 BERLIN (WILMERSDORF)

TELEFON: 030 8128270
B.MUELLER@GMX.DE

	Birgit Müller * 27.09.1972 in Hamburg unverheiratet, keine Kinder, mobil
	Angestrebte Tätigkeit: Sachbearbeiterin
	Berufserfahrung
04 / 2014 – 12 / 2015	**Altvater Chemie-Werke AG** **Berlin** Position: Informationsmanagement Literaturrecherchen, Datenbankarbeit, Öffentlichkeitsarbeit
07 / 2009 – 03 / 2014	**Pharma Grün** **München** Position: Informationsmanagement Informationsplanung, Organisation, Fachkorrespondenz Erstellung von Werbemitteln
04 / 2005 – 03 / 2009	**Institut für Dokumentation** **München** Ausbildung u. Anerkennungsjahr als staatl. geprüfte Dokumentarin Schulung in Informationsmanagement, EDV u. Wirtschaftsenglisch
10 / 2000 – 03 / 2005	**Chemie AG** **München** Position: Chefsekretärin
1996 – 2000	**Industriekauffrau** **Hamburg**
	Schul- und Berufsausbildung
1997 – 2000	**Staatliches Abendgymnasium** **Hamburg** Abschluss: Abitur
1992 – 1997	**Ausbildung zur Industriekauffrau** **Hamburg**
1982 – 1992	**Haupt- und Handelsschule** **Hamburg**

Sprachkenntnisse

sehr gute Englischkenntnisse in Wort und Schrift
gute Orthografie-, Interpunktions- und Grammatikkenntnisse der deutschen Sprache
Korrespondenzerfahrung

EDV-Erfahrung

Textverarbeitung mit Word
Tabellenkalkulation mit Excel
Präsentationserstellung mit Power Point

Kurzschrift

gute Stenografiekenntnisse und schreibtechnische Fertigkeiten

Führerschein

Klasse B

Engagement

Mitglied im Naturwissenschaftlichen Verein Berlin

Interessen

Wandern, Literatur des Bethel-Kreises

Zu meiner Person

Mein Lebenslauf steht für kontinuierliche Weiterbildung, Leistungsbereitschaft und Lernfähigkeit. Das Abitur am Abendgymnasium und die Qualifizierung zur Dokumentarin belegen dies.

Ich verfüge über fundierte Erfahrungen in den Bereichen Organisation und Administration. Zu betonen sind meine guten Sprachkenntnisse und deren Anwendungssicherheit.

Die Arbeit hat in meinem Leben, da ich Single bin, einen besonderen Stellenwert, sodass Arbeitsaufgaben für mich eine wichtige Rolle spielen. Ich würde mich sehr gern mit vollem Engagement der von Ihnen beschriebenen Aufgabe widmen.

Berlin, 1. Februar 2016

Birgit Müller

Kommentar zu den Unterlagen von Birgit Müller

Ein angenehm kurzes Anschreiben verdeutlicht, dass die Bewerberin sich auf eine Anzeige meldet, ohne vorab telefoniert zu haben (leider!). Da sie der Anzeige aber den Namen entnehmen konnte, ist eine direkte Ansprache trotzdem möglich. Die Kandidatin stellt sich kurz vor und schließt selbstbewusst (ohne Konjunktiv) mit der Formulierung »über eine Einladung ... freue ich mich.« Insgesamt ein inhaltlich gutes und ansprechend gestaltetes Anschreiben, das bestimmt positive Aufmerksamkeit auf sich zieht. Ob die Bewerberin bereits hier mehr zu ihrem aktuellen Status (arbeitsuchend, aber in Fortbildung) hätte mitteilen sollen, kann kontrovers diskutiert werden. Obwohl sich die Kandidatin offensichtlich aus der Arbeitslosigkeit (bzw. Fortbildung) heraus bewirbt, hat sie eine interessante Vortragsform gefunden und umgeht auf den nachfolgenden Seiten dieses problematische Thema recht elegant.

Die grafische Gestaltung ist auf den folgenden Seiten sehr ansprechend gewählt, einfallsreich und gleichzeitig übersichtlich. Das fast quadratische Fotoformat ist ein echter »Hingucker«. Es baut, eine freundliche, sympathische Beziehung zum Betrachter auf. Beachten Sie auch, dass der Kopf ein wenig »angeschnitten« ist. Ein besonderer Hingucker ist natürlich die Unterschrift unter dem Foto. So werden gleich zwei ganz starke Persönlichkeitsmerkmale kombiniert. Das kann eine sehr starke positive Wirkung entfalten.

Die für die berufliche Entwicklung gewählte übersichtliche Präsentationsform kommt ohne die traditionelle Überschrift »Lebenslauf« aus (bravo!) und beinhaltet ein gutes Maß an Information. Die Themenabfolge »Berufserfahrung« (inklusive Weiterbildung!), dann »Schul- und Berufsausbildung« überzeugt sofort. Die besonderen Kenntnisse und Fähigkeiten werden vielleicht sogar »einen Tick« zu stark herausgestellt bzw. wiederholt. Die Abschnitte »Engagement« und »Interessen« führen sicherlich zu Nachfragen, und das unten angefügte Statement ist nicht nur außergewöhnlich, sondern auch ein guter Grund für eine Einladung. Natürlich fehlen hier im Buch nur aus Platzgründen das Anlagenverzeichnis sowie alle weiteren »Beilagen«.

Einschätzung: Ein sehr gutes Auftaktbeispiel, an und von dem man viel lernen kann.

Ayla Özden
Krankenschwester

falkenstraße 43 ▪ 33619 bielefeld ▪ telefon: 0521 / 103838
e-mail: ayla.oezden@yahoo.de

Klinikum Mitte
Pflegedienstleitung
Frau Anne Wehmaier
Friedrichstraße 1
33609 Bielefeld

Bielefeld, 11.03.2016

Bewerbung als Krankenschwester
Ihre Stellenanzeige im Bielefelder Anzeiger vom 10.03.2016

Sehr geehrte Frau Wehmaier,

vielen Dank, dass Sie sich gestern die Zeit für ein ausführliches Telefongespräch mit mir genommen haben. Es hat mich in dem Wunsch enorm bestärkt, für Sie zu arbeiten. Anbei sende ich Ihnen nun – wie gewünscht – meine Bewerbungsunterlagen für Ihre ausgeschriebene Teilzeitstelle zu.

Als examinierte Krankenschwester war ich bereits in zwei Krankenhäusern beschäftigt und habe Berufserfahrung auf einer internistischen und zwei chirurgischen Stationen gesammelt.

Während dieser Tätigkeiten habe ich großes Verantwortungsbewusstsein und eine sorgfältige Arbeitsweise bewiesen. Zudem konnte ich an vielen stressigen Tagen und bei Notfällen zeigen, dass ich auch in schwierigen Situationen den Überblick behalte und ruhig und besonnen handle.

In den letzten drei Jahren habe ich neben der Erziehung meiner Zwillinge regelmäßig Vertretungsdienste im Krankenhaus übernommen und auch einige medizinische Weiterbildungen absolviert.

Ab Juli werden meine Söhne ganztags durch den Schulkindergarten und meine in der Nachbarschaft lebende Mutter betreut. Dann möchte ich sehr gerne wieder in einem größeren Umfang in meinem Beruf tätig sein und stehe hinsichtlich der Arbeitszeiten flexibel zur Verfügung (sehr gerne auch für Nacht- und Wochenenddienste).

Ich freue mich darauf, von Ihnen zu hören, und stelle mich gerne persönlich vor.

Mit freundlichen Grüßen

Ayla Özden

Anlagen

Ayla Özden
Krankenschwester

falkenstraße 43 ▪ 33619 bielefeld ▪ telefon: 0521 / 103838
e-mail: ayla.oezden@yahoo.de

Bewerbung als Krankenschwester

Geboren am 18. Februar 1981 in Ankara (Türkei)

Deutsche Staatsangehörigkeit

Verheiratet, 2 Söhne im Alter von 5 Jahren

Ayla Özden
Krankenschwester

falkenstraße 43 ▪ 33619 bielefeld ▪ telefon: 0521 / 103838
e-mail: ayla.oezden@yahoo.de

Lebenslauf

Berufspraxis

04.2010 – heute	Familienphase; in dieser Zeit: • **Krankenschwester** im Krankenhaus St. Matthäus, Bielefeld (Urlaubs- und Krankheitsvertretung auf der chirurgischen und der internistischen Station) • **Weiterbildungen im medizinischen Bereich:** s. u.
04.2005 – 04.2010	**Krankenschwester** im Marienhospital, Gütersloh • Einsatz auf der chirurgischen Station – Behandlungspflege (Planung, Durchführung, Dokumentation) – Ausführung ärztlicher Verordnungen (z. B. Verabreichung von Medikamenten) – Durchführung von Transfusionen, Blutentnahmen, Spülungen – Hilfe bei Notfällen – Vorbereitung der Patienten für diagnostische, therapeutische und operative Maßnahmen – Ermittlung der Patientendaten (Puls, Blutdruck, Temperatur usw.) – Wundversorgung
06.2003 – 03.2005	**Krankenschwester** im Krankenhaus St. Matthäus, Bielefeld • Einsatz auf der internistischen Station – s. o.
08.1999 – 04.2000	**Aushilfskraft im Einzelhandel** bei Galeria-Kaufhof, Bielefeld und Ausbildungsplatzsuche

Berufsausbildung

04.2000 – 04.2003	**Krankenpflegeausbildung** im Marienhospital, Gütersloh Abschluss mit Examen

Schulausbildung

1998 – 1999	**Erweiterter Realschulabschluss** an der einjährigen Berufsfachschule Sozialpflege, Bielefeld
1998	Hauptschule Innenstadt, Bielefeld **Realschulabschluss**

Ayla Özden
Krankenschwester

falkenstraße 43 ▪ 33619 bielefeld ▪ telefon: 0521 / 103838
e-mail: ayla.oezden@yahoo.de

Weiterbildung

2013	Notfallmedizin St. Elisabeth-Hospital, Bielefeld
2012	Krankenhaus-Hygiene Evangelisches Krankenhaus, Bielefeld
2011	Palliative Pflege St. Elisabeth-Hospital, Bielefeld
2008	EDV-Aufbaukurs: MS-Word, Excel, Access PC-Schmiede Wagner, Gütersloh
2006	Pflegeplanung und -dokumentation Klinikum Gütersloh

Kenntnisse und Interessen

Ehrenamt	02.2010 – 03.2013 Sportverein Kirchdornberg Leitung der Jugendgruppe Turnen und Schwimmen
Sprachen	Deutsch und Türkisch (fließend in Wort und Schrift)
EDV-Kenntnisse	Word und PowerPoint (sehr gut), Excel und Access (gut)
Führerschein	Klasse B, Auto vorhanden
Hobbys	Fitness, Schwimmen, Lesen

Bielefeld, 11.03.2016

Ayla Özden

Ayla Özden
Krankenschwester

falkenstraße 43 ▪ 33619 bielefeld ▪ telefon: 0521 / 103838
e-mail: ayla.oezden@yahoo.de

Anlagenverzeichnis

Zeugnisse

Arbeitszeugnis: Marienhospital, Gütersloh

Arbeitszeugnis: Krankenhaus St. Matthäus, Bielefeld

Arbeitszeugnis: Galeria-Kaufhof, Bielefeld

Ausbildungszeugnis: Marienhospital, Gütersloh

Zertifikate

Pflegeplanung und -dokumentation

EDV-Aufbaukurs: MS-Word, Excel, Access

Palliative Pflege

Krankenhaus-Hygiene

Notfallmedizin

Kommentar zu den Unterlagen von Ayla Özden

Ein ansprechendes, gelungenes Layout mit sehr schönem Briefkopf, der im Sinne einer Corporate Identity immer oben alle Seiten ziert. Unter dem Namen findet man hier gleich die Berufsbezeichnung, ein Zeichen für die hohe Identifikation der Kandidatin mit dem, was sie beruflich leistet!

Die Bewerberin hat die Initiative ergriffen und vorab im Krankenhaus angerufen, um mit der in der Stellenanzeige angegebenen Ansprechpartnerin zu sprechen. So konnte sie schon einen ersten persönlichen Eindruck hinterlassen und bleibt eher im Gedächtnis. Im Anschreiben kann sie deshalb die Empfängerin namentlich ansprechen und sich im ersten Satz auf das freundliche Telefonat beziehen. Danach stellt sich die Kandidatin geschickt vor, indem sie angibt, auf welchen Stationen sie bisher überwiegend gearbeitet hat. In den weiteren Absätzen geht sie auf einige Anforderungen aus der Stellenanzeige ein. Damit zeigt sie, dass sie sich die Anzeige genau durchgelesen hat und die gestellten Erwartungen erfüllt. Außerdem erwähnt sie bei der Betreuung ihrer Kinder nicht nur den Kindergarten, sondern auch ihre in der Nachbarschaft lebende Mutter – eine zusätzliche und wichtige Sicherheit, um flexible Dienstzeiten absolvieren zu können. Der Schlusssatz klingt selbstbewusst, da er nicht im Konjunktiv formuliert wurde.

Dem Lebenslauf wird ein ansprechend gestaltetes Deckblatt vorangestellt. Es enthält die persönlichen Daten, die Adresse im Briefkopf sowie ein sehr gut gelungenes Foto. Die Bewerberin schaut den Leser aufmerksam an. Der dunkle Hintergrund und die Helligkeit des Gesichts machen das Foto besonders interessant. Der Kopf ist oben am Haar ganz leicht angeschnitten. So entsteht Dynamik.

Der 2-seitige Lebenslauf ist klar gegliedert und äußerst übersichtlich. Die wichtigsten Positionen können schnell erfasst werden. Er beginnt mit der Berufspraxis und listet zuerst die aktuellsten Stationen auf. Es spricht sehr für die Kandidatin, dass sie sich beim ersten Punkt »Familienphase« auch auf berufliche Erfahrungen, die sie in dieser Zeit gesammelt hat, bezieht. Sie gibt ihre Vertretungsdienste im Krankenhaus an und weist auf die Weiterbildungen hin, die sie unten einzeln auflistet. Bei den Tätigkeiten ist auch zu lesen, auf welchen Stationen Frau Özden bereits gearbeitet und Erfahrungen gesammelt hat. Ebenso sind die Aufgaben ersichtlich, für die sie bisher schwerpunktmäßig verantwortlich war. In der Rubrik »Kenntnisse und Interessen« wird auch ein Ehrenamt der Kandidatin erwähnt – ein Hinweis auf ihre soziale Kompetenz. Schließlich fügt Frau Özden ein Anlagenverzeichnis bei, durch das die mitgelieferten Zeugnisse und Zertifikate schneller aufgefunden werden können.

Fazit: Eine optisch ansprechende, aussagekräftige Bewerbung – aus der Familienphase heraus –, die garantiert Interesse an der Kandidatin weckt.

Andrea Grün • Stresemannstraße 27 • 10963 Berlin • Telefon 030 2812222

Herrn
Dr. Bruno Mayer
Mayer Marketing GmbH
Berliner Platz 3 – 7
34119 Kassel

Berlin, 10. April 2016

Kurzbewerbung

Sehr geehrter Herr Dr. Mayer,

auf Empfehlung von Herrn Heinrich und nach dem heutigen freundlichen Telefonat mit Ihrem Assistenten, Herrn Maas, überreiche ich Ihnen meine Kurzbewerbung.

Aus persönlichen Gründen strebe ich eine Tätigkeit im Raum Kassel an und könnte Ihnen als EDV-Fachkraft ab 17. Juni zur Verfügung stehen.

Ich biete Ihnen besondere Fähigkeiten auf den Gebieten:

- EDV, Marketing und Organisation;
- Fotografie und Computer-Grafik;
- gute soziale Kompetenz, besonders als EDV-Trainerin;
- ein hohes Maß an Selbstständigkeit, Disziplin und Eigenverantwortung;
- die Fähigkeit, schnell innovative Lösungen zu finden.

Meine Berufserfahrungen und fachspezifischen Kenntnisse, die ich während meiner nebenberuflichen Fortbildungen erworben habe, kann ich sicher sehr gut zur Erreichung der Unternehmensziele Ihres Hauses einbringen.

Sehr geehrter Herr Mayer, sollte ich mit meiner Kurzbewerbung Ihr Interesse für meine Person als neue Mitarbeiterin geweckt haben, freue ich mich, Sie in einem persönlichen Gespräch von mir zu überzeugen. Meine ausführlichen Bewerbungsunterlagen stelle ich Ihnen gern jederzeit zur Verfügung. Mehr über mich finden Sie auch unter www.agruen.de.

Ich freue mich, von Ihnen zu hören, und verbleibe

mit freundlichen Grüßen aus Berlin

Andrea Grün

Kurzbewerbung für den EDV-Bereich

Andrea Grün
Stresemannstr. 27, 10963 Berlin
Telefon 030 2812222
E-Mail a.gruen@gmail.com

geboren am 16. Oktober 1976 in Zürich
schweizerische Staatsangehörigkeit
seit 2001 in Berlin, unverheiratet,
ortsunabhängig

EDV-Fachfrau

mehr über mich unter www.agruen.de

Aus- und Weiterbildung

2010 – 2011

Kaufmännische Akademie Berlin
Fortbildung »Kaufmännische Fachkraft«

2007 – 2008

Freie Universität Berlin
Berufsbegleitende Weiterbildung »EDV-Anwendung in der kaufmännischen Sachbearbeitung« mit IHK-Abschluss

1995 – 1997

Technische Fachhochschule Zürich
Abschluss als Industriekauffrau

1992 – 1995

Ausbildung zur technischen Zeichnerin

Beruflicher Hintergrund

seit 02/11

Telefonseelsorge Berlin e.V.
Systemoptimierung/Aufrüstung der EDV-Anlage
Schulung der Mitarbeiter
Öffentlichkeitsarbeit/Spendenmarketing
Organisation und Vorbereitung der Jubiläumsfeierlichkeiten

2004 – 2008

Sanitätshaus Schlau in Berlin
Sachbearbeiterin mit EDV-Systembetreuung
Einführung und Optimierung der EDV

2003

Verlagsdruckerei Projekt 88 in Zürich
Mitarbeit in Organisation, EDV, Grafik, Satz und Fotografie
Leiterin der Bildredaktion

1999 – 2002

dreijährige Familienphase

1997 – 1999

Aral-Raststätte in Zürich
Sachbearbeiterin

Besondere Kenntnisse

Sprachen

Englisch (sehr gut),
Italienisch und Spanisch (gute Basiskenntnisse)

EDV

Windows 10, Netzwerke
Word, Excel, Access, InDesign, Photoshop u.a.

Kommentar zur Kurzbewerbung von Andrea Grün

Hier handelt es sich um eine Initiativbewerbung, die sich im Anschreiben auf eine persönliche Empfehlung bezieht, die Bewerbungsmotive anklingen lässt und kurz und knapp auf den Punkt bringt, was die Kandidatin anzubieten hat.

Was hier (aus gutem Grund) nicht steht: Die Tochter ist fast schon erwachsen und wird flügge, Andrea Grün möchte zu ihrem neuen Lebenspartner im Raum Hessen ziehen und wäre insbesondere über ein Teilzeitarbeitsverhältnis überglücklich. Aber so etwas muss man ja nicht gleich dem Arbeitsplatzanbieter auf die Nase binden. Denn allzu viele fordern zwar Flexibilität seitens der Bewerber, sind aber selbst nicht gerade flexibel, insbesondere was Arbeitszeiten anbetrifft, und würden einen Bewerber oftmals nicht einladen, der erklärt, nur 30 Wochenstunden arbeiten zu wollen.

Die außergewöhnliche Briefkopfgestaltung sowie das gesamte modern und lebendig gestaltete Layout dieser Bewerbungsunterlagen fallen positiv auf. Wie gut eine so kreative Gestaltung ankommt, ist sicherlich eine Frage des Geschmacks. Insgesamt eine gute Demonstration, dass sich das Anschreiben auf wenige Zeilen beschränken kann, wenn man weiß, was man vermitteln will.

Die nun folgende Seite ist in der Dramaturgie äußerst interessant gestaltet und vermittelt wichtige Informationen auf höchst angenehme Weise. Besser kann man einen Überblick über den eigenen Werdegang, kombiniert mit wichtigen »Werbebotschaften« und konkreten Arbeitsangeboten, kaum gestalten. Die Geburt der Tochter und der Erziehungsurlaub sind gut platziert.

Das Foto, außergewöhnlich in der runden Form und passend zum Layout, vermittelt den Eindruck, dass die Kandidatin den Leser direkt anspricht. Das schafft Sympathie und Interesse. Das Verzeichnis der beigefügten Zeugnisse haben wir aus Platzgründen weggelassen.

Einschätzung: Ein sehr gelungenes Beispiel für eine Kurzbewerbung. Eine außergewöhnlich interessante Präsentationsform der eigenen »Werbebotschaft« – unterstützt durch den Verweis auf die Website der Kandidatin.

Dr. Andreas Behnke

Diplom-Kaufmann
Brehmer Allee 134 b
40472 Düsseldorf
Tel. 0211 3528762
Handy: 0197 6789876
E-Mail: abehnke@gmail.com
XING: xing.to/abehnke

Dr. Behnke • Brehmer Allee 134 b • 40472 Düsseldorf

Rosenberg AG
Direktion
Frau Dr. Baseler
Rosenthaler Platz 1
90402 Nürnberg

31.03.2016

Unser Telefonat am heutigen Tage

Sehr geehrte Frau Dr. Baseler,

vielen Dank für das ausführliche Gespräch.
Sie erhalten wie verabredet meine Unterlagen.

Ich beabsichtige, mich zum Jahresende beruflich neu zu orientieren, und würde sehr gerne für Ihr Unternehmen von Deutschland aus neue Vertriebsstrukturen im Bereich Sanitärkeramik entwickeln.

Meine jetzige Position bindet mich voraussichtlich bis zum 30.11.2016, sodass ich Ihren Wünschen gemäß vor dem Jahreswechsel die neu geschaffene Position in Ihrem Export-Headquarter in Nürnberg einnehmen kann.

Von Ihnen bald zu hören, würde mich sehr freuen;
bis dahin verbleibe ich

mit freundlichen Grüßen

Anlagen

Dr. Andreas Behnke

Diplom-Kaufmann
Brehmer Allee 134 b
40472 Düsseldorf
Tel. 0211 3528762
Handy: 0197 6789876
E-Mail: abehnke@gmail.com
XING: xing.to/abehnke

BEWERBUNGSUNTERLAGEN FÜR DIE ROSENBERG AG

Dr. Andreas Behnke

Diplom-Kaufmann
Brehmer Allee 134 b
40472 Düsseldorf
Tel. 0211 3528762
Handy: 0197 6789876
E-Mail: abehnke@gmail.com
XING: xing.to/abehnke

PERSÖNLICHE DATEN

03.08.1972	**Geburtsdatum**
Zürich	**Geburtsort**
verheiratet zwei Kinder ortsungebunden	**Familienstand**
Schweizer	**Nationalität**
Export Sales Director	**Position**
Sanitärkeramik	**Produkt**
Gres und *Geberit*	**Marken**

Dr. Andreas Behnke

Diplom-Kaufmann
Brehmer Allee 134 b
40472 Düsseldorf
Tel. 0211 3528762
Handy: 0197 6789876
E-Mail: abehnke@gmail.com
XING: xing.to/abehnke

CURRICULUM VITAE

Berufspraxis

Sinmag S.R.L. Mailand	
Leitung des Gesamtexportes von Sanitärkeramik für die Markenprodukte *Gres* sowie *Geberit* in die Exportländer der Europäischen Union	seit 04.2013
Prokura	seit 01.2016
Exportleitung *Gres* für Osteuropa Polen, GUS-Staaten, Rumänien, Ungarn	05.2008 – 12.2009
Exportsachbearbeitung *Gres* für Deutschland	04.2005 – 04.2008
La Turrita Ceramiche S.P.A. Verona	
Assistent der Exportleitung für Deutschland	08.2001 – 03.2005
Wand und Boden AG Wien	
Exportsachbearbeiter	04.1999 – 07.2001
Villeroy & Boch Frankfurt a. M.	
Trainee	01.1998 – 03.1999

Dr. Andreas Behnke

Diplom-Kaufmann
Brehmer Allee 134 b
40472 Düsseldorf
Tel. 0211 3528762
Handy: 0197 6789876
E-Mail: abehnke@gmail.com
XING: xing.to/abehnke

CURRICULUM VITAE

Ausbildung

Goethe Universität
Frankfurt a. M.

Promotion	06.08.1998
Diplom in Betriebswirtschaft Studienschwerpunkt Außenhandelswirtschaft Gesamtnote: sehr gut	31.10.1996

Eidgenössische Handelsakademie
Zürich

Betriebswirtschaftliches Vordiplom	15.09.1994

Wilhelm-Tell-Gymnasium
Zürich

Abitur	10.06.1991

Dr. Andreas Behnke

Diplom-Kaufmann
Brehmer Allee 134 b
40472 Düsseldorf
Tel. 0211 3528762
Handy: 0197 6789876
E-Mail: abehnke@gmail.com
XING: xing.to/abehnke

ZUSATZQUALIFIKATIONEN

Fremdsprachen	Französisch, Italienisch, Englisch, Russisch
EDV-Kenntnisse	MS Office Professional, KHK PC-Kaufmann, Unix, HTML
Führerschein	Klasse B
Int. Marketing Ass. London	
10.2015	International Marketing Program Studies
Management Academy London	
08.2013	Rentabilitätsrechnung und Investitionscontrolling
10.2012	Investitionsgüter und Systemmarketing
06.2011	Arbeitstechnik, Führungsverhalten, Konfliktmanagement
01.2010	Rhetorik und Präsentation
Sprachkurse	
05.2014, 07.2015	Conversation-Business-English I und II Cambridge
04.2013	Russisch für Export-Trading St. Petersburg

Dr. Andreas Behnke

Diplom-Kaufmann
Brehmer Allee 134 b
40472 Düsseldorf
Tel. 0211 3528762
Handy: 0197 6789876
E-Mail: abehnke@gmail.com
XING: xing.to/abehnke

ANLAGENVERZEICHNIS

Zwischenzeugnis Sinmag S.R.L.

Arbeitszeugnis / Empfehlungsbrief
La Turrita Ceramiche S.P.A.

Arbeitszeugnis Wand und Boden AG

Arbeitszeugnis Villeroy & Boch

Promotionsurkunde

Diplom

Fortbildungsnachweise

Kommentar zur Bewerbung von Dr. Andreas Behnke

Diese ästhetischen Seiten sprechen für sich. Der Kandidat präsentiert sich mit außergewöhnlich gut gestalteten Bewerbungsunterlagen, wobei allen »Bausteinen« das gleiche Design zugrunde liegt.

Dies zeigt sich bereits im Anschreiben: ein Beispiel dafür, wie lohnend das Ergebnis sein kann, wenn man es wagt, die konventionellen Formen der Briefgestaltung zu verlassen.

Im Briefkopf gibt der Bewerber neben den üblichen Adressdaten zusätzlich den Kurz-Link zu seinem XING-Profil an – sehr gelungen! So kann der Empfänger der Unterlagen sich weiter über den Bewerber informieren und sich beispielsweise auch sein Netzwerk ansehen.

Der Anschreibentext knüpft an ein Telefonat an, das im Rahmen einer Initiativbewerbung geführt wurde. Der Text ist absolut knapp gehalten – diese gelungene Konzentration auf das Wesentliche setzt sich auch im Lebenslauf fort.

Ein fast minimalistisches, aber nicht weniger ästhetisches Deckblatt eröffnet den Reigen der Bewerbungsunterlagen. Auf der nächsten Seite präsentiert der Bewerber seine persönlichen Daten und fügt Informationen über seine aktuelle Position hinzu. Die von uns sonst eher für überflüssig gehaltene explizite Anführung der Rubriken Geburtsdatum/Geburtsort/Familienstand etc. wirkt hier in der Umkehrung der üblichen Reihenfolge als besonderes Stilmittel, das in Zusammenhang mit der Gesamtgestaltung der Unterlagen auf einen sehr motivierten Bewerber mit hohen Qualitätsansprüchen schließen lässt. Auf dem Foto wirkt der Kandidat durch das Lächeln recht sympathisch.

Auf den folgenden zwei Seiten sind Lebenslauf, Berufspraxis und Ausbildung in einer neuen, beeindruckenden Weise präsentiert. Eine Extraseite gibt Auskunft über die Zusatzqualifikationen und das Weiterbildungsengagement. Auch ohne eine besondere Botschaft per »Dritter Seite« eine gelungene Komposition!

Selbst das Anlagenverzeichnis trägt zur ästhetischen Gesamtwirkung bei.

Einschätzung: Ein richtiges kleines Kunstwerk. Wirklich exzellent!

BEWERBUNG — KOORDINATORIN — BEWERBUNG

Sandra Meiner
Möllegatan 4
21420 Malmö/Schweden

Nordlicht Sprachreisen GmbH
Frau Dr. Sylvia Engel
Weidendamm 16
21109 Hamburg

Malmö, 10.01.2016

Sehr geehrte Frau Dr. Engel,

die auf Ihrer Homepage ausgeschriebene Position hat meine besondere Aufmerksamkeit erregt, da ich gerade eine neue berufliche Herausforderung in einem nordeuropäischen Umfeld suche.

Ihre Anforderungen erfülle ich durch sechsjährige Berufspraxis bei internationalen Austauschorganisationen. Regionaler Schwerpunkt meiner derzeitigen Tätigkeit ist Schweden. Als Programm-Koordinatorin bin ich für den gesamten Ablauf der Programme verantwortlich, wobei der Schwerpunkt in der Kundenbetreuung liegt. Meine frühere Tätigkeit als Exportassistentin sowie das Studium der europäischen BWL stellen dafür ausgezeichnete Voraussetzungen dar.

Besonderes Kommunikationsvermögen, Belastbarkeit und Organisationstalent haben mir Kollegen und Vorgesetzte häufig bestätigt. Aufgrund meiner guten Englisch- und Schwedischkenntnisse kann ich auch mit Norwegern und Dänen kommunizieren.

Ich freue mich sehr auf die Gelegenheit, mich persönlich mit Ihnen auszutauschen.

Mit freundlichen Grüßen

Sandra Meiner

Anlagen

LEBENSLAUF — SANDRA MEINER — LEBENSLAUF

Sandra Meiner
Möllegatan 4
21420 Malmö/Schweden
Tel. +46 40 755 99 31
E-Mail: sandra-meiner@gmail.com
geb. 10.01.1981 in Brome, unverheiratet

Berufliche Erfahrungen

04.2014 – 03.2016 DEE Exchange EU GmbH, Malmö

Programm-Koordinatorin
(Schwangerschaftsvertretung)

- Beratung von Bewerbern für Austauschstudien in Schweden
- Organisation und Durchführung von Vorbereitungs-Workshops
- Kontakt mit deutschen und schwedischen Universitäten
- Konferenzen, Berichte und Statistiken

03.2010 – 12.2013 DAAD, Berlin

Assistentin des Geschäftsführers

Organisation, Beratung von Kunden, Vertragsgestaltung und -abwicklung

08.2002 – 12.2008 Inger Lloyd, Bremerhaven

Exportassistentin

Verkaufsabwicklung, Kontrolle des Zahlungsverkehrs, Kundenbetreuung

LEBENSLAUF — SANDRA MEINER — LEBENSLAUF

Ausbildung

10.2013 – 03.2014	Schwedisch- und Englischkurse Sprachenatelier Berlin
2002 – 2005	Diplom (FH) Europäische BWL Europäische Fernhochschule Hamburg
2002	Fachhochschulreife Abendgymnasium Bremen
1997 – 2000	Abgeschlossene Ausbildung zur Außenhandelskauffrau, Bremerhaven
1997	Realschulabschluss, Brome

Auslandsaufenthalte

seit 06.2014	Schweden: Berufstätigkeit mit Sprachpraxis
01. – 12.2009	Schweden, Dänemark, Norwegen: Jobs, Familienbesuche, Sprachpraxis
07. – 10.2005	Großbritannien: Reisen, Sprachpraxis

Sprachkenntnisse

Englisch	verhandlungssicher
Schwedisch	fließend
Französisch	Grundkenntnisse

EDV-Kenntnisse

Bürosoftware	MS Word, Excel, Access, Outlook, Project, PowerPoint
Webdesign	CMS, HTML/JavaScript

Freizeitinteressen

Kultur	Kino, Off-Kultur
Sport	Badminton, Windsurfen

Malmö, 10.01.2016

Sandra Meiner

ANLAGEN — SANDRA MEINER — ANLAGEN

Arbeitszeugnisse

DEE Exchange EU GmbH, Malmö	**Programm-Koordinatorin** (Zwischenzeugnis)
DAAD, Berlin	**Assistentin des Geschäftsführers**
Inger Lloyd, Bremerhaven	**Exportassistentin**

Ausbildungszeugnisse

Europäische Fernhochschule Hamburg	**Diplom (FH) Europäische Betriebswirtschaftslehre**
Abendgymnasium Bremen	**Fachhochschulreife**
Themann & Söhne Export Gmbh, Bremerhaven	**Ausbildung zur Außenhandelskauffrau**

Referenzen

DEE Exchange EU GmbH	Sven Nyberg (Geschäftsführer) Carl Gustafs väg 20 21420 Malmö/Schweden Tel. +46 40 9323 1298 E-Mail: sven@dee.exchange.com
Deutscher Akademischer Austauschdienst DAAD	Dr. Arno Hinz (Referatsleiter) Markgrafenstraße 37 10117 Berlin Tel. 030 204 12 674 E-Mail: drarnohinz@daad.de
Ev. Markusgemeinde	Henriette Calau (Pfarrerin) Lange Straße 4 27580 Bremerhaven Tel. 0471 44 92 45

Kommentar zu den Unterlagen von Sandra Meiner

Sandra Meiner hat für ihre Bewerbung das A4-Querformat gewählt, garantiert ein Hingucker! Die Bewerberin beginnt ihr Anschreiben mit einer interessanten Kopfzeile, die hier auch als Betreffzeile fungiert und sich mit anderem Text, aber gleichem Layout auf den folgenden Seiten wiederholt. Der zweispaltige Druck ist gut lesbar und wirkt professionell. In wenigen, gut formulierten Sätzen legt Frau Meiner überzeugend dar, warum sie eine wirklich geeignete Kandidatin für den zu besetzenden Arbeitsplatz (Koordinatorin) ist. Für die Qualifikation von besonderer Bedeutung sind ihre Sprachkenntnisse, weshalb sie diese bereits im Anschreiben näher ausführt. Ihr letzter Satz zeugt nicht nur von gesundem Selbstbewusstsein, sondern knüpft in der Wortwahl auch an ihren Arbeitsbereich an.

An das ungewöhnliche Format hat sich das Auge immer noch nicht richtig gewöhnt, da erblicken wir das Foto der Kandidatin auf der ersten Seite des Lebenslaufs, ebenfalls im Querformat – ein offener und intensiver Blick fesselt den Betrachter.

Durch Angaben im ersten Block, »Berufliche Erfahrungen«, signalisiert Frau Meiner, dass ihre Stelle befristet und sie deshalb besonders motiviert ist, etwas Neues zu finden. Die aktuelle Berufsstation erläutert sie wesentlich detaillierter als die anderen beiden – das ist inhaltlich sinnvoll, zudem wird der Text auf diese Weise optimal auf die beiden Spalten aufgeteilt. Bei ihren beruflichen Stationen gibt die Bewerberin den Arbeitgeber zuerst an, betont aber ihren Aufgabenbereich durch Fettschrift. Auf der zweiten Seite finden wir Informationen zu Ausbildung, wichtigen Auslandsaufenthalten sowie zu Kenntnissen und Interessen.

Die beiden Spalten des Anlagenverzeichnisses sind aufgeteilt nach Arbeits- und Ausbildungszeugnissen sowie Referenzen. In diese – international übliche – Übersicht über Auskunftsmöglichkeiten schließt Frau Meiner nicht nur ihre früheren Arbeitgeber, sondern auch eine Pfarrerin ein. Damit lässt sie Rückschlüsse auf ihre Konfessionszugehörigkeit zu. Diese darf zwar in Bewerbungen nicht erfragt werden, aber wenn Frau Meiner darauf verweisen möchte, um so bestimmte Wertvorstellungen von sich zu vermitteln, ist diese Form eine Möglichkeit.

Einschätzung: Diese Bewerbung vereint kreative optische Anreize, inhaltliche Argumente und einen übersichtlichen Aufbau. Sie wird einen Platz ganz oben im Bewerbungsstapel einnehmen! Garantiert!

Variante 1

An... s.sauter@schneller-reisen.de

Cc...

Betreff: Meine Bewerbung in Ihrem Reisebüro

Sehr geehrte Frau Sauter,

ich bin frischgebackene **Reiseverkehrskauffrau** (23 Jahre alt) und habe davor als erste Ausbildung nach dem Abitur den Abschluss der internationalen Touristikassistentin gemacht.

Ein mehrmonatiger ausbildungsbedingter Aufenthalt in Spanien hat meine Sprach- und Fachkenntnisse stark geprägt. Jetzt möchte ich beweisen, was ich kann ... geben Sie mir doch bitte diese Chance.

Auf eine Einladung freue ich mich und grüße Sie

Nadine Flathow

Reiseverkehrskauffrau
Gerichtsallee 44
04103 Leipzig
Telefon 0341 5653041
Mobil 0170 9187951

Geboren am 14.06.1992 in Bad Saarow

2011 Abitur Werner-von-Siemens-Gymnasium Leipzig
2011–2014 Ausbildung zur Touristikassistentin
2015 Weiterbildung zur Reiseverkehrskauffrau

Englisch (sehr gut), Französisch (gut), Spanisch (gut)
Umgang mit MS Word, MS Excel, MS PowerPoint
und Anwendungsprogramm Sabre-Merlin

Team- und Führungsfähigkeit
Sport: Cheerleaderin/Teamcaptain
und Marathonläuferin

Variante 2

An... s.sauter@schneller-reisen.de

Cc...

Betreff: Meine Bewerbung in Ihrem Reisebüro

Sehr geehrte Frau Sauter,

als frischgebackene **Reiseverkehrskauffrau** (23) möchte ich Sie und Ihr Team gerne unterstützen.

Nach meinem Abitur (2011) war ich ausbildungsbedingt in Spanien. Weitere Sprachen wie Englisch und Französisch beherrsche ich auch. Ebenso die gängigen PC- und Anwendungsprogramme wie Sabre-Merlin. Mehr über mich in der Anlagedatei.

Es grüßt Sie
Nadine Flathow

Reiseverkehrskauffrau
Gerichtsallee 44
04103 Leipzig
Telefon 0341 5653041
Mobil 0170 9187951

Lebenslauf Nadine Flathow

Variante 3

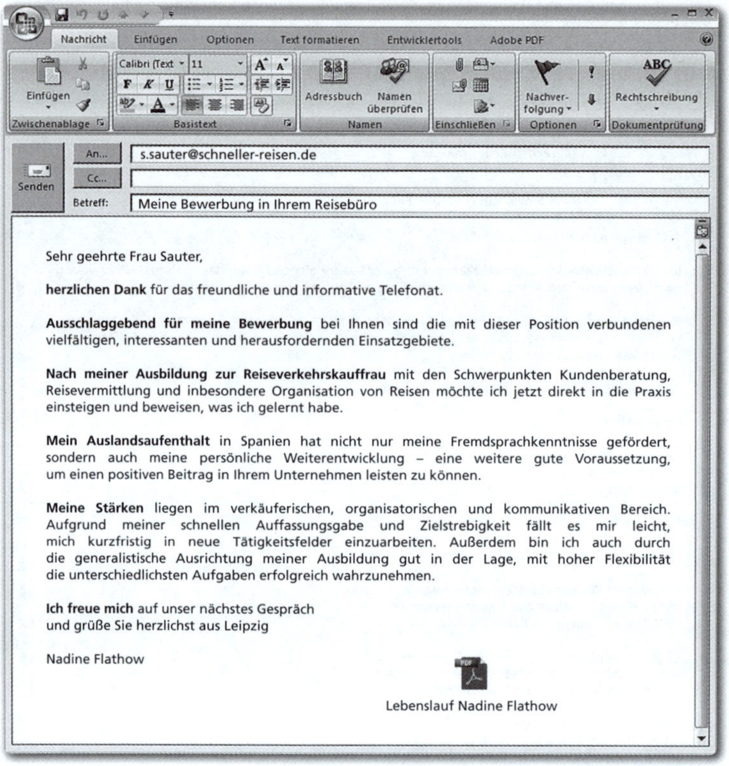

An... s.sauter@schneller-reisen.de

Cc...

Betreff: Meine Bewerbung in Ihrem Reisebüro

Sehr geehrte Frau Sauter,

herzlichen Dank für das freundliche und informative Telefonat.

Ausschlaggebend für meine Bewerbung bei Ihnen sind die mit dieser Position verbundenen vielfältigen, interessanten und herausfordernden Einsatzgebiete.

Nach meiner Ausbildung zur Reiseverkehrskauffrau mit den Schwerpunkten Kundenberatung, Reisevermittlung und inbesondere Organisation von Reisen möchte ich jetzt direkt in die Praxis einsteigen und beweisen, was ich gelernt habe.

Mein Auslandsaufenthalt in Spanien hat nicht nur meine Fremdsprachkenntnisse gefördert, sondern auch meine persönliche Weiterentwicklung – eine weitere gute Voraussetzung, um einen positiven Beitrag in Ihrem Unternehmen leisten zu können.

Meine Stärken liegen im verkäuferischen, organisatorischen und kommunikativen Bereich. Aufgrund meiner schnellen Auffassungsgabe und Zielstrebigkeit fällt es mir leicht, mich kurzfristig in neue Tätigkeitsfelder einzuarbeiten. Außerdem bin ich auch durch die generalistische Ausrichtung meiner Ausbildung gut in der Lage, mit hoher Flexibilität die unterschiedlichsten Aufgaben erfolgreich wahrzunehmen.

Ich freue mich auf unser nächstes Gespräch
und grüße Sie herzlichst aus Leipzig

Nadine Flathow

Lebenslauf Nadine Flathow

LEBENSLAUF

Nadine Flathow
Reiseverkehrskauffrau

Gerichtsallee 44, 04103 Leipzig
Tel: 0341 5653041
Mobil: 0170 9187951
E-Mail: n.flathow@freenet.de

geboren am 14.06.1992 in Bad Saarow
unverheiratet, keine Kinder, ortsungebunden

Schul- und Berufsausbildung

2002 – 2011	Werner-von-Siemens-Gymnasium Leipzig, Abschluss: Abitur
2011 – 2014	Ausbildung zur Staatl. Geprüft. Intern. Touristikassistentin an der Berufsfachschule für Wirtschaft in Borna
2015	Weiterbildung zur Reiseverkehrskauffrau bei der Akademie für Wirtschaft und Verwaltung in Dresden

Berufserfahrung

2012	Praktikum im 5-Sterne-Hotel Melia Sancti Petri in Spanien
2013	Praktikum im Reisebüro Suntours in Lindenthal / Leipzig

Fähigkeiten

Fremdsprachen in Wort und Schrift: Englisch (sehr gut), Französisch (gut), Spanisch (gut)

Computerprogramme: Sabre-Merlin, MS Office

Führerschein Klasse B

Team- und Führungsfähigkeit

Interessen und Hobbys

Teamcaptain der Cheerleader der Leipzig Lions (American Football)
Marathonläuferin

Leipzig, 04.01.2016

Kommentar zur E-Mail-Bewerbung von Nadine Flathow

Variante 1

Kurz und treffend – direkt in der E-Mail-Maske befinden sich Anschreiben und die wichtigsten Lebenslauf-Daten. In wenigen Zeilen wird hier beim Leser Interesse an der Bewerberin geweckt. Die persönliche Ansprache sorgt ebenfalls dafür, dass dieses Angebot wahrgenommen wird.

Die Absenderadresse kommt wie bei E-Mails üblich ans Textende. In diesem Beispiel geht es aber noch mit einem Mini-Lebenslauf weiter. Eine sehr gute Idee! Er rundet das positive Bild einer interessanten Bewerberin ab.

Mehr Umfang muss nicht sein bei der ersten Kontaktaufnahme. Keine weiteren Anlagen, die eingescannt und mitgeschickt werden. Wichtig jedoch vielleicht noch der Hinweis, dass man gerne mehr an Unterlagen auf Wunsch vorlegt – vorab oder bei der ersten persönlichen Begegnung.

Variante 2

Der Text ist sehr gut! Selbst mit einigen wenigen Zeilen kann es gelingen, eine erste wichtige Botschaft zu vermitteln.

Zur Ergänzung ist jetzt eine Anlage notwendig. In dem beigefügten Anhang befinden sich in einer Datei der Lebenslauf und eventuell das letzte Arbeits- oder Ausbildungszeugnis. Für den Empfänger ist es praktischer, beides in einer Datei und nicht zwei getrennte Dateien zu erhalten.

Variante 3

Hier stellt sich die Bewerberin in einem ausführlicheren Anschreiben überzeugend dar. Die Hervorhebungen durch Fettschrift strukturieren den Lesefluss und verleihen dem Anschreiben eine interessante Optik. Beachten Sie jedoch, dass dem Empfänger die E-Mail (je nach Mail-Programm bzw. Einstellungen) möglicherweise ohne Ihre Formatierungen angezeigt wird. Ihre E-Mail sollte auch ohne solche Effekte funktionieren.

Anlage: Lebenslauf (z. B. als PDF)

Dieser Lebenslauf ist kaum anders als die Version, die in einer Bewerbungsmappe per Post verschickt wird. Vielleicht versucht man, den Umfang für den digitalen Weg ein wenig kürzer zu halten. Der Aufbau ist klassisch-konservativ, aber nicht langweilig. Moderner wäre aber die Variante von der Gegenwart in die Vergangenheit. Die Original-Unterschrift wurde eingescannt – sehr gut!

Eine Besonderheit: die Berufsbezeichnung unterhalb des Namens. (Könnte auch daneben platziert sein.) So wird eine der wichtigsten Informationen sofort vermittelt, sehr schön.

Mail-Variante 1

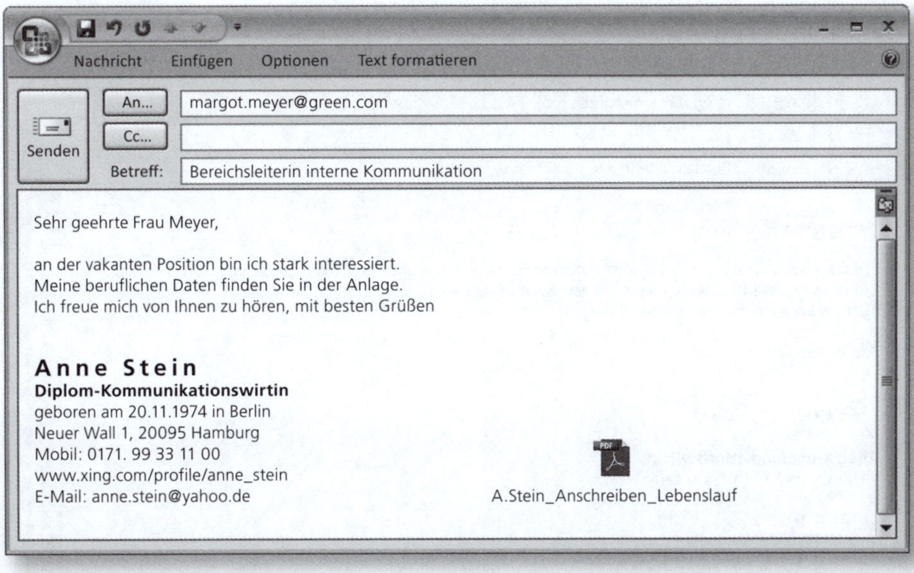

An: margot.meyer@green.com

Betreff: Bereichsleiterin interne Kommunikation

Sehr geehrte Frau Meyer,

an der vakanten Position bin ich stark interessiert.
Meine beruflichen Daten finden Sie in der Anlage.
Ich freue mich von Ihnen zu hören, mit besten Grüßen

A n n e S t e i n
Diplom-Kommunikationswirtin
geboren am 20.11.1974 in Berlin
Neuer Wall 1, 20095 Hamburg
Mobil: 0171. 99 33 11 00
www.xing.com/profile/anne_stein
E-Mail: anne.stein@yahoo.de

A.Stein_Anschreiben_Lebenslauf

Mail-Variante 2

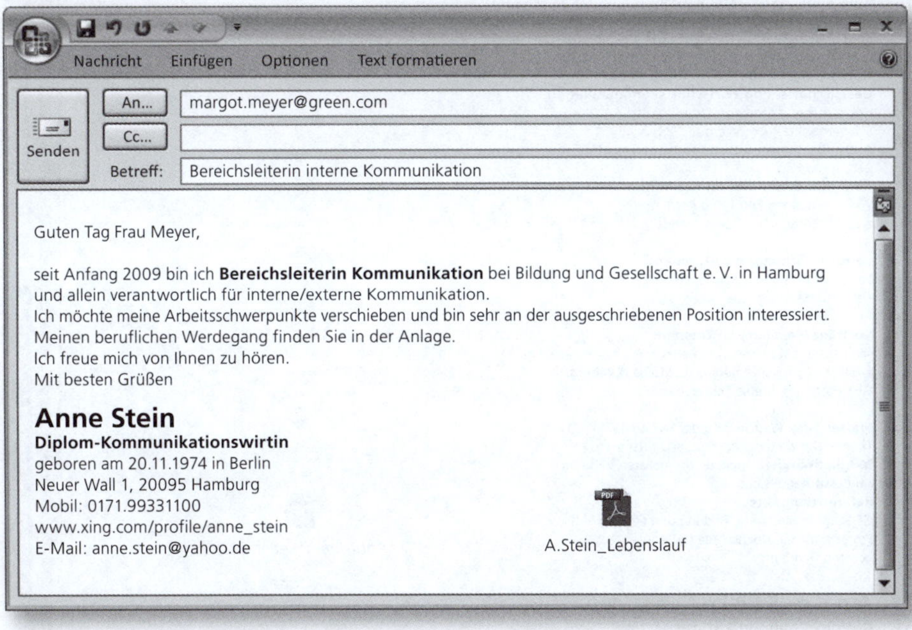

An: margot.meyer@green.com

Betreff: Bereichsleiterin interne Kommunikation

Guten Tag Frau Meyer,

seit Anfang 2009 bin ich **Bereichsleiterin Kommunikation** bei Bildung und Gesellschaft e. V. in Hamburg und allein verantwortlich für interne/externe Kommunikation.
Ich möchte meine Arbeitsschwerpunkte verschieben und bin sehr an der ausgeschriebenen Position interessiert.
Meinen beruflichen Werdegang finden Sie in der Anlage.
Ich freue mich von Ihnen zu hören.
Mit besten Grüßen

Anne Stein
Diplom-Kommunikationswirtin
geboren am 20.11.1974 in Berlin
Neuer Wall 1, 20095 Hamburg
Mobil: 0171.99331100
www.xing.com/profile/anne_stein
E-Mail: anne.stein@yahoo.de

A.Stein_Lebenslauf

Mail-Variante 3

Nachricht Einfügen Optionen Text formatieren

Senden

An... margot.meyer@green.com

Cc...

Betreff: Bereichsleiterin interne Kommunikation

Sehr geehrte Frau Meyer,

ich stelle mich Ihnen für die vakante Position in Ihrem Haus vor und biete Ihnen gerne an, Ihnen alle weiteren Unterlagen und Dokumente, die über mich Auskunft geben, zuzusenden.
Hier ein kurzer Ausschnitt meiner Daten.

Mit besten Grüßen

Dipl. Kommunikationswirtin
geboren am 20.11.1974 in Berlin

Seit 01/2009
Bereichsleiterin Kommunikation
bei Bildung und Gesellschaft e.V., Hamburg
Interne/externe Kommunikation (Texterin u. a.
Social Media, Projekt-Koordination mit Zeit.de)
PR-Strategien, Agenda Setting, Interviews, Vorträge
Redaktion der Artikel on- und offline
Redaktion von Veröffentlichungen
Koordination Medienpartner (z. B. Welt.de, Faz.net)
Kooperation TV + Hörfunk wie Deutschlandfunk

Hochschule/Schule 2001 – 2006 Studium
Gesellschafts- und Wirtschaftskommunikation
Hochschule für Medien, Hamburg
Schwerpunkte: Text, Werbung/PR, Politik
Abschluss: Diplom-Kommunikationswirtin (1,2)

TV/Radio-Interviews zu Themen:
Weiterbildung in Beruf und Karriere
z. B. n-tv, arte, NDR, Deutschlandfunk

Veröffentlichungen zu Themen:
Selbstmarketing und Medienkompetenz
z. B. welt.de, spiegel.de

Vorträge/Seminare zu Themen:
Medien- und Karrierestrategien
z. B. Freie Universität Berlin, SocMedia Hamburg,
GHF Hamburg, Media School Hamburg

Preise: Essay-Wettbewerb der FAZ, 2012
Thema: Das Medium Internet in Deutschland
Mitgliedschaft: Deutscher Journalisten Verband
Landesverband Hamburg
Referenzkontakte:
GF Siegmar Sternberg, Bildung und Gesellschaft e.V.,
Prof. Dr. Müller, Hochschule für Medien,
beide in Hamburg

Anne Stein_Lebenslauf

Anne Stein
Diplom-Kommunikationswirtin
Neuer Wall 1, 20095 Hamburg
Mobil: 0171. 99 33 11 00
www.xing.com/profile/anne_stein
E-Mail: anne.stein@yahoo.de

VORSICHT! Schlechte Version!

Lebenslauf

Anne Stein
Geboren am 20.11.1974 in Berlin
Anschrift: Neuer Wall 1, 20095 Hamburg
Telefon Mobil: 0171.99331100
E-Mail: anne.stein@yahoo.de
Aktuelle Position:
Bereichsleiterin Kommunikation
Bildung und Gesellschaft e.V., Hamburg

Schule und Ausbildung

1981 – 1994	Grund- und Oberschule Abschluss **Abitur** Werner von Siemens Gymnasium
04/1995 – 10/1997	Studium **Rechtswissenschaften**
04/2001 – 11/2006	Studium **Gesellschafts- und Wirtschaftskommunikation** Hochschule für Medien, Hamburg Schwerpunkte: Text, Werbung/PR, Politik Abschluss: Diplom-Kommunikationswirtin (Note: 1,2) Freie Universität Berlin
04/2004 – 09/2004	1 Semester an der Università degli Studi di Bologna, in Bologna, Italien studiert
04/2003 – 09/2006	**Tutorin** für Politik bei Prof. Dr. Müller, Hochschule für Medien, Hamburg

Erste Berufspraxis

06/1997 – 04/2001	**Mitarbeiterin für PR/Marketing** Tel & Tol, Berlin – Eventkonzeption und Marketing – Messemoderation – Koordination mit Eventagenturen
12/2001 – 10/2004	**Pressereferentin** Abgeordnetenbüro Meyer, MdHB, Hamburg – Interne-/externe Kommunikation – Vorbereitung von Veranstaltungen, z. B. im Wahlkreis – Ausbau der Pressekontakte
01/2005 – 11/2005	**Assistentin der Kommunikationsabteilung** Kulturradio Deutschland – Planung einer Kommunikationskampagne – Dokumentation und Präsentation des Konzepts
12/2006 – 12/2007	**Kommunikationsberaterin** Polkom Verlag, Berlin/Hamburg – Projekt-Konzeption und Redaktion – Interviews u. a. mit Angela Merkel, Guido Westerwelle – polkom-publishing.com

01/2008 – 12 /2008 **PR-Referentin**
Stone Waters Ziegler Communication, Hamburg

Aktuelle Position

Seit 01/2009 **Bereichsleiterin Kommunikation**
Bildung und Gesellschaft e. V., Hamburg

- Interne/externe Kommunikation (Texterin u. a. Social Media, Projekt-Koordination mit Zeit.de »Zeitzeichen«)
- PR-Strategien, Agenda Setting, Interviews, Vorträge
- Redaktion der Artikel on- und offline
- Redaktion von Veröffentlichungen
- Koordination Medienpartner (z. B. Welt.de, Faz.net)
- Kooperation TV + Hörfunk wie Deutschlandfunk
- Pressekonferenzen, Pressemitteilungen, PR-Instrumente
- Themenplatzierung, Pressebetreuung, PR-Strategien
- Kommunikationskonzepte, PR-Kampagne, Redaktion

Veröffentlichungen

Themen: Selbstmarketing und Medienkompetenz
z. B. welt.de, spiegel.de

Fremdsprachen

Englisch	sehr gut in Wort und Schrift
Italienisch	sehr gut in Wort und Schrift
Französisch	gut in Wort und Schrift

Hobbys

Segeln, Städtereisen, Musik hören, Zeitgeschichte, Politik

Hamburg, im Februar 2016

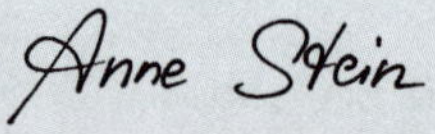

Verbesserte Version

CURRICULUM VITAE ◆ ANNE STEIN ◆ DIPLOM-KOMMUNIKATIONSWIRTIN

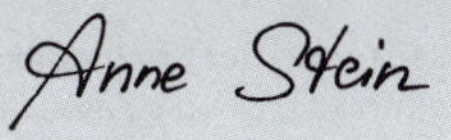

Anne Stein

Diplom-Kommunikationswirtin

Geburtstag: 20.11.1974
Geburtsort: Berlin

Adresse: Neuer Wall 1, 20095 Hamburg
Mobil: 0171.99331100
www.xing.com/profile/Anne_Stein
E-Mail: Anne.Stein@yahoo.de

CURRICULUM VITAE ◆ ANNE STEIN ◆ DIPLOM-KOMMUNIKATIONSWIRTIN

Berufspraxis

Seit 01 / 2009	**Bereichsleiterin Kommunikation** Bildung und Gesellschaft e. V., Hamburg ◆ Interne / externe Kommunikation (Texterin u. a. Social Media, Projekt-Koordination mit Zeit.de »Zeitzeichen«) ◆ PR-Strategien, Agenda Setting, Interviews, Vorträge ◆ Redaktion der Artikel on- und offline ◆ Redaktion von Veröffentlichungen ◆ Koordination Medienpartner (z. B. Welt.de, Faz.net) ◆ Kooperation TV + Hörfunk wie Deutschlandfunk
01 / 2008 – 12 / 2008	**PR-Referentin** Stone Waters Ziegler Communication, Hamburg ◆ Pressekonferenzen, Pressemitteilungen, PR-Instrumente ◆ Themenplatzierung, Pressebetreuung, PR-Strategien ◆ Kommunikationskonzepte, PR-Kampagnen, Redaktion
12 / 2006 – 12 / 2007	**Kommunikationsberaterin** Polkom Verlag, Berlin / Hamburg ◆ Projekt-Konzeption und Redaktion ◆ Interviews u. a. mit Angela Merkel, Guido Westerwelle ◆ polkom-publishing.com
01 / 2005 – 11 / 2005	**Assistentin der Kommunikationsabteilung** Kulturradio Deutschland, Hamburg ◆ Planung einer Kommunikationskampagne ◆ Dokumentation und Präsentation des Konzepts
12 / 2001 – 04 / 2004	**Pressereferentin** Abgeordnetenbüro Meyer, MdHB, Hamburg ◆ Interne / externe Kommunikation ◆ Vorbereitung von Veranstaltungen, z. B. im Wahlkreis ◆ Ausbau der Pressekontakte
06 / 1997 – 04 / 2001	**Mitarbeiterin für PR / Marketing** Tel & Tol, Berlin ◆ Eventkonzeption und Marketing ◆ Messemoderation ◆ Koordination mit Eventagenturen

CURRICULUM VITAE ◆ ANNE STEIN ◆ DIPLOM-KOMMUNIKATIONSWIRTIN

Projektarbeiten (Auswahl)

08 / 2012 – 11 / 2013	**Redakteurin** Meta Construkto, Hamburg Texte zum Thema Medien und Gesellschaft meta-construkto.de
10 / 2007 – 12 / 2007	**Wissenschaftliche Projektmitarbeiterin** Hochschule für Medien, Hamburg Qualitative Forschung (Durchführung und Auswertung von Interviews): Mediennutzungsverhalten Jugendlicher Auftraggeber: Deutsche Kulturstiftung, Berlin
2003	**Presse + Organisation** Hamburger Werbekongress: »Gesellschaft im Wandel« Akquise von Sponsoren, Agenturen, Medienpartnern Pressesprecherin und Moderatorin der Themenrunden

Hochschule / Schule

04 / 2001 – 11 / 2006	**Studium Gesellschafts- und Wirtschaftskommunikation** Hochschule für Medien, Hamburg Schwerpunkte: Text, Werbung / PR, Politik Abschluss: Diplom-Kommunikationswirtin (Note: 1,2)
04 / 2003 – 09 / 2006	**Tutorin** für Politik bei Prof. Dr. Müller, Hochschule für Medien, Hamburg ◆ Vorbereitung / Durchführung von Lehrveranstaltungen im Grundstudium ◆ Korrektur von Klausuren im Grundstudium
04 / 2004 – 09 / 2004	Studium **Kommunikationswissenschaft** Università degli Studi di Bologna, Bologna
04 / 1995 – 10 / 1997	Studium **Rechtswissenschaften** Freie Universität Berlin
1994	Allgemeine Hochschulreife Werner von Siemens Gymnasium Gesamtnote: 1,4

CURRICULUM VITAE ◆ ANNE STEIN ◆ DIPLOM-KOMMUNIKATIONSWIRTIN

Digital

MS-Office	sehr gute Kenntnisse
Photoshop	sehr gute Kenntnisse
HTML / Web 2.0	gute Kenntnisse
InDesign	gute Kenntnisse
Moodle	Grundkenntnisse

Fremdsprachen

Englisch	sehr gut in Wort und Schrift
Spanisch	sehr gut in Wort und Schrift
Französisch	gut in Wort und Schrift

Soziales Engagement

2008 – 2011	Unterstützung der Projektleitung generation-trainee.de

Besondere Fähigkeiten

TV- / Radio-Interviews	Themen: Weiterbildung in Beruf und Karriere z. B. n-tv, arte, NDR, Deutschlandfunk
Veröffentlichungen	Themen: Selbstmarketing und Medienkompetenz z. B. welt.de, spiegel.de
Vorträge / Seminare	Themen: Medien- und Karrierestrategien z. B. Freie Universität Berlin, SocMedia Hamburg, GHF Hamburg, Media School Hamburg
Preis	Essay-Wettbewerb der FAZ, 2012 Thema: Das Medium Internet in Deutschland

CURRICULUM VITAE ◆ ANNE STEIN ◆ DIPLOM-KOMMUNIKATIONSWIRTIN

Interessen

Segeln, Städtereisen, Zeitgeschichte

Mitgliedschaft

Deutscher Journalisten Verband, Landesverband Hamburg

Referenzkontakte

Siegmar Sternberg, Geschäftsführer Bildung und Gesellschaft e. V., Hamburg, Tel. 040 25432-101
Prof. Dr. Müller, Hochschule für Medien, Hamburg

Hamburg, 24. Februar 2016 Anne Stein

Kommentar zur E-Mail-Bewerbung von Anne Stein

Kommentar zur Mail-Variante 1 (S. 299)

Insgesamt: Eine sehr kurze, schnell auf den Punkt kommende Anmoderation, leider ohne Bezug auf ein zuvor geführtes Telefonat. Fettungen findet man nur im Abbinder, der wegen seiner besonderen Gestaltung positiv auffällt. Das Ganze kommt sogar ohne Unterschrift aus, mit eingescannter Unterschrift wäre es aber zweifelsohne schöner.

Betreffzeile: Prägnant und optisch gut inszeniert!

Anrede: Namentliche Ansprache ist vorhanden.

Start: Sehr direkter Einstieg ohne Floskeln.

Inhaltlich: Ein guter Kurz-Begleittext für die Übersendung der Bewerbungsunterlagen.

Abschluss: Korrekt getextet, ungewöhnliche Grußformel, ohne getippte oder eingescannte Unterschrift, nicht schlecht, so geht es also auch!

Abbinder: Sehr schöne Gestaltung, alles vorhanden!

Hinweis zum Anhang: Im Anhang befinden sich die kompletten Bewerbungsunterlagen.

Kommentar zur Mail-Variante 2 (S. 299)

Insgesamt: Eine immer noch kurze, schnell auf den Punkt kommende Anmoderation, die aber doch die Bewerberin interessant vorstellt. Leider hat die Bewerberin auch hier kein Telefonat vorab geführt. Es gibt eine Fettung im Text und eine im Abbinder, der wegen seiner grafischen Gestaltung deutlich auffällt. Das Ganze kommt wieder ohne Unterschrift aus, mit eingescannter wäre es aber zweifelsohne schöner! Dann bräuchte der Name auch nicht mehr ganz so groß herausgestellt werden!

Betreffzeile: Prägnant und optisch gut inszeniert!

Anrede: Namentliche Ansprache, aber »Guten Tag« trifft nicht jedermanns Geschmack!

Start: Gelungener Einstieg, Floskeln wurden vermieden.

Inhaltlich: Ein guter Kurz-Begleittext für die Übersendung der Bewerbungsunterlagen.

Abschluss: Korrekt getextet, ohne getippte oder eingescannte Unterschrift, aber nicht schlecht!

Abbinder: Enthält alle wichtigen Infos, ist wegen der Namensgröße aber nicht ganz unproblematisch!

Hinweis zum Anhang: Im Anhang befindet sich der Lebenslauf.

Kommentar zur Mail-Variante 3 (S. 300)

Insgesamt: Eine prägnante Anmoderation, die neugierig machen soll und als ersten Appetithappen eine Art Kurz-Profil anbietet, was die Bewerberin sehr interessant erscheinen lässt. Offensichtlich ohne zuvor geführtes Telefonat, schade! Fettungen erscheinen im Lebenslauf und im Abbinder, der wegen seiner grafischen Gestaltung deutlich positiv auffällt. Sehr gut ist die eingescannte Unterschrift.

Betreffzeile: Prägnant und optisch gut inszeniert!

Anrede: Die namentliche Ansprache und Begrüßung sind angemessen.

Start: Ganz direkt, ohne Floskeln – das wirkt zielstrebig.

Inhaltlich: Eine kurze Vorstellung mit dem Ziel, Interesse an der Einsendung der vollständigen Unterlagen zu wecken – wirklich gelungen!

Abschluss: Sehr minimalistisch getextet, ein freundlicher Satz zum Abschluss wäre zusätzlich angebracht.

Abbinder: Optisch und von den Informationen sehr gut gelöst!

Hinweis zum Anhang: Dieser ausführlicheren Mail zur ersten Kontaktaufnahme muss kein Anhang beigefügt werden, möglich wäre es aber.

Kommentar zur schlechten Version der Bewerbung von Anne Stein (S. 301)

Wir verzichten hier auf das Anschreiben und konzentrieren uns nur auf die Lebenslauf-Präsentation. Der erste Blick fällt auf das unglückliche Foto-Format. Über dem Kopf der Kandidatin wäre Platz für einen »Heiligenschein«. Dann beginnt die Darstellung klassisch, aber langweilig, mit Stationen, die längst Geschichte sind und den Leser durch allererste Berufserfahrungen quälen. Das steht stark im Kontrast zu dem ganz gut gelungenen Anfangsblock oben links, der immerhin die aktuelle Ausgangssituation gut auf den Punkt bringt: Bereichsleiterin Kommunikation! Keine schlechte Basis, die aber noch auf der ersten Lebenslaufseite völlig zunichte gemacht wird. Eine schlechte Arbeitsprobe, die auch noch durch einen furchtbaren Seitenumbruch – die Station als PR-Referentin kommt allein auf die zweite Lebenslaufseite vor die »Aktuelle Position« – getoppt wird.

Die zweite Seite wäre ansonsten ein ganz guter Start nach dem Anfangsblock gewesen bis einschließlich des Abschnitts zu Fremdsprachen. Bei den Veröffentlichungen hätten noch Jahreszahlen ergänzt werden können (je aktueller, desto besser). Leider sind hier zu viele Hobbys (5!) angegeben. Warum die Kandidatin am Ende Ort, Datum (auch nicht gut: im Februar, sieht nach Massenversand aus) und Unterschrift so weit rechts platziert, bleibt ein Rätsel. Nicht schön, aber wir lernen daraus!

Kommentar zur verbesserten Version der Bewerbung von Anne Stein (S. 303)
Auf den Abdruck eines ausführlichen Anschreibens für den Dateianhang haben wir an dieser Stelle verzichtet. Je nach Text in der E-Mail geht es auch ohne zusätzliches Anschreiben.

Das **Deckblatt** ist ästhetisch gestaltet und besticht durch ein recht großes und äußerst sympathisches Foto. Ein richtiger »Hingucker«, dem es gelingt den Eindruck zu vermitteln, die Bewerberin würde den Leser direkt ansprechen. Schön ist auch die Unterschrift direkt unter dem Foto. Darunter werden in einem bündig gesetzten Textblock Name, Beruf, Kontaktdaten sowie das hinterlegte Profil bei XING aufgeführt. Auffällig ist hier der sehr große Namensschriftzug. Dies zeugt vom Selbstbewusstsein der Bewerberin. Der obere Rand des Deckblattes enthält eine interessante Kopfzeile mit drei schlichten Angaben: Curriculum Vitae, Name und Beruf der Kandidatin. Dies fügt sich gut in die Gestaltung des Deckblattes ein.

Der **Lebenslauf** fällt mit vier Seiten recht umfangreich aus. Dafür hat die Bewerbung keine sogenannte Dritte Seite, die ja nicht zwingend erforderlich ist. Alle Seiten haben die gleiche Kopfzeile wie das Deckblatt, was so eine Art »Corporate Identity« vermittelt. Zunächst werden wir auf der ersten Seite über die Berufspraxis informiert. In einer klaren und übersichtlichen Darstellung sind die zahlreichen Berufsstationen aufgezeigt. Diese wurden nach der amerikanischen Form gegliedert, also das Aktuellste zuerst. Die Funktionen der Bewerberin sind schnell erfasst, weil geschickt in Fettschrift gesetzt. Die Kandidatin gibt auch jeweils die wichtigsten Aufgaben bei jeder Station an. Sehr schön! Damit bekommen wir ein umfassendes Bild von ihrem beruflichen Können. Die zweite Seite des Lebenslaufes führt eine Auswahl der Projektarbeiten von Anne Stein sowie ihre Hochschul- und Schulbildung auf. Auf der Folgeseite werden u. a. die unterschiedlichsten Fähigkeiten, Kenntnisse und Hobbys präsentiert. Statt der üblichen Bezeichnung »EDV-Kenntnisse« wählt die Kandidatin den interessanten Begriff »Digital«. Die Kenntnisse in diesem Bereich sind mit Niveau angegeben. Gut gemacht! Ebenso positiv, dass sie ihr soziales Engagement erwähnt und eine Rubrik »Besondere Fähigkeiten« anführt, in der sie TV- und Radiointerviews, Veröffentlichungen, Vorträge und Seminare sowie Preisauszeichnungen anführt. Am Schluss werden Referenzkontakte benannt.

Mit diesen Seiten hebt sich die Kandidatin eindeutig von der Masse der Bewerber ab und liefert ein ganz individuelles Profil. Am Schluss der Bewerbung gibt ein Anlagenverzeichnis, das wir aus Platzgründen hier nicht zeigen, eine Übersicht über die mitgelieferten Zeugnisse und Arbeitsproben.

Fazit: eine gelungene Selbstpräsentation.

Mail-Variante 1

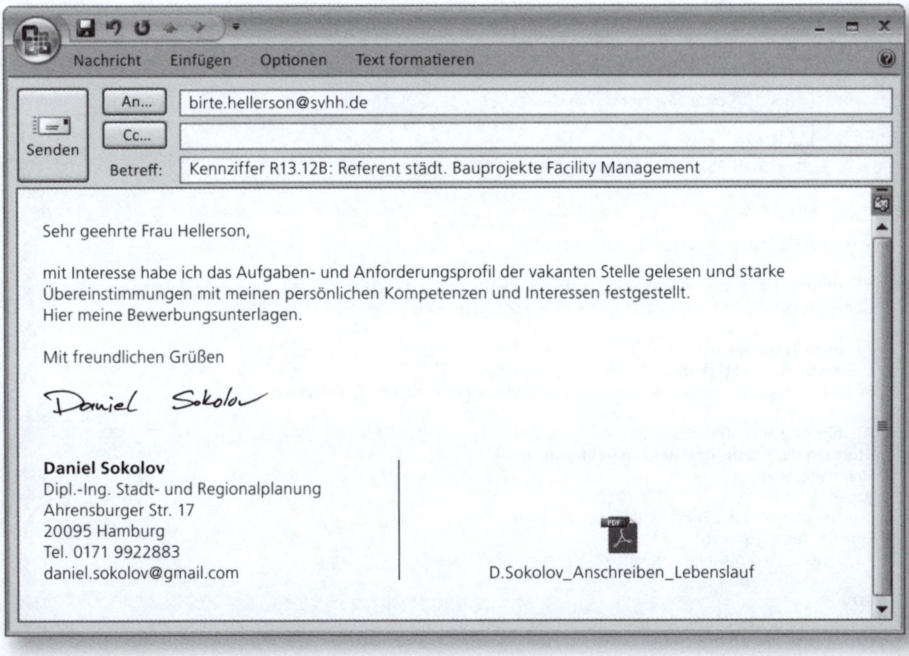

Nachricht Einfügen Optionen Text formatieren

Senden

An... birte.hellerson@svhh.de

Cc...

Betreff: Kennziffer R13.12B: Referent städt. Bauprojekte Facility Management

Sehr geehrte Frau Hellerson,

mit Interesse habe ich das Aufgaben- und Anforderungsprofil der vakanten Stelle gelesen und starke Übereinstimmungen mit meinen persönlichen Kompetenzen und Interessen festgestellt.
Hier meine Bewerbungsunterlagen.

Mit freundlichen Grüßen

Daniel Sokolov

Daniel Sokolov
Dipl.-Ing. Stadt- und Regionalplanung
Ahrensburger Str. 17
20095 Hamburg
Tel. 0171 9922883
daniel.sokolov@gmail.com

PDF
D.Sokolov_Anschreiben_Lebenslauf

Mail-Variante 2

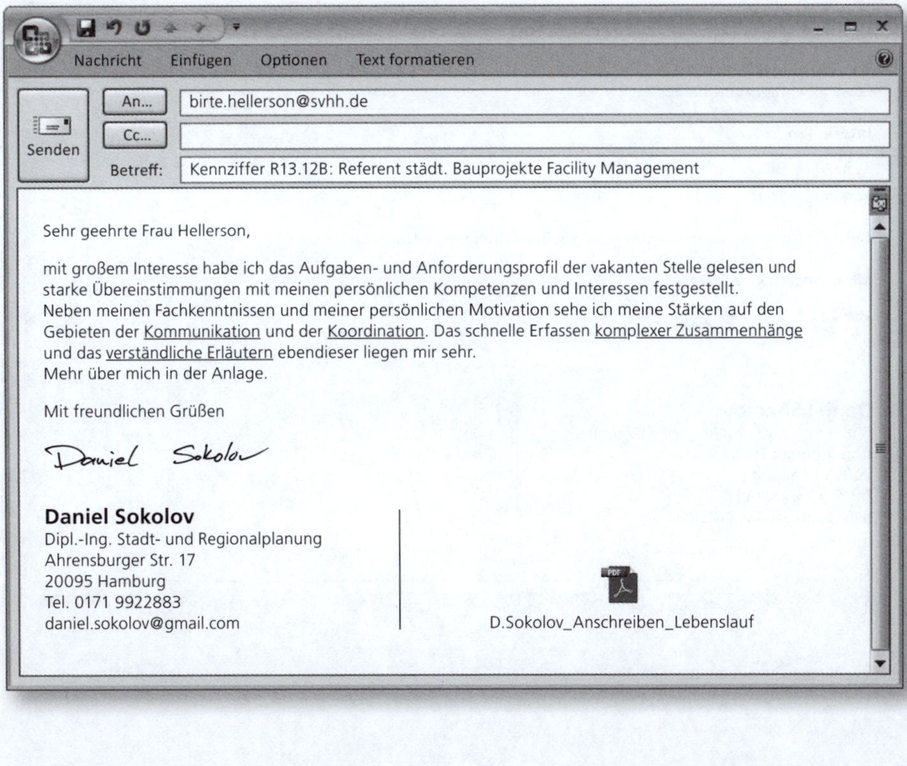

Nachricht Einfügen Optionen Text formatieren

Senden

An... birte.hellerson@svhh.de

Cc...

Betreff: Kennziffer R13.12B: Referent städt. Bauprojekte Facility Management

Sehr geehrte Frau Hellerson,

mit großem Interesse habe ich das Aufgaben- und Anforderungsprofil der vakanten Stelle gelesen und starke Übereinstimmungen mit meinen persönlichen Kompetenzen und Interessen festgestellt.
Neben meinen Fachkenntnissen und meiner persönlichen Motivation sehe ich meine Stärken auf den Gebieten der Kommunikation und der Koordination. Das schnelle Erfassen komplexer Zusammenhänge und das verständliche Erläutern ebendieser liegen mir sehr.
Mehr über mich in der Anlage.

Mit freundlichen Grüßen

Daniel Sokolov

Daniel Sokolov
Dipl.-Ing. Stadt- und Regionalplanung
Ahrensburger Str. 17
20095 Hamburg
Tel. 0171 9922883
daniel.sokolov@gmail.com

PDF
D.Sokolov_Anschreiben_Lebenslauf

Mail-Variante 3

Nachricht Einfügen Optionen Text formatieren

Senden

An... birte.hellerson@svhh.de

Cc...

Betreff: Facility Management, Ref.K: R13.12B

Sehr geehrte Frau Hellerson,

mit Interesse habe ich das Aufgaben- und Anforderungsprofil der vakanten Stelle gelesen und starke Übereinstimmungen mit meinen persönlichen Kompetenzen und Interessen festgestellt.

Aktuelle Tätigkeit seit 09/2012
selbstständige Tätigkeit im Auftrag einer Baugruppe
Städtebauliche Gutachen/finanzielle Voruntersuchung/Planung und Organisation

Ausbildung 10/2005 – 11/2011
Studium der Stadt- und Regionalplanung an der
Universität Hamburg
Abschluss:
Diplom-Ingenieur der Stadt- und Regionalplanung
Titel der Abschlussarbeit:
»Integrierte Stadtplanung am Beispiel des Hamburger Hafens«

EDV
Bürosoftware: MS-Office, Access-Datenbanksoftware
CAD: VectorWorks, ArchiCAD
Grafik: Photoshop, Illustrator, InDesign
GIS: Yade – Isis

Fremdsprachen
Englisch (Wort und Schrift)
Dänisch (Grundkenntnisse)
Spanisch (Grundkenntnisse)

Interessen
Segeln
Architektur-Bildbände
Historische Schreibgeräte

Gerne sende ich Ihnen meine vollständigen Bewerbungsunterlagen zu.

Mit freundlichen Grüßen

Daniel Sokolov

Daniel Sokolov
Dipl.-Ing. Stadt- und Regionalplanung
Ahrensburger Str. 17
20095 Hamburg
Tel. 0171 9922883
daniel.sokolov@gmail.com

Daniel Sokolov
Dipl.-Ing. Stadt- und Regionalplanung
Ahrensburger Str. 17
20095 Hamburg
Tel. 0171 9922883
daniel.sokolov@gmail.com

Stadtverwaltung Hamburg
Frau Hellerson
Am Rathausplatz 1
20095 Hamburg

Hamburg, 19.04.2016

Stellenangebot: **Referent/in in der Abteilung Kontrolle und Koordination von städtischen Bauprojekten, Sparte Facility Management** (Kennziffer: R13.12B)

Sehr geehrte Frau Hellerson,

mit Interesse habe ich das Aufgaben- und Anforderungsprofil der vakanten Stelle gelesen und starke Übereinstimmungen mit meinen persönlichen Kompetenzen und Interessen festgestellt. Die Planung und Steuerung von Baumaßnahmen auf jeglichen Maßstabsebenen reizt mich sehr. Durch meine vielfältigen beruflichen Erfahrungen bin ich bereits bestens mit den Immobilien- und Raumentwicklungsinstrumenten der öffentlichen Hand vertraut und habe mir darüber hinaus sehr gute Kenntnisse im öffentlichen Bau- und Planungsrecht erwerben können.

Neben meinen Fachkenntnissen und meinem persönlichen Interesse sehe ich meine Stärken auf den Gebieten der Kommunikation und der Koordination. Das schnelle Erfassen auch komplexer Zusammenhänge und das verständliche Erläutern ebendieser liegen mir sehr. Bereits während meines Studiums arbeitete ich am Lehrstuhl für Städtebau an der Universität Hamburg sowie im Architekturbüro Müller & Jensen und konnte dort meine teamorientierte und zielgerichtete Arbeitsweise unter Beweis stellen.

Ich hoffe nun, meine Fähigkeiten in die spannenden und vielfältigen Aufgaben bei der Stadtverwaltung Hamburg einbringen zu können.
Über eine Einladung zu einem persönlichen Gespräch freue ich mich sehr.

Mit freundlichen Grüßen

Daniel Sokolov

Anlage

Daniel Sokolov
Dipl.-Ing. Stadt- und Regionalplanung
Ahrensburger Str. 17
20095 Hamburg
Tel. 0171 9922883
daniel.sokolov@gmail.com

Bewerbungsunterlagen

für die

Stadtverwaltung Hamburg

Lebenslauf

Daniel Sokolov
Dipl.-Ing. Stadt- und Regionalplanung
Ahrensburger Str. 17, 20095 Hamburg
Tel. 0171 9922883
daniel.sokolov@gmail.com
geboren am 21.09.1985 in Hamburg
ledig, ortsungebunden

Berufliche Erfahrungen

Seit 09/2012

selbstständige Tätigkeit im Auftrag einer Baugruppe
Aufgabengebiet:
- Städtebauliches Gutachten und finanzielle Voruntersuchung des geplanten Bauprojektes
- Organisation und Abstimmung des Planungsprozesses mit dem zuständigen Bauamt und der Evangelischen Kirche Hamburg (Grundstückseigentümer)

01/2012 – 07/2012

selbstständige Tätigkeit im Auftrag des Landes Hamburg, im Rahmen eines Werkvertrages
Aufgabengebiet:
- Visualisierung aktueller Bau- und Planungsvorhaben
- Präsentation der Ergebnisse vor politischen Entscheidungsträgern
- Koordination der Zusammenarbeit mit den beteiligten Architekturbüros

Veröffentlichung:
»Vergleich von Bauvorhaben in Hamburg und Berlin unter besonderer Berücksichtigung der politischen Rahmenbedingungen«

04/2010 – 08/2010

Praktikum im Architekturbüro Müller & Jensen, Berlin
Aufgabengebiet:
- Assistenz bei Projektaufgaben im Bereich Stadtplanung
- Koordination von Projekten zwischen den Firmensitzen in Hamburg und Berlin

01/2009 – 05/2009

Mitarbeit im Architekturbüro Müller & Jensen, Hamburg
Aufgabengebiet:
- konzeptionelle Verstärkung des Stadtplanung-Projektteams
- Erstellen von Präsentationsperspektiven

04/2008 – 03/2009	**Tutorium** am Lehrstuhl Städtebau unter Prof. Dr. Muth Aufgabengebiet: – Konzept- und Methodenvermittlung – entwurfsbegleitende Betreuung
Ausbildung	
10/2005 – 11/2011	**Studium der Stadt- und Regionalplanung** an der Universität Hamburg Abschluss: Diplom-Ingenieur der Stadt- und Regionalplanung Titel der Abschlussarbeit: »Integrierte Stadtplanung am Beispiel des Hamburger Hafens«
Zivildienst	
11/2004 – 08/2005	Integrationshaus Hamburg Georgswerder Aufgabengebiet: Organisation und Aufsicht einer betreuten Wohngemeinschaft
EDV	Bürosoftware: MS-Office, Access-Datenbanksoftware CAD: VectorWorks, ArchiCAD Grafik: Photoshop, Illustrator, InDesign GIS: Yade - Isis
Fremdsprachen	Englisch (Wort und Schrift) Dänisch (Grundkenntnisse) Spanisch (Grundkenntnisse)
Interessen	Segeln Architektur-Bilderbände Historische Schreibgeräte

Hamburg, 19.04.2016 Daniel Sokolov

Kommentar zur E-Mail-Bewerbung von Daniel Sokolov

Kommentar zur Mail-Variante 1 (S. 311)

Insgesamt: Eine sehr kurze Mail, die hier die weiteren Bewerbungsunterlagen begleitet und ankündigt. Ohne Fettungen und Unterstreichungen geht es also auch, wobei die eingescannte schöne (blaue) Unterschrift positiv auffällt.

Betreffzeile: Damit kann der Empfänger etwas anfangen.

Anrede: Mit namentlicher Ansprache!

Start: Die Formulierung ist leider etwas floskelhaft.

Inhaltlich: Ein brauchbarer Ankündigungstext für die Bewerbungsunterlagen.

Abschluss: Unspektakulär, aber korrekt getextet, mit schöner handschriftlicher Unterschrift.

Abbinder: Nicht auffällig, aber doch gelungen – mit interessantem Seitenstreifen!

Hinweis zum Anhang: Der Anhang enthält Anschreiben und Lebenslauf.

Kommentar zur Mail-Variante 2 (S. 311)

Insgesamt: Eine weitere Kurz-Mail-Variante, die die Unterlagen angemessen ankündigt. Auf Fettungen wurde verzichtet. Unterstreichungen sind sparsam eingesetzt. Die eingescannte Unterschrift sticht ins Auge.

Betreffzeile: Sinnvoll!

Anrede: Namentliche Ansprache!

Start: Etwas floskelhafter Einstieg!

Inhaltlich: Ein ordentlicher Ankündigungstext!

Abschluss: Wieder unspektakulär, aber doch korrekt getextet, schöne handschriftliche Unterschrift!

Abbinder: Gelungen, interessanter Seitenstreifen!

Hinweis zum Anhang: Der Anhang enthält Anschreiben und Lebenslauf.

Kommentar zur Mail-Variante 3 (S. 312)

Insgesamt: Ein sehr kurzer Einleitungstext führt direkt zu den wichtigsten Daten des Lebenslaufes, die der Bewerber für sich sprechen lässt. Nur diese Abschnitte sind gefettet und geben ein schon sehr interessantes Profil des Bewerbers ab.

Betreffzeile: Gut gemacht!

Anrede: Namentliche Ansprache!

Start: Fällt leider etwas floskelhaft aus ...

Inhaltlich: Insgesamt gelungen! Der erste Teil ist aber etwas zu knapp ausgefallen.

Abschluss: Auch etwas zu kurz und floskelhaft. Das wäre aber leicht zu verbessern.

Abbinder: Korrekt!

Hinweis zum Anhang: Diese Mail zur ersten Kontaktaufnahme kommt auch gut ohne Anhang aus.

Kommentar zu den Bewerbungsunterlagen von Daniel Sokolov (S. 313)

Ein optisch schön gestaltetes Anschreiben transportiert in drei Absätzen auf sehr sympathische Weise, was der junge Kandidat anzubieten hat. Das sich anschließende Deckblatt wirkt ein bisschen »kopflastig«, alles scheint ein wenig »hochgerutscht«, aber gerade dieser Gedanke lässt den Betrachter etwas länger hier verweilen. Das außergewöhnlich schlanke Fotoformat unterstützt diese Wirkung. Vielleicht hätte auch noch seine Unterschrift darunter gepasst und der »Aufmerksamkeitsmoment« wäre nicht mehr zu toppen. Der nun folgende »Lebenslauf«, besser wäre hier »CV«, ist in seiner schlichten Eleganz kaum zu übertreffen und passt gut zu den vorangegangenen Seiten. Allein den Seitenumbruch von der ersten zur zweiten Seite (das Tutorium) könnte man sich noch besser denken. Schade, dass unser Bewerber hier keine Lösung fand, auch noch diese Station auf die erste Seite unter »Berufliche Erfahrungen« zu bringen. Bei den hier benannten Interessen (historische Schreibgeräte) wird unter Garantie nachgefragt, wie man sich das vorzustellen hat. Ein schöner Anknüpfungspunkt für das Vorstellungsgespräch, denn die Einladung dazu erfolgt garantiert.

Fazit: Alles prima, so bewirbt man sich heute erfolgreich!

Helena Münch

Gotthelfstr. 19
12051 Berlin
☎ 030 566782
E-Mail: helena@muench.de

Deutsche Bahn AG
Zentralbereich Personalplanung
Frau Winkelhuber
Rubensstr. 28
63282 Frankfurt am Main

Berlin, 05.01.2016

Meine Bewerbung / Unser Telefonat

Sehr geehrte Frau Winkelhuber,

vielen Dank für das informative Telefongespräch am heutigen Nachmittag.
Wie besprochen, hier meine vollständigen Bewerbungsunterlagen.

Als Wirtschaftswissenschaftlerin und Politologin mit einschlägigen Studienschwerpunkten erfülle ich fachlich die von Ihnen erwarteten Voraussetzungen:

- Kenntnisse in Aufbau- und Ablauforganisation
- strategische Produktkonzeption und -planung
- Marketingmanagement
- Unternehmenspolitik

Persönlich runde ich das Profil mit folgenden Eigenschaften ab:

- entscheidungsstark und selbstkritisch,
- Zukunftsorientierung mit Augenmaß für das Machbare,
- unternehmerisch im Denken und kundenorientiert im Handeln.

Mein Start bei der Deutschen Bahn AG kann kurzfristig erfolgen, meine Gehaltsvorstellungen liegen zwischen 50.000 und 60.000 Euro p. a. Weitere Informationen über mich bitte ich Sie den folgenden Seiten zu entnehmen.

Es würde mir sehr gefallen, meinen Beitrag für die Unternehmensentwicklung der Deutschen Bahn AG leisten zu dürfen, und ich freue mich auf ein persönliches Gespräch.

Mit besten Grüßen aus Berlin

Anlagen

Helena Münch

Bewerbung

Bewerbungsunterlagen

für die

Deutsche Bahn AG

als

Marketingreferentin

Helena Münch

Lebenslauf

Master in Betriebswirtschaftslehre
und Politikwissenschaft

geboren am 11.11.1987 in Kassel
ledig und ortsungebunden

Berufliche Erfahrungen

seit September 2012	Honorartätigkeit bei der Werbeagentur ViP & Partner, Berlin Aufgabengebiete: Betreuung der regionalen Kunden im Projekt ›Regional-Marketing-Konzept für Süd-West-Sachsen‹, Mitarbeit in der Bekanntheits-Kampagne für Radio Ewert, Käuferbefragungen, Aufgaben zur Produktkonzeption, Sponsorenakquise
August 2013 – September 2013	Praktikum bei Philipp Reemtsma, Berlin Bereiche: Betriebsorganisation und Marktanalysen
August 2012 – Oktober 2012	Praktikum bei der Hoechst AG, Essen Bereiche: Marketing und Incentives
Juli 2008 – September 2010	Praktikum bei Olympus Deutschland, Bremen Bereiche: Vekauf und Rechnungswesen

Helena Münch

Hochschulstudium

Juli 2011 – Dezember 2015	**Politikwissenschaft** an der FU Berlin Abschluss: **Master of Arts**, Note: gut Masterarbeit: Unternehmensnetzwerke. Eine Analyse der Reibungspunkte durch differierende Unternehmenskultur Schwerpunkte: Industrie- und Organisationssoziologie, neue Managementkonzepte, Wahlforschung, Meinungsmanagement, Kommunikationsmittelerhebung
Oktober 2007 – April 2013	**Betriebswirtschaftslehre** an der HU Berlin Abschluss: **Master of Science**, Note: gut Masterarbeit: Herstellung von Konformität durch Interessenhandhabung. Eine produktpolitische Analyse Schwerpunkte: Marktforschung, Marketingmanagement, Einsatz von Marketinginstrumenten

Zur beruflichen Weiterbildung

Seit 2016	Teilnahme an Fachveranstaltungen und Kursen Kultursponsoring-Kongress in Wien, Deutscher Marketing-Tag, Eschborn, Führungskräfteworkshops mit M. Birkenbiehl, Grafik-Design an der HDK Berlin, Rhetorik am Institut für Präsentation, Berlin

Helena Münch

Schulbildung

1997 – 2006	Wirtschaftsgymnasium in Melsungen, Abschluss: **Allgemeine Hochschulreife**, Note: sehr gut

Besondere Kenntnisse

Fremdsprachen	Französisch und Spanisch, jeweils gute Kenntnisse Englisch fließend, Sprachschule in Ainsborough, Kent
EDV	Word, Excel, PowerPoint, Corel Draw, HTML

Mitgliedschaften und Freizeitinteressen

Förderverein bedrohter Tierarten in Deutschland,
Tauchverein für körperbehinderte Schwimmer,
Volleyball in einer Vereinsmannschaft,
Kunst, insbesondere moderne Skulpturen.

Berlin, 05.01.2016

Helena Münch

Helena Münch

Meine Sicht der Dinge

Kontinuierliches Lernen erzeugt kontinuierliche Verbesserungen.

Mit dem Gegenüber konstruktiv kommunizieren bedeutet wirklich zuzuhören, ernst zu nehmen und sich zu öffnen. So können unterschiedliche Sichtweisen und Standpunkte erfolgreich zusammengeführt werden.

Und nur die kontinuierlichen Verbesserungen ermöglichen einen stabilen Unternehmenserfolg.

Berlin, 05.01.2016

Helena Münch

Überblick über Zeugnisse und Bescheinigungen

Firmen	Werbeagentur ViP & Partner, Berlin Olympus Deutschland, Bremen Hoechst AG, Essen Philipp Reemtsma, Berlin
Zeugnisse	HU Berlin, M.Sc. (Betriebswirtschaftslehre) FU Berlin, M.A. (Politikwissenschaft) Allgemeine Hochschulreife Sprachschule in Ainsborough, Kent
Weiterbildungen	Kultursponsoring, Wien Marketing-Tag, Eschborn Workshops mit M. Birkenbiehl Grafik-Design, HDK Berlin Rhetorik, Institut für Präsentation, Berlin

Kommentar zur Bewerbung von Helena Münch

Die Bewerberin hat vorab ein Telefonat mit der Adressatin der Bewerbung geführt. Das außergewöhnlich aufgebaute **Anschreiben** gibt nicht nur Auskunft über die fachliche, sondern auch über die persönliche Qualifikation der Bewerberin.

Schön ist die klare Struktur, durch die der Leser schnell und effektiv informiert wird. Der generelle Aufbau ist sehr gut gelungen. Die Gehaltsvorstellung wird mutig benannt – wir wissen nicht, ob freiwillig oder als Reaktion auf den Anzeigentext, in der Form aber geschickt, weil doch recht offen (Nennen einer Spanne). Wenn es nicht unbedingt notwendig ist, sollten Sie es in einem so frühen Bewerbungsstadium eher vermeiden, sich über die Gehaltsfrage zu äußern. In unserem Buch: *Die 100 wichtigsten Tipps für die erfolgreiche Gehaltsverhandlung* beschäftigen wir uns ausführlich mit diesem Thema und der Psychologie des Geldes. Hier im Buch finden Sie Tipps zur Gehaltsverhandlung im Kapitel zum Vorstellungsgespräch.

Das **Deckblatt** mit der Wiederholung der Doppelqualifikation ist vorteilhaft und ansprechend gestaltet.

Die gewählte Präsentationsform des Lebenslaufs ist großzügig auf drei Seiten verteilt. Hier wirkt der erneute Hinweis auf die beiden Studienabschlüsse etwas redundant. Gleichwohl verfügt die Bewerberin über außerordentliche Qualitäten, die sich grafisch bestimmt noch geschickter präsentieren ließen. Die Aufzählung der Hobbys (Interessen, Engagements) verdeutlicht schon fast im Übermaß, dass wir es hier mit einer interessanten Bewerberin zu tun haben. Weniger wäre ganz sicher mehr.

Die nun folgende **Dritte Seite** ist ansprechend gestaltet, die Überschrift werbewirksam gewählt, und der Text nimmt für die Kandidatin ein – oder was meinen Sie?

Die Übersicht der Anlagen liest sich gut und ist vor allem – wie die gesamte Bewerbung – im Layout ausgesprochen attraktiv. Einzig das **Deckblatt** könnte vielleicht noch eine Nuance eleganter sein. Die auseinandergezogenen Zeilen wirken etwas »klobig«. Aber es gibt ja bekanntlich nichts, was man nicht noch besser machen könnte.

Zum Foto: Das quadratische Format und der »angeschnittene« Kopf verleihen diesem Foto eine besondere Spannung. Gelungen!

Fazit: Eine recht interessante Bewerbung mit nur noch wenig Verbesserungspotenzial. Insgesamt aber »gut«, vielleicht sogar besser.

Simon Lehmann, Diplom-Ingenieur
Steubenstr. 5
28207 Bremen
Tel.: 0421 4568909, Mobil: 0176 48654835
E-Mail: slehmann@freenet.de

Bremen, 25. August 2016

Omega Deutschland GmbH
Personalabteilung
Frau Dr. Ehrhardt
Friedenstr. 23
28207 Bremen

Ihre Anzeige in der Bremer Morgenpost vom 20.08.2016

Sehr geehrte Frau Dr. Ehrhardt,

vielen Dank für das freundliche und informative Gespräch. Unser gestriges Telefonat hat mein Interesse bestärkt, mich bei Ihnen für die Position Leiter Qualitätsmanagement zu bewerben. Sie haben einen Arbeitsbereich beschrieben, der für mich eine besondere Herausforderung darstellt.

Zu meiner Person:
Nach meiner Lehre als Betriebsschlosser habe ich Maschinenbau studiert und mich bei der Deutschen Gesellschaft für Qualitätsmanagement zum Qualitätsfachingenieur weitergebildet. Zurzeit bin ich in einem Spezialunternehmen für Schließanlagen als Leiter Qualitätsmanagement tätig.

Mein Wissen und Können im Bereich QM habe ich besonders durch den Aufbau eines QM-Systems und die Einleitung des Zertifizierungsverfahrens nach DIN EN ISO 9001 unter Beweis gestellt. In meiner täglichen Arbeit bin ich es gewohnt, mich eigenverantwortlich, teamorientiert und mit Engagement für die Sache der Qualität einzusetzen. Eine starke Leistungsmotivation, gepaart mit hoher Lernbereitschaft, runden mein berufliches wie persönliches Profil ab.

Ich wünsche mir neue herausfordernde Aufgaben im Bereich QM und möchte gern einen Beitrag zur Weiterentwicklung Ihres Unternehmens leisten. Sollte ich Ihr Interesse geweckt haben, würde ich mich über eine Einladung sehr freuen.

Mit freundlichen Grüßen

Anlage: Bewerbungsmappe

Bewerbungsunterlagen

Simon Lehmann
Steubenstr. 5
28207 Bremen
Tel. 0421 4568909, Mobil: 0176 48654835
E-Mail: slehmann@freenet.de

für die
Omega Deutschland GmbH
Bremen

als
Leiter Qualitätsmanagement

Lebenslauf

1
Persönliche Daten

Simon Lehmann

Steubenstr. 5, 28207 Bremen
Tel.: 0421 4568909, Mobil: 0176 48654835
Geboren am 30. August 1973 in Münster / Westfalen
Hobbys: Schach, Tai-Chi-Chuan

Bremen, 25. August 2016

2
Berufspraxis

2.1
Leiter Qualitätswesen

Firma:
IKROM AG, Bremen

Produkte:
mechanische und elektronische Zylinderschlösser, Schließanlagen, Kastenschlösser und Schutzbeschläge

Beschäftigte:
200, Umsatz: 200 Mio.

Führung:
25 Mitarbeiter, Berichterstattung an den Vorstand

Beschäftigt:
seit 01/2011

Aufgaben:
Qualitätsplanung, Qualitätstechnik und Qualitätsberichterstattung

Wareneingangs-, Fertigungs- und Endprüfungen

Aufbau und Pflege eines QM-Systems nach DIN EN ISO 9001

Vorbereitung der Zertifizierung des QM-Systems

Durchführung von internen und externen Qualitätsaudits

Durchführung von betriebsinternen Qualitätsschulungen

Projektmanagement im Bereich Qualitätssicherung

Einführung von Arbeitsgruppen zur Entwicklung des Qualitätsbewusstseins in Richtung TQM

Mitarbeit bei Einführung von Fertigungsinseln, Lean Management und anderen Restrukturierungsmaßnahmen

2
Berufspraxis

2.2
Gruppenleiter Qualitätssicherung

Firma:
Energie GmbH, Werk Bremen

Produkte:
Starterbatterien, Industriebatterien, Traktionsbatterien dryfit

Beschäftigte: 200
Führung: 20 Mitarbeiter

Beschäftigt:
von 05/2005 bis 12/2010

Aufgaben:
Wareneingangs- und Fertigungsprüfungen

Aufbau eines Qualitätssicherungssystems

statistische Auswertung von Messdaten

Beschaffung von Prüf- und Messmitteln

Erstellung von Verfahrens- und Prüfanweisungen

Mitarbeit beim Aufbau eines QS-Systems im Werk Spanien

2.3
Betriebsschlosser

Firmen:
3 verschiedene Firmen der Metallindustrie, Hannover und Berlin

Beschäftigt:
von 10/1992 bis 10/1999

Aufgaben:
Reparatur und Wartung von Werkzeugmaschinen

3
Ausbildung

3.1
Schul- und Berufsausbildung

10/1999 bis 07/2004
Technische Fachhochschule (TFH), Hannover
Fachrichtung Maschinenbau
Abschluss: Diplom-Ingenieur

09/1996 bis 07/1999
Fachoberschule, Hannover
Abschluss: Fachhochschulreife

09/1989 bis 08/1992
Lehre als Betriebsschlosser, Fa. Mahnwald, Hannover
Abschluss: Facharbeiter

3.2
Fortbildung

06/2013
Prüfungslehrgang: DGQ-Auditor
Deutsche Gesellschaft für Qualität (DGQ), München
Abschluss: DGQ-Auditor/EOQ Quality Auditor

03/2008 bis 07/2010
Lehrgang: Qualitätsmanagement QM
Deutsche Gesellschaft für Qualität (DGQ), München
Abschluss: Qualitätsfachingenieur DGQ

09/2005 bis 03/2007
Lehrgang: Qualitätstechnik QII
Deutsche Gesellschaft für Qualität (DGQ), München
Abschluss: Qualitätstechniker DGQ

11/2004 bis 05/2005
REFA-Grundausbildung für das Arbeitsstudium REFA-Landesverband Hannover e. V., Hannover
Abschluss: REFA-Grundschein

3
Ausbildung

3.3
Weitere Kenntnisse und Fähigkeiten

seit 2012
Verbesserung der englischen Sprachkenntnisse bei Berlitz International Inc., Bremen

seit 2010
Mitglied der Deutschen Gesellschaft für Qualität (DGQ)
Teilnahme an Regionalkreisveranstaltungen der DGQ
Besuch div. Seminare und Vorträge zu Themen der QS

seit 2007
PC-Lehrgänge zur Textverarbeitung und Tabellenkalkulation
intensive Beschäftigung mit Textverarbeitung und Tabellenkalkulation (MS Office)
Grundkenntnisse der Office-Programmierung

Referenzen und Arbeitsproben können bei Interesse vorgelegt werden.

Was spricht für mich?

Meine beruflichen Leistungen

Ich bin bestens vertraut mit allen Bereichen der Qualitätsplanung, -technik und -berichterstattung,

managte Projekte im Bereich Qualitätssicherung,

erstellte und pflegte ein QM-System nach DIN EN ISO 9001,

führte interne und externe Qualitätsaudits durch,

baute ein Qualitätssicherungssystem auf,

konzipierte Verfahrens- und Prüfanweisungen,

führte betriebsinterne Qualitätsschulungen durch,

wertete statistische Messdaten erfolgreich aus.

Meine Arbeitsweise

Meine besonderen Stärken sind mein diplomatisches Geschick sowie meine Art, Mitarbeiter in Sachen QM zu motivieren und zu überzeugen.

Der Umgang und die zielorientierte Zusammenarbeit mit anderen Menschen sind für mich persönlich von großer Bedeutung.

Dabei beherrsche ich als praxiserprobter Fachingenieur alle »Register« in der Verantwortung, die Sache der Qualität effektiv zu vertreten.

Simon Lehmann

Bremen, 25. August 2016

Kommentar zur Bewerbung von Simon Lehmann

Ein schönes Design, ein gelungener Anschreibentext. Hier wurde vorab telefoniert. Die Daten zur Person sind knapp und präzise. Das Deckblatt wirkt frisch, ebenso wie die erste Seite des Lebenslaufes mit den persönlichen Daten. Das Foto spricht für sich, es wirkt sympathisch, freundlich und auch das Format überzeugt.

Grafisch ist die Präsentation schnell zu überblicken und gut lesbar. Der Lebenslauf präsentiert sich in der amerikanischen Form, vom Aktuellen zur Vergangenheit. Das ist mittlerweile für Führungskräfte fast schon Standard. Wirklich außergewöhnlich ist die rechtsbündige Ausrichtung und das besondere Layout insgesamt, das hier auf den Betrachter einwirkt. So gelingt es diesem Kandidaten, sich mit seinen Unterlagen von anderen Bewerbern deutlich zu unterscheiden. Das Layout einer Bewerbung ist aber sicher immer auch Geschmackssache.

Die Dritte Seite ist prägnant getextet und erfüllt sehr gut ihren Zweck. Alle Überschriften sind gut gewählt.

Einschätzung: Die sprachliche Gestaltung bedarf immer einer besonderen Anstrengung. In der Regel lohnt sich diese aber. »Sehr gut«.

Lebenslauf-Tuning

Fast jeder Bewerber stößt beim Versuch, sich schriftlich optimal darzustellen, auf Schwierigkeiten. Er oder sie entdeckt »Makel« in Form von Lücken (Zeitabschnitt ohne Berufstätigkeit) oder nachteiligen Umständen in seinem beruflichen Werdegang, die Personalchefs stutzig machen. Da Personalauswähler den Lebenslauf in der Regel zuerst lesen, führt dies schnell zur Aussortierung der verdächtigen oder problematischen Bewerbungen. Versuchen Sie daher als Jobsuchender, möglichst eine perfekte Bewerbung, einen überzeugenden Lebenslauf, einen problemfreien Nachweis über Ihr bisher erfolgreich verlaufendes Berufsleben abzuliefern.

»Schöner Vorschlag«, denken Sie jetzt vielleicht, »nur ist mir das leider bei meinem beruflichen Werdegang nicht möglich.« Sie werden staunen, es ist oft leichter, als Sie denken, und Sie müssen dabei nicht unbedingt die Unwahrheit schreiben! Wir helfen Ihnen.

Wir behandeln jetzt sogenannte negative Faktoren, die in einem Lebenslauf besser nicht vorkommen sollten. Zu unterscheiden sind:

- **Lücken:** Zeiten, in denen der Bewerber keine berufliche Tätigkeit nachweisen kann. Von einer kleineren Lücke spricht man ab ca. drei Monaten, ab etwa sechs Monaten von einer größeren.
- **Probleme:** Der Bewerber hat zwar mehr oder weniger durchgehend gearbeitet, sein beruflicher Werdegang weckt beim Leser aber nachteilige Assoziationen: z. B. häufiges Wechseln des Arbeitsplatzes.

In nicht wenigen Fällen haben Bewerber sowohl Lücken als auch Probleme in ihren schriftlichen Unterlagen, was die »Sonderbearbeitung« aller Daten und deren Darstellung noch dringender macht.

Lücken füllen und Probleme beheben

Wir haben Ihnen in der folgenden Tabelle die häufigsten Arten von »Lücken« im Lebenslauf systematisch dargestellt und dabei berücksichtigt, welche Gedanken im Kopf eines Auswählers entstehen können bezogen auf Ihre berufliche Kompetenz, Leistungsmotivation und persönliche Wesensart. Zusätzlich stehen daneben die wichtigsten Tipps zur Ersten Hilfe!

»LÜCKEN« im Lebenslauf: Zeiten ohne Berufstätigkeit	**VERMUTETE AUSWIRKUNGEN / RÜCKSCHLÜSSE AUF**			**TIPPS zum Füllen der Lücke**
	Fachkompetenz	**Leistungsmotivation**	**Persönlichkeit**	
Arbeitslosigkeit: unter 1 J.	nicht ganz auf aktuellem Stand	wenig erfolgsorientiert	wenig ehrgeizig	*berufliche Orientierung + Fortbildung, Auslandsaufenthalt*
Arbeitslosigkeit: ab etwa 1 J.	starker Kompetenzverlust, v. a. technisches Know-how, IT etc.	wenig Initiative, Arbeitswille fraglich	bequem; geringes Selbstvertrauen, Versorgungsmentalität	*selbstständige Tätigkeit, Fortbildung, Pflege Angehöriger, Ehrenamt, Auslandsaufenthalt*
Kindererziehungspause: Frauen, bis zu 1 J.	nicht ganz auf aktuellem Stand	bedingt zielstrebig	fürsorglich, verantwortungsvoll; traditionell	*Erziehungsjahr sowie: Fortbildungen, Kontakt zu Kollegen*
Kindererziehungspause: Frauen, über 1 J.	starker Kompetenzverlust, v. a. technisches Know-how, IT	wenig zielstrebig, Familie wichtiger als Beruf	übertriebene Rücksicht, traditionell, überbehütend	*Familienmanagement sowie: Fortbildungen, Ehrenamt, selbstständige Tätigkeiten*
Kindererziehungspause: Männer, Erziehungsjahr	nicht ganz auf aktuellem Stand; Zunahme der sozialen Kompetenz	Risiko für Karriere; Chance der beruflichen Regeneration	ordnet sich Frau unter; Mut zum Abweichen von der Ernährerolle	*Erziehungsjahr sowie: Fortbildungen, Kontakt zu Kollegen*
Krankheit: über 3 M.	nicht ganz auf aktuellem Stand	Neigung zu beruflichem Desinteresse	ungesunde Lebensweise, fehlende Work-Life-Balance	*Fortbildung (auch im Selbststudium), freiberufliche Tätigkeiten, berufliche Neuorientierung*

»LÜCKEN« im Lebenslauf: Zeiten ohne Berufstätigkeit	**VERMUTETE AUSWIRKUNGEN / RÜCKSCHLÜSSE AUF**			**TIPPS zum Füllen der Lücke**
	Fachkompetenz	**Leistungsmotivation**	**Persönlichkeit**	
Drogenabhängigkeit, Alkoholabhängigkeit: Therapie über 3 M.	Kompetenzverlust, physischer und psychischer Abbau	kann rückfällig werden, evtl. nicht zuverlässig, potenzielles Sicherheitsrisiko	instabil, sehr abhängig von äußeren Umständen	*Aus- und Weiterbildung (sofern nicht in Therapieeinrichtung), selbstständige Tätigkeit*
Freistellung von der Arbeit wegen Betriebsratstätigkeit: über 1 J.	Kompetenzverlust im fachlichen Bereich; Qualifizierung in Personalwesen und Recht	politisches Engagement wichtiger als Fachaufgabe	engagiert; aufmüpfig gegenüber Arbeitgeber, sieht alles überkritisch	*Koordinations- / Konzeptionsaufgaben (wenn Arbeitszeugnis schon vorliegt: muss passen!); in Freizeit ergänzend: Ehrenamt, politisches Engagement etc.*
Auslandsaufenthalt privat: 3 – 12 M.	nicht ganz auf aktuellem Stand; verbesserte Sprachkenntnisse	weltoffen, pragmatisch, nicht karriereorientiert	flexibel, neugierig, selbstständig, lustbetont	*Sprachkurse, interkulturelle Praxis, Praktika oder Jobs*
Auslandsaufenthalt beruflich: ab 1 J.	gewisse Distanz zum deutschen Arbeitsalltag; hervorragende Sprachkenntnisse	weltoffen, initiativ, pragmatisch, vital, stresstolerant	risikobereit, flexibel, kommunikativ, selbstständig	*interkulturelle Praxis, Kontaktpflege mit deutschen Kollegen / Chef*
Wehr- / Zivildienst, Freiwilliges Soziales Jahr	nicht ganz auf aktuellem Stand; Qualifizierung in spezifischen Bereichen	teamfähig, integrationsfähig, frusttolerant	belastbar, Durchhaltevermögen	*bedeutende persönliche Erfahrungen*

»LÜCKEN« im Lebenslauf: Zeiten ohne Berufstätigkeit	**VERMUTETE AUSWIRKUNGEN / RÜCKSCHLÜSSE AUF**			**TIPPS zum Füllen der Lücke**
	Fachkompetenz	**Leistungsmotivation**	**Persönlichkeit**	
Zeitsoldat	starker Kompetenzverlust; Qualifizierung in Führungskompetenz	teamfähig, Entscheidungskompetenz	belastbar, durchsetzungsfähig, Selbstmotivation	*bedeutende persönliche Erfahrungen, Fortbildungen z. B. zu Führung und Strategie*
Gefängnisaufenthalt: über 6 M.	Kompetenzverlust	brüchig, wenig beständig und pflichtbewusst, nicht zielorientiert	moralisch labil, evtl. gewaltbereit, unberechenbar	*Aus- und Fortbildung, selbstständige Tätigkeiten, Auslandsaufenthalt, Pflege Angehöriger*
Private Auszeit über 6 M.: Aussteigen / Erholung / Liebe oder dramatische Trennung und Umzug	Kompetenzverlust	nicht karriereorientiert, Privatleben wichtiger als Beruf	sensibel, unsicher, evtl. nicht belastbar	*persönliche Neuorientierung, Überwindung von Schicksalsschlägen*
Private Auszeit über 6 M.: Pflege von Angehörigen, Betreuung schwieriger Kinder, soziales Engagement, Ehrenamt	Kompetenzverlust; Qualifizierung in spezifischen Bereichen	nicht karriereorientiert; pflichtbewusst gegenüber Familie und Gesellschaft	verantwortungsbewusst, belastbar, Selbstmotivation	*Persönliche Trainings, Initiative und Organisation von Interessengruppen, Umgang mit Behörden*
Private Auszeit über 6 M.: Ausbildung / Umschulung und / oder berufliche Neuorientierung	Kompetenzverlust; Qualifizierung in neuen Bereichen	pragmatisch (evtl. vorher nicht erfolgreich)	flexibel, Selbstmotivation, Durchhaltevermögen	*Praktika, Urlaubsvertretungen, Jobs, besonderes Engagement*

»PROBLEME« Berufliche Positionen entsprechen nicht dem Idealbild	**VERMUTETE AUSWIRKUNGEN / RÜCKSCHLÜSSE AUF**			**TIPPS** zum Kaschieren des »Problems« / Umbenennen
	Fachkompetenz	**Leistungsmotivation**	**Persönlichkeit**	
Sehr kurze Verweildauer: unter 2 J. bei jungen, unter 4 J. bei älteren Bewerbern	keine vertieften Kenntnisse; sehr kurze Einarbeitungszeit	geringes Durchhaltevermögen, nicht karriereorientiert	mangelnde Beständigkeit, lustbetont; flexibel	*mehrere Tätigkeiten unter einem Begriff zusammenfassen*
Sehr lange Verweildauer: über 5 oder 6 J. bei Jungen, über 10 J. bei Älteren	Spezialkenntnisse, jedoch nicht mehr ganz aktuell	richtet sich in Stelle ein, scheut Herausforderungen; will in gleicher Firma bleiben	unflexibel, bequem, routineorientiert; geht langfristige Bindungen ein, ist verträglich	*Tätigkeiten untergliedern, Spezialaufgaben und Erfolge betonen*
Bewerbungsanlagen: fehlende oder schlechte Arbeitszeugnisse	mangelnder Erfolg, Unfähigkeit	zu geringes Engagement, nicht sehr motiviert, faul	unangenehmer Zeitgenosse, geringes Durchsetzungsvermögen, Angst vor dem Chef	*Zeugnis nachfordern, eigenen Entwurf einreichen, Inhalt mit Chef diskutieren, evtl. dagegen klagen*
Kündigung: Entlassung verhaltensbedingt oder fristlos	evtl. auch Kompetenzprobleme	evtl. schlechte Leistungen	unangenehm, unmoralisch, kriminell	*darf nicht im Zeugnis erwähnt werden; eigene Kündigung angeben*
Kündigung: in Probezeit (durch Arbeitgeber)	Kenntnisse reichen trotz Einarbeitung nicht aus	zu geringes Engagement	nicht integrationsfähig, Arbeitsplatz wurde schlecht ausgewählt	*darf nicht im Zeugnis erwähnt werden; eigene Kündigung angeben*
Kündigung: selbst, aber ohne Anschlussjob	evtl. Probleme	keine Motivation für diesen Job	nicht an Integration interessiert, allzu risikobereit; mutig, flexibel	*Unterforderung durch Job, Kreativität wurde unterdrückt, Kopf frei für Neuorientierung*

»PROBLEME« Berufliche Positionen entsprechen nicht dem Idealbild	VERMUTETE AUSWIRKUNGEN / RÜCKSCHLÜSSE AUF			TIPPS zum Kaschieren des »Problems« / Umbenennen
	Fachkompetenz	Leistungsmotivation	Persönlichkeit	
Zu alt (je nach Job, über 40 – 60 J.)	nicht mehr auf neuestem technischen Stand	will ruhige Kugel bis zur Rente schieben oder: übereifrig	nicht mehr formbar, nicht integrationsfähig, zu selbstbewusst	*keine Betonung des Alters! Sportliche Hobbys und aktive Engagements erwähnen*
Über den Qualifikationsanforderungen	sehr gute, aber nicht die richtigen Kenntnisse	größeres Interesse an höherwertigen als den eigenen Aufgaben; immer auf dem Sprung zu besseren Stellen	gelangweilt, überheblich, Versager im eigenen Feld, schwach entwickeltes Selbstbewusstsein	*höherwertige Qualifikationen verkürzt darstellen, Praxis in passenden Positionen herausstellen*
Vorher im gleichen Feld selbstständig gewesen	unabhängig; evtl. ohne Erfolg, glücklos	hoch, sofern selbstgesteuert, ansonsten schnell frustriert	zu autark, kann sich nicht unterordnen, nicht teamfähig	*Selbstständigkeit als Angestelltenverhältnis darstellen, selbstständige Kompetenzen betonen*
Kein roter Faden erkennbar	keine vertieften Kenntnisse in einem Gebiet	nicht sehr motiviert oder karriereorientiert	ziellos, unausgeglichen, unsicher	*Tätigkeiten umformulieren und nach Branchen sortieren, nicht zeitlich*
Zu lange Studienzeit (über 15 Semester)	evtl. langsamer Arbeiter	nicht sehr hoch; bei Verzögerung durch Jobben: sehr hoch	trödelt, hält sich mit Details auf, bei Verzögerung durch Jobben: sehr motiviert	*Praktika, Schwerpunkte und Projekte betonen; bei Verzögerung durch Jobben: diese herausstellen*
Ausbildungs- oder Studienabbruch oder Wechsel der Richtung	Wunsch nach Unabhängigkeit	nicht zuverlässig vorhanden, durch Launen beeinflusst; kann aber auch hoch sein	wenig Durchhaltevermögen, pragmatisch, flexibel	*Abbruch nicht erwähnen; geeignete Fortbildungen, Praktika, Jobs und Hobbys betonen*

Wie Personalchefs Lücken und Probleme deuten

Wir haben Ihnen eben in der Übersicht zu den verschiedenen Lücken- und Problem-Themen einige kritische Vermutungen der Personalauswählerseite in Kurzform vorgestellt.

Generell lässt sich sagen: Personaler wünschen sich möglichst einen lückenlosen Nachweis Ihrer Berufstätigkeit, die natürlich problemlos verlaufen sein sollte. Dieser Darstellung sollte ein stetiger Aufstieg, d.h. eine Zunahme des Verantwortungsbereichs mit gelegentlichem Wechsel des Arbeitgebers, zu entnehmen sein. Zu häufiges Wechseln, insbesondere bei älteren Bewerbern, wirkt ebenso verdächtig wie zu langes Verharren in derselben Position beim selben Arbeitgeber. Auch ein sehr langes Studium, ein Abbruch oder ein Wechsel der Ausrichtung fördern nicht gerade Ihre Einstellungschancen.

Wenn Sie für einen etwas längeren Zeitraum keine Berufstätigkeit im Lebenslauf angeben, fallen Personalern schnell Erklärungen ein wie: Arbeitslosigkeit, (psychische) Krankheit, Drogenentzug oder vielleicht sogar eine Freiheitsstrafe.

Aber Lücke ist nicht gleich Lücke. Nicht jede Auszeit hat einen negativen Beigeschmack und braucht deshalb auch nicht »übertüncht« zu werden, wie z.B. Erziehungs- und Pflegezeiten oder Weltreisen. Auch eine private Auszeit zur beruflichen Orientierung kann durchaus erwähnt werden. Längere »Lücken«, wie mehrere Jahre in der Bundeswehr, lassen sich ohnehin nicht verschweigen und können sehr positiv dargestellt werden.

Bestimmte Zeitabschnitte im Berufsleben gehen niemanden etwas an. Es sind genau die Themen, nach denen im Bewerbungsgespräch nicht gefragt werden darf, u.a. Krankheiten (auch Suchterkrankungen), Schwangerschaft, Freistellung wegen Betriebsratstätigkeit und Freiheitsstrafen. Ihre Erklärungen sollten überzeugen und möglichst nicht widerlegbar sein. Die einfachsten Lösungen zur Vertuschung von Lücken sind:

- Zeitspannen mit Jahreszahlen angeben
- mehrere Zeitabschnitte unter einer Überschrift zusammenfassen (so lässt sich der chronologische Ablauf schwerer nachvollziehen und die einzelnen Kategorien bilden ein Erklärungsmuster)

Bei Problemen, die man von Personalauswählerseite aus Ihrem Lebenslauf ableitet, liegt die Bewertung, wie gravierend das Handicap ist (im Sinne einer »Behinderung«), auch immer im Auge des Beurteilers. Dieser mag beispielsweise die Verweildauer an einem Arbeitsplatz auffällig kurz oder noch okay finden, den Weggang von einem Unternehmen als eine arbeitgeberseitige Kündigung interpretieren oder nicht den roten Faden erkennen können oder alles für ziemlich unzusammenhängend und eher zufällig als wohlgeplant verstehen.

Das Entscheidende bleibt: Gibt es Anlässe, die Ihnen als Problem ausgelegt werden könnten, müssen Sie sich vorbereiten und wissen, wie Sie die Argumente der Gegenseite entkräften oder wenigstens mildern. Am besten jedoch, es gelingt Ihnen von vornherein, beim Leser Ihrer Bewerbungsunterlagen »Problemfantasien« gar nicht erst entstehen zu lassen.

Die häufigsten Probleme

Hier nun zu den häufigsten und wichtigsten Lücken und Problemen einige vertiefende Anmerkungen und Erste-Hilfe- und Handlungsempfehlungen sowie Beispiele von Bewerbungsunterlagen.

Arbeitslosigkeit

Dieser mittlerweile durchaus nicht seltene Zustand weckt leider immer noch viele negative Assoziationen, als wäre er ein Zeichen für einen Mangel an Leistungsfähigkeit, Zielstrebigkeit, Flexibilität oder gar auf einen schlechten Charakter zurückzuführen. Dass heutzutage ein Großteil der Arbeitslosigkeit konjunkturbedingt ist, also die Arbeitslosen unverschuldet trifft, scheint die Personalchefs wenig zu kümmern. Frei nach dem Motto »einmal draußen, immer draußen« haben es Arbeitslose deutlich schwerer, wieder einzusteigen.

Neben denjenigen, die immerhin »Lohnersatzleistung« erhalten, gibt es auch noch Arbeit suchende Menschen, die diese nicht beanspruchen können: Sie haben gerade ihre Ausbildung beendet und finden ohne fundierte Berufserfahrung nicht so leicht einen Job. Ohne Job gelten sie als arbeitslos, und das verschlechtert ihre Aussichten noch mehr. Für sie ist es besonders wichtig, sinnvolle Tätigkeiten auszuüben, die ihnen eine gewisse Berufspraxis einbringen.

Was hilft?

Besonders für Einsteiger ist es notwendig, vorzeigbare Tätigkeiten zur Überbrückung zu suchen und belegen zu können. Genau die sollen ihnen eine gewisse Berufspraxis einbringen: Praktika, Hilfstätigkeiten, freiberufliche Arbeit und ehrenamtliches Engagement im Berufsfeld, ausgewählte Fortbildungen, Fremdsprachenanwendung.

Wählen Sie Umschreibungen, die Sie alternativ zum »Unwort« Arbeitslosigkeit verwenden können (Bewerbungsphase, Orientierungszeit, Fortbildungsauszeit ...).

Beginnen Sie Ihren Lebenslauf mit den Zeiten, in denen er positiv/gradlinig verlief. Also möglichst nicht mit aktueller Arbeitslosigkeit.

Geben Sie Fachpraktika, besondere Kenntnisse und ehrenamtliche Tätigkeiten an.

Beispielsweise kann »Schwarzarbeit«, auch als Nachbarschaftshilfe beschönigt, glaubhaft rüberbringen, dass man Erfahrung hat und dass die Kunden mit Ergebnissen und Service sehr zufrieden sind.

Zu viele Wechsel, kein roter Faden

Zu kurze Verweildauer

Arbeitgeber gehen davon aus, dass der ideale Kandidat am Anfang seiner Laufbahn flexibler ist als später und etwa ab 40 Jahren seine »berufliche Heimat« gefunden haben sollte.

Diese Regel trifft jedoch in Zeiten der Arbeitslosigkeit, durch den wachsenden Anteil befristeter Stellen und die Umzugsbereitschaft von Firmen nicht mehr im selben Maße wie früher zu. Arbeitnehmer wechseln ihren Arbeitsplatz häufig, weil ihr bisheriger wegrationalisiert wurde oder weil der befristete Arbeitsvertrag ausläuft.

Was hilft?

Lassen Sie ganz kurze Arbeitszeiten (wenige Tage bis einige Wochen) ggf. »unter den Tisch fallen«. Es ist besser, über drei bis sechs Monate (ehrenvoll) arbeitslos gewesen zu sein, als in genau dieser Zeit mit ein bis zwei Arbeitsverhältnissen, die bereits nach wenigen Tagen oder Wochen aufgelöst wurden (egal aus welchem Grund), im Lebenslauf dazustehen und den Eindruck von Unzuverlässigkeit und Schlimmerem zu vermitteln.

Fassen Sie wenn irgend möglich mehrere »Jobs« zusammen und titeln Sie selbst, wie Sie diese Phase bezeichnen wollen, um keinen schlechten Eindruck aufkommen zu lassen.

Kein roter Faden

Während viele Menschen eine bestimmte berufliche Richtung einschlagen, wechseln andere ein- oder zweimal die Branche bzw. entwickeln sich durch qualifizierte Fortbildung weiter. Bei manchen geschieht das so häufig, dass schwerlich die Gemeinsamkeiten der verschiedenen Tätigkeiten nachzuvollziehen sind. Das erfordert ein besonderes mentales Herangehen. Manchmal besteht eine Verbindung – ein roter Faden – nur aus künstlerischen, körperlichen, räumlichen Aspekten oder aus Selbstständigkeit, Besonderheit, zeitlicher Begrenzung. Seien Sie versichert – es gibt immer etwas Hervorstechendes, man muss es nur finden!

Was hilft?

Versuchen Sie, den gemeinsamen Aspekt aller Tätigkeiten herauszufinden: Machen Sie sich eine Checkliste von Kriterien: fachlicher Bereich, Art des Unterstellungsverhältnisses, Arbeitsweise, Typ Arbeitgeber etc., und klopfen Sie jede Tätigkeit daraufhin ab. Die Suche nach dem gemeinsamen Aspekt sollte natürlich maßgeblich davon geprägt sein, was in der neu angestrebten Position gefordert wird.

Wenn Sie das Gemeinsame festgestellt haben, jedoch auf einige Ausnahmen stoßen, bezeichnen Sie diese etwas anders, damit die durchgehende Linie noch leichter erkennbar wird:

Stärken Sie Ihren selbst gesponnenen roten Faden mit Jobs, freiberuflichen Tätigkeiten, Praktika, Messebesuchen, Auslandsaufenthalten etc.

Wichtig könnten auch Ihre Interessen oder ehrenamtlichen Engagements sein, da sich in ihnen häufig der gleiche Aspekt wiederfindet, z.B.: Sie haben beruflich oft Dokumentationen schreiben müssen, privat verfassen Sie Lebensgeschichten Ihrer Verwandten.

Klar ist, dass Arbeitgeber einen roten Faden in der beruflichen Laufbahn suchen. Machen Sie ihnen nicht unnötig Arbeit, sondern stellen Sie die verbindenden Elemente Ihrer Tätigkeiten heraus!

Oder gar: Zu lange Verweildauer

Was passiert, wenn Sie bereits seit zwölf Jahren in der gleichen Firma arbeiten und sich dann verändern wollen?

Ihr Lebenslauf enthält in diesem Fall beim Block Berufspraxis nur ein bis drei Positionen, von denen die aktuelle schon zehn oder mehr Jahre andauert. Dies könnte den Arbeitgeber vermuten lassen, dass Sie zu lange zögerten, einen neuen Arbeitsplatz zu suchen:

Sie genossen die Vorteile, ohne sich dem Stress einer Arbeitsplatzsuche und Bewerbung auszusetzen; Sie üben weitgehend die gleiche Tätigkeit aus und entwickelten sich beruflich nicht viel weiter; Sie richteten sich an Ihrem Arbeitsort bequem ein und sind daher nicht besonders flexibel.

Außerdem haben Sie lange Kündigungszeiten (im öffentlichen Dienst unter Umständen sechs Monate) und können daher die meisten ausgeschriebenen Stellen nur unter schwierigen Umständen antreten.

Was hilft?

Gehen Sie umgekehrt vor als der Vielwechsler: Stellen Sie mehrere Funktionen im gleichen Unternehmen so dar, dass zumindest optisch der Eindruck entsteht, Sie hätten Positionen bei verschiedenen Arbeitgebern ausgefüllt.

Geben Sie verschiedene und zusätzliche Aufgaben an, z.B. die zeitweilige Übernahme von Verpflichtungen für eine andere Abteilung oder ein besonderes Engagement, z.B. im Sozialwesen.

Erwähnen Sie Veränderungen Ihres Einsatzortes, um Ihre räumliche Flexibilität zu unterstreichen.

Wiedereinstieg nach Auszeit

Manche sogenannte Lücken brauchen Sie nur umzubenennen oder zu ergänzen. Erziehungszeiten ihrer Kinder sollten Eltern nicht verschweigen, sondern selbstbewusst als »Familienmanagement« oder Ähnliches darstellen, eventuell ergänzt um ehrenamtliches Engagement und/oder eine berufliche Fortbildung. Gleiches gilt für die Pflege von Familienangehörigen.

Bei Auslandsaufenthalten, egal ob privat oder zu Studienzwecken oder beruflich, haben Sie sicherlich Sprachkenntnisse erworben oder stellen dies wenigstens so dar.

Wehr- oder Zivildienst können Sie aufwerten durch Teamarbeit und soziale Erfahrungen, die Sie während dieser Zeit intensiv gesammelt haben.

Private Auszeiten, wie sie bei dem einen oder anderen gelegentlich frei- oder unfreiwillig vorkommen, sollten erklärt werden, wenn sie einen Zeitraum von mehr als drei Monaten einnehmen. Wenn Sie z. B. einen Schicksalsschlag hinnehmen mussten, wie den Tod eines nahen Angehörigen, ist es nachvollziehbar, dass Sie eine Weile keine Arbeit aufgenommen haben.

Was hilft?

Einige Phasen sollten Sie besser verschweigen bzw. anders benennen. Als Erklärung für Lücken im Lebenslauf geistert neben dem Gespenst der Arbeitslosigkeit auch noch anderes durch die Köpfe der Personaler. Um sich vor Fehlgriffen zu schützen, suchen sie bei Bewerbern nach »Auffälligkeiten«. Dabei gibt es viele Möglichkeiten, diesen Zeitraum mit sinnvollen Tätigkeiten zu beschreiben, wie Fortbildung, selbstständige oder ehrenamtliche Tätigkeiten. Auch ein intensives Engagement für den Betriebsrat, so wertvoll es sein mag, verunsichert potenzielle neue Arbeitgeber.

Lücken wegen Erkrankungen oder Sucht brauchen und sollten Sie nicht angeben. Formulieren Sie Ihre Erklärungen so, dass sie plausibel klingen und nicht ohne Weiteres anzuzweifeln sind, z. B. Weiterbildungen oder freiberufliche Tätigkeiten. Selbst schwerste Krankheiten gehen Ihren Arbeitgeber nichts an, wenn sie überwunden sind.

Auch Freiheitsstrafen und Vorstrafen sind Ihre persönliche Angelegenheit, wenn Sie Ihre Strafe abgebüßt haben. Kürzere Gefängnisaufenthalte verschweigen Sie am besten, für längere müssen Sie sich besonders gute, schwer nachprüfbare Ausreden einfallen lassen oder ehrlich sein und hoffen.

Mit welchen einfachen Tricks verbergen Sie Lücken am besten?

Besonders wenn Sie schon auf eine längere (über fünf Jahre) Berufserfahrung zurückblicken können, interessieren bei Ihrem Lebenslauf nicht mehr Tage oder Monate, sondern nur Jahre. Lediglich die letzte Zeit, also zwei bis fünf Jahre, sollten Sie mit Monatsangaben kennzeichnen, sofern nicht gerade in dieser Zeit besonders viele Lücken aufgetreten sind.

Sie müssen nicht alle Phasen chronologisch darstellen, sondern können sie kategorisieren, z. B. »Tätigkeiten zwischen Abitur und Studium« oder »Selbstständige Tätigkeiten«. Dadurch können Personaler die zeitliche Abfolge nicht ganz so einfach nachvollziehen und Lücken fallen weniger auf.

Kindererziehung

Obwohl Frauen und Männer bei der Kindererziehung enorm viel leisten und lernen, stellen sie diese Fähigkeiten in ihrer Bewerbung selten so dar. Man erwirbt oder stärkt in der Mutter-/Vaterrolle unter anderem auch die Sozialkompetenzen wie Belastbarkeit, Organisations- und Koordinationsvermögen, Frustrationstoleranz und Flexibilität.

Was hilft?

Verkaufen Sie sich entsprechend! Ergänzen Sie die Erziehungszeiten um freiberufliche Tätigkeiten oder ein Engagement in einem fachlich passenden Bereich, um eine Aus- oder Fortbildung (insbesondere Sprach- und Computerkurse), oder schreiben Sie, dass Sie im Familienbetrieb mitgeholfen haben.

Bleiben Sie glaubwürdig – Ihre Aussagen müssen nachvollziehbar, aber möglichst nicht nachprüfbar sein, falls Sie etwas »dick aufgetragen« haben.

Schwere Erkrankung, Alkoholabhängigkeit

Von besonderer Bedeutung für den Arbeitgeber sind Auszeiten dann, wenn sie eine nachteilige Wirkung auf die Arbeitskraft erwarten lassen. Das könnte beispielsweise bei einer Krebserkrankung oder bei psychischen Problemen der Fall sein. Auch chronische Krankheiten wie z. B. Diabetes führen erfahrungsgemäß aus Sicht der Personalentscheider zu geringerer Belastbarkeit oder Fehlzeiten. Erst recht wird vom Personalchef ein Arbeitnehmer mit Suchtproblemen gefürchtet, der häufig ausfällt oder durch sein Verhalten eventuell den Betriebsfrieden stört.

Entsprechende Lücken müssen Sie nicht in Ihren Lebenslauf aufnehmen, wenn diese Probleme auskuriert bzw. therapiert sind. Ähnlich wie beim Vorstellungsgespräch, bei dem bestimmte Fragen unzulässig sind, geben Sie in Ihren Bewerbungsunterlagen nichts an, was Ihnen zum Nachteil gereichen könnte. Dies gilt besonders dann, wenn die Krankheiten schon Jahre her sind, egal, ob es sich um Krebs, Herzinfarkt oder Alkoholismus handelt.

Anders ist die Lage, wenn Sie dauerhafte Schäden davongetragen haben und Ihren neuen Job nicht im erforderlichen Maß ausführen können, z. B. als Bauarbeiter mit einem nicht völlig kurierten Bandscheibenvorfall. Eine Schwangerschaft dürfen Sie nicht verschweigen, wenn Sie an Ihrem Arbeitsplatz mit gesundheitsschädlichen Stoffen in Berührung kommen würden. Bei entsprechenden Tätigkeiten verlangt der Arbeitgeber in der Regel eine ärztliche Untersuchung.

Was hilft?

Ihre Erklärungen für diese Zeitabschnitte sollten nicht nachprüfbar sein, beispielsweise die Pflege eines Angehörigen oder der Aufenthalt in einem Land, für das Sie keine Aufenthaltsgenehmigung brauchen. Selbstverständlich kommen Weiterbildung oder Spezialisierung (auch im Selbststudium) sowie ein Ehrenamt oder eine freiberufliche Tätigkeit gut an.

Umschulung und berufliche Neuorientierung

Nicht immer läuft im Leben alles wie geplant. Sie haben Ihren »Traumberuf« erlernt oder Ihr »Wunschstudium« erfolgreich beendet. Nach einigen Jobs im Berufsfeld merken Sie, dass der Bedarf nach dieser Qualifikation doch sehr begrenzt bzw. die Konkurrenz groß ist.

Oder: Es ist Ihnen inzwischen klar geworden, dass Sie in Ihrem Beruf nicht glücklich werden, Sie sich ungeeignet oder den Anforderungen nicht richtig gewachsen fühlen. Vielleicht sind Sie auch in diesen Beruf gedrängt worden und waren von Anfang an nie ganz damit zufrieden.

Manchmal drängt das Arbeitsamt nach längerer Beschäftigungslosigkeit auf eine Fortbildung oder der Betroffene entschließt sich nach reiflicher Überlegung, durch eine längere Fortbildung seine Chancen auf dem Arbeitsmarkt wesentlich zu verbessern.

Während eine Umschulung in zwei Jahren zu einem anerkannten Ausbildungsberuf führt (mit IHK-Prüfung), baut eine längere Fortbildung auf vorhandener Berufspraxis auf. Manchmal besteht sie nur aus irgendeinem Berufsabschluss sowie Berufserfahrung, in anderen Fällen müssen die Fortbildungsteilnehmer bestimmte zusätzliche Voraussetzungen erfüllen.

In jedem Fall geht die neue Qualifikation mit einer gewissen beruflichen Umorientierung einher: Das neue Berufsfeld muss inspiziert werden, Kontakte geknüpft und die eigenen Stärken in die neue Bewerbungsstrategie eingearbeitet werden.

Was hilft?

Im Lebenslauf klafft dann unter Umständen eine Lücke von ein oder zwei, manchmal sogar drei Jahren, weil es vielleicht nicht gleich ein Arbeitsangebot gab. Also kommt es besonders darauf an, sein Motiv für die Umschulung zu verdeutlichen, Nebenjobs anzuführen, bei denen man etwas gelernt hat, und auf noch andere praktische Erfahrungen zu verweisen, die einen aus dem absoluten Anfängerstadium herausbringen.

Böse Gegenargumente

Der Preis: Zu teuer

Immer wieder findet man in Stellenanzeigen die Aufforderung, seinen Gehaltswunsch und den frühestmöglichen Eintrittstermin mitzuteilen.

Was hilft?

Umgehen Sie die Benennung Ihres Gehaltswunsches! Zunächst einmal: Wird diese Bitte nicht im Anzeigentext vorgetragen, schreiben Sie auf keinen Fall, was Sie aktuell verdienen und wie Sie sich bei einem Wechsel die neue Bezahlung vorstellen. Das hat Zeit und ist erst Verhandlungssache, wenn die andere Seite »angebissen« hat.

Werden Sie allerdings im Anzeigentext explizit dazu aufgefordert, könnten Sie das natürlich ignorieren – was nicht sehr schön wäre – oder mit dem lapidaren Satz quittieren, dass Sie eine der Position angemessene, Vergütung erwarten.

Besser jedoch ist die Angabe einer realistischen Gehaltsspanne, etwa so: »Meine Gehaltsvorstellungen liegen zwischen 40 und 50.000 Euro p.a.« Eine Spanne von ungefähr 10 bis 20 Prozent ist dabei gut vertretbar. Sind Sie deutlich festgelegter, was Ihren zukünftigen Verdienst anbetrifft, formulieren Sie: »Mein Jahreseinkommen sollte um 35.000 Euro betragen.« (Bis etwa 40.000 Euro p.a. gibt man den Monatsbruttolohn an, darüber unbedingt das Jahresbruttoeinkommen.)

Zu jung und / oder unterqualifiziert

Leider spielt das Alter in Bewerbungen eine übergroße Rolle. Manch einer gilt als zu jung, um Verantwortung zu übernehmen, aber noch viel häufiger sind Bewerber den Personalern zu alt. Der eine Bewerber hat eine zu einfache Ausbildung, der andere gilt als überqualifiziert. Die für den Entscheider genau richtige Arbeitserfahrung nachzuweisen, spielt hier die entscheidende Rolle.

Was heißt eigentlich zu jung? Das kommt sehr auf die Art der Tätigkeit an: In einfachen Berufen betrifft es vielleicht unter 20-Jährige, während verantwortungsvolle Aufgaben erst Bewerbern ab Mitte 30 zugetraut werden.

Junge Menschen nehmen in der Werbewelt eine herausragende Stellung ein und sind auch als Arbeitnehmer sehr begehrt. Dies gilt jedoch nur dann, wenn sie wenigstens etwas Berufserfahrung mitbringen. Gerade bei Letzterem liegt das Problem, mit dem die Jungen kämpfen – ohne Praxis kein Job, ohne Job keine Praxis!

Noch schlechter sehen die Einstellungschancen aus, wenn Bewerber keine oder nur eine abgebrochene Ausbildung mitbringen: Der Abschluss besitzt in Deutschland eine elementare Bedeutung, in manchen Bereichen, wie z.B. dem öffentlichen Dienst, sogar die wichtigste.

Wenn fehlende Qualifikation und mangelnde Berufserfahrung zusammentreffen und nicht einmal das Lebensalter eine gewisse Reife erwarten lässt, sieht es für den Betreffenden schlecht aus. Davon zeugt die relativ hohe Jugendarbeitslosigkeit.

Was hilft?

Wenn Sie zu dem betroffenen Personenkreis gehören, ziehen Sie alle Register, um den Arbeitgeber von Ihrer Eignung zu überzeugen. Geben Sie alles an, was sich nach Berufserfahrung anhört:

- Praktika
- Jobs
- ehrenamtliche oder selbstständige Tätigkeiten im Berufsfeld
- Mitarbeit im Familienbetrieb

Wenn Sie etwas Fantasie besitzen, fällt Ihnen sicherlich einiges ein, was Sie überzeugend vertreten können. Nicht für alles müssen Sie Zeugnisse beibringen bzw. diese sind von selbstständigen Verwandten oder Bekannten eventuell zu bekommen.

Ein paar typische Tätigkeiten und was Sie dabei lernen

Bei der Betreuung von Kinder- und Jugendgruppen, als Babysitter oder Nachhilfelehrer beweisen und verbessern Sie Führungskompetenz, Verantwortungsübernahme, Einfühlungsvermögen.

Beim Reparieren des Motorrades, Experimentieren mit dem Chemiebaukasten oder Aufrüsten des PCs gewinnen Sie technisches Verständnis, praktisches Geschick und Problemlösungsfähigkeit.

Zu alt und / oder überqualifiziert

Als älterer/zu alter Bewerber gilt man – je nach Aufgabe/Position – im Extremfall schon ab Mitte 30 (in vielen Großunternehmen), meist jedoch ab 40, spätestens aber mit 50 Jahren.

Vor dem größeren Selbstbewusstsein und der Standfestigkeit reiferer Bewerber scheuen manche Arbeitgeber zurück. Dabei sind es oft gerade diese Fähigkeiten, die einen für verantwortungsvollere Positionen, vor allem als Führungskraft, qualifizieren. Nach aktuellen Befragungsergebnissen können Ältere die Realisierbarkeit von Projekten gut einschätzen, für Stabilität in schwierigen Situationen sorgen und Sackgassen vermeiden. Einige wenige Unternehmen erkennen, dass jüngere und ältere Arbeitnehmer zusammen die besten Ergebnisse erzielen. Sie setzen bei der Besetzung von Führungspositionen bewusst auf über 50-jährige Bewerber.

Was hilft?

Wenn Sie also nicht zu der begehrten Altersklasse gehören, betonen Sie im Lebenslauf das, was Sie auszeichnet:

- umfangreiche Berufspraxis
- gelegentliche Wechsel von Arbeitgeber und/oder Aufgabenbereich
- Hobbys, die von körperlicher Fitness, geistiger Kreativität und persönlicher Flexibilität zeugen und für ein gutes Leistungsvermögen sprechen

Lassen Sie durch Ihre schriftlichen Unterlagen keinen Zweifel daran aufkommen, dass Sie sich auch altersmäßig für geeignet halten.

Überqualifiziert

Nicht nur höheres Alter kann für Ihre Chancen einen Nachteil darstellen, sondern auch eine wesentlich höhere Qualifikation als gefordert. Der Arbeitgeber fürchtet vor allem, dass »Überqualifizierte« bald ein höheres Gehalt verlangen, als er zu zahlen bereit ist. Darüber hinaus rechnet er mit einem Mitarbeiter, der selbstständig denkt und handelt, was nicht immer erwünscht ist. Auch die Vermutung, dass der Hochqualifizierte sich bald langweilt und nach neuen beruflichen Herausforderungen umschaut, ist groß.

Was hilft?

Falls Sie sich für eine entsprechende Stelle bewerben, passen Sie Ihre Selbstdarstellung dem Niveau etwas an. Später wird Ihr Chef Ihre Qualitäten vielleicht doch noch sehr schätzen. Nicht jeder Personaler hat mit sogenannten Überqualifizierten Pech, viele profitieren von deren Leistungsstärke und Selbstständigkeit.

Kommentierte Beispiele

Es folgen nun Beispiele, um Ihnen zu verdeutlichen, wie man im Lebenslauf Probleme beheben, Lücken füllen und die Darstellung seines Werdeganges optimieren kann.

1. Version – Anschreiben

Goran Demdic
Badstr. 19, 13357 Berlin, Tel. 030 773448

August-Müller-GmbH
Müllerstr. 30
13353 Berlin

Karlsruhe, den 18.4.16

Sehr geehrte Damen und Herren,

Ihre Anzeige in der Mannheimer Zeitung vom 10.4. interessiert mich sehr. Sie suchen einen jungen, erfahrenen Gas- und Wasserinstallateur. Ich bin 31 Jahre alt. Ich habe in 2 Sanitärfirmen gearbeitet, bis die letzte Pleite machte. Seitdem suche ich Arbeit, habe aber noch nichts gefunden. Daher helfe ich bei Reparaturen aus, wenn bei meinen Verwandten und Bekannten was kaputtgeht. Sie nennen mich den Alleskönner, weil ich fast alles wieder ganz mache. Ich bin schnell, freundlich und auch bei den Kindern beliebt. Ich spreche Serbokroatisch und Deutsch. Es ist für mich kein Problem, am Wochenende und abends zu arbeiten. Bitte rufen Sie mich an. Ich kann sofort anfangen.

Freundliche Grüße

(Goran Demdic)

1. Version – Lebenslauf

Lebenslauf

Vater: Ivo Demdic (Schlosser), Mutter: Anna Demdic (Hausfrau), 4 Geschwister (eines ist Hausmeister)

Geburt: 9.9.1985 in Ljubljana, Slowenien

Schulen: Grundschule in Belgrad, Erich-Kästner-Realschule in Berlin (ohne Abschluss)

Ausbildung: Gas- und Wasserinstallateur bei Firma Ivanovic

Heirat mit Eva, bis jetzt Vater von 3 Kindern

Arbeit: 3 Jahre als Gas- und Wasserinstallateur bei Firma Ivanovic, 6 Jahre bei Firma Ruchus

Seitdem: arbeitslos und Reparaturarbeiten bei Familie und Freunden

Weiterbildung am PC

Führerschein Klasse B

Sprachkenntnisse: Serbokroatisch und Deutsch

Hobby: Sport

Goran Demdic, Adresse: Badstr. 19, 13357 Berlin, Tel. 030773448

Zeugnisse von Realschule, Ausbildung und 2 Stellen

2. Version – Anschreiben

Goran Demdic
Gas-Wasser-Installateur
Badstr. 19
13357 Berlin
Tel. 030 773448
E-Mail: goran.demdic@gmx.de

August-Müller-GmbH
Müllerstr. 30
13353 Berlin

Berlin, 18.04.16

Bewerbung als Gas- und Wasserinstallateur
Ihre Stellenausschreibung in der Berliner Morgenpost vom 10.04.16

Sehr geehrter Herr Müller,

vielen Dank, dass Sie sich gestern spontan Zeit für ein persönliches Gespräch genommen haben. Es hat mein Interesse an der Stelle noch verstärkt.
Wie besprochen schicke ich Ihnen meinen Lebenslauf, ein Foto und Zeugnisse.

Meine Berufspraxis als Gas- und Wasserinstallateur umfasst einschließlich meiner Ausbildung 12 Jahre bei zwei Firmen, weil die letzte leider in Konkurs ging. Seit zwei Jahren bin ich mit Reparaturaufgaben in der Nachbarschaftshilfe tätig – es gibt fast nichts, was ich nicht repariere. Meine »Kunden« sind mit dem Ergebnis und meinem Service sehr zufrieden! In meiner gesamten Berufspraxis hatte ich Umgang mit verschiedenen Kulturkreisen, vor allem mit Polen und »Jugoslawen«.

Selbstverständlich arbeite ich für den Notdienst auch am Abend und Wochenende.
Ich freue mich sehr darauf, ein weiteres Gespräch mit Ihnen zu führen.

Mit freundlichen Grüßen

Goran Demdic

Anlagen

2. Version – Lebenslauf

Lebenslauf

Persönliche Angaben

Name: Goran Demdic
Adresse: Badstr. 19, 13357 Berlin, Tel. 030 773448
E-Mail: goran.demdic@gmx.de
Geburt: 09.09.1985 in Belgrad, Serbien
Familienstand: verheiratet, 3 Kinder
Staatsangehörigkeit: deutsch

Schul- und Berufsausbildung

1991 - 1997	Grundschule in Belgrad
1998 - 2002	Erich-Kästner-Realschule, Berlin (Hauptschulabschluss)
2002 - 2005	Firma Ivanovic, Berlin; Ausbildung zum Gas- und Wasserinstallateur

Berufspraxis

10/2005 - 12/2008	Firma Ivanovic, Berlin Einsatzschwerpunkte: Montage von Heizkörpern
01/2009 - 12/2013	Firma Ruchus, Berlin Einsatzschwerpunkte: Beseitigung von Rohrverstopfungen, Abdichtung von Rohren, Armaturen etc.
Seit 01/2014	Sanitär-Reparaturen und andere handwerkliche Tätigkeiten im Rahmen der Nachbarschaftshilfe, vor allem im Familien- und Bekanntenkreis Unterstützung des als Hausmeister tätigen Bruders

Fortbildungen

11/2007	Handwerkskammer Berlin Schweißerlehrgang, Aufbaukurs
03/2014	Firma Allas, Berlin PC-Grund- und Aufbaukurs
09/2015	Gögas GmbH, Berlin PC-Tabellenkalkulation

Kenntnisse und Fähigkeiten

PC-Kenntnisse: MS Office mit Word und Excel

Sprachkenntnisse: fließend Serbokroatisch und Deutsch

Interkulturelle Erfahrungen im Umgang mit Menschen verschiedener Herkunft, vor allem aus Polen und vom Balkan

Führerschein Klasse B

Handwerkliche Universalfähigkeiten, auch Maurer-, Maler- und Tischlerarbeiten

Interessen

Ich treibe aktiv Sport, Marathonlauf und lange Spaziergänge mit meinem Hund.

Berlin, 18.04.16

Zu den Unterlagen von Goran Demdic

1. Version

Das **Anschreiben** wirkt unnötig kompakt und ist schlecht auf der Seite verteilt. Was für ein Start. Die Datumszeile sollte am rechten Seitenrand erscheinen, ohne »den« zwischen Ort und Datum. Außerdem mangelt es an etwas ganz Wichtigem: der Betreffzeile (auch wenn sie so nicht ausformuliert wird). Sie benennt sofort, worum es in dem Brief geht.

Herr Demdic hat sich nicht die Mühe gemacht, vorab zu telefonieren, um den Ansprechpartner für seine Bewerbung herauszufinden.

Der Bewerber erklärt ehrlich, aber schrecklich ungeschickt, wieso er nicht mehr »in Lohn und Brot steht«. Seine Ausführungen deuten auf Schwarzarbeit hin, lassen aber die Hoffnung aufkommen, er verfüge über fachliches Können und ein gewisses Engagement.

Der Platz für die Unterschrift ist viel zu eng bemessen. Außerdem muss der Name nicht maschinenschriftlich wiederholt werden. Leider fehlt hier am Ende auch noch der Hinweis auf die Anlagen.

Im einseitigen **Lebenslauf** fehlen Überschriften, Absätze und Hervorhebungen, die das Lesen erleichtern könnten. Herr Demdic hat seinen Lebenslauf streng chronologisch geordnet – er erwähnt die Eltern vor seiner Geburt und fügt zwischen den verschiedenen beruflichen Stationen auch noch seine Hochzeit ein. Das ist zwar konsequent, aber unüblich und auch überflüssig. Außer seinem Geburtsdatum gibt er keine zeitlichen Daten an, die in der ersten (oder in der zweiten) Spalte eines Lebenslaufes stehen sollten, und er verzichtet auf alle Ortsangaben.

Die ehrliche Aussage, arbeitslos zu sein, schreckt erst einmal ab, selbst wenn sie dadurch abgemildert wird, dass er während dieser Zeit bei Freunden gearbeitet hat. Der Bewerber weist auf PC-Kurse hin, die er jedoch inhaltlich nicht näher ausführt. Er erwähnt seine Sprachkenntnisse, geht aber nicht darauf ein, dass er interkulturelle Erfahrungen besitzt. Erst jetzt findet man seinen Namen mit der Adresse und unter dem eher etwas abschreckenden Foto den Hinweis auf Zeugnisse in der Anlage zum Lebenslauf.

2. Version

Das **Anschreiben** ist einfach, aber übersichtlich gestaltet. Briefkopf, Datum und Betreffzeile genügen den Anforderungen. Herr Demdic hat sich nicht nur nach dem Ansprechpartner erkundigt, sondern, wie wir im ersten Abschnitt lesen, sogar einen ersten spontanen Besuch gemacht, was sein Interesse verstärkt hat. Daher kann sein Anschreiben kurz ausfallen. Er beschreibt die Berufspraxis sowie seine erfolgreiche » Nachbarschaftshilfe « und erklärt seine Bereitschaft zu flexiblen Arbeitszeiten.

Der **Lebenslauf** macht einen übersichtlichen, strukturierten Eindruck, beginnend mit den persönlichen Angaben. Das schon sehr viel freundlichere Foto weckt Interesse und sogar Sympathie. Die folgenden Angaben beginnen mit den älteren Daten, also der Schule, da die neuesten (die Nachbarschaftshilfe, im Klartext Arbeitslosigkeit) natürlich einen weniger guten Eindruck machen als eine Anstellung, obwohl auch sie wertvolle Erfahrungen mit sich bringen. In diesem Lebenslauf sind alle notwendigen zeitlichen und örtlichen Angaben enthalten. Gut, dass Herr Demdic die Arbeitsschwerpunkte seiner letzten Stelle angibt und erwähnt, dass er seinen als Hausmeister tätigen Bruder unterstützt – das zeugt davon, dass er weiß, was auf ihn zukommt. Bei den Fortbildungen vergisst er nicht den Schweißlehrgang, auch wenn er schon länger zurückliegt, und benennt auch präzise seine absolvierten PC-Kurse. Damit führt er schon einige überzeugende Argumente an, die Rubrik »Kenntnisse und Fähigkeiten« fasst alle seine Kompetenzen noch einmal auf einen Blick zusammen. Seine interkulturellen Erfahrungen und serbokroatischen Sprachkenntnisse nimmt man ihm ohne Weiteres ab, ebenso das handwerkliche Allround-Talent. Auch die nun angegebenen Hobbys wirken positiv und beeinflussen das Gesamtbild des Bewerbers in die gewünschte Richtung.

Einschätzung: Mit einem guten Anschreiben und einem schönen, zweiseitigen Lebenslauf, einem ansprechenden Foto und sympathischen Freizeitbeschäftigungen hat uns Goran Demdic überzeugend vorgeführt, was es bedeutet, erfolgreiche Werbung in eigener Sache zu machen.

Das ist ein wirklich gelungener »Werbeprospekt«. Diese Unterlagen machen neugierig auf den Bewerber, und das führt zu einer Einladung. Genau darauf kommt es an. Mit seiner Bewerbung hat unser Kandidat ...

- sein Können (generell und fachlich, Weiterbildung, Sprachkenntnisse),
- seine Leistungsbereitschaft (neben den sauberen Unterlagen z. B. auch in der Sportart) und
- seine Wesensart (helfen, Marathon, Spaziergänge mit dem Hund)

... für den Leser schlicht, aber ansprechend rübergebracht. Die Herausforderung ist, sich überzeugende Botschaften zu überlegen und diese zu vermitteln. Und diese Herausforderung können und sollten auch Sie meistern.

1. Version – Anschreiben

An den Supermarkt Kaufgut
Hauptstraße 5
37540 Kamen

VORSICHT! Schlechte Version!

von Frau Cornelia Bode
Goethestraße 33
37544 Kamen

Sehr geehrte Damen und Herrn!

Ich habe Ihre Anzeige im Stadtanzeiger gelesen das Sie eine Aushilfsverkäuferin suchen. Nun möchte ich mich gerne für diesen Job bewerben. Ich kann sofort loslegen. Ich bin 34 Jahre alt und habe mal Einzelhandelskaufmann in einem kleinen Lebensmittelladen gelernt. Dann habe ich noch 3 Jahre dort gearbeitet, was mir eigentlich recht gut gefallen hat obwohl es auch mal Probleme gab. Dann sind wir leider nach Kamen umgezogen und da habe ich dann 2 Jahre ab und zu in einer Supermarkt gearbeitet. Als ich mein Sohn bekam und 3 Jahre später meine Tochter bin ich zu Hause geblieben. Ich bin pünktlich, ich arbeite fleißig wie eine Biene und ich bin meist sehr nett zu den Kunden. Es ist gut wen sie mich nur als Aushilfe brauchen denn dann habe ich immer noch Zeit für die Kinder.

Hochachtungsvoll Ihre

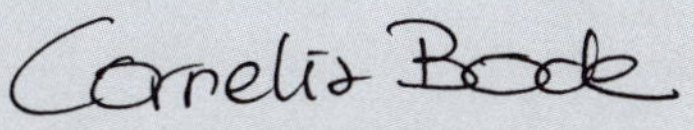

Kamen, den 10. Februar 2016

1. Version – Lebenslauf

VORSICHT! Schlechte Version!

Lebenslauf von Cornelia Bode, geb. Danne, wohnhaft in der
Goethestraße 33, 37544 Kamen

Geburt: am 3. September 1981 in Bochum
Vater: Rüdiger Danne, KFZ-Schlossermeister, 1994 gestorben
Mutter: Monika Danne, Putzfrau
3 jüngere Geschwister
Religion: katolisch

Albert-Schweitzer-Grundschule von August 1987 bis Juli 1991
Lerchenberg-Hauptschule von Aug. 1991 bis Juni 1997
Ausbildung als Einzelhandelskauffrau im Lebensmittelgeschäft
Paulsen von Sept. 97 bis Juni 00
Arbeit im Lebensmittelgeschäft Paulsen von Juli 2000 bis August 2002 als Verkäuferin
Hochzeit mit Thomas Bode, Dreher, am 3. September 2003 in Düsseldorf
Arbeit als Aushilfe im Supermarkt Klass vom 1. November 2003 bis zum 31.8.2005
Seitdem: Kindererzieung
Geburt von Jasmin: 3.11.2005
Geburt von Stefan: 7.3. 2008

Mein Foto:

2. Version – Anschreiben

Cornelia Bode
Einzelhandelskauffrau
Goethestraße 33
37544 Kamen
Telefon: (03140) 57 69 70

Geschäftsführerin Frau Bauer
Supermarkt Kaufgut
Hauptstraße 5
37540 Kamen

Kamen, 10.2.2016

Ihre Anzeige im Stadtanzeiger vom 3.2.2016
- Aushilfsverkäuferin -

Sehr geehrter Frau Bauer,

mit großem Interesse habe ich Ihre Anzeige gelesen. Der Supermarkt Kaufgut macht auf mich einen freundlichen Eindruck und ist für mich auch sehr gut erreichbar. Daher fühle ich mich darin bestärkt, Ihnen meine Bewerbungsunterlagen zu schicken.

Zu meiner Person:
Ich bin gelernte Einzelhandelskauffrau und habe schon als Aushilfsverkäuferin in einem Supermarkt gearbeitet und war dort auch an der Kasse tätig.
Freundlichkeit, Pünktlichkeit, Fleiß und Vertrauenswürdigkeit gehören zu meinen wichtigsten Eigenschaften. Zeitlich bin ich sehr flexibel und könnte gerne jederzeit bei Ihnen im Supermarkt anfangen.

Nach einer längeren Erziehungspause, die ich auch zur Fortbildung nutzte, möchte ich gern wieder in meinen Beruf zurückkehren. Dabei ist mir sogar eine Teilzeittätigkeit besonders angenehm, weil mir dann auch noch genügend Zeit für die Kinderbetreuung bleibt.

Auf eine Einladung zu einem Gespräch freue ich mich schon jetzt sehr.

Mit freundlichen Grüßen

Cornelia Bode

Anlagen

2. Version – Lebenslauf

LEBENSLAUF

Persönliche Daten

Cornelia Bode, geb. Danne

Goethestraße 33

37544 Kamen

Geboren am 3. 9. 1981 in Bochum

Verheiratet, zwei Kinder (10 und 8 Jahre alt)

Schul- und Berufsausbildung

08/1987 – 08/1997	Grund- und Hauptschule in Düsseldorf
09/1997 – 06/2000	Ausbildung als Einzelhandelskauffrau in Düsseldorf; Abschlussnote: gut

Berufspraxis

07/2000 – 08/2003	Verkäuferin im Supermarkt Paulsen, Düsseldorf
11/2002 – 08/2005	Aushilfsverkäuferin im Supermarkt Klass, Kamen

Familienzeit

Seit 11/2005	Betreuung meiner beiden Kinder

Fortbildung

05/2015	Umgang mit elektronischen Kassensystemen, Volkshochschule Kamen

Interessen

Kochgruppe mit Freundinnen, Familienausflüge

Kamen, 10.2.2016

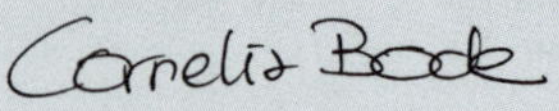

Zu den Unterlagen von Cornelia Bode

1. Version

Anschreiben: Eindeutig ungenügend! Auf den ersten Blick fallen die aneinandergequetschten Zeilen auf.

Schon der Beginn ist fehlerhaft, weil der Absender (in dem die Telefonnummer vergessen wurde) nicht an die zweite Stelle, sondern ganz nach oben gehört (und zwar ohne die Zusätze »An den …« sowie »von«). Außerdem: Ort und Datum fehlen, finden sich erst ganz unten wieder (mit dem veralteten »den« beim Datum). In der Anrede fällt der schlimme Rechtschreibfehler (Herrn) ins Auge, von denen noch weitere auftauchen. Die Anrede sollte mit einem Komma beendet werden, nicht mit einem Ausrufezeichen. Haben Sie alle Rechtschreibfehler gefunden?

Anschreiben

- Sehr geehrte Damen und Herren
- … gelesen, dass …
- … gefallen hat, obwohl …
- … nach Kamen umgezogen, und …
- … ab und zu in einem Supermarkt
- Als ich meinen Sohn …
- … und 3 Jahre später meine Tochter, …
- Es ist gut, wenn Sie …
- … als Aushilfe brauchen, denn

Lebenslauf

- Religion: katholisch
- Kindererziehung

Der Text ist gar nicht gegliedert und daher schwer lesbar. Gleich mehrere Sätze beginnen mit »ich«, das klingt plump. Der erste Satz enthält schwerwiegende Grammatik- und Rechtschreibfehler. Der zweite ist in der Möglichkeitsform gehalten, was als Unsicherheit der Bewerberin ausgelegt werden kann. Besser: »Daher bewerbe ich mich um die Stelle …«, denn die Formulierung »Job« gehört nicht in ein Bewerbungsanschreiben. Auch »Ich kann sofort loslegen« ist zu salopp formuliert, »anfangen« klingt besser.

An dieser Stelle folgt ein neuer Gedanke. Daher muss der erste Absatz durch einen gewissen Abstand, am besten eine Leerzeile, vom nächsten getrennt werden. Die Angabe des Alters ist an dieser Stelle nicht notwendig, da sie nicht ausdrücklich in der Anzeige erwähnt wird und auch aus dem Lebenslauf hervorgeht. Das Wörtchen »mal« ist überflüssig, und Cornelia Bode hat nicht »Einzelhandelskaufmann«, sondern »-kauffrau« gelernt. Nun folgen zwei Sätze, die mit »dann« beginnen. Die Angabe von

Zahlen (noch dazu als Ziffer, nicht als Wort) fällt in mehreren Sätzen unangenehm auf. Bei der Beschreibung ihrer Erziehungspause ist Cornelia Bode wieder ein schwerer Grammatikfehler unterlaufen (es heißt »meinen Sohn«).

Hier folgt wieder ein völlig neuer Gedanke (leere Zeile einfügen!): Cornelia Bode beschreibt ihre Eigenschaften mit »fleißig wie eine Biene«, was sehr kindlich klingt, und mit »bin meist nett zu den Kunden«, was vermuten lässt, dass sie auch öfter unfreundlich ist. Der letzte Satz enthält gleich mehrere Rechtschreibfehler und ist ungeschickt formuliert. An dieser Stelle wäre der Hinweis, dass sie sofort anfangen kann, eher angebracht.

»Hochachtungsvoll« ist eine veraltete Abschiedsformel, die die Bewerberin durch »mit freundlichen Grüßen« ersetzen sollte. »Ihre ...« passt hier überhaupt nicht, und die Unterschrift macht sich besser unter, nicht neben der Grußformel. Die Ort- und Datumszeile gehört, wie schon erwähnt, an den Anfang des Schreibens. Der Hinweis auf Anlagen fehlt in dieser Bewerbung völlig.

Lebenslauf: Ungenügend! Absolut schlecht strukturiert (kein tabellarischer Aufbau, wie allgemein üblich!), kaum Absätze, mehrere Rechtschreibfehler.

Das Wort »Lebenslauf« sollte eigentlich die Überschrift bilden. Das viel zu kleine und nicht besonders vorteilhafte Foto von Cornelia Bode, das unten angebracht ist, gehört in den oberen Teil des Lebenslaufes, meist rechts (oder auf ein Deckblatt, das Sie bei anderen Bewerbungsbeispielen gleich kennenlernen werden).

Die Angabe von Eltern und Geschwistern sollte in dem Alter, in dem sich unsere Bewerberin befindet, wegfallen, ebenso wie die Konfession, die nur auf ausdrücklichen Hinweis in den Lebenslauf aufgenommen werden muss. Cornelia Bode hat in dem ersten Bewerbungsbeispiel alle Informationen in fortlaufende Zeilen geschrieben, sodass man den Zeitraum suchen muss, und obendrein diese Zeit auch noch unterschiedlich angegeben (mal »1996«, mal »96«, mal ein genaues Datum). Auch die Reihenfolge von Art der Tätigkeit und Ort ist unterschiedlich. Ihre Hochzeit gehört nicht in diesen Ablauf, die Angabe bei den persönlichen Daten »Familienstand: verheiratet«, sowie evtl. das Alter der Kinder, reicht völlig aus. Wann genau die Kinder geboren wurden, ist uninteressant. Dafür fehlt in ihrer Bewerbung die Fortbildung, die es ihr erleichtert, mit der elektronischen Kasse umzugehen.

Den Lebenslauf hätte sie mit Ort, Datum und ihrer Unterschrift abschließen müssen.

2. Version

Anschreiben: Insgesamt ist diese Version des Anschreibens recht gut, da ordentlich gegliedert, geschickter formuliert und fehlerfrei. Hinzu kommen noch die Sätze, die fett gedruckt sind und sofort die Aufmerksamkeit des Lesers auf sich ziehen.

Im Adressblock ist jetzt alles richtig gemacht worden, wenn auch nicht besonders einfallsreich. Die Bewerberin hat sich nach dem Ansprechpartner für die Bewerbung erkundigt und die Geschäftsführerin im Adressblock ganz nach oben gesetzt: Jetzt dürfte eigentlich nur Frau Bauer das Schreiben öffnen. In der Betreffzeile, die zu jedem Geschäftsbrief gehört (also auch zu Bewerbungen), sind die Anzeige und die gesuchte Stelle angegeben, sodass der Empfänger gleich informiert ist, worum es geht.

Durch die direkte Ansprache kommt zum Ausdruck, dass sich die Bewerberin den Supermarkt angeschaut hat, die Verkehrsanbindung geprüft und wahrscheinlich bei dieser Gelegenheit den Namen der Geschäftsführerin erfragt hat. Cornelia Bode stellt kurz und überzeugend dar, warum sie für diese Tätigkeit geeignet ist, und betont die Eigenschaften, die in der Anzeige erwähnt wurden. Sie vergisst auch nicht anzugeben, dass sie neben der Kindererziehung durch eine Fortbildung versucht hat, fachlich auf dem Laufenden zu bleiben. Die Wortwahl und Ausdrucksweise sind gut und abwechslungsreich. Es spricht für sie, die Erfahrung als Aushilfs- bzw. Teilzeitmitarbeiterin zu erwähnen, weil der Arbeitgeber dadurch erkennt, dass sie wahrscheinlich längerfristig bei ihm arbeiten möchte.

Der Abschiedssatz klingt zuversichtlich, die Grußformel ist korrekt und der Verweis »Anlagen« ist korrekt angegeben worden.

Lebenslauf: Auch dieser Teil der Bewerbung macht einen soliden, übersichtlichen und guten Eindruck. Die inhaltlichen Blöcke sind durch genügend Abstand voneinander getrennt.

Bei den persönlichen Daten finden sich Name und Anschrift ebenso wie das Geburtsdatum und -ort sowie der Familienstand. Das Foto ist ausreichend groß und an einer passenden Stelle angebracht. Die Informationen zu Schule, Ausbildung, Berufspraxis und Fortbildung hat Frau Bode in tabellarischer Form dargestellt: Dabei enthält die erste Spalte die Zeitangabe des Monats und Jahres, die andere Spalte den Inhalt in gleichbleibender Reihenfolge (Tätigkeit und Ort). Für einen perfekten Lebenslauf hätte Frau Bode noch einen Block »Besondere Kenntnisse« einfügen können, allerdings nur, wenn sie Entsprechendes vorzuweisen hat, z. B. Fremdsprachen, PC-Kenntnisse, Führerschein. Es lohnt sich kaum, diese Kategorie ausschließlich für ihren Volkshochschulkurs anzulegen, obwohl er inhaltlich dazugehören würde. Die Angabe von Interessen wurde in der Anzeige zwar nicht verlangt, vermittelt aber ein umfassendes Bild der Bewerberin: Wer regelmäßig mit Freundinnen kocht, ist sicher in der Lage, mit Kolleginnen zusammenzuarbeiten (Teamfähigkeit). Auch Familienausflüge belegen dies und erwecken den Eindruck, dass Cornelia Bode relativ fit ist. Der Abschluss des Lebenslaufes mit Ort, Datum und Unterschrift ist völlig korrekt.

Wenn eine Absage kommt

Sie erhalten Ihre Unterlagen zurück mit dem Hinweis »... leider nicht«. Es ist ratsam, sich bei einer Absage nicht schmollend in einen Winkel zurückzuziehen und infolge der Kränkung (die allemal da ist) in Selbstmitleid zu verfallen, sondern weiter selbstbewusst und aktiv vorzugehen. Zugegeben: Leicht gesagt, schwer getan.

Antwortbrief / Antworttelefonat

Überlegen Sie, ob sich nicht ein freundlicher Antwortbrief auf ein Absageschreiben lohnt. Das hängt natürlich davon ab, wie wichtig, wie interessant Ihnen die angebotene Aufgabe/Position war oder ist und ob Sie glauben, wirklich geeignet für diesen Arbeitsbereich zu sein. Geben Sie in dem Antwortbrief Ihrem Bedauern Ausdruck und deuten Sie an, dass das Unternehmen sicher im besten Interesse entschieden hat. Fassen Sie noch einmal kurz zusammen, warum Sie gerade an dieser Arbeitsstelle besonders interessiert sind und was Sie Ihrer Meinung nach zum Erfolg der Firma/der Institution hätten beitragen können.

So ein Absage-Antwortbrief – der übrigens auch nach einem von einer Absage gefolgten Vorstellungsgespräch geschrieben werden kann – ist unter mehreren Aspekten sinnvoll:

- Sie waren vielleicht ein Grenzfall bezüglich einer Einladung zum Vorstellungsgespräch und geben jetzt durch Ihren Nachfassbrief den positiven Ausschlag für eine Kontaktaufnahme.
- Von den eigentlichen Wunschkandidaten ziehen einige kurzfristig ihre Bewerbung zurück, erscheinen nicht zum Vorstellungsgespräch etc., man möchte aber mehr Bewerber sehen und vergleichen. Sie bieten sich durch Ihren Brief erneut an.
- Später, während der Probezeit, erweist sich die Einstellung Ihres Mitbewerbers als Fehlentscheidung, Sie sind aber durch Ihr Engagement in positiver Erinnerung geblieben.
- Der Personalchef empfiehlt Sie weiter, es gibt (evtl. im Haus) noch andere Positionen, die zu besetzen sind.

Auch der Griff zum Telefonhörer kann nach einer Absage einen Versuch wert sein. So bekommen Sie relativ leicht heraus, wie sich die Bewerberlage beim Arbeitsplatzanbieter darstellt. Sind wirklich 500 und mehr schriftliche Bewerbungsunterlagen eingegangen, relativiert sich Ihr Unglück, nicht unter den ausgewählten Kandidaten zu sein. Zusätzlich bekommen Sie vielleicht Informationen über die Auswahlkriterien und können diese für spätere Bewerbungsaktivitäten nutzen. Ein positives Telefonat kann auch andere Türen öffnen und Interesse an Ihrer Person wecken.

Auf den Punkt gebracht

Ihre Bewerbungsunterlagen, also Anschreiben, Lebenslauf, Foto, Zeugnisse und eventuell weitere Anlagen, sind eine Art Visitenkarte, mit der Sie Aufmerksamkeit erzeugen, Interesse wecken und die Einladung zum Vorstellungsgespräch erwirken wollen. Sie sind gleichzeitig eine erste Arbeitsprobe. Es kommt darauf an, alle wichtigen Argumente, die für Sie sprechen, gut formuliert und in komprimierter Form vorzutragen.

Aber nicht nur inhaltlich ist große Sorgfalt empfehlenswert. Formale Aspekte sind von ebenso großer Bedeutung. Form und Inhalt zeigen dem Leser Ihrer Unterlagen, wie Sie arbeiten. Ziel Ihrer schriftlichen Bewerbung sollte es sein, sich positiv von der oft sehr großen Zahl der Mitbewerber abzuheben, denn ohne wirklich ganz hervorragende, beeindruckende Bewerbungsunterlagen haben Sie kaum eine Chance auf ein Vorstellungsgespräch. In der Regel entscheiden Ihre eingereichten schriftlichen Unterlagen, ob sich auf Arbeitsplatzanbieter- und Auswählerseite Interesse an Ihrer Bewerbung und Neugier auf Ihre Person entwickeln.

Das ist der Kardinalfehler, den viele bei ihren schriftlichen Bewerbungen machen: Sie schreiben »mal eben« eine Bewerbung. Die Folge: diffus formulierte bis keine Werbebotschaft, wenig überzeugende Argumente in den entscheidenden Punkten Kompetenz, Leistungsmotivation und Vermittlung ihrer Persönlichkeit. Hinzu kommt noch: Viele Kandidaten legen viel zu wenig Wert auf die äußere Form ihrer Bewerbung. Und auch Tipp-, Komma- und Grammatikfehler sind Ausschlusskriterien.

Da es um eine Werbeaktion in eigener Sache geht, verdeutlichen Sie sich, dass Sie mit Ihren schriftlichen Bewerbungsunterlagen eine Art »Verkaufsprospekt« präsentieren. Und das braucht Zeit, 10 bis 20 Stunden sind keine Seltenheit. Manche Personalentscheider dagegen behaupten, in weniger als einer Minute herausfinden zu können, ob der / die Kandidat / -in sie interessiert. Ihre Unterlagen haben also wenig Zeit, um zu überzeugen. Es geht um den ersten positiven Eindruck, den Sie hinterlassen. Je mehr Wertschätzung Sie Ihrem potenziellen Auftraggeber (Arbeitsplatzanbieter) durch eine gründlich vorbereitete Bewerbung entgegenbringen, desto höher stehen Ihre Chancen, eingeladen zu werden.

Die wichtigsten Bausteine Ihres Werbeprospektes in eigener Sache

- Neben der sorgfältigen Vorbereitung und der Auswahl Ihrer Kommunikationsziele bestehen die Bewerbungsunterlagen aus Lebenslauf, Anlagen und dem Anschreiben.
- Das Foto hat eine besondere Bedeutung. Wer mit seinem Foto Sympathie mobilisieren kann, hat einfach die besseren Chancen, besonders dann, wenn die schriftlichen Qualifikationsnachweise doch nicht ganz so eindeutig für Sie sprechen. Die Macht der Bilder (hier des Fotos) sollten Sie nicht unterschätzen.
- Auch mit der Erwähnung von Hobbys, Interessen oder Engagements kann man sehr gezielt einen positiven Eindruck generieren.
- Ob Sie eine Dritte Seite kreieren wollen oder nicht, entscheiden Sie. Wenn ja, muss der Text wirklich überzeugen, andernfalls tun Sie sich selbst keinen Gefallen. Inhaltlich darf die von Ihnen gewählte Botschaft im Zusammenhang mit Aussagen im Anschreiben, mit Lebenslauf- und Arbeitsplatzstationen stehen und darüber hinaus noch etwas persönlicher, pointierter formuliert sein. Bloße Aufzählungen überzeugen jedoch wenig, bewirken eher das Gegenteil.
- Auch etwas unkonventionellere Bewerbungsformen wie Flyer, Profilcards oder kleine, aber auffällige Details können – bei einem geeigneten Adressaten und gut eingesetzt – positive Aufmerksamkeit erzielen.
- Oftmals haben Bewerber in ihrem beruflichen Werdegang Lücken und Probleme, die unbedingt einer gezielten Bearbeitung unterzogen werden sollten, will man nicht bei Personalern sofort Misstrauen riskieren.
- Auch wenn Sie Ihre Bewerbungsunterlagen zurückerhalten, gibt es noch Chancen. Der gut vorbereitete Griff zum Telefon oder ein ausgeklügeltes Schreiben können Ihnen vielleicht doch noch den Einstieg ermöglichen.

ONLINE & OFFLINE

» Es sind nicht zu wenige Informationen, die wir haben, sondern zu viele, die wir nicht nutzen. «
(nach Seneca)

Die meisten Unternehmen gehen heute davon aus, dass Bewerber ihre Unterlagen auf digitalem Wege per E-Mail verschicken oder eines der anderen zahlreichen Bewerbertools im Netz nutzen – sei es nun das firmenseitig vorgegebene Onlineformular, die bewerbereigene Homepage oder ein Video.

Welche Vor- und Nachteile diese Bewerbungsverfahren haben, wie Sie sich auf diese Art der Kommunikation mit einem potenziellen Arbeitgeber einstellen und wie Sie die verschiedenen Möglichkeiten für Ihren Bewerbungsprozess optimal nutzen, lesen Sie gleich.

Zeitgemäß: Bewerben im Netz

Der Trend ist eindeutig: Immer mehr Unternehmen fordern auf ihren Homepages oder in Jobbörsen digitale Bewerbungen statt der klassischen Bewerbungsmappe. Bei Computer- oder IT-Firmen treffen inzwischen 99 Prozent der Bewerbungen per E-Mail ein, über 80 Prozent der deutschen Großunternehmen bevorzugen Onlinebewerbungen, in traditionellen Firmen sind es immerhin zwischen 50 und 70 Prozent. Der Anteil wächst immer noch, wenn auch nicht mehr so schnell wie in den vergangenen Jahren, aber die Argumente für eine Bewerbung per E-Mail und Internet sind stark: unschlagbar schnell und preiswert.

Vorteile ...

Vorteile für den Personalentscheider: keine Aktenverwaltung (keine Lagerung bzw. Rücksendung), Unterlagen lassen sich parallel an mehrere Mit-Entscheider weiterleiten und standardisierte Online-Bewerbungsformulare ermöglichen eine leichtere Vergleichbarkeit einzelner Kandidaten.

Auch für den Bewerber hat dieses Vorgehen Vorteile: Anlagen scannt man nur einmal professionell ein, statt Hunderte von Kopien zu machen, es werden keine teuren Mappen benötigt und auch das professionell gemachte Foto ist mehrfach verwendbar.

... und Nachteile

Die Neigung, einmal erstellte Unterlagen unverändert an viele verschiedene potenzielle Arbeitgeber zu versenden, ist bei Onlinebewerbungen besonders hoch. Theoretisch erreichen die Dokumente mit nur einem Klick schnell und kostengünstig zahlreiche Adressaten. Das verführt in vielen Fällen zu Rund-E-Mails und Schludrigkeit – was beim Empfänger der Onlinebewerbung keinen guten Eindruck macht.

Qualität zählt

Die individuelle Präsentation bleibt häufig auf der Strecke, ebenso der letzte, kritisch prüfende Blick auf die digitalisierten Unterlagen. Mehr als 70 Prozent der Unternehmen müssen feststellen, dass Onlinebewerbungen im Vergleich zu herkömmlichen, klassischen Unterlagen von schlechterer Qualität sind.

Favorit: E-Mail-Bewerbung

Inhaltlich betrachtet unterscheiden sich per Internet verschickte Unterlagen nur wenig von klassischen schriftlichen Bewerbungen. Bei beiden Varianten gelten die gleichen Erfolgskriterien bzw. wird mit der richtigen Vorbereitung die Basis für eine überzeugende Ansprache des potenziellen neuen Arbeitgebers gelegt. Was eine E-Mail-Bewerbung beinhalten sollte, steht nicht definitiv fest. Die Ihnen bekannten drei Elemente Anschreiben, Lebenslauf und Zeugnisse sind aber auch hier gefragt. Die meisten verstehen unter einer E-Mail-Bewerbung ein kurzes Anschreiben im Mail-Fenster selbst und ein ausführlicheres im Anhang, zusammen mit Ihrem Lebenslauf. Aber es gibt auch andere Möglichkeiten (s. Muster auf S. 221).

Wenig feste Regeln

Anschreiben: Aufmerksamkeit gewinnen

Kommentierte Beispiele: E-Mail-Anschreiben

Verlangt das Stellenangebot nicht ausdrücklich die vollständigen Unterlagen, sind E-Mail-Bewerbungen in aller Regel eher Kurzbewerbungen. Überhäufen Sie den Adressaten also nicht mit einer unübersichtlichen Fülle von Dokumenten und Anhängen. Ein ansprechendes, gut getextetes Anschreiben und ein klar gegliederter, aussagestarker Lebenslauf – beides so kurz wie möglich – reichen als Erstkontakt aus.

Das (erste) Anschreiben und damit die erste Mini-Arbeitsprobe wird dann in der E-Mail selbst formuliert, nicht im Dateianhang. Es gibt aber durchaus auch Firmen, die sich (das erfragen Sie am besten telefonisch) Ihr sorgfältiges Anschreiben gesondert im Anhang wünschen. In letzterem Fall reichen in der E-Mail-Maske ein paar kurze freundliche Zeilen, die auf die Bewerbung und das vorherige Telefonat Bezug nehmen. Aber auch hier empfehlen wir, schon in der E-Mail-Nachricht die persönlichen Daten wie Anschrift, Kontaktdaten, eventuell Adresse der Homepage sowie des XING-Profils und drei Kernkompetenzen passend zum Stellenprofil zu benennen.

Serienmails sind als Bewerbung völlig ungeeignet. Formulieren Sie stets individuell für eine bestimmte Firma. Beziehen Sie sich dabei möglichst auf das entsprechende Stellenangebot und bei einer Initiativbewerbung auf den Anlass (die Formulierung »arbeitslos« bzw. »Arbeit suchend« bitte vermeiden) und Ihr besonderes Mitarbeits-Angebot.

Sprechen Sie den Verantwortlichen stets namentlich direkt an. Kennen Sie Ihren Ansprechpartner nicht, bleibt nur der Griff zum Telefon. Im Zweifel recherchieren Sie den Namen des Inhabers, Geschäftsführers oder Personalleiters und benutzen Sie diesen in der ersten Zeile und in der zweiten dann eine allgemeine Anrede:

Sehr geehrte Frau Dr. Großmann,
sehr geehrte Damen und Herren,

Ihre Stellenausschreibung ...

Und: Auch in einer E-Mail-Bewerbung gelten selbstverständlich die üblichen Höflichkeitsformen und die deutsche Rechtschreibung.

Konzentrieren Sie sich also auf das Wesentliche und bieten Sie auch an, die entsprechenden Unterlagen in Form einer schriftlichen Bewerbung oder bei einer persönlichen Begegnung einzureichen.

Hier folgen drei Varianten von Anschreiben in der Mailmaske.

Variante 1

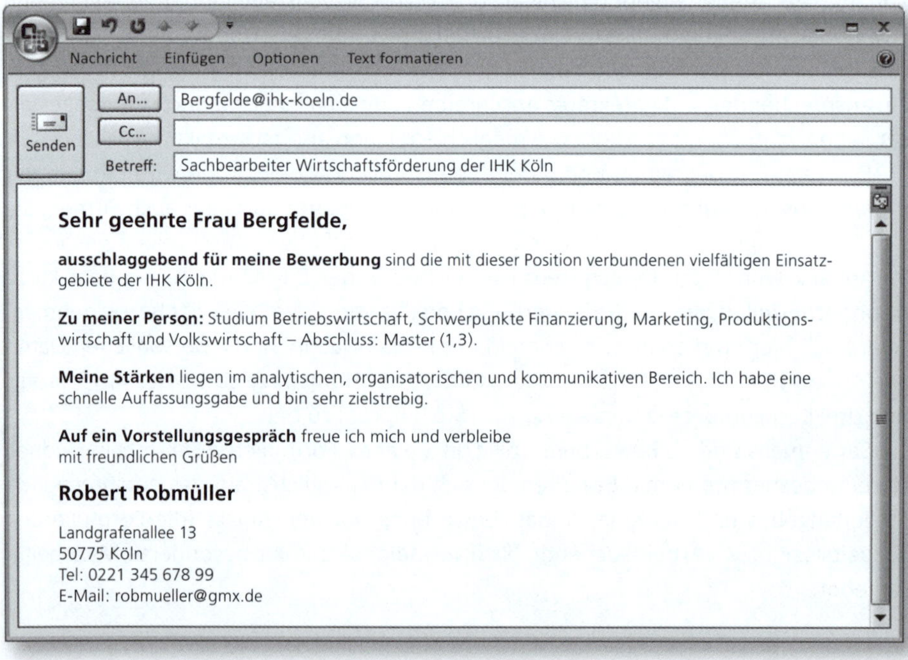

Nachricht Einfügen Optionen Text formatieren

Senden

An... Bergfelde@ihk-koeln.de

Cc...

Betreff: Sachbearbeiter Wirtschaftsförderung der IHK Köln

Sehr geehrte Frau Bergfelde,

ausschlaggebend für meine Bewerbung sind die mit dieser Position verbundenen vielfältigen Einsatzgebiete der IHK Köln.

Zu meiner Person: Studium Betriebswirtschaft, Schwerpunkte Finanzierung, Marketing, Produktionswirtschaft und Volkswirtschaft – Abschluss: Master (1,3).

Meine Stärken liegen im analytischen, organisatorischen und kommunikativen Bereich. Ich habe eine schnelle Auffassungsgabe und bin sehr zielstrebig.

Auf ein Vorstellungsgespräch freue ich mich und verbleibe
mit freundlichen Grüßen

Robert Robmüller

Landgrafenallee 13
50775 Köln
Tel: 0221 345 678 99
E-Mail: robmueller@gmx.de

Kommentar zu Variante 1

Insgesamt: Mit nur vier kurzen Blöcken kommt dieser Mail-Text aus und entfaltet doch eine ganz beachtliche Kraft, nicht zuletzt durch die gezielten Fettungen am Zeilenanfang.

Betreffzeile: Sehr unspektakulär, aber doch vollkommen ausreichend!

Anrede: Namentlich, was immer sehr wichtig ist, und allein damit schon mal gut.

Start: Guter, gelungener Start.

Erstes Drittel: Kommt schnell auf den Punkt und liefert genügend Informationen.

Inhaltlich: Absolut ausreichend, macht neugierig auf mehr!

Abschluss: Vollkommen ausreichend, gut getextet!

Abbinder: Name und Adresse, da wünscht man sich vielleicht noch die Berufsbezeichnung!

Variante 2

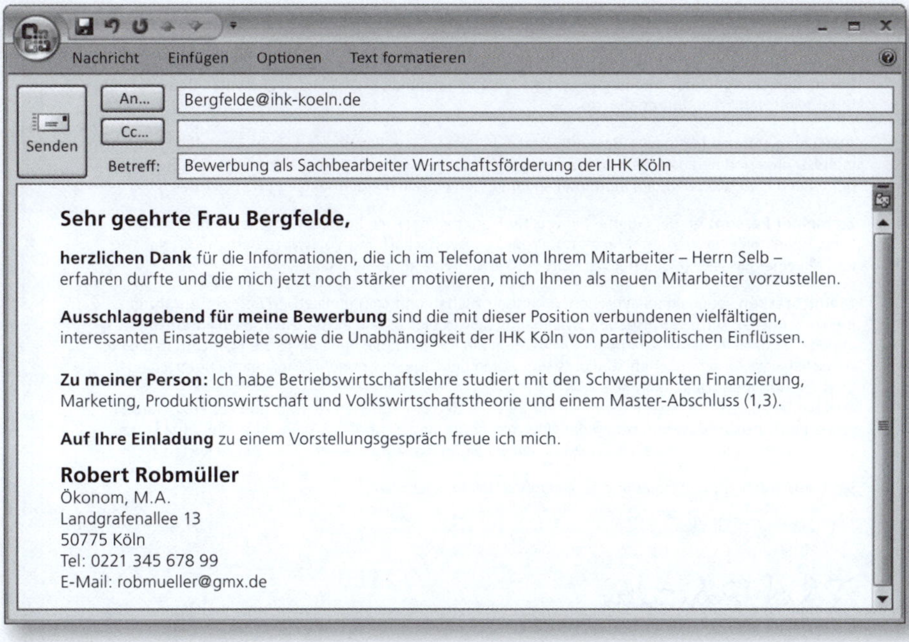

Sehr geehrte Frau Bergfelde,

herzlichen Dank für die Informationen, die ich im Telefonat von Ihrem Mitarbeiter – Herrn Selb – erfahren durfte und die mich jetzt noch stärker motivieren, mich Ihnen als neuen Mitarbeiter vorzustellen.

Ausschlaggebend für meine Bewerbung sind die mit dieser Position verbundenen vielfältigen, interessanten Einsatzgebiete sowie die Unabhängigkeit der IHK Köln von parteipolitischen Einflüssen.

Zu meiner Person: Ich habe Betriebswirtschaftslehre studiert mit den Schwerpunkten Finanzierung, Marketing, Produktionswirtschaft und Volkswirtschaftstheorie und einem Master-Abschluss (1,3).

Auf Ihre Einladung zu einem Vorstellungsgespräch freue ich mich.

Robert Robmüller
Ökonom, M.A.
Landgrafenallee 13
50775 Köln
Tel: 0221 345 678 99
E-Mail: robmueller@gmx.de

Kommentar zu Variante 2

Insgesamt: Mit vier etwas umfangreicheren Blöcken kommt dieser etwas längere Mail-Text daher, jedoch keinesfalls langatmig und durch die Fettungen wieder sehr attraktiv.

Betreffzeile: Etwas verbessert, trotzdem recht unspektakulär, aber vollkommen ausreichend!

Anrede: Namentlich und damit gut!

Start: Gelungen, es wurde offensichtlich telefoniert und ein Danke kommt immer gut an!
Erstes Drittel: Kommt schnell auf den Punkt und ist informativ.
Inhaltlich: Macht neugierig auf mehr.
Abschluss: Vollkommen ausreichend, gut getextet, noch besser wäre eine eingescannte Unterschrift.
Abbinder: Name, Berufsbezeichnung und Adresse, da fehlt nichts.

Variante 3

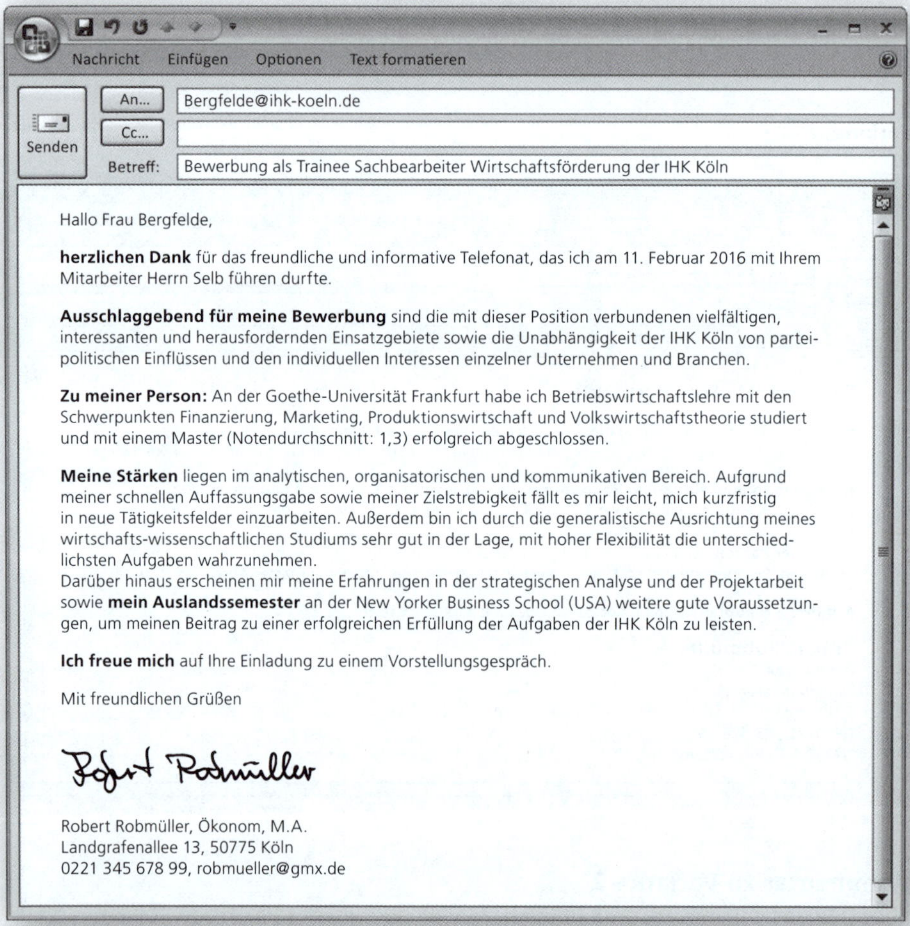

Nachricht Einfügen Optionen Text formatieren

Senden

An... Bergfelde@ihk-koeln.de

Cc...

Betreff: Bewerbung als Trainee Sachbearbeiter Wirtschaftsförderung der IHK Köln

Hallo Frau Bergfelde,

herzlichen Dank für das freundliche und informative Telefonat, das ich am 11. Februar 2016 mit Ihrem Mitarbeiter Herrn Selb führen durfte.

Ausschlaggebend für meine Bewerbung sind die mit dieser Position verbundenen vielfältigen, interessanten und herausfordernden Einsatzgebiete sowie die Unabhängigkeit der IHK Köln von parteipolitischen Einflüssen und den individuellen Interessen einzelner Unternehmen und Branchen.

Zu meiner Person: An der Goethe-Universität Frankfurt habe ich Betriebswirtschaftslehre mit den Schwerpunkten Finanzierung, Marketing, Produktionswirtschaft und Volkswirtschaftstheorie studiert und mit einem Master (Notendurchschnitt: 1,3) erfolgreich abgeschlossen.

Meine Stärken liegen im analytischen, organisatorischen und kommunikativen Bereich. Aufgrund meiner schnellen Auffassungsgabe sowie meiner Zielstrebigkeit fällt es mir leicht, mich kurzfristig in neue Tätigkeitsfelder einzuarbeiten. Außerdem bin ich durch die generalistische Ausrichtung meines wirtschafts-wissenschaftlichen Studiums sehr gut in der Lage, mit hoher Flexibilität die unterschiedlichsten Aufgaben wahrzunehmen.
Darüber hinaus erscheinen mir meine Erfahrungen in der strategischen Analyse und der Projektarbeit sowie **mein Auslandssemester** an der New Yorker Business School (USA) weitere gute Voraussetzungen, um meinen Beitrag zu einer erfolgreichen Erfüllung der Aufgaben der IHK Köln zu leisten.

Ich freue mich auf Ihre Einladung zu einem Vorstellungsgespräch.

Mit freundlichen Grüßen

Robert Robmüller

Robert Robmüller, Ökonom, M.A.
Landgrafenallee 13, 50775 Köln
0221 345 678 99, robmueller@gmx.de

Kommentar zu Variante 3

Insgesamt: In dieser Langversion geht der Überblick jetzt schnell verloren. Die ausführliche Mail will schon richtig gelesen werden. Die Fettungen wirken aber immer noch sehr attraktiv und strukturieren den Text.

Betreffzeile: Unspektakulär, aber in Ordnung.

Anrede: Namentlich und allein damit schon mal gut, aber ein »Hallo« ist hier nicht angemessen.

Start: Ein gelungener Start, es wurde telefoniert und der Dank kommt gut an!

Erstes Drittel: Kommt trotzdem auch wieder schnell auf den Punkt und ist informativ.

Inhaltlich: Dieser ausführliche Text ersetzt vollkommen das Anschreiben.

Abschluss: Hier haben wir jetzt die eingescannte Unterschrift.

Abbinder: Eine etwas andere Variante. So geht es auch! Alles ist beisammen.

Layout: Typografie und mehr

Natürlich bleibt es nicht ohne Wirkung, welche Schrifttype, -größe und -farbe Sie benutzen. Und dann noch der Hintergrund! OK, jetzt wird es gefährlich (alles rosarot und was sieht Ihr Empfänger?). Nicht jeder Hintergrund (z. B. Bildmotive mit Landschaft oder Wasser) ist im beruflichen Kontext geeignet und stößt auf Gegenliebe. Und oftmals ist weniger mehr.

Wichtig ist jetzt nur, dass Sie zunächst überlegen, was zu Ihnen und Ihrem Angebot besser passt, was Ihnen selbst und Ihrem Ansprechpartner gefallen könnte und was angemessen ist. Eine 9-Punkt-Schrift ist schon grenzwertig – je nachdem, welche Schriftart Sie wählen, wird es dann schwierig mit der Lesbarkeit und dem Vergnügen, sich Ihre Texte anzuschauen.

Aber warum nicht mal für einen relativ kurzen Text eine 15-Punkt-Schrift wählen oder statt immer Schwarz sich für Dunkelblau (ist bald nicht mehr außergewöhnlich) oder ein sehr helles, aber doch noch gut lesbares Himmelblau (Grün oder Rot sind eher ungeeignet) entscheiden?

Eine sehr exotische Schrift fällt natürlich viel stärker auf, ob positiv, sollten Sie und ein ausgewähltes Publikum, das Sie befragen, entscheiden. Ob Sie häufig unterstreichen oder fetten, bisweilen Passagen kursiv setzen, alles Ihre Entscheidung und sicherlich Geschmackssache, aber eben auch Gestaltungsmöglichkeit. Und wenn Sie daraus eine Kontinuität, ein System machen (eine Art *Corporate Design* für Ihre gesamten Bewerbungsunterlagen), kann das einen guten Eindruck hinterlassen.

Entscheidend bleibt: Wie stehen Sie persönlich und die Empfänger dazu? Wie passt das alles zu Ihrem Vorhaben? Und haben Sie so etwas wie ein Konzept, einen Plan und wird der auch konsequent durchgehalten? Ein Profi kann Sie dabei gut beraten. Wo Sie den finden? Recherchieren Sie am besten im Internet oder beauftragen Sie uns (Kontaktdaten vorne im Buch).

Exkurs: E-Mail-Signaturen und Selbstmarketing

Ein wichtiges Selbstmarketing-Tool kann Ihre E-Mail-Signatur sein. Überlegen Sie mal, wie viele E-Mails Sie pro Tag verschicken, in denen Sie am Ende Ihr berufliches Profil, Ihre Stärken und Kompetenzen kurz präsentieren könnten. Es sind ganz sicher viele Chancen, die man nutzen sollte. So weit, so gut. Jetzt wird es technisch etwas kompliziert. Zunächst einmal gibt es die reine Text-Signatur. Hier wird es keine technischen Probleme geben, wobei gleichzeitig auch keine gestalterischen Höchstleistungen realisierbar sind (s. erstes Beispiel).

Besonderer Blickfang

Etwas komplizierter wird es, wenn man auch ein Foto oder bestimmte Textformatierungen übermitteln will. Hierzu muss die gesamte E-Mail im HTML-Format erstellt und verschickt werden, wobei dann auch der Empfänger HTML-E-Mails lesen können muss. Sollte dies nicht der Fall sein, so besteht das Risiko, dass Ihre E-Mail unvollständig übermittelt wird. Wir empfehlen deshalb, bei sehr wichtigen E-Mails diese Variante eher nicht zu verwenden.

Beim zweiten Beispiel haben wir ein Foto verwendet, verschiedene Textformatierungen und Farben sowie auch einen direkten Link zum XING-Profil von Frau Meier. Wenn wir nach dem Kriterium gehen, welche Signatur am meisten Aufmerksamkeit auf sich zieht, so ist das Ergebnis klar. Frau Meier vermittelt mit Ihrer Signatur Kompetenz und Leistungsmotivation (Uni-Abschluss, beruflicher Schwerpunkt) sowie Persönlichkeit (Foto). Und mit dem Link zu ihrem XING-Profil kann sie weitere Selbstmarketing-Chancen nutzen. Das Risiko ist wie gesagt lediglich, dass diese Signatur vielleicht nicht von allen Empfängern gelesen werden kann.

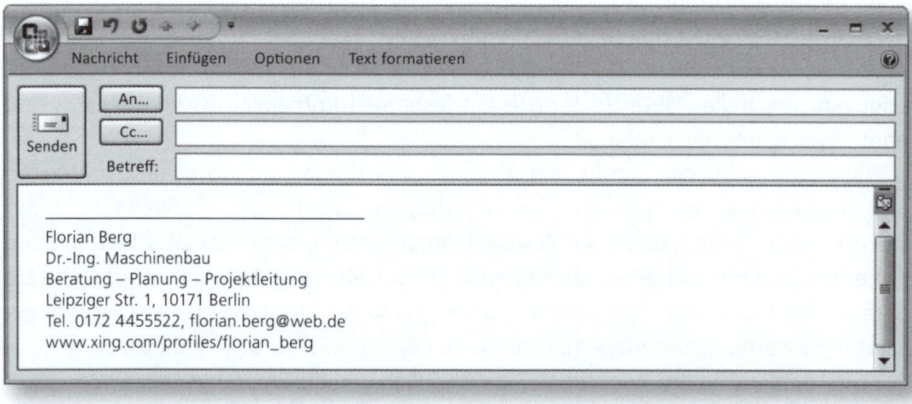

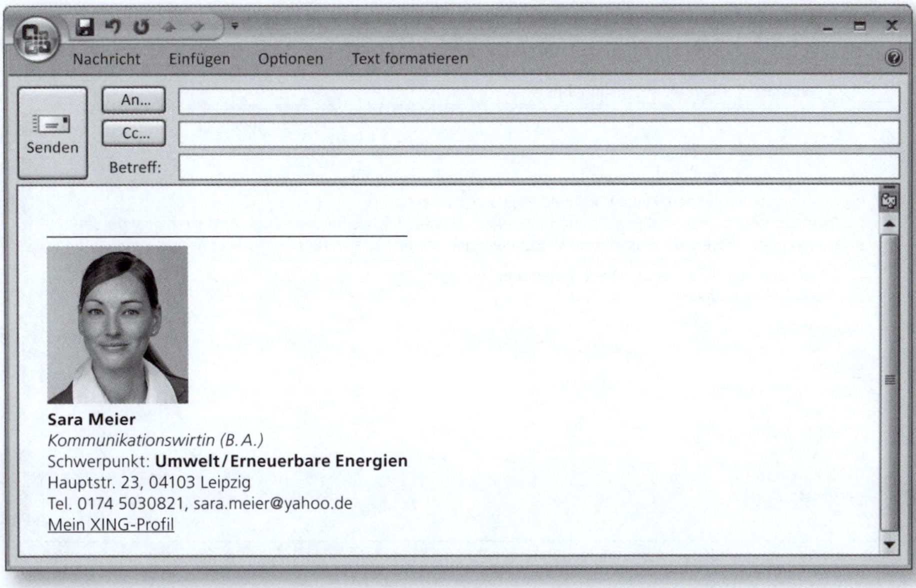

Gelegenheiten: »Anklopfen« per E-Mail

Im Folgenden möchten wir Ihnen drei Gelegenheiten vorstellen, die Sie nutzen können, um per Mail beim Wunscharbeitgeber »anzuklopfen« und so zusätzlich auf sich und Ihr Mitarbeitsangebot aufmerksam zu machen.

E-Mail vorab als Ankündigung

Wenn Sie Ihre Bewerbung durch eine Art »kleinen Trommelwirbel« ankündigen wollen, so bietet sich dies z. B. mit einer E-Mail an. Machen Sie mit einigen kurzen Worten auf sich aufmerksam und wecken Sie die Neugierde des Empfängers.

E-Mail zwischendurch

Sie haben Ihre Unterlagen erfolgreich verschickt und bisher nichts gehört und keine Eingangsbestätigung erhalten. Nach ca. 5–7 Tagen ist eine Nachfrage per E-Mail durchaus angemessen. Formulieren Sie noch einmal Ihr Interesse an der Position und erkundigen Sie sich, ob alles gut angekommen ist, ob vielleicht noch bestimmte Unterlagen fehlen und wann mit einer Entscheidung/Rückmeldung zu rechnen ist. Aber höflich, nicht vorwurfsvoll oder ungeduldig!

An... clemens.birtler@amc.de
Cc...
Senden
Betreff: Mein Mitarbeitsangebot

Sehr geehrter Herr Birtler,

vor 10 Tagen schickte ich Ihnen meine vollständigen Unterlagen zur Bewerbung als Einzelhandelskaufmann zu. Leider habe ich seitdem keine Rückmeldung von Ihnen erhalten.
Noch immer bin ich sehr an dieser Position interessiert sowie gleichzeitig überzeugt, dass ich meine Berufserfahrung in den Bereichen Einkauf und Warenmanagement erfolgreich für Ihre Firma einsetzen kann.

Ich freue mich über eine Nachricht von Ihnen und verbleibe
mit freundlichen Grüßen

Paul Gerster

Paul Gerster
Einzelhandelskaufmann
Hombachweg 2
80951 München
089 23 44 56
0152 23 44 56
gerster@gmx.de

E-Mail mit Dank für die Einladung oder nach dem Vorstellungsgespräch

Sich bedanken kommt immer gut an. Ob Sie sich für die freundliche Einladung vorab bedanken und/oder nach dem geführten Vorstellungsgespräch, bleibt Ihnen überlassen. Es ist in jedem Fall ein guter Weg, sich den Entscheidern in Erinnerung zu bringen.

Sehr geehrter Herr Birtler,

ganz herzlichen Dank für Ihre Einladung zum Gespräch am 15.1. um 17.00 Uhr.
Ich freue mich schon jetzt auf unsere erste Begegnung und den Austausch mit Ihnen.
In der Zwischenzeit habe ich mich bereits sehr intensiv mit Ihrem Internetauftritt auseinandergesetzt und mir auch Informationen über den Markt besorgt.

Auf unser Gespräch freut sich
mit besten Grüßen

Paul Gerster

Sehr geehrter Herr Birtler,

für Ihre Einladung zum Vorstellungsgespräch am 15.1. und das intensive Gespräch möchte ich mich zunächst einmal sehr herzlich bedanken. Es hat meinen Wunsch, bei Ihnen baldmöglichst anzufangen, noch verstärkt. Ich bitte aber um Verständnis, dass ich erst mit meinem jetzigen Arbeitgeber über eine frühere Auflösung des Vertrages sprechen kann, wenn Sie sich wirklich für mich entscheiden.

Ich freue mich, von Ihnen zu hören, und stehe jederzeit für ein weiteres Gespräch zur Verfügung.

Mit herzlichen Grüßen aus Berlin

Paul Gerster

Kommentierte Beispiele: E-Mail-Bewerbungsunterlagen

Bewerbung einer Assistentin der Geschäftsführung

Mail-Variante 1

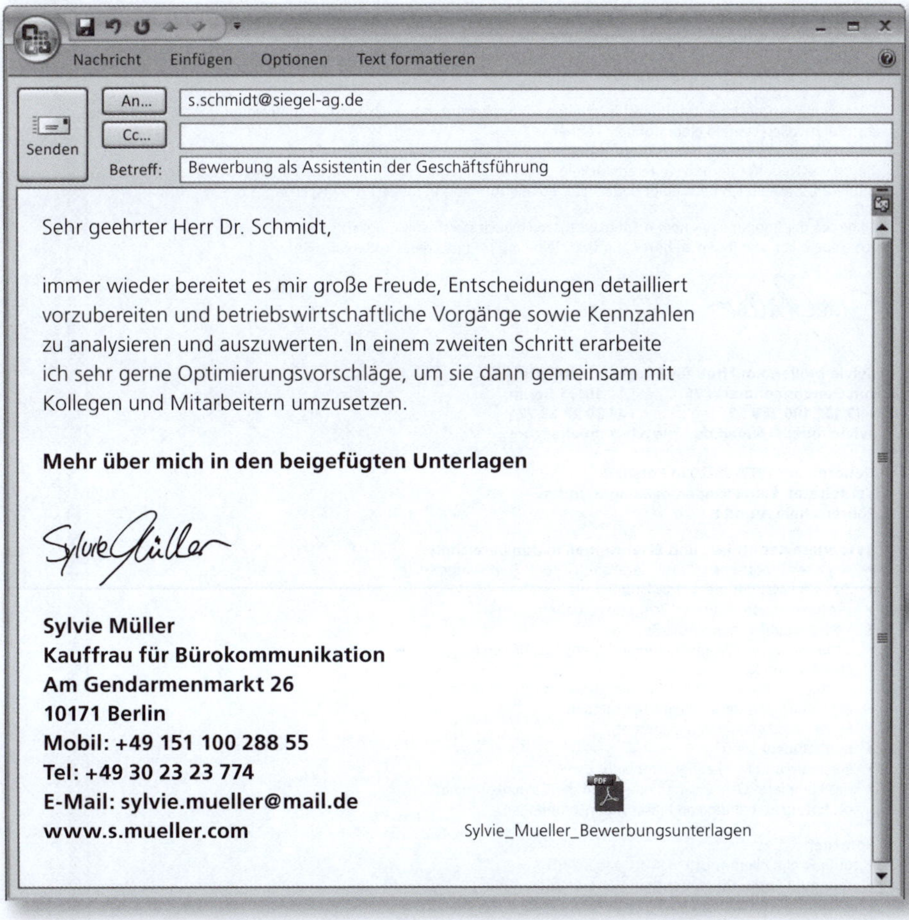

Nachricht Einfügen Optionen Text formatieren

Senden

An... s.schmidt@siegel-ag.de

Cc...

Betreff: Bewerbung als Assistentin der Geschäftsführung

Sehr geehrter Herr Dr. Schmidt,

immer wieder bereitet es mir große Freude, Entscheidungen detailliert vorzubereiten und betriebswirtschaftliche Vorgänge sowie Kennzahlen zu analysieren und auszuwerten. In einem zweiten Schritt erarbeite ich sehr gerne Optimierungsvorschläge, um sie dann gemeinsam mit Kollegen und Mitarbeitern umzusetzen.

Mehr über mich in den beigefügten Unterlagen

Sylvie Müller
Kauffrau für Bürokommunikation
Am Gendarmenmarkt 26
10171 Berlin
Mobil: +49 151 100 288 55
Tel: +49 30 23 23 774
E-Mail: sylvie.mueller@mail.de
www.s.mueller.com

PDF Sylvie_Mueller_Bewerbungsunterlagen

Mail-Variante 2

Nachricht Einfügen Optionen Text formatieren

Senden

An... s.schmidt@siegel-ag.de

Cc...

Betreff: Bewerbung als Assistentin der Geschäftsführung

Sehr geehrter Herr Dr. Schmidt,

es ist mir immer wieder eine große Freude, Entscheidungen detailliert vorzubereiten und betriebswirtschaftliche Vorgänge sowie Kennzahlen zu analysieren und auszuwerten. In einem zweiten Schritt erarbeite ich sehr gerne Optimierungsvorschläge, um sie dann gemeinsam mit Kollegen und Mitarbeitern umzusetzen.

Für meine persönliche Entfaltung ist es mir von großer Bedeutung, mich erfolgreich in einem anspruchsvollen Umfeld einbringen zu können.
Ich möchte nach fast 15 Jahren Berufserfahrung mein Qualifikationspotenzial durch eine deutliche berufliche Neuorientierung weiterentwickeln. Mein Arbeitgeber konnte mir keine Perspektiven dazu anbieten, weshalb ich nach einer Bedenkzeit um die Aufhebung meines Arbeitsvertrages bat.

Daher ist der Beginn einer neuen Tätigkeit für mich auch kurzfristig möglich.
Ich freue mich, von Ihnen zu hören, und verbleibe mit freundlichen Grüßen aus Berlin

Sylvie Müller

Sylvie Müller, Kauffrau für Bürokommunikation
Am Gendarmenmarkt 26 10171 Berlin
+49 151 100 288 55 +49 30 23 23 774
sylvie.mueller@mail.de www.s.mueller.com

Geboren am 1977-03-29 in Potsdam
Verheiratet, keine Kinder, ortsungebunden
Führerschein A und B

Besondere Kenntnisse und Erfahrungen in den Bereichen
- Analyse betriebswirtschaftlicher Plan-, Ist- und Erwartungswerte
- Ziel- und Maßnahmencontrolling
- Umsetzung von zentralen Planungsvorgaben
- Vorbereitung von Business-Reviews
- Organisation von Veranstaltungen, Meetings, Reisen etc.
- Erstellen von Korrespondenzen
- Erarbeiten, Auswerten, Interpretieren von statistischen Erhebungen
- Betreuung interner und externer Kunden
- Event- und Qualitätsmanagement
- Budgetüberwachung
- Personal- und Marketingcontrolling
- das komplette Officemanagement von der Terminkoordination bis hin zur Erstellung von Präsentationsunterlagen

Sprachen
- gute Englischkenntnisse in Wort und Schrift
- sehr gute Spanischkenntnisse in Wort und Schrift
- Russisch (Grundkenntnisse)

EDV
- sehr gute Kenntnisse in Word und Excel
- sowie in PowerPoint, Outlook, SAP R/3
- sehr gute Internetkenntnisse
- gute Kenntnisse in Access, Adobe InDesign, Lexware

Interessen
- seit 2008 ehrenamtliche Mitarbeit bei der Telefonseelsorge in Potsdam

Kommentar zur Mail-Variante 1 (S. 379)

Insgesamt: Ein vielversprechender Auftakt, gelungener, sparsamer Umgang mit Fettungen, keine Unterstreichungen, außergewöhnliche Botschaften machen unbedingt neugierig.
Betreffzeile: Klar, kurz und unspektakulär, aber doch überzeugend!
Anrede: Namentliche Ansprache, schön.
Start: Sehr außergewöhnlicher, gelungener Einstieg!
Inhaltlich: Interessanter Starttext, der unbedingt neugierig auf mehr macht.
Abschluss: Korrekt getextet, eine eingescannte Unterschrift – gut!
Abbinder: Einfach, aber gut auch wegen der Berufsbezeichnung.
Hinweis zum Anhang: Anschreiben und Lebenslauf werden beigefügt.

Kommentar zur Mail-Variante 2 (S. 380)

Insgesamt: Ein stark auffälliger, aber doch noch sehr angenehmer, vielversprechender Auftakt! Ganz sparsamer Umgang mit Fettungen, keine Unterstreichungen, außergewöhnliche Botschaften, viel Inhalt und gute Präsentation der Kompetenzen und Erfahrungen – so wird's gemacht!
Betreffzeile: Klar, kurz und unspektakulär, aber sehr gut, weil überzeugend!
Anrede: Namentliche Ansprache, schön.
Start: Sehr außergewöhnlicher, aber gut gelungener Einstieg, nicht floskelhaft!
Inhaltlich: Eine gute Anmoderation, die neugierig auf mehr macht.
Abschluss: Korrekt getextet, außergewöhnliche Grußformel, eine eingescannte Unterschrift – gut!
Abbinder: Die Berufsbezeichnung wurde nicht vergessen. Schlicht, aber nicht schlecht.
Hinweis zum Anhang: Dieser Kurzbewerbung wird kein Anhang beigefügt, ausführliche Bewerbungsunterlagen werden auf Anfrage nachgereicht.

Bewerbung einer Fachverkäuferin

Mail-Variante 1

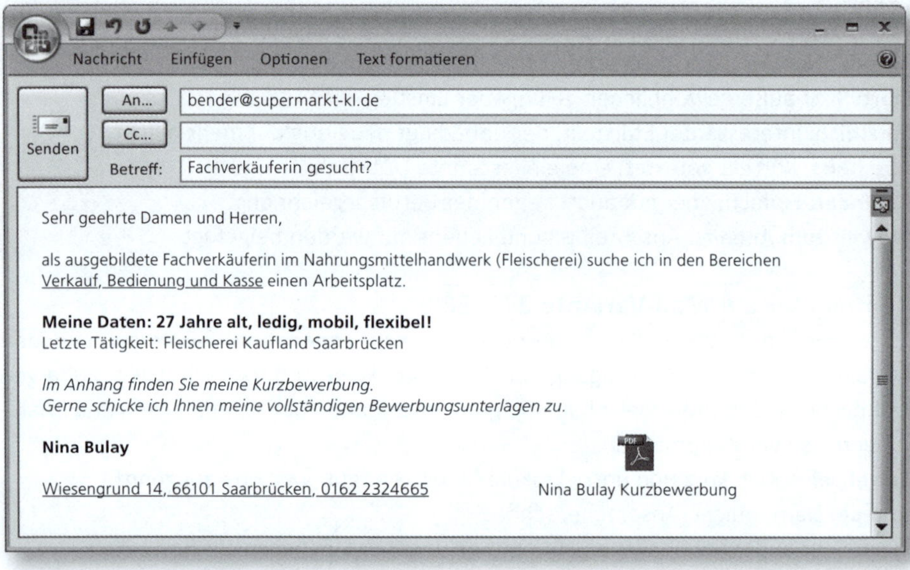

Nachricht Einfügen Optionen Text formatieren

Senden

An... bender@supermarkt-kl.de

Cc...

Betreff: Fachverkäuferin gesucht?

Sehr geehrte Damen und Herren,

als ausgebildete Fachverkäuferin im Nahrungsmittelhandwerk (Fleischerei) suche ich in den Bereichen Verkauf, Bedienung und Kasse einen Arbeitsplatz.

Meine Daten: 27 Jahre alt, ledig, mobil, flexibel!
Letzte Tätigkeit: Fleischerei Kaufland Saarbrücken

Im Anhang finden Sie meine Kurzbewerbung.
Gerne schicke ich Ihnen meine vollständigen Bewerbungsunterlagen zu.

Nina Bulay

Wiesengrund 14, 66101 Saarbrücken, 0162 2324665

Nina Bulay Kurzbewerbung

Kommentar zur Mail-Variante 1

Insgesamt: Mit drei kurzen Blöcken kommt dieser Mail-Text schnell auf den Punkt und entfaltet nicht zuletzt durch die gezielte Fettung einer ganzen Zeile einen informativen Eindruck. Die Kursivform der beiden Zeilen unten ist Geschmackssache.

Betreffzeile: Das ließe sich noch verbessern.

Anrede: Nicht namentlich und deshalb nicht optimal!

Start: Ordentlich gelungener Start!

Erstes Drittel: Kommt schnell auf den Punkt und ist informativ.

Inhaltlich: Macht neugierig und ist gut lesbar.

Abschluss: Vollkommen ausreichend, gut getextet!

Abbinder: In Ordnung!

Hinweis zum Anhang: Der Anhang enthält die Kurzbewerbung der Bewerberin.

Mail-Variante 2

Senden
An... metzgerei-thomas@thomas.de
Cc...
Betreff: Unterstützung gesucht? – Bewerbung einer Fachverkäuferin

Sehr geehrte Familie Dobrosch,
sehr geehrte Damen und Herren,

suchen Sie eine freundliche, flexible, kompetente und belastbare Mitarbeiterin im Verkauf?

Dann möchte ich mich Ihnen gerne vorstellen:

Mein Ziel: Als ausgebildete FV im Nahrungsmittelhandwerk (Fleischerei) suche ich in den Bereichen Verkauf, Bedienung und Kasse einen neuen Arbeitsplatz.

Persönliche Daten: 27 Jahre alt, ledig
Berufsfeld: Nahrungsmittelhandwerk/Verkauf
Ort der Tätigkeit: Saarbrücken sowie 50 km Umkreis
Art der Tätigkeit: Vollzeit, Teilzeit
Arbeitsbeginn: ab sofort
Höchster Abschluss: Fleischerei-Fachverkäuferin
Letzte Tätigkeit: Fleischerei Kaufland Saarbrücken
Dauer der Tätigkeit: 01/2012 – 12/2013 (befristet)

Gerne sende ich Ihnen meine Bewerbungsmappe zu und verbleibe
mit freundlichen Grüßen

Nina Bulay

Wiesengrund 14, 66101 Saarbrücken, 0162 2324665

Kommentar zur Mail-Variante 2

Insgesamt: Mit wenigen sehr kurzen Abschnitten kommt auch dieser Mail-Text schnell auf den Punkt. Über die Kursivform der beiden Teile oben und unten kann man unterschiedlicher Meinung sein, lieber vermeiden! Die sparsamen Fettungen dagegen strukturieren den Text angenehm. Interessant ist die Präsentation der persönlichen Daten mit der letzten Berufsstation.

Betreffzeile: Dieser Betreff weckt schon etwas mehr Interesse als die Betreffzeile im ersten Beispiel.

Anrede: Die Anredeform ist geschickt gewählt. So kann man es machen!

Start: Verbesserungswürdig, weil es hier quasi zu einer inhaltlichen Doppelung (vgl. Betreff) kommt.

Erstes Drittel: Kommt relativ schnell auf den Punkt.

Inhaltlich: Ordentlich und gut lesbar, macht neugierig auf die Kandidatin und ihre Bewerbungsmappe!

Abschluss: Vollkommen ausreichend!

Abbinder: Nicht spektakulär, aber in Ordnung!

Hinweis zum Anhang: Dieser Mail zur ersten Kontaktaufnahme muss kein Anhang beigefügt werden.

Mail-Variante 3

Senden

An... dobrosch@web.de

Cc...

Betreff: Bewerbung einer Fleischereifachverkäuferin

Sehr geehrter Herr Dobrosch,
sehr geehrte Frau Dobrosch,

ich bin ausgebildete Fachverkäuferin im Nahrungsmittelhandwerk (Fleischerei) mit jetzt über 10 Jahren Berufserfahrung und suche in den Bereichen **Verkauf, Bedienung, Kasse** einen neuen Arbeitsplatz.

Persönliche Daten: 27 Jahre jung, ledig, motiviert
Ausbildung: 09.2001 – 08.2004 Fleischerei Posch
in Faltzberg bei Saarbrücken, Ausbildungsnote: gut
Letzte Tätigkeit: Fleischerei Kaufland Saarbrücken
Dauer der Tätigkeit: 01/2012–12/2013 (befristet)
Fleischereifachabteilung Karstadt, Saarbrücken
Dauer der Tätigkeit davor: 09/2006–12/2011
davor: in Schlossweg Metzgerei-Fachgeschäft
von 10/2004–08/2006

Ich suche: in Saarbrücken sowie 50 km Umkreis
Voll- oder auch gerne Teilzeit, Arbeitsbeginn sofort

Wenn Sie eine freundliche, flexible, kompetente und belastbare Mitarbeiterin in Ihrem Fachgeschäft suchen, möchte ich mich Ihnen gerne vorstellen und Ihnen vorab meine Bewerbungsunterlagen zukommen lassen.
Haben Sie Fragen? Dann rufen Sie mich doch unter 0162 2324665 an.
Herzlichen Dank, ich freue mich von Ihnen zu hören

Nina Bulay

Nina Bulay – Wiesengrund 14 – 66101 Saarbrücken
ausgebildete Fachverkäuferin im Nahrungsmittelhandwerk (Fleischerei) mit 10-jähriger Berufserfahrung
Tel: 0162 232 4 665

Kommentar zur Mail-Variante 3

Insgesamt: Enthält in drei kurzen Blöcken das Wesentliche und bietet zusätzlich ein paar Lebenslauf-Daten, die sicherlich etwas besser geordnet sein könnten. Über die Kursivform des letzten Absatzes kann man unterschiedlicher Meinung sein, besser so nicht!
Betreffzeile: Sehr ordentlich und sachlich.
Anrede: Namentlich und deshalb gut!
Start: Gut getextet! Kommt prima auf den Punkt!
Erstes Drittel: Ist informativ und gut lesbar!
Inhaltlich: Ordentlich, weckt Interesse!
Abschluss: Sehr schön getextet mit ansprechender Telefon-Aufforderung!
Abbinder: Gute Eigenwerbung!
Hinweis zum Anhang: Diese Mail zur ersten Kontaktaufnahme kommt sehr gut auch ohne Anhang aus.

Nina Bulay – Wiesengrund 14 – 66101 Saarbrücken – **Tel. 0162 232 4 665**

Fachverkäuferin im Nahrungsmittelhandwerk (Fleischerei)

Saarbrücken, 21.12.2013

Sehr geehrte Damen und Herren,

Sie suchen eine freundliche, flexible, kompetente und belastbare Mitarbeiterin? Dann möchte ich mich Ihnen gerne persönlich vorstellen.

Mein Ziel: Als ausgebildete FV im Nahrungsmittelhandwerk (Fleischerei) suche ich in den Bereichen Bedienen, Verkaufen, Kassieren einen neuen Arbeitsplatz und eine Aufgabe, die mich echt fordert.

Persönliche Daten:	27 Jahre alt, ledig, sehr engagiert und flexibel
Berufsfeld:	Nahrungsmittelhandwerk / Verkauf
Ausbildung:	09.2001 – 08.2004 Fleischerei Posch in Faltzberg bei Saarbrücken, Ausbildungsnote: gut
Höchster Abschluss:	Fachverkäuferin im Nahrungsmittelhandwerk (Fleischerei)
Schulausbildung:	Erweiterter Hauptschulabschluss, Durchschnittsnote: 2,1
Ort der Tätigkeit:	Saarbrücken sowie 50 Kilometer Umkreis
Art der Tätigkeit:	Vollzeit, Teilzeit
Arbeitsbeginn:	ab sofort
Letzte Tätigkeit:	Fachverkäuferin im Nahrungsmittelhandwerk (Fleischerei) bei der Firma Kaufland Saarbrücken Dauer der Tätigkeit: 01/2012 – 12/2013 (befristet)

Gerne sende ich Ihnen auf Wunsch meine komplette Bewerbungsmappe zu.

Nina Bulay

Kommentar zu Nina Bulays Lebenslauf

Eine Art Kurzbewerbung: Diese Kombination aus Anschreiben mit Lebenslaufdaten plus Foto (bloß nicht darauf verzichten!) lässt den eiligen Leser doch einen kleinen Moment innehalten und genauer hinschauen. Und schon ist erreicht, was ja für die Bewerberin ganz wichtig ist: Aufmerksamkeit!

Schade, dass hier die Empfänger nicht namentlich angesprochen werden, aber das kann man schnell ändern. Ein Anruf genügt, nur Mut! Natürlich ist dieser Dateianhang gar nicht so viel anders als der Text in der zweiten und dritten Mail-Variante. Aber warum auch nicht. Alles Wichtige wird jetzt (nochmals) vorgetragen und so kann sich der Leser kaum des Eindruckes entziehen, dass sich hier eine interessante, vielversprechende Fachkraft bewirbt. Ergo: einladen!

Form des Anschreibens

Über 70 Prozent der Personaler handhaben E-Mail-Bewerbungen wie klassische Bewerbungen. Interessante Unterlagen werden ausgedruckt und dem bereits vorliegenden Bewerbungsmappen-Stapel hinzugefügt. Nehmen Sie daher in der Mail selbst schon kurz Bezug auf Ihren beruflichen Werdegang. Das gibt dem Leser einen Überblick, ob sich ein Klick in die angehängte Datei bzw. ein Ausdrucken lohnt. Ein Lebenslauf sollte, falls er als PDF-Datei beigefügt wird, gut formatiert sein.

Testen Sie selbst

Beschränken Sie Ihre Kreativität auf den Inhalt, nicht auf die Gestaltung des Mailtextes. Nutzen Sie die klassischen Formatierungen – schwarz auf weiß, einzeilig. Mit anderen Textformatierungen (fett, kursiv etc.) halten Sie sich besser zurück. Nicht selten ist das E-Mail-Programm des Empfängers so konfiguriert, dass es Ihre Nachrichten nicht in dem Format lesen kann, in dem Sie es abgesendet haben. Verwenden Sie die einfachsten Standards und keine Spielereien!

Kontaktdaten / Unterschrift

Ihre Kontaktdaten platzieren Sie bei einer E-Mail am besten am Ende des Nachrichtentextes.

Nur wenn sichergestellt ist, dass Ihre HTML-E-Mail auch korrekt empfangen bzw. dekodiert werden kann, lohnt sich die Arbeit, am Ende des Textes Ihre eingescannte Unterschrift einzufügen. Während die eigene Signatur an dieser Stelle also eine interessante Option darstellt, ist sie im angehängten Anschreiben sowie im Lebenslauf ein ganz klares Muss. Das sieht sehr schön aus, ist persönlicher und kann auch in blauer Schrift formatiert werden – Stichwort: königsblau.

Lebenslauf

Nach dem Anschreiben folgt Ihr Lebenslauf, den Sie in Form und Inhalt wie bei einer klassischen Bewerbung erstellen und dann Ihrer E-Mail- Bewerbung anhängen. Da, wie Sie bereits wissen, die Anlagen gerne ausgedruckt werden, ist ein gut formatierter Lebenslauf besonders wichtig. Alternativ können Sie ihn auch als absolute Kurzversion direkt in die E-Mail schreiben. Das erspart dem Leser bei der ersten Durchsicht einen zweiten Klick auf eine angehängte Datei und damit Zeit. Sie sollten aber den sehr schön gestalteten Lebenslauf entweder parat haben oder ihn gleich als PDF-Datei anhängen. Was es beim Erstellen und Gestalten eines Lebenslaufs zu beachten gilt, lesen Sie ab Seite 224.

Das Foto

Scannen Sie Ihr Bewerbungsfoto ein bzw. lassen Sie sich dabei von professioneller Seite helfen. Im besten Fall bekommen Sie es vom Fotografen ohnehin als digitale Version. Speichern Sie das Bild in einem universell verbreiteten Bildformat ab und fügen Sie es in Ihren Lebenslauf ein. Beachten Sie hierbei, dass das Bild nicht zu viel Speicherplatz einnimmt und damit die Datenmenge Ihrer Bewerbung zu groß wird. Konkret empfehlen wir Ihnen das JPG-Format, das über unterschiedlichste Computersysteme hinweg akzeptiert wird. Alternativ, weil ebenfalls sehr gebräuchlich, können Sie auch ein PDF erstellen. Oftmals geben Fotostudios Ihnen die Fotos wie erwähnt gleich in digitaler Form mit. Klären Sie das vorab. Ebenso wichtig: Sie müssen den Fotografen fragen, ob Sie das Bild öffentlich in Foren, zum Beispiel bei XING oder LinkedIn, verwenden dürfen. Wenn Sie dort seinen Namen und – falls vorhanden – seine Webseite nennen, wird er vermutlich gerne zustimmen (s. zum Foto auch S. 239).

Foto-format

Zeugnisse

Nach dem Anschreiben und dem Lebenslauf folgen Ihre Zeugnisse. Wählen Sie nicht zu viele, jedoch die für Sie wichtigsten Zeugnisse aus, scannen Sie diese in Schwarz-Weiß ein und hängen Sie die Zeugnisse dem zentralen Dokument am Ende an. Werden mehr als drei bis vier Zeugnisse angehängt, so empfiehlt sich ein Anlagenverzeichnis, das nach dem Lebenslauf einen Überblick zur Reihenfolge der nun aufgeführten Dokumente gibt.

Anlage

Beachten Sie bitte, dass beim Versand von Anlagen idealerweise nur ein zentrales Dokument versandt werden sollte. Das vereinfacht das Abspeichern und Öffnen für die Empfänger und stellt auch sicher, dass keine Unterlagen vergessen werden. Die Datenmenge sollte nicht zu groß sein. Versehen Sie das Dokument mit einem aussagefähigen Namen, z.B. »bewerbung_anne_ schulz_25102010«. Eine Alternative für die Bezeichnung: Ihr Familienname, Vorname und der Hinweis auf Lebenslauf, Anschreiben oder Zeugnisse wie z.B. »Mueller_Martin_Anschreiben« ist verständlicher als »AN.MM« Achten Sie dann innerhalb des angehängten Dokuments auch auf die richtige Reihenfolge der Texte.

Dateiformate

Bei einer E-Mail im HTML-Code gibt es deutlich mehr Gestaltungsmöglichkeiten, um sich selbst möglichst individuell zu präsentieren. Neben gewissen ästhetischen Grenzen gilt es hier jedoch, auch die technischen Limitierungen im Auge zu behalten. Kann der Empfänger HTML-Nachrichten nicht korrekt entschlüsseln, so war Ihre ganze Arbeit umsonst. An sich ist dieses Format eher etwas für Profis. Im Zweifelsfall sollten Sie deshalb Ihre E-Mail-Nachricht nicht im HTML-Code, sondern im »Nur-Text«-Format versenden. Dann gehen Sie garantiert kein Risiko ein.

Falls Sie Ihrer E-Mail Dateianhänge (Lebenslauf, Zeugnisse, Arbeitsproben etc.) anfügen möchten, so achten Sie hier auf das verwendete Dateiformat. Verzichten Sie grundsätzlich auf TIF-, GIF- und EPS- sowie PSD- und BMP-Dateien. Mit Word erzeugte DOC-Dateien sind zwar den meisten PC-Benutzern vertraut, haben aber zwei Nachteile. Zum einen bleiben Layout und Formatierung bei der Datenübertragung häufig nicht erhalten, zum anderen sind diese Dateien sehr anfällig für sogenannte Makroviren. Garantiert virenfrei sind RTF-Dateien, die auch Formatierungen beibehalten. Wählen Sie dazu in Ihrer Textverarbeitung, zum Beispiel in Word, unter »Speichern unter« die Option ».rtf« aus.

Eine professionelle Alternative dazu bieten die sogenannten PDF-Dateien (Portable Document Format). PDF ist ein Dateiformat, das alle Schriften, Formatierungen, Farben und Grafiken Ihres Dokuments erhält. Fotos und Dokumente lassen sich sehr gut im JPG-Format einscannen. Unser Ratschlag: Fügen Sie die digitalisierten Daten in Ihr Bewerbungsdokument ein und wandeln Sie es am Ende in ein PDF-Dokument um. Wenn Sie dieses Format verwenden, vermeiden Sie Probleme beim Öffnen der mehr oder minder großen Anhänge in unterschiedlichen Grafikprogrammen. Kostenfreie Programme zur Erzeugung von PDF-Dokumenten gibt es zum Beispiel unter http://freePDFxp.de.

Wollen Sie auf Nummer sicher gehen, so erfragen Sie telefonisch, was gewünscht wird.

Testlauf

Testen Sie, wie Ihre E-Mail ankommt. Richten Sie sich eine zweite E-Mail- Adresse ein und schicken Sie eine Testbewerbung an sich selbst. So können Sie prüfen, ob Ihre Mail vollständig, ordentlich formatiert und werbefrei ankommt.

Beachten Sie auch, dass manche kostenlosen E-Mail-Provider am Ende der Nachricht ungefragt Werbung platzieren. Dies können Sie ebenfalls mit einer Test-E-Mail erkennen und dann gegebenenfalls für Ihre Bewerbungsaktivitäten einen anderen Provider verwenden.

Überblick: Online-Bewerbungsformulare

Viele Großunternehmen verlangen von Ihren Bewerbern, sich auf firmeneigenen Formularen online zu bewerben. Hintergrund dafür ist ein Rationalisierungsgedanke – man versucht, die Personalabteilung zu entlasten durch ein digitales Auswahlverfahren, das nach vorher festgelegten (aber nicht veröffentlichten) Kriterien (wie Alter, Ausbildungsdauer, Notendurchschnitt, Arbeitsplatzwechsel und Verweildauer bei einem Arbeitgeber, Auslandsaufenthalte etc.) schnell die angeblich interessanten von den weniger interessanten Bewerbern unterscheidet. Neben Rubriken, welche die Lebensdaten abfragen, gibt es meist auch Textfelder, die Platz für eigene Formulierungen zulassen. Einfache Formulare stehen oft »pro forma« auf den Webseiten von Unternehmen. Sie sollen dem interessierten Besucher signalisieren, dem Unternehmen ginge es wirtschaftlich so gut, dass es offen für neue Mitarbeiter ist und potenziell expandieren wolle. Mit tatsächlich vorhandenen Jobs hat das oft wenig zu tun.

Onlineformulare machen es leichter, Bewerber miteinander zu vergleichen

Komplexe Bewerbungsformulare mit mehr als »3 Seiten« sind hingegen speziell entwickelt worden und berücksichtigen personalstrategische Gesichtspunkte. Wenn Sie ein solches Onlineformular ausfüllen, können Sie sicher sein, dass es auch bearbeitet wird. Ob das voll- oder teilautomatisch geschieht, bleibt offen. Je schneller Sie eine Absage bekommen, desto wahrscheinlicher ist ein automatisches, digitales Auswahlverfahren, das aufgrund eines oder mehrerer Datenabgleichungen (z. B. Alter, Bildungsabschlüsse, Notendurchschnitt, Arbeitsplatzwechsel-Häufigkeit, sportliche Hobbys) entscheidet, ob Sie für das Unternehmen als potenzieller Mitarbeiter interessant sind oder nicht.

Unser Tipp: Bewerben Sie sich auf diesem Weg nur dann, wenn Sie auch den Eindruck haben, dass die Firma ernsthaft an Ihrer Online-Bewerbung interessiert ist. Ein sicheres Zeichen dafür ist eine Annonce, die direkt mit einem Onlineformular verknüpft ist.

Lassen Sie sich auf keinen Fall vom Umfang der Eingabeformulare abschrecken. Auch wenn die verlangten Informationen nahezu endlos erscheinen, müssen Sie diese Fleißaufgabe absolvieren (erste Prüfung: Haben Sie Geduld und Durchhaltevermögen?). Natürlich macht auch hierbei Übung den Meister und Sie werden sehen, dass Onlineformulare für Sie bald kein großes Hindernis mehr darstellen. Sie kennen das Phänomen: Es gibt sehr leicht verständliche Computerprogramme und leider auch unglaublich komplizierte Anwendungen. Dies gilt in gleicher Weise für Onlineformulare auf Firmenhomepages. Lesen Sie sich deshalb alle vorhandenen Hilfe-Texte und Erläuterungen genau durch. Gute Onlineformulare erklären bestimmte Fachbegriffe und geben Beispiele, was unter bestimmten Abstufungen, z. B. »guten« Fremdsprachenkenntnissen, zu verstehen ist.

Abwägen: Lohnt es sich, das Onlineformular auszufüllen?

Übrigens: Bei größeren Konzernen werden die ausgefüllten Online-Bewerbungsformulare oftmals in einem Kandidaten-Pool gespeichert, auf den auch andere, mit dem Konzern verbundene Firmen Zugriff haben. Dies steigert dann Ihre generellen Chancen, ein Angebot zu erhalten, selbst wenn es mit dem eigentlich ins Auge gefassten Job bei der Wunschfirma auf Anhieb nicht klappt.

Aufgerufen: Alle relevanten Themen

Jetzt zu den wichtigsten Themen und Hintergründen, die in Online-Bewerbungsformularen von Ihnen erfragt werden.

Beruflicher Hintergrund

Abseits der anfänglichen Anmelde-Formulare sind natürlich die berufsbezogenen Fragen von besonderem Interesse. Diese wurden für konkrete Stellenprofile entwickelt und berücksichtigen personalstrategische Gesichtspunkte, wie z. B. das Vorliegen eines speziellen Ausbildungshintergrundes, bestimmter Fachkompetenzen oder relevanter Praxiserfahrungen. Beachten Sie bei der Dateneingabe, dass hierbei vielleicht auch branchenspezifische Formulierungen oder Redewendungen erwartet werden. So kann die Verwendung von bestimmten Schlüsselbegriffen oder Fachwörtern wichtige Zusatzpunkte einbringen.

Beachten Sie auch beim Ausfüllen eines Onlineformulars die bereits bekannten Erfolgsfaktoren: Kompetenz, Leistungsmotivation und Persönlichkeit (KLP, s. S. 48). Zeigt sich Ihre Kompetenz in einer bestimmten Ausbildung, dann sollte dieser Punkt entsprechend gewürdigt werden. Wird Ihre Leistungsmotivation vor allem an Ihren Erfolgen sichtbar, dann gilt es, diesen Aspekt ins rechte Licht zu rücken.

Und schätzt man Ihre Teamfähigkeit nicht nur im Job, sondern auch im Fußballverein, nun dann gehört dies ebenso authentisch und prägnant formuliert zu Ihrem Profil. Wichtig ist, dass am Ende eine klare Botschaft, z. B. »Ich bin ein vielseitig einsetzbares, routiniertes Organisationstalent«, sichtbar wird und Ihre Angaben ein stimmiges Gesamtbild ergeben.

Überlegen Sie vorab, welches Kommunikationsziel Sie verfolgen und welche Formulierungen, welche Stationen Ihres Lebenslaufs hierzu wirklich passen. Gerade bei den freien Textfeldern haben Sie dann die Chance, Ihre Persönlichkeit etwas individueller, beispielsweise durch interessante Überschriften oder prägnante Zusammenfassungen, zu präsentieren.

Hinweise zur Eingabe von Fachkompetenzen und speziellen Fähigkeiten

Ein Großteil von Online-Bewerbungsverfahren fordert Sie dazu auf, Aussagen über Fachkompetenzen und spezielle Fähigkeiten zu treffen. In vielen Fällen wird Ihnen ein Stichwortkatalog mit diversen Themengebieten angezeigt und zu jedem Stichwort sollen Sie Einschätzungen zu Ihren Kenntnissen und Erfahrungen abgeben.

Lassen Sie sich nicht von der großen Masse an Eingabemöglichkeiten abschrecken, sondern suchen Sie gezielt nach Ihren Kernkompetenzen, zu denen Sie eine klare Aussage machen möchten und können. Lassen Sie Abfragefelder ggf. auch einfach mal aus, wenn dies möglich ist. Manchmal hilft auch der Hinweis »Keine Angaben« oder »Dazu mehr Infos im persönlichen Gespräch«, um das Feld nicht leer zu lassen und weiterzukommen.

Bei einem bekannten Telekommunikationsunternehmen sollte man Aussagen über 185 persönliche Kompetenzen treffen und sogar noch eigene Kompetenzen hinzufügen. Solche Abfrage-Exzesse lassen jedoch nach, es wird langsam umgedacht. Immer mehr Bewerber haben einfach aufgegeben und sich dem Wust von unsinnigen Fragen verweigert.

Textfelder und Dateianhänge

Häufig werden in Bewerbungsformularen Fragen wie »Warum bewerben Sie sich bei uns?« gestellt. Hier sind Kreativität und Formulierungsgeschick gefragt. Lassen Sie sich etwas Besseres einfallen als »weil ich arbeitslos bin« oder »weil es ein toller Job ist, der viel Geld bringt«. Recherchieren Sie, welche Philosophie die Firma hat, und passen Sie Ihre Antwort entsprechend an – ohne sich anzubiedern.

Eine richtige Mischung aus »angepasstem« Ausfüllen und individueller Präsentation ist zu empfehlen. So lassen Sie Ihre Persönlichkeit für andere schnell und gut erkennbar werden. Teilweise können Sie auch Ihre eigenen Dokumente hochladen. Dies ist Ihre Chance, sich abseits von standardisierten Eingabemasken individuell zu präsentieren.

Bevor Sie solche Textfelder ausfüllen, überlegen Sie sich gut, was Sie schreiben. Am besten formulieren Sie zunächst einen Text in einer separaten Datei, den Sie anschließend in die Felder des Formulars kopieren. Wichtig: Bleiben Sie stets kurz und prägnant. Wer zu viel schreibt, fällt unangenehm auf!

Um den Überblick zu behalten, was Sie geschrieben haben, ist es ratsam, sich alle Angaben zu kopieren oder auszudrucken. Wählen Sie dafür die Funktion mit »Datei/Speichern unter ...«. Bei Texten aus Textfeldern markieren und sichern Sie diese mit »Kopieren/Einfügen« in einem eigenen Textdokument auf Ihrem PC.

Nicht selten können Sie Dokumente an die Online-Bewerbung anhängen (Lebenslauf, Zeugnisse, Zertifikate, etc.). Nutzen Sie diese Möglichkeit und fügen Sie Ihre eingescannten Anlagen bei. Notieren Sie sich, welche Unterlagen Sie hochgeladen haben.

Wartezeit

Nachdem Sie das Onlineformular abgeschickt haben, erhalten Sie meist automatisch eine Bestätigung, dass Ihre Bewerbung angekommen ist. Wenn Sie nach etwa fünf Tagen noch nichts gehört haben, dürfen Sie per E-Mail oder telefonisch nachfragen.

Beispielhaft: Typische Online-Bewerbungsformulare

Üblicherweise beginnt die Onlineformular-Prozedur (hier zeigen wir Ihnen zunächst eine ganz einfache und danach eine deutlich umfangreichere Version) mit Abfragen zur Person. Erstaunlicherweise wird in unserem ersten Beispiel aber nicht nach der Anzahl und dem Alter der Kinder gefragt! Darauf kann man sich jedoch nicht verlassen. Im zweiten Beispiel sieht das anders aus. Dann geht es weiter über die Schule, Ausbildung, berufliche Tätigkeiten und das Wechselmotiv. In unserem ersten Beispiel wird zunächst danach gefragt, warum man sich bewirbt, um dann über die Aus- und Fortbildung (peinlich, wenn die letzte Weiterbildung in weiter Vergangenheit liegt) zu den aktuellen Tätigkeiten, besonderen Kenntnissen und sogar zu Hobbys und Ehrenamt zu kommen.

Die Frage nach den Motiven Ihrer Bewerbung ist nicht außergewöhnlich. Sie wird bei fast jedem Vorstellungsgespräch gestellt und tritt häufig zusammen mit der Frage auf: Warum sollen wir uns für Sie entscheiden, was können gerade Sie für uns tun ...? Das sieht bei diesen Online-Bewerbungsformularen nicht sehr viel anders aus.

Deutlich umfangreicher und viel stärker ins Detail gehend ist dann unser zweites Beispiel (ab S. 396 mit immerhin 7 statt nur 2,5 Seiten). Hier werden differenzierte Angaben zur Herkunft, Familiensituation und Bewerbungsmotivation abgefragt. Alles in allem stellt dieses Formular den Beantworter vor viel umfangreichere Fragethemen, die mit deutlichem Tiefgang beantwortet werden müssen. Hierfür sind bestimmt zwei Stunden Zeit einzuplanen und Sie tun gut daran, sich jede Bildschirmseite und Ihre Antworten auszudrucken und aufzuheben. Sehr gut möglich, dass man Sie persönlich einlädt und die gleichen Fragen dann aber mündlich stellt.

Aber jetzt schauen Sie sich ruhig erst einmal ein ganz einfaches Exemplar an ...

Beispiel: einfaches Onlineformular

Persönliche Daten

Anrede
Titel
Familienname
Vorname
Geburtsdatum 1 1 1980
Geburtsort
Geburtsland
Staatsangehörigkeit

Anschrift Straße
Anschrift PLZ
Anschrift Ort
Telefon mit Vorwahl
Handy
E-Mail

Warum bewerben Sie sich?

Nicht ganz einfach! Bitte nicht: »Sie suchen doch …« Schreiben Sie besser von »einer neuen Herausforderung«, »einen wichtigen Beitrag leisten zu wollen« etc.

Für welche Aufgabenbereiche bewerben Sie sich?
Welche Position/Verantwortung streben Sie an?
Ihr gewünschter Einsatzort
Ihr frühester Einsatztermin 1 1 2014

Ausbildung als
Weitere Ausbildungen

Ggf., wenn nichts anderes vorhanden, auch »Einarbeitung und Praxis in …«

Ausbildungsabschluss
Weitere Ausbildungsabschlüsse

Hier können Sie u.a. auch kleine Fortbildungskurse aufführen wie »Reklamationsbeauftragter«, »…Prüfer für …«, »Ausbilderlizenz«, »Haarstylist für XY-Produkte …« etc.

Berufliche Fortbildung

Jeder Messebesuch, Kollegenaustausch (Stammtisch), jedes Fachmagazin finden hier Platz, wenn Sie nicht Besseres zu berichten haben.

Schulabschluss

Weiterführende Bildungsabschlüsse

Berufliche Tätigkeit aktuell

Ganz wichtig: Überlegen Sie sich hier unbedingt etwas Ordentliches …

Aufgabenschwerpunkt

… Aber vorher genau überlegen …

Ergebnisse

… Formulieren Sie ausführlich und nicht zu knapp!

Warum wollen Sie Ihre Tätigkeit wechseln/Ihr Unternehmen verlassen?

Unbedingt ausfüllen und gut argumentieren! Aber bitte nicht so: »…Der Chef kann mich nicht leiden und ich verstehe mich nicht mit den Kollegen …«

Arbeitszeugnis vorhanden Ja

Frühere berufliche Tätigkeiten

Ihre Selbstdarstellung: Kompetenzen, Geleistetes, berufliche und persönliche Weiterentwicklung

Aufgabenschwerpunkt

Ergebnisse

Wechselmotiv

siehe hierzu Fragen im Vorstellungsgespräch ab S. 469

Arbeitszeugnis vorhanden Ja

(evtl. mehrmals auszufüllen, je nach Anzahl früherer Arbeitsverhältnisse)

Besondere Kenntnisse

Wenn schon nicht alle Felder ausgefüllt sind, dann doch aber die meisten.
Mit etwas Überlegung (und Fantasie) dürfte das für Sie gar nicht so schwer sein …

Sprachen

… z.B. bei Sprachen: wenigstens Schul-Englisch! …

EDV

… Seien Sie nicht zu selbstkritisch! Das hier ist dafür nicht der richtige Ort …

Führerschein A

Sonstige relevante Kenntnisse

… Sie sollen/wollen eingeladen werden, und die Texte liest zunächst ja nur der Computer!
Gefühlsneutral!

Ehrenamtliches Engagement

Erwähnenswert sind das Engagement für Ihre alte Nachbarin, die Mithilfe in einem Verein (Sport, Musik etc.), auch wenn Sie nicht reguläres Mitglied sind. Nachdenken hilft!

Hobbys

Ja nicht auslassen oder »keine« hinschreiben. Sport, Musik, Gartenarbeit, wenn Ihnen nichts Besseres einfallen sollte.

Weitere Bemerkungen/Mitteilungen

Das ist Ihre große Chance! Natürlich haben Sie noch die eine oder andere wichtige Botschaft. Und wenn Ihnen gerade überhaupt nichts einfallen will, dann: »Meine Kollegen schätzen an mir …«, »Mein Vorgesetzter lobte micht neulich für …«, »Unsere Kunden wissen, in mir haben sie eine/-n …«

Alles halb so schlimm! Gut, die Fragen lassen sich nicht in wenigen Minuten beantworten, aber die Themen liegen auf der Hand und, wenn Sie hier eine gewisse Vorarbeit geleistet haben, kommen Sie mit etwa 20 Minuten Ausfüllzeit gut zurande.

Der Zeitaufwand sieht bei dem doppelt so umfangreichen, sehr detaillierten nächsten Formular schon etwas anders aus. Allein die Bereitstellung aller Daten kostet Sie eine deutlich längere Vorbereitungszeit.

Verständlich, die meisten Bewerber tun sich schwer mit der Beantwortung vieler dieser Fragen und neigen vorschnell dazu, nichts oder ein »Nein« in die »Kästchen« zu setzen. Überlegen Sie besser dreimal, was Sie anführen können, beraten Sie sich mit Menschen aus Ihrer Umgebung statt »aufzugeben«. Denn oftmals ist die »eigene Schere im Kopf«, der innere Kritiker, ein großes Handicap. Zu viele unbeantwortete Fragen sprechen gegen Sie. Es könnte sein, dass der »Computer« Sie einfach aussortiert. Das wäre doch schade, oder?

Beispiel: komplexes Onlineformular

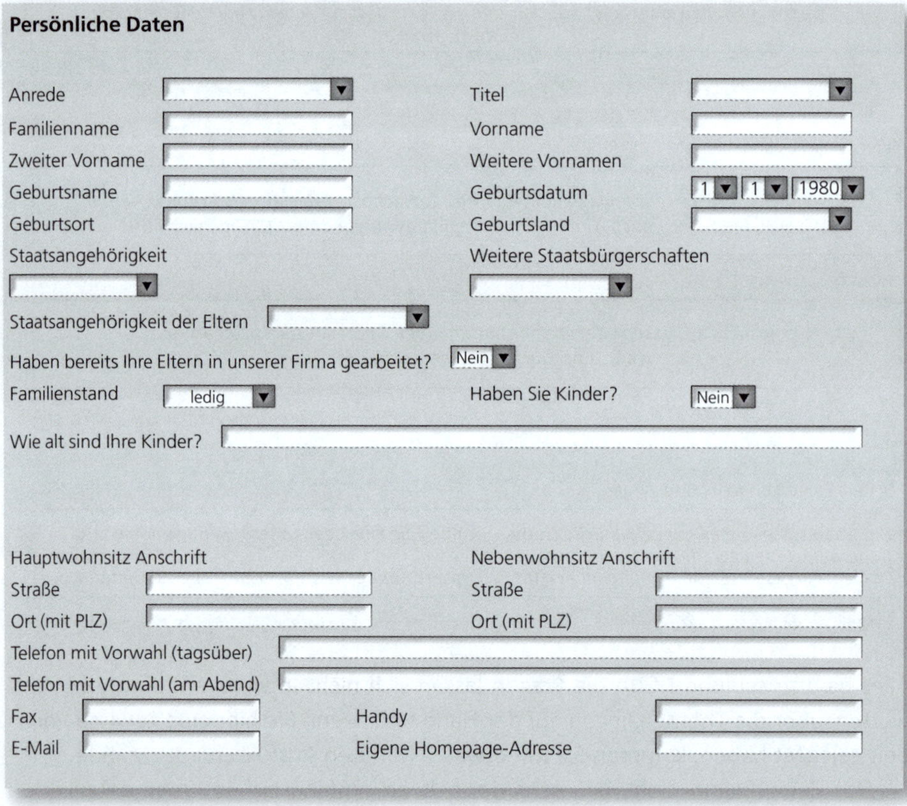

Persönliche Daten

Anrede
Titel
Familienname
Vorname
Zweiter Vorname
Weitere Vornamen
Geburtsname
Geburtsdatum 1 1 1980
Geburtsort
Geburtsland
Staatsangehörigkeit
Weitere Staatsbürgerschaften
Staatsangehörigkeit der Eltern
Haben bereits Ihre Eltern in unserer Firma gearbeitet? Nein
Familienstand ledig
Haben Sie Kinder? Nein
Wie alt sind Ihre Kinder?

Hauptwohnsitz Anschrift
Straße
Ort (mit PLZ)
Nebenwohnsitz Anschrift
Straße
Ort (mit PLZ)
Telefon mit Vorwahl (tagsüber)
Telefon mit Vorwahl (am Abend)
Fax
Handy
E-Mail
Eigene Homepage-Adresse

Warum bewerben Sie sich?

Die Gretchenfrage, auf die Sie sich gründlich vorbereiten und wohlüberlegt antworten sollten!

Wie sind Sie auf diese Stelle aufmerksam geworden?

Durch die Anzeige im Internet, in den Printmedien, durch Kollegenhinweise, Gespräche o. Ä. Noch besser: »Ich beobachte schon geraume Zeit die Entwicklung Ihres Unternehmens etc., benutze Ihre Produkte etc. ...« Das kommt noch besser an!

Woher kennen Sie unsere Firma?

Auch hier gilt es, keine Antwort schuldig zu bleiben und den Platz für eine gelungene Selbstdarstellung zu nutzen.

Welchen Kontakt hatten Sie bereits zu unserer Firma?

Intelligent, und bitte nicht schleimen oder sich selbst übertrieben beweihräuchern ...

Haben Sie bereits an einem Recruiting-Event unserer Firma teilgenommen? Ja ▼

Für welchen Aufgabenbereich bewerben Sie sich?	▼
Welche Position/Verantwortung streben Sie momentan an?	▼
Welche Position/Verantwortung streben Sie in fünf Jahren an?	▼
Ihr gewünschter Einsatzort	1. Präferenz ▼
	2. Präferenz ▼
	3. Präferenz ▼
Ihr frühester Eintrittstermin	1. Präferenz ▼
	2. Präferenz ▼
	3. Präferenz ▼
Bereitschaft zur Durchführung von Schichtarbeit	Ja ▼
Bereitschaft zur Leistung von Überstunden	Ja ▼
Bereitschaft zur Durchführung von Dienstreisen im Inland	Ja ▼
Bereitschaft zur Durchführung von Dienstreisen im Ausland	Ja ▼

Bitte beschreiben Sie häufige Tätigkeiten an einem normalen Arbeitstag.

Bloß keine Alltäglichkeiten wie »... frühmorgens komme ich und schließe die Bürotür auf« ... »und gehe als Letzter oftmals erst nach 19 Uhr«. Besser: »Krisenmanagement«, »Rückgewinnung von sich beklagenden Kunden«, »erfolgreiche Preisverhandlungen« etc. Sie haben doch Fantasie!

Welche dieser Tätigkeiten können Sie besonders gut?

Jetzt müssten Sie eigentlich wissen, wie Sie diesen Platz zu Ihrem Vorteil nutzen. Aber bitte nicht schreiben: »Ich bin ein großartiger Geschichtenerfinder«!

Welche dieser Tätigkeiten müssen Sie noch optimieren?

Hier muss auch etwas stehen, aber bitte Zurückhaltung bewahren (also gerade hier keine vier Zeilen oder mehr).

Welche Arbeiten vermeiden Sie aufgrund mangelnder Eignung?

Vorsicht, was Sie hier schreiben, kann gegen Sie verwendet werden.

Ausbildung als

Start 1 1 1980

Ende 1 1 1980

Hauptfächer während der Ausbildung

Besondere Kurse während der Ausbildung

Besondere praktische Erfahrungen während der Ausbildung

Bedenken Sie, dass es eher gegen Sie spricht, wenn Sie hier nichts angeben. Positiv wirkt es, wenn Sie sich bemühen, etwas von sich zu vermitteln.

Abschlussnote

Weitere Ausbildungen (Start/Ende mit genauem Datum)

Ausbildungsabschluss (genaues Datum)

Weitere Ausbildungsabschlüsse (genaue Daten)

Gibt es vielleicht Zusatzqualifikationen, die Sie hier sinnvoll anführen können?

Studium Start 1 1 1980
Ende 1 1 1980

Hauptfächer während des Studiums

Besondere Kurse während des Studiums

Außeruniversitäres Engagement

Diese Chance dürfen Sie nicht ungenutzt lassen. Der Sportverein, das Team, soziale Projekte in Ihrer Nachbarschaft … Natürlich haben Sie da etwas zu bieten.

Auslandssemester (Start/Ende, Dauer, Ort, besuchte Kurse)

Wenn Sie kein Auslandssemester vorzuweisen haben: Auch schon hier können Sie einen längeren Auslandsaufenthalt, der nicht an einer Uni, sondern z. B. an einer Sprachschule stattfand, aufführen.

Datum und Thema der Abschlussarbeit
1 1 1980

Abschlussnote Semesteranzahl

Berufliche Fortbildungen

Bitte nie »keine« schreiben!

Berufliche Weiterbildungen

Ganz gemein, denn das ist ja das Gleiche wie eben! Also unbedingt wenigstens »Ja, häufig!«, »Tagtäglich« einsetzen, ggf. auf das Fachzeitschrift-Abo, die Mitgliedschaft im Berufsverband, das Treffen am Stammtisch etc. hinweisen.

Sonstige Zusatzqualifikationen

Bitte nicht »nichts« schreiben, wenigstens der Führerschein, Ihre »Kenntnisse in …« sind hier aufführbar. Nutzen Sie diese Gelegenheit!

Auslandsaufenthalte

Auch hier sollten Sie etwas ausfüllen. Natürlich waren Sie schon in den USA, in Spanien o. Ä. Ja, aber nur zum Urlaub machen, wenden Sie ein. Das schreiben Sie aber jetzt nicht … Auf Nachfrage bleibt es ja Ihnen überlassen, wie sehr Sie Ihren Zehntageaufenthalt in Spanien ausschmücken.

Schulabschluss Start 1 1 1980
Ende 1 1 1980

Weiterführende Bildungsabschlüsse

… können ggf. auch selbst initiierte Sprachkurse oder sonstige beruflich nützliche Fortbildungen sein.

Berufliche Tätigkeit aktuell [ ] Start 1 ▾ 1 ▾ 1980 ▾

Aufgabenschwerpunkt

Genau überlegen!

Ergebnisse

Ihre Gelegenheit zu verdeutlichen, was Ihre Kompetenz und Leistungsmotivation auszeichnet. Das bedeutet aber auch: Sie haben sich Gedanken gemacht, was Ihre Botschaften sind.

Warum wollen Sie Ihre Tätigkeit wechseln/Ihr Unternehmen verlassen?

s. S. 394

Arbeitszeugnis vorhanden Ja ▾

Davor berufliche Tätigkeit [ ] Start 1 ▾ 1 ▾ 1980 ▾ Ende 1 ▾ 1 ▾ 1980 ▾

Aufgabenschwerpunkt

Hier gilt es, wie oben und zuvor argumentiert. Dabei müssen Ihre letzten Tätigkeiten vor dem aktuellen Job, den Sie jetzt innehaben, schon noch mit einer gewisssen Akribie beschrieben werden, die Tätigkeiten davor deutlich weniger. Zeigen Sie sich motiviert. Kooperieren Sie.

Ergebnisse

Sicher für viele eine schwierige Frage, Sie dürfen aber keinesfalls die Antwort hier schuldig bleiben.

Wechselmotiv

Natürlich ist Ihre Antwort hier von besonderer Bedeutung.

Arbeitszeugnis vorhanden Ja ▾

Davor berufliche Tätigkeit [ ] Start 1 ▾ 1 ▾ 1980 ▾
Ende 1 ▾ 1 ▾ 1980 ▾

Aufgabenschwerpunkt

Hier gilt das eben Gesagte.

Ergebnisse

Wechselmotiv

Arbeitszeugnis vorhanden Ja ▾
(evtl. mehrmals auszufüllen, je nach Anzahl früherer Arbeitsverhältnisse)

Zeiten der Arbeitslosigkeit Nein ▾
Dauer der Arbeitslosigkeit [ ]

Überlegen Sie gut, ob Sie sich dieser Frage so einfach unterwerfen. Bleiben Sie doch mal beim »Nein«. Dass das nicht geht bei 5 Jahren ohne Job, ist schon etwas anderes, aber was sind schon 5 Monate – vor allem wenn es schon eine Zeit lang her ist!

Besondere Projektarbeiten

Unbedingt ausfüllen, Sie nutzen doch die gebotenen Chancen der Selbstdarstellung und Vermarktung Ihrer Talente, oder?

Besondere Arbeitserfolge

Dito!

Auszeichnungen

Auch wenn Sie nichts »Offizielles« vorzuweisen haben, können Sie etwas benennen … am 31. April hat Ihr Vorgesetzter doch eine kleine Rede gehalten, sogar vor den Kollegen und Sie über die Maßen gelobt … (bitte beachten Sie: es gibt leider nur 30 Tage im April!). Oder Ähnliches.

Besondere Kenntnisse

Da wissen Sie doch hoffentlich, was Sie noch alles mitzuteilen haben. Nur passen muss es schon, halbwegs glaubwürdig wirken. Dennoch: Der Computer kennt keine Gefühle!

Sprachkompetenz umgangssprachlich [▾]

Sprachkompetenz schriftlich [▾]

Sprachkompetenz verhandlungssicher [▾]

EDV

Auf jeden Fall!

Führerschein A ▾

Allgemeine soziale Kompetenzen

Gut vorstellbar, dass viele Leser hier keine Ideen haben, was sie schreiben könnten. Zurückhaltung und Bescheidenheit sind auch soziale Kompetenzen, und wenn Sie ein bisschen nachdenken und sich mit den richtigen Leuten austauschen, werden Sie etwas zu schreiben haben …

Besondere Führungskompetenzen

Nachdenken hilft und Ihr (Paten-)Kind, Partner/-in, Freunde und Bekannte, Nachbarn etc. überlassen Ihnen gerne die eine oder andere Entscheidung. Und noch etwas: In der Schule als Klassensprecher (bitte nicht das Tafelamt!), in der Uni als Sprecher Ihres Lernteams usw. …

Bei Führungskräften:

Anzahl der zugeordneten Mitarbeiter (Maximalzahl)

Anzahl der zugeordneten Mitarbeiter (Durchschnitt)

Angaben zur Teamfähigkeit

»Gut entwickelt, keine Probleme, wenngleich Teamarbeit nicht immer ein Garant dafür ist, die optimale Lösung in kürzester Zeit zu erreichen« wäre eine schöne Antwort.

Angaben zur Belastbarkeit

Selbstverständlich sind Sie belastbar!

Berufliche Stärken

Natürlich nutzen Sie diese Vorlage und nennen Ihre Stärken, die Sie weiter vorne im Buch ausgearbeitet haben.

Berufliche Schwächen

Aber hier bitte keine zwei Zeilen oder mehr. Ja, Sie kennen solche und arbeiten daran …

Sonstige relevante Kenntnisse

Unbedingt ausfüllen! Was sonst nicht passt – ggf. etwas umformulieren.

Wie oft pro Woche sind Sie sportlich aktiv? 2x

Betreiben Sie eine Art von Extremsport, z. B. Bergsteigen?

»Immer, regelmäßig – manchmal, aber auch nicht, wenn in der Firma so viel zu tun ist …« Schreiben Sie, welche Sportarten Sie bevorzugen! Sogar Schach und Angeln kann aufgeführt werden … aber bitte nicht mit 10 Sportarten glänzen wollen. Das wirkt nicht realistisch und: So viel Zeit haben Sie ja gar nicht im neuen Job …

Ehrenamtliches Engagement

Unbedingt, schauen Sie auf S. 395.

Hobbys

Dito, s. S. 395.

Mitgliedschaften

Aber ja doch …

Veröffentlichungen und Vorträge

Natürlich haben Sie mindestens schon einige Vorträge oder Powerpoint-Präsentationen gehalten! Und immer erfolgreich!

Referenzen

Geben Sie unbedingt Referenzen an, aber bitte nicht Ihre Großmutter …

Arbeitsproben

Gerne, auf Wunsch bringen Sie etwas zum Vorstellungsgespräch mit.

Weitere Bemerkungen/Mitteilungen

Unbedingt, das ist Ihre Chance! Aber mit Köpfchen! Jetzt haben Sie sicher begriffen, worauf es hinausläuft …

Wenn Sie sich vorab Gedanken machen, was Ihr Kommunikationsziel, was Ihre Botschaften sind und wie Sie das alles vermitteln wollen, kommen Sie auch mit diesem ausführlicheren und sehr ins Detail gehenden Online-Fragebogen-Exemplar besser klar. Dabei hilft es natürlich, wenn Sie sich Ihre Antworten auf die Fragen nach Ihrer Kompetenz, Leistungsmotivation und Persönlichkeit sowie nach Ihrem USP verdeutlicht und einmal aufgeschrieben haben. Jetzt braucht es nur ein wenig Geduld beim »Übertragen«.

Wichtig zu begreifen: Die fragen, Sie antworten und damit bestimmen Sie, was Sie anbieten! Wichtig ist, überhaupt etwas anzubieten! Sie sind der Regisseur – und wer Sie fragt, sollte immer eine Antwort bekommen.

Empfehlung: Zum Umgang mit Onlineformularen

Auf der nächsten Seite zeigen wir Ihnen eine schematische Darstellung der typischerweise abgefragten Informationen bei Online-Bewerbungsformularen, geben Ihnen Tipps und verraten Tricks.

Die lückenlose Darstellung

Eines der größten Probleme scheint für viele Bewerber die lückenlose Darstellung ihres beruflichen Werdeganges, insbesondere dann, wenn es Zeiten der Arbeitslosigkeit gegeben hat. Hier gilt folgende Empfehlung: Schreiben Sie möglichst nie Worte wie: »arbeitslos«, »Arbeit suchend« bzw. ähnliche Formulierungen. Es könnte sein, dass das Computerprogramm Sie daraufhin ganz schnell »aussortiert«. Wir empfehlen eher eine Formulierung in Richtung: Projekt/Engagement im Bereich XY, außerberufliche Fortbildung, Pflegezeit oder etwas Ähnliches. In den meisten Fällen sind die Computerprogramme noch nicht so weit in der Differenzierung. Sind Sie erst einmal eingeladen, lassen sich diese Zeiten ganz anders vermitteln. Wichtig ist jedenfalls, nicht an solch einer Hürde zu scheitern!

Handhabung: Hürden

Urteilen Sie selbst. Unserer Einschätzung nach wird bei dieser Bewerbungsform inhaltlich kaum mehr als bei einer traditionellen Bewerbung verlangt. Wenn überhaupt, so liegt die Schwierigkeit in der ungewohnten, ja teilweise umständlichen Dateneingabe. Beispielsweise gestaltet sich der Registrierungsprozess oftmals kompliziert und nimmt unerwartet viel Zeit in Anspruch. Bei manchen Firmen muss der Bewerber auch erst einmal warten, bis das notwendige Zugangspasswort per E-Mail zugeschickt wird. In den meisten Fällen ist das Akzeptieren einer Datenschutzerklärung eine notwendige Voraussetzung, um überhaupt auf die eigentlichen Bewerbungsformulare zu gelangen. Diese können übrigens direkt von der jeweiligen Firma installiert sein oder über einen Link zu einer Stellenbörse führen, die dann die Bewerberauswahl für die Firma übernimmt.

Variationen

Manche Unternehmen bieten ihren Bewerbern an, das Formular Stück für Stück zu bearbeiten, indem sie eine Zwischenspeicherfunktion eingebaut haben, bei anderen Firmen muss der Bewerber das Formular in einem Zug bis zum Ende ausfüllen, weil bereits eingegebene Daten nach einer Unterbrechung ungültig werden. Andere, vor allem die großen Unternehmen, haben einen eigenen Bewerbungsassistenten, der z.B. die Vorschau auf das Formular ermöglicht und Schritt für Schritt die Bearbeitung erklärt. Dort finden sich meistens auch Begründungen, warum das Unternehmen eine Online-Bewerbung bevorzugt.

Vorteilhaft ist, wenn man am Ende die Möglichkeit hat, sämtliche Eingaben im Überblick gegenlesen zu können. Auch hilfreich ist die (leider nicht immer vorhandene) Funktion, zu einem späteren Zeitpunkt bestimmte Aspekte im Lebenslauf verändern bzw. aktualisieren zu können. Gerade wenn man beabsichtigt, ein Profil für längere Zeit bei einer Firma zu hinterlegen, können so zusätzliche Lehrgänge oder Projekterfahrungen dann einfach und unkompliziert ergänzt werden.

Meistens spielen die Firmen bei der Kandidatenauswahl nicht mit offenen Karten, weshalb die Filter- bzw. Rasterkriterien zur automatischen Bewerbereinstufung stets Firmengeheimnis bleiben. Hier kann man lediglich spekulieren; z.B. wenn besonders häufig Fragen zum Thema Teamfähigkeit oder zu bestimmten fachlichen Kenntnissen gestellt werden.

Wichtig für Sie ist: Lassen Sie sich nicht irritieren, sondern versuchen Sie, möglichst technisch kompetent die Eingabefelder auszufüllen und gleichzeitig prägnante, aussagefähige Informationen zum eigenen Profil einzugeben.

Die optimale Form

Vergessen Sie auf keinen Fall, vor dem endgültigen Versand Ihrer Texte eine Rechtschreibprüfung durchzuführen. Kopieren Sie Ihre Formulierungen einfach in ein entsprechendes Textprogramm und starten Sie die automatische Prüfung. Des Weiteren sollten Sie beim Versand von Anhängen stets die vorgegebenen technischen Parameter beachten. Hierzu gehören: Anzahl der Dokumente, Größe der Dateien sowie vorgeschriebene Formate. Speichern Sie auch alle wichtigen Texte sowie die verschickten Dokumente für sich selbst ab. Dies gibt Ihnen die Möglichkeit, die gemachten Angaben vor einem Vorstellungsgespräch nochmals durchzugehen und sich einzuprägen.

Testlauf

Wir raten Ihnen beim Ausfüllen eines Onlineformulars unbedingt zu einer Art Probedurchlauf. Wenn Sie wirklich auf Nummer sicher gehen wollen, so spricht nichts dagegen, mit fiktiven Angaben die Onlineformulare zunächst einmal einzusehen, um dann beim erneuten Versuch mit korrekt ausgefüllten Feldern Ihre Bewerbung auf den Weg zu geben. Bedenken Sie aber auch, von welchem Computer aus Sie dies tun. Sie hinterlassen immer Spuren.

Abfragefeld	Bemerkung	Tipps und Tricks
E-Mail-Adresse	Bitte achten Sie auf die korrekte Schreibweise Ihrer E-Mail-Adresse.	Eine seriöse E-Mail-Adresse hinterlässt einen besseren Eindruck als »schnucki24@flirtfever.de« Kostenlose, seriöse E-Mail-Adressen bekommen Sie z. B. bei: www.google.de www.web.de www.gmx.de www.live.com
Passwort	Bitte wählen Sie ein sicheres Passwort mit mindestens 8 Zeichen. Darunter sollten mindestens 2 Sonderzeichen vertreten sein. Wählen Sie aber bitte kein zu exotisches Passwort, das Sie am Ende vergessen. Man kann auch nicht sicher sein, ob die Firmen die Passwörter nicht doch sehen können. Von daher besser auf Passwörter im Stil von »scharfemaus69« etc. verzichten.	Benutzen Sie ein spezifisches Passwort für den Bewerbungsvorgang wie z. B. Bewerbungen$MaxMU67§ So verhindern Sie, dass Ihr Gegenüber ein Passwort erhält, das ihm evtl. den Zugang zu Ihrem E-Mail-Account ermöglicht.
Telefon mit Vorwahl **Handy** **E-Mail**	Sie entscheiden wohlüberlegt, über welches Medium die Kontaktaufnahme erfolgen soll.	Bitte niemals Ihre Büro-/Geschäftsadresse bzw. geschäftliche Telefonverbindung angeben!
Warum bewerben Sie sich?	Nicht offen lassen, aber auch keinen »Blödsinn« schreiben – z. B. auch nicht, dass Sie noch etwas lernen wollen.	Das Zauberwort: intrinsische Motivation. Sie suchen neue Herausforderungen etc. Stichwort: Schlüssel/Schloss. Die Stelle motiviert vor allem deshalb, weil die beschriebene Herausforderung genau zu den eigenen Kompetenzen und Zielen passt.
Für welche Aufgabenbereiche bewerben Sie sich?	Je nach Ausgangslage: Sehr präzise benennen oder eher relativ offen (jedoch nicht beliebig!) beantworten.	Unbedingt vorab über diese wichtige Frage nachdenken, ggf. einen Bereich benennen und gleichzeitig Offenheit für auch andere Aufgaben signalisieren.
Welche Position/ Verantwortung streben Sie an?	Ggf. ist das vorher schon klar, wenn nicht: Haben Sie keine Angst, sich zu positionieren! Bereitschaft zur Verantwortungsübernahme signalisieren!	Sie sollten nicht gleich den Chefsessel anstreben. Jedoch: Ehrgeiz in Maßen, insbesondere Verantwortungsübernahme, ist ein positives Zeichen!
Ihr gewünschter Einsatzort	Oftmals bereits klar vorgegeben, Vorsicht bei Fantasievorschlägen!	Zeigen Sie, dass Sie im Hinblick auf den Ort flexibel sind. Wichtig ist zunächst nicht, wo Sie arbeiten wollen, sondern, dass Sie eingeladen werden! Geben Sie Ihren Wunschort als Präferenz an.

Abfragefeld	Bemerkung	Tipps und Tricks
Ihr frühester Eintrittstermin	Nicht zu schnell zur Verfügung stehen, das ist kontraproduktiv. Aber auch möglichst nicht später als 6 Monate, wobei das schon ein sehr langer Wartezeitraum wäre.	Signalisieren Sie, dass man über das Eintrittsdatum mit Ihnen verhandeln kann. Sie sind doch flexibel!
Ausbildung als … Weitere Ausbildungen Ausbildungsabschluss Weitere Ausbildungsabschlüsse	Fangen Sie nicht bei Adam & Eva an, also: »Vor 30 Jahren lernte ich …« Der letzte Job wird hoffentlich bei Ihnen auch der wichtigste sein. Und dann chronologisch rückwärts.	Hier setzen Sie Prioritäten und vermitteln, dass Sie wissen was wirklich zählt, worauf es in dem möglichen Job ankommt!
Berufliche Fortbildungen	Chronologisch rückwärts auflisten, evtl. nur über die letzten 5 Jahre.	Denken Sie auch an Messen und Fachtagungen, berufliche Interessensgruppierungen, denen Sie angehören bzw. an denen Sie teilgenommen haben (Austausch), Fachliteratur etc.
Berufliche Tätigkeiten aktuell Aufgabenschwerpunkt Ergebnisse	Insbesondere der letzte und der vorletzte Job mit seinen Aufgaben und Verantwortungen sind hier wichtig.	Unbedingt vorab über diese wichtigen Fragen nachdenken und Material sammeln. Hier werden Weichen gestellt. Jeder dieser 3 Punkte muss ganz sorgfältig beantwortet werden!
Warum wollen Sie Ihre Tätigkeit wechseln/Ihr Unternehmen verlassen?	Wichtig: Präsentable Begründung, nicht klagen oder aus dem Nähkästchen plaudern! Und bloß keinen verzweifelten Eindruck machen.	Weiterkommen, Ambitionen haben, Ehrgeiz in Maßen – das sind immer die richtigen Stichworte!
Arbeitszeugnis vorhanden	Prinzipiell immer Ja – selbst wenn Sie momentan noch keines haben!	Vorhandene Arbeitszeugnisse checken lassen und gelegentlich um ein Zwischenzeugnis bitten (etwa alle 2–3 Jahre)
Besondere Kenntnisse	Wunderbare Chance, mit Zusatzqualifikationen zu punkten!	Wer hier etwas anzubieten hat, kann Punkte sammeln!
Sprachen EDV	Unbedingt angeben! Nicht mit den Kenntnissen prahlen/übertreiben, aber auch nicht zu selbstkritisch sein.	Unbedingt ausfüllen und Punkte sammeln! Beispiele: bei »Englisch« »Verhandlungssicher« oder »Französisch« »Zweitmuttersprache«, wenn Sie bilingual aufgewachsen sind.
Führerschein	Beim Führerschein die Oberklassen angeben also z. B: C1E, B, A.	
Ehrenamtliches Engagement Hobbys	Alles kann für Sie und Ihre Wesensart sprechen.	Hier geht es um Ihre Persönlichkeit, die Sie gut darstellen sollten, um Sympathie-Punkte zu sammeln.
Weitere Bemerkungen/Mitteilungen	Bringen Sie unbedingt (ggf. nochmals, dann in anderen Worten) Ihre Botschaften rüber!	Es hilft, sich vorab Gedanken zu machen und das Kommunikationsziel, die Botschaften und Argumente beisammen zu haben!

Die Grenzen des Verfahrens

Leider kann dieses automatisierte Auswahlverfahren trotz bester Vorbereitung und Durchführung sehr ungerecht sein. Manche Firmen verwenden als Auswahlkriterium die Durchschnittsstudiendauer oder ein bestimmtes Alter des Bewerbers. Haben Sie beispielsweise BWL oder Maschinenbau studiert und wegen verschiedener Praktika und Auslandsaufenthalte 14 anstatt nur 9 Semester gebraucht, oder sind Sie nach Studienabschluss bereits 29 Jahre alt, dann sortiert das standardisierte Computerauswahlprogramm Sie sofort aus. Postwendend werden Sie per E-Mail informiert, dass man Ihnen leider kein passendes Angebot machen kann. Wenn Sie eine ungerechte Behandlung dieser Art vermuten und Sie trotzdem an dem ausgeschriebenen Job interessiert sind, so hilft nur eins: Versuchen Sie, sich auf herkömmlichen Bewerbungswegen vorzustellen. Wenn Sie z. B. keinen lückenlosen Lebenslauf haben, aber über handfestes Know-how in der entsprechenden Branche verfügen, wählen Sie besser die klassische Variante per Post. So haben Sie mehr Möglichkeiten, Ihre Fähigkeiten kreativ zu präsentieren und »Lücken« zu kaschieren.

Resümee: Offen gesagt!

Man kann sich des Eindrucks kaum erwehren: Insbesondere die von vielen Großunternehmen vorgeschaltete formulargesteuerte Personalauslese wirkt eher »vermeidend«, ja man könnte meinen, sie soll hauptsächlich Bewerbungskandidaten abschrecken, entmutigen, schnell aussortieren. Dies ist zumindest eine Sichtweise auf die aktuell immer noch in der Mehrzahl praktizierten Auswahlverfahren. Natürlich stellt es ein Problem dar, wenn sich bei namhaften Unternehmen täglich bis zu 1.000 Bewerber initiativ bewerben. Wie sollen Personaler damit klarkommen?

Stichwort Abschreckung

Andererseits: Uns sind zahlreiche Fälle bekannt von hochqualifizierten Bewerbern, die wenige Stunden nach dem Ausfüllen eines Online-Bewerbungsformulars, bisweilen auch erst ein, zwei Tage später, eine freundliche »Nein-Danke-Absage« erhalten haben. Ein Teil dieser Bewerber hat es dann auf anderen Wegen versucht und tatsächlich auch geschafft, sich beim Unternehmen vorzustellen, zu überzeugen und arbeitet heute sogar in einer Führungsposition für das Unternehmen, das als Reaktion auf das Onlineverfahren kein Interesse gezeigt hatte. Andere Kandidaten entschieden sich für einen Arbeitsplatz, für den sie keine Onlineformularsysteme ausfüllen mussten.

Empfehlungen für Onlineformulare

Onlineformulare liegen besonders bei großen Firmen voll im Trend. Arrangieren Sie sich deshalb bestmöglich mit dieser Form der standardisierten Dateneingabe und halten Sie gleichzeitig auch nach alternativen Bewerbungswegen Ausschau. Für professionelle Bewerbungen auf Firmenhomepages sollten Sie vorab passende Formulierungen vorbereiten und diese dann möglichst harmonisch in die vorgefertigten Formulare einfügen. Nutzen Sie trotz der technischen Hürden Ihre Chance und präsentieren Sie Ihr berufliches Profil als ideal für die jeweilige Stelle. Stellen Sie gleichzeitig Ihre Persönlichkeit möglichst individuell dar, denn diese spielt bei sämtlichen Bewerbungsformen eine wichtige Rolle. Bedenken Sie generell die Erfolgsfaktoren KLP – Kompetenz, Leistungsmotivation und Persönlichkeit, die durch überzeugende Formulierungen sichtbar werden sollten.

Wie schon erwähnt: Parallel oder alternativ zu Onlineformularen auf Firmenhomepages sollten Sie auch noch weitere Bewerbungswege suchen.

Sie sehen also: Viele Wege führen nach Rom. Versuchen Sie neben der Bearbeitung von Onlineformularen, auch noch weitere Bewerbungswege zu verfolgen. Zu Ihrer Bewerbungsstrategie sollten beispielsweise auch Bewerbungen per Telefon, generelles Networking sowie eigene Stellengesuche gehören.

Welche Erfahrungen Bewerber bei der Kontaktaufnahme zu bekannten Unternehmen im Netz gemacht haben und wie sie die einzelnen Onlineformulare bewerten, können Sie auf der CD-ROM zu diesem Buch nachlesen.

Präsent im Netz
Business-Communitys, die eigene Homepage, Foren, Blogs & Co.

Digitaler Auftritt: Die ganze Welt ist eine Bühne

Das eigene Theater, den eigenen Buchverlag, das eigene Museum zu eröffnen – welcher Künstler träumt nicht davon, auf seiner eigenen Bühne zu stehen, in seiner eigenen Galerie seine Bilder auszustellen? Stellen Sie Ihre eigene Homepage ins Internet, auf der Sie sich potenziellen Gesprächspartnern und Arbeitgebern präsentieren. Durch diese besondere Form der digitalen Visitenkarte, des eigenen Stückes, das Sie sich selbst geschrieben und inszeniert haben, erfahren die Entscheider mehr über Sie und Sie fallen (hoffentlich) positiv auf. Das ist ein nicht unwesentlicher Aspekt, wenn man bedenkt, dass man sich mit einer Bewerbung, mit einem Angebot oft gegen mehrere Hundert Konkurrenten durchsetzen muss.

In Ihren schriftlichen Bewerbungs- bzw. Werbe-Unterlagen weisen Sie dann – beispielsweise auch mittels eines QR-Codes – auf Ihre Seite im Internet hin. Argumente wie »Der Entscheider hat doch dafür keine Zeit ...« sind nicht stichhaltig. Heutzutage wird fast jeder Bewerber gegoogelt. Ergo: Ganz sicher hat man Zeit, sich mit Ihnen – wenn Sie denn Interesse auslösen – bereits vorab zu beschäftigen! Spätestens, wenn man Sie im Vorstellungs-/Erstgespräch kennenlernen will bzw. kennengelernt hat.

Business-Communitys

Business-Kontaktbörsen bieten die Möglichkeit, ein eigenes berufliches Profil im Internet zu präsentieren und gleichzeitig mögliche neue Arbeitgeber oder Firmenvertreter direkt anzusprechen bzw. auch von ihnen angesprochen zu werden. Diese können sich dann sofort ein Bild vom beruflichen Werdegang des Bewerbers machen und bei Bedarf umfangreichere Bewerbungsunterlagen anfordern.

Der Unterschied zu einer »normalen« Jobbörse wie z. B. www.monster.de liegt in der Sichtbarkeit der Teilnehmerprofile für alle Mitglieder – jeder kann jedes vorhandene Profil aufsuchen und bei Interesse eine Nachricht hinterlassen.

Business-Kontaktbörsen sind eine moderne Form der unkomplizierten Ansprache und des Austauschs von Personen. Die Möglichkeit der Kontaktaufnahme ist hierbei teilweise mit einer kostenpflichtigen Premium-Mitgliedschaft verbunden, manchmal jedoch auch kostenfrei. Nutzen Sie die Chance der großen, branchenübergreifenden Business-Kontaktbörsen und gestalten Sie Ihr Profil entsprechend Ihrer relevanten beruflichen Kompetenzen sowie Ihrer wichtigsten persönlichen Merkmale. Gehen Sie dann gezielt auf die Suche nach Ansprechpartnern und suchen Sie Kontakt und Austausch.

In Deutschland gibt es seit 2003 mit XING eine sehr große, international orientierte Business-Kontaktbörse, in der Vertreter aus allen nur denkbaren Branchen registriert sind. Mithilfe umfangreicher Suchfunktionen sind diese zu finden und können dann entsprechend kontaktiert werden.

Allgemeine und spezielle Business-Kontaktbörsen:

- www.xing.com
- www.linkedin.com
- www.access.de
- www.experteer.de
- www.manager-lounge.com

Ihr Einstieg in eine Business-Kontaktbörse

Suchen Sie sich eine Business-Kontaktbörse aus, die von Ihren Kunden, Auftraggebern oder typischerweise auch Wunscharbeitsplatzanbietern wirklich genutzt wird, und hinterlegen Sie dort Ihr Profil (s. auch S. 410 ff.). Beachten Sie, dass die Informationen genau zu Ihrem beruflichen Hintergrund passen bzw. so gestaltet sein sollten, dass sie Ihren schriftlichen Bewerbungsunterlagen entsprechen. Dazu gehören immer ein passendes Foto in angemessener Berufskleidung sowie eine Auflistung der relevanten beruflichen Stationen.

Vermeiden Sie in Ihrem Profil (das ja keinesfalls ein lückenloser Lebenslauf sein soll) die Erwähnung von unvorteilhaften beruflichen Informationen, wie z. B. mehrere kurzzeitige Beschäftigungsverhältnisse oder Zeiten der Arbeitslosigkeit. Überlegen Sie vorher genau, was Sie von sich erzählen und welche Freunde oder Bekannte Sie in Ihrem Kontaktnetzwerk aufführen wollen.

Der Nutzen von Kontakten

Seien Sie wählerisch, was die intensiver gepflegten Kontakte angeht. Eine hohe Anzahl an Kontakten innerhalb eines solchen Netzwerks kann auch mit einer gewissen Wahllosigkeit und Beliebigkeit einhergehen und verfehlt so das eigene Ziel. Hochrangige Bewerber bevorzugen deswegen zunehmend exklusivere Kontaktbörsen, für die es Zugangsbeschränkungen (Alter, Position, Gehalt, Mitgliedschaft beispielsweise nur auf Empfehlung etc.) gibt. Und eins ist klar: Kontakte, die im Internet hergestellt werden und sich vielversprechend anlassen, müssen recht bald durch eine persönliche Begegnung intensiviert werden. Das gilt natürlich besonders für den Bewerbungsprozess.

Unser Tipp: Nutzen Sie Ihr Profil in einer Business-Community für Bewerbungen innerhalb dieser Portale, aber auch außerhalb. Integrieren Sie beispielsweise den Link zu Ihrem öffentlich einsehbaren Community-Profil in Ihre E-Mail-Signatur. Und selbst auf Ihrer Visitenkarte könnte ein nicht zu komplizierter Profillink stehen. Im Rahmen von Initiativbewerbungen kann beim Telefonat vorab, nach erfolgreich geweckter Neugier, der Hinweis zum aussagekräftigen Profil übermittelt werden und Ihr Gesprächspartner hat unmittelbar und direkt einen Einblick in Ihren beruflichen Werdegang, in das, was Sie ihn von sich wissen lassen wollen.

Generell empfehlen wir, sich mit dem Thema Business-Communitys offen auseinanderzusetzen und bei Bedarf technische Unterstützung zu suchen bzw. auch über einen passenden Onlinekurs nachzudenken. Mit einem Profil in einer Business-Community erleichtern Sie Personalern den Zugang zu Ihren beruflichen Profilinformationen und gleichzeitig auch die direkte Kontaktaufnahme im Medium Internet. Hinzu kommt, dass Sie selbst sehr interessante Firmendaten – wenn die Firma dort gelistet ist – recherchieren können und dann direkt auch die Ansprechpartner bzw. Personaler dieser Firma über deren Profil kennenlernen können.

Absolut wichtig: Ihr Foto / Profilfoto

Unterschätzen Sie nicht die Macht der Bilder. Ein Foto weckt beim Betrachter auf Anhieb Sympathie – oder auch leider Antipathie. Kein Foto bedeutet etwa bei einem XING-Profil: 50 Prozent weniger Kontakte, weniger auffallen und wohl etwa 50 Prozent weniger Erfolg bei allem, was Sie mit Ihrem Foto verbinden. Daher ist gerade hier höchste Sorgfalt angezeigt. Denn eines ist sicher: Ihr Bild findet in jedem Fall Aufmerksamkeit, wird angeschaut und ist ein Hingucker. Es wird betrachtet und einer schnellen, emotional gefärbten Analyse unterzogen.

Sonstige Angaben wie Auslandsaufenthalte, Hobbys, Engagements, Interessen und mehr

Interkulturelle Kompetenz und Sprachkenntnisse zählen zu den bevorzugten Schlüsselqualifikationen. Berichte über Auslandsaufenthalte gehören, insbesondere wenn fachbezogen, in Ihr Profil bei Business-Communitys sowie auf Ihre Homepage und in Ihren CV (Curriculum Vitae). Die Angabe von wenigen, ausgewählten Hobbys macht Ihr Profil interessanter. Nutzen Sie diese Möglichkeit!

Arbeitsproben

Nutzen Sie die Chance, in Ihrem Profil (aber auch auf der eigenen Homepage) auf Arbeitsproben zu verweisen. Auch Fotos produzierter Dinge sind eventuell eine angemessene Lösung. Aber erlegen Sie sich etwas Zurückhaltung auf – es sei denn, es erscheint Ihnen angemessen, auf bestimmte Dinge hinzuweisen, die Sie initiiert oder geschaffen haben (etwa Buchpublikationen oder Fachartikel, unter Umständen auch Ihre Abschluss- und/oder Promotionsarbeit, eines Ihrer Produkte, Arbeiten, die einen Fachpreis erhalten haben, usw.).

XING

Ihr XING-Profil fungiert wie eine eigene, beruflich orientierte Website. Sie können sie jederzeit um Ihre Job-Neuigkeiten erweitern oder ändern. Über eine bestimmte Funktion bekommen dies alle direkten Kontakte mit – ein guter Aufhänger für die Kontaktpflege. Grundsätzlich ist XING eine offene Plattform. Es gibt zwei Formen der Mitgliedschaft – die kostenlose und die kostenpflichtige. Für einen entsprechenden Mitgliedsbeitrag bekommen Sie diverse Erleichterungen bei der Kontaktaufnahme zu anderen Mitgliedern. Auch die Suche nach bestimmten Kriterien wie Branche, Stadt, Universität etc. ist dann in vielfältigen Details möglich. Ein weiterer Vorteil: Auf den Profilen von Premium-Mitgliedern wird keine Werbung platziert. Allen Mitgliedern steht die Teilnahme an den unzähligen Diskussionsgruppen offen – eine wahre Fundgrube an beruflich relevantem Wissen und fachkompetenten Ratschlägen.

Auch die Nutzung von XING als eine Art virtueller Arbeitsmarkt ist für alle Mitglieder möglich. Viele Gruppen verfügen über eine Jobbörse, in der die Gruppenmitglieder Aufträge einstellen und bekommen können – egal, ob als Angestellter oder als Freischaffender. Und auch die Projekte-Plattform bietet quer durch die Branchen die vielfältigsten Angebote. Umfangreiche Suchfunktionen, beispielsweise nach Stellen, Projekten oder beruflich interessanten Mitgliedern, ermöglichen eine innovative und unkomplizierte Verfolgung Ihrer Karriere-Ziele.

Zum Thema Selbstmarkting via Suchmaschinen

Es ist problemlos möglich, sein XING-Profil auch Nicht-Mitgliedern zugänglich zu machen, um dann beispielsweise von Google als XING-Mitglied gefunden zu werden. Diese Entscheidung ist im wahrsten Sinn des Wortes Einstellungssache, jedoch für die Sichtbarkeit Ihres Kompetenzprofils in den Ergebnissen von Suchmaschinen wichtig. Wenn Sie Ihr XING-Profil öffentlich sichtbar machen, so wird es automatisch sehr weit vorn bei den Suchmaschinenergebnissen landen. Ein wichtiger Pluspunkt im Bereich virtueller Selbstdarstellung.

Wichtige XING-Elemente (Stand Herbst 2015)

Das Foto auf der Profilseite zieht natürlich in besonderer Weise die Aufmerksamkeit auf sich. Wie in einer Bewerbung sollte es aussagekräftig, sympathisch, aber dennoch seriös sein. Wir empfehlen Ihnen, ein Foto einzustellen. Denn die Erfahrung zeigt, dass ein gutes Foto das Interesse an einem Profil wesentlich steigert. Neben dem Foto sind die persönlichen Daten platziert, der eigene Name und der Name der Firma, bei der man beschäftigt ist, oder die berufliche Bezeichnung.

Über die Menüleiste am linken Rand können Sie auf Ihr Postfach zugreifen sowie bestehende und neue Kontakte finden. Ebenfalls in diesem Bereich sind u.a. Stellen- und Projektangebote, Gruppendebatten, Event-Hinweise sowie Unternehmenspräsentationen zu finden.

Für Ihre Selbstdarstellung sowie engagiertes Networking ist der Bereich »Neuigkeiten« (siehe Startseite) sehr interessant: Hier wird angezeigt, wer von Ihren direkten Kontakten wen als neuen Kontakt hat oder welche Neuigkeiten es bei Ihren direkten Kontakten gibt (z.B. eine Auszeichnung, eine Änderung des Wohnsitzes, ein neues Foto). Sie können sich den Neuigkeiten-Bereich ungefähr so vorstellen wie die Timeline bei Facebook bzw. generell den Newsstream von sozialen Netzwerken. Nur haben Sie es bei XING mit einer Gemeinschaft von Personen zu tun, die einen gemeinsamen Zweck mit der Nutzung dieser Plattform verfolgt (Special Interest Community), nämlich beruflich vorankommen bzw. Karriere machen.

Manche Veränderungen bieten den besten Anlass, sich mit einem Kontakt wieder einmal in Verbindung zu setzen. Mit Statusmeldungen, z.B. »XY freut sich über neue Projektanfragen im Bereich XZ« oder »XY ist stolz auf den erfolgreichen Abschluss der Weiterbildung als XZ« rufen sich Ihre Kontakte ins Blickfeld, und so können natürlich auch Sie für sich selbst PR machen.

Kontakte (steht neben Ihrem Profilfoto): Hier steht die Anzahl Ihrer Kontakte, die Sie bis jetzt auf XING geknüpft haben, und hier sind diese Kontakte auch im Detail einsehbar. Wollen Sie auf Ihrer Seite auf diese Möglichkeit verzichten oder Ihre Kontakte schützen, können Sie Ihre Kontakte auch (vor der Öffentlichkeit) verbergen; nur Sie selbst können dann noch die Kontakte ansehen. Sie können natürlich auch über das Menü auf Ihre Kontakte zugreifen.

Aktivität (steht neben Ihrem Profilfoto): Diese Funktion zeigt an, wie häufig Sie auf XING aktiv sind. Dies kann eine interessante Information für andere Mitglieder sein, um zu sehen, wie wichtig Ihnen diese Networking-Plattform wirklich ist. Natürlich können Sie diese Information auch verbergen, um nach außen keine Hinweise zu Ihren Internetaktivitäten zu geben.

Karrierewünsche bearbeiten: Diese Funktion verbirgt sich mittlerweile hinter dem Punkt »ProJobs-Einstellungen« ganz rechts in Ihrem Profil über »Kontaktdaten«. Sie können drei Basis-Einstellungen zu Ihren Karrierewünschen festlegen: Sichtbarkeit, Karrierestatus und Gehaltsvorstellung. Zu weitergehenden Einstellungen gelangen Sie nur über das kostenpflichtige ProJob-Abonnement, das an dieser Stelle angeboten wird.

Zitat: Begrüßen Sie Ihre Profilbesucher mit einer freundlichen Ansprache oder einem interessanten Zitat. Somit ergibt sich vielleicht ein direkter Anknüpfungspunkt beim Networking-Austausch.

Profildetails: Unter diesem Menüpunkt sind Ihre wichtigsten beruflichen Informationen aufgelistet. In der Rubrik »Ich biete« gilt es, in kurzen, knappen Worten Ihre Fähigkeiten und Eigenschaften zu konkretisieren – natürlich so positiv wie möglich. Jahrelange Berufserfahrung, der Hinweis auf spezifische Fähigkeiten oder Erfolge – all dies sollte hier prägnant (bitte keine Romane!) dargestellt werden. Bei »Ich suche« ist Platz für Ihre ganz konkreten Vorstellungen über Ihren neuen Arbeitsplatz. Sind Sie auf Stellensuche, vermeiden Sie möglichst allgemeine Floskeln wie »Neue Kontakte, neue Herausforderungen …«, denn deswegen sind alle Mitglieder bei XING. Ratsam sind Formulierungen wie »Kontakte in der Medienbranche (Hotel-, Baubranche etc.)«. Im Bereich »Berufserfahrung« finden Ihre beruflichen Stationen in einer vorgefertigten Maske ihren Platz – optional auch mit genauen Jahres- und Ortsangaben. Je länger Sie in einer Position beschäftigt waren, umso größer wird der grüngelbe Kreis (je nach Browser auch Quadrat) links neben jeder beruflichen Station. Dies erleichtert die Übersichtlichkeit bzw. ermöglicht dem Profilbetrachter auf einen Blick zu erkennen, welche Schwerpunkte es im beruflichen Werdegang gibt. Bei »Ausbildung« können Sie alles anführen, was zu Ihrer Aus- und Weiterbildung beigetragen hat. Es folgen Ihre

Sprachkenntnisse, besondere Qualifikationen, Auszeichnungen sowie Mitgliedschaften in Organisationen.

Den Abschluss in dieser Profilkategorie bilden Informationen zu den Interessen sowie persönliche Daten, z. B. das Geburtsdatum. Generell erleichtern Angaben zu Ihren bisherigen Arbeitgebern und Ihrer jetzigen Firma, zu Ihrer Schul- und/oder Universitätslaufbahn ehemaligen Kontakten die Suche nach Ihnen. Häufig finden sich auch Besucher auf Ihrem Profil, die aus reiner Neugier den Namen Ihrer gemeinsamen Hochschule eingegeben haben.

Portfolio: Neben der Chance, hier eine Art Dritte Seite zu integrieren, können Sie in sehr individueller Weise weitere Texte zu Ihrem Profil präsentieren, zusätzliche Bilder einstellen, in PDF-Form beispielsweise Arbeitsproben oder Projektbeschreibungen hochladen. All diese Optionen sind wunderbare Chancen für eine noch individuellere Selbstdarstellung via XING. Bei einer ausgefüllten Portfolio-Seite empfehlen wir am Ende des Portfolios die Auflistung eines eigenen Impressums bzw. eine Beschäftigung mit der aktuellen Rechtslage zum Thema Impressumspflicht.

Weitere Profile im Netz: Sie haben eine eigene Homepage oder einen beruflich relevanten Twitter-Account? Dann können Sie in dieser Kategorie Ihre Profile auflisten und anderen Besuchern zugänglich machen. Unser Tipp: Weniger ist mehr. Verwirren Sie an dieser Stelle nicht mit einer Auflistung von 10–15 weiteren Profilen. Kaum jemand wird das Interesse und die Zeit haben, alle Links anzuklicken. Konzentrieren Sie sich auf die für Ihre beruflichen Ziele wichtigsten Links im Netz.

Gruppen: XING hat ein sehr vielfältiges Angebot an sogenannten Gruppen, denen Sie beitreten können. Beruflich oder privat – Sie haben eine unglaublich vielfältige Auswahl. Einige Gruppen sind offen, andere sind sehr exklusiv und bedürfen der vorherigen Prüfung Ihres Beitrittsgesuchs durch die Gruppenmoderatoren. Dies gilt besonders, wenn es um sensibles fachliches oder bracheninternes Wissen oder die Wahrung der beruflichen Qualität geht. Sie müssen nicht unbedingt Mitglied einer Gruppe sein, um Informationen zu erhalten. Denn die meisten Gruppen gewähren Einblick in die von ihren Mitgliedern verfassten Artikel. Es empfiehlt sich, Gruppen beizutreten, die Ihrem Berufswunsch oder Ihrer Branche entsprechen. Denn Sie können die Mitgliedschaft auf Ihrer Profilseite sichtbar machen und zeigen so Ihr Engagement und Ihr Interesse an Ihrem Metier. Sie können Ihre Mitgliedschaften aber auch (über »Einstellungen«, »Privatsphäre«) einzeln verbergen, z. B. wenn Sie nicht wollen, dass Ihr momentaner Chef mitbekommt, dass Sie Mitglied in einer Gruppe zum Thema »berufliche Neuorientierung/Bewerbung« sind. In den Gruppen selbst erfahren Sie viel zum Gruppenthema, können Fragen stellen, Ihre Meinung äußern – kurz, sich an der Diskussion rund ums Thema beteiligen und eben austauschen.

Je reger Sie sich beteiligen (natürlich mit intelligenten Beiträgen), desto mehr wecken Sie die Aufmerksamkeit anderer Gruppenteilnehmer, die vielleicht eine Stelle zu vergeben haben und genau nach jemandem wie Ihnen suchen. Das jedenfalls ist für viele der Motor, die Erwartungshaltung und Hoffnung. Regelmäßige Newsletter berichten über wichtige Neuigkeiten aus der Gruppe oder aus der Branche. Sehr sinnvoll sind übrigens Gruppentreffen der Mitglieder außerhalb des Internets. Denn der persönliche Kontakt ist vielen Mitgliedern immer noch am wichtigsten. Regionale und überregionale Gruppentreffen vertiefen bestehende Kontakte und bieten Gelegenheit für neue.

Aktivitäten: Hier sind Ihre Aktivitäten, z.B. Profiländerungen, auf XING einsehbar, sofern Sie diese für die Öffentlichkeit zur Verfügung stellen. Positiv an der Erstellung eines XING-Profils ist, dass Sie es jederzeit relativ unkompliziert ändern bzw. anpassen können. Unser Tipp: Je konkreter bestimmte Stichwörter Ihres Profils sind, desto größer ist auch Ihre Chance, von beruflich relevanten Mitgliedern gefunden zu werden. Denn die Suche nach interessanten Kontakten funktioniert häufig über die Stichwortsuche. In der Rolle des Besuchers eines XING-Profils finden Sie einige Funktionen, die für das Networking von besonderer Bedeutung sind. Hierzu gehört beispielsweise ein Klick auf »Gemeinsamkeiten«, der dann für Sie beide übereinstimmende Kontakte, Gruppen, Unternehmen und Events auflistet. Erscheint Ihnen ein Profil interessant, klicken Sie den Button »Als Kontakt hinzufügen«. In einer kurzen Begründung geben Sie an, weswegen Sie mit dem Betreffenden in Kontakt treten wollen. Ist er interessiert, wird er Ihren Kontakt bestätigen. In der Rolle des Profildarstellers haben auch Sie die Wahl, Kontaktanfragen zu bestätigen oder abzulehnen. Wichtig ist in jedem Fall, dass Sie sich nur mit Kontakten verbinden sollten, die Sie wirklich kennen. Es ist nicht sinnvoll, unbekannte Leute um Verlinkung zu bitten, nur weil man vielleicht in der gleichen Branche arbeitet. Beachten Sie hierzu bitte die XING-Netiquette, die Sie im Hilfebereich finden.

Ein kleiner Tipp bei Kontaktanfragen von anderen XING-Mitgliedern: Überlegen Sie, ob Sie diesen Kontakt wirklich wollen oder ob Sie ihn aus purer Höflichkeit oder anfänglicher Begeisterung annehmen. Auch im Netz gilt: »Sage mir, mit wem Du umgehst ...« Mit einem Klick auf »Nachricht schreiben« können Sie über diese Funktion an ein XING-Mitglied eine Nachricht senden, ohne es als Kontakt hinzuzufügen. Sie finden ein XING-Profil interessant und wollen später einmal darauf zurückkommen, um dann vielleicht auch eine Nachricht zu senden? Dann nutzen Sie die Funktion »Mitglied merken«, um schnell dieses Mitglied wieder aufzufinden.

Zur Sicherheit auf XING

Insgesamt wird das Thema Sicherheit und Datenschutz auf XING durchaus großgeschrieben. Ihre Kontaktdaten sind sicher verschlüsselt, es sei denn, Sie beschließen, einer bestimmten Person Ihre Daten freizugeben. Erhalten Sie eine Ihnen unangenehme Kontaktanfrage, können Sie diese jederzeit ablehnen oder – sollte der Kontakt zudringlich werden – mit einer Meldung an XING regelrecht zurückweisen. Die Mitarbeiter von XING sind jederzeit berechtigt, bei Missbrauch von Daten oder Übergriffen ein Mitglied aus der Plattform auszuschließen. Innerhalb der Gruppen übernehmen diese Funktion die (Co-)Moderatoren. Sie haben zudem die Aufgabe, auf den richtigen Ton innerhalb der Diskussion zu achten, Beleidigungen zu ahnden oder notfalls ein Mitglied aus der Gruppe auszuschließen. In einer eigenen Gruppe für Moderatoren erhalten sie einen Verhaltenskodex und haben immer die Möglichkeit, sich Rat zu holen.

Übersichtlichkeit und Prägnanz

Die Übersichtlichkeit, Klarheit und Prägnanz sind bei einem XING-Profil wichtig. Selbstmarketing bedeutet immer auch eine verkürzte Darstellung ganz konkreter Fakten. Versuchen Sie, Ihr XING-Profil in einer ausgewogenen Mischung aus relevanten Inhalten und einer möglichst guten Übersichtlichkeit zu gestalten. Niemand möchte hier kilometerlange Auflistungen unter »Ich biete« lesen oder zu komplexe Details aus Ihrer Berufspraxis erfahren. In gleicher Weise sind bei einer Führungskraft mit 30 Jahren Berufserfahrung die Schulpraktika in der Berufspraxis uninteressant. Und auch bei XING sollte eine sogenannte Dritte Seite nicht zu umfangreich gestaltet sein. Ebenfalls wichtig ist eine gewisse harmonische, gleichmäßige Darstellung aller verwendeten Daten bzw. Informationen. Wenn Sie beispielsweise bei Ihrer Berufspraxis bei einer Station die Aufgabengebiete konkret beschreiben, so sollten Sie dies auch generell bei allen beruflichen Positionen so handhaben.

Die optimale Selbstpräsentation …

… auf XING benötigt etwas Zeit und stetige Aktualisierungen. XING bietet sehr vielfältige, innovative Möglichkeiten, um das eigene berufliche Profil öffentlich oder ausgewählten Kontakten bekannt zu machen. Diese gilt es zu erkunden und für die eigene Karriere bestmöglich zu nutzen. Ein besonderer Vorteil von XING gegenüber einer beruflich orientierten Homepage ist die Chance, direkt Referenzen einzubinden und somit die eigenen Angaben, Kompetenzen und Stärken quasi in einer objektiven Perspektive zu präsentieren. Dieser Aspekt ist digitales Selbstmarketing pur und nicht zu unterschätzen. Gleichzeitig hat sich XING zu einem Standard im beruflichen Austausch entwickelt, der dem einer Visitenkarte, natürlich in viel umfangreicherer, modernerer Form, ähnelt. Nicht ohne Grund wird auf Networking-Events und in manchen Stellenanzeigen erwartet, dass man ein XING-Profil hat. Es erleichtert den Austausch via Internet, und ein professionell erstelltes XING-Profil ist gleichzeitig ein eindrucksvoller Beweis Ihrer Medienkompetenz.

Um Ihnen das einmal an einem Beispiel zu verdeutlichen, zeigen wir Ihnen hier das Profil von Simon Lehmann, einem Diplom-Ingenieur, in der Vorher-Nachher-Version.

XING
Startseite
Jobs
Projekte
Gruppen
Events
Unternehmen
Erweiterte Suche
Andere zu XING einladen
Hilfe & Kontakt
Ausloggen
Premium
Simon Lehmann
Diplom-Ingenieur Maschinenbau
Leiter Qualitätswesen
IKROM AG Bremen, Deutschland
Führungskraft
12 Kontakte
24 % Aktivität
Als Kontakt hinzufügen
Nachricht schreiben
Kontaktdaten
mehr
Schnaps ist Schnaps und Dienst ist Dienst, erst die Arbeit, dann das Vergnügen!
Eigene Notizen zu Lars Lehmann
Profildetails
Portfolio
Weitere Profile im Netz
Kontakte
Gruppen
Events
Aktivitäten
Ich biete
Qualitätsbewusstsein
Blick für das Wesentliche
Qualitätsanspruch
ausgeprägte Ausdauer
Berufserfahrung
5 Jahre 10 Monate
01/2011 – heute
Leiter Qualitätswesen
IKROM AG Bremen
www.ikrom-ag.de
Branche: Metallindustrie/-verarbeitung
Unternehmensgröße: 51 – 200 Mitarbeiter
Beschäftigungsart: Angestellter (Vollzeit)
Karrierestufe: Direktor (Bereichsleiter, VP, SVP etc)
Endlich das Ziel erreicht!
5 Jahre 8 Monate
05/2005 – 12/2010
Gruppenleiter Qualitätssicherung
Energie GmbH, Werk Bremen
www.energie-gmbh.de
Branche: Energiewirtschaft
Unternehmensgröße: 11 – 50 Mitarbeiter
Beschäftigungsart: Angestellter (Vollzeit)
Karrierestufe: Direktor (Bereichsleiter, VP, SVP etc)
Erster Aufstieg! Führung von 20 Mitarbeitern, Wareneingangsprüfung, Fertigungsprüfung, Erstellung von Verfahrens- und Prüfanweisungen
Betriebsschlosser
Meier GmbH
Branche: Metallindustrie/-verarbeitung
Unternehmensgröße: 11 – 50 Mitarbeiter
Beschäftigungsart: Angestellter (Vollzeit)
Die ersten 7 Jahre von der Pike auf
VORSICHT! Schlechte Version!

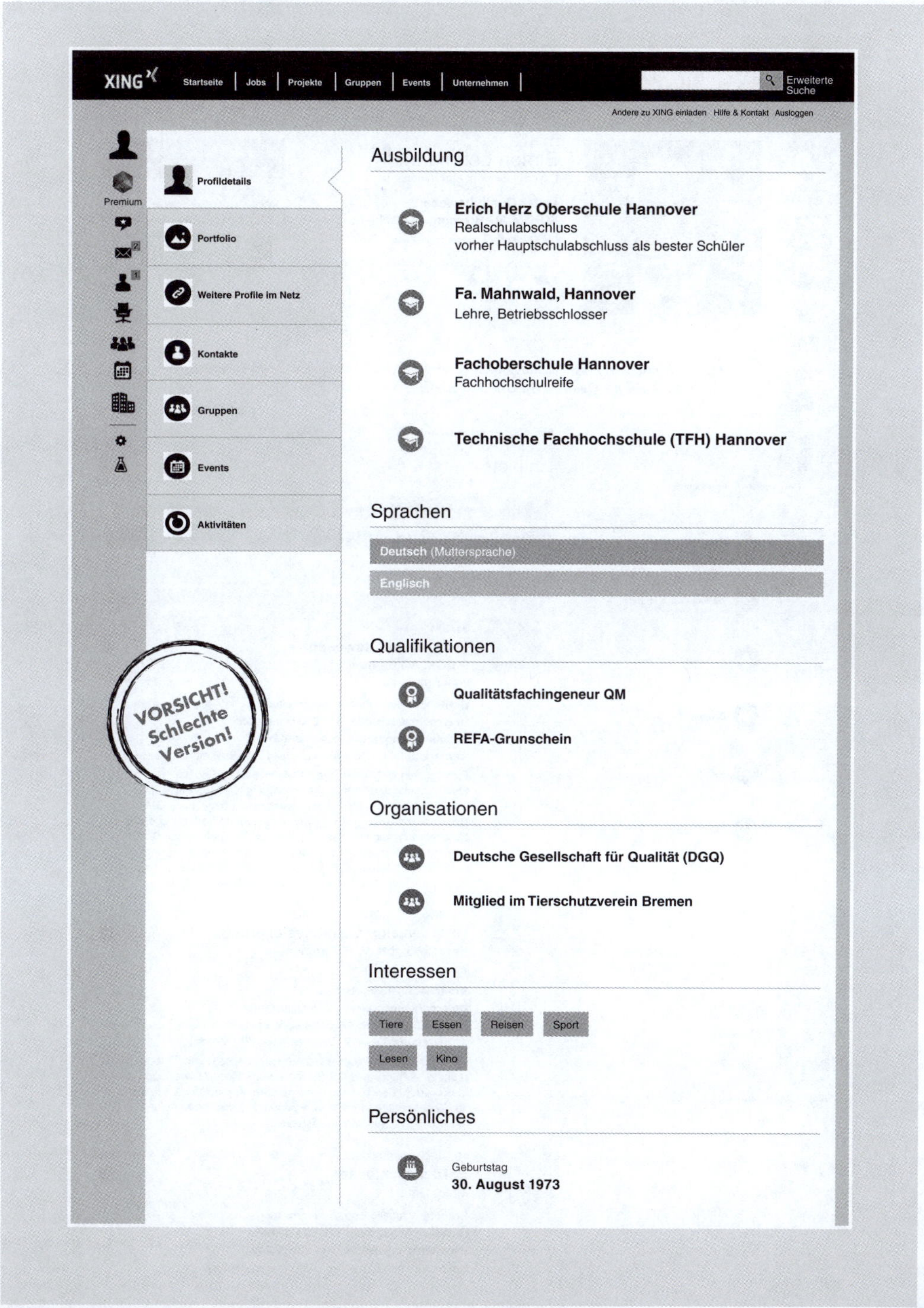
XING
Startseite
Jobs
Projekte
Gruppen
Events
Unternehmen
Erweiterte Suche
Andere zu XING einladen
Hilfe & Kontakt
Ausloggen
Premium
Profildetails
Portfolio
Weitere Profile im Netz
Kontakte
Gruppen
Events
Aktivitäten
VORSICHT! Schlechte Version!
Ausbildung
Erich Herz Oberschule Hannover
Realschulabschluss
vorher Hauptschulabschluss als bester Schüler
Fa. Mahnwald, Hannover
Lehre, Betriebsschlosser
Fachoberschule Hannover
Fachhochschulreife
Technische Fachhochschule (TFH) Hannover
Sprachen
Deutsch (Muttersprache)
Englisch
Qualifikationen
Qualitätsfachingeneur QM
REFA-Grunschein
Organisationen
Deutsche Gesellschaft für Qualität (DGQ)
Mitglied im Tierschutzverein Bremen
Interessen
Tiere
Essen
Reisen
Sport
Lesen
Kino
Persönliches
Geburtstag
30. August 1973

Verbesserte Version

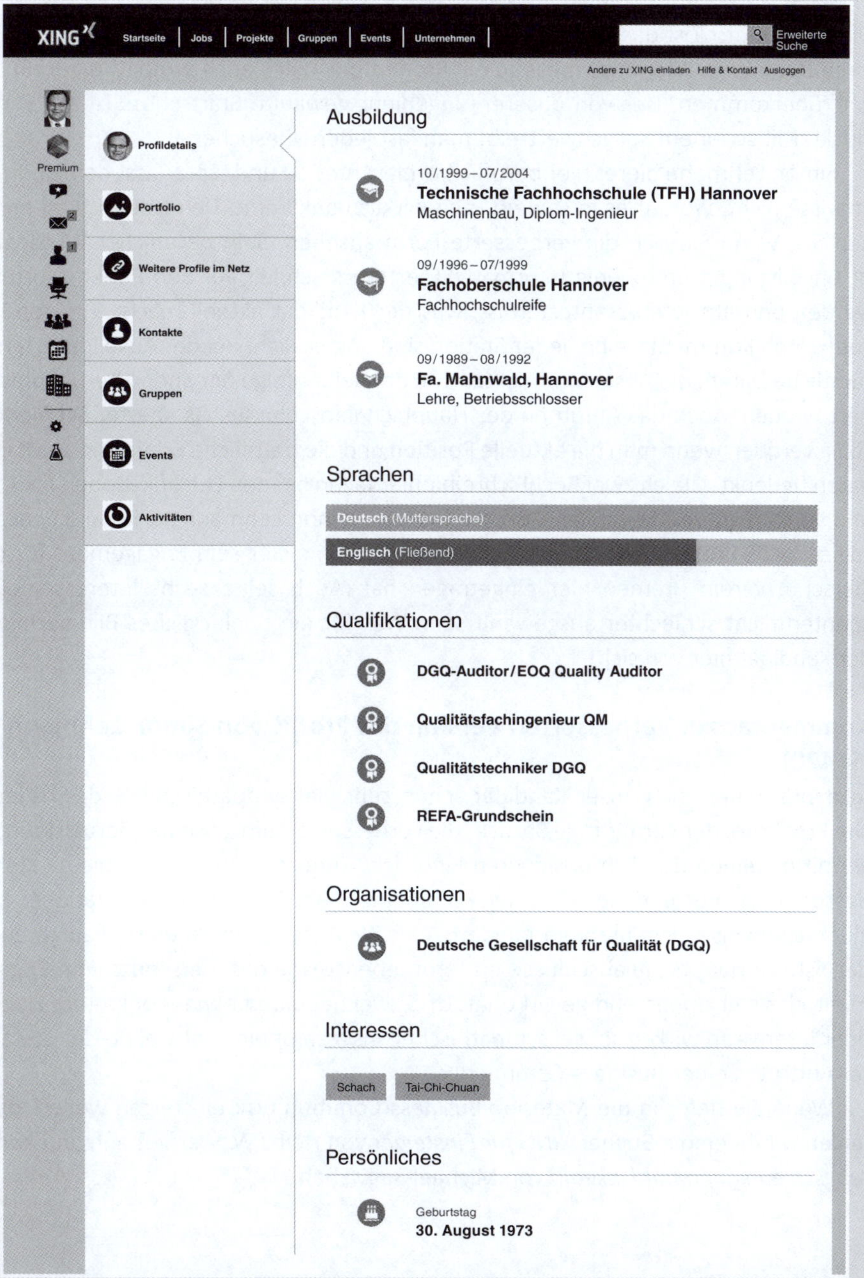
XING
Startseite
Jobs
Projekte
Gruppen
Events
Unternehmen
Erweiterte Suche
Andere zu XING einladen
Hilfe & Kontakt
Ausloggen
Premium
Profildetails
Portfolio
Weitere Profile im Netz
Kontakte
Gruppen
Events
Aktivitäten
Ausbildung
10/1999 – 07/2004
Technische Fachhochschule (TFH) Hannover
Maschinenbau, Diplom-Ingenieur
09/1996 – 07/1999
Fachoberschule Hannover
Fachhochschulreife
09/1989 – 08/1992
Fa. Mahnwald, Hannover
Lehre, Betriebsschlosser
Sprachen
Deutsch (Muttersprache)
Englisch (Fließend)
Qualifikationen
DGQ-Auditor/EOQ Quality Auditor
Qualitätsfachingenieur QM
Qualitätstechniker DGQ
REFA-Grundschein
Organisationen
Deutsche Gesellschaft für Qualität (DGQ)
Interessen
Schach
Tai-Chi-Chuan
Persönliches
Geburtstag
30. August 1973

Kommentar zur schlechten Version des Profils von Simon Lehmann (S. 418)

Ohne Profilfoto löst das Profil bis zu 70 Prozent weniger Interesse an der Person und ihren Daten aus. Allerdings muss so ein Profilfoto wirklich auch sympathisch sein und gut rüberkommen. Der von unserem Ingenieur gewählte Startschuss ist arg verunglückt. Mit so einem Spruch vertreibt man fast jeden »Besucher«.

Simon Lehmann bietet hier beruflich Irrelevantes an und hinterlässt den Eindruck, er wisse nicht, worauf es in seinem Fach wirklich ankommt. Den Unterschied erkennen Sie, wenn Sie sich die verbesserte Form ansehen. Sein beruflicher Werdegang ist unvollständig und wenig informativ. Hier muss schnell auf den Punkt informiert werden und am interessantesten ist, was der Kandidat aktuell macht. Die von ihm getexteten Kommentare bei jeder Station sind unglücklich. Bei der Ausbildung fehlen sämtliche Daten, die Abschlüsse sollten von der Reihenfolge her andersherum präsentiert werden. Auch das Anführen des Hauptschulabschlusses als »bester Schüler« ist völlig verquer, wenn man die aktuelle Position und die berufliche Erfahrung des Kandidaten bedenkt. Gleich zwei Rechtschreibfehler fallen bei den Qualifikationen ins Auge und verstärken den negativen Gesamteindruck. Simon Lehmann schien die Funktion seines XING-Profils nicht bewusst gewesen zu sein, als er sein Engagement für den Tierschutzverein Bremen hier eingetragen hat. Auch seine sechs Interessenfelder könnten nicht schlechter ausgewählt sein. Was für ein unglückliches Bild vermittelt der Kandidat hier von sich!

Kommentar zur verbesserten Version des Profils von Simon Lehmann (S. 420)

Jetzt präsentiert sich unser Kandidat schon sehr viel sympathischer – das freundliche Profilfoto, der vernünftige Spruch, die verbesserte Abfolge seiner Berufsstationen vermitteln einen deutlich positiveren Eindruck. Unter der Rubrik »Ich biete« stehen bessere Keywords und die seltsamen Kommentare bei den beruflichen Stationen sind glücklicherweise nicht mehr vorhanden. Auch die Ausbildungsdaten sind aufgeräumt, der »stolze Hauptschulabschluss« entfernt, ebenso wie das Tierschutzheim-Engagement, das hier unpassend gewirkt hat. Und zwei neue und etwas konkretere Hobbys oder Interessen wirken so viel sympathischer. Insgesamt ein sehr viel besser gestalteter Auftritt in einer Business-Community.

Wenn Sie tiefer in die Materie »Business-Communitys« einsteigen wollen, empfehlen wir Ihnen die Bücher *XING für Einsteiger* von Heinz W. Warnemann und *Karrierebeschleunigung mit LinkedIn* von Michael Rajiv Shah.

Selbstdarstellung: Die eigene Homepage

Wer sich im Computer- oder Multimediabereich bewirbt, von dem wird eine eigene Webseite fast schon erwartet. Aber auch in der Medien- und Kommunikationsbranche kann eine eigene Seite wichtig sein. Es ist an Ihnen, hier eine realistische Einschätzung zu finden. Was wird erwartet? Generell gilt: Eine für Ihr Vorhaben als Unterstützung konzipierte Homepage sollte auf keinen Fall farblich und inhaltlich überladen sein oder gar mit privaten Urlaubsbildern oder Links zu angeblich lustigen Seiten ausgeschmückt werden. Ihr Ziel ist es, sich prägnant, sehr kompetent, hoch motiviert und absolut sympathisch zu präsentieren (s. auch »KLP«, S. 48).

Nutzen Sie die Internetsuche und finden Sie Homepages, die ebenfalls zu Bewerbungsunterstützungszwecken »gebastelt« worden sind. Schauen Sie sich deren Gestaltung sowie die inhaltlichen Schwerpunkte an.

Eins kann man aber schon vorab sagen: Setzen Sie auf die Sinne. Es geht um Gefühle und Sympathie, die Vertrauen schaffen, aus dem dann Zutrauen (Kompetenzattribuierung) entsteht.

Natürlich bieten wir Ihnen hier keinen Crashkurs zum Thema: »Wie mache ich eine eigene Homepage?« Wichtig ist uns aber, zu vermitteln: Es geht wirklich nicht um viel Text (Bleiwüsten) und Argumente, wie klug Sie sind – es geht darum, die Gefühle Ihrer »Besucher« anzusprechen, Assoziationen zu wecken, ein sympathisches Gefühl entstehen zu lassen.

Technische Realisation

Sie benötigen ein entsprechendes Webeditor-Programm wie z. B. Microsoft Expression Web. Es ist auch möglich, bei Powerpoint oder Word die erzeugten Seiten im Format HTML abzuspeichern, jedoch zeigt dieser Code gewisse Schwächen bei bestimmten Webprogrammen. Abseits davon stellen manche Internetanbieter einfache Webeditoren zusammen mit benutzerfreundlichen Onlinebaukästen zur Verfügung, die beim Kauf der Internetadresse kostenlos genutzt werden können. Die meisten Internetprovider bieten übrigens eigene Homepages als kostengünstigen Service für ihre Kunden an. Wenn Ihnen die grafische Gestaltung und technische Umsetzung Ihrer Homepage zu viel Mühe macht und das Ergebnis vermutlich eher laienhaft wäre, lohnt es sich in jedem Fall, einen professionellen Webdesigner zu beauftragen. Zeitaufwand und Kosten bewegen sich von weniger als einen halben Tag bis hin zu mehreren Wochen, je nach Aufwand, den Sie betreiben wollen, was die technische Seite betrifft. Zu den Kosten: Sie können Ihre Homepage selbst erstellen und quasi kein Geld investieren oder von etwa 100 bis hin zu einigen Tausend Euro zahlen. Ein breites Feld, aber schon mit geringem Zeit- und Kostenaufwand sehr lohnend.

Gehen Sie auf Nummer sicher

Testen Sie Ihre Seiten auf unterschiedlichen Computern, mit verschiedenen Webbrowsern und unterschiedlichen Bildschirmauflösungen. Nur so können Sie wissen, dass Ihre Homepage auch wirklich fehlerfrei online gehen kann.

Inhaltliche Umsetzung

Zu den Inhalten einer Homepage gehören: eine Kurzvorstellung der eigenen Person mit den wichtigsten Daten, ein Lebenslauf, den man dann auch direkt ausdrucken kann, sowie ausgewählte Zeugnisse und eventuell Arbeitsproben (Fotos). Selbstverständlich können Sie sensible Daten wie Zeugnisse oder Arbeitsproben durch ein Passwort geschützt nur einer speziellen Personengruppe zugänglich machen. Das von Ihnen bestimmte Passwort übermitteln Sie dann einfach zusammen mit Ihren schriftlichen Bewerbungsunterlagen oder beim telefonischen Kontakt bei einer Initiativbewerbung. Überlegen Sie sich gut, ob Sie aufwendige Animationen oder umfangreiche multimediale Inhalte in Ihre Seite integrieren wollen. Das kostet die Besucher oft unnötig viel Zeit. Verwenden Sie ein Layout, das den Erwartungen Ihrer Zielgruppe entspricht und trotzdem Ihre eigene Persönlichkeit angemessen präsentiert.

Domainname

Die beste Variante ist eine Webadresse, die den eigenen Namen enthält, also z.B. www.sandra-schelling.de für eine Homepage von Sandra Schelling. Welche Namen mit dem Abschlusskürzel »de« noch nicht vergeben sind, erfahren Sie unter www.denic.de.

Sechs Regeln für die perfekte Homepage

1. Weniger ist mehr. Versuchen Sie, nicht durch eine auffällige grafische Gestaltung, sondern durch eine zweckmäßige und trotzdem kreative Präsentation aufzufallen.
2. Stellen Sie wichtige inhaltliche Punkte auch gut sichtbar sowie leicht erreichbar in den Vordergrund.
3. Vergessen Sie nicht, etwas über Ihre Persönlichkeit zu kommunizieren, und vermeiden Sie Links zu zweifelhaften Internetseiten.
4. Auch Ihre direkten Kontaktmöglichkeiten sollten stets leicht auffindbar sein.
5. Achten Sie auf Metatags, damit Ihre Homepage auch von den Suchmaschinen möglichst gut gefunden wird (weitere Infos unter: www.suchfibel.de).
6. Halten Sie die Daten und die Gestaltung Ihrer Homepage stets auf dem aktuellen Stand.

Ein ganz besonderer Hingucker

Schauen Sie sich mal die englischsprachige Seite about.me (https://about.me) an. Mit Ihrem QR-Code (s.S. 426) könnten Sie den Leser und Empfänger Ihrer Unterlagen auch direkt auf diese Seite führen und sich in solch einer ausgeklügelten und anspruchsvollen Weise präsentieren und auch noch weiterleiten auf Facebook, Twitter etc. – ganz wie Sie wollen. Irgendwann, wenn es jeder Dritte macht, wird es uninteressant. Aber aktuell macht es nicht einmal jeder Tausendste! (Stand Ende 2015)

Resümee

Ihre eigene Website ist eine sehr intelligente Möglichkeit, sich zu präsentieren. Die Entscheider erfahren mehr über Sie, und bei einer gut gemachten Präsentation heben Sie sich positiv von Ihren Mitbewerbern ab. In Ihren schriftlichen Bewerbungsunterlagen weisen Sie entsprechend auf Ihre Seite im Internet hin. Schnellster Zugriff: ein QR-Code (s. S. 426). Und wenn Sie in den engeren Kreis potenziell einzuladender Kandidaten kommen (aufgrund Ihrer überzeugenden schriftlichen Unterlagen), wird man sich ganz sicher auch Ihre Website anschauen. Hier können Sie übrigens auch durch ein Passwort geschützt für potenzielle Auftrags- oder Arbeitgeber weitere Infos zu Ihrer Berufsvita anbieten, die nicht gleich jedermann zugänglich gemacht werden sollten.

Machen Sie Ihre Homepage auch in Business-Communities, z. B. XING oder LinkedIn, bekannt. Verlinken Sie von diesen Profilen direkt auf Ihre Seite. Selbst Ihr Twitter- oder Google+-Profil kann auf Ihre Bewerbungshomepage verlinken. Auf diese Weise erhöhen Sie die Chance, dass Ihre Bewerbungshomepage gefunden bzw. besucht wird.

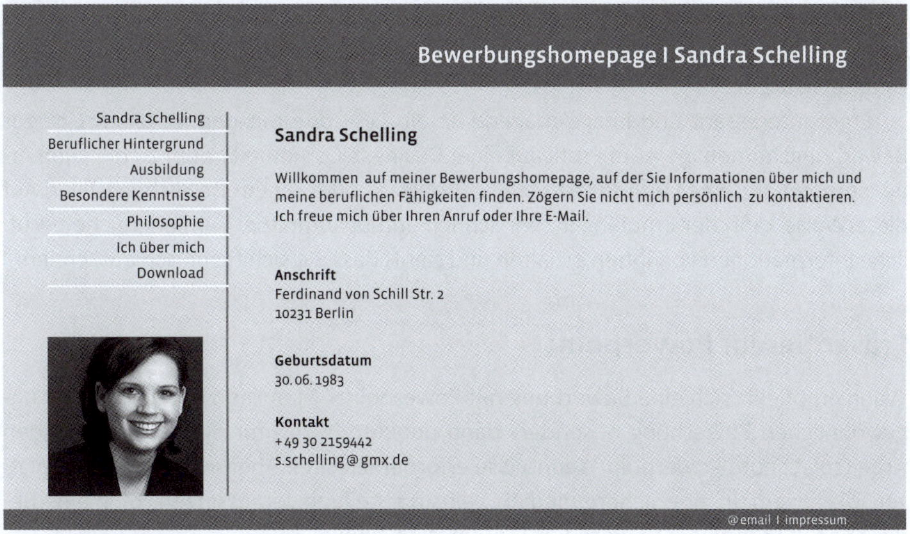

Hinführen: QR-Code, Ihre Zugangsempfehlung

QR steht für Quick Response (schnelle Antwort) und ist ein zweidimensionaler Zeichencode, der in den Neunzigerjahren in Japan entwickelt wurde.

Er verbindet Sie sekundenschnell mit einer Internetadresse, auf der der Ersteller dieses Codes für Sie spezielle Botschaften hinterlegt hat. Das können Sie auch für den Empfänger Ihrer Unterlagen einrichten und damit schnell auf Ihre Internetseite führen. Welche interessanten Möglichkeiten der QR-Code im Zusammenhang mit Bewerbungen bietet, zeigt auch das Beispiel von Victor Petit, der eine besondere Videobotschaft per Code in seine Bewerbung integrierte (s. S. 252).

Unter dem Stichwort »QR Generator« finden Sie im Internet verschiedene Angebote, die Ihnen eine solche Verbindungsmöglichkeit herstellen, u.a. www.qrcode-generator.de. Die Verwendung des QR-Codes ist übrigens lizenz- und kostenfrei. Ein QR-Code ist in nur 30 Sekunden erstellt und kann einfach per Copy & Paste in die eigene Webseite und später in die eigenen Bewerbungsunterlagen eingefügt werden.

Und selbst wenn dieses Angebot in Ihren Bewerbungsunterlagen noch nicht so häufig von Ihren Empfängern genutzt wird: Der Effekt, den Sie damit kreieren, ist nicht zu unterschätzen!

Ergo: Interessant und image-prägend ist ein QR-Code mit dem direkten Link zur Bewerbungshomepage, zum Profil auf einer Business-Community oder zu digitalen Arbeitsproben auf einer Visitenkarte, einer Profilcard oder einem Bewerbungsflyer. Auf diese Weise kann der Empfänger sehr schnell und unkompliziert umfangreiche berufliche Informationen von Ihnen erhalten und sieht, dass Sie sich technisch auskennen.

Präsentieren: Powerpoint

Wann empfiehlt sich eine Bewerbung mit Powerpoint? Man kann mit dieser eher ungewöhnlichen Bewerbung besonders dann punkten, wenn für den entsprechenden Arbeitsplatz gute Powerpoint-Kenntnisse erforderlich sind. Aber auch bei Arbeitsplätzen, die allgemein eine sichere mediale Selbstdarstellung voraussetzen, kann eine Bewerbung in Form einer Powerpoint-Präsentation sinnvoll sein.

Die Gestaltung

Gestalten Sie entsprechend den Erwartungen der Zielgruppe eine kompetente und gleichzeitig unaufdringliche Selbstpräsentation. Ein besonderer Kniff kann die Verwendung der Hausfarben oder des Firmenlogos sein, das Sie dezent in Ihre Präsentation einbauen. Stellen Sie auch die richtige Präsentationsdauer pro Folie ein und testen Sie die Zeiteinstellungen der Folienübergänge im Freundeskreis. Zeigen Sie sich kompetent im Umgang mit Powerpoint, ohne dabei den Bogen zu überspannen: Stellen Sie technische Spielereien nicht zwanghaft in den Vordergrund, denn nicht alles, was technisch machbar ist, muss auch wirklich zu Ihrer Präsentation passen. Benutzen Sie nur die Animationen, Grafikeffekte oder Soundoptionen, die Ihre Botschaft unterstützen und diese nicht gnadenlos überdecken. Viel wichtiger ist eine fesselnde Dramaturgie – ein überraschender Start, der in einen spannenden Mittelteil übergeht, und ein Ende mit einem überraschenden Paukenschlag. Zugegeben, alles ist leichter gesagt als getan! Machen Sie sich bewusst, dass bei Bewerbungen im Design- und Grafikbereich sicherlich höhere Anforderungen an die gestalterischen und technischen Fähigkeiten gestellt werden als in anderen Bereichen.

Format und Umfang

Eine Präsentation in Powerpoint kann technisch »verpackt bzw. eingepackt« werden, sodass der Empfänger nicht unbedingt das entsprechende Office-Programm der Firma Microsoft benötigt. Hier gilt es, bei Bedarf Expertenrat einzuholen, um auch wirklich alle sinnvollen Möglichkeiten von Powerpoint zu nutzen. Ein Versand Ihrer Präsentation per E-Mail darf nicht die üblichen Größen von etwa 2–3 Megabyte überschreiten.

Inszenieren: Videobewerbung

Selbstmarketing in bewegten Bildern – ein Bewerbungs- und/oder Imagevideo ist hierfür der passende Weg. Denken Sie an einen Werbespot, der in wenigen Sekunden wichtige Informationen eindrucksvoll vermittelt. Ein solches Video muss nicht zwangsweise hochgradig professionellen Filmstandards im Hollywood-Stil entsprechen. Wichtiger ist die prägnante, zielgruppengerechte (z. B. bei Bankern anders als in der Kreativbranche) Vermittlung Ihres Profils, wobei auch hier wieder die Erfolgsfaktoren Kompetenz, Leistungsmotivation und Persönlichkeit (KLP, s. S. 48) wichtig sind. Dieses Imagevideo können Sie dann auf XING, LinkedIn oder Ihrer Bewerbungshomepage einstellen bzw. es damit verbinden und der Öffentlichkeit allgemein oder auch nur einem begrenzten Kreis, den Sie bestimmen, zugänglich machen. Natürlich können Sie auch in Ihren Bewerbungsunterlagen direkt darauf verweisen.

So wie Unternehmen auf ihren virtuellen Karriereportalen mit Videos für sich werben, können Sie als Bewerber das natürlich auch: mit einem kurzen, professionellen Bewerbungsvideo, das neugierig macht. Ein Hauptbeweggrund für die Einstellung eines Kandidaten sind neben seiner fachlichen Qualifikation seine viel beschworenen Soft Skills (also alles, was zwischenmenschlich notwendig ist, um in einem Unternehmen mit anderen Mitarbeitern gemeinsam erfolgreich zu sein). Da geht es um Sympathie, Vertrauen und schließlich Zutrauen. Wenn schon das Foto auf einer Bewerbung für Personaler absolut wichtig ist – wie viel mehr können Sie durch ein ganzes Video erreichen! Mit einer guten Vorbereitung haben Sie es in der Hand, einen Personaler von sich zu überzeugen. Eine aufrechte Körperhaltung, ein direkter offener Blick, ein Lächeln, seriöse Kleidung, ein geeigneter Hintergrund und ein Text, der in 30 Sekunden bis maximal zwei Minuten auf den Punkt bringt, weswegen Sie die beste Wahl sind, zeigen Ihr Engagement, Ihr Auftreten und Ihre Überzeugungskraft.

Amerikanische Bewerber, die die Videoplattform YouTube für ihre Karrieregestaltung nutzten, haben weltweit Nachahmer gefunden. Die Videobewerbung wird bei Unternehmen immer beliebter. Von Vorteil ist außerdem, dass man Videobotschaften auch in sein Profil auf Business-Communities integrieren kann.

Natürlich gehört die Videobewerbung zu den neueren und hierzulande noch eher selten verwendeten Bewerbungsformen. In kreativen Branchen wird sie bereits häufiger eingesetzt als in eher konservativen Geschäftsfeldern. Aber es gibt bereits einige Internetplattformen, die Privatvideos zu den unterschiedlichsten Themen sammeln und verwalten wie z. B.:

- www.youtube.de
- www.myvideo.de
- www.vimeo.com

Eine Videobewerbung muss kurz (besser 30 Sekunden als 3 Minuten!), sehr informativ und möglichst spannend sein, schon allein durch die Machart die (job-)relevanten Facetten des Bewerbers zeigen, auf langatmige Einleitungen verzichten und die Verbindung zwischen potenziellem Arbeitgeber und Bewerber begründen. In Amerika gibt es bereits viele Agenturen und hier in Deutschland entstehen gerade erste professionelle Anbieter, die sich darauf spezialisieren, diese Art der Selbstpräsentation und (Be-) Werbung auf Wunsch mit potenziellen Arbeitsplatzanbietern zu verlinken. Dabei kann die Videobewerbungsvariante aber sicherlich immer nur ein Teil Ihrer vollständigen Bewerbung sein.

Im Internet findet man Dienstleister, die die professionelle Gestaltung eines solchen Videos anbieten. Wer sich die Umsetzung selbst zutraut, bekommt technische Unterstützung in Gestalt der Software der Firma CVone (www.gocvone.com). Laut Aussage des Erfinders Steve Riedel verkürzt eine Videobewerbung den Entscheidungsprozess um 50 bis 80 Prozent.

Die Software ist in drei Teile gegliedert. In einem ersten Teil erhält der Bewerber die Möglichkeit, seine Unterlagen hochzuladen. Sie können später vom Personaler ausgedruckt werden. Für die eigentliche Bewerbung steht dem Bewerber ein Textfeld zur Verfügung, in dem er den Text, den er sprechen möchte, verfassen kann. Über seine eigene Webcam oder eine Webcam der Firma kann er seine Bewerbung filmen, sooft er möchte. Eine große Erleichterung ist hierbei der integrierte Teleprompter, von dem man den selbst verfassten Text ablesen kann. Die Besonderheit: Man kann bis zu zehn Videos mit bis zu fünf Minuten Länge (was nicht zu empfehlen wäre, weil zu lang!) aufnehmen und sie nach Themen betiteln (»Meine berufliche Laufbahn«, »Meine Auslandserfahrungen«, »Meine Interessen«). Nach der Aufnahme bietet die Software alle nötigen Werkzeuge zur Videobearbeitung inklusive verschiedener Layouts für die Bewerbung an. Ein Import eines externen Videos ist natürlich ebenso gut möglich.

Fünf Regeln für das perfekte Video

1. Erstellen Sie vorab einen kleinen Drehplan, in dem die unterschiedlichen Drehorte, die verschiedenen Einstellungen, die jeweilige Kulisse, die Statisten sowie andere wichtige Details festgehalten sind.
2. Achten Sie darauf, dass Ihr Video nicht zu lang wird und auch in einem Format übermittelt werden kann, das der Empfänger schauen kann.
3. Halten Sie die Balance zwischen einer kreativen Performance und der Übermittlung Ihrer beruflichen Kompetenz.
4. Generell sind Videos ein Medium zur Übertragung von bewegten Bildern. Bedenken Sie das bei der Dramaturgie Ihres Auftritts.
5. Testen Sie die Wirkung Ihres Videos im Freundes- und Bekanntenkreis.

Nicht zu vergessen: Ihre Chance bei YouTube. Hier kann man unkompliziert sein Bewerbungsvideo hochladen und anderen bekannt machen. Bereits erfolgreiche Beispiele zeigen: Ob konservativ oder innovativ – wichtig ist, dass das Video zur Zielgruppe, also den bevorzugten Arbeitsplatzanbietern, passt und das eigene Profil sympathisch und interessant präsentiert wird.

Vorstellungsgespräch per Webcam

Ein inzwischen relativ etablierter Schritt im Bewerbungsverfahren kann nach erfolgreichem Versand Ihrer Bewerbungsunterlagen folgen: Das Vorstellungsgespräch per Webcam. Insbesondere wenn zwischen Firma und Bewerber eine große geografische Distanz liegt, lässt sich auf diese Weise Zeit und Geld sparen, um einen ersten audiovisuellen Eindruck vom Kandidaten zu bekommen. Meistert er auch diese Hürde, folgt die Einladung zu einem klassischen Vorstellungsgespräch, direkt vor Ort in der Firma.

Worauf muss man als Bewerber bei solchen Gesprächen achten? Zunächst einmal sind da die technischen Voraussetzungen: Sorgen Sie für eine stabile, schnelle Internetverbindung und verwenden Sie die aktuellste Software, z.B. die neuste Skype-Version. Testen Sie im Freundeskreis die Audio- und Bildqualität. Wichtig ist auch, einen neutralen Bildhintergrund zu wählen und in passender Kleidung nicht zu nah, aber auch nicht zu weit vor der Kamera seinen Platz zu finden. Zum vereinbarten Gesprächstermin sollten Sie Ihre Bewerbungsunterlagen zur Hand haben und in Ruhe sprechen können, also nicht durch Mitbewohner oder Telefonanrufe unterbrochen werden. Inhaltlich gibt es keine großen Unterschiede zum traditionellen Vorstellungsgespräch, bis auf die noch ungewohnte Form. Bisweilen werden Sie auch in die Firma eingeladen und führen von dort aus diese Art des Vorstellungsgespräches z. B. mit der Firmenzentrale im Ausland.

Unser Tipp: Bereiten Sie vorab klare, prägnante Statements zu Ihrer Kompetenz und Leistungsmotivation vor, z. B. wichtige berufliche Stationen und Aus- und Fortbildungen. Hinzu kommt, dass man Ihre Persönlichkeit näher kennenlernen will, dass also Ihre Soft Skills, Ihre Körpersprache und natürlich auch Hobbys von Interesse sein werden. Nach dem Gespräch ist eine kleine Danksagung per E-Mail ratsam, bei der man sich gleichzeitig auch über den weiteren Ablauf erkundigen kann.

Bloggen: Weblogs als Karrierebeschleuniger

Weblogs oder Blogs sind eine neue Form der Selbstdarstellung im Internet, auch in Bezug auf berufliche Kompetenzen. Der Begriff stammt aus dem Englischen und tauchte zum ersten Mal auf der Website von Jorn Barger auf. Er setzt sich zusammen aus Teilen der Wörter, die sein Wesen charakterisieren – »Web« als Teil des World Wide Web, und »Log« von »Logbuch«. Ein Weblog ist also ein Logbuch, ein öffentliches Tagebuch im Internet. Gängiger als der seit 1997 gebräuchliche Begriff Weblog ist mittlerweile seine Abkürzung Blog. Die Verfasser dieser Blogs, die Blogger, äußern in dieser Art »öffentlicher Tagebücher« ihre Gedanken zu einem bestimmten und idealerweise einzigen Thema – sei es aus ihrem Alltag, zu einem politischen oder zu einem gesellschaftlichen Thema. Im Unterschied zu einem Internetforum beschränkt sich die Aktivität des Lesers eines Blogs lediglich auf eine Kommentarfunktion. Der Blogger steht im Vordergrund und prägt mit seiner Schreibe »seinen« Blog.

Für Einsteiger eignen sich einfach zu erstellende, anbietergehostete Blogs. Als Beispiele seien WordPress oder Blogger (von Google) genannt. Auch die Blogging-Plattform Tumblr bietet einen leichten Einstieg in diesen Bereich.

Ein Blog kann neben anderen, eher traditionellen Bewerbungsaktivitäten durchaus ein wichtiger Karrierebeschleunigungsfaktor sein. Beruflicher Erfolg fällt aber auch im Internetzeitalter nicht einfach vom Himmel, weshalb wir Ihnen einen 3-Phasen-Plan vorschlagen. Lassen Sie uns hierzu ein Bild aus der Landwirtschaft verwenden: Nur eine gute Saat (1. Phase), die gehegt und gepflegt wird (2. Phase), kann irgendwann eine gute Ernte ermöglichen (3. Phase).

Wenn Sie einen Blog zu Karrierezwecken nutzen möchten, sollten Sie zunächst Ihr berufliches Profil und Ihre beruflichen Stärken analysieren. Worin sind Sie besonders gut? Auf welche beruflichen Erfolge sind Sie zu Recht stolz? Die meisten Menschen haben sich in ihrer Firma bzw. im Laufe ihrer beruflichen Entwicklung auf einen ganz konkreten Aufgabenbereich, ein spezielles Themengebiet konzentriert und gelten hier zunehmend als Spezialist. Warum präsentieren sie ihre Kompetenzen dann nicht auch im Internet, in einem eigenen Blog? Kommentieren Sie aktuelle Branchentrends und zeigen Sie eine seriöse, kritische Auseinandersetzung mit Ihren beruflichen Spezialthemen! Veröffentlichen Sie interessant formulierte Fachartikel, bei denen der Leser merkt: Hier schreibt jemand vom Fach. Dies ist dann die erste Phase; hiermit legen Sie erfolgreich die Saat. Ein Beispiel: Wenn Sie als Autoverkäufer arbeiten und durch Ihre vielen, internationalen Reisen die unterschiedlichsten Verkäufermentalitäten und deren Erfolgsgeheimnisse kennengelernt haben, so können diese Informationen eine interessante und unterhaltsame Mischung für Inhalte Ihres Blogs werden, der wiederum gerne von Kollegen (aber eben nicht nur) gelesen wird.

Es folgt, um beim Bild zu bleiben, die zweite Phase, in der die Saat gehegt und gepflegt werden muss. Hiermit ist beim Blog gemeint, dass Sie mehr und mehr Internetnutzer auf Ihre Seite und somit auf Ihr Fachwissen aufmerksam machen sollten. Verlinken Sie Ihren Blog mit berufsspezifischen Branchenportalen, machen Sie Ihre Kontakte auf Ihren Blog aufmerksam. Integrieren Sie die Adresse Ihres Blogs auf Ihrer Profilseite bei XING oder anderen Businessportalen. Schreiben Sie gelegentlich einen Gastbeitrag bei einem Blogkollegen, in einem Diskussionsforum oder Expertenportal. Erhöhen Sie somit die öffentliche Aufmerksamkeit und sorgen Sie proaktiv für die Verbreitung Ihrer Fachkompetenz.

Erst im dritten Schritt kommt die Erntezeit bzw. erst jetzt wird Ihr Blog zum eigentlichen Marketing-, PR- und (Be-)Werbungsinstrument. Sie haben Ihr Spezialwissen mit fachlich fundierten Artikeln im Internet präsentiert und sich eine interessierte Fangemeinde aufgebaut? Nun gilt es, diesen Faktor Ihrer beruflichen Reputation auf den konkreten Auftragsgenerierungs- oder Bewerbungsprozess zu übertragen. Wenn Sie also eine E-Mail-Bewerbung versenden, so fügen Sie die Blogadresse am Ende der E-Mail-Signatur ein. Dies gilt ebenso bei Bewerbungen auf Firmenhomepages, sofern es die Onlineformulare erlauben. Integrieren Sie generell Ihren Blog in möglichst viele Ihrer Eigenmarketing- und PR-Aktivitäten oder bei klassischen Bewerbungen z.B. in Ihren Lebenslauf oder die Dritte Seite. Wenn man Sie beim Vorabtelefonat oder im Vorstellungsgespräch nach Ihren Stärken, nach Ihren Spezialkenntnissen oder Interessen und Ihrem Engagement fragt, so ist Ihr Blog ein ganz besonders authentisches und glaubwürdiges Argument.

Fazit: Ein sorgfältig aufgebauter Blog ist nicht als alleiniges Bewerbungsinstrument zu verstehen, aber als sinnvolle, reputationsbildende Unterstützung Ihrer generellen Bewerbungsaktivitäten kaum zu toppen.

Image: Ihre E-Reputation

Das Internet bietet Ihnen viele neue Möglichkeiten, sich und Ihre Persönlichkeit im Bewerbungsprozess optimal zu präsentieren. Diese Möglichkeiten sollten Sie – individuell abgestimmt auf die Branche und das Unternehmen, bei dem Sie landen wollen – nutzen. Was aber vielen nicht klar ist: Wir hinterlassen heute viel mehr »Spuren« im Netz, als uns eigentlich bewusst und in manchen Fällen auch lieb ist. Wir haben einen Ruf zu verlieren – unsere sogenannte Online- oder E-Reputation. Aber was ist das eigentlich?

Unser Ruf im Netz

Lassen wir zunächst das »E« beiseite und fangen beim Wort »Reputation« an. Wenn Sie beispielsweise nach einem beruflichen Umzug in der neuen, unbekannten Stadt einen guten Zahnarzt suchen, so könnten Sie im Kollegenkreise Empfehlungen einholen. Nun wird man Ihnen dann vielleicht einen vielfach bestätigten, besonders empfehlenswerten Experten nennen, der schon bei einigen Kollegen sowie auch deren Freunden und Bekannten erstaunliche Leistungen vollbracht hat. All dies zusammen führt zu einer überaus positiven Reputation dieses Zahnarztes. Vergleichbare Bespiele von anderen Berufsgruppen sind uns ebenfalls bekannt. Jeder kennt in seinem Umfeld besonders empfehlenswerte Rechtsanwälte, Fotografen oder Restaurants.

Leicht zu finden

Im Internet ist das mit der Reputation im Prinzip ähnlich, wobei hier noch einige besondere technische Aspekte hinzukommen. Das Internet merkt sich alles: Fast immer können sämtliche gespeicherten Informationen unkompliziert mit Google, Bing etc. recherchiert und aufgefunden werden. Probieren Sie es doch selbst einmal und geben Sie Ihren Namen bei verschiedenen Suchmaschinen ein.

Peinliches bleibt

Ihre Netzaktivitäten bleiben der Öffentlichkeit nicht verborgen. Sie sind Mitglied in einer sozialen Community wie z.B. XING oder Facebook? Bedenken Sie, dass Ihre Verbindungen zu anderen Teilnehmern oder Ihre Artikel in Diskussionsforen vielleicht von anderen eingesehen und im Bewerbungsverfahren für oder gegen Sie verwendet werden können. Sie haben eine private Homepage mit den schönsten Urlaubsbildern oder Ihrem Lieblingshobby Extrembergsteigen? Würde dies Ihrem Arbeitgeber ebenfalls gefallen? Sie besprechen gerne die unterschiedlichsten Bücher, z.B. Pokerratgeber oder Erotikbildbände, bei amazon.de oder buch.de? Lassen sich diese Rezensionen auch mit Ihrem beruflichen Engagement vereinbaren? Sie sehen: Überlegen Sie sich generell bei allen Internetveröffentlichungen, wie diese mit Ihren beruflichen Zielen harmonieren.

Polieren Sie Ihren Ruf

Unser Rat: Werden Sie zum Manager Ihrer eigenen E-Reputation. Platzieren Sie öffentliche Beiträge unter Ihrem Namen nur dann, wenn Sie zu Ihrem Berufsprofil passen oder diesem zumindest nicht schaden. Bedenken Sie auch, dass in manchen Internet-Diskussionsforen die Artikel von den Lesern bewertet werden können. Hier können positive Einschätzungen in gleicher Weise Ihre Reputation steigern wie die Anzahl an sogenannten Freunden oder Fans, die mit Ihrem Internetprofil verlinkt sind. Achten Sie generell auch auf die Netiquette, also angemessene Umgangsformen im Internet. Alles das kann mit Suchmaschinen nachträglich recherchiert und nachgelesen werden. Schützen Sie Ihre Daten

Überprüfen Sie, welche persönlichen Daten im Internet öffentlich einsehbar sind, und prüfen Sie sorgfältig, ob Ihr zukünftiger Arbeitgeber diese Informationen verwerten könnte.

»Googlen« Sie dafür Ihren eigenen Namen und gehen Sie die Suchergebnisse sorgfältig durch. Im Falle von unberechtigter Nutzung Ihrer persönlichen Daten sollte die Löschung gespeicherter Daten beim jeweiligen Seitenbetreiber beantragt werden. Gerade der Themenbereich »Informationen zu einer Person im Internet« stellt sich oft als ein entscheidender Punkt während der Auswahl eines Bewerbers heraus. Ob bei der klassischen Bewerbung oder online, der Personaler könnte weitere Informationen über Sie aus dem Internet heraussuchen und diese Daten auch zur Eignungsbeurteilung heranziehen.

Nicht planlos posten

Beachten Sie genau, was Sie im Internet über sich preisgeben, und überprüfen Sie auch, was (oft ohne Ihr Wissen) im Internet über Ihre Person geschrieben steht. Beachten Sie bitte, dass diese Informationen auch positiven Einfluss auf Ihre Bewerbung haben könnten (Empfehlung in einem Online-artikel etc.). Soziale Netzwerke wie Facebook oder XING stellen eine beliebte Anlaufstelle für Personaler dar, die sich einen etwas besseren Eindruck über den Bewerber verschaffen wollen.

Weitere Informationen zum Schutz Ihrer Daten im Internet finden Sie unter:

- www.bfdi.bund.de/
- www.datenschutz.de
- www.ecin.de/recht/datenschutz/
- www.e-recht24.de/artikel/datenschutz/16.html
- www.wikipedia.org/wiki/Datenschutz

Vorbildlich: Herr Müller

Schauen wir uns nun ein Fallbeispiel an. Martin Müller studiert in München Neuere Geschichte und arbeitet nebenbei als Stadtführer für jüdische Bauwerke und Sehenswürdigkeiten. Sein Ziel ist es, nach dem Studium Redakteur in einem Geschichtsverlag zu werden. Deshalb schreibt er auch gelegentlich Artikel in entsprechenden Fachzeitschriften. Im Internet hat er eine eigene Homepage sowie ein Profil bei XING und einen Account bei twitter. Auf seiner Homepage stellt er seine Stadtführungen in Bild, Text und Videos eindrucksvoll dar.

Des Weiteren findet man im Gästebuch viele Danksagungen von zufriedenen Teilnehmern. Gleichzeitig können hier auch seine wissenschaftlichen Texte eingesehen werden.

Bei XING stellt Herr Müller ausführlich seine universitäre Spezialisierung, aber auch seine Stadtführungen sowie seine Autorentätigkeit vor. Hier ist er außerdem mit vielen Teilnehmern seiner Stadtführungen verlinkt; darunter befinden sich beispielsweise auch anerkannte Historiker aus dem In- und Ausland. Gleichzeitig hat ein Professor von Herrn Müller ihm bei XING eine Referenz für die erfolgreiche Teilnahme an einem Forschungsprojekt öffentlich hinterlegt.

Twitter

Beim twitter-Account von Herrn Müller wird man nicht nur über seine eigenen Aktivitäten, z.B. seine privaten Städtereisen oder wissenschaftlichen Vorträge, in Wort und Bild aktuell informiert, sondern findet auch Links zu generell interessanten Geschichtspublikationen. Hier folgen ihm deshalb zunehmend mehr Leser, die gleichzeitig über das twitter-Profil auch wieder auf seine Homepage aufmerksam gemacht werden.

Wir vermuten: Wenn Herr Müller zum Ende seines Studiums in die aktive Bewerbungsphase startet, so können sich die angeschriebenen Personaler außer durch die traditionellen Bewerbungsunterlagen auch im Internet ein umfassendes Bild von ihm machen: ein Eindruck, der dann ohne Zweifel für diesen Bewerber sprechen wird, da die Kompetenzen authentisch sowie vor allem sehr vertrauenswürdig dargestellt werden.

Sie sehen: Herr Müller platziert geschickt seine berufsrelevanten Aktivitäten auf passenden Internetseiten. Er steuert aktiv die öffentliche Wahrnehmung seines beruflichen Profils, steigert kontinuierlich seine E-Reputation und stärkt das Vertrauen in seine beruflichen Leistungen.

E-Reputations-Ratschläge

- Sämtliche Veröffentlichungen im Internet sollten harmonisch zu Ihrem beruflichen Profil passen.
- Wählen Sie die Internetangebote aus, z. B. eigene Homepage, Blog, Business Community oder Diskussionsforen, auf denen Sie Ihre beruflichen Kompetenzen bestmöglich darstellen können.
- Beachten Sie die Wichtigkeit von Networking bzw. gegenseitigen Verlinkungen.
- Kümmern Sie sich aktiv um Ihren guten Ruf im Netz: Versuchen Sie, unliebsame Spuren selbst zu löschen bzw. fordern Sie die Betreiber der jeweiligen Seiten schriftlich dazu auf. Verweisen Sie in diesem Zusammenhang auf »Persönliche Informationen im Internet«. Schwierig wird es, wenn Sie einen Namensvetter haben, der einen eher zweifelhaften Ruf genießt. Es gibt inzwischen auch sogenannte Reputationsmanager – Dienstleister, die sich gegen eine Gebühr um Ihren Onlineruf kümmern –, z. B. »deinguterruf.de«.

Auf den Punkt gebracht

Vieles ist möglich im Netz, das ist Ihnen sicherlich klar geworden. Aus dem modernen Bewerbungsalltag sind diese Formen nicht mehr wegzudenken. Sie müssen jederzeit damit rechnen, dass Ihnen ausschließlich die Onlinebewerbung oder nur die Kontaktaufnahme über ein Onlineformular angeboten werden. Machen Sie sich also mit diesen Wegen vertraut, das ist kein Hexenwerk. Selbst eine Bewerbung mithilfe von PowerPoint oder Video gehört inzwischen zum Bewerbungsrepertoire – wenn auch nicht in allen Branchen und Unternehmen. In jedem Fall sollten Sie sich bewusst machen, dass mit der Onlinebewerbung, dem Online-Assessment oder auch dem Testlauf bei Onlineformularen eine Vielzahl von Daten bei Ihrem potenziellen neuen Arbeitgeber ankommen. Bereits diese sogenannten Metadaten können dem Personaler einiges über den Bewerber verraten. Gehen Sie also mit Ihren persönlichen Daten sehr vorsichtig um und kümmern Sie sich um Ihren guten Ruf im Netz. Vergessen Sie bei all diesen Möglichkeiten nicht, dass jede Bewerbung – egal wie standardisiert sie daherkommt – eine individuelle Arbeitsprobe darstellt. Nutzen Sie auch und gerade im Netz jede Möglichkeit, Ihre Persönlichkeit, Ihre Fähigkeiten und Qualifikationen optimal darzustellen. Und wenn die Technik Ihnen Grenzen setzt, sei es durch »sture« Formulare oder zu wenig Raum für individuelle Ansprache, gibt es ja auch immer noch die guten alten Wege für Kontaktaufnahme, Nachfrage oder Selbstdarstellung. Rufen Sie an, gehen Sie vorbei, sprechen Sie persönlich.

Denken Sie daran: Das Internet mit seinen vielfältigen Kommunikationsmöglichkeiten ist für den Menschen da – nicht umgekehrt!

ANTWORTEN & ÜBERZEUGEN

» Wer etwas bewirken will, muss große Worte finden. «

Kurt Masur

Gratulation! Sie haben es geschafft und mit Ihren Unterlagen, vielleicht auch mit dem Einstellungstest-Ergebnis, überzeugt. Sie haben die Einladung zum Vorstellungsgespräch erhalten. Was ist zu tun? Worauf kommt es jetzt an?

Auch auf die Gefahr, dass Sie es nicht mehr hören können, wir müssen es trotzdem noch einmal erwähnen: Die Vorbereitung ist auch beim Vorstellungsgespräch das absolute A und O. Lesen Sie jetzt, wie Sie Ihren Auftritt erfolgreich gestalten und wie Sie das heikle Thema Gehalt bestens verhandeln.

Worauf es jetzt ankommt

Zunächst möchten wir Ihnen gratulieren. Wenn Sie es bis zur Einladung zum Vorstellungsgespräch, geschafft haben, können Sie mit Recht stolz auf sich sein. Ein wichtiger Teil Ihres Bewerbungsvorhabens ist dem vorangegangen. Erfolgreich – denn sonst hätte man Sie nicht eingeladen, um Sie kennenzulernen.

Arbeitsplatzvergeber wie Personal- und Firmenchefs wollen im Vorstellungsgespräch wissen, ob Sie als Bewerber zum Unternehmen und in das vorhandene Team passen. Dabei geht es um persönliche und anforderungsbezogene Eignung, die im Vorstellungsgespräch am Bewerber, also an Ihnen, überprüft werden sollen. Aus diesem Grund hat man anhand der vorliegenden schriftlichen Bewerbungsunterlagen, die nach einer Stellenanzeige eingegangen sind, die interessantesten und vielversprechendsten Bewerber herausgesucht.

Gute Vorbereitung

In der Regel haben an diesem ersten Auswahlvorgang mehrere Personen mitgewirkt: der Chef, der Personalchef, der Abteilungsleiter, möglicherweise auch die Sekretärin. Vielleicht sind 250 Bewerbungen eingegangen, und nun muss man sich auf Arbeitgeberseite (altmodischere Bezeichnung, eigentlich sind Sie der Arbeitgeber, das Unternehmen der Arbeitsplatzanbieter) darauf verständigen, wie viele Kandidaten geeignet erscheinen und wie viele man näher kennenlernen will und kann (Zeitökonomie!).

Möglich, dass unter den vielen Bewerbern nur eine oder einer als kompetent erscheint. Wahrscheinlich favorisiert man aber doch drei bis zehn Bewerber. Leider ist es oft so, dass man aus Zeitgründen nur einen kleinen Teil der Kandidaten einlädt, die für die Aufgabe/den Arbeitsplatz infrage kommen.

Das Auswahlgremium möchte nun seine bisherigen Informationen aus den vorliegenden Bewerbungsunterlagen ergänzen und einen ganz persönlichen Eindruck von Ihnen als Bewerber bekommen. Dabei wird die Ausprägung von Persönlichkeitszügen und Eigenschaften wie Leistungsbereitschaft, Motivation, Anpassungsfähigkeit, Einordnungsbereitschaft und (sicher auch) Kompetenz unter die Lupe genommen. Ebenso konzentriert man sich auf äußere Merkmale wie Aussehen, Auftreten, Manieren sowie auf das sprachliche Ausdrucksvermögen.

Grundlage der Entscheidung für einen Bewerber sind in der Regel – Sie werden es kaum glauben – etwa zu 60 bis 70 Prozent die Persönlichkeit, nur zu 10 bis 15 Prozent die fachliche Kompetenz und zu weiteren 15 bis 25 Prozent die Leistungsmotivation.

Wichtig für Sie als Bewerber zu wissen: Es gibt Einzel- und Gruppenvorstellungsgespräche. Ihre Dauer ist unterschiedlich, je nach Arbeitsplatz und zu bewältigender Bewerberzahl bzw. Gesprächsteilnehmern auf Arbeitgeberseite. Klar ist, dass ein Theaterintendant-Bewerber nicht nur ein längeres Vorstellungsgespräch hat, sondern mehrere, und dass eine Bäckereifachverkäuferin mit allerhöchstens zwei Gesprächen rechnen muss, die eigentlich nicht länger dauern sollten als jeweils maximal eine halbe Stunde. Das erste Gespräch könnte dem Kennenlernen und der Vorauswahl dienen, das zweite, um zu einer konkreten Arbeitsvereinbarung (über Zeit und Bezahlung) zu kommen.

Rollenvorbereitung

Das Vorstellungsgespräch ist eine mündliche Test- und Prüfungssituation, auf die man sich gut vorbereiten kann. Diese Vorbereitung benötigt mindestens die gleiche, wenn nicht sogar doppelt so viel Zeit wie die schriftliche Bewerbung. Sich dafür ein, zwei Tage oder mehr Zeit zu nehmen, ist nichts Außergewöhnliches. Natürlich bedarf es mehr Zeit, wenn es um das erste Vorstellungsgespräch geht, als wenn Sie hier schon eine gewisse Routine haben.

In der Regel läuft ein Vorstellungsgespräch nach einem bestimmten Schema ab, das von der Ausbildung und Erfahrung des Interviewers, also des Gesprächspartners von der Arbeitgeberseite, bestimmt wird. Es erfordert deshalb, wenn man als Bewerber etwas entgegensetzen will, ebenfalls eine gute Vorbereitung. Hier drängt sich unweigerlich der Vergleich mit einem Schauspieler auf, der sich um ein Engagement bewirbt und eine Rolle vorsprechen oder vorspielen muss. Auch er hätte ohne Vorbereitung, Übung und präzises Rollenstudium keine Chance. Schon der Begriff »Vorstellung« deutet – wie gesagt – auf die Parallele zum Theater hin.

Vier Hauptaspekte gilt es dabei zu berücksichtigen:

- die eigene Ausgangsposition
- Details über die Firma/die Institution
- den Gesprächsablauf und die zu erwartenden Fragen
- den organisatorischen Teil (Anreise, Kleidung usw.)

Für alle vier Aspekte gilt: Wissen ist Macht, und Übung macht den Meister. Je besser Sie sich auf die Prüfungssituation Vorstellungsgespräch vorbereiten, umso gelassener können Sie auf heikle und schwierige Fragen reagieren. Halten Sie sich den Tag, an dem das Gespräch stattfinden wird, frei von anderen Verpflichtungen.

Persönlichkeit, Leistungsmotivation und Kompetenz

Der Arbeitgeber oder Personalchef will im Vorstellungsgespräch vor allem die drei Ihnen schon bekannten und Weichen stellenden Aspekte KLP überprüfen. Wenn man Sie einlädt kehren sich die Prioritäten allerdings um: PLK. Es geht insbesondere um Ihre Persönlichkeit, Ihre Leistungsmotivation und Ihre Kompetenz.

Beim Kennenlernen Ihrer Persönlichkeit geht es vor allem um folgende Aspekte:

- Wirken Sie sympathisch und vertrauenswürdig?
- Sind Sie anpassungs- und teamfähig?
- Passen Sie zur Institution/zum Unternehmen?

Ihre Leistungsmotivation soll durch folgende Fragestellungen erhellt werden:

- Bringen Sie Engagement und Enthusiasmus für die angestrebte Position mit?
- Sind Sie lernfähig und arbeitswillig?
- Werden Sie sich mit der Firma/Institution und Ihrer Aufgabe in hohem Maße identifizieren?

Kompetenz meint fachliche Qualifikation und Erfahrungen wie das Vorhandensein berufsrelevanter Eigenschaften. Hier geht es um die Frage: Kann der Arbeitgeber Ihnen die Bewältigung des Jobs/der Aufgaben zutrauen (im Sinne von: Sie werden es schon schaffen, weil Sie so und so sind bzw. das und das können)?

Im Folgenden möchten wir Ihnen die einzelnen Gesprächsphasen ausführlich erläutern. Zunächst aber ein kleiner Exkurs zum zentralen Aspekt im Vorstellungsgespräch: Persönlichkeit, Sympathie und Vertrauen.

(Er-)Forschungsgebiet: Ihre Persönlichkeit

Vier große Themen sollen insbesondere Ihre persönliche Eignungsvoraussetzung beleuchten, behandeln den P-, aber auch den L-Faktor.

Was die absoluten Weichensteller sind und warum man Sie eingeladen hat, ist Ihnen klar: da war die unabdingbare Kompetenz, die vermutete Leistungsmotivation und die erkennbare Persönlichkeit (KLP), die dazu geführt haben, Sie jetzt näher kennenlernen zu wollen.

- **Kompetenz (Voraussetzung)**
- **Leistungsmotivation (der Treibstoff)**
- **Persönlichkeit (mag man Sie, sind Sie sympathisch, vertraut man Ihnen, dann traut man Ihnen den Job auch zu!)**

In der ersten persönlichen Begegnung geht es vor allem darum, wie Sie »rüberkommen«, wie sympathisch und vertrauenswürdig sie wahrgenommen werden. Hier nun der P-Faktor etwas ausführlicher. Er setzt sich aus vier Haupt- mit jeweils vier Unterpunkten zusammen. Man interessiert sich für:

1. **Ihre sozialen Kompetenzen (gezeigtes Sozialverhalten)**
   Oder: Wie gehen Sie mit anderen um? Wie kommen Sie mit anderen klar und diese mit Ihnen? Und welchen Eindruck machen Sie in der persönlichen Begegnung? Unterteilt nach Themen wie ...
   - Teamfähigkeit
   - Kontaktfähigkeit
   - Verträglichkeit
   - Einfühlungsvermögen
2. **Ihre berufliche (Ziel-)Orientierung (Ihren Macht-, Verantwortungs- und Leistungsanspruch)**
   Oder: Führungs- und Strategische Kompetenz: Was für berufliche Ziele haben Sie? In welcher »Liga«, auf welcher Ebene wollen Sie spielen?
   Unterteilt nach und verbunden mit der Frage: Wie steht es um Ihre ...
   - Führungsmotivation
   - Gestaltungsmotivation
   - Leistungsmotivation
   - Durchsetzungsfähigkeit
3. **Ihr Arbeitsverhalten (Ihre konkrete Arbeitsweise)**
   Oder: Problemlösungskompetenz: Wie ist Ihr Arbeitsstil? Wie gehen Sie an Aufgaben heran? Unterteilt nach ...
   - Handlungsorientierung
   - Flexibilität
   - Gewissenhaftigkeit
   - Einfallsreichtum

4. **Ihre seelische Verfassung (zu beobachtende psychische Konstitution)**
   Oder: Persönliche Kompetenz: Wie normal, wie stabil, wie gesund sind Sie?
   Unterteilt nach ...
   - Selbstbewusstsein
   - Emotionale Stabilität
   - Belastbarkeit
   - Sympathie- und Vertrauens-Mobilisierungs-Potenzial

Schauen wir uns diese vier großen (Persönlichkeits-)Themen mit ihren jeweiligen Unterthemen etwas genauer an.

1. Einschätzungsfragen zu Ihrer sozialen Kompetenz

Thema: Teamfähigkeit

Was bedeutet Ihnen Autonomie, was Kooperation?
Sehen Sie sich eher als starken Einzelkämpfer oder sind Sie erfolgreicher, wenn Sie in einem Team arbeiten? Brauchen Sie andere, um etwas zu erreichen, oder kommen Sie am besten allein zum Ziel? Sind Sie kompromiss- und kooperationsfähig? Wie sehr sind Sie bereit, auf andere Rücksicht zu nehmen, sich ein- und gelegentlich unterzuordnen? Wie wichtig sind Ihnen ein oder mehrere Gegenüber bei der Lösung von Problemen? Treffen Sie Entscheidungen lieber alleine oder stimmen Sie sich zu Ihrer eigenen Sicherheit lieber mit anderen ab und gehen so ein kleineres Risiko ein, denn: Auch andere haben über eine Entscheidung, eine Problemlösung mit nachgedacht.

Eine weniger auf Teamarbeit fixierte und zum Ausdruck gebrachte Haltung spricht eher für eine ausgeprägtere Selbstständigkeit und Unabhängigkeit fernab einer Arbeitsgruppe, eine klar präferierte Teamarbeit für Delegationsfähigkeit und Kooperationsbereitschaft und den Wunsch, in und mit einem Team etwas zu bewirken.

Rechnen Sie mit Fragen dieser Art:

- Wie stehen Sie zum Thema Teamarbeit?
- Welche Vor- aber auch welche Nachteile sehen Sie beim Thema Teamarbeit?
- Was haben Sie dazu schon erlebt?

Vorsicht mit Statements wie:

- Ich arbeite am besten/liebsten allein.
- Ich mag es nicht, ständig alles mit andern diskutieren zu müssen.

Thema: Kontaktfähigkeit

Wie leicht fällt es Ihnen, auf andere zuzugehen?

Fühlen Sie so etwas wie Unsicherheit und Befangenheit in (beruflichen) Situationen, in denen Sie auf neue, Ihnen unbekannte Personen stoßen? Oder bereitet es Ihnen eher Spaß, neue Leute in und aus Ihrem Arbeitsumfeld kennenzulernen? Haben Sie ein großes Netz an wichtigen und hilfreichen Kontakten oder reicht Ihnen eher ein ganz kleiner Kreis an ausgewählten Unterstützern? Neigen Sie zu einem umfangreichen Erfahrungsaustausch oder tun Sie sich eher schwer mit dem aktiven Aufbau von persönlichen Beziehungen?

Sicherlich ist es auch eine Frage Ihres Temperamentes, ob Sie offen sind für Small Talk oder doch eher etwas zurückhaltend mit Personen, die Sie noch nicht lang genug kennen. Deutliche Präferierung des Kontaktes spricht für eine stärkere Außenorientierung, ein Offensein im Umgang mit anderen, eine spielerische Leichtigkeit in der Kontakt- und Kommunikationsaufnahme und -pflege. Eine eher gering zum Ausdruck gebrachte geringe Kontaktfähigkeit spricht für das Gegenteil. Vereinfacht ausgedrückt: Ein Zuviel würde Sie nicht als Leuchtturmwärter empfehlen, ein Zuwenig sicherlich nicht als Mitarbeiter an einer Hotelrezeption.

Rechnen Sie mit Fragen dieser Art:

- Wie geht es Ihnen, wenn Sie auf unbekannte Personen stoßen?
- Wie viele Kontakte haben Sie in der Branche?

Vorsicht mit Äußerungen wie:

- Ich kenne Gott und die Welt, aber gerade jetzt fallen mir keine Namen ein.
- Ich bin kein guter Netzwerker.

Thema: Verträglichkeit

Wie freundlich wirken Sie auf andere?

Sind Sie aufgrund Ihrer liebenswürdigen Art überall beliebt und gern gesehen? Oder schätzt man Sie bestenfalls für Ihre ehrliche, unverblümte Art, anderen offen die Meinung zu sagen? Kommt es Ihnen vor allem auf Harmonie an oder scheuen Sie sich vor keiner Auseinandersetzung und sagen jedem ziemlich direkt und schonungslos, was Sie von ihm denken?

Mit entsprechenden Antworten, Selbstaussagen und Beschreibungen erscheinen Sie eher als jemand, der meistens freundlich und sympathisch wirkt (bzw. wirken möchte). Mit einem etwas zu deutlichen, zu pointierten Ansatz aber auch als jemand, dem es schwerfällt, unangenehme Dinge beim Namen zu nennen, und der eher einen faulen Kompromiss eingeht, als ein klares Nein oder Stopp zu riskieren. Eine geringer ausgeprägte Beschreibung von Verträglichkeit spricht eher für das Gegenteil (Unverträglichkeit, »Harter Hund«), und es gibt nicht wenige berufliche Situationen, die eine etwas weniger vorhandene Sozialibilität (Verträglichkeit, Liebenswürdigkeit …) von Vorteil erscheinen lassen (Stichwort: Krieg am Arbeitsplatz oder kurz: survival of the fittest).

Rechnen Sie mit Fragen dieser Art:

- Wie erleben Sie die Menschen in Ihrem Umfeld?
- Mit was für Menschen geraten Sie schnell in schwierige Auseinandersetzungen?
- Wie offen und direkt können Sie sein?

Vorsicht mit Eingeständnissen wie:

- Ich komme mit allen Menschen immer gut aus.
- Ich kann schon sehr scharf und ungemütlich werden.

Thema: Einfühlungsvermögen

Überschätzen Sie (nicht) Ihr Einfühlungsvermögen?

Fällt es Ihnen leicht zu erspüren, was andere denken und, noch wichtiger, was andere fühlen? Erleben Sie sich dabei eher unbeholfen und bisweilen sogar hilflos? Verfügen Sie über ein Gespür für Stimmungen oder sind Sie weniger darauf ausgerichtet, die Befindlichkeit Ihres Gegenübers wahrzunehmen, und kommen auch so prima mit allem klar?

Vielleicht erleben Sie Situationen häufig als völlig unproblematisch, die es jedoch gar nicht sind, und staunen dann nicht schlecht, wenn plötzlich die Stimmungslage umschlägt, eventuell sogar explodiert, und man Ihnen Vorwürfe des Nicht-Verstehens macht.

Eine ausgeprägte Selbstbeschreibung könnte bedeuten, dass Sie mit den unterschiedlichsten und auch schwierigsten Menschen selbst in heiklen Situationen gut klarkommen. Aber Vorsicht: In keinem anderen Beurteilungsbereich sind die Abweichungen zwischen Selbsteinschätzung und Fremdwahrnehmung so groß wie in diesem.

Rechnen Sie mit Fragen dieser Art:

- Verstehen Sie die Menschen?
- Wie gut können Sie sich in jemanden hineinversetzen?
- Schildern Sie uns doch mal eine schwierige Situation, wo es darum ging, die Hintergründe für einen Konflikt zwischen Ihnen und anderen zu beleuchten.

Vorsicht mit Eingeständnissen dieser Art:

- Ich bin mir häufig nicht sicher, was andere von mir erwarten.

2. Einschätzungsfragen zu Ihrer beruflichen (Ziel-)Orientierung

Vielleicht ist das ja wirklich nicht Ihr Thema. Sie wollen beispielsweise nur als Sachbearbeiterin, und deshalb lediglich in Maßen, Verantwortung übernehmen. Aber selbst bei einer Bewerbung um diese Position kann es Ihnen leicht passieren, dass Sie zu solchen Themen kurz abgefragt oder genötigt werden, Stellung zu beziehen.

Ganz anders natürlich, wenn Sie sich um eine leitende, eine mit Personalverantwortung verbundene Position bewerben.

Thema: Führungsmotivation

Oder anders gefragt und in Sie hineingehört: Wären bzw. sind Sie gerne der Chef?
Welchen Anspruch auf die Führung einer Gruppe, eines Teams von Mitarbeitern haben Sie? Würden Sie gerne »anderen sagen, wo es langgeht«? Bereitschaft zur Übernahme von Personalverantwortung, Leitungsfunktion wahrnehmen zu wollen, soll hier erfragt bzw. abgeklärt werden. Wie steht es mit Ihrer Bereitschaft, in den »Handlungsspielraum« anderer aktiv einzugreifen? Lust auf Macht über andere oder besser nichts damit »am Hut haben« wollen?

Wenig Interesse, andere anzuleiten, führen zu wollen, Anordnungen, »Befehle« zu erteilen, vermitteln Sie mit Aussagen wie: »Den Chef spielen, immer wieder zu sagen, wo es langgeht, liegt mir überhaupt nicht. Das überlasse ich gerne anderen.«

Die Haltung dagegen, Verantwortung zu übernehmen, sich zu kümmern, innerlich Druck zu spüren und dies auch weiterzugeben, wird als Bereitschaft interpretiert, Führungsaufgaben zu übernehmen, für andere vielleicht doch gerne so etwas wie den Leithammel, den Anführer spielen zu wollen.

Aber Vorsicht: Extreme Standpunkte und ständige Aussagen in diese oder die gegenteilige Richtung können missinterpretiert und damit auch zu einem Problem werden. Einerseits könnte der Eindruck entstehen, Sie akzeptierten nur etwas, wenn es »nach Ihrer Nase« geht, wenn Sie über andere bestimmen können. Andererseits deutet es möglicherweise darauf hin, dass Sie weniger Wert auf soziale Einflussnahme legen als auf fachlich anspruchsvolle Aufgaben und sich um nichts anderes kümmern wollen.

Rechnen Sie mit Fragen dieser Art:

- Wie stehen Sie zu Führungsverantwortung? Können Sie sich vorstellen, Kollegen zu sagen, was getan werden muss?
- Erfüllt es Sie mit Stolz, wenn Ihre Kollegen das machen, was Sie vorgeschlagen haben?
- Wären Sie gerne in einer Vorgesetztenposition?
- Fällt es Ihnen schwer, andere zu kritisieren?

Vorsicht mit Selbstbeschreibungen dieser Art:

- Ich bin ganz klar ein Alphatier!
- Auseinandersetzungen mit Kollegen gehe ich möglichst aus dem Weg.

Thema: Gestaltungsmotivation

Wie stark ist Ihr Wunsch nach aktiver Einflussnahme und Gestaltung?

Sie müssen kein »Alphatierchen« sein und sich auch nicht für eine entsprechende Führungsaufgabe bewerben. Dennoch ist man immer interessiert zu erfahren, wie viel Interesse Sie an der Gestaltung Ihrer Arbeitsumwelt und den Aufgaben haben. Spüren Sie den starken inneren Antrieb, sich Ihre berufliche Umgebung selbst gestalten zu wollen? Damit ist weniger das Tapetenmuster gemeint als vielmehr die beruflichen und sozialen Rahmenbedingungen.

Sie wollen sich gerne aktiv und engagiert an der Veränderung Ihrer Umgebung beteiligen?

Prima, das kommt meistens gut an, manchmal ist es sogar Voraussetzung, um den Job zu bekommen. Aber übertreiben dürfen Sie dabei nicht. Sonst bekommt man Angst vor Ihnen. Ein niedrigeres (schlichtes Desinteresse) bedeutet, dass Sie eher auf die Kontinuität und Bewahrung des Bestehenden setzen, sich lieber ein- und unterordnen, als alles infrage zu stellen oder gar umkrempeln zu wollen. Die eigenen Vorstellungen durchzusetzen, erkannt geglaubte Missstände zu beseitigen, etwas Neues zu gestalten sind Präferenzen, die mit einer hohen Gestaltungsmotivation einhergehen und ebenso gut mit hoher Bereitschaft in den Bereichen Führungs- und Leistungsmotivation zusammenpassen. Sicherlich nicht für jeden das Richtige.

Rechnen Sie mit Fragen dieser Art:

- Wie stehen Sie zur Übernahme von Verantwortung und Führungskompetenz?
- Wie wichtig ist Ihnen Ihr Entscheidungsspielraum?
- Wenn Sie eine Idee, einen Vorschlag haben, wie gehen Sie damit um?

Vorsicht mit Übertreibungen dieser Art:

- Bisweilen muss ich schon mal in meinem Tatendrang gebremst werden.
- Ich bin sicher für einige so etwas wie ein unbequemer Querdenker.

Thema: Leistungsmotivation

Wie hoch ist Ihre Leistungsmotivation?

Das interessiert ganz besonders. Sind Sie bereit und mehr als nur willig oder ist bei Ihnen eher Zurückhaltung zu erwarten? Sich selbst stets etwas aufzuerlegen, sich immer wieder etwas abfordern zu müssen, sich permanent Höchstleistungen abzuringen, signalisiert, wer hier Aussagen, Statements wie unten beschrieben vorträgt oder auf Themenvorschläge entsprechend reagiert. Mit anderen Worten: »Immer höher, schneller, weiter ...« wäre Ihr rastloses Motto. Im Extremfall kann es aber auch häufige Unzufriedenheit und Ruhelosigkeit signalisieren. Vielleicht fehlt es Ihnen am nötigen Drive oder Schwung und Sie sind schnell mit dem Vorhandenen, einmal Erreichten zufriedenzustellen und machen entsprechend bei Nachforschungen zu Ihrer Arbeitspersönlichkeit nicht allzu viele Punkte. Im Extrem, bei sehr wenigen Anhaltspunkten dieser Art, laufen Sie Gefahr, für antriebsschwach bis faul gehalten zu werden.

Rechnen Sie mit Fragen dieser Art:

- Welche Bedeutung hat Arbeit in Ihrem Leben?
- Auf welche beruflichen Erfolge blicken sie stolz zurück?
- Würden Sie sich als besonders ehrgeizig bezeichnen?

Vorsicht mit Selbstbeschreibungen dieser Art:

- Ich bin nicht besonders ehrgeizig.

Von Bedeutung ist in jedem Fall das nächste Thema, egal, ob Sie als Bäckerei-Aushilfsverkäuferin in Teilzeit einen Arbeitsplatz suchen oder sich als Chefärztin bewerben.

Thema: Durchsetzungsfähigkeit

Knicken Sie sehr schnell ein oder sind Sie eher etwas zu halsstarrig?

Kämpfen Sie für die Durchsetzung Ihrer Auffassung oder sind Sie eher kompromissbereit und anpassungswillig? Über dominantes Verhalten oder Nachgiebigkeit bis hin zur Unterwürfigkeit möchte man etwas von Ihnen wissen. Mit anderen Worten: Muss einfach alles nach Ihrem Willen geschehen oder lassen Sie sich eher leicht lenken, vielleicht sogar die »Butter vom Brot« und den »Wind aus den Segeln« nehmen?

Entsprechend Ihrer Erzählungen oder Antworten auf an Sie gestellte Fragen interpretiert man: Sie wissen sich durchzusetzen, können sich Gehör verschaffen und geben nicht so schnell »klein bei«. Sie haben und zeigen Rückgrat. Jedoch bei sehr starker Betonung erlebt man Sie als autoritär und kompromisslos. Aufgepasst! Es kommt immer auf den Job an, den Sie anstreben.

Rechnen Sie mit Fragen dieser Art:

- Wie erreichen Sie etwas, wenn Sie etwas erreichen wollen? Haben Sie Durchsetzungsvermögen? Wie schaffen Sie es, etwas durchzusetzen?
- Was ist Ihnen generell wichtiger? Durchsetzungsvermögen oder Kompromissbereitschaft?

Vorsicht mit diesen Eingeständnissen:

- Anderen gegenüber bin ich meist etwas zu nachgiebig.
- Bei einem Streit haben es andere mit mir schwer.

3. Einschätzungsfragen zu Ihrem Arbeitsverhalten

Thema: Handlungsorientierung

Überlegen Sie zu viel und handeln zu wenig oder umgekehrt?

Zögern und zaudern Sie, bevor Sie endlich mit der Bearbeitung eines Problems beginnen? Oder gehen Sie entschlossen, rasch und ergebnisorientiert vor? Wissen Sie, worauf es bei einem Job vor allem ankommt? Wählen Sie die Prioritäten richtig oder verzetteln Sie sich leicht, verlieren schnell den Überblick und damit auch das Ziel aus den Augen?

Bei entsprechender Verneinung der Handlungsorientierung werden Sie kaum zu Schnellschüssen neigen. Arbeiten, die ein beherztes, entschlossenes Handeln verlangen, sind Ihnen vielleicht ein Graus. So jedenfalls wird man es vermuten, wenn Sie im Vorstellungsgespräch entsprechend antworten. Deutlich erkennbare Signale in die Richtung einer hohen Handlungsorientierung lassen die Hoffnung aufkommen, Sie seien ein souveräner Macher, vielleicht ein handfester Praktiker, ein Mensch, der auch wirklich etwas tut und sich nicht nur in Ankündigungen ergeht.

Wenn Sie damit allerdings übertreiben, laufen Sie Gefahr, dass man glaubt, Sie würden etwas auch unter allen Umständen durchboxen – und das kann wiederum ängstigen.

Rechnen Sie mit Fragen dieser Art:

- Würden Sie sich eher als ein Macher oder als ein Denker beschreiben?
- Schildern Sie uns eine berufliche Situation, wo Sie den Überblick verloren haben.
- Wie lange sollte man überlegen, bevor man handelt?

Vorsicht mit absoluten Aussagen wie:

- Ich behalte eigentlich immer den Durchblick.

Thema: Flexibilität

Wie schwer tun Sie sich mit notwendig werdender Anpassung?

Wie leicht können Sie sich neuen Gegebenheiten anpassen? Wie umständlich stellen Sie sich an, wenn unvorhergesehene Ereignisse Ihnen völlig andere Rahmen- und Arbeitsbedingungen aufgeben, ein ganz neues Verhalten erforderlich wird? Brauchen Sie ein sehr stabiles, klar geordnetes Umfeld, um sich bei der Arbeit wohlzufühlen? Oder ist genau das eher langweilig und Sie bevorzugen die Überraschung, das ständig Neue oder wenigstens den gelegentlichen Wechsel? Deutliche Aussagen und Hinweise, aber auch Bestätigungen Ihrerseits signalisieren Vorliebe für immer neue Herausforderungen und damit den beständigen Wandel. Zu viel würde aber auch bedeuten können, Sie ertragen kaum die Kontinuität und die tägliche Routine ist Ihnen wahrscheinlich verhasst, Sie sind unbedingt auf permanente Abwechslung aus, langweilen sich ansonsten zu Tode. Ein »Zuwenig« bedeutet etwa, Sie sind berechenbar und stabil, bevorzugen dementsprechend ein klar geordnetes Arbeitsumfeld mit Aufgaben, die Sie – auch wenn sie zur Routine werden – nicht so schnell langweilen.

Alles hat also seine Vor- wie Nachteile. Es kommt eben darauf an, worum es geht und wie Sie selbst dastehen wollen.

Rechnen Sie mit Fragen dieser Art:

- Wenn sich etwas in Ihrem Berufsleben gänzlich verändert. Wie gehen Sie damit um?
- Was bevorzugen Sie? Routine oder neue Aufgaben?
- Wie stehen Sie zu Routineaufgaben?

Vorsicht mit Aussagen wie:

- Ich hasse Langeweile.
- Ich liebe die Abwechslung.

Thema: Gewissenhaftigkeit

Sehen und beschreiben Sie sich eher als fixen Überflieger oder beinahe schon als Erbsenzähler?

Arbeiten Sie lieber schnell und dafür zwangsläufig etwas oberflächlicher oder haben Sie die sprichwörtliche Liebe zum Detail und sind sehr präzise, aber dadurch bedingt auch ein bisschen langsamer? Sehr pointiert: Überflieger oder Erbsenzähler? Pragmatiker oder Perfektionist? Das sind die Pole, um die es hier geht. Natürlich spielen dabei auf der einen Seite der Aspekt von Sorgfalt, Genauigkeit und Zuverlässigkeit wie z. B. Termintreue eine wichtige Rolle, auf der anderen Seite Spontaneität, der sogenannte »Mut zur Lücke«, das Vorantreiben und endlich Fertigbekommen einer Sache oder Aufgabe.

Keine Aussagen in Richtung Wertschätzung von Sorgfalt und Gewissenhaftigkeit, Präzision und Detailliebe sprechen eher für den weniger Geduldigen, den weniger Detailorientierten.

Eine Darstellung, die auf Genauigkeit und Akkuratesse besonderen Wert legt, spricht eher für einen besonders gründlichen, sehr verantwortungsbewussten Vertreter. Feststellbar wird das auch schon an Ihrem Erzählstil. Zu große Detailbetonung könnte somit eher als Indiz für einen zwanghaften, zu geringe für einen etwas sehr sorglosen, leichtfertigen Vertreter gewertet werden.

Rechnen Sie mit Fragen dieser Art:

- Wie steht es bei Ihnen mit Sorgfalt und Präzision?
- Sie vermitteln uns den Eindruck, perfektionistisch zu sein. Wie wollen Sie dann die viele Arbeit in kürzester Zeit schaffen?

Vorsicht mit allzu extremen Positionen wie:

- Ich bin eher schneller als gründlich.
- Wenn ich etwas mache, dann 120-prozentig oder gar nicht.

4. Einschätzungsfragen zu Ihrer seelischen Verfassung

Thema: Selbstbewusstsein

Sind Sie wirklich so, wie Sie sich geben, und finden Sie das auch gut so?

Machen Sie sich häufig Gedanken darüber, was andere über Sie denken, wie man Sie einschätzt bzw. ganz generell, was man von Ihnen hält? Sind Sie öfters in Sorge, weil Sie befürchten, andere würden Sie ablehnen, Sie nicht besonders mögen?

Verbale Schlagfertigkeit ist nicht Ihre Stärke, und wenn es zu Meinungsverschiedenheiten kommt, legen Sie eigentlich keinen Wert darauf, sich zu behaupten, geben eher um des lieben Friedens willen schnell nach? Vor versammelter Mannschaft etwas zu sagen, zu erklären oder vorzustellen ist Ihnen verhasst? Sie mögen es nicht, wenn alle Augen auf Sie gerichtet sind? Sie würden bei der Bejahung des zweiten Teils dieser Fragen ein deutlich unterentwickeltes Selbstbewusstsein vermitteln. Und das wäre sicherlich nicht zu Ihrem Vorteil!

Andernfalls gilt für Sie eher: Sie glauben, alles gut im Griff zu haben, sind spontan und schlagfertig, wenn es notwendig ist, und kennen keine Hemmungen, sich mit Ihrer Meinung ordentlich Gehör zu verschaffen. Sie sind stolz auf Ihre Erfolge und können diese anderen auch angemessen gut vermitteln. Eine entsprechende und glaubwürdige Selbstpräsentation dokumentiert das, und daraus könnte man dann folgern, Sie seien vielleicht doch ein bisschen eingebildet bis arrogant. Dahinter aber stecken eigentlich wieder nur Ängste …

Rechnen Sie mit Fragen dieser Art:

- Wie erleben Ihre Familie, Freunde und Kollegen Sie?
  Was würden die uns Positives, Negatives über Sie sagen?
- Wie würde Ihr Vorgesetzter Sie uns wahrscheinlich beschreiben?

Vorsicht mit Eingeständnissen wie diesen:

- Ich stehe eigentlich sehr ungern im Mittelpunkt.
- Wenn andere mich nicht mögen, macht mich das ziemlich unsicher.

Thema: Emotionale Stabilität

Wie schnell wirft Sie etwas aus der Bahn?

Erzählen Sie auf Nachfrage etwas von häufigen Stimmungsschwankungen, insbesondere Einbrüchen in negativ gefärbte Stimmungslagen? Geben Sie zu, dass Sie sich mit Herausforderungen schwertun, sich schnell überfordert fühlen und gestresst sind, insbesondere wenn Dinge nicht so laufen wie geplant? Verkraften Sie Misserfolge und Niederlagen nur sehr langsam und sind Sie leicht zu irritieren? Wenn Sie auch bei kleineren Anlässen häufig nervös reagieren, sich selbst und »alles und jedes« infrage stellen und außerdem noch zu tiefgründigen Grübeleien neigen, die Sie beinahe lähmen können, dann liegt es auf der Hand: Mit Ihrer Stabilität ist es nicht weit her ...

Eine entsprechend anders ausgeschmückte Selbstdarstellung oder die einschlägige Beantwortung so typischer Fragen wie »Alles läuft schief! Wenn Sie es bereits morgens geahnt hätten, wären Sie im Bett geblieben?« mit »Aber nein!« lässt Sie als stabile Persönlichkeit dastehen, die gut mit Rückschlägen und Niederlagen klarkommt, persönliche Probleme kaum kennt und sich stets durch ein hohes Maß an Gelassenheit auszeichnet. Sie sehen optimistisch in die Zukunft und kommen auch mit starken Herausforderungen gut klar.

Rechnen Sie mit Fragen dieser Art:

- Schildern Sie uns eine schwierige Situation, wo auch bei Ihnen die Nerven blank lagen.
- Wann haben Sie aufgrund der Umstände schon einmal aufgegeben, aufgeben müssen?

Vorsicht, nicht zu viel davon:

- Ich grüble häufig über berufliche Probleme auch nach Arbeitsschluss.
- Wenn mich Probleme richtig belasten, bin ich für andere ziemlich ungenießbar.

Thema: Belastbarkeit

Wie viel Stress, wie viel Arbeitsdruck vertragen Sie?

Kennen Sie die Grenzen Ihrer Leistungsfähigkeit und wie eng sind diese? Reagieren Sie schnell mit Kopf-, Bauch- oder Rückenschmerzen bzw. entwickeln Sie andere klassische (sogenannte psychosomatische) Symptome, wenn die Arbeitsbelastung, der Leistungsdruck zunimmt? Fühlen Sie sich schnell überfordert, erschöpft und ausgelaugt oder beschreiben Sie sich als bemerkenswert gesund und leistungsstark? Verfügen Sie über enorme Energiereserven, aus denen Sie auch bei lang andauernden, starken Arbeitsanforderungen Ihre Kraft schöpfen, oder geht Ihnen (relativ) schnell die Puste aus? Mit Ihrer Selbsteinschätzung bzw. -beschreibung geben Sie zu diesem Thema, das wohl auch sehr dicht bei der emotionalen Stabilität liegt, weitreichende Auskünfte. Also aufgepasst!

Rechnen Sie mit Fragen dieser Art:

- Schildern Sie uns eine Situation, die Sie enorm unter Druck gesetzt hat? Wie haben Sie sich verhalten, was würden Sie jetzt anders machen?
- Kennen Sie das? Kopf- oder Rückenschmerzen wegen Stress? Wie reagiert Ihr Körper, wo haben Sie da Ihre Schwachstelle auf die Sie gut achten müssen?

Vorsicht, so besser nicht:

- Auf längere Sicht würde mir eine hohe Arbeitsbelastung ziemlich zu schaffen machen. Das wäre nichts für mich …

Thema: Sympathie- und Vertrauens-Mobilisierungs-Potenzial

Wie sympathisch sind Sie?

Wissen Sie, wie man positive Aufmerksamkeit gewinnt? Oder wie man andere dazu bekommt, dass sie das tun, was man sich von ihnen wünscht, und dann auch noch, ohne groß bitten oder gar betteln zu müssen? Verfügen Sie über Charme und können Sie Menschen und deren Vertrauen leicht für sich gewinnen?

Wer weiß, wie er positiv auf Menschen (ein)wirkt, wie er/sie andere Personen für sich einnehmen kann, ist klar im Vorteil. Im Privaten wie im Beruflichen. Menschen anleiten, motivieren oder gar einschwören zu können ist nicht einfach und den meisten nicht gegeben; einigen jedoch schon. Gehören Sie dazu?

Dabei bildet aber genau diese Fähigkeit die Grundlage für alle Führungsaufgaben und jede größere Form der Verantwortungsübernahme. Wie stellt man es an, von vielen gemocht zu werden, ohne dabei sich selbst zu verleugnen, ohne sich selbst und seine eigenen Wertvorstellungen und Wünsche aufgeben zu müssen? Wer möchte nicht sympathisch wirken und von anderen gemocht werden? Und dann noch das erreichen, was er/sie sich vorgenommen hat.

Gut, wenn man zaubern kann, wenn man weiß, wie man mit anderen umgehen muss, um das von ihnen zu bekommen, was man will. Sicher, lächeln können gehört ebenso dazu wie diplomatisches Geschick, Komplimente machen, zuhören und sich einfühlen können. Gut im Small Talk zu sein und das richtige Maß an Humor zu haben, ist bestimmt auch von Nutzen. Allerdings kann eine zu starke Konzentration auf die Sympathiebekundungen der anderen schnell peinlich werden, in Schleimerei abgleiten.

Rechnen Sie mit Fragen dieser Art:

- Was schätzen andere Menschen besonders an Ihnen?
- Wie gelingt es Ihnen, andere für sich einzunehmen?
- Sind Sie ein eher sachlicher oder eher humorvoller Mensch?

Vorsicht mit Antworten wie:

- Auseinandersetzungen oder gar Streit gehe ich nur selten aus dem Weg.

Sympathiebonus

Beim Vorstellungsgespräch geht es um den berühmt-berüchtigten ersten Eindruck, in dem bei zwei Gesprächspartnern, die sich bisher unbekannt waren, die Weichen in Richtung einer positiven (Sympathie) oder negativen Gefühlsreaktion (Antipathie) gestellt werden. Das Gelingen oder Misslingen dieser Prüfungssituation hängt entscheidend davon ab, wie sympathisch Sie auf den Auswähler (Arbeitgeber, Interviewer) wirken. So gesehen sind die ersten Minuten eines Vorstellungsgesprächs von entscheidender Bedeutung.

Die folgende Übersicht soll Ihnen auf einen Blick verdeutlichen, was Sympathien hervorruft oder verhindert:

Sympathie bedeutet Wahrnehmen von ...	**Antipathie bedeutet Wahrnehmen von ...**
Zugewandtheit Interesse an Ihrer Person Attraktivität Schönheit positiven Gefühlen Gemeinsamkeiten gleicher Wellenlänge Wärme Vertrauen Zuneigung	Abgewandtheit Desinteresse Abstoßung Hässlichkeit negativen Gefühlen fehlenden Gemeinsamkeiten anderer Wellenlänge Kälte Misstrauen Abneigung
Sympathie wird eher mobilisiert durch ...	**Antipathie wird eher mobilisiert durch ...**
Attraktivität Schönheit Freundlichkeit Höflichkeit Anpassung Charisma Gelassenheit Ruhe Selbstsicherheit Geduld Toleranz Gleichberechtigung Gewährenlassen (Freiheit) Gewandtheit Entspanntheit gleiche / ähnliche Interessen / Hobbys	abstoßendes Äußeres Hässlichkeit Unfreundlichkeit Unhöflichkeit mangelnde Anpassung fehlendes Charisma Nervosität Unruhe Unsicherheit Ungeduld Intoleranz Dominanz- und Machtstreben Beherrschung (Unfreiheit) Unsicherheit Anspannung stark unterschiedliche Interessen / Hobbys

Zur Mobilisierung von Sympathiegefühlen kommt es immer dann, wenn Ihr Gegenüber den (ersten) Eindruck und die Hoffnung gewinnt, dass Sie einen Beitrag zu seiner Bedürfnisbefriedigung (Erfolg, Macht etc.) leisten können.

Vice versa: Das Gefühl der Antipathie basiert auf dem Eindruck, dass der/die andere zur eigenen Bedürfnisbefriedigung keinen oder einen zu geringen Beitrag leisten kann.

Sympathiefördernd sind vor allem Identifizierungsprozesse (»Mein Gegenüber ist ja genau so/ähnlich wie ich«) und biografische Gemeinsamkeiten (z. B. bezüglich früherer Wohnorte, Ausbildungsinstitutionen und Arbeitgeber).

Sympathie entsteht – auf beiden Seiten – aufgrund verbaler und nonverbaler Kommunikation:

Wer leistungsmotiviert und kompetent wirkt, macht sich zusätzlich zu seinen sonstigen Persönlichkeitsmerkmalen sympathisch. Damit sind auch die weiteren zentralen Faktoren im Vorstellungsgespräch – Leistungsmotivation und Kompetenz als flankierende Aspekte – mit angesprochen und einbezogen.

Dem Bewerber zugeschriebene Leistungsmotivation und Kompetenz tragen zur Realisierung des Interviewerbedürfnisses nach Erfolg bei. Für den Interviewer besteht Erfolg bereits darin, einen Kandidaten empfohlen zu haben, der den Posten bekommt und sich später bewährt.

Die Ausgangspositionen

Bedürfnisse der Arbeitsplatzanbieterseite

Die beiden Ausgangspositionen – Ihre und die Ihres Gegenübers – bestimmen wesentlich den Verlauf des Vorstellungsgesprächs. Es ist erschreckend, wie wenige Bewerber sich vor einem Vorstellungsgespräch Gedanken über die Erwartungen auf Arbeitsplatzanbieterseite machen und wie viele lediglich ihre eigene Situation im Auge haben. Dabei sind Fragen, die sich mit Ihrem Gegenüber auseinandersetzen, von ganz entscheidender Bedeutung.

Die wichtigsten Fragen bei der Vorbereitung auf ein Vorstellungsgespräch:

- Worauf achten Arbeitgeber bei der Auswahl neuer Arbeitskräfte?
- Welche persönlichen und beruflichen Anforderungen stellt der Arbeitgeber?
- Wovon träumen Arbeitgeber?

Arbeitgebern reicht es nicht, dass Sie Fähigkeiten besitzen. Sie wollen wissen, wie Sie diese einsetzen: ob Sie etwa Betriebsamkeit nur vortäuschen oder wirklich versuchen werden, Probleme zu lösen. Arbeitgeber suchen Angestellte, die Ergebnisse erzielen: Gewinne, Sicherheit, Kostensenkung, Organisation, neue Lösungen. Ein motivierter Bewerber geht auf die Bedürfnisse des Arbeitgebers ein. Wenn Sie nicht wissen, was in einem bestimmten Unternehmen oder Berufsfeld von Ihnen erwartet wird, werden Sie den Arbeitgeber nur schwerlich überzeugen können. Sie sollten ihm durch Zielstrebigkeit und Kenntnisse über sein Arbeitsfeld zeigen, was er in Zukunft von Ihnen erwarten kann.

Ein Anforderungsprofil

Wie zum Beispiel im Vorstellungsgespräch die Anforderungsmerkmale an Führungskräfte im Einzelnen aussehen, zeigt das folgende Profil systematisiert nach den drei Hauptaspekten Kompetenz, Leistungsmotivation und Persönlichkeit (KLP) jetzt aber in der umgekehrten Gewichtung. Um all diese Aspekte geht es dem Arbeitgeber, wenn er sich im Gespräch einen persönlichen Eindruck von Ihnen macht. Findet Ihre Bewerbung unterhalb der Führungsebene statt, treffen einige der folgenden Punkte nur eingeschränkt auf Sie zu. Solche Punkte sind mit einem * markiert.

Persönlichkeit

1. Anforderungen an das Interaktionsverhalten
   - Kontaktfähigkeit
   - Kooperationsfähigkeit
   - *Verhandlungsgeschick
   - *Durchsetzungsfähigkeit
   - *Motivationsfähigkeit
   - *Kontrollfähigkeit
   - *Personalbetreuungs- und-auslesefähigkeiten
   - *Informationsbereitschaft

2. Anforderungen an die Selbstständigkeit
   - Zielstrebigkeit
   - Selbstbewusstsein
   - Verantwortungsbewusstsein und-bereitschaft
   - Kritikfähigkeit
   - Zuverlässigkeit

3. *Anforderungen an das Entscheidungsverhalten
   - *Risikobereitschaft
   - *Entscheidungskompetenz

4. Anforderungen an Delegationsbereitschaft und-verhalten
   - *Informationsfähigkeit und-bereitschaft

5. Anforderungen an die Belastbarkeit
   - Stresstoleranz
   - Vitalität

6. Anforderungen an die Flexibilität

7. *Anforderungen an das Repräsentationsvermögen

Leistungsmotivation

1. Anforderungen an die Zielstrebigkeit
   - Durchhaltevermögen
   - Durchsetzungsvermögen
   - Frustrationstoleranz
   - Erfolgsorientierung
   - Vitalität

2. Anforderungen an die intrinsische Motivation
   - Idealismus
   - Identifikationsbereitschaft mit Unternehmen/Institutionszielen

3. Anforderungen an die extrinsische Motivierbarkeit
   - gesunder Materialismus

4. Anforderungen an die physische Fitness
   - gesundheitliches Wohlbefinden

5. Anforderungen an die psychische Konstitution
   - weitgehend unneurotische Persönlichkeitsstruktur

6. Anforderungen an die Selbstkontrollfähigkeiten
   - Autonomie
   - Zuverlässigkeit
   - Selbstdisziplin

7. Anforderungen an systematische Arbeitsorganisation
   - Zieldefinitionsfähigkeit
   - Arbeitseffizienz
   - Kosten-Nutzen-Bewusstsein

Positionsbezogene Kompetenzanforderungen

1. Bildungsanforderungen
   - Schulbildung
   - berufliche Grundausbildung
   - Fremdsprachenkenntnisse
   - Lern- und Weiterbildungsbereitschaft

2. Berufsspezifische Anforderungen
   - beruflicher Werdegang
   - Berufserfahrung
   - Branchenkenntnisse
   - Produktkenntnisse

3. Aufgabenspezifische Anforderungen
   - Routineresistenz
   - Kreativität
   - Planungs- und Organisationsfähigkeit
   - Koordinationsfähigkeit
   - Problembewusstsein
   - Problemlösungsfähigkeit
   - Ausdrucksfähigkeit (verbal/schriftlich)
   - technisches Verständnis
   - künstlerische Begabung
   - manuelles Geschick

4. Unternehmensspezifische Anforderungen
   - unternehmenspolitische Anforderungen
   - Führungsstil
   - Normsystem/Unternehmenskultur
   - soziale und gesellschaftliche Normen
   - religiöse Normen
   - politische Normen
   - familiäre Normen
   - gesetzliche Normen
   - mitarbeiterorientierte Anforderungen
   - unternehmenszielorientierte Anforderungen

Wie könnte man diese lange Liste etwas vereinfachen, noch besser auf den Punkt bringen, um letztendlich erfolgreich damit arbeiten zu können?

Denken wir uns ein Haus. Das Fundament oder der Keller (K wie Kompetenz) bietet die Ausgangsbasis, dann folgt der Lebensbereich (L wie Leistungsmotivation), die Räumlichkeiten, in denen Sie sich wohl am meisten aufhalten. Und obendrauf das Dach, das schützt das Ganze. Hier wäre also das P (im Sinne von »Dachstübchen«, Ihre Persönlichkeit/Psyche). Alle drei Teile (Keller, Lebensbereich und »Dachstübchen«) sind gleichermaßen wichtig.

Die Buchstabenformel KLP ist schon einmal ein erster guter Ansatz und Leitfaden. Hauptziel Ihres Bewerbungsvorhabens ist es, transparent zu machen, was Sie diesbezüglich anzubieten haben. Das geschieht zunächst im schriftlichen Angebotsteil (Ihren Bewerbungsunterlagen) und dann in der persönlichen Begegnung.

Ziehen Sie eine Bilanz Ihrer beruflichen und persönlichen Fähigkeiten und Stärken, und stellen Sie heraus, welche Eigenschaften Sie für die angestrebte Stelle qualifizieren. Konzentrieren Sie sich dabei auf konkrete Ergebnisse.

Ist es Ihnen beispielsweise gelungen, den Umsatz Ihrer Abteilung im Laufe von fünf Jahren um über 50 Prozent zu steigern? Sie haben erfolgreich verhandelt und konnten den Einkaufsrabatt von 10 auf 20 Prozent erhöhen? Von welcher Ihrer Schlüsselqualifikationen kann Ihr Gegenüber zukünftig ganz konkret profitieren?

Wir empfehlen Ihnen: Vermitteln Sie selbstbewusst und schlüssig Ihr berufliches und persönliches Profil. Dabei sollten sich Ihre Botschaften wie ein roter Faden durch Ihre gesamte Bewerbung (Anschreiben, Foto, Lebenslauf, Zeugnisse) und Ihren beruflichen Werdegang (Schule, Berufswahl, Ausbildung, Praxis) ziehen. Und auch Ihr bevorstehender Auftritt im Vorstellungsgespräch sollte zu Ihren Kernkompetenzen, zu Ihrer Persönlichkeit, Ihrem Leistungsversprechen und natürlich zu dem angestrebten Job passen.

Die Position des Bewerbers

Natürlich hat auch Ihre Ausgangsposition Einfluss auf den Verlauf des Vorstellungsgesprächs. Welche Determinanten bestimmen Ihre Situation?

- Ihr Arbeitsplatzwunsch und die aktuelle Arbeitsmarktsituation
  (z. B. Mangelberuf oder Überangebot)
- Berufsaus- und Weiterbildung
  (Wenn Ihre Ausbildung 20 Jahre zurückliegt und die letzte Fortbildungsmaßnahme vor 10 Jahren stattgefunden hat, fehlen Ihnen im Vorstellungsgespräch nicht nur gute Argumente.)
- Tätigkeit/Erfahrung
  (Wer als Außendienstmitarbeiter in den gehobenen Innendienst aufsteigen möchte, muss wissen, wie viele Stufen er sich auf einmal zu nehmen zutraut.)
- Ihre aktuelle Arbeitsplatzsituation
  (Steht schon alles in Flammen, ist das Schiff am Untergehen oder können Sie sich gelassen nach neuen Ufern umsehen?)
- Häufigkeit bisheriger Arbeitsplatzwechsel
  (Soll das jetzt der dritte Wechsel innerhalb von zwei Jahren werden oder können Sie auf fünf Jahre Kontinuität an einem Arbeitsplatz zurückblicken?)
- Bisherige Bewerbungserfahrung
  (Wer nach 22 Absagen die 23. Bewerbung abschickt, braucht ein besonderes Reservoir an Optimismus und Energie, um weiterhin mit der notwendigen Selbstsicherheit und Überzeugungskraft auftreten zu können.)

- Kontakte und »Vitamin B«
  (Spielen auch gerade bei einer Bewerbung eine Rolle – haben Sie Beziehungen und können Sie diese nutzen?)
- Persönlichkeits- und Leistungsmerkmale
  (Als stark introvertierter, gehemmt wirkender Außendienstmitarbeiter ist es nicht leicht, in eine Gruppenleiterposition zu kommen.)
- Äußeres Erscheinungsbild
  (Mit einem Karl-Marx-Vollbart haben Sie in Bankkreisen erhebliche Schwierigkeiten.)
- Alter
  (Mit 57 liegt z. B. bei der Bewerbung um eine leitende Position in der Aus- und Fortbildungsabteilung eines Großkonzerns die Zukunft vielleicht eher hinter einem, während in einem kleineren Unternehmen – gerade auch in den neuen Bundesländern – gute Chancen für erfahrene Praktiker bestehen.)

Marktchancen

Das sind zum Teil recht drastische Beispiele, um zu verdeutlichen, worum es geht. Sie sollen als Anregung dienen, darüber nachzudenken, welches die eigenen Plus- und Minuspunkte, die Marktchancen der von Ihnen angebotenen Ware Arbeitskraft sind. Denken Sie stets daran, dass Sie diese in das Vorstellungsgespräch als Präsentations- und Verkaufsargument mit einbringen.

Zum Überdenken Ihrer Ausgangsposition gehört auch eine kritische Reflexion über die eigene Person und typische Charaktereigenschaften, die Ihnen bisher vielleicht schon mehrfach in Ihrem Leben Schwierigkeiten gemacht haben.

Wenn Sie etwa dazu neigen, in einer Art unbewusstem Wiederholungszwang immer mit einem bestimmten Typ Vorgesetzten bereits nach wenigen Minuten in Streit zu geraten, weil Sie (unbewusst) an Ihren furchtbar cholerischen Vater oder einen autoritären älteren Bruder erinnert werden, darf Ihnen das im Vorstellungsgespräch nicht passieren.

Aber auch die Gegenseite hat ihre Ausgangsposition. Da ist die Arbeitsmarktsituation, die einen maßgeblichen Einfluss hat. Werden Spezialisten wie Sie gesucht oder gibt es Bewerber mit Ihrer Qualifikation wie Sand am Meer? Hat der Personalchef viele oder wenige Bewerbungen auf das Arbeitsplatzangebot erhalten? Handelt es sich um ein großes oder kleines Unternehmen? Stimmt das Timing der Personalplanung oder leidet das Unternehmen unter Personalnot und Zeitdruck? Hat man es mit einem wirklichen Personalauslese-Profi oder eher mit einem Autodidakten auf diesem Gebiet zu tun? Das alles hat seine spezifischen Auswirkungen.

Natürlich ist Ihr Interviewer auch nur ein Mensch mit unterschiedlicher Tagesform und all seinen Fehlern und Schwächen. Wenn er gerade stark mit eigenen Problemen und Stress belastet ist, könnte sich das bei Ihrem Vorstellungsgespräch (unbewusst) fortsetzen, ohne dass Sie von diesem Hintergrund etwas ahnen oder etwas dazu beigetragen haben.

Ihre Ausgangsposition wird gestärkt, wenn Sie wissen, worauf es im Vorstellungsgespräch ankommt. Dazu gehört, dass Sie die Hintergründe und Intentionen des Ausleseverfahrens genauestens kennen. Diese haben wir Ihnen global bereits im vorigen Abschnitt erläutert. Im Folgenden beschäftigen wir uns mit der Informationsgewinnung für die Bewerbungsvorbereitung – immer mit dem Ziel, Ihre persönliche Ausgangsposition zu stärken.

Informationsrecherche zu Aufgabe, Position und Anbieter

Wer zu seinem neuen potenziellen Arbeitgeber nur mit der Adresse im Kopf geht, handelt wirklich kopflos. Eine gründliche Vorbereitung auf den möglichen Arbeitgeber und sein Umfeld ist absolut notwendig. Wahrscheinlich haben Sie dies bereits in Vorbereitung auf Ihre schriftlichen Unterlagen getan.

Erste Informationen über das Unternehmen können Sie bereits der Anzeige entnehmen und der Art und Weise, wie der Kontakt mit Ihnen als Bewerber angebahnt wird, sowie auch dem Einladungsschreiben und den eventuell beigefügten Informationspapieren. Die folgenden Unternehmensdaten sollten unbedingt zu Ihrem Basiswissen gehören:

1. Hauptsitz
2. Branchen
3. wichtige Tochterunternehmen/Beteiligungen
4. Niederlassungen im In- und Ausland
5. Produktpalette
6. Zahl der Mitarbeiter im In- und Ausland
7. Umsatz/Gewinn
8. Geschäftsleitung
9. Position auf dem nationalen und internationalen Markt (Marktanteile)
10. Mitbewerber auf dem in- und ausländischen Markt
11. wirtschaftliche Entwicklung der letzten fünf Jahre
12. aktueller Aktienstand
13. zukünftige Entwicklungschancen
14. Firmengeschichte/Jubiläen

Neben diesen allgemeineren Informationen benötigen Sie Spezialwissen über die Abteilung oder den Unternehmenszweig, für den Sie sich beworben haben. Eine Bewerbung um eine Position in einem bestimmten Bereich erfordert natürlich eine gezielte Einarbeitung in die jeweiligen speziellen Aspekte und Aufgabenstellungen des angestrebten Arbeitsplatzes.

Hintergrundinformationen zu Ihrem neuen potenziellen Arbeitgeber erhalten Sie beispielsweise direkt beim Unternehmen selbst (Pressestelle oder Homepage); darüber hinaus sind Industrie- und Handelskammer, Fachzeitschriften (Bibliotheken) und Nachschlagewerke hilfreich. Aber auch Personen, die bereits in dem Beruf, in der Branche oder Firma/Institution arbeiten, können Ihnen wichtige Insiderinformationen geben.

Die folgenden Besonderheiten sind bei der Analyse der Ausgangspositionen von Bedeutung:

Bewerben Sie sich ...

- bei Groß-, mittleren oder kleineren Unternehmen?
- in der Privatwirtschaft oder im öffentlichen Dienst?
- aus (vermeintlich) gesicherter Position heraus (idealtypisch)?
- aus erkennbar unsicherer Position, z. B. unter Druck, weil bereits gekündigt?

Es liegt auf der Hand: Die Bewerbungs- und Ausleseverfahren differieren je nach Branche und Ihrer Ausgangsposition in Nuancen, die Gemeinsamkeiten aber überwiegen. Ein wichtiges Kriterium, das diese Unterschiede wesentlich beeinflusst, ist die Unternehmensgröße Ihres potenziellen Arbeitgebers. Der mittelständische Betrieb etwa mit 100 Mitarbeitern, der einen berufserfahrenen leitenden Ingenieur für das Spezialgebiet der Belüftungstechnik sucht, geht in der Regel anders mit seinen Bewerbern um als der Lebensmittel-Großkonzern, der im mittleren Management (unterste Stufe) einen jüngeren Food-Produktmanager mit einer Reihe von Berufsjahren sucht. Während Sie bei einem mittelständischen Betrieb davon ausgehen können, ein bis zwei Gespräche mit dem Firmeninhaber oder Geschäftsführer sowie mit einem für Sie direkt verantwortlichen Vorgesetzten (z. B. Hauptabteilungsleiter) und einem oder mehreren zukünftigen Kollegen zu führen, sieht das bei einem Multi doch ganz anders aus.

Die Gemeinsamkeiten überwiegen

Da gibt es ein Vorab-Telefoninterview, dann vielleicht noch ein Gruppenauswahlgespräch. Recht wahrscheinlich sind vorgeschaltete Assessment-Center-Testveranstaltungen. Letztlich sehen Sie sich, nachdem Sie bereits von einigen Personalreferenten befragt und vorgetestet wurden, dem Personalchef und Ihrem potenziellen direkten Vorgesetzten gegenüber.

Wie das Bewerbungsverfahren im Einzelnen abläuft, ist dem Einladungsschreiben nicht immer zu entnehmen. Sollte Ihnen zu Ohren gekommen sein, dass Tests veranstaltet werden, ist es höchste Zeit, sich entsprechend vorzubereiten. Vielleicht gelingt es Ihnen ja, vorab telefonisch in Erfahrung zu bringen, was Sie erwartet.

Vor dem Auftritt

Sie kommen nicht darum herum, sich im Vorfeld eines Vorstellungsgesprächs intensive Gedanken darüber zu machen, wer und wie Sie sind – vor allem aber, was und wie Sie Ihrem Gegenüber etwas von sich vermitteln wollen.

Ihr eigenes Drehbuch

»Wie bringen Sie was rüber?« lautet die Frage, die Herausforderung. Schreiben Sie sich nach Abschluss Ihrer Überlegungen eine Art persönliches Drehbuch. Beschreiben Sie Ihre wesentlichen Merkmale, Eigenschaften und Charakterzüge, die Sie vermitteln wollen, und notieren Sie sich, wie Sie diese anhand von Geschichten aus Ihrer Arbeitswelt glaubhaft darstellen können. Dabei gilt es, sich auf das Wesentliche zu beschränken, also Hauptmerkmale herauszuarbeiten, und nicht etwa ganze Listen von Superadjektiven auswendig zu lernen.

Stärken und Schwächen

Zu empfehlen sind drei, maximal vier bis fünf Merkmale, die Sie beruflich und charakterlich auszeichnen, nebst Beispielsituationen, mit denen Sie verdeutlichen und belegen können, worum es Ihnen dabei geht. Diesen positiven Hauptmerkmalen können Sie noch weitere drei hinzufügen, die auf einer zweiten Ebene vertiefend zu Ihrer Charakterisierung beitragen.

Aber auch zwei, maximal drei Merkmale, die weniger ausgeprägt sind, als Sie es sich wünschen, sollten Sie vorab erarbeiten. Dabei kommt es natürlich darauf an, sich nicht völlig bloßzustellen, schließlich befindet man sich ja nicht bei seinem Psychoanalytiker auf der Couch.

Wenn es nicht gerade um einen Arbeitsplatz in einer ausgesprochen technischen Branche geht, könnten Sie unter der Rubrik »Schwächen« anführen, dass Sie bedauerlicherweise nicht dazu in der Lage sind, Ihr Auto allein zu reparieren. Oder dass Sie Mühe haben, Kompositionen von Bach und Händel richtig zuzuordnen. Auch sind Sie vielleicht noch immer mit Ihren Spanischkenntnissen unzufrieden, obwohl Sie schon das dritte Mal dort Urlaub gemacht haben. Vielleicht kocht Ihre Frau oder Ihr bester Freund besser als Sie, was Sie beschämt.

Diese Beispiele sollen lediglich der Verdeutlichung dienen und Anregung sein, in entsprechend relativ harmloser Richtung nachzudenken. Vielleicht kommen Sie zu dem Ergebnis, dass Sie im Innersten Ihrer Seele Kritik an Ihrer Person nicht ertragen können. Diese Selbsterkenntnis wäre zwar ein erster Schritt zur Besserung, ist aber wirklich nicht dazu geeignet, in einem Vorstellungsgespräch ausgebreitet zu werden.

Natürlich können Sie nicht nach jeder Interviewerfrage zunächst einmal in diesem Buch nachschlagen und versuchen, die richtige Einordnungskategorie zu finden, um sich dann anhand unserer Hinweise eine gute Antwort zu überlegen. Stecken Sie also jetzt – vorher – den Rahmen ab, was und wie Sie etwas über sich aussagen oder erzählen wollen. Dazu gehört in erster Linie Berufliches, jedoch auch ein gewisses Maß an Privatem. Was und wie viel, müssen Sie unbedingt vorab überlegen, um auch dann souverän bleiben zu können, wenn das Gespräch geradezu Verhörcharakter bekommen sollte.

Verzweifeln Sie nicht: Allein die Tatsache, dass Sie sich mithilfe unseres Buches mit den Hintergrundaspekten der verschiedenen möglichen Fragen im Vorstellungsgespräch gründlich auseinandersetzen werden, stärkt Sie. Dass Sie anfangs dabei ein flaues Gefühl haben und glauben, all dem nicht gewachsen zu sein, ist eigentlich ganz normal. Das Gegenteil sollte Sie übrigens viel eher misstrauisch machen.

Erfahrungen sammeln

Es kann sehr hilfreich sein, Bewerbungserfahrungen zu sammeln, ohne dass Sie den angebotenen Arbeitsplatz unbedingt anstreben. Solch ein Vorstellungsgespräch, bei dem es nicht auf den Erfolg ankommt, ist eine ideale Experimentier-, Spiel- und Lernebene, von der Sie profitieren – immer für den Ernstfall, wenn es dann wirklich für Sie darum geht, einen bestimmten Arbeitsplatz zu erobern.

Die entspannte Reise

Planen Sie genügend Zeit für Ihre Anreise ein, unter Berücksichtigung eventuell auftretender Verzögerungen (Staus etc.). Sollten Sie zu einem Vormittagstermin eingeladen sein, ist es von Vorteil, einen Tag oder spätestens am Abend vorher am Zielort zu sein.

Es empfiehlt sich, wenn irgend möglich, den Ort dieses für Sie bedeutsamen Treffens vorab wenigstens einmal von außen aus einer gewissen Entfernung in Augenschein zu nehmen. So kennen Sie den Anreiseweg, wissen, wo man parkt und wie man zu dem Gebäude, in dem das Vorstellungsgespräch stattfindet, gelangt, und kennen Wegezeiten. Außerdem haben Sie sich mental und auch emotional schon ein bisschen eingestimmt.

Auf diese Weise können Sie sich psychisch auch ganz anders vorbereiten, haben Sie doch jetzt eine realistische Vorstellung, wie das äußere Szenario aussieht. Lassen Sie einmal die Atmosphäre auf sich wirken, schauen Sie sich an, was die Fenster und das andere Drumherum Ihnen sagen. Aus vielen Details werden Sie sich ein Bild zusammensetzen können, das Ihnen hilft, den Geist des Hauses, der Firma oder des potenziellen neuen Arbeitgebers besser zu erfassen.

Handelt es sich um futuristische Architektur oder ein Gebäude der Jahrhundertwende, dessen dicke Mauern langsam zu zerbröseln drohen? Ist der Zaun von der Art, wie man ihn um Gefängnisse baut, oder hat er mehr dekorativen als funktionalen Charakter? Alles Hinweise und Mosaiksteine für ein vorläufiges Bild, die am Tag der Begegnung zumindest keine negativ irritierende Überraschung mehr bei Ihnen auslösen.

Den Weg kennen

Auch wenn Sie glauben, den Weg gut zu kennen, können Sie nicht sicher sein, in einem labyrinthischen Bürogebäudekomplex gleich den kürzesten Weg und das richtige Zimmer zu finden. Besser also, Sie sind eine Viertelstunde zu früh da als zehn Minuten zu spät. Natürlich dürfen Sie nicht übertreiben. Insbesondere sollten Sie im Vorzimmer des Geschehens nicht mehr als fünf Minuten vor dem vereinbarten Termin eintreffen. Wer 20 Minuten zu früh aufkreuzt, macht einen denkbar schlechten Eindruck.

Entscheidend ist, dass Sie so ausgeruht wie nur irgend möglich sind. Sollten Sie sich wider Erwarten an einem so wichtigen Tag krank fühlen – aus welchen Gründen auch immer –, ist es sinnvoller, den Termin abzusagen, als beispielsweise mit allen sichtbaren und unsichtbaren Befindensbeeinträchtigungen einer schweren Erkältung anzutreten und sich nicht optimal präsentieren zu können.

Kostenerstattung

Ist das Vorstellungsgespräch für Sie mit Fahrt-, Verpflegungs- und Unterbringungskosten verbunden, so gilt für die Erstattung folgende Regelung: Bei einer Einladung zum Vorstellungsgespräch muss der potenzielle Arbeitgeber für alle angemessenen Kosten aufkommen, die Ihnen entstehen, egal ob ein Arbeitsvertrag zustande kommt oder nicht. Sollte ein potenzieller Arbeitgeber dazu nicht bereit sein, so muss er Ihnen diesen Sachverhalt vorher ausdrücklich mitgeteilt haben (was Sie sicherlich nachdenklich gestimmt hätte).

Wenn Sie allerdings anfangen, bei der Abrechnung der Ihnen entstandenen Kosten das Parkhausticket oder den Fahrschein des öffentlichen Nahverkehrs in Rechnung zu stellen, lassen Sie – gelinde gesagt – den adäquaten Blick für Proportionen vermissen. An der Art und Weise, wie Sie Ihre Abrechnungsunterlagen zusammenstellen und die Gegenseite die Zahlungsabwicklung gestaltet, ist wechselseitig viel abzulesen. Hier sieht man schnell, mit wem man es zu tun hat. Das gilt für Bewerber- wie Unternehmensseite. Stellen Sie sich bei einem Arbeitgeber aus Eigeninitiative vor, ohne die ausdrückliche Verabredung, dass dieser für die Reisekosten aufkommt, müssen Sie alle Auslagen selbst tragen.

Risiken bedenken

Nochmals: Abgesehen davon, dass längere Autoanfahrten zu einem so wichtigen Termin wie dem Ihres Bewerbungs- und Vorstellungsgespräches eine Qual sein können, bedenken Sie besonders auch die Risiken: Stau, Panne, Unwetter, Glatteis, Unfall.

Ihre Kleidung

Unsere zweite Haut, die Kleidung, ist ein ganz wesentlicher Signalträger und -geber unserer Befindlichkeit. Worin spiegelt sich unser Selbstbild deutlicher als in unserer Kleidung und unserem Outfit? An ihrer Berufskleidung erkennen wir sie sofort: die Köchin, den Schornsteinfeger, die Ärztin. Ob Dame von Welt oder Vertreterin des ältesten Gewerbes der Welt, es gibt viele Be-Kleidungssignale, die uns bei der Einordnung und Orientierung behilflich sind.

Wer sich zum Beispiel um einen qualifizierten Arbeitsplatz in einem Versicherungskonzern bewirbt, kommt besser nicht in Joggingschuhen und Jeans daher, auch wenn das auf der Überlegung basiert, dadurch seine dynamische Note unterstreichen zu wollen. Sollten Sie nun aber glauben, dass diese Bekleidungsutensilien bei einer Bewerbung als Manager bei einem Sportartikelmulti dazu angetan sind, Pluspunkte zu sammeln, irren Sie.

Berufsangemessene Kleidung

Gibt es Patentrezepte? Das sicherlich nicht. Aber generell gilt: Heutzutage kleidet man sich für ein Vorstellungsgespräch wieder gediegen, zurückhaltend-vornehm, eher konservativ. Gefragt ist auch bei Damen die schlichte Eleganz. Unsere Empfehlung: Schauen Sie sich doch einfach mal typische Berufsvertreter in der von Ihnen angestrebten Position an und orientieren Sie sich für Ihr Vorstellungsoutfit an deren Kleidung.

Verdeutlichen Sie sich, dass Sie nach dem Bewerbungsanschreiben mit Ihrem Erscheinungsbild eine weitere Arbeitsprobe und Visitenkarte abgeben. Vermeiden Sie es möglichst, besser gekleidet zu sein als Ihr Gegenüber, und verzichten Sie auf jede Extravaganz, also auf eine grelle, poppige, übertriebene Maskerade (auch Schminke) – es sei denn, Sie bewerben sich bei einer Werbeagentur oder in der Kunstszene.

Diese Kurzempfehlungen ersetzen keinen Besuch beim Modeberater oder einem Farb- und Stilberatungsstudio. Sollen sie ja auch gar nicht. Aber wir können es nicht oft genug sagen: Die gepflegte Gesamterscheinung, angefangen von der Frisur über das Make-up bei Damen bis zu Kleidung, Schuhen und Accessoires (Brille, Uhr, Schmuck, Tasche und Tuch), alles muss aufeinander abgestimmt sein, zu Ihnen passen, Ihre persönliche Note unterstreichen und Sie vorteilhaft präsentieren.

Ob es Ihnen nun passt oder nicht, die Spiel- oder in diesem Fall Verkleidungsregeln sind streng. Sie entscheiden, wie Sie sich an Ihrem potenziellen Arbeitsplatz einordnen und anpassen wollen. Und genau das ist es, was man dann auch sehen möchte: Wissen Sie, was man von Ihnen erwartet, und spielen Sie mit? Ein noch so talentierter Mitarbeiter kann, ja darf einfach auch an einem heißen Sommertag nicht in kurzen Hosen aufkreuzen. Zugegeben ein etwas überspitztes Beispiel, aber plastisch!

Und noch ein Tipp: Die Garderobe für Ihren wichtigen Auftritt müssen Sie kennen. Sie sollten sie vorher wenigstens an- und ausprobiert, besser einige Stunden bereits getragen haben. Drückende Schuhe, einquetschende, fast platzende Hemden, rutschende Hosen, knallenge Röcke, fehlende Knöpfe, kaputter Saum, Flecken, alles das stellt im Moment, da Ihr Auftritt kurz bevorsteht, eine furchtbare Falle, eine Quelle von Verunsicherung, Gefährdung und Unwohlsein dar. Gehen Sie kein unnötiges Risiko ein, machen Sie eine Generalprobe, stimmen Sie sich selbst vor dem Spiegel in Ihre Rolle ein, aber auch in Ihre Kleidung. Ihr Selbstwertgefühl wird es Ihnen danken.

Vorher Probe tragen

Sollten Sie zu einem Termin fernab von der Heimat anreisen, gilt es, auch an Ersatz-Vorzeigekleidung zu denken, falls etwa im Flugzeug eine Tasse Kaffee auf Ihrem Anzug/Kostüm landet. Ersparen Sie sich den Stress, noch schnell in letzter Minute einen Kostümverleih oder eine Schnellreinigung ausfindig machen zu müssen.

Betrachten Sie sich zu Hause gründlich im Spiegel, stellen Sie zu Ihrer geplanten Rolle und Ausstattung eine Beziehung her. Üben Sie Ihr Auftreten in der von Ihnen gewählten, sorgfältig zusammengestellten Kleidung.

Ihr Auto

Wenn Sie mit dem Auto anreisen, denken Sie daran, dass es ebenso wie Ihre Kleidung einiges über Sie verrät. Ob Sie nämlich im nostalgischen Käfer, in einem legendären Mercedes 180 D, einem knallroten Porsche, einem Fiat 500 oder, oder, oder vorgefahren kommen, wird nicht lange unbemerkt bleiben. Spätestens bei einem zweiten Treffen schaut man Ihnen hinterher und sieht, womit Sie abfahren.

Und ob Ihr Wagen hinten voll mit Stickern beklebt ist oder ob Sie einen Wackeldackel oder Muttis Puppe mit selbst gehäkeltem Kleid, unter dem die Toilettenpapierrolle verborgen ist, im Heckfenster platziert haben, sagt eben auch etwas über Sie und Ihre Wesensart aus. Ganz zu schweigen vom verbeulten, rostigen oder auch dreckigen Autoäußeren.

Aber nicht nur Ihre Kleidung und Ihr Auto sollten Sie vorteilhaft erscheinen lassen. Auch das, was Sie über sich erzählen, darf ruhig weitgehend Ihre Schokoladenseite präsentieren. Warum Sie im Bewerbungsfall ein Recht auf Notlüge haben, lesen Sie jetzt.

Zur Not auch eine Lüge

Ebenso wie der Gesetzgeber den Begriff der Notwehr kennt, existiert für das Bundesarbeitsgericht der Sachverhalt der Notlüge. Darunter ist zu verstehen, dass bestimmte Fragen im Vorstellungsgespräch, z. B. nach der Zugehörigkeit zu einer politischen Partei, nicht wahrheitsgemäß beantwortet werden müssen, wenn der Bewerber davon ausgehen muss, dass von einer bestimmten Antworttendenz die Vergabe des Arbeitsplatzes abhängen könnte. Bestimmte Fragen und Themen dürfen im Bewerbungsverfahren gar nicht erst behandelt werden. Es sind nur solche Fragen erlaubt, die »arbeitsbezogen« sind, das heißt, die mit dem zu besetzenden Arbeitsplatz in direktem Zusammenhang stehen.

Unzulässig sind neben der Ausforschung der politischen Meinung ebenso Fragen nach (auch früherem!) gewerkschaftlichem Engagement oder nach Privatplänen in puncto Heiraten, Familienplanung, Freizeitgestaltung und Hobbys. Frühere Krankheiten und die Frage nach einer Schwangerschaft sollten genauso tabu sein wie die Frage nach den Berufen von Lebenspartnern oder anderen Personen, z. B. Eltern und Geschwistern, sowie nach den privaten Vermögensverhältnissen und eventuell Schulden. Auch die Frage nach Vorstrafen und Gefängnisaufenthalten ist nicht zulässig.

Wenn ein Bewerber eine unzulässige Frage unehrlich beantwortet und damit sein Recht auf Notlüge nutzt, können ihm daraus keine negativen Konsequenzen entstehen. Durch das eingeschränkte Fragerecht des Arbeitgebers ist der Arbeitsvertrag trotzdem wirksam. Zwar hätte der Bewerber auch das Recht, eine unzulässige Frage nicht zu beantworten; das könnte sich aber für ihn ungünstig auswirken, weil der Arbeitgeber daraus negative Rückschlüsse zieht. Das Gleiche gilt für den Lebenslauf, den der Bewerber entsprechend verändern kann.

In der Alltagsbewerbungssituation ist es aber leider so, dass nahezu jeder Arbeitgeber unzulässige Fragen an die Bewerber stellt. Durch seinen Eingriff in die per Grundgesetz geschützte Privatsphäre des Arbeitsuchenden löst er bei diesem einen nicht zu unterschätzenden Gewissenskonflikt aus, dem mit dem Notwehrrecht auf Lüge Rechnung getragen wird.

Fragenrepertoire und Gesprächsablauf

Am Vorstellungsgespräch führt kein Weg vorbei. Wie es aber konkret abläuft, liegt auch mit in Ihrer Hand. Sie beeinflussen, ja bestimmen ganz wesentlich den Gesprächsverlauf.

Beweis: Wetten, dass ein relativ ausgefallenes Hobby wie Fallschirmspringen, das Sie in Ihrem Lebenslauf erwähnt haben, Ihr Gegenüber mit an Sicherheit grenzender Wahrscheinlichkeit veranlasst, mehr darüber von Ihnen erfahren zu wollen?

Auch wenn dies ein wenig konstruiert klingen mag, es geht uns darum, Ihnen zu verdeutlichen, dass sich ein Teil der Fragen im Vorstellungsgespräch von Ihren Angaben im Bewerbungsanschreiben, Lebenslauf und den Anlagen (z. B. Arbeitszeugnissen) ableiten lässt.

Die (Lebenslauf-)Tatsache beispielsweise, dass Sie Ihre beiden vorletzten Arbeitgeber jeweils bereits nach einem Dreivierteljahr wieder verlassen haben, wird unweigerlich intensiveres Nachfragen provozieren.

Sie bestimmen den Verlauf selbst

Mit anderen Worten: Die Art und Weise, wie Sie antworten, wie glaubwürdig und nachvollziehbar, was Sie wie ausführlich und in welchem Stil mitteilen, hat einen deutlichen Einfluss auf den weiteren Verlauf des Gesprächs.

Um Ihnen einen Überblick über die auf Sie möglicherweise zukommenden Fragen zu geben, präsentieren wir Ihnen die 100 am häufigsten gestellten Fragen. Dabei haben wir die wichtigsten 30 mit einem * markiert. Die drei entscheidenden, allerwichtigsten Fragen des ganzen Vorstellungsgespräches sind vorab schon einmal herausgegriffen. Überlegen Sie einmal selbst, welche drei Fragen könnten das sein?

Bevor wir uns ihnen widmen, noch ein anderer Hinweis: Sie werden es erleben, vielleicht nicht bei jedem Gespräch, aber immer häufiger, mal kurz und knapp, mal ausführlicher, nach Ihren Berufsstationen und in diesem Zusammenhang nach einem ganz bestimmten Abfragemuster befragt zu werden. Im Kern will man von Ihnen zu jeder Berufssituation (insbesondere natürlich zur aktuellen bzw. letzten) wissen und erklärt bekommen:

- Was war Ihr Wechselmotiv hin zu diesem Job, dieser Aufgabe etc.?
- Was haben Sie sich davon versprochen, erhofft ... und wie war es schlussendlich, hat sich Ihre Erwartung erfüllt?
- Welche große(n) Herausforderung(en) haben Sie angetroffen, mit welchen mussten Sie sich auseinandersetzen?
- Welche(s) Ergebnis(se) konnten Sie erzielen? Oder auch: Welche nicht, was lief schief? Und warum?
- Was haben Sie persönlich in dieser Position für sich gelernt, positiv wie negativ?
- Warum haben Sie wieder gewechselt, was war Ihr Motiv, den Job zu verlassen? Was hätte passieren, sich ändern müssen, damit Sie geblieben wären/bleiben würden?

Leitfaden einer solchen Befragung wären also die Punkte:

- Wechselmotiv hin zu Unternehmen und Aufgabe
- Ihre Erwartungen
- Herausforderungen (Aufzählung)
- Ergebnisse plus/minus
- Was persönlich gelernt wurde
- Wechselmotiv weg vom Arbeitsplatz

Die drei wichtigsten Themenkomplexe des Vorstellungsgespräches:

- Warum haben Sie sich bei uns beworben, wie kam es dazu? (Was ist Ihr Motiv? Und ist das wirklich Ihr Motiv?)
- Warum sollen wir uns für Sie entscheiden, was bieten Sie uns? (Was ist Ihr USP, Alleinstellungsmerkmal, und überzeugt uns das?)
- Erzählen Sie uns etwas über sich, wir möchten Sie kennenlernen! (Die Frage Nr. 1! Wie präsentieren Sie sich? Wie sympathisch und vertrauenswürdig sind Sie?)

Die 100 Fragen:

*1. Erzählen Sie uns bitte etwas über sich, wir wollen Sie kennenlernen.
*2. Wie ist es eigentlich zu Ihrer Bewerbung als ... bei unserem Unternehmen/unserer Institution gekommen?
*3. Was reizt Sie an dieser Aufgabe/Position?
*4. Warum wollen Sie gerade bei uns, in unserem Unternehmen/unserer Institution, in dieser Abteilung, mit dieser Aufgabe arbeiten?
*5. Wie gut kennen Sie unsere Produkte/Dienstleistungen etc.?
*6. Warum haben Sie vor, den Arbeitsplatz zu wechseln?
*7. Weshalb wollen Sie Ihre jetzige Tätigkeit/Position aufgeben?
8. Warum haben Sie in Ihrer jetzigen Firma/Institution keine Aufstiegschancen?
*9. Was sind die Gründe für Ihre Unzufriedenheit?
10. Was reizt Sie an der neuen Aufgabe?
*11. Was erwarten Sie speziell von uns, was erhoffen Sie sich?
12. Üben Sie Ihre jetzige berufliche Tätigkeit gerne aus?
*13. Was hat Ihnen bisher an Ihrer Aufgabe/Position gefallen, was missfallen, und warum?
14. Was, glauben Sie, ist bei uns anders?
15. Wie gut kennen Sie uns bereits, unsere ... (z. B. Produktion/Marktposition/Dienstleistungen usw.)?
*16. Wie stellen Sie sich Ihre Tätigkeit bei uns vor?
17. Haben Sie einen besonderen persönlichen Bezug zu unserem Unternehmen?
18. Kennen Sie Mitarbeiter aus unserem Haus?
19. Was haben diese Ihnen denn so alles über uns erzählt?
20. Haben Sie zurzeit noch andere Bewerbungsverfahren laufen?
21. Gibt es schon konkrete Verhandlungen bzw. Ergebnisse?
*22. Was bewog Sie damals – im Jahre xx und dann xx –, den Arbeitsplatz zu wechseln?
23. Was hat für Sie Priorität bei Ihrer Arbeit?
24. Wie stellen Sie sich im Idealfall Ihre Arbeit/Aufgaben vor?

25. Was sind – aus Ihrer Sicht – die Vor- und Nachteile der von uns angebotenen Position und wie wollen Sie damit umgehen?
*26. Auf welche Ihrer beruflichen Leistungen und Erfolge sind Sie besonders stolz?
27. Und jetzt zu Ihren Misserfolgen …
28. Wie sehen Sie Ihre Zukunft?
29. Was sind Ihre Ziele?
*30. Was möchten Sie in drei und was in fünf Jahren erreicht haben?
*31. Wie verlief Ihr bisheriger Berufsweg?
*32. Aus welchen Gründen haben Sie sich für den Beruf/die Branche/die Arbeitsplätze X, Y und Z entschieden?
33. Warum haben Sie von der Firma A im Jahre X zu Firma B gewechselt? Und dann zur nächsten Firma? Und immer: Was waren Ihre Erwartungen, Hoffnungen und wie sah die Realität aus?
34. Welche Herausforderungen gab es bei den verschiedenen Arbeitgebern und welche Spuren haben Sie hinterlassen?
35. Was sind zurzeit Ihre konkreten Arbeitsaufgaben?
36. Was machen Sie davon gerne, was ungern?
37. Schildern Sie einmal den Ablauf eines typischen Arbeitstages letzte Woche/letzten Monat/letztes Quartal/Jahr?
*38. Warum haben Sie Ihren Arbeitgeber öfter/selten gewechselt?
39. An welchen Fortbildungsmaßnahmen haben Sie teilgenommen? Wer hat diese initiiert?
40. Was zeichnet Ihrer Meinung nach einen guten Vorgesetzten aus?
41. Was einen guten Mitarbeiter?
42. Jetzt diese beiden Fragen mit umgekehrten Vorzeichen – »schlechten« Vorgesetzten.
43. Was schätzen Sie an Ihren Arbeitskollegen/Vorgesetzten – was nicht?
44. Fühlen Sie sich in Ihren beruflichen Leistungen von Ihren früheren Vorgesetzten angemessen beurteilt?
45. Was würden Sie gern an Ihrem jetzigen Arbeitsplatz verändern, wenn Sie Veränderungen durchführen könnten, wie Sie wollen?
46. Was war bisher Ihr schlimmstes, unangenehmstes Arbeitserlebnis?
*47. Wir wollen Sie gerne ganz persönlich kennenlernen, erzählen Sie uns etwas mehr über sich.
*48. Wie würden Sie sich, Ihre Kollegen, Vorgesetzte, Freunde kurz charakterisieren?
*49. Was sind Ihre Stärken, was Ihre Schwächen?
*50. Was ist Ihr größter Erfolg/Misserfolg (beruflich/privat)?
51. Was war bisher in Ihrem Leben Ihr schlimmstes Erlebnis?
*52. Was schätzen Sie generell an anderen Menschen, was nicht?
53. Haben Sie Leitbilder?

*54. Warum sollten wir gerade Sie einstellen?
55. Wir wollen Sie als Mensch kennenlernen. Was machen Sie neben Ihrer Berufstätigkeit?
*56. Welche Interessen, welche Hobbys haben Sie?
57. Welche Sportarten betreiben Sie?
58. Was bedeutet Teamarbeit für Sie? Und berichten Sie positive wie negative Erfahrungen.
59. Mit welchen Menschen arbeiten Sie gern / ungern zusammen?
60. Hatten Sie schon mal Schwierigkeiten mit Vorgesetzten und / oder Kollegen?
61. Wenn ja: Mit wem? Warum? Wie sind Sie damit umgegangen? Was haben Sie daraus gelernt?
62. Worüber können Sie sich so richtig ärgern?
63. Was macht Sie wütend?
64. Was bereitet Ihnen Sorgen?
65. Wie gehen Sie mit Kritik um?
66. Was sind Ihre ganz persönlichen Lebensziele?
67. Was möchten Sie persönlich für sich in naher/ferner Zukunft erreichen?
68. Was sind Ihrer Meinung nach die größten Missstände …
    … in der Welt?
    … in unserem Land?
    … in Ihrer Heimatstadt?
    … in dem Unternehmen, in dem Sie zurzeit arbeiten?
69. Wie sieht Ihre aktuelle Lebenssituation aus?
70. Stellen Sie uns doch bitte mal Ihre Familie vor.
71. Was macht Ihre Frau/Ihr Mann beruflich, und wo?
72. Was sagt Ihr Lebenspartner zu Ihren Plänen? Gibt es da eventuell Probleme (Umzug/Arbeitszeiten etc.)?
73. Gibt es Bereiche, in denen Sie sich besonders engagieren?
74. Mit welchen Menschen sind Sie gerne zusammen, und was verbindet Sie mit diesen?
75. Waren Sie schon mal ernstlich erkrankt?
76. Bestehen bei Ihnen gesundheitliche Einschränkungen mit beruflichen Auswirkungen?
77. Gab es Krankenhausaufenthalte/Unfälle, leiden Sie an Allergien?
78. Waren Sie im letzten Jahr mehr als zweimal beim Arzt?
79. Haben Sie einen Hausarzt?
*80. Wie gut kennen Sie sich in unserer Branche/in unserem Metier aus?
81. Wie schätzen Sie die aktuelle (zukünftige) Marktsituation ein?
82. Kennen Sie … (dieses Verfahren, die Person, die Diskussion um etc.)?
83. Was ist Ihre Meinung über …?
84. Wie beurteilen Sie …?

85. Was würden Sie machen, wenn …?
86. Welche Publikation (Fachbuch/Artikel) aus Ihrem Arbeitsgebiet hat Sie in der letzten Zeit besonders beschäftigt?
87. Welche Fachzeitschriften haben Sie abonniert/lesen Sie regelmäßig?
88. Welche Kongresse, Fachtagungen, Weiterbildungen etc. haben Sie in der letzten Zeit besucht?
89. Auf welchem Sektor lag Ihr Ausbildungsschwerpunkt, und wie kam es dazu?
*90. Was würden Sie als Ihren aktuellen spezifischen Arbeitsschwerpunkt bezeichnen?
*91. Was schätzen Sie: Wie lange brauchen Sie, um sich bei uns in Ihr neues Aufgabengebiet einzuarbeiten?
*92. Auf welchem Gebiet haben Sie noch größere Defizite, und was gedenken Sie dagegen zu tun?
93. Können Sie uns noch einmal verdeutlichen: Was spricht für und was gegen Sie als idealer Kandidat?
94. Was machen Sie, wenn Sie den Arbeitsplatz bei uns nicht bekommen, wenn wir uns für einen anderen Bewerber entscheiden?
*95. Welche Gehaltsvorstellung haben Sie?
96. Wie hoch sind Ihre aktuellen Bezüge?
97. Wann könnten Sie bei uns anfangen und wie lange brauchen Sie voraussichtlich für die Einarbeitung?
98. Wenn wir uns für Sie entscheiden, brauchen wir Sie sofort. Ist das möglich?
99. Können Sie bitte noch einmal kurz zusammenfassen, was Ihre Stärken, aber auch Ihre Schwächen sind?
*100. Was sind Ihre Fragen an uns?

Die Fragen, die Ihnen im Vorstellungsgespräch begegnen, folgen einem bestimmten Ablauf, der sich in zehn Phasen teilen lässt, auch wenn, außer dem Beginn und dem Ende, die Abfolge schon ein wenig variieren kann:

1. Begrüßung und Einleitung des Gesprächs
2. Bewerbungsmotive und Leistungsmotivation
3. Beruflicher Werdegang
4. Persönlicher, familiärer und sozialer Hintergrund
5. Gesundheitszustand
6. Berufliche Kompetenz und Eignung
7. Informationen für den Bewerber
8. Arbeitskonditionen
9. Fragen des Bewerbers
10. Abschluss des Gesprächs und Verabschiedung

Abgesehen von der Begrüßungs- und Verabschiedungsphase kann die Reihenfolge variieren. Auch müssen nicht gleich beim ersten Vorstellungsgespräch alle Themen ausführlich behandelt werden (z.B. Arbeitskonditionen). Diese Übersicht gibt Ihnen jedoch einen optimalen Eindruck, welche Themen insgesamt auf Sie zukommen können.

Nun möchten wir Ihnen die zehn Phasen des Vorstellungsgesprächs detailliert erläutern. Dazu haben wir das folgende Schema gewählt:

- Frage(n), die an Sie gerichtet werden
- Hintergrund dieser Fragen
- Hinweise für eine optimale Beantwortung

Sehr wichtig ist es uns, Sie mit dem eigentlichen Hintergrund der einzelnen Fragen vertraut zu machen, der sich – insbesondere in der Stresssituation Vorstellungsgespräch – nicht auf den ersten Blick erschließt. So klingt etwa die aufmunternde Aufforderung »Erzählen Sie doch mal etwas über sich« wie eine Einladung zum harmlos-lockeren Partygeplauder. In Wirklichkeit steckt dahinter ein komplexer Persönlichkeitstest, der Versuch, Ihre Privatsphäre zu erkunden, der Wunsch, Ihre Seelenlandschaft auszuforschen.

Unsere Hinweise sind keine Vorgaben oder konkrete Formulierungsvorschläge, sondern sollen Chancen und Gefahren einzelner Beantwortungsmöglichkeiten verdeutlichen. Sie können Ihr Bemühen, zu jeder Frage jeweils Ihre ganz persönliche Antwortstrategie zu entwickeln, nicht ersetzen.

Für die nun vorgestellten Fragen gilt: Nicht alle können Ihnen in einem ersten Gespräch gestellt werden. Rechnen Sie mit einer Auswahl von etwa zehn bis 20 Fragen. Sie wissen aber nach dem Studium unseres umfassenden Fragenkatalogs, was potenziell auf Sie zukommen kann, und sind in der Lage, sich entsprechend vorzubereiten. Böse Überraschungen sind somit praktisch ausgeschlossen, Angst und Aufregung wirksam reduziert.

Auftakt: Begrüßung und Einleitung des Gesprächs

Begrüßung, Händedruck, Vorstellung

Ihr Auftritt. Der berühmte erste Eindruck, wechselseitig. Sie bekommen ihn und man bekommt ihn von Ihnen. Versuchen Sie, gelassen zu wirken, einigermaßen selbstsicher zu erscheinen. Vermeiden Sie es, abgehetzt, angespannt und nervös aufzutreten. Lächeln Sie Ihr Gegenüber freundlich an, schauen Sie Ihrem Gegenüber in die Augen. Wichtig: Bedanken Sie sich für die Einladung. Stellen Sie sich, falls Ihr Name noch nicht gefallen ist, deutlich, aber in angemessener Lautstärke mit Vor- und Nachnamen vor. Merken Sie sich die Namen Ihres oder (das ist schon schwerer) Ihrer Gesprächspartner(s). Es dient dazu, Ihr Gegenüber ganz direkt namentlich ansprechen zu können. Auch für spätere Nachfassaktionen muss man unbedingt wissen, mit wem man gesprochen hat. Schauen Sie sich ruhig ein bisschen um. Enthalten Sie sich jedoch jeder kritisch wertenden Kommentierung oder Frage (»Was für ein herrlicher Kandinsky!«, »Ist der Perser echt?«, »Das sind wohl Ihre Frau und Ihre Kinder da auf dem Foto?«).

Immer nur lächeln ...

Hintergrund: Es geht in dieser allerersten Phase um die direkte persönliche Kontaktaufnahme, um Ihr Äußeres, Ihr Auftreten und Ihre Umgangsformen.

Kommen Sie pünktlich oder auf die letzte Minute? Wirken Sie gehetzt, ängstlich-nervös oder ruhig, natürlich und gelassen – ohne übertriebene Selbstsicherheit, Gleichgültigkeit oder sogar Arroganz? Sind Sie anpassungsfähig? Vor allem aber: Machen Sie einen sympathischen (ersten) Eindruck?

Hinweise: Die bereits beschriebenen generellen Hintergrundaspekte des Vorstellungsgespräches spielen von den ersten Sekunden an eine wichtige Rolle. Wer dem Gesprächspartner – ob Personalchef oder Firmeninhaber – unpünktlich, abgehetzt und transpirierend gegenübertritt oder wie unter Beruhigungsmitteln stehend unterkühlt bis gelangweilt wirkt, vielleicht sogar deutlich genervt reagiert, weil er/sie 20 Minuten warten musste, reagiert auf die Eröffnung der Schachpartie Vorstellungsgespräch nicht optimal (vorsichtig formuliert).

Ein zu kräftiger Händedruck (Marke »Knochenbrecher«) oder verschämte Laschheit (»tote Hasenpfote«) erzeugen wenig Sympathie in den ersten wichtigen Sekunden dieser für Sie bedeutsamen Begegnung mit Ihrem potenziellen Arbeitgeber. Das Abwischen der schweißfeuchten Hand an Rock oder Hose wirkt absolut peinlich. Der verschämte Blick nach unten oder an die Decke, der enttäuscht-verkrampfte Gesichtsausdruck, weil der Gesprächspartner nicht Ihren Erwartungen entspricht (zu jung, zu alt, nicht Ihr Typ), könnte folgenschwer auf Sie selbst zurückfallen, die Weichen gänzlich falsch stellen.

Unsere Empfehlung: Freundlich anlächeln, ins Gesicht schauen, angemessen (zurück)grüßen.

Warming up

Small Talk: *Wir danken Ihnen für Ihr Kommen .../Haben Sie gut hergefunden ...?/ Was für ein schöner Tag/Was für schlechtes Wetter ...*

Hintergrund: Ihre Gesprächspartner wollen – wenn Sie entsprechend geschult sind – Sie und sich selbst in einer sogenannten »Warming-up«-Phase einstimmen, eine freundliche Gesprächsatmosphäre herstellen und Ihre eventuelle Verkrampfung (Prüfungsangst) abbauen helfen.

Hinweise: Das ist zunächst alles ganz nett, sollte Sie aber nicht dazu verführen, zu ausführlich auf die angebotenen Themen einzugehen (Wetter, Parkplatzsuche, evtl. Anreise, Unterkunft usw.). Wer sich hier beklagt, dass das Hotelbett nicht seinen Erwartungen entsprach, dass er keinen Parkplatz gefunden hat, dass das Wetter ja jedes Mal so schlecht ist, wenn er zu Bewerbungsgesprächen anreisen muss, könnte eigentlich schon gleich wieder seine Sachen packen und gehen.

Nörgler und Pessimisten entsprechen nicht den Erwartungen des Personalchefs an die Charaktermerkmale zukünftiger Mitarbeiter. Natürlich dürfen Sie das Small-Talk-Angebot nicht ablehnen – etwa mit dem Unterton: »Geht's hier ums Wetter? Jetzt aber bitte zur Sache!« –, sondern müssen diplomatisch und angemessen höflich darauf eingehen.

Bisweilen wird Ihnen vielleicht sogar etwas angeboten: Kaffee, andere Getränke (Säfte, Mineralwasser), etwas zu rauchen, möglicherweise sogar Alkoholisches. Letzteres ist ohne Zögern klar abzulehnen. Aber auch das Rauchen ist problematisch, vor allem wenn Ihr Gegenüber keinen Ascher auf dem Tisch hat oder selbst keine Zigarette in den Händen hält. Nichtraucher sind auf dem Vormarsch. Besser also, falls Sie überhaupt rauchen: Sie lehnen dankend ab.

Gibt es eine Kaffeerunde oder werden Mineralwasser und Saft angeboten, sollten Sie sich nicht ausschließen. Falls Sie einen Getränkewunsch äußern dürfen, machen Sie es nicht kompliziert und bringen Sie niemanden in Verlegenheit, vor allem nicht sich selbst. Nicht jede Bürogetränkebar hat Tomatensaft mit Salz, Pfeffer und kleinen Eisstückchen vorrätig.

Warten Sie einen günstigen Moment ab, um geschickt herauszufinden (falls Sie es noch nicht wissen), wie viel Zeit für Ihr Gespräch vorgesehen ist. Diese wichtige Information dient Ihnen dazu, Ausführlichkeit und Länge Ihrer Antworten dem vorgegebenen Zeitrahmen anzupassen. Weniger als eine halbe Stunde Gesprächszeit wäre enttäuschend, dagegen über eine oder gar mehrere Stunden schon etwas außergewöhnlich für die erste Begegnung.

Bereits in dieser »Warming-up«-Phase ist es nicht unüblich, dass Ihr Gegenüber die Gesprächsphase 7 (Informationen für den Bewerber) vorzieht. Dann wird Ihnen über die Firma/Institution, die Produkte/Dienstleistungen und deren Bedeutung berichtet.

Hören Sie interessiert zu, denn hier erfolgt ein Stück Arbeitgeber-Selbstdarstellung, deren narzisstischen Anteil Sie durch erhöhte und demonstrative Aufmerksamkeit wertschätzen müssen. Möglicherweise erfahren Sie Dinge, die im späteren Gesprächsverlauf erneut Thema werden (z. B. dann, wenn man offen erzählt, wie man sich den Traumkandidaten für diesen Arbeitsplatz vorstellt).

Bewerbungsmotive und Leistungsmotivation

Motive der Bewerbung

- *Wie ist es eigentlich zu Ihrer Bewerbung als ... bei unserem Unternehmen/ unserer Institution gekommen?*
- *Was reizt Sie an dieser Aufgabe/Position?*
- *Warum wollen Sie gerade bei uns, in unserem Unternehmen/unserer Institution arbeiten?*
- *Wie gut kennen Sie unsere Produkte/Dienstleistungen etc.?*

Hintergrund: Alle Fragen dienen der Überprüfung Ihrer Motivation und Ihres Interesses. Wie fundiert ist beides? Was bewegt Sie wirklich? Aus welcher Situation heraus bewerben Sie sich? Ist dieser Arbeitsplatz (das Unternehmen/die Aufgabe) erste Wahl oder nur eine Kompromiss- oder gar Notlösung?

Wie sind Image und Stellenwert des potenziellen Arbeitgebers bei Ihnen gewichtet? Wissen Sie den eventuellen neuen Arbeitgeber zu schätzen?

Hinweise: Auf diese Standardfragen müssen Sie wirklich gut vorbereitet sein und wenigstens fünf Minuten flüssig sprechen können. Es handelt sich hierbei um die wichtigsten, entscheidendsten Fragen und Themen im ganzen Gespräch! Dabei darf der Unterhaltungs- und Spannungswert auf keinen Fall zu kurz kommen, was Sie übrigens ganz generell für viele Antworten berücksichtigen sollten. Langweilen Sie bloß nicht!

- *Warum haben Sie vor, den Arbeitsplatz zu wechseln?*
- *Weshalb wollen Sie Ihre jetzige Tätigkeit/Position aufgeben?*
- *Warum haben Sie in Ihrer jetzigen Firma/Institution keine Aufstiegschancen?*
- *Was sind die Gründe für Ihre Unzufriedenheit?*

Hintergrund: Es geht weiter um die Motive Ihrer Bewerbung, um die Ausleuchtung Ihrer Ausgangs- und Hintergrundsituation. Sind Sie in einer beruflichen/persönlichen Drucksituation, und wenn ja, warum? Wie hoch ist der Grad Ihrer Unzufriedenheit und wodurch ist diese bedingt?

Hinweise: Wie begründen Sie den Wunsch nach einem Arbeitsplatzwechsel oder einem Neu- bzw. Wiedereinstieg? Hier muss Ihnen eine plausibel klingende, überzeugende Argumentation gelingen. Verlieren Sie sich nicht in Details, beklagen Sie sich auf keinen Fall über Ihren jetzigen oder über frühere Arbeitgeber/Vorgesetzte oder über Ihre Aufgabenbereiche. Gern wird gehört: Man will vorankommen, die neue Aufgabe wird als Herausforderung betrachtet, ist reizvoll, man möchte es sich und anderen beweisen. (Provoziert übrigens die nächste Frage:)

- *Was reizt Sie an der neuen Aufgabe?*
- *Was erwarten Sie speziell von uns, was erhoffen Sie sich?*

Hintergrund: Weiterhin geht es um die Überprüfung Ihrer Motivation. Wie gut sind Sie vorbereitet, wie realistisch sind Ihre Einschätzungen?
Hinweise: Wieder müssen Sie überzeugend und variantenreich argumentieren, Geduld zeigen und sich nicht in Widersprüche oder simple Wiederholungen verstricken. Sind die von Ihnen angeführten Bewerbungsgründe nachvollziehbar? Machen Sie deutlich, dass Sie sich auf die beruflichen Aufgaben und den potenziellen Arbeitgeber gut vorbereitet haben. Gern gehört sind Stichworte wie »Zukunftschancen« und »Image der Firma« – aber vermeiden Sie plumpe Schmeicheleien.

- *Üben Sie Ihre jetzige berufliche Tätigkeit gerne aus?*
- *Was hat Ihnen bisher an Ihrer Aufgabe/Position gefallen, was missfallen, und warum?*
- *Was, glauben Sie, ist bei uns anders?*

Hintergrund: Man sorgt sich, dass Sie Ihre eventuell bestehende Unzufriedenheit sozusagen als chronische Erkrankung mit an den neuen Arbeitsplatz bringen und dass somit nicht objektive, sondern negativ-subjektive Gründe den gewünschten Wechsel bedingen.
Hinweise: Selbstverständlich üben Sie Ihre jetzige berufliche Tätigkeit gerne aus und identifizieren sich mit Ihrem Beruf. Einerseits möchte man Sie (ab-)werben, andererseits hat man Angst, dass sich hinter Ihrer Wechselbereitschaft unangenehme Überraschungen auch für den potenziellen neuen Arbeitgeber und Arbeitsplatz verbergen. Es geht um die Befürchtung des Arbeitgebers, sich durch Sie eine Art Kuckucksei ins Nest zu holen.

Schildern Sie Ihre jetzigen Aufgaben zu negativ, wird man an Ihnen zweifeln, bei zu positiver Darstellung wirkt Ihr Wunsch nach einem Arbeitsplatzwechsel unglaubwürdig. Ein Ausweg aus diesem Dilemma ist die plausible Darstellung, worin die Verbesserung durch den Wechsel oder Neustart/Wiedereinstieg für Sie besteht.

- *Woher ist Ihnen unser Unternehmen/unsere Institution bekannt?*
- *Wie gut kennen Sie uns bereits, unsere … (z. B. Produktion/Marktposition/Dienstleistungen usw.)?*
- *Wie stellen Sie sich Ihre Tätigkeit bei uns vor?*

Hintergrund: Die Fragen zur Überprüfung der Qualität Ihrer Vorbereitung auf das Vorstellungsgespräch werden konkreter und detaillierter. Wie überzeugend ist Ihre Darstellung, und wie ziehen Sie sich auch bei unangenehmen Fragen aus der Affäre?

Hinweise: Bei guter Vorbereitung haben Sie einiges über das Unternehmen/die Institution in Erfahrung gebracht und machen jetzt bei den Fragen zu diesem Punkt einen kompetenten Eindruck. Das darf Sie aber nicht dazu verleiten, sich bei der Frage, wie Sie sich die Tätigkeit beim neuen Arbeitgeber vorstellen, zu sehr zu exponieren. Es ist eigentlich Sache Ihres Gesprächspartners, Ihnen eine Arbeitsplatzbeschreibung zu geben. Es besteht leicht die Gefahr, dass Sie sich vergaloppieren und als notorischer Besser- oder Alleswisser unangenehm auffallen.

- *Haben Sie einen besonderen persönlichen Bezug zu unserem Unternehmen?*
- *Kennen Sie Mitarbeiter aus unserem Haus?*
- *Was haben die Ihnen denn so alles über uns erzählt?*

Hintergrund: Welche Wertschätzung bringen Sie Ihrem potenziellen Arbeitgeber entgegen? Woher beziehen Sie Ihre Informationen? Wissen Sie, was man wie sagt und was man lieber für sich behält?
Hinweise: Ein persönlicher Bezug zum Unternehmen kann von Vorteil sein. Wenn Sie sich auf diese Frage vorbereitet haben und die Auskunft glaubwürdig klingt, sammeln Sie Pluspunkte. Lassen Sie sich nicht dazu verleiten, eventuelle Kenntnisse aus der internen Firmengerüchteküche auszuplaudern. Wenn Sie angeben möchten, jemanden aus dem Unternehmen zu kennen, sollten Sie einschätzen können, wie deren/dessen Position und Ansehen ist.

- *Haben Sie zurzeit noch andere Bewerbungsverfahren laufen?*
- *Gibt es schon konkrete Verhandlungen bzw. Ergebnisse?*

Hintergrund: Wieder geht es um die Motivation und die Ernsthaftigkeit Ihres Wunsches nach einem Arbeitsplatzwechsel, um die Frage, wie viel Druck hinter diesem Anliegen steckt. Aber auch die besondere Wertschätzung gegenüber dem speziellen potenziellen Arbeitgeber soll mit diesen Fragen erforscht werden. Ist diese Firma/Institution erste Wahl oder rangiert sie irgendwo unter »ferner liefen«? Setzen Sie alles auf eine Karte oder haben Sie – aus welchem Druck und Antrieb auch immer – eine Vielzahl von Bewerbungsschreiben ausgestreut?
Hinweise: Wie hoch ist Ihre Identifikation mit dem jetzt gerade ablaufenden Bewerbungsverfahren? Also: Kein Wort über eventuelle Absagen und Fehlschläge, und besser nichts über parallele Verhandlungen, es sei denn, Sie haben ein ganz konkretes Angebot, das für Sie ernsthaft in Betracht kommt. Gefahr: Sie wirken unglaubwürdig bis erpresserisch und vermasseln sich Ihre Chancen.

- *Was bewog Sie damals – im Jahre xx und dann xx –, den Arbeitsplatz zu wechseln?*

Hintergrund: Wechseln bzw. wechselten Sie im Frieden oder Unfrieden? Gibt es bei Ihnen sich wiederholende Motive, die Sie zum Arbeitsplatzwechsel veranlassen? Spielen dabei in Ihrer Person begründete Probleme eine Rolle (vor denen man sich aus Arbeitgebersicht bewahren möchte)?
Hinweise: Seien Sie darauf vorbereitet, (auch frühere) Arbeitsplatzwechsel plausibel darstellen zu können. Schuldzuweisungen kommen immer extrem schlecht an, diese addieren sich letztlich nur auf dem Negativkonto der Person, die sie ausspricht.

Leistungsmotivation

- *Was hat für Sie Priorität bei Ihrer Arbeit?*
- *Wie stellen Sie sich im Idealfall Ihre Arbeit/Aufgaben vor?*
- *Was sind – aus Ihrer Sicht – die Vor- und Nachteile der von uns angebotenen Position und wie wollen Sie damit umgehen?*

Hintergrund: Wie intensiv haben Sie diese Themen bereits durchdacht? Wie realistisch sind Ihre Einschätzungen? Was für eine Arbeitspersönlichkeit sind Sie? Wie präsentieren Sie sich? Welche Merkmale (auch: Persönlichkeit) zeigen Sie oder lassen Sie erkennen? Welche Prognose für Ihre Leistungsmotivation kann man bei Ihnen aufgrund Ihrer Antworten wagen?
Hinweise: Stellen Sie sich geschickt an im Umgang mit schwierigen, weil komplexen Themen? Empfehlung: Nicht in Details verlieren und nicht zu sehr »Überflieger« sein. Das realistische Mittelmaß – aber nicht zu glatt! – wird honoriert. Wer hier in ein 20-minütiges Referat verfällt oder Extrempositionen vertritt, kommt nicht gut an.

- *Auf welche Ihrer beruflichen Leistungen und Erfolge sind Sie besonders stolz?*
- *Und jetzt zu Ihren Misserfolgen …*

Hintergrund: Was haben Sie als Leistungsnachweis anzubieten? Nebenbei: Wie gehen Sie mit heiklen, komplexen Fragen um?
Hinweise: Ihr mögliches Erschrecken beim Lesen dieser Frage (»Mein Gott, was würde ich denn darauf antworten?«) dokumentiert noch einmal die Bedeutsamkeit einer guten Vorbereitung. Sie erspart das Schockiertsein mit nachfolgendem Stammeln oder Verplappern in der Realsituation Vorstellungsgespräch.

An Ihren Erfolgen und besonders an den von Ihnen eingestandenen Misserfolgen werden Sie gewogen. Wer keine Misserfolge zu berichten weiß, macht sich extrem verdächtig. Wer eingesteht, ein Millionending in den Sand gesetzt zu haben, stellt sich selbst bloß.

Während man bei den Erfolgsberichten etwas großzügiger (aber nicht unglaubwürdig) sein darf – insbesondere die Teamleistung sollte hervorgehoben werden –, gilt es bei den Misserfolgen, eher bei sich selbst zu bleiben, ohne jedoch wirklich gravierende, irreparable Schäden zu beichten.

Die Analyse Ihrer Erfolgs- und Misserfolgsberichte lässt viele Rückschlüsse auf Sie als potenziellen Mitarbeiter zu.

- *Wie sehen Sie Ihre Zukunft?*
- *Was sind Ihre Ziele?*
- *Was möchten Sie in drei und was in fünf Jahren erreicht haben?*

Hintergrund: Wieder geht es um Leistungsbereitschaft und Motivation, um »Biss«, »Drive«, »visionäre Begabung« oder schlicht um Ihre Zukunftsplanung.
Hinweise: Hier behandeln Sie natürlich zunächst ausschließlich Ihre beruflichen Perspektiven. Als leistungsmotivierter Mitarbeiter sind Sie zuversichtlich, was Ihren beruflichen Werdegang betrifft. Aber: Exponieren Sie sich nicht zu sehr, damit man vor Ihnen keine Konkurrenzangst bekommt und glaubt, Sie würden gleich die Säge am Stuhl Ihres Chefs/Vorgesetzten ansetzen.

Beruflicher Werdegang

- *Wie verlief Ihr bisheriger Berufsweg?*
- *Aus welchen Gründen haben Sie sich für den Beruf/die Branche/die Arbeitsplätze X, Y und Z entschieden?*
- *Und warum jetzt für diese neue Position in unserem Haus?*

Hintergrund: Planung oder Zufall? Ist ein roter Faden bei Ihren Motiven für Arbeitsplatz- und Positionswechsel erkennbar?
Hinweise: Was Sie in Ihren Bewerbungsunterlagen kunstvoll zu Papier gebracht haben, müssen Sie jetzt überzeugend und gegebenenfalls auch ausführlich darstellen und begründen können. Wichtig ist dabei die Präsentation eines logischen Zusammenhanges zwischen einzelnen beruflichen Stationen. Mit dem gereizten Hinweis »Aber das steht doch bereits alles schon in meinen Unterlagen!« würden Sie sich sofort aus dem Bewerbungsverfahren katapultieren.

- *Berichten Sie uns etwas über die wichtigsten Aspekte Ihrer bisherigen Tätigkeiten.*

Hintergrund: Gelingt es Ihnen, komplexe Sachverhalte überzeugend auf den Punkt zu bringen, und passt dies inhaltlich zu der angebotenen Stelle?
Hinweise: »Aufgrund meiner Arbeitsgebiete/Tätigkeiten X, Y und Z glaube ich, für die Aufgabe/Position gut vorbereitet zu sein« – so könnte ungefähr der Tenor bei der Beantwortung dieser Frage lauten, ohne das wörtlich so auszusprechen.

- *Was sind zurzeit Ihre konkreten Arbeitsaufgaben?*
- *Was machen Sie davon gerne, was ungern?*
- *Schildern Sie einmal den Ablauf eines typischen Arbeitstages.*
- *Was haben Sie in der letzten Woche/Monat/Quartal an Aufgaben bewältigt?*

Hintergrund: Hier geht es dem Interviewer darum, einen tieferen Einblick in Ihre derzeitigen Aufgaben zu bekommen und zu überprüfen, ob der gute Eindruck aufgrund Ihrer schriftlichen Bewerbungsunterlagen Bestand hat. Mit anderen Worten: Man versucht, Ihre beruflichen Schwachstellen zu enttarnen.

Hinweise: Diese auf den ersten Blick harmlos klingenden Fragen sind schwieriger zu beantworten, als Sie glauben. Deshalb erfordern sie eine besonders gute Vorbereitung im Hinblick auf den angestrebten Arbeitsplatz. Wer etwa behauptet, an seinem aktuellen Arbeitsplatz alles nur gut und gerne gemacht zu haben, lügt ausgesprochen ungeschickt. Warum dann wohl der angestrebte Wechsel?

- *Warum haben Sie Ihren Arbeitgeber öfter/selten gewechselt?*

Hintergrund: Schwachstellen aufdecken; den Bewerber durch diese Frage mit einer schwierigen, vielleicht auch peinlichen Situation konfrontieren und beobachten, wie er sich verhält.
Hinweise: Vorbereitet sein; gut argumentieren können; glaubwürdige Darstellung, auch mit Anerkennung von eigenen Fehlern; Sie sollten sich nicht aus der Ruhe bringen lassen und schon gar nicht aggressiv reagieren.

- *An welchen Fortbildungsmaßnahmen haben Sie teilgenommen?*
  Wer hat diese initiiert?

Hintergrund: Überprüfung von Leistungsmotivation und Kompetenz. Fortbildung aufgrund von Eigeninitiative oder nur auf Anordnung?
Hinweise: Wenige Sätze reichen aus. Es kommt darauf an, dass Sie etwas Relevantes zu berichten wissen. Fachliteratur und der regelmäßige Austausch mit Kollegen in einem vergleichbaren Arbeitsbereich sind das unterste Niveau, das hier inhaltlich beschritten werden kann. Besser sind Tagungen, Messen, Fortbildungsveranstaltungen etc.

- *Was zeichnet Ihrer Meinung nach einen guten Vorgesetzten aus?*
- *Was einen guten Mitarbeiter?*
- *Jetzt diese beiden Fragen »umgekehrten Vorzeichen« (»schlechter Vorgesetzter/Mitarbeiter«)*
- *Was schätzen Sie an Ihren Arbeitskollegen/Vorgesetzten – was nicht?*

Hintergrund: Was sind Ihre Maßstäbe bei der Beurteilung von Vorgesetzten und Kollegen? Worauf kommt es Ihnen an? Erneut: Wie gehen Sie mit schwierigen Fragen um?
Hinweise: Zeigen Sie Wertschätzung für Vorgesetzte und Kollegen, machen Sie aber gegebenenfalls auch deutlich, dass Sie in bestimmten Situationen anders entschieden hätten. Vermitteln Sie Respekt und die richtige Mischung aus Selbstbewusstsein und Loyalität.

- *Fühlen Sie sich in Ihren beruflichen Leistungen von Ihren früheren Vorgesetzten angemessen beurteilt?*

Hintergrund: Wie gehen Sie mit dem heiklen Thema Leistungsbeurteilung um? Lassen Sie sich provozieren und nehmen Sie Schuldzuweisungen vor? Ergreifen Sie die erstbeste Gelegenheit, über andere herzuziehen? Sind Sie der Typ des ewig verkannten Genies?
Hinweise: Halten Sie sich bedeckt und lassen Sie sich nicht provozieren. Vermeiden Sie vor allem Klagen über Ihre früheren Vorgesetzten und eine unglückliche Selbstdarstellung.

- *Was würden Sie gern an Ihrem jetzigen Arbeitsplatz verändern, wenn Sie Veränderungen durchführen könnten, wie Sie wollen?*

Hintergrund: Sind Sie ein notorischer Besserwisser oder gar ein »Revolutionär«? Ein reiner Provokationstest – es geht nicht um Kreativität.
Hinweise: Natürlich gibt es Dinge, die veränderungswürdig sind, aber dies ist hier nicht der Rahmen, detailliert und angemessen die Probleme an Ihrem derzeitigen Arbeitsplatz auszubreiten. Halten Sie sich einfach bedeckt.

- *Was war bisher Ihr schlimmstes, unangenehmstes Arbeitserlebnis?*
- *Schildern Sie uns ein größeres Problem aus der letzten Zeit und wie Sie konkret bei dessen Lösung vorgegangen sind.*

Hintergrund: Ein Persönlichkeitstest in Frageform. Es geht darum, Ihnen auf den Zahn zu fühlen, eventuelle Widersprüche über bisherige Misserfolge aufzudecken.
Hinweise: Aufgepasst – was war Ihre Antwort bei der Frage nach Ihrem größten Misserfolg? Welches Bild geben Sie von sich ab?

Persönlicher, familiärer und sozialer Hintergrund

In dieser Gesprächsphase geht es um drei Bereiche:

1. Wer und wie sind Sie?
2. Mit wem leben Sie zusammen und wie sind diese Personen?
3. Wie sieht Ihr erweitertes soziales Umfeld (Freunde, Bekannte, Kollegen) aus?

Zu Ihrer Person

- *Wir wollen Sie gerne kennenlernen, erzählen Sie uns etwas über sich.*
- *Wie würden Sie sich kurz charakterisieren?*

Hintergrund: Ein umfassender Persönlichkeits-Check-up, der mit zwei Fragen auskommt. Ein unverstellter Versuch, in die Schränke und Schubladen Ihrer Persönlichkeit zu schauen. Es geht um die zentrale Frage: Passt der Bewerber in unser Unternehmen?
Hinweise: Hier haben Sie es mit aufdringlichen Fragestellern zu tun, die unter Umständen sogar in Ihre Privatsphäre eindringen wollen. Es liegt an Ihnen, sich auf Derartiges gut vorzubereiten. Wichtig: Beginnen Sie bei sogenannten offenen Fragen wie dieser immer erst damit, die berufliche Ebene anzusprechen und später – wenn überhaupt notwendig – die private.

- *Was sind Ihre Stärken, was Ihre Schwächen?*
- *Was ist Ihr größter Erfolg/Misserfolg (beruflich/privat)?*
- *Was war bisher in Ihrem Leben Ihr schlimmstes Erlebnis?*

Hintergrund: Wie stellen Sie sich dar? Wie glaubwürdig wirken Sie dabei? Lassen sich ungeahnte Schwächen entdecken?
Hinweise: Sie sollten mit Gelassenheit sowohl die positiven als auch einige harmlose negative Dinge darstellen und vertreten (die berufliche Seite zuerst; vielleicht geht der Interviewer schon zur nächsten Frage über, bevor Sie zur Darstellung von natürlich unverfänglichen Schwächen und Misserfolgen im privaten Bereich kommen). Überlegen Sie sich genau, welche Offenheit Sie sich bei der Darstellung von Schwächen und Misserfolgen leisten können. Und nie vergessen: Sie befinden sich nicht auf der Couch Ihres Psychoanalytikers oder beim Pfarrer im Beichtstuhl!

- *Was schätzen Sie generell an anderen Menschen, was nicht (Arbeitskollegen/Vorgesetzten/Freunden/Bekannten)?*
- *Haben Sie Leitbilder?*

Hintergrund: Durchleuchten der Persönlichkeit (siehe auch entsprechende Fragen im vorigen Abschnitt).
Hinweise: Hier gilt wieder der generelle Hinweis, dass jede Aussage über andere immer auch eine Mitteilung über Sie selbst bedeutet.

- *Warum sollten wir gerade Sie einstellen?*

Hintergrund: Ein fundamentaler Test Ihres Selbstbewusstseins und Selbstvertrauens. Sind Sie in der Lage, die für Sie sprechenden Eigenschaften im Hinblick auf die angestrebte Position prägnant zusammenzufassen?
Hinweise: Obwohl diese Frage zu den absoluten Standardfragen gehört, trifft sie viele Bewerber völlig überraschend und unvorbereitet. Ihnen sollte es nicht so gehen. Das ist Ihre große Chance. Aber bitte keinen 20-Minuten-Monolog (Argumentation »erstens ... zweitens ... drittens ...« reicht aus).

- *Wir wollen Sie als Mensch kennenlernen. Was machen Sie neben Ihrer Berufstätigkeit?*
- *Welche Interessen, welche Hobbys (sogar Leidenschaften) haben Sie?*
- *Welche Sportarten betreiben Sie?*

Hintergrund: Es geht um das Kennenlernen der »ganzen Person«, um Ihr Interessenspektrum, um Besonderheiten, Hobbys, kulturelle Aktivitäten und Neigungen (z. B. Lesen – Kant oder Konsalik?). Denken Sie auch an Ihre körperliche Fitness.
Hinweise: Die Beantwortung sollten Sie nicht dem Zufall überlassen. Die Antwort »Polospielen« macht einen anderen Eindruck als die Beschäftigung mit Briefmarken. (Vorsicht beim Bluffen – auf Nachfragen vorbereitet sein!) Sehr viel Sport ist leider wegen der begrenzten Freizeit nicht möglich, aber zu Ihrem Körper haben Sie natürlich ein gesundes Verhältnis. Vorsicht bei Risikosportarten!

- *Was bedeutet Teamarbeit für Sie?*
- *Schildern Sie uns konkrete positive wie negative Erfahrungen aus der jüngsten Vergangenheit.*

Hintergrund: Sind Sie eher extro- oder introvertiert, ist hier die Frage. Sind Sie lieber Einzelkämpfer oder Gruppenmensch?
Hinweise: Was wird wohl bei der von Ihnen angestrebten Position eher gewünscht? Heutzutage werden insbesondere teamfähige Leute gesucht – auch wenn dann später in der Realität jeder gegen jeden (an)tritt.

- *Mit welchen Menschen arbeiten Sie gern/ungern zusammen?*
- *Hatten Sie schon mal Schwierigkeiten mit Vorgesetzten und/oder Kollegen?*
- *Wenn ja: Mit wem? Warum? Wie sind Sie damit umgegangen? Was haben Sie daraus gelernt?*

Hintergrund: Es geht weiter ganz unverstellt zur Sache, hier um den Aspekt: Wie ist es um Ihr Konfliktlösungspotenzial bestellt?
Hinweise: Wenn es Ihnen bei diesen Fragen die Sprache verschlägt, spricht das gegen Sie. Jeder Mensch bevorzugt bestimmte Kollegen und hat schon mal Schwierigkeiten mit seinem Chef gehabt. Nur gerade jetzt müssen Sie wissen, was Sie darüber preisgeben wollen und auf welche Weise.

- *Worüber können Sie sich so richtig ärgern?*
- *Was macht Sie wütend?*
- *Was bereitet Ihnen Sorgen?*

Hintergrund: Fortsetzung der Psychodiagnostik: Wie gehen Sie mit derartigen Fragen um? Kann man Sie damit ärgern oder gar verängstigen?
Hinweise: Machen Sie sich nicht ganz zu (verkrampfen Sie nicht), aber lassen Sie auch nicht die Katze völlig aus dem Sack.

Da Sie hier eigentlich nur die Wahl zwischen Pest und Cholera haben, also nur schlechte Zensuren ernten können, kommt es darauf an, diese kritische Stressinterview-Phase mit Format und Gelassenheit durchzustehen. Weichen Sie nicht auf, sondern aus – etwa auf (relativ) Unverfängliches (die letzte Heimniederlage Ihres Lieblingsclubs, Ihre Schwiegermutter, Hundekot auf der Straße, die Vernichtung von Lebensmitteln im EU-Raum, schlechte kulturelle Leistungen bei Theater- und Konzertaufführungen Ihrer Lieblingsstücke usw.). Auch das Sorgenthema müssen Sie ähnlich geschickt umschiffen.

- *Wie gehen Sie mit Kritik um?*
- *Wie gehen Sie mit Enttäuschungen um?*

Hintergrund: Wieder eine Frage, um Ihre Persönlichkeit zu testen.
Hinweise: Es kommt sicherlich immer darauf an, wer Sie wann wie und weshalb kritisiert. Kritik bringt Sie nicht um (selbstverständlich auch nicht solche Fragen), sondern hoffentlich weiter.

- *Was sind Ihre ganz persönlichen Lebensziele?*
- *Was möchten Sie persönlich für sich in naher/ferner Zukunft erreichen?*

Hintergrund: Eine gewisse Lebensplanung mit beruflichen und privaten Zielsetzungen rundet das Idealbild eines guten Bewerbers ab.
Hinweise: Lernen, Leistung, Vorwärtskommen – haben Sie ein Gespür dafür, was man hier wohl von Ihnen hören will. Achtung: Es geht primär um Berufliches – vermeiden Sie private Offenbarungen.

- *Was sind Ihrer Meinung nach die größten Missstände ...*
  - *in der Welt?*
  - *in unserem Land?*
  - *in Ihrer Heimatstadt?*
  - *in dem Unternehmen, in dem Sie zurzeit arbeiten?*

Hintergrund: Wie differenziert ist Ihre Kritikfähigkeit? Welchen Einblick erlauben Ihre Antworten in persönliche Grund- und Werthaltungen, ja sogar in Ihre Persönlichkeitsstruktur? Im letzten Frageteil geht es um Ihre Loyalität zu Ihrem jetzigen Arbeitgeber.
Hinweise: Wer auf allen vier Ebenen (Welt, Land, Stadt, Firma) das unerträgliche Umsichgreifen der Korruption in markant-larmoyanten Worten beklagt, sagt damit (unwissentlich) mehr über sich als über die beklagten objektiven Missstände. Sie können das Wort »Korruption« durch Pornografie, Werteverfall, Egoismus auf allen Ebenen usw. ersetzen – jede Aussage beleuchtet mehr die Persönlichkeit des Antwortenden als die vordergründig abgefragten Missstände. Achtung: Damit ist diese Frage ein knallharter (unzulässiger) Persönlichkeitstest!

Übrigens: Auch wenn Sie auf den verschiedenen Ebenen unterschiedliche Missstände benennen, wird der geschulte Zuhörer den gemeinsamen Oberbegriff herauszuhören versuchen, um Rückschlüsse auf Ihre Persönlichkeit vorzunehmen.

Der Interviewer will Sie mit den Fragen nach größeren Zusammenhängen (Welt, Land, Stadt) möglicherweise von dem für ihn eigentlich interessanten Aspekt ablenken: welche Kritikbereitschaft Sie Ihrem aktuellen Arbeitgeber gegenüber einnehmen (Stichwort: Loyalität).

Bei den globalen Missständen könnten Sie auf Kriege, Umweltzerstörung, Hunger in der Dritten Welt etc. hinweisen, in unserem Land vielleicht auf die Arbeitslosigkeit und das Problem der Steuerumverteilung, in Ihrer Stadt auf Verkehrs-, Bau- und Umweltprobleme, in Ihrer Firma sehr vorsichtig auf die noch nicht optimal organisierte Gleitarbeitszeit etc.

Zu Ihrer Familie

- *Wie sieht Ihre aktuelle Lebenssituation aus?*

Hintergrund: Mit wem leben Sie zusammen? Als Single, mit Lebens- oder Ehepartner?
Hinweise: Verliebt, verlobt, verheiratet, geschieden, verwitwet, Kinder? Alles Themen, die den Arbeitgeber eigentlich absolut nichts angehen. Aber allzu häufig fragt er nun mal leider unzulässigerweise danach.

- *Stellen Sie uns doch bitte mal Ihre Familie vor.*
  (Gegenfrage: Welche? Meine Ursprungsfamilie oder meine jetzige?)

Hintergrund: Neugierde/Informationsbedürfnis über den Bewerber und das Milieu, das ihn umgibt, aus dem er kommt (möglicherweise also beide Familien ...).
Hinweise: Gehen Sie nicht zu sehr ins Detail, Sie müssen sich nicht rechtfertigen, warum Sie geschieden, wiederverheiratet oder überhaupt nicht verheiratet oder liiert sind. Ebenso: warum Sie sich keine oder zahlreiche Kinder leisten und was Ihre eigenen Eltern gemacht bzw. versäumt haben, wie es bei Ihnen zu Hause damals zuging ... (vgl. auch S. 468, »Zur Not auch eine Lüge«).

- *Was macht Ihre Frau/Ihr Mann beruflich und wo?*

Hintergrund: Abchecken der sozialen Verhältnisse. Nach dem Motto: Zeige mir deinen Partner und ich weiß ein bisschen mehr, wer und wie du bist.
Hinweise: Seien Sie sich darüber im Klaren, dass Sie eine relativ konfliktfreie, weitgehend problemlose, heile Welt präsentieren müssen.

- *Was sagt Ihr Lebenspartner zu Ihren Plänen? Gibt es da eventuell Probleme (Umzug/Arbeitszeiten etc.)?*

Hintergrund: Bekommen Sie Unterstützung? Ist Ihr Lebenspartner mit Ihren Plänen einverstanden oder gibt es da Hemmnisse?
Hinweise: Wer hier nicht überzeugend positiv auftritt oder gar zugeben muss, noch nichts besprochen, nichts geklärt zu haben, sammelt Minuspunkte.

Zu Ihrem sozialen Hintergrund

- *Gibt es Bereiche, in denen Sie sich besonders engagieren?*

Hintergrund: Wie sieht es mit politischen oder sozialen Prioritäten aus, für die Sie sich bisher engagiert haben (Parteien, Gewerkschaften, Bürgerinitiativen, Kirche, Vereine, soziale Institutionen – z. B. Telefonseelsorge, Anonyme Alkoholiker, Spastikerhilfe, Greenpeace, Amnesty International, DRK etc.)?
Hinweise: Machen Sie sich bewusst, welches Bild Sie von sich entwerfen, wenn Sie sich zu dem einen oder anderen sozialen oder politischen Engagement bekennen, und wie das wohl von Ihrem potenziellen Arbeitgeber eingeschätzt wird.

- *Mit welchen Menschen sind Sie gerne zusammen und was verbindet Sie mit diesen?*

Hintergrund: »Zeige mir deine Freunde und ich sage dir, wer du bist« – Informationen über Dritte sind Informationen über einen selbst. Sind Sie kontaktorientiert?
Hinweise: Natürlich geht es nicht wirklich um Herrn oder Frau XY aus Ihrem Freundes- und Bekanntenkreis, sondern um Sie. Wie sehen Ihre sozialen, zwischenmenschlichen Beziehungen aus – quantitativ und qualitativ?

Gesundheitszustand

- *Waren Sie schon mal ernstlich erkrankt?*
- *Bestehen bei Ihnen gesundheitliche Einschränkungen mit beruflichen Auswirkungen?*
- *Gab es Krankenhausaufenthalte/Unfälle, leiden Sie an Allergien?*

Hintergrund: Wie steht es um Ihre uneingeschränkte gesundheitliche Leistungsfähigkeit?
Hinweise: Absolute Gesundheit gibt es wohl heutzutage kaum. Lassen Sie trotzdem keine Zweifel daran aufkommen, dass es bei Ihnen keine berufsrelevanten Beeinträchtigungen gibt. (Sie sind hier ja nicht beim Arzt.)

Der Arbeitgeber darf sich nur nach aktuellen Erkrankungen erkundigen, die die berufliche Leistungsfähigkeit einschränken. Hier werden sehr häufig die rechtlich zulässigen Fragegrenzen überschritten – also aufgepasst! Sollten Sie Zweifel haben, ob Sie ganz gesund sind, fragen Sie Ihren Arzt, aber lassen Sie keine Zweifel im Vorstellungsgespräch aufkommen. Bagatellerkrankungen, wie etwa ein kleinerer, jährlich wiederkehrender Heuschnupfen, gehen den Arbeitgeber nichts an.

- *Waren Sie im letzten Jahr mehr als zweimal beim Arzt?*
- *Haben Sie einen Hausarzt?*

Hintergrund: Fangfragen zur Überprüfung des Gesundheitszustandes im Hinblick auf befürchtete Fehlzeiten.
Hinweise: Achtung, aufgepasst – nicht (ver)plappern! Das sind üble Rhetoriktricks, auf die man nicht hereinfallen darf.

Berufliche Kompetenz und Eignung

- *Wie gut kennen Sie sich in unserer Branche/in unserem Metier aus?*
- *Wie schätzen Sie die aktuelle (zukünftige) Marktsituation ein?*

Hintergrund: Wie sieht Ihr aktueller Wissensstand aus? Können Sie kompetent mitreden, einschätzen, beurteilen?
Hinweise: Es gilt das schon mehrfach zum Thema Vorbereitung/Recherche Gesagte. Sollten Sie bei einer dieser Fragen trotz guter Vorbereitung nicht genug Hintergrundwissen haben, bekennen Sie sich dazu. Es macht Sie nicht unsympathisch, wenn Sie in Maßen Kenntnislücken zugeben.

- *Kennen Sie … (dieses Verfahren, die Person, die Diskussion um etc.)?*
- *Was ist Ihre Meinung über …?*
- *Wie beurteilen Sie …?*
- *Was würden Sie machen, wenn …?*

Hintergrund: Test von Informationsstand und Fachwissen bis hin zur Aufforderung, spontan im Gespräch eine »Mini-Arbeitsprobe« abzulegen.
Hinweise: Hier werden Sie selbst am besten wissen, wie Sie auf diese Fragen zu reagieren, zu antworten haben. Möglicherweise handelt es sich auch um eine Testfrage, mit der man Sie aufs Glatteis führen will, und das XYZ-Verfahren, von dem man suggestiv behauptet, dass Sie es doch sicherlich kennen, existiert in Wirklichkeit überhaupt nicht. Also bekennen Sie sich im Zweifel dazu, dass Sie es nicht kennen.

- *Welche Publikation (Fachbuch/Artikel) aus Ihrem Arbeitsgebiet hat Sie in der letzten Zeit besonders beschäftigt?*
- *Welche Fachzeitschriften haben Sie abonniert/lesen Sie regelmäßig?*
- *Welche Kongresse, Fachtagungen, Weiterbildungen etc. haben Sie in der letzten Zeit besucht?*

Hintergrund: Überprüfung von Engagement, Motivation und Kompetenz in fachlicher Hinsicht.
Hinweise: Siehe Hinweis zur vorigen Frage. Eine aktuelle, auch fachwissenbezogene Vorbereitung (in Maßen) zahlt sich hier aus.

- *Auf welchem Sektor lag Ihr Ausbildungsschwerpunkt, und wie kam es dazu?*
- *Was würden Sie als Ihren aktuellen spezifischen Arbeitsschwerpunkt bezeichnen?*

Hintergrund: Wie kompetent können Sie sich und Ihr Arbeitsgebiet darstellen? Auch die Art und Weise Ihres »Vortrags« wird an dieser Stelle mitbewertet.
Hinweise: Fragen nach Ihrer Ausbildung (evtl. Lehre, Studium) und der ersten beruflichen Einstiegsposition kommen sicherlich bei einem gestandenen Praktiker seltener vor. Dennoch ist es wichtig, auf derartige Nachfragen, bei denen es auch um die Verknüpfung von Vergangenheit und Gegenwart geht, nicht ganz unvorbereitet zu sein.

- *Was schätzen Sie: Wie lange brauchen Sie, um sich bei uns in Ihr neues Aufgabengebiet einzuarbeiten?*
- *Auf welchem Gebiet haben Sie noch größere Defizite, und was gedenken Sie dagegen zu tun?*

Hintergrund: Wie realistisch ist Ihre Selbsteinschätzung, und wie gehen Sie mit kritischen Fragen zu Ihrer Person um?
Hinweise: Bei der ersten Frage wären Ihrerseits Hinweise auf Unterstützung und Kooperation durch den Arbeitgeber, Fachvorgesetzte und Kollegen angemessen, auf die Sie in der Einarbeitungszeit angewiesen sind. Natürlich haben Sie Defizite, die Sie aber vielleicht jetzt noch nicht ganz überblicken und dank der betrieblichen Unterstützung und Ihres besonderen Engagements sowie Ihrer Fortbildungsbereitschaft schnellstens beheben können. Empfehlung: bloß nicht kränken oder provozieren lassen.

- *Können Sie uns noch einmal verdeutlichen: Was spricht für und was gegen Sie als unseren Kandidaten?*
- *Warum sollten wir gerade Sie einstellen?*

Hintergrund: Abermals ein Test zur Selbsteinschätzung und -darstellung. Hinweise: Eine Kurzzusammenfassung der Argumente, die für Sie sprechen, ist jetzt gefordert. Gut, dass Sie darauf vorbereitet sind ... An Argumenten gegen Ihre Person fällt Ihnen höchstens eins ein, maximal anderthalb. Natürlich etwas relativ Harmloses, was jeder potenzielle Arbeitgeber leicht entkräften könnte. Sie werden doch nicht selbst den Stab über sich brechen.

- *Was machen Sie, wenn Sie den Arbeitsplatz bei uns nicht bekommen, wenn wir uns für einen anderen Bewerber entscheiden?*

Hintergrund: Wie verarbeiten Sie Frustrationen und inwieweit zeigen Sie dies?

Hinweise: Weder wären Sie völlig zerknirscht oder am Boden zerstört noch heilfroh und glücklich, wenn Ihnen dieser Job erspart bliebe. Bringen Sie zum Ausdruck, dass Sie eine Entscheidung gegen Sie als Kandidaten bedauern, aber akzeptieren würden (was bleibt Ihnen auch übrig!). Sie sind – wie auch immer – derzeit gut verankert und keinesfalls auf den neuen Arbeitsplatz absolut angewiesen.

Informationen für den Bewerber

Früher oder später im Gespräch kommt der Moment, wo Ihr Gegenüber berichten will, wie es bei ihm in der Firma/Institution zugeht. Das ist eine wichtige Gesprächsphase, in der es vor allem auf Ihre demonstrative Zuhörfähigkeit ankommt – im Psychojargon »aktives Zuhören« genannt.

Hintergrund: Selbstdarstellungslust und Imagepflege auf Arbeitgeberseite.
Hinweise: Hören Sie wirklich aufmerksam zu, unterbrechen Sie nicht leichtfertig, machen Sie einen stark interessierten Eindruck, fragen Sie nach und eröffnen Sie Ihrem Gegenüber auf diese Weise neue Selbstdarstellungsfelder. Er wird es Ihnen danken.

Verdeutlichen Sie aber auch, dass Sie sich vorbereitet haben und einige Informationen oder Details bereits wussten, ohne arrogant aufzutrumpfen (»Weiß ich schon alles.«). So sammeln Sie auf leichte Art und Weise Sympathiepunkte.

Häufig steht ein Teil der Informationen für den Bewerber bereits am Anfang des Gesprächs. Dann haben sie u.a. die Funktion, das Gespräch einzuleiten und die Aufregung des Bewerbers abzubauen. Dennoch besteht auch immer mitten im Gespräch die Chance, den Gesprächspartner zur Selbstdarstellung anzuregen und so viele angenehme (Zuhör-)Minuten mit leicht verdienten Sympathiepunkten zu verbringen.

Spätestens in dieser Phase des Gespräches ist nun auch Ihr Gegenüber in einer Bewerbungsposition und das Rollenspiel wechselt ein bisschen.

Übrigens: An der Qualität und Quantität des Informationsangebotes und seiner Vermittlung können Sie durchaus das Interesse an Ihrer Person sowie Ihren Stellenwert als Bewerber erkennen.

Arbeitskonditionen

Es liegt auf der Hand: In einer ersten Vorstellungsrunde sind Sie einer von mehreren Kandidaten. Möglicherweise hat der Arbeitsplatzanbieter noch nicht alle Bewerber kennengelernt, sodass die Arbeitskonditionen in einem ersten Gespräch nicht die gleiche wichtige Rolle spielen wie zu einem späteren Zeitpunkt des Bewerbungsverfahrens, beispielsweise in einem zweiten Vorstellungsgespräch.

Trotzdem geht es natürlich darum, schon in der ersten Gesprächsrunde grob abzuklären, ob man sich auf die Rahmenbedingungen einigen könnte. Diese umfassen auch inhaltliche Aspekte des potenziellen Arbeitsplatzes. Am Beispiel der Unterpunkte eines fiktiven Arbeitsvertrages zeigen wir auf, worum es hier gehen kann:

Aufgabengebiet; Arbeitszeit; Probezeit; Kündigungsfristen; Kompetenzen und Vollmachten; Urlaubsregelung; Bezahlung; Geheimhaltungspflichten; Konkurrenz-/Wettbewerbsschutz; Nebenbeschäftigung; Vertragsänderungen; sonstige Abmachungen und Sondervereinbarungen wie z.B. Dienstwagen, Altersversorgung, Umzugskosten, Trennungsentschädigung, Reisekostenvergütung, Unfallversicherung, Sonderzahlungen bei längerer Erkrankung etc.

Wie gesagt: Detailliert verhandelt werden diese Aspekte erst, wenn man wirklich in die absolut engere Wahl gekommen ist, und sehr selten gleich beim ersten Vorstellungsgespräch. Halten Sie sich also mit Fragen in diese Richtung zurück. Jetzt ist dafür noch nicht der richtige Zeitpunkt.

Trotzdem – an dieser Stelle zwei Kernfragen:

- *Welche Gehaltsvorstellung haben Sie?*
- *Wie hoch sind Ihre aktuellen Bezüge?*

Hintergrund: Das alte Spiel: Der Preis ist heiß. Zahlemann & Söhne.
Hinweise: Können Sie den Wert Ihrer Arbeitsleistung angemessen einschätzen? In welchem Verhältnis steht Ihre Forderung zu Ihren jetzigen Bezügen?

- *Wann könnten Sie bei uns anfangen?*
- *Wenn wir uns für Sie entscheiden, brauchen wir Sie sofort. Ist das möglich?*

Hintergrund: Wie integer sind Sie und wie loyal Ihrem alten Arbeitgeber gegenüber? Wie weit lassen Sie sich unter Druck setzen und manipulieren?
Hinweise: Tappen Sie nicht in die Loyalitätsfalle, auch wenn Ihnen viel an diesem neuen Job liegt. Sie verlassen Ihren alten Arbeitsplatz nicht Hals über Kopf und laufen nicht einfach davon, weder jetzt bei Ihrem alten noch später bei dem neuen Arbeitgeber. Die vertraglichen und arbeitsrechtlichen Spielregeln sind allgemein bekannt. Trotzdem: Gegen eventuelle Sondierungsgespräche mit Ihrem alten Arbeitgeber bezüglich eines früheren Austrittstermins ist nichts zu sagen.

Fragen des Bewerbers

In jedem Vorstellungsgespräch gibt es einen programmierten Rollenwechsel in der Art, dass Sie als Bewerber nun Fragen stellen dürfen, die Ihr Gesprächspartner beantworten wird.

- *Was sind Ihre Fragen an uns?*

Hintergrund: An den klugen Fragen erkennt man einen klugen Kopf sowie einen motivierten und kompetenten Bewerber. Was Sie jetzt wissen wollen, wird hinterfragt, auf Sinngehalt und aktives Interesse hin überprüft.

Hinweise: Sollten Sie mit Themen auffallen, die Sie eigentlich im Vorfeld hätten klären können oder durch aufmerksames Zuhören an einer anderen Stelle des Gesprächs längst hätten »speichern« müssen, erzielen Sie einen negativen Effekt.

Wer zuerst auf die Betriebsrente oder den Urlaub zu sprechen kommt, ist für sein Negativimage selbst verantwortlich. Sinnvolle Fragen können sich auf folgende Aspekte beziehen: Aufgabengebiet, Zuständigkeit, Verantwortung, Kooperationspartner, globale Bezahlung. Gehen Sie hier nicht weiter ins Detail. Beachten Sie den Hinweis: Detailliert verhandelt wird erst, wenn Sie in der engeren Wahl sind.

Übrigens: Es macht keinen schlechten Eindruck, wenn Sie schriftlich vorbereitete Fragen aus der Tasche ziehen und sich auch während der verbalen Ausführungen Ihres Gegenübers gelegentlich dezent Notizen machen.

Hier einige Beispielfragethemen (eventuell auch für das zweite Vorstellungsgespräch):

- *Ist diese Position/dieser Arbeitsplatz neu geschaffen worden oder fester Bestandteil in Ihrem Unternehmen?*
- *Wer hat diese Aufgabe bisher wahrgenommen?*
- *Mit welchem Erfolg, was gab es für Probleme?*
- *Warum ist der Arbeitsplatz frei geworden?*
- *Was macht der ehemalige Stelleninhaber jetzt?*
- *Haben Sie eine detaillierte Stellenbeschreibung? Darf ich die sehen und mitnehmen?*
- *Gibt es ein Organigramm (Organisationsplan), in dem der ausgeschriebene Arbeitsplatz dargestellt wird?*
- *Mit welchen Personen/Abteilungen werde ich zusammenarbeiten?*
- *Welche speziellen Erwartungen haben Sie an den neuen Stelleninhaber?*
- *Was, meinen Sie, sollte dieser als Erstes tun, was ist das Wichtigste?*
- *Ist die Möglichkeit gegeben, die neuen Kolleginnen und Kollegen, mit denen ich zusammenarbeiten würde, vorab kennenzulernen?*
- *Welchen beruflichen Hintergrund haben die zukünftigen Kollegen/Vorgesetzten?*

- *Wie ist die Einarbeitungsphase geplant? (Ansprechpartner, Programm, auch: wo, wie lange?)*
- *Welche späteren Entwicklungsmöglichkeiten gibt es für mich von dieser Position aus?*
- *Welche Fort- und Weiterbildungsangebote gibt es in Ihrem Unternehmen?*
- *In Ihrer Anzeige (in Ihren Unterlagen) schreiben Sie ... Was verstehen Sie darunter?*
- *Welche aktuellen Vorhaben stehen in Ihrem Hause für die nahe Zukunft an?*
- *Welche Probleme in Ihrem Unternehmen bedrücken Sie am meisten?*
- *Wie würden Sie den Führungs- und Umgangsstil in Ihrem Haus charakterisieren?*

Und noch einmal: Machen Sie nicht den Fehler, Fragen zu stellen, als ob Sie bereits sicher wären, morgen anfangen zu können und im nächsten Moment den Arbeitsvertrag zu unterschreiben. Dieser und seine Konditionen sind noch weitestgehend tabu. Aber auch ein Nachfragen in Richtung »Wie werden Sie sich entscheiden, wann höre ich von Ihnen und wie sind meine Chancen?« ist zu diesem Zeitpunkt noch nicht opportun.

Zeigen Sie abermals Geduld und Gelassenheit. Geben Sie Ihrem Gegenüber nicht das Gefühl, dass Sie ihn bedrängen. Zeigen Sie sich interessiert, aber auch geduldig abwartend.

Abschluss des Gesprächs und Verabschiedung

- *Können Sie bitte noch einmal kurz zusammenfassen, was Ihre Stärken, aber auch Ihre Schwächen sind?*

Hintergrund: Wie auch in der Gesprächsphase 4 erläutert, geht es um negative, aber vor allem um positive Eigenschaften, die Sie charakterisieren und vor allem in einen Bezug zum angestrebten Arbeitsplatz bringen sollten.
Hinweise: Diese Aufforderung können Sie gut benutzen, um noch einmal die wichtigsten Argumente für Ihre Person und Bewerbung zusammenfassend vorzutragen (im Stil etwa: 1. ..., 2. ..., 3. ...). Negative Argumente fallen Ihnen nicht ein – überlassen Sie diese (später) Ihrem Gesprächspartner. Achtung: Wiederholungsfrage!

Zum Schluss kommt es auf den Versuch eines angenehmen Abgangs an, auch unter dem Aspekt der Imagepflege für den Arbeitsplatzanbieter. Man wird sich bei Ihnen für Besuch, Bewerbung und das Interesse an der Firma/Institution bedanken.

Wichtig ist nun eine Klärung, wie es weitergeht, wer voraussichtlich wann zu einer Entscheidung gelangt. Dies alles sollte aber ohne Bedrängung, Ungeduld oder gar Selbstzweifel vorgetragen werden.

Kommen Sie also bloß nicht auf die Idee, direkt oder verklausuliert zu fragen: »Wie finden Sie mich?« oder: »Wie werden Sie sich entscheiden?« Das braucht naturgemäß

Zeit, und die haben Sie, denn Sie stehen ja nicht (erkennbar) unter Druck. Unser Vorschlag: »Was meinen Sie, wie sollten wir verbleiben? Soll ich Sie anrufen – sagen wir in einer Woche – oder melden Sie sich? Wann in etwa bekomme ich Nachricht von Ihnen?«

Nun unser letzter Hinweis: Keep smiling. Beim Hinausgehen vor der Bürotür auf jeden Fall die Contenance bewahren: die Tür nicht zuknallen, nicht erleichtert aufatmen (und wenn, nur ganz leise), keine Flüche, weiterhin aufrecht gehen.

Spezielle Fragen an Führungskräfte

Führungskräfte werden natürlich mit ähnlichen Fragen wie den gerade vorgestellten konfrontiert. Hinzu kommen Fragen, die speziell Führungsfähigkeiten überprüfen sollen:

- *Was bedeutet Mitarbeiterführung?*
- *Wie definieren Sie die Hauptaufgaben einer Führungskraft?*
- *Welchen Führungsstil bevorzugen Sie?*

Hintergrund: Haben Sie sich mit diesen Begriffen und der dazu geführten aktuellen Diskussion auseinandergesetzt? Wie ist Ihr Standpunkt, wie sieht Ihre persönliche Philosophie aus?
Hinweise: Zeigen Sie Kompetenz durch fundiertes Hintergrundwissen, das Sie prägnant in ein bis zwei Minuten zum Ausdruck bringen können.

- *Was schätzen Sie: Wie lange brauchen Sie zur Einarbeitung in Ihr neues Arbeitsgebiet bei uns?*
- *Auf welchem Gebiet haben Sie größere Defizite und was gedenken Sie, dagegen zu tun?*

Hintergrund: Wie realistisch ist Ihre Selbsteinschätzung und wie gehen Sie mit kritischen Fragen zu Ihrer Person um?
Hinweise: Bei der ersten Frage wären Ihrerseits Hinweise auf eine erwartete Unterstützung und Kooperation durch den Arbeitgeber angemessen, auf die Sie in der ersten Zeit angewiesen sind. Natürlich haben Sie Defizite, die Sie wahrscheinlich nicht ganz überblicken und bestimmt dank der betrieblichen Unterstützung sowie mithilfe Ihrer Fortbildungsbereitschaft schnell beheben können. Empfehlung:

Nicht kränken oder provozieren lassen, im Prinzip zustimmen und Lernbereitschaft signalisieren.

- *Was sind Ihre ganz persönlichen Lebensziele?*
- *Was möchten Sie persönlich für sich in naher/ferner Zukunft erreichen?*

Hintergrund: Lebensplanung und Zielsetzungen beruflicher wie privater Art gehören zum Idealbild der »guten« Führungskraft.
Hinweise: Lernen, Leistung, Vorwärtskommen. Entwickeln Sie ein Gespür dafür, was man hier wohl von Ihnen hören will. Achtung: Es geht primär um Berufliches – vermeiden Sie private Offenbarungen.

- *Was zeichnet Ihrer Meinung nach eine gute Führungskraft aus?*
- *Was einen guten Vorgesetzten?*
- *Was einen guten Mitarbeiter?*

Anschließend diese drei Fragen mit umgekehrtem Vorzeichen – »schlechte Führungskraft« usw.

- *Was schätzen Sie an Ihren Arbeitskollegen/Vorgesetzten – was nicht?*
- *Worin unterscheiden Sie sich Ihrer Meinung nach von Ihren jetzigen Vorgesetzten?*

Hintergrund: Haben Sie ein idealtypisches Anforderungsprofil – auch für Ihre eigene Person? Wissen Sie, worauf es ankommt? Wie gehen Sie mit schwierigen Fragen um?
Hinweise: Besonders heikel ist die letzte Frage. Der Unterschied liegt in der Position (Gehalt und Verantwortung). Zeigen Sie Wertschätzung für Ihren Vorgesetzten, machen Sie aber gegebenenfalls auch deutlich, dass Sie in bestimmten Situationen anders entschieden hätten. Zeigen Sie Respekt und die richtige Mischung aus Selbstbewusstsein und Loyalität.

Spezielle Fragen an Frauen

In Großunternehmen findet man nur knapp 15 Prozent Frauen in Führungspositionen, in kleineren und mittelständischen Unternehmen sind es bis zu 29 Prozent, obwohl über 50 Prozent der Frauen im Alter zwischen 15 und 65 Jahren in Deutschland berufstätig sind. Nicht selten leiten Männer die Vorstellungsgespräche. »Was wollen, was können Sie, und trauen Sie sich diese Aufgabe wirklich zu?«, ist der möglicherweise skeptische Unterton von Männerseite. Nicht selten kommt es sogar zu dem Versuch des Fragen-(und Fallen-)stellers, Ihnen die ganze Bewerbung um den Arbeitsplatz oder den Job auszureden. Ein übler Motivationstest! Mit welchen Fragen muss frau rechnen? Zum Beispiel mit folgenden:

- *Was sagt denn Ihr Partner zu Ihren Plänen?*
- *Wie können Sie Beruf und Familie miteinander vereinbaren?*

Bis 1972 war es in der Bundesrepublik noch so, dass Ehefrauen die Erlaubnis des Mannes benötigten, wenn sie arbeiten gehen wollten. Die Zeiten sind zum Glück vorbei – dennoch werden Bewerberinnen gern nach der Meinung des Partners gefragt. Bleiben Sie ruhig, sagen Sie, dass Sie dessen volle Unterstützung hätten, alles »im grünen Bereich« sei etc., das beruhigt ungemein. Familie und Beruf lassen sich deshalb auch wunderbar vereinbaren, denn Ihr Partner ist ja genauso wie Sie für die Kinder da.

- *Wollen Sie sich wirklich beruflich engagieren?*

Eine Frage, die einem Mann so wohl nie gestellt werden würde. Das klassische männliche Vorurteil (Frauen wissen nicht, was sie wollen) kommt hier zum Tragen. Es gibt Männer als Entscheidungsträger in einem Unternehmen, die dazu neigen, lediglich zwei Kategorien von Mitarbeiterinnen zu kennen: diejenigen, die aus purem Vergnügen nur ein bisschen dazuverdienen wollen und die man(n) nicht ernst nehmen kann, und dann diejenigen, die »richtig« Karriere machen wollen und vor denen man(n) sich wirklich in Acht nehmen muss, weil sie gefährlich werden können. Wenn Sie sich während des Gesprächs durch die Frage nach Ihrem »wahren« beruflichen Engagement in die Enge getrieben sehen, heißt das oberste Gebot: cool bleiben. Was auch immer Sie sagen – es könnte zu Ihrem Nachteil ausgelegt werden. Deshalb gibt es dafür überhaupt kein Patentrezept – leider! Sie müssen situationsbedingt reagieren und versuchen, die Bedenken des Gegenübers zu zerstreuen.

- *Wie sieht Ihre Familienplanung aus?*

Auch wieder eine typische Frage, die nur Frauen gestellt wird. Der Arbeitgeber befürchtet ökonomische Einbußen infolge von Fehlzeiten (z.B. Schwangerschaft, Erziehungszeiten …). Sie müssen diese Frage nicht wahrheitsgemäß beantworten. Anfragen nach der Familienplanung und nach einer bestehenden Schwangerschaft sind prinzipiell verboten. Hier dürfen Sie ungestraft lügen.

Spezielle Fragen an Bewerber über 45

Erkundigen Sie sich vor dem Gespräch, ob Sie förderungsberechtigt durch die Arbeitsagentur sind. Es gibt für ältere Langzeitarbeitslose einige Förderungen. Dies kann ein durchaus gewichtiges Argument für einen Arbeitgeber sein. Wenn Sie nicht darauf angesprochen werden, überlegen Sie, wann der richtige Augenblick gekommen ist, um diesen Vorteil in die Waagschale zu werfen.

Werden Sie zu Ihren Hobbys befragt, macht es sich gut, wenn Sie Ihre Fitness mit einer sportlichen Freizeitbeschäftigung belegen können. Die Antwort »Schwimmen « oder »Tanzen« macht einen anderen Eindruck als »Briefmarkensammeln«.

Eine weitere Frage und damit auch Ihre Antwort können entscheidend für den Ausgang des Vorstellungsgesprächs sein – die Frage nach Ihren Zielen. Ihr Gegenüber möchte damit herausfinden, wie engagiert Sie (noch) sind. Oder wollen Sie die letzten Jahre bis zur Rente nur ruhig und sicher verbringen? Zeigen Sie Leistungswillen, Lernbereitschaft, Interesse am Weiterkommen.

Gesprächsführung und Gesprächspsychologie

Im Vorstellungsgespräch stehen Sie als Bewerber auf dem Prüfstand. Aber nicht Sie alleine. Auch Sie haben die Gelegenheit, Ihr Gegenüber genauer kennenzulernen und dessen Persönlichkeitsstruktur und Umgangsstil zu beurteilen. Es geht also darum, abzuschätzen, ob Sie das Arbeitsplatzangebot annehmen wollen. Aufgrund der vielleicht schwierigen Arbeitsmarktlage mag Ihnen diese Überlegung unangemessen wählerisch erscheinen. Dennoch ist angesichts der Lebenszeit, die Sie an Ihrem Arbeitsplatz verbringen, eine kritische Reflexion, mit wem Sie es auf der Vorgesetztenseite zu tun bekommen werden, angebracht.

Unter mehr als vier Augen: Das Gruppengespräch

Halten wir noch einmal fest: Im Vorstellungsgespräch geht es dem potenziellen neuen Arbeitgeber primär darum, persönliche und anforderungsbezogene Eignungsmerkmale des Bewerbers festzustellen. Die bisherigen Informationen (Bewerbungsunterlagen/ggf. Testergebnisse) sollen ergänzt werden durch einen persönlichen Eindruck, den man von Ihnen als Bewerber im Vorstellungsgespräch erhalten will.

Einzel- und Gruppengespräche

Bei Vorstellungsgesprächen ist zu unterscheiden zwischen Einzel- und Gruppengesprächen. Die Gesprächsdauer ist unterschiedlich und schwankt je nach zu bewältigender Bewerberanzahl und zu besetzender Position zwischen einer und bis zu mehreren (drei, vier) Stunden. Unter der klassischen Vorstellungsgesprächssituation stellt man sich ein Gespräch unter vier Augen vor: (Personal-)Chef (oder in einer Vorstufe: Personalberater) und Bewerber sitzen sich gegenüber.

Möglich sind aber auch andere Konstellationen: Der einzelne Bewerber sitzt zwei oder mehr Personen gegenüber – einem Auswahlgremium (z.B. dem Firmeninhaber und einem wichtigen leitenden Angestellten, Personalberater, Personalchef und Abteilungsleiter, mehreren Personalreferenten und Betriebspsychologen, Betriebsratsmitgliedern bis hin zu zukünftigen Kollegen und Untergebenen).

Ist es in der Bewerbungssituation vielleicht gerade noch erträglich, mit zwei Interviewern umgehen zu müssen, wird eine Konfrontation mit einem Vierer- oder Mehrpersonengremium schnell ungemütlich.

Vielleicht fällt Ihnen bald auf, dass bei einem aus drei Personen bestehenden Auswahlgremium ein Gesprächspartner Sie besonders freundlich behandelt, ein weiterer recht »böse« mit Ihnen umgeht und der dritte Sie ständig beobachtet, Notizen macht und ansonsten schweigt. Diese Rollenverteilung ist kein Zufall. Sie ist sorgfältig vorbereitet und abgesprochen. Hier will man Ihnen ganz besonders auf den Zahn fühlen. Bleiben Sie trotzdem ruhig und gelassen und versuchen Sie, möglichst zu allen – besonders zu dem freundlichen Gesprächspartner – einen guten Kontakt aufzubauen (Blickkontakt, namentlich ansprechen, lächeln).

Schwierig wird es, wenn Sie als Einzelner mit mehr als fünf Personen konfrontiert sind. Glauben Sie uns: Zehn bis zwanzig Personen als glotzende, fragende und zuhörende Meute sind in Vorstellungsgesprächen nicht so selten, wie man es sich wünscht. Im psychosozialen Bereich beispielsweise hat häufig das gesamte Team bei der Bewerberauswahl ein Wörtchen mitzureden.

Denkbar – wenn auch zunehmend seltener praktiziert – ist eine Konstellation, bei der mehrere Bewerber einem Auswahlgremium gegenübersitzen. Das können drei Kandidaten sein, die drei Interviewer vor sich haben, es können aber auch zehn und mehr Bewerber sein gegenüber fünf oder sechs Auswählern (z.B. bei einem Assessment Center).

Sollten Sie das Pech haben, in einer größeren Bewerbergruppe antreten zu müssen, bietet Ihnen das vielleicht den Vorteil, von der Präsentationstechnik Ihrer Mitbewerber zu profitieren. In der Regel beginnt so ein Gruppengespräch mit der freundlichen Aufforderung, jeder möge sich zunächst einmal kurz vorstellen. Manchmal wird an die Vorstellung eine zusätzliche Aufforderung geknüpft, z.B.: »Stellen Sie sich bitte kurz vor und erzählen Sie uns, warum Sie sich hier beworben haben.«

Hintergrund dieser Gruppenvorstellungsrunde ist der Wunsch, die Bewerber direkt miteinander zu vergleichen, sie in eine gewisse Konkurrenzsituation untereinander zu versetzen, um dadurch besondere Informationen über den Einzelnen zu bekommen. Im Wesentlichen geht es um das Sozialverhalten, die soziale Kompetenz.

Ein anderer Aspekt auf Unternehmensseite ist die Ökonomie: Aus einer Gruppe werden relativ schnell die Wunschkandidaten (drei bis fünf) herausgesiebt. Insbesondere bei Vorstellungsgesprächen im Rahmen eines firmen- bzw. institutionsinternen Aufstiegsverfahrens werden Gruppenauswahlgespräche wie eben beschrieben sehr häufig angewandt.

Wer als Bewerber in einem derartigen Gruppengespräch bei der Vorstellung den Anfang macht oder Schlusslicht ist, hat es deutlich schwerer als die anderen. Die Positionen im ersten oder letzten Drittel bieten bessere Chancen. Am Anfang ist die Aufnahme- und Zuhörbereitschaft des Auswahlgremiums höher. Gegen Ende hat man die Chance, durch einen Beitrag, der sich von den bisherigen angenehm unterscheidet (was sicherlich nicht leicht ist!), Aufmerksamkeit und Kurzzeitgedächtnis der Auswähler zu erobern.

Für die Unglücklichen, die die Rolle des Ersten oder Letzten wahrnehmen müssen, gilt unsere Empfehlung: Sprechen Sie das Problem der Anfangs- bzw. Endposition humorvoll an (»Einer muss ja den Anfang machen, ich will mich nicht in den Vordergrund drängen, aber …«, »Den Letzten beißen die Hunde, aber einer muss ja das Schlusslicht bilden …«). Wenn es Ihnen gelingt, Schmunzler oder sogar Lacher zu provozieren, sammeln Sie Pluspunkte.

Soziale Interaktion

Während der Gruppenvorstellung können Sie wahrscheinlich den Versuch verschiedener Bewerber beobachten, sich deutlich in den Vordergrund zu spielen, um sich zu profilieren. Sich geschickt in Szene zu setzen ist eine Kunst, die nur wenige Bewerber beherrschen. Es ist nicht unbedingt von Nachteil, hier eher eine gewisse Zurückhaltung an den Tag zu legen, ohne allerdings in das Extrem des stummen Fisches zu verfallen.

Der Auswählergruppe geht es unter anderem darum, die soziale Interaktion, den Umgang der Bewerber miteinander zu beobachten. Daraus werden dann verschiedene Rückschlüsse gezogen im Hinblick auf Teamfähigkeit, Durchsetzungsvermögen, Anpassungsbereitschaft usw.

Frage- und Antworttechniken

In diesem Abschnitt wollen wir auf eine ganz wichtige Hintergrundthematik im Vorstellungsgespräch eingehen: die Technik, Fragen als Bewerber geschickt zu beantworten.

Wie ein Vorstellungsgespräch abläuft, können Sie zwar nicht allein bestimmen, aber doch ganz wesentlich durch Antworten, Bemerkungen und Fragen steuern. Dabei ist es zunächst wichtig, zu wissen, wie viel Zeit für Ihr Vorstellungsgespräch vorgesehen ist. Ob Sie 20 Minuten oder zwei Stunden für Ihren Auftritt haben, macht einen wesentlichen Unterschied in der Gestaltung und in der von Ihnen zu wählenden Inszenierung oder Dramaturgie.

Generell gilt: Führen Sie das Gespräch defensiv. Sie sind der Bewerber, der die meisten Fragen zu beantworten hat. Versuchen Sie nicht, die Rollen umzukehren und immer wieder mit Gegenfragen zu kontern.

Da Sie gut vorbereitet sind, können Sie auf die wichtigsten Fragen überzeugend und relativ knapp, aber gut formuliert antworten. Dies geschieht immer in Relation zu der Zeit, die Ihnen zur Verfügung steht, bedeutet jedoch nicht, dass Sie ständig reden oder Auskunft geben müssen.

Zuhören

Bis zu 80 Prozent der Gesamtzeit – so zeigen erstaunlicherweise entsprechende wissenschaftliche Untersuchungen – verbringen Sie im Vorstellungsgespräch mit Zuhören, d.h., Ihr Gegenüber spricht. 80 Prozent Interviewer-Redezeit sind zwar nicht überall die Regel, dennoch: Lassen Sie Ihren Gesprächspartner reden und hören Sie aufmerksam zu. Wenn es Ihnen zudem noch gelingen sollte, einige verständnisvolle, kurze Zwischenbemerkungen zu machen oder bestätigend zu nicken, haben Sie möglicherweise schon gewonnen. Ihr Gegenüber wird sich vielleicht endlich mal wieder tief verstanden fühlen und Ihnen das mit entsprechenden Sympathiepunkten honorieren.

Diese Technik der positiven Verstärkung von sprechenden Personen ist sehr gut bei Fernsehjournalisten zu beobachten, die ihre Interviewpartner durch beständiges zustimmendes Kopfnicken ermuntern, in ihrem Redefluss fortzufahren, mag der Inhalt auch noch so fragwürdig sein.

Es kann aber auch krass umgekehrt ablaufen, weil man Sie, den Bewerber, zum Sprechen, Erzählen, ja Schwadronieren bringen will. In so einem Fall haben Sie es sehr wahrscheinlich mit einem Vollprofi zu tun, der wirklich nur 10 Prozent des Vorstellungsgesprächs bestreitet und Ihnen die restlichen 90 Prozent aufbürden möchte.

Eine beliebte Gesprächstechnik beinhaltet dabei den Einsatz sogenannter offener Fragen. Klassisches Beispiel:

- *Wir wollen Sie gern kennenlernen. Erzählen Sie uns doch bitte mal etwas über sich.*

Unter Rhetorikfachleuten gilt die Frage als Königin der Dialektik. Und in der Tat: Gute Fragen zu stellen ist weitaus schwieriger, als sie zu beantworten. Mit Fragen kann man ein Gespräch hervorragend lenken. Besonderer Beliebtheit erfreut sich da die offene Frage. Sie erlaubt dem Gefragten nicht, einfach mit Ja oder Nein zu antworten wie bei der geschlossenen Frage, sondern provoziert längere Antwortsätze und eine ausführlichere verbale Darstellung. Genau darauf kommt es dem Frager an, denn je mehr sein Gegenüber spricht und vielleicht unwillkürlich seinen freien Assoziationen folgt, desto mehr an Information erhofft er sich. An einigen Beispielen können wir uns das gut verdeutlichen:

Die geschlossene Interviewerfrage »Hatten Sie an Ihrem letzten Arbeitsplatz persönliche Schwierigkeiten?« ist heikel (Fragehintergrund: Bewerbermotiv Arbeitsplatzwechsel, Hypothese: schwieriger Mensch), würde aber den Bewerber schnell mit Nein (ggf. »Nein, keine«) antworten lassen, und schon wäre der Ball wieder zurückgespielt und der Interviewer müsste eine neue Frage stellen.

»Mit welchen persönlichen Schwierigkeiten mussten Sie sich an Ihrem letzten Arbeitsplatz auseinandersetzen?« hat den gleichen Fragehintergrund, ist jetzt aber als offene Frage gestellt. Kein Mensch könnte hier nur mit einem schlichten Nein antworten.

Diese Frage provoziert mehrere Antwortsätze, ja ganze Erklärungen, und schnell verfängt sich der Bewerber in Rechtfertigungen, Entschuldigungen, ja sogar Anklagen, wer ihm beim letzten Arbeitsplatz Steine in den Weg gelegt habe.

Dass diese Informationen von höchster Wichtigkeit für einen neuen Arbeitgeber sind, liegt ebenso auf der Hand wie die Tatsache, dass sie aus Bewerbersicht nicht in das Vorstellungsgespräch hineingehören.

Nicht hinreißen lassen

Hier kann es dem Interviewer mittels der offenen Fragetechnik erfolgreich gelingen, beim Bewerber eine Barriere zu durchbrechen. Der Befragte wird sich möglicherweise hinreißen lassen, mehr zu erzählen, als er ursprünglich wollte. Wenn diese Fragetechnik professionell angewandt wird und der so Befragte Raum und Zeit hat, ausführlich zu berichten, und der Interviewer zusätzlich die Ausführungen des Bewerbers gelegentlich durch eine freundliche Miene, Kopfnicken und zustimmendes »Mmh« oder »Ja, sehr interessant« begleitet, können in der Regel optimale Informationsgewinne erzielt werden. Gewinner ist dabei der Frager; Verlierer muss nicht der Befragte sein – es kommt darauf an, was und wie er etwas preisgibt.

Noch effektiver präsentiert man als Interviewer die eingangs formulierte Frage nach den persönlichen Schwierigkeiten am letzten Arbeitsplatz so:

- *Wie haben Sie es erfolgreich geschafft, persönliche Schwierigkeiten, die man Ihnen am letzten Arbeitsplatz gemacht hat, gut zu überwinden?*

Zunächst: Wer wüsste nicht als Arbeitnehmer von solchen Problemen ein Lied zu singen? Trotzdem ahnen Sie ja bereits, wie heikel diese Frage ist.

Durch die gut vorgetragene und positiv verpackte, wohlwollend klingende Frage werden sich zwei Drittel der Bewerber verführen lassen, Dinge zu erzählen, die hier im Vorstellungsgespräch mit einem potenziellen neuen Arbeitgeber eigentlich auf keinen Fall erwähnt werden sollten. Das hängt natürlich auch mit der besonderen Drucksituation zusammen, die in einem solchen Gespräch nun einmal besteht.

Die eben beschriebene Fragetechnik stellt einen durchaus kritischen Sachverhalt (persönliche Schwierigkeiten) in den Hintergrund und verkauft deren erfolgreiche Überwindung dem Gefragten schmeichelhaft als gute Gelegenheit, sich selbst darzustellen. Auf diese Art von »Verführung« fallen viele Bewerber herein. Der Verschiebung der Aufmerksamkeit auf ein weniger heikles Besprechungsthema – in diesem Fall auch noch positiv verpackt (Durchsetzungsvermögen) – ist sicherlich nicht leicht zu widerstehen.

Entscheidend bleibt aber trotz aller Fragen und gesprächstechnischen Raffinessen, was Sie von sich und über Ihre Arbeit erzählen und was Sie preisgeben wollen. Das bedarf natürlich einer intensiven Vorbereitung und Reflexion.

Zur Problematik der »heiklen Fragen« finden Sie noch ausführliche Hinweise in nachfolgenden Kapiteln: Umgang mit unangenehmen Einwänden gegenüber Ihrer Person, dem sogenannten Stressinterview und juristisch unzulässigen Fragen, die man Ihnen zumuten könnte.

Kommen wir jetzt aber zu der ersten großen offenen Aufforderungsfrage zurück:

- *Wir wollen Sie gern kennenlernen. Erzählen Sie uns doch bitte mal etwas über sich.*

Dieser so nett und harmlos vorgetragenen Bitte wird sich der Bewerber kaum entziehen können oder sogar wollen und gegebenenfalls weit ausholen. Wer hier jedoch bei Adam und Eva, seiner frühesten Kindheit, Schul- und Ausbildungszeit etc. anfängt, um vielleicht nach 15 Minuten bei Höhepunkten seiner beruflichen Laufbahn anzukommen, und dann noch willig sein Privat- und Familienleben offenbart, führt nicht nur eine Art »seelischen Striptease« mit in der Regel verheerenden Auswirkungen vor, sondern langweilt »tödlich« und demonstriert, dass er Wesentliches nicht von Unwesentlichem unterscheiden kann.

Andere offene Fragen wie ...

- *Was ist wichtig in Ihrem Leben?*

... sind immer in Bezug auf den angestrebten Arbeitsplatz mit seinen spezifischen Aufgaben zu beantworten und nicht etwa Gelegenheit, in epischer Breite Einblick in die Privatsphäre zu geben (obwohl dies durchaus Ziel der Frage oder Wunsch des Fragestellers sein kann).

Was, glauben Sie, macht es für einen Eindruck, wenn Sie als Bewerber auf diese Aufforderung hin anfangen, von Ihren Surferlebnissen bei Windstärke 6 auf dem Steinhuder Meer zu schwärmen, oder wenn Sie in Angelabenteuern an der Leine schwelgen?

Höflichkeit, Freundlichkeit, Blickkontakt, Bemühtheit und Interesse tragen wesentlich dazu bei, die Sympathiegefühle Ihres Gegenübers zu mobilisieren. Verlieren Sie aber beim Sprechen nicht die Kontrolle über den Rest Ihrer Person: Wer mit der Hand vor dem Mund spricht, kann sich nur schwer verständlich machen, und wer sich alle Augenblicke mit derselben nervös durchs Haar fährt, überzeugt nicht. Auch wenn wir hier nicht weiter auf die Signale des Körpers eingehen, ist es bereits jetzt erwähnenswert, dass viele Personalchefs meinen, aus der Körpersprache Rückschlüsse auf die Persönlichkeit ziehen zu können.

Nur so viel: Die Körpersprache beeinflusst ebenfalls das Gespräch, und wenn Ihr Gegenüber bereits zum zweiten Mal gähnt, könnte dies ja vielleicht an Ihrem langatmigen Vortrag liegen.

Cool bleiben

Lassen Sie sich durch nichts provozieren, fragen Sie zurück, ob Sie eine Frage, die Ihnen merkwürdig vorkommt, richtig verstanden haben, und reagieren Sie mit Gelassenheit. Möglicherweise will man ja genau das herausbekommen, nämlich wie Sie reagieren, wenn man Sie persönlich angreift, kritisiert und/oder hinterfragt.

Wittern Sie aber andererseits nicht gleich hinter jeder Frage eine Falle. Es geht schließlich darum, Sie kennenzulernen – und wer möchte nicht gerne wissen, mit wem er es zu tun hat.

Und noch etwas sehr Wichtiges: Sprechen Sie nie schlecht über andere Menschen (z.B. frühere oder heutige Vorgesetzte, Kollegen, Mitarbeiter etc.), auch wenn Sie wirklich allen Grund dazu hätten. Hier geht es um die Überprüfung Ihrer Loyalität, und ein Ausplaudern von Firmeninterna wird kein potenzieller Arbeitgeber in dieser Situation honorieren.

Worauf es im Gespräch wirklich ankommt

Auf den Punkt gebracht: Was sind die Essentials bei der Beantwortung der Fragen im Vorstellungsgespräch?

- *Seien Sie gut vorbereitet. Hören Sie aufmerksam zu.*
- *Erkennen Sie den Fragehintergrund, die zugrunde liegende Intention. Nehmen Sie sich Zeit zum Überlegen.*
- *Fragen Sie ggf. nach, ob Sie richtig verstanden haben (auch dadurch gewinnen Sie Antwortvorbereitungszeit und wissen besser, wohin der Hase läuft).*
- *Überlegen Sie kurz vorher, was Sie mit der Beantwortung sagen und erreichen wollen, was Ihr Ziel ist.*
- *Was spricht für Sie, was eventuell gegen Sie? Welche Beweise können Sie anbieten?*
- *Wie begegnen Sie eventuellen Einwänden?*

Hoffentlich haben Sie Ihre Vorbereitung mit der Analyse der vier Fragen »Was für ein Mensch bin ich? Was kann ich? Was will ich? Was ist möglich?« ausreichend genug vorangetrieben. Dann kennen Sie Ihre Ziele.

Über den Fragehintergrund sind Sie nach der intensiven Durcharbeitung unseres Vorstellungsfragenkatalogs gut informiert. Sie wissen, was Sie sagen wollen, besonders aber, was nicht.

Erarbeiten Sie sich Techniken, die Ihnen bei schwierigen Fragen Zeitgewinn ermöglichen. Zum Beispiel bei der Frage des Interviewers:

- *Was machen Sie, wenn wir in der Probezeit feststellen, uns in Ihnen getäuscht zu haben?*

Eine nicht ganz leichte Frage, warten Sie einige Sekunden, vermitteln Sie den Eindruck nachzudenken:

- *»Mmh ..., habe ich Sie richtig verstanden? Sie wollen von mir wissen, wie ich in dem Fall ..., also wenn Sie sich für mich entschieden haben ..., wie ich mit dem Problem umgehe, in der Probezeit nicht Ihre Erwartungen erfüllt zu haben ...«*

Sehr wahrscheinlich wird der Interviewer jetzt wieder das Wort ergreifen und – je nachdem, ob er mehr oder weniger Profi ist – seine Frage kürzer oder länger wiederholen. Nicht selten sogar bis hin zu sehr ausführlichen, mit deutlichen Hinweisen versehenen Aspekten, die Ihnen seine Frageintention verdeutlichen, etwa mit dem Zusatz, ob Sie daran dächten, wieder zu Ihrer alten Firma zurückzugehen. Nun wissen Sie, worum es geht, und können gezielt darauf eingehen.

Sicherlich hätten Sie auch so reagieren können:

- *»Das ist eine interessante Frage ...«*
- *»Über diese Frage muss ich erst mal nachdenken ...«*
- *»Zugegeben, mit dieser Frage habe ich mich noch nie beschäftigt ...
Ist das jetzt sehr wichtig ...? Hängt davon ... ab?«*

Sie könnten aber auch auf eine allgemeinere Ebene ausweichen:

- *»In dieser Situation würden wohl viele Menschen so und so reagieren.
Was meinen Sie? Würden Sie meine Einschätzung teilen ...?«*
- *»Interessant! Ist so etwas bei Ihnen im Unternehmen in der letzten Zeit vorgekommen ...?«*

Wie und was Sie auch immer in dieser Situation antworten würden, die Beispiele sollen Ihnen zeigen, wie man sogar mit schwierigen Fragen ganz gut fertig werden kann.

Schwierige Fragen

Was für Sie schwierige Fragen sein könnten, wissen oder ahnen Sie. Hier zeigen wir Ihnen einige Beispiel-Provokativfragen, um Ihnen zu verdeutlichen, was da schlimmstenfalls auf Sie zukommen kann – aber auch um Ihnen aufzuzeigen, wie Sie ziemlich elegant damit umgehen können. Diese Art von Fragen ist nicht immer ganz einfach zu beantworten, insbesondere weil man ja doch überrascht und perplex ist. Aber das ist es ja, was die Auswähler sehen wollen: Wie gehen Sie mit dieser Situation um? Fangen Sie an zu schreien, werden Sie spitz, zynisch oder sogar unflätig und verlassen den

Raum türenknallend? Oder werden Sie knallrot, Schweißperlen auf der Stirn, verzweifelter Blick, Tränen in den Augen, und verstummen?
Beide Extremreaktionen sind denkbar schlecht. Bevor wir Ihnen eine generelle Strategie empfehlen, schauen Sie sich die Fragen erst einmal an:

1. Warum sollten wir uns nicht für Sie entscheiden?
2. Wovon möchten Sie uns eigentlich überzeugen?
3. Wie stehen Sie zu Ihrem jetzigen Vorgesetzten? Was schätzen Sie an ihm und was nicht?
4. Ganz konkret: Vor welcher Frage haben Sie Angst bzw. bei welcher Frage spüren Sie so etwas wie Unwohlsein?
5. Welche Frage würden Sie an unserer Stelle einem Bewerber stellen? Und warum?
6. Mit welcher Frage haben Sie heute nicht gerechnet? Und was hat Sie daran so überrascht?
7. Ihr Vorgesetzter bittet Sie in einer wichtigen Entscheidung um konkrete Vorschläge, stimmt Ihrem Vorschlag in der Vorgehensweise sogar zu und macht dann etwas ganz anderes. Was machen Sie?
8. Frage: Seit wann und wo bewerben Sie sich?
9. Ihr Vorgesetzter macht einen Fehler, der größere Konsequenzen haben könnte. Wie verhalten Sie sich?
10. Ein Vorschlag von Ihnen wird mit Begeisterung aufgenommen. Später bemerken Sie jedoch, Sie haben sich geirrt. Alle Ihre Empfehlungen basieren auf einer Falschannahme. Wie verhalten Sie sich?

Vielleicht finden Sie diese Fragen auch gar nicht so herausfordernd, geschweige denn bedrohlich. Was sagen Sie jedoch zu Fragen wie diesen?

1. Sie bekommen eine Kiste mit Buntstiften. Nennen Sie zehn Dinge, die Sie damit anstellen können!
2. Was ist der kreativste Weg, eine Uhr zu zerstören?
3. Wenn Sie ein Straßenschild wären, was wären Sie denn dann?
4. Wenn Sie eine Küchenmaschine/Gerätschaft sein müssten, für welche würden Sie sich entscheiden?
5. Sie haben einen Sack mit einer festen Anzahl N von Seilen. Ziehen Sie zufällig ein Seilende heraus und verknoten Sie es mit einem anderen. Wiederholen Sie dies, bis keine losen Enden mehr übrig sind. Wie viele Schlaufen (Verknotungen) haben Sie letztendlich?
6. Denken Sie sich ein Produkt oder eine Dienstleistung aus, auf die noch niemand vor Ihnen gekommen ist. Sie soll revolutionär für Ihre Universität/unsere Branche/Ihre/unsere Firma sein. Was wäre das und wie würden Sie es vermarkten?

7. Sie wollen ein Telefon für Taubstumme entwickeln. Wie gehen Sie vor?
8. Wie viel wiegt eine Boeing 707?
9. Wie würden Sie einem sechsjährigen Kind einen Dynamometer beschreiben?
10. Wie schneiden Sie einen runden Kuchen in acht gleiche Stücke?

Was ist der Unterschied und was das Gemeinsame dieser Fragen? Worin liegt die Schwierigkeit und wie gehen Sie damit am besten um? Bevor Sie sich die Lösungen (s. S. 510) anschauen, halten wir doch einmal Folgendes fest: Es gibt einfache bis schwierige Wissensfragen, Einschätzungs- und Beurteilungsfragen (mit und ohne moralischem Beigeschmack) und sehr kreative Überraschungs- bis Provokativfragen. Einige stehen im Zusammenhang mit der Interviewsituation und Ihrer Bewerbung, andere haben mit dem Job, den Sie anstreben, nichts zu tun. Allen gemeinsam ist: Sie werden Ihnen plötzlich gestellt und man schaut Sie gebannt an, um zu beobachten und zu hören, wie Sie damit umgehen und was Sie antworten.

Also: Schweigen geht nicht! Eine Schrecksekunde billigt man Ihnen aber sicher zu. Ersparen Sie sich und Ihrem Gegenüber jetzt eine rationale Kritik. Erlaubt aber ist die erste Reaktion und Bemerkung: »Das ist ja jetzt eine echte Überraschung. Habe ich die Frage richtig verstanden ... helfen Sie mir bitte, wie kommen Sie darauf ... in welchem Zusammenhang steht das mit dem Job, der Aufgabe? Was hängt jetzt von meiner Antwort ab ...?«

All das hilft, Zeit zu gewinnen und nicht den jämmerlichen Eindruck zu hinterlassen, Sie seien überfordert. Aber selbst wenn, dann sagen Sie es charmant: »Mit so einer Frage habe ich wirklich nicht gerechnet. Da bin ich zugegebenermaßen perplex! Gerne würde ich Ihnen jetzt etwas Beeindruckendes darauf sagen, aber ich muss eingestehen, dazu fällt mir nichts ein ...«.

Wichtig: Es kommt vielleicht gar nicht so sehr darauf an, was Sie antworten, sondern wie Sie in dieser Situation mit solchen Provokativ-Fragen (rechnen Sie mit maximal drei, meistens bekommt man auch nur eine solche Frage gestellt) und Ihrem Gegenüber umgehen. Unsere Empfehlung: Seien Sie gelassen. Zeigen Sie sich in Maßen überrascht, aber nicht überwältigt oder gar hilflos. Räumen Sie gegebenenfalls ruhig ein, gerade keine Idealantwort parat zu haben, und ergänzen Sie, auf dem Heimweg würde Ihnen sicherlich etwas Passendes einfallen, aber jetzt leider eben nicht. Fragen Sie ruhig, ob Ihr Gegenüber enttäuscht ist.

Meist ist der Spuk schnell vorbei, denn Sie bieten ja keine Angriffsfläche, reagieren angemessen besonnen und sogar noch sympathisch. Das wollte man sehen. Zeigen Sie es Ihrem Gegenüber.

Lösungsansatz 1. Runde:

1. **Warum sollten wir uns nicht für Sie entscheiden?**
   Mit dieser Frage möchte der Arbeitgeber den Bewerber in einer gänzlich anderen Rolle argumentieren sehen und hören: Wie schnell kann dieser »umswitchen«, selbst wenn es einen harten Interessenskonflikt gibt? Ein Test in Sachen Flexibilität und sehr starke Nerven. Zumindest theoretisch!

2. **Wovon möchten Sie uns überzeugen?**
   Arbeitgeber gehen in der Regel davon aus, dass die meisten Bewerber sich gut auf das Vorstellungsgespräch vorbereiten. Mit dieser sehr scharf formulierten Frage möchte ein Arbeitgeber prüfen, ob der Bewerber auch unter Stress auf den Punkt kommunizieren kann. Um den Bewerber ins Schwitzen zu bringen, reagieren Arbeitgeber dann gern mit einem »Interessant ...« gefolgt von einer »Schweigeminute«. Dann sollten Bewerber nicht aus Verzweiflung weiterreden, sondern diese Pause »durchstehen« – auch wenn es schwerfällt.

3. **Wie stehen Sie zu Ihrem jetzigen Vorgesetzten?**
   Was schätzen Sie an ihm, was nicht? Hier prüft ein Arbeitgeber, wie es um die Loyalität, Zurückhaltung (im Sinne von Selbstbeherrschung) und Diskretion eines Bewerbers steht. Wer hier losquasselt, macht sich extrem verdächtig – übrigens in beide Richtungen. Bei zu viel Bewunderung taucht die Frage nach dem »Warum wollen Sie denn dann gehen?« auf. Bei Kritik legt man sich die Schlinge selbst um den Hals und zieht sie mit jedem Satz mehr immer fester zu.

4. **Vor welcher Frage haben Sie Angst bzw. bei welcher Frage spüren Sie so etwas wie Unwohlsein?**
   Solche Fragen lösen im ersten Moment Stress aus. Dabei dienen sie dazu, die Gelassenheit und das Nervenkostüm eines Bewerbers zu testen. Jetzt beobachten Entscheider in der Regel die Körpersprache des Bewerbers!

5. **Welche Frage würden Sie an unserer Stelle einem Bewerber stellen? Und warum?**
   Das beantwortet man nicht so leicht aus dem Stegreif, es sei denn, man ist sehr gut vorbereitet und verfügt über einen wachen, klugen Verstand. Bewerber geben mit der Beantwortung dieser Frage eine Arbeitsprobe ab.

6. **Mit welcher Frage haben Sie heute nicht gerechnet? Und was hat Sie daran so überrascht?**
   Hier testet ein Personaler, wie der Bewerber mit unangenehmen Fragen umgeht, die ihn in eine Art Offenbarung zwingen, und wie geschickt er sich aus einer heiklen Situation lavieren kann.

7. **Ihr Vorgesetzter bittet Sie in einer wichtigen Entscheidung um konkrete Vorschläge, stimmt Ihrem Vorschlag in der Vorgehensweise sogar zu und macht dann etwas ganz anderes. Was machen Sie?**
   Wer hier nicht deutliches Erstaunen zugibt, wirkt extrem unglaubwürdig. Deshalb verdeutlicht der kluge Bewerber, in jedem Fall das Gespräch mit dem Vorgesetzten zu suchen. Hier muss die Haltung vermittelt werden: »Ihre Entscheidung ist interessant. Helfen Sie mir, Ihren Entscheidungshintergrund noch besser zu verstehen?«

8. **Seit wann und wo bewerben Sie sich?**
   Ziemlich ungeschickt, wer hier einen längeren Zeitraum angibt (»Ich suche schon seit einem Jahr ...«) oder behauptet, dies wäre seine erste Bewerbung. Halten Sie sich bedeckt, ohne das eine oder andere Extrem zu offenbaren.

9. **Ihr Vorgesetzter macht einen Fehler, der größere Konsequenzen haben könnte. Wie verhalten Sie sich?**
   Eine strategisch kluge Antwort im Vorstellungsgespräch: Ganz bewusster Verzicht auf direktes Warnen oder gar Kritik. Stattdessen im Gespräch mit seinem Vorgesetzten vorsichtiges Äußern von hypothetischer Kritik anderer Personen, die auf gleicher oder höherer Ebene sind. Etwa so: »Was, meinen Sie, wird der nicht unkritische Herr Dr. Sowieso dazu sagen?« So vermittelt der Bewerber diplomatisches Geschick.

10. **Ein Vorschlag von Ihnen wird mit Begeisterung aufgenommen. Später bemerken Sie jedoch, Sie haben sich geirrt. Alle Ihre Empfehlungen basieren auf einer Falschannahme. Wie verhalten Sie sich?**
    Wer hier zögert, zum Vorgesetzten zu gehen und sich zu erklären, verliert. Wenigstens in der Theorie sollte der Bewerber kommunizieren, dass er zu seinen Fehlern steht und Verantwortung übernimmt – auch, wenn es in der Realität meist anders aussieht.

Lösungsansatz 2. Runde :

1. **Sie bekommen eine Kiste mit Buntstiften. Nennen Sie 10 Dinge, die Sie damit anstellen!**
   Hier ist sicherlich der kreative Einfall gefragt. Malen, schreiben – und jetzt wird es schwierig ... verschenken an Kinder, die ... wichtig ist es, nicht zu schnell aufzugeben, aber 10 Einfälle sind eine ziemliche Herausforderung. Wie gehen Sie mit einer Niederlage um, wie wirken Sie, wenn es ganz offensichtlich »klemmt« und »eng« wird? Zeigen Sie Haltung!

2. **Was ist der kreativste Weg, wie Sie eine Uhr zerstören können?**
Was soll diese Frage, ist das ernst gemeint? Bleiben Sie nicht allzu lange in der »Überraschungsecke« und hinterfragen Sie nicht zu häufig, zu vehement, was das denn soll, was damit gemeint ist. Stattdessen zeigen Sie sich unerschrocken: Machen Sie 2–3 Vorschläge und fragen Sie zurück. Vorschläge: Man könnte die Uhr im Weltall aussetzen, oder unter Wasser bis zu einer Tiefe, wo der Wasserdruck das Gehäuse zerstört, eine Planierraupe darüber fahren lassen …

3. **Wenn Sie ein Straßenschild wären, was wären Sie dann?**
Was für ein Blödsinn, aber machen Sie gute Miene zu diesem Spiel. Sie wollen doch nicht wirklich ein Stopp-Schild abgeben oder eine Geschwindigkeitsbegrenzung, womöglich auf 5 km/h. Was glauben Sie, wie dynamisch das auf Ihr Gegenüber wirkt?

4. **Wenn Sie eine Küchenmaschine / Gerätschaft sein müssten, für welche würden Sie sich entscheiden?**
Alles – bloß kein Fleischwolf. Sympathisch ist, wer in der Not auf eine Kaffeemaschine kommt.

5. **Sie haben einen Sack mit einer festen Anzahl N von Seile. Ziehen Sie zufällig ein Seilende heraus und verknoten Sie es mit einem anderen. Wiederholen Sie dies, bis keine losen Enden mehr übrig sind. Wie viele Schlaufen haben Sie letztendlich?**
Das ist höhere Mathematik, aber eigentlich doch ziemlich einfach, wenn man den Schrecken überwindet. Lösung: N-1.

6. **Denken Sie sich ein Produkt oder eine Dienstleistung aus, auf die noch niemand vor Ihnen gekommen ist. Sie soll revolutionär für Ihre Universität / unsere Branche / Ihre /unsere Firma sein. Wie würden Sie so etwas vermarkten?**
Nun, erst einmal braucht es ein Produkt/eine Dienstleistung oder eben eine Zielgruppe, für die man sich etwas ausdenkt. Und dann geht man systematisch vor, wie es die Marketingfachleute auch machen: Preis, Werbung, Vertrieb etc.

7. **Sie wollen ein Telefon für Taubstumme entwickeln. Wie gehen Sie vor?**
Schrecksekunde! Es braucht ganz sicher einen Bildschirm …

8. **Wie viel wiegt eine Boeing 707?**
Kluge Gegenfrage: mit Passagieren und Ladung oder leer? Hinzu kommt: Ebenso wie die Frage: »Was wiegt ein Mercedes PKW?« unpräzise ist (der Smart wiegt deutlich weniger als der G500, ein Geländemodell), ist auch die Boeing 707 nur eine sehr unpräzise Typenbezeichnung.

9. **Wie würden Sie einem sechsjährigen Kind einen Dynamometer beschreiben?**
   Ein Ministromkraftwerk, das für den notwendigen Strom sorgt, damit die Fahrradlampe vorn und hinten leuchtet. Sicher: Man kann es noch besser, noch ausführlicher beschreiben, aber wichtig ist überhaupt der Mut, die konstruktive, positive Reaktion ...

10. **Beschreiben Sie verbal, wie Sie einen runden Kuchen in acht gleiche Stücke schneiden.**
    Eigentlich überraschend einfach, nur nicht in einer solchen Situation! Man viertelt den Kuchen und teilt jedes Viertel in zwei Teile.

Rhetorik: Wie Sie richtig argumentieren

Nun ist es nicht Anliegen dieses Buches, einen Lehrgang in Rhetorik zu ersetzen. Dennoch kann es durchaus von Nutzen sein, einige rhetorische Techniken zu kennen, um möglichst geschickt mit Fragen oder Einwänden umzugehen.

Mit Zweifeln umgehen

Auch wenn man Sie nicht gleich mit unangenehmen Fragen konfrontiert – auf der Arbeitgeberseite bestehen in der Regel immer Bedenken, Vorurteile und Zweifel, mit denen Sie als Bewerber rechnen müssen. Wie gehen Sie damit um? Bei diesem wechselseitigen Frage-und-Antwort-Spiel im Vorstellungsgespräch bietet die Fünfsatz-Argumentation ein gutes gedankliches Rüstzeug sowie praktische Hilfe und Orientierung. Sie leistet hervorragende Dienste, wenn Sie Ihre Statements situativ und hörerbezogen vortragen.

1. Benennen Sie klar und kurz Ihren Standpunkt:
   »Ich bin davon überzeugt, für die Aufgabe der richtige Kandidat zu sein.«
2. Präsentieren Sie Ihre Argumente:
   »Meine Qualitäten für diese Position sind ...«
   (Fähigkeiten, Kenntnisse, Erfahrungen ...)
3. Untermauern Sie dies durch Beispiele und Beweise:
   »Ich habe mit Erfolg z. B. ... gemacht. Als Nachweis für ... kann ich anführen ...«
4. Begegnen Sie möglichen Einwänden bzw. kommen Sie ihnen zuvor:
   »Sie werden jetzt denken ... Ich aber versichere Ihnen ...«
5. Ziehen Sie das Fazit:
   »Aus diesen Gründen (1., 2., 3.) traue ich mir die Aufgabe zu und werde sie bestimmt erfolgreich bewältigen.«

Beachten Sie bei dieser Vorgehensweise, dass ...

- Sie Ihre Munition (Argumente) nicht zu früh verschießen,
- bei mehreren Argumenten das beste am Schluss, das zweitbeste am Anfang stehen sollte,
- sich Ihr Gegenüber auf das schwächste Argumentationsglied Ihrer Kette konzentrieren wird.

Nehmen Sie die Chance wahr, dabei wirkungsvoll zu überzeugen. Das soll nicht bedeuten, den anderen an die Wand zu reden. Wie Sie mit Einwänden umgehen, ist oftmals wichtiger und bringt mehr Sympathiepunkte als der vermeintliche argumentative Sieg. Begreifen Sie also den vorgebrachten Einwand immer auch als Wunsch nach Verständnishilfe und unterstützen Sie das Orientierungsbedürfnis Ihres Gesprächspartners.

Wie Sie Einwänden am besten begegnen

Standardtechniken der Rhetorik sind die bedingte Zustimmung, die Umformulierungsmethode, die Verzögerungstechnik und die Vorteil-Nachteil-Methode.

Die bedingte Zustimmung: Man greift einen Teilaspekt des vorgebrachten Einwandes heraus, dem man aus taktischen Erwägungen (bedingt) zustimmt, um daraufhin seinen eigenen Standpunkt umso besser zu präsentieren. Im Anschluss daran relativiert man den vorgebrachten Einwand nun insgesamt und gewinnt.

Beispiel: Der Interviewer wendet ein, Sie seien für die verantwortungsvolle Position vielleicht doch noch ein bisschen zu jung.

- *»Das ist ein wichtiger Punkt, den Sie da ansprechen. Sie haben recht. Ich bin XX Jahre alt. Sollte man aber die Vergabe dieser wichtigen Aufgabe alleine vom Alter des Bewerbers abhängig machen ...?«*
- *»Nein, das sicherlich nicht ...«, wird die Antwort lauten.*
- *»Sehen Sie ..., ich bin ganz Ihrer Meinung. Es gibt da andere, wichtigere Kriterien, die ... Wir sind uns also darin einig, dass ... viel größere Bedeutung hat.«*

Die Umformulierungsmethode: Hierbei wird der Einwand durch eine (tendenziöse) Umformulierung weitestgehend entschärft.

- *»Wenn ich Sie richtig verstanden habe ..., kommt es Ihnen auf die Erfahrung und – sagen wir mal – Reife an, die für die zu besetzende Position mit eine wichtige Rolle spielen sollten ...«*

Jetzt können Sie wieder mit Ihren Erfahrungen argumentieren und andere Kriterien in den Vordergrund rücken oder als wichtig herausstreichen.

Die Verzögerungstechnik: Sie signalisieren, den Einwand verstanden zu haben, und bitten darum, zunächst noch dies und das sagen, erklären, zeigen, fragen zu dürfen, was Sie dann auch sofort tun und was die Sache möglichst voranbringt. In jedem Fall kommt das Gespräch zu einem anderen Punkt, der den vorherigen Einwand hoffentlich vergessen oder nicht mehr interessant erscheinen lässt.

- *»Eine interessante Frage, kann ich aber zunächst noch einmal darauf hinweisen, dass …«*

Die Vorteil-Nachteil-Methode: Hier wird scheinbar der gebotene Einwand aufgenommen, Vor- und Nachteile werden abgewogen. Da Sie das selbst formulieren, liegt das Ergebnis in Ihrer Hand und ist damit gut steuerbar. Dies hilft, Ihre Position auszubauen, und in dem Beispiel führen Sie – nicht völlig uneigennützig – gleich weiter zu anderen argumentativen Positionen.

- *»Ich habe Sie doch richtig verstanden – bitte korrigieren Sie mich, wenn ich da jetzt irgendwie falsch liege – Sie meinen also, das Alter sei für diese Position von wichtiger Bedeutung. Da gebe ich Ihnen natürlich recht. Der Vorteil eines jüngeren Kandidaten liegt bei …, der Nachteil eines älteren bei … Aus meiner Sicht ist der Vorteil eines älteren …, der Nachteil eines jüngeren aber nicht so gravierend, sodass ich hier den Standpunkt vertreten möchte: Der Vorteil eines jüngeren Kandidaten überwiegt doch ganz deutlich … und ist natürlich auch abhängig von anderen Faktoren wie z. B. …«*

Das bringt uns unweigerlich zum Thema: Wie kommen Sie mit wirklich unangenehmen Fragen klar, wie verhalten Sie sich gegenüber Einwänden zu Ihrer Person?

Antworten auf Angstfragen

Welche Fragen fürchten Sie im Vorstellungsgespräch? Machen Sie sich vorab eine Liste unangenehmer Fragen (»Angstfragen«) und versuchen Sie, wie bei den anderen Themen auch, sich im Vorfeld Antwortmöglichkeiten zu überlegen. Reagieren Sie zum Beispiel sehr zurückhaltend auf die Frage im Vorstellungsgespräch:

- *Was spricht gegen Sie als Bewerber für diese Aufgabe?*

Heben Sie an dieser Stelle noch einmal hervor, was für Sie spricht, und bieten Sie nach theatralischem, wohlkalkuliertem Zögern einen Punkt oder maximal zwei Punkte an, die aber nicht wirklich überzeugend gegen Sie sprechen.

Natürlich müssen Sie sich das vorher genau überlegt haben, damit Sie in so einer kritischen Situation den bestmöglichen Eindruck machen und nicht etwa unfreiwillig selbst den Stab über sich brechen (etwa nach dem Motto: »Ich glaube, Herr Direktor, ich bin einfach zu sensibel ...«). Standardeinwände gegen Bewerber sind: zu alt, zu jung, zu wenig erfahren, zu teuer, über- oder unterqualifiziert, zu lange am gleichen Arbeitsplatz, zu oft gewechselt, falsches Geschlecht, zu häufig krank (wird eher gedacht als ausgesprochen), zu kritisch, zu schüchtern, falsche (auch ehemalige) politische Überzeugung und/oder Parteizugehörigkeit usw. – mal eben das eine und dann auch wieder das genaue Gegenteil.

Pluspunkte betonen

Dazu gehören auch Fragen wie:

- *Was würden Sie machen, wenn ...?*

Und dann folgen Horror- oder Katastrophenszenarien, fast unlösbare Aufgaben und Situationsbeschreibungen, die Sie nun mal eben so aus dem Stegreif lösen oder doch wenigstens bearbeiten sollen.

Was immer man gegen Sie einwendet (wenn überhaupt offen), es kommt darauf an, wie Sie damit umgehen. Manche Interviewer leiten einen solchen Provokationstest mit den Worten ein:

- *Was würden Sie sagen, wenn wir Ihnen den Arbeitsplatz nicht anbieten, weil ...?*

Hier empfiehlt sich etwa folgende Strategie: »Darauf würde ich Ihnen antworten, dass ich Ihr Argument einerseits verstehe, andererseits aber doch anführen oder bemerken möchte, dass ...«

Im Grunde genommen geht es bei einer derartigen Fragetechnik immer darum, zu sehen, ob und wie Sie Gelassenheit bewahren und mit solchen Fragen, Bemerkungen und Feststellungen sachlich-professionell umgehen können.

Wirkliche Einwände gegen Ihre Person wird man nie direkt mit Ihnen diskutieren. Also ist das Ganze ein Teil des Gesamtschauspiels »Vorstellungsgespräch« und Sie sollten an diesem Punkt nicht verzweifeln. Hier gilt es eher, Chancen zu nutzen, weil Sie ja nun wissen, worauf es eigentlich ankommt.

Trotzdem kann es auch sinnvoll sein, etwa den Vorwurf, Sie hätten zu häufig gewechselt, einfach zu akzeptieren und nicht krampfhaft zu versuchen, sich herauszureden. Offenheit kann manchmal sehr entwaffnend wirken.

Das Stressinterview: Gelassenheit ist Trumpf

Gelegentlich werden Bewerbungsgespräche zum Teil als sogenanntes Stressinterview angelegt, deshalb an dieser Stelle nur noch ein paar Sätze dazu.

In einer Art Kreuzverhör konfrontiert man Sie mit einer Reihe von unangenehmen und unerwarteten Fragen, um Sie in die Ecke zu treiben und stark zu verunsichern. Alles ist darauf angelegt, Ihr Selbstbewusstsein zu erschüttern. Eine Lawine von unglaublichen Beschuldigungen, Sarkasmus, Zynismus, Ironie und hin und wieder ein Kompliment könnten Sie erwarten. Das Kompliment wird übrigens nur deshalb eingestreut, damit Sie nicht einfach davonlaufen oder schlicht umkippen. Oft fehlt bei diesen Attacken jeder Bezug zum potenziellen neuen Arbeitsplatz. Nach einer Anwärmphase – sie dient der Entspannung und der Bereitschaft, sich dem interviewenden Gesprächspartner zu öffnen – versucht man ganz gezielt, Sie massiv unter Druck zu setzen. Behauptet nun Ihr Gegenüber im Gespräch, Ihre gesamten Angaben und Aussagen seien »geschönt« oder, noch krasser, »erstunken und erlogen«, man solle doch jetzt einmal »Klartext miteinander reden«, ist dies möglicherweise der Gong zur ersten Runde.

Sachlich bleiben

Wie reagieren Sie darauf? Bloß nicht zu heftig. Bleiben Sie sachlich, gelassen und warten Sie ab. Versuchen Sie, alle Fragen so knapp wie möglich zu beantworten, und stehen Sie auch unangenehme Schweigepausen durch, schweigen Sie mit. Dazu ein kleines Beispiel:

- Interviewer: *»Finden Sie nicht auch, dass Sie für diese Position viel zu unerfahren sind, ohne ausreichende Kompetenz?«*
- Antwort: *»Nein, da bin ich anderer Meinung.«* (Und abwarten, nur nicht aus Verunsicherung oder Verzweiflung anfangen zu argumentieren.)
- Interviewer: *»Ich habe den deutlichen Eindruck gewonnen, dass man in Ihrer Abteilung recht froh wäre, wenn Sie die Firma verlassen würden.«*
- Mögliche Antwort Ihrerseits: *»Das ist Ihr subjektiver Eindruck. Ich weiß nicht, wie Sie dazu kommen. Ich sehe das anders.«* (Und STOPP – nicht weiterplappern!)
- Interviewer: *»Sie haben sich doch jahrelang auf Ihrem letzten Posten vor der Lösung konkreter Probleme gedrückt. Wie glauben Sie denn jetzt bei uns mit den hier auf Sie wartenden praktischen Aufgaben und den damit verbundenen Schwierigkeiten klarzukommen?«*
- Mögliche Antwort: *»Ich teile nicht Ihre Einschätzung bezüglich meiner Erfahrung im Umgang mit konkreten Problemen, und was den Arbeitsplatz betrifft, traue ich es mir sehr wohl zu, die anstehenden Probleme konkret zu lösen.«*
- Interviewer: *»Sie vermitteln den Eindruck, recht unbeherrscht und impulsiv zu sein. Das macht Ihnen doch sicherlich häufig Schwierigkeiten?«*

- Ihre mögliche Antwort: *»Ich weiß nicht, wie Sie darauf kommen, aber damit habe ich in der Regel keine Schwierigkeiten.«*
- Interviewer: *»Na sehen Sie, Sie sagen es selbst. In der Regel. Es gibt also doch Ausnahmen.«*
- Ihre mögliche Antwort: *»Eigentlich nicht, aber, wie Sie selbst sagen, Ausnahmen bestätigen die Regel. Jedenfalls im Allgemeinen ...«*

Diese kleine und sicherlich unvollständige Dialogkostprobe sollte Ihnen kurz und knapp Tendenzen und Antwortmöglichkeiten aufzeigen. Ein geschulter Stressinterviewer wird Ihnen kaum die Möglichkeit lassen, unverletzt aus so einer Situation herauszukommen.

Wenn Sie sich aber von vornherein darüber im Klaren sind, dass diese Fragen nur der Provokation dienen und gezielt verletzen sollen, um Sie zum Äußersten zu bringen, dann können Sie entsprechend gelassen und defensiv reagieren. Sollten Sie das zu sehr übertreiben, also zu cool bleiben, wird es natürlich noch stärkere Provokationen vonseiten des Interviewers geben.

Grenzen aufzeigen

Möglicherweise erreicht das Gespräch – aber bitte nicht zu früh – einen Punkt, an dem Sie sich Frechheiten, Unterstellungen etc. von Ihrem Gegenüber in angemessener, aber noch immer relativ höflicher Form verbitten sollten. Es ist ab einem bestimmten Zeitpunkt notwendig, angemessen aggressiv (immer noch im Sinne von defensiv) zu reagieren, um damit auch zu zeigen, dass man in der Lage ist, sich abzugrenzen.

Neben der gezielten Form, jemanden durch provokative und beleidigende Fragen zu kränken und aus der Reserve zu locken, versuchen manche Interviewer, den Bewerber durch extreme Passivität auflaufen zu lassen.
Lange Schweigepausen des Interviewers oder eine abwartende, desinteressierte Haltung sollen ...

a) Sie in Zugzwang bringen, viel zu reden und damit möglichst etwas von sich zu erzählen und preiszugeben;
b) Ihr Verhalten – auch in puncto Körpersprache – in einer Schweigesituation testen und Ihre Stressresistenz prüfen.

Auch Fragen wie ...

- *Wo sind Ihre größten Schwächen?*
- *Falls Sie überhaupt Freunde haben, wie kommen die eigentlich mit Ihnen klar?*

... müssen Sie mit Gleichmut ertragen. Fängt man an, Ihnen Dummheit zu unterstellen, etwa nach dem Motto ...

- *Sie bewerben sich hier um eine Position – ist die nicht wirklich drei Nummern zu groß für Sie?*

... dürfen Sie ruhig darauf hinweisen, dass man sich mit Ihnen nicht diese Mühe geben würde, wenn man von vornherein davon überzeugt gewesen wäre, Sie würden nicht in diese Position passen.

Noch ein Provokationsbeispiel:

- *»Eigentlich sitzen mir hier auf diesem Platz nur Leute gegenüber, die wirklich exzellente Leistungen aufzuweisen haben. Sie können in dieser Hinsicht nicht viel vorweisen. Sicherlich haben Sie andere Qualitäten, sonst hätten Sie sich ja wohl nicht bei uns beworben? Nun, die Zeit ist knapp, am besten, Sie berichten mir etwas über sich. Ich werde Sie nicht unterbrechen.«*

Sogar auf so eine breite und offene Frage kann man sich vorbereiten. Sie sollten immer in der Lage sein, das Gespräch zehn bis 15 Minuten allein zu bestreiten und dabei nicht zu langweilen. Das sind Sie sich einfach schuldig. Aber erwarten Sie bitte nicht ein interessiertes, begeistertes Gesicht von Ihrem Gegenüber. Der wird sich alle Mühe geben, furchtbar gelangweilt dreinzuschauen. Macht nichts, ein Stressinterview eben!

Und noch etwas: Unternehmen oder Personalberater, die dieses Verfahren praktizieren, sind für Sie möglicherweise nicht die richtige Arbeitsadresse. Machen Sie sich deutlich, was Ihnen unter Umständen erspart bleibt, wenn Sie auf einen Arbeitsplatz bei einem solchen Arbeitgeber verzichten. Generell: Wer fragt, sollte auch eine Antwort bekommen. Bestimmen Sie aber, was Sie sagen oder erzählen wollen. Lassen Sie sich nicht verleiten oder dazu hinreißen, Dinge auszuplaudern, die Sie eigentlich nicht mitteilen wollten. Gehen Sie in schwierigen Situationen diplomatisch vor, bewahren Sie Haltung und Gelassenheit. Das Motto könnte lauten: Kontrollierte Spontaneität.

Lassen Sie sich nicht verleiten

Es gibt sicherlich einige unangenehme Fragen, mit denen Sie im Vorstellungsgespräch konfrontiert werden könnten. Einen Teil haben wir Ihnen schon vorgestellt, und Sie selbst wissen sicherlich weitere Fragen.

Hier noch einmal eine Kurzübersicht über unangenehme Fragen:

- *Warum sollten wir Ihnen diese Position gerade nicht anbieten?*
- *Was spricht gegen Sie als Kandidat?*
- *Was sind Ihre Schwächen, Nachteile, Defizite?*
- *Was haben Sie alles in Ihrem (Berufs-)Leben trotz Vorsätzen (noch) nicht erreicht?*
- *Ihr größter (beruflicher) Misserfolg, Ihre größte Enttäuschung etc.?*
- *Was haben Sie daraus gelernt, welche Konsequenzen gezogen?*
- *Wovor fürchten Sie sich?*
- *Was kann Sie so richtig ärgerlich machen?*
- *Was mögen Sie nicht, schätzen Sie bei ... nicht, haben Sie Schwierigkeiten mit ... (bei der Arbeit, am Arbeitsplatz, tätigkeits- und personenbezogene bei Kollegen, Mitarbeitern, Vorgesetzten, sich selbst)?*
- *Stellen Sie uns aus Ihrer beruflichen Laufbahn (aus Ihrem Werdegang, Leben) Negativ-(Anti-)Vorbilder vor und erklären Sie ...*
- *Was würden Sie in Ihrem (Berufs-)Leben anders machen, wenn Sie es könnten (wenn Sie noch mal von vorn anfangen könnten)?*
- *Was wollen Sie wann und wie (beruflich) in Ihrem Leben erreicht haben?*
- *Was sind Ihre persönlichen (beruflichen) Ziele, Ihr Motto (bis hin zum Sinn des Lebens)?*
- *Wie definieren Sie für sich die Begriffe: Verantwortung, Schwäche, Leistung, Moral, Ethik etc.?*
- *Wie sollte Ihr Stellvertreter sein?*
- *Worin sollte er Sie ergänzen? Was sollte er haben oder vorweisen, was Sie nicht haben?*
- *Was machen Sie, wenn wir Sie nicht nehmen?*
- *Was würden Sie tun, wenn Sie nicht mehr arbeiten müssten?*

Natürlich könnten Ihnen auch positiv gefärbte und formulierte Fragen durchaus Schwierigkeiten machen, so etwa nach Ihren persönlichen Vorbildern, Ihrem größten Erfolg, was Sie auszeichnet usw. Und auch die sich daraus ergebenden Nachfragen (Warum? Wieso?) können es in sich haben.

Mittels unseres Fragenkatalogs haben Sie jetzt jedenfalls gute Trainingsmöglichkeiten. Aber nicht nur die Worte spielen im Vorstellungsgespräch eine Rolle.

Körpersprache: Deutliche Aussagen ohne Worte

Viele Personalchefs und Taschenpsychologen glauben, die Körpersprache zu beherrschen oder besser: zu verstehen. Der Körper lügt angeblich nicht. Erhobener Zeigefinger, hochgezogene Augenbrauen, gerümpfte Nase und eine in Falten gelegte Stirn sprechen eine deutliche Sprache. Wer die Hände im Schoß faltet oder hinter dem Kopf verschränkt, gibt seiner Umwelt bewusst oder unbewusst Signale. Nur welche, das ist hier die Frage.

Personalauswähler hantieren gerne mit Listen, aus denen sie schnell ablesen können, was eine bestimmte Haltung, Geste oder Mimik angeblich für eine Bedeutung hat – auf ähnlich düsterem Niveau wie die diversen Traumdeutungsbücher, die einem angeblich aufs Stichwort verraten, was der Traum der vergangenen Nacht bedeutet.

Im Wesentlichen geht es um:

- *Blickverhalten*
- *Mimik*
- *Gestik*
- *Körperhaltung*
- *Sprechweise*
- *Geruch*

Bitte nehmen Sie die folgende Liste nicht zu ernst, aber Sie sollten wissen, wie Ihr Verhalten möglicherweise interpretiert werden könnte.

KÖRPERSIGNAL	BEDEUTUNG
Blickverhalten	
Augen betont weit offen	Aufmerksamkeit, Aufnahmebereitschaft, Sympathie, Weltoffenheit signalisierend, Flirtverhalten
verengte Augenöffnung	Konzentration, Entschlossenheit, Eigensinn, Kleinlichkeit, überkritische Haltung
zugekniffene Augen	Abwehr, Unlust
gerader Blick	Offenheit, Gewissensreinheit, Vertrauen
schräger Blick	abschätzende Zurückhaltung
häufiger Blickkontakt	Sympathie
häufiges Wegsehen	mangelnde Sympathie oder Verlegenheit
auffällig häufiger Lidschlag	Unsicherheit, Befangenheit, u.U. nervöse Störung
Mimik	
offenes Lächeln	offene Heiterkeit, uneingeschränkte Mitfreude
gequältes Lächeln	ironisch, schadenfroh, blasiert, ängstlich
überwiegend geöffneter Mund	Mangel an Selbstkontrolle
zusammengepresster Mund	Zurückhaltung, Reserviertheit, Verkniffenheit, Kontaktarmut
Mundwinkel nach unten	Bitterreaktion, Pessimist, depressiv
Mundwinkel nach oben	Aktivität bis Abwehr
Heben der Augenbrauen	Ungläubigkeit oder Arroganz
Gesten	
übertrieben kräftiger Händedruck (»Knochenbrecher«)	Rücksichtslosigkeit, Angeberei
kräftiger Händedruck ohne Übertreibung	Aufrichtigkeit, Sicherheit
schlaffer Händedruck (»tote Hasenpfote«)	Unsicherheit, kontaktarm, leicht beeinflussbar
Hand wegziehend	Verschlossenheit

KÖRPERSIGNAL	BEDEUTUNG
Gesten (Fortsetzung)	
verschränkte Arme – bei Männern – bei Frauen	 – Ablehnung, Verschlossenheit – Selbstschutz, Angst
Hand vor den Mund halten – während des Sprechens – nach dem Sprechen	 – Unsicherheit – will das Gesagte zurücknehmen
Sprecher hält Armlehnen mit beiden Händen fest	Aggressivität, aber etwas unsicher, neigt zur Weitschweifigkeit
Kopf auf Hände stützen	Nachdenklichkeit, Erschöpfung, Langeweile
Spitzdach mit den Händen formen	Arroganz, Abwehr gegen Einwände
Hände reiben	selbstgefällig, selbstzufrieden
spielende Hände	Zeichen von Erregung, Nervosität, Befangenheit, Angst, Verwirrung
mit dem Finger auf den Gesprächspartner zeigen	Angriff, Wut
Hand zur Faust verkrampfen	Wut, verhaltener Zorn
Anfassen der Nase	Nachdenklichkeit, kritische Haltung, Verlegenheit
über den Hinterkopf streichen, Zupfen an den Ohren	Verlegenheit, Unbehagen, Ärger
Streichen des Kinns	Nachdenklichkeit, Zufriedenheit
Finger zum Mund nehmen	verlegen, unsicher
mit den Fingern trommeln	Nervosität, Ungeduld
häufiges Spielen mit dem Ring	Eheprobleme, frustriert vom häuslichen Leben
häufiges Abnehmen der Brille	Ablehnung, Angriff, Nervosität

KÖRPERSIGNAL	BEDEUTUNG
Körperhaltung	
Achselzucken, die Handflächen nach außen	passive Hilflosigkeit
übereinandergeschlagene Beine – zum Gesprächspartner hin – vom Gesprächspartner weg	 – Aufbau eines Sympathiefelds – Ablehnung, Unwillen
übereinandergeschlagene Beine, Knie in die Hand gestützt	kritisch, skeptisch
dicht aneinandergestellte Füße beim Sitzen	schuldhafte Ängstlichkeit, Einzelgänger, überkorrekte Grundeinstellung
breit auseinanderklaffende Beine beim Sitzen	sorglose Unbekümmertheit, Rücksichtslosigkeit
friedlich ruhende Sitzhaltung	Selbstsicherheit, aber auch robuste Unbekümmertheit, seelische Erschöpfung
alarmbereite Sitzweise (auf dem Sprung sein)	Mangel an Selbstvertrauen und Sicherheit, auch Misstrauen, innere Unruhe, Angst
Füße um die Stuhlbeine legen	Unsicherheit, Suche nach Halt
Füße nach hinten nehmen	Ablehnung
mit den Füßen wippen	Arroganz, Ungeduld, Sicherheit, Aggressivität
steife, militärische Körperhaltung, geziert aufrecht	Unterdrückung von Angst
breitbeinig dastehen, Daumen in die Achselhöhlen	Selbstsicherheit
den Oberkörper weit nach vorn lehnen	Interesse, Sympathie, Wunsch zu unterbrechen
den Oberkörper weit zurücklehnen	Desinteresse, Ablehnung

KÖRPERSIGNAL	BEDEUTUNG
Sprechweise	
lautstarke Stimme	Vitalität, Selbstbewusstsein, Kontaktfreude, aber auch Unbeherrschtheit, Geltungsdrang
leise, flüsternde Stimme	Schwäche, mangelndes Selbstbewusstsein, aber auch Sachlichkeit, Bescheidenheit
schnelles Sprechtempo	Impulsivität, Temperament, aber auch ungezügelt, nervös
langsames Sprechtempo	antriebsschwach, aber auch Sachlichkeit, Besonnenheit, Ausgeglichenheit
wechselndes Sprechtempo	innere Unausgeglichenheit
ausgeprägte Pausengestaltung	Disziplin, Selbstbewusstsein
starke Akzentuierung	Lebhaftigkeit, Gefühlsstärke
schwache Akzentuierung	Uninteressiertheit, mangelnde geistige Flexibilität
Geruch	
parfümiert	werbend
überstark parfümiert	unsicher, vernebelnd
Schweißgeruch	ängstlich, unordentlich

Es ist sicher: Nicht nur, was Sie sagen, sondern besonders das »Wie« ist nicht ganz zu Unrecht Anlass für Interpretationen und damit Orientierungs- und Entscheidungshilfe. Das trifft vor allem für das Vorstellungsgespräch zu. Um es krass auszumalen: Ein Bewerber, der mit zitternden Händen und Schweißperlen auf der Stirn unruhig hin und her schaukelnd berichtet, wie er ein neues Außendienst-Abrechnungssystem entwickelt und durchgesetzt hat, wirkt nun einmal nicht sehr überzeugend.

Schön wäre es ja schon, wenn man den Leuten von der Nasenspitze ablesen könnte, ob sie gerade etwas übertreiben, flunkern, faustdick lügen oder bei der Wahrheit bleiben. Diese ist übrigens immer subjektiv, und von allem stimmt ja auch oft das Gegenteil.

In einem Fachtext für Personalbeurteiler werden acht Merkmale angeboten, die aufgrund von Körpersignalen zu beurteilen seien:

1. Gepflegtheit, der gesamte äußere Eindruck
2. gute Manieren, Verhalten, Benehmen (z. B. im Restaurant)
3. Kontaktfähigkeit
4. Dominanz, Führungsanspruch
5. Vitalität, Dynamik, Extrovertiertheit
6. körperliche Verfassung und Belastbarkeit
7. nervliche Belastbarkeit
8. Selbstsicherheit

Negatives auf den Punkt gebracht: Eine amerikanische Personalberatungsfirma hat 200 Vorstellungsgespräche ausgewertet, in denen die Bewerber gescheitert sind. Die Analyse ergab sechs Aspekte, die für den Misserfolg verantwortlich zu machen waren:

1. keine überzeugende äußere Erscheinung, unpassende Kleidung bzw. ungepflegtes Äußeres
2. Mängel in der Fähigkeit, die eigene Meinung deutlich zum Ausdruck zu bringen
3. Mängel in der Fähigkeit, die eigene Person weitgehend objektiv darzustellen
4. unzureichende Ausstrahlung von Selbstvertrauen und Begeisterungsfähigkeit
5. zu starke Kritik an früheren Arbeitgebern
6. zu häufiger Stellenwechsel

Erneut wird deutlich, dass der Faktor Persönlichkeit entscheidend ist: Die ersten fünf Ablehnungsgründe hängen eindeutig mit Persönlichkeitsmängeln zusammen.

Positives auf den Punkt gebracht: Die folgenden Persönlichkeitsmerkmale sind für Ihren Erfolg im Vorstellungsgespräch von besonderer Relevanz:

- Auftreten
- Ausstrahlung
- Autorität
- Integrität
- Selbstsicherheit
- Glaubwürdigkeit
- Lebendigkeit
- Begeisterungsfähigkeit
- Entschlossenheit
- Bestimmtheit
- Rücksicht
- Einfühlungsvermögen
- Verständnis
- (angemessene) Vertrautheit

Eine ganz einfache Empfehlung zum Thema Körpersprache haben wir noch: Hände nicht an den Kopf, noch weniger ins Gesicht. Also nicht mit den Finger durch die Haare fahren, sich am Ohrläppchen ziehen, die Nase reiben etc. Das zu beachten wird Ihnen nicht schwerfallen, und wenn Sie nicht auf dem Stuhl ausgesprochen lümmeln oder mit den Füßen unruhig scharren, dann können Sie nichts mehr wirklich falsch machen, körpersprachlich betrachtet.

Nach dem Auftritt

Egal, ob Sie mit Ihrem Auftritt zufrieden sind oder nicht, gönnen Sie sich erst einmal eine Pause. Lassen Sie sich verwöhnen oder tun Sie sich selbst etwas Gutes. Sie brauchen neue, frische Kräfte für eine eventuelle nächste Runde. Und die kommt unweigerlich auf Sie zu, wenn Sie Ihre Chancen ernsthaft wahrnehmen wollen.

Es lohnt sich, über Folgendes nachzudenken: Sie als Arbeitskraftvergeber haben zwar schon im Vorstellungsgespräch Ihre Fragen an das Unternehmen gestellt, aber wie sieht es denn mit den anderen Punkten aus: Mit welchen Persönlichkeitsstrukturen sind Sie bei Ihren potenziellen Vorgesetzten konfrontiert? Was könnte deren Motivation sein – allgemein, bezogen auf das Unternehmen, bezogen auf Sie? Wie schätzen Sie die menschliche und fachliche Kompetenz Ihrer Gesprächspartner, des Unternehmens ein? Schwant Ihnen da etwas? Blühen da etwa die Neurosen?

Mit der Ausgangsposition Ihres Gegenübers hatten Sie sich ja bereits vorab beschäftigt, ebenso wie mit der Informationsrecherche zur möglichen Arbeitsaufgabe, zu Position und Branche. Was läuft da wirklich, was hat man mit Ihnen vor? Wie ist man mit Ihnen umgegangen, wie sind Sie angesprochen worden, wie wurden Ihre Fragen beantwortet? Und nicht nur Sie sind gemustert worden (Schuhe, Schmuck, Krawatte, Frisur), auch das Unternehmen und seine Repräsentanten haben ein Äußeres. Welcher »Verkleidungsstil« kennzeichnet das Unternehmen, und wie ist man vor Ort ausgestattet? Wie sind die Wände dekoriert, wie ist der Fußbodenbelag, was steht bei Ihrem Gesprächspartner auf dem Schreibtisch, und welche Bildchen oder Sprüche hat die Sekretärin an der Wand? In welchem Zustand ist das Mobiliar, und welcher technische Standard ist bei der Bürokommunikation erreicht? Welche Größe haben die Räume, wie gestaltet sich der Blick nach draußen? Wie sieht es einige Hundert Meter vor dem Ort Ihrer Vorstellung aus? Brüllen sich die Mitarbeiter auf dem Flur an? Grüßt man sich und Sie? Riecht man die Kantine im ganzen Haus, oder stinkt es aus der Toilette? Wie ist die allgemeine Unternehmenskultur? Das alles sind wichtige Orientierungspunkte, die Ihr Vorwissen und Ahnen über den potenziellen Arbeitgeber entscheidend ergänzen und abrunden. Diese tragen wesentlich zu Ihrer Entscheidung bei, ob Sie Ihre Lebenszeit und Arbeitskraft hier investieren sollten oder besser nicht.

Fragen über Fragen

Atmosphäre

Denken Sie an Ihren jetzigen Arbeitsplatz und dass es Ihre ursprüngliche Intention war, sich zu verbessern.

Der Blick zurück

Wie ist das Vorstellungsgespräch gelaufen? Mit welchen Fragen haben Sie gerechnet, mit welchen nicht? Was ist Ihnen gelungen, was weniger? Was könnten Sie jetzt mit mehr Gelassenheit und Nachdenkzeit besser beantworten? Worauf müssen Sie sich beim nächsten Mal intensiver vorbereiten? Was haben Sie aus all dem gelernt?

Zu diesen wichtigen Nachbereitungsaktivitäten gehört vor allem die Erstellung eines möglichst ausführlichen Gedächtnisprotokolls des gesamten Gesprächsablaufes inklusive aller Personen samt Namen, die Ihnen begegnet sind. Wenn Sie wissen, wie die Sekretärin des Personalchefs heißt, können Sie diese beim nächsten Telefonat persönlich ansprechen. Vielleicht hilft's, und Sie bekommen durch Ihre nette Ansprache den Chef persönlich ans Telefon, obwohl seine Sekretärin ansonsten generell alle Anrufer an diesem Tag abwimmelt.

Anrufen

Hoffentlich haben Sie am Ende Ihres Vorstellungsgesprächs eine Information erbeten und erfahren, wie und wann der Entscheidungsprozess weitergeht. Natürlich müssen Sie jetzt erst einmal einige Tage abwarten und sehen, ob sich etwas tut. Es sei denn, Sie haben etwas anderes vereinbart. Üben Sie sich in Geduld, und fragen Sie nicht vor Ablauf einer Frist von fünf bis maximal sieben Tagen telefonisch nach, was aus Ihrer Bewerbung geworden ist.

Sollten Sie allerdings vier Wochen verstreichen lassen, ohne sich interessiert zu zeigen und nachzufragen, wird das sehr wahrscheinlich gegen Sie ausgelegt. Eine von Ihrem Gesprächspartner zu verantwortende lange Wartezeit spricht aber auch gegen Ihren potenziellen Arbeitgeber, denn man lässt Kandidaten nach einem Vorstellungsgespräch nicht längere Zeit ohne Zwischenbescheid im Unklaren.

Nachfassbrief

Interesse unterstreichen

Zu den besonderen Tricks, sich als Bewerber von anderen deutlich abzuheben, gehört der Nachfassbrief. Ein bis maximal drei Tage nach Ihrem Auftritt abgeschickt, wird dieses Schreiben Ihren Gesprächspartner (deshalb sind Namen so wichtig!) veranlassen, sich erneut mit Ihnen zu beschäftigen. In diesem Brief bedanken Sie sich nicht nur für das interessante Gespräch, sondern knüpfen an das an, was offengeblieben ist oder was Sie noch nachtragen möchten. Im Wesentlichen geht es darum, mit dieser Aktion (eine Seite reicht vollkommen aus, evtl. sogar handschriftlich) deutlich zu machen, dass Sie sehr interessiert bzw. motiviert sind, verstanden haben, worum es geht, und gerne bereit sind, das konstruktive Gespräch jederzeit weiter fortzusetzen, dass Sie am liebsten aber natürlich Ihre ganze Arbeitskraft für das Unternehmen einsetzen wollen.

Achtung: Machen Sie so etwas plump (vielleicht auch nur ungeschickt oder langweilig) und ist das Vorstellungsgespräch eher schwer und schleppend verlaufen, gewinnen Sie nichts. Gelingt es Ihnen aber, nach einem gut verlaufenen Gespräch mit dieser Briefaktion intelligent an sich zu erinnern, verbessern Sie Ihre Chancen, auf die ersten drei Plätze (wenn nicht gleich an die Spitze) zu kommen.

Dabei kann es sich sogar lohnen, maßgeschneiderte, individuelle Briefe an die unterschiedlichen Hauptakteure des Vorstellungsgesprächs zu schicken. Wir denken dabei an den Personalchef oder seinen Vertreter auf der einen und den Fachabteilungsleiter oder den unmittelbaren Vorgesetzten auf der anderen Seite, wenn Sie deren Bekanntschaft gemacht haben. Bisweilen tut es aber auch ein einzelner Brief an den potenziellen zukünftigen Chef. Dass hier in diesem Brief allergrößte Sorgfalt an den Tag gelegt und die Verkaufsbotschaft sorgfältig abgewogen werden muss, versteht sich eigentlich von selbst. Worum kann es in so einem Schreiben gehen, und was ist zu berücksichtigen?

Caroline Kessler   Bachstraße 11   52066 Aachen   Tel.: (02 41) 6 78 13 77

Internationale Liegenschaftsbank
Personalabteilung
Herrn Werner Thamm
Richard-Wagner-Platz 12
10585 Berlin

Aachen, 10.12.2016

Vorstellungsgespräch am 08.12.2016
Meine Bewerbung als Organisationsentwicklerin

Sehr geehrter Herr Thamm,

vielen Dank für das informative Gespräch.
Besonders die offene, herzliche Gesprächsatmosphäre und Ihre Erläuterungen über Aktivitäten und Ziele bis hin zur Unternehmenskonzeption der ILG Bank fand ich äußerst spannend. Dies alles bestärkt mich in meinem Wunsch, bei Ihnen tätig zu werden, mein Wissen und Engagement für die Optimierung der Organisation voll einzubringen.

In einem so kurzen Zeitraum des Sichkennenlernens wie in einem Vorstellungsgespräch fällt es mir nicht leicht, die Eigenschaften herauszustellen, die mich besonders für die zu besetzende Position qualifizieren.

Im Nachhinein möchte ich gern hinzufügen, dass
- meine fundierten kaufmännischen Kenntnisse als Groß- und Außenhandelskauffrau
- meine Erfahrungen in der Projektarbeit (Stichwort: Konzernumwandlung)
- meine Kommunikations- und Lernfähigkeit
- mein persönliches Organisationstalent
- sowie meine Eigenschaft, Ziele nicht aus dem Auge zu verlieren,

gute Voraussetzungen für die Organisationsentwicklung darstellen.

Nachdem Sie mir eine Hotelunterkunft für den Start in Aussicht gestellt haben, bin ich gern bereit, meinerseits alles Erforderliche zu tun, um am 2. Januar 2017 bei Ihnen anfangen zu können.

Ich freue mich darauf, von Ihnen zu hören, und verbleibe

mit freundlichen Grüßen aus Aachen

Caroline Kessler

1. Sie danken Ihrem Gesprächspartner für Zeit und Interesse.
2. Sie arbeiten noch einmal die drei wichtigsten »Verkaufsargumente« heraus, die für Sie sprechen und von denen Sie annehmen können, dass der Briefempfänger wertzuschätzen weiß. Dieser von Ihnen wohlformulierte Briefabsatz wird Sie vor dem geistigen Auge Ihres potenziellen Arbeitgebers neu aufleben lassen und als wichtigen und ernst zu nehmenden Kandidaten weit vorne ins Bewusstsein heben.
3. Setzen Sie etwaigen Negativeindrücken oder Mankos, die im Vorstellungsgespräch offensichtlich geworden sind, etwas entgegen, räumen Sie beispielsweise ein, dass Ihre Erfahrungen auf dem Sektor XY noch nicht so fundiert sind, Sie jedoch aufgrund von ... meinen, Sie hätten etwas anzubieten. Vermeiden Sie jedoch, alles rechtfertigen zu wollen oder sogar neue gravierende Negativmerkmale zu betonieren. Führen Sie dabei keine negativen Aspekte an, die Ihr Gegenüber übersehen, vergessen oder als irrelevant eingeschätzt haben könnte. Wiederholen Sie auch keine Schwachpunkte, denen Sie nicht wirklich etwas entgegenzusetzen wissen.
4. Als positiver Abschluss des Briefes könnte Ihnen ein gut formulierter Absatz dienen, der einen neuen, zusätzlichen Kompetenzaspekt in Bezug auf die angestrebte Position beinhaltet und im Vorstellungsgespräch noch nicht von Ihnen herausgestellt werden konnte.

Wie ein solcher Nachfassbrief aussehen kann, haben Sie gerade im Beispiel gesehen, das Ihnen als Anregung dienen soll.

Zum Umgang mit Absagen

Rituale

Sie hatten eine Einladung zum Vorstellungsgespräch und die Gelegenheit, das Unternehmen und seine Repräsentanten kennenzulernen. Auf Unternehmensseite wollte man Sie kennenlernen. Für den Fall, dass das Ergebnis eine Absage beinhaltet – egal von welcher Seite –, bedenken Sie bitte Folgendes: Bewerbungssituationen und insbesondere Vorstellungsgespräche sind klassische Prüfungssituationen, die uns im Grunde genommen lebenslänglich begleiten. Prüfungen sind Rituale, in denen eine Anpassungsleistung gefordert wird. Meistens handelt es sich um Initiationsriten, deren erfolgreiches Über- und Bestehen mit der Prämie eines Ein- und/oder Aufstieges honoriert wird (z.B. von der Auszubildenden zur Angestellten, von der Sachbearbeiterin zur Abteilungsleiterin, vom Arbeitsplatzsuchenden zum Mitarbeiter).

Prüfungen und Initiationsriten sind Ausdruck des »ewigen Kampfes der Generationen«[9] und der Auseinandersetzung zwischen den Mächtigen und den Machtlosen in der Gesellschaft. Bei Frauen, die sich in der Mehrzahl in der Bewerbungssituation mit

Männern als Arbeitsplatzvergebern konfrontiert sehen, kommt noch der »Kampf der Geschlechter« hinzu.

Wer Bewerbungsrituale, Auswahlprozeduren und Vorstellungsgespräche erfolgreich überstanden hat, bietet gute Gewähr, an die herrschenden Normen angepasst zu sein und auch in Zukunft nicht aufzumucken. So gesehen ist das ganze Leben eine Art Prüfung, ein Kette von Anpassungsleistungen und somit auch Bewerbungssituationen.

Gegenstand dieses Kapitels waren nicht die zahlreichen schulischen oder Berufsausbildungs-Abschlussprüfungen, sondern die besondere Berufseingangsprüfung Vorstellungsgespräch. Dabei haben wir uns bemüht, Ihnen das Know-how für das erfolgreiche Überstehen dieser Prüfung (= Anpassungsleistung) und die Erfüllung der gesetzten Normen zu vermitteln.

An dieser Stelle wollen wir nochmals zu bedenken geben, dass jeder für sich selbst überprüfen und entscheiden muss, wie weit er in seiner Anpassungsbereitschaft und damit auch Anpassungsleistung in einer Bewerbungssituation gehen will. Diese muss sich um der Zielerreichung willen lohnen. Lohnt sie sich wirklich? Das ist die Frage, die Sie sich selbstkritisch immer wieder stellen müssen. Vergessen Sie nicht, dass sich in der Prüfungssituation Vorstellungsgespräch die Prüfer ebenfalls auf dem Prüfstand befinden. Auch Sie als Bewerber haben das Recht und die Pflicht zu prüfen.

Was immer die Gründe für eine etwaige Absage sein mögen: Es muss nicht an Ihnen liegen. Bedenken Sie, was Ihnen bei dem Unternehmen vielleicht erspart bleibt.

Fragen beim zweiten Vorstellungsgespräch

Haben Sie ein Protokoll über den ersten Verlauf Ihrer persönlichen Begegnung gemacht?

Nein? Wie schade! Das würde Ihnen jetzt besondere Dienste leisten und die Gesprächsatmosphäre sowie den Verlauf viel lebendiger vor Ihrem inneren Auge passieren lassen. Wozu? Um Sie jetzt auf das zweite Gespräch optimal vorzubereiten. Denn ohne geht es nun mal nicht, jedenfalls wenn Sie alles unternehmen wollen, um zu überzeugen, zu gewinnen.

Wenn man Sie erneut zu einem Gespräch in Ihrer Bewerbungsphase einlädt, können Sie davon ausgehen, dass sich ein großer Teil der bereits gestellten Fragen wiederholt, sehr wahrscheinlich bis zu 80%. Man möchte nochmals hören, was Sie zu ganz bestimmten Fragen und Themen zu erzählen wissen. Scheuen Sie sich nicht, darauf auch ähnlich wie beim ersten Mal zu antworten (ohne jedoch Kritik zu üben wie: Das habe ich Ihnen doch alles schon erzählt!).

Es wird also um Ihre Kompetenz (Vorerfahrung, K), Ihre Problemlösungsfähigkeiten gehen, welche Erfolge Sie bisher hatten (Leistungsmotivation, L) und Ihre Wesensart (Persönlichkeit, P). Diese wird ganz besonders geprüft, weil man sicher sein möchte, dass der erste gute Eindruck, den Sie gemacht haben, nicht etwa zufällig entstanden ist.

Neu oder deutlich vertieft werden jetzt folgende Themen behandelt: Ihr Fachgebiet, Konditionen, das Thema Gehalt und sonstige Arbeitsbedingungen. Eine besonders häufig am Gesprächsanfang gestellte Frage: Wie haben Sie das erste Gespräch erlebt und was ist Ihnen im Anschluss durch den Kopf gegangen? Es ist schlecht, wenn Sie sich dann ganz cool und unbetroffen geben oder erklären, sich nicht direkt erinnern zu können und daher nichts zu berichten haben. Das darf Ihnen auf keinen Fall passieren! Auf eine Frage dieser Art müssen Sie vorbereitet sein und wissen, wie und was Sie zu antworten haben.

Neue Fragen in Runde 2

Es könnte die Frage folgen, ob Sie sich nochmals mit einem spezifischen Thema aus dem ersten Gespräch beschäftigt haben. Das kann vom Internetauftritt des Unternehmens bis hin zu größeren Unternehmensprojekten im In- und Ausland gehen oder auch aktuelle Pressemeldungen bzw. Berichte aus der Branche betreffen. Man will an Ihren Antworten sehen und erleben, ob Sie wirklich engagiert sind. Nicht zuletzt deshalb ist es sehr wichtig, sich unbedingt nach einem Vorstellungsgespräch als erstes ein ausführliches Protokoll zu machen!

Sie werden sicher (nochmals oder erstmals) befragt, wie Sie sich Ihren Beitrag zum Unternehmen, Ihr Engagement ganz konkret und sehr differenziert vorstellen Wie stellen Sie sich Ihren Start bei uns vor? Was wären Ihre (ersten) Ziele/Maßnahmen?

Gehen Sie nochmals die Liste der etwa 30 bedeutendsten Fragen durch (s. S. 471) und erinnern Sie sich, was Sie geantwortet hatten. Gab es Momente, in denen Sie vielleicht unzufrieden mit sich und Ihrer Beantwortung waren. Jetzt ist die Chance da, sich genau dazu nochmals und besser zu äußern. Entwickeln Sie aber auch eigene, neue Fragen, die Sie Ihrem Gegenüber jetzt stellen. Ohne diese könnten Sie den Eindruck erwecken, nicht motiviert zu sein.

Reagieren Sie nicht empfindlich, wenn man Sie jetzt ein bisschen quält und ggf. kritischer beurteilt als im ersten Gespräch. All das ist unter noch- oder erstmaligem Stressresistenz-Test zu verstehen und nicht als substanzielle Kritik zu verstehen – sondern als Test.

Wichtig: Sie haben sich (abermals und hoffentlich) gute Botschaften überlegt und werden diese beim zweiten Termin (vielleicht auch etwas modifiziert) wieder zielgerichtet einsetzen.

Vergessen Sie jetzt keinesfalls: Mit Ihnen sind höchstens noch zwei weitere Kandidaten im Rennen, Sie sind also Ihrem Ziel nochmal ein ganzes Stück näher. Eine tolle Chance. Sollten Sie gefragt werden, zu welchem Termin Sie frühestens anfangen können, bieten Sie keinesfalls »Fahnenflucht« auf Kosten Ihres bisherigen Arbeitgebers an. Selbst-wenn man Sie nötigt. Verstehen Sie es eher als Loyalitätstest. Wenn Sie darauf einsteigen, wird diese Geste nicht wirklich honoriert, auch wenn man Ihnen erst einmal freundlich dankt!

Loyal bleiben

Zeigen Sie Ihr starkes Interesse an der neuen Aufgabe, Ihre Leistungsbereitschaft und Freude auf die neue Herausforderung, aber übertreiben Sie nicht. Noch ist die Schlacht nicht gewonnen.

Das Thema Gehalt beim zweiten Gespräch

Arbeitsbedingungen und Gehalt

Oftmals werden erst jetzt, in dieser zweiten Runde, die Arbeitsbedingungen und Gehaltswünsche richtig verhandelt. Seien Sie also informiert, was man für die Position, auf die Sie sich bewerben, in der Regel an Gehalt erwarten kann. Je nachdem, welche Qualifikation, vielleicht sogar Vorerfahrung Sie einbringen und welche zukünftige Leistung Sie glaubwürdig in Aussicht stellen, werden sich Ihre Gehaltswünsche realisieren lassen. Zeigen Sie aber auch bei den Gehaltsver handlungen Besonnenheit und vermitteln Sie nicht den Eindruck, dass es Ihnen nur ums Geld geht. Beide Seiten – Arbeitgeber und Arbeitnehmer – müssen einen tragbaren Kompromiss in der Gehaltsfrage finden. Vereinbaren Sie beispielsweise, dass nach einer Einarbeitungsphase (halbes/dreiviertel Jahr) Ihr Gehalt automatisch um x Prozent angehoben wird. Verdeutlichen Sie sich und Ihrem Arbeitgeber in jedem Fall, dass Sie nicht bereit sind, Ihre Arbeitsleistung unter Wert zu verkaufen. Den richtigen Preis für Ihre Leistung zu bestimmen ist eine Aufgabe, die mit zu den wichtigen Vorüberlegungen gehört. Dass es da unterschiedliche Auffassungen geben kann, liegt in der Natur der Sache.

Sicherlich ist es nicht ganz leicht für Sie, den Wert Ihrer Arbeitskraft realistisch einzuschätzen, wenn Sie nach einer längeren Pause (Familie, Arbeitslosigkeit, unbezahltem Urlaub) wieder in den Beruf einsteigen.

Als Wiedereinsteiger sollten Sie sich Informationen über die aktuellen Tarifgehälter und Sonderleistungen von den jeweiligen Gewerkschaften, Industrie- und Handelskammern, Verbänden oder Interessengemeinschaften besorgen. Wenn Sie Ihre Stelle wechseln möchten, haben Sie es einfacher: etwa 10 bis maximal 20 Prozent mehr als Ihr derzeitiges Gehalt sollten Sie von Ihrem neuen Arbeitgeber verlangen. Begehen Sie dabei nicht den Fehler, bei der konkreten Nachfrage nach Ihrem aktuellen Gehalt zu sehr zu mogeln – Personalchefs wissen in der Regel, was woanders gezahlt wird. Verhandeln Sie ab einem Monatseinkommen von etwa 3.000 Euro brutto immer das Jahresbruttogehalt und verdeutlichen Sie sich, bevor Sie in die Verhandlung gehen, durch eine präzse Aufstellung sämtlicher Neben- und Sonderleistungen, wie sich Ihr Gehalt in Ihrer alten Firma zusammengesetzt hat. Nur so können Sie wirklich einen genauen Vergleich anstellen und sich entsprechend finanziell verbessern.

Immer das Jahresgehalt verhandeln

»Wie hoch ist denn Ihr jetziges Einkommen?«, fragt der Personalchef den Bewerber nach etwa 45 Minuten Gesprächsdauer. Dieser hatte sich auf das Stellenangebot eines Hochbaukonzerns beworben. Gesucht wurde ein Bauingenieur mit spezieller Erfahrung im Brückenbau. Im Anzeigentext wurden als Jahresanfangsgehalt 55.000 Euro angeboten. Nicht zu Unrecht befürchtet der Bewerber, dass bei Nennung seines jetzigen Gehalts von knapp 40.000 Euro – also gut ein Drittel weniger als das Angebot dieses potenziellen Arbeitgebers – Zweifel an ihm als Kandidaten für die neue, gehobene Position auftauchen würden.

Das Jahresgehalt von nicht einmal 40.000 Euro war für den Bewerber dann auch mit ein wichtiger Grund, sich nach einer neuen, besser bezahlten Position umzuschauen. Damals, vor dreieinhalb Jahren, ein Jahr nach dem Hochschulabschluss, fast als Berufsanfänger, schien ihm die Bezahlung nicht so wichtig. Insbesondere das Aufgabengebiet bei der jetzigen Firma fand er seinerzeit attraktiv und als Einstieg in die Berufstätigkeit lohnend. Aufgrund verschiedener Einflüsse und Entwicklungen war für ihn jetzt der Zeitpunkt gekommen, sich nach einer neuen Position in einem anderen Unternehmen umzusehen. Dem Bewerber war klar, dass er sich mit der Frage auseinanderzusetzen hatte, wieso er bisher für lediglich 40.000 Euro Jahresgehalt (auch abgekürzt mit p.a. = pro anno) gearbeitet habe. Er befürchtete nicht ohne Grund, dass die Konsequenz daraus bedeuten könnte, bei einem Wechsel mit etwa 45.000 bis 50.000 Euro eingekauft zu werden.

55.000 Euro lagen also sehr deutlich über dem, was neue Arbeitgeber in der Regel in Relation zum vorherigen Gehalt zu zahlen bereit sind.

»Unzulässig ist ... die Frage nach der früheren Arbeitsvergütung (sie dient ja unter anderem dazu, eventuelle Lohnansprüche des Bewerbers zu dämpfen)«[10], so Eckehart Stevens-Bartol, Richter am Bayerischen Landessozialgericht a. D.

Bisheriger Verdienst

Verrate mir dein Jahreseinkommen und ich sage dir, was du wert bist. Nicht selten versucht der potenzielle Arbeitgeber, durch direktes Erfragen das aktuelle Gehalt oder die Jahresbezüge des Bewerbers in Erfahrung zu bringen. Hintergrund ist die Überlegung, dass ein Kandidat mit bisher 40.000 Euro Jahreseinkommen nicht unbedingt auf einen Schlag einen so großen Gehaltssprung zu machen braucht, dass er jetzt auf 55.000 Euro im Jahr kommt.

Dieser Kandidat – so der Gedankengang – wäre wahrscheinlich auch mit einer Steigerung auf 45.000 – 50.000 Euro zufrieden und damit für den Arbeitgeber preisgünstiger als ein anderer Bewerber. Aus diesem Grund findet sich bei Stellenangeboten häufig der Hinweis, man möge sich in seinem Bewerbungsschreiben auch zu seinen Gehaltsvorstellungen äußern.

Aber nicht nur bei einer größeren Differenz zwischen dem aktuellen Gehalt des Bewerbers und einer deutlichen Gehaltsverbesserung bei einer neuen Position gibt es Probleme, sondern besonders im umgekehrten Fall: Wenn also ein Bewerber gegenwärtig zum Beispiel 45.000 Euro im Jahr verdient, sich nun aber, aus welchem Grund auch immer, neu orientieren möchte und sich auf ein Stellenangebot meldet, das pro Jahr 36.000 Euro in Aussicht stellt, also 10.000 Euro weniger, tauchen ganz besondere Probleme auf.

Der potenzielle Arbeitgeber wird sich über diesen freiwilligen Gehaltsverzicht wundern und den Bewerber möglicherweise nicht in die engere Wahl ziehen, da er davon ausgeht, dass bei einer Gehaltsverschlechterung die Motivation des Arbeitnehmers zu wünschen übrig lassen könnte.

Nun mag es sowohl für den Arbeitnehmer wie auch für den Arbeitgeber gute Gründe geben, die diese Annahme bestätigen. Verallgemeinern sollte man sie jedoch besser nicht. Sind Sie als Arbeitnehmer in der schwierigen Situation, wechseln zu wollen, und bereit, auch einen gewissen Gehaltsabschlag dafür in Kauf zu nehmen, sollten Sie davon ausgehen, dass man Ihnen mit Misstrauen begegnet. Ein sogenannter Gehaltsabstieg ist unbedingt erklärungsbedürftig. Es gibt also gute Gründe, einem potenziellen neuen Arbeitgeber sein derzeitiges Gehalt nicht sofort und ganz detailliert zu offenbaren.

- *»Wie hoch ist Ihr Einkommen zurzeit?«, fragt der Personalchef den Bewerber.*
- *»Ich kann mir gut vorstellen, mit den von Ihnen im Inserat angebotenen 55.000 Euro p.a. zunächst auszukommen«, antwortet der Bewerber.*
- *»Wie darf ich das verstehen, wie meinen Sie das?«, fragt der Personalchef, der das »zunächst« nicht überhört hat.*
- *»Wenn ich gesagt habe ›zunächst‹, dann gehe ich davon aus, dass sich im Laufe der Zeit vielleicht Gehaltserhöhungen ergeben werden.«*
- *»Aber sicher doch, selbstverständlich«, bemerkt der Personalchef, »wenn Sie die Leistung bringen«, und setzt noch einmal nach: »Wie sieht denn Ihr aktuelles Monatseinkommen aus?«*
- *»Nun also, meine Jahresbezüge bei meinem jetzigen Arbeitgeber unterscheiden sich schon etwas von dem, was Sie in Ihrem Angebot benannt haben. Gibt es bei Ihnen im Hause bereits Vorstellungen, wann Sie bereit wären, über eine Gehaltsverbesserung – etwa im Anschluss an die Einarbeitungszeit – nachzudenken?«*

Wieder ist der Personalchef beschäftigt und hoffentlich abgelenkt. Es ist nicht unwahrscheinlich, dass es dem Bewerber auf diese Weise gelingen könnte, das Gespräch von der Frage nach seinen aktuellen Bezügen wegzuführen, ohne dass er sich offenbart hat oder krass lügen musste.

Damit soll aufgezeigt werden, dass es durchaus ohne größere Schwierigkeiten gelingen kann, sich beim Thema »aktuelles Gehalt« in Relation zum potenziellen neuen Gehalt nicht sofort in alle Karten schauen zu lassen.

Natürlich kann man sich als Bewerber auf die direkte Frage nach den aktuellen Bezügen nur sehr schlecht verweigern und sich gar nicht dazu äußern. Andererseits sitzt

Ihnen weder ein Finanzbeamter der Steuerfahndung noch Ihr Steuerberater gegenüber, sodass Sie sehr wohl etwas großzügiger und weniger präzise auf- oder abrunden können und möglicherweise auf weitere Vergünstigungen, Sozialleistungen besonderer Art, Extras usw. hinweisen dürfen oder diese überschlägig mit einrechnen können, um den Jahreseinkommensbetrag schön gerundet zu präsentieren.

»Ich erwarte im Jahr mindestens 55.000 Euro«, wäre auch eine Antwortmöglichkeit auf die Frage nach den konkreten Jahresbezügen.

Es liegt auf der Hand, dass ein Arbeitnehmer, der seinen Arbeitsplatz wechseln möchte, damit die Hoffnung verbindet, auch sein Einkommen zu verbessern. Insbesondere bei einer stärker ausgeprägten Karriereorientierung ist ein Wechsel, der sich auch auf die Bezüge auswirkt, die natürlichste Sache der Welt. Eine Verbesserung von etwa 5 bis 15 Prozent ist dabei für den Um- bzw. Neueinstieg der Regelfall.

Sollten Sie dagegen bereit sein zu wechseln und Ihr Gehalt würde sich um weniger als 5 Prozent verbessern, erzeugen Sie als Kandidat Misstrauen (Hintergedanken: Was motiviert den Bewerber wirklich, welche Probleme hat er am jetz gen Arbeitsplatz, dass er für nur 5 Prozent mehr Gehalt bereit ist zu wechseln?).

Wer dagegen gleich zwei oder mehr Stufen auf einmal nehmen will und einen Wechsel anstrebt, der mehr als 20 Prozent einbringt, provoziert Überlegungen seines potenziellen neuen Arbeitgebers, ob er das Geld auch wirklich wert ist oder ob nicht etwas weniger auch ausreichend wäre. Dies wird dann schnell gerechtfertigt durch Argumente wie Alter, Erfahrung, Einarbeitungszeit u. Ä. Auf jeden Fall lassen sich immer Gründe ins Feld führen, warum Sie nicht der richtige oder der ideale Kandidat für diese Position sind. Oftmals finden diese Überlegungen bereits beim Bewerber selbst statt, der mit 36.000 Euro Jahresgehalt vor Anzeigen zurückschreckt, die ihm 50.000 Euro anbieten, obwohl der beschriebene Arbeitsplatz durchaus seiner Qualifikation entspricht. Hier verhindert die Schere im eigenen Kopf bereits bei vielen Bewerbern eine deutlichere Gehaltsweiterentwicklung.

Marktanalyse

Zur Vorbereitung auf das Bewerbungsverfahren gehört unbedingt eine Marktanalyse unter dem Aspekt »Was wird gezahlt – was ist meine Arbeitsleistung wert?«. Informationen dazu erhalten Sie bei Berufs- und Interessenverbänden, Gewerkschaften und in Wirtschaftszeitungen oder -zeitschriften (z.B. Capital, Wirtschaftswoche, Handelsblatt, die regelmäßig Übersichten abdrucken, was in den verschiedenen Branchen und Positionen verdient wird). Nun liegt es bei Ihnen, die eigenen Fähigkeiten und Ihren Erfahrungsschatz einzuschätzen und ein Preismarketing für Ihre Ware Arbeitskraft vorzunehmen.

Wer sich als Bewerber eindeutig unter Wert anbietet, wird erfahrungsgemäß nicht geschätzt. Wer sich überschätzt, hat es sicher auch nicht leicht, aber es ist oftmals leichter, einen Kredit über 5 Millionen Euro zu bekommen als einen über 50.000.

Auf den Punkt gebracht

Je besser Sie sich auf die Prüfungssituation Vorstellungsgespräch vorbereiten, desto gelassener können Sie auf heikle und schwierige Fragen reagieren. Personalentscheider wollen in der direkten Begegnung mit Ihnen wissen, ob Sie zum Unternehmen, in das vorhandene Team passen. Dabei geht es um persönliche und anforderungsbezogene Eignungsmerkmale wie Kompetenz, Leistungsmotivation, insbesondere aber um Ihre Persönlichkeit (Vertrauenswürdigkeit). Deshalb achtet man bei Ihnen auch ganz besonders auf die präsentierten äußeren Merkmale wie Aussehen, Auftreten, »Manieren« sowie auf das sprachliche Ausdrucksvermögen.

Viel kann schon bei der Anreise schieflaufen, aber auch in der Auswahl Ihres Outfits. Planen Sie genügend Zeit für Ihre Anreise ein, berücksichtigen Sie dabei eventuell auftretende Verzögerungen (Staus, Verspätungen etc.). Je planvoller Sie die Anreise organisieren, desto entspannter sind Sie im Vorstellungsgespräch! Mit der Wahl Ihrer Kleidung vermitteln Sie einen Eindruck, was Sie »darstellen«, welche Position Sie innehaben bzw. erreichen wollen. Generell gilt: eher gediegen, zurückhaltend und konservativ kleiden. Gefragt ist auch bei Damen die schlichte Eleganz. Schauen Sie sich doch einfach mal typische Berufsvertreter in der von Ihnen angestrebten Position an.

Wissen Sie um Ihre Körperhaltung, Ihre Mimik und Ihre Körpersprache, insbesondere dann, wenn es etwas stressig wird? Körpersprache drückt sich vor allem durch Ihre Haltung, Ihren Gesichtsausdruck und Ihre Bewegungsabläufe aus. Körpersprache ist somit ein wichtiger Bestandteil Ihres Erfolges und wird ganz bewusst von Ihrem potenziellen Arbeitgeber wahrgenommen.

Ähnlich wie bei einer mangelnden Vorbereitung auf einen Einstellungstest laufen Sie Gefahr, ohne Vorbereitung auf die typischen Fragen einen schlechten Eindruck zu hinterlassen. Schreiben Sie sich nach Abschluss Ihrer Überlegungen zur Vorbereitung eines Vorstellungsgespräches eine Art »Drehbuch«. Beschreiben Sie darin Ihre wesentlichen beruflichen und (in Grenzen) persönlichen Merkmale, Eigenschaften und Charakterzüge, die Sie vermitteln wollen. Notieren Sie sich auch, wie Sie diese glaubhaft belegen können.

Das Fragenrepertoire für jede der zehn Phasen des Vorstellungsgespräches ist begrenzt. Für den Gesamtpool von maximal etwa 100 Fragen gilt: Nicht alle können Ihnen auf einmal in einem ersten Gespräch gestellt werden. Rechnen Sie mit einer Auswahl von etwa 10 bis 15 pro Fragestunde. Hier auf einen Blick noch einmal die 11 wichtigsten Fragen im Vorstellungsgespräch:

1. Erzählen Sie uns etwas über sich.
2. Warum bewerben Sie sich für diese Position?
3. Warum sind Sie der / die richtige Kandidat / -in?
4. Was erwarten Sie für sich / von uns / dem Job?
5. Was sind Ihre Stärken / Schwächen?
6. Worauf sind Sie stolz, was sind Ihre Erfolge / Misserfolge?
7. Was möchten Sie in 3 / 5 / 10 Jahren erreicht haben?
8. Warum haben Sie diesen Beruf gewählt?
9. Wo liegen Ihre Arbeitsschwerpunkte?
10. Wie verbringen Sie Ihre Freizeit?
11. Welche Fragen haben Sie an uns?

Oft folgt ein zweites oder bisweilen sogar ein drittes Vorstellungsgespräch. Dann ist in der Regel auch der Zeitpunkt gekommen, sich über die Gehaltsvorstellungen auszutauschen. Versuchen Sie, sich nicht unter Preis zu verkaufen. Seien Sie sich darüber im Klaren, was Sie zu bieten haben.

Wenn Sie die Sympathie und dadurch das Vertrauen Ihres Gegenübers gewinnen, dann werden Ihnen auch Leistungsbereitschaft und Eignung zugetraut. Man mag Sie einfach und vertraut Ihnen. Und das bedeutet dann: Man traut Ihnen den Job auch zu.

Die Essentials bei der Beantwortung der Fragen im Vorstellungsgespräch

- Seien Sie gut vorbereitet.
- Hören Sie aufmerksam zu.
- Erkennen Sie den Fragehintergrund.
- Nehmen Sie sich Zeit zum Überlegen.
- Fragen Sie ggf. nach, ob Sie richtig verstanden haben (auch dadurch gewinnen Sie Zeit).
- Überlegen Sie kurz vorher, was Sie mit der Antwort sagen und erreichen wollen.
- Was spricht für Sie, was eventuell gegen Sie?
- Welche Beweise können Sie anbieten?
- Wie begegnen Sie eventuellen Einwänden?

Je besser Sie Ihre Ziele kennen (Analyse der vier Fragen: Was für ein Mensch bin ich? Was kann ich? Was will ich? Was ist möglich?), desto leichter wird es Ihnen fallen, das Gespräch von Ihrer Seite aus positiv zu beeinflussen.

EINSTELLUNGSTESTS & ASSESSMENT-CENTER

» In Prüfungen stellen Narren Fragen, die Weise nicht beantworten können. «

Oscar Wilde

Viele Arbeitsplatzanbieter verlassen sich heute nicht allein auf Bewerbungsunterlagen und Vorstellungsgespräche, um einen Eindruck von den Bewerbern zu bekommen. Sie laden zu Einstellungstests ein.
Ob Persönlichkeit, soziale Kompetenz, Intelligenz, Leistungs- und Konzentrationsvermögen, all das soll mithilfe von vielen ganz unterschiedlichen Testverfahren geprüft werden.

Welche Tests auf Sie zukommen können und wie Sie sich am besten darauf vorbereiten, lesen Sie im folgenden Kapitel.

Das ganze Leben ist ein Test

Hört das denn nie auf mit den Tests und Prüfungen? Da meint man, die Schule oder Uni liege nun hinter einem und man müsse endlich nicht mehr durch diese Knochenmühle, da geht das schon wieder los, und bevor man sich überhaupt in einem persönlichen Gespräch mit dem Arbeitgeber präsentieren kann, wird man erst mal wieder getestet.

Testomanie

Tests begleiten, ja beherrschen unser Leben. Vom Schwangerschaftstest über den medizinischen Apgar-Index-Test mit Bestimmung von Herzfrequenz, Atmung und Hautfarbe des Neugeborenen bis hin zum letzten Test – vor unserem großen Boss findet die allerletzte Prüfung statt: Himmel oder Hölle? Zwischen Geburt und Tod liegen Schulreifetests, diverse Mathe-, Geschichts- und Vokabeltests und eventuell der Berufsberatungstest beim Arbeitsamt. Dank der Werbung kennen alle den Colatest und die klinisch getestete Zahnpasta. Unterhaltsam soll der Illustriertentest sein (»Bin ich ein idealer Partner?«), manche schreckt der Dopingtest, während der Aidstest bei vielen Angst und Schrecken verbreitet.

So erklärt sich vielleicht die Testomanie von Arbeits- und Ausbildungsplatzvergebern: Da gibt es Allgemeinwissentests, Assessment-Center, Bank-, Baum-, Bürotests, EDV-, Farb-, Grundwissentests, die vielen Intelligenz- und Konzentrationstests, Logik-, Lügen-, Managertests, Persönlichkeitstests und Personalfragebögen und, und, und ... bis hin zu den unzähligen von Firmen und Berufsgruppen selbst gestrickten und angewandten Testverfahren, um nur einige zu nennen.

Abstruse Testaufgaben

»Gibt es in der Antarktis Eisbären?« oder »Kann man in Afrika Jaguare antreffen?« sind Fragen aus dem Mannheimer Intelligenztest, der Ausbildungsplatzbewerbern häufig zur Beantwortung vorgelegt wird. Ausgefragt und abgeblitzt. Obskure und abstruse Testaufgaben und Fragensammlungen entscheiden über Berufswünsche und Bewerberschicksale. Woran liegt das? Eine typisch deutsche Art des Umgangs mit Bewerbern?

Die Deutschen lieben, wie man weiß, Quizsendungen, und ihnen wird nicht ohne Grund eine starke Neigung zum autoritär-oberlehrerhaften Gehabe nachgesagt. Testen deshalb Personalchefs ihre Bewerber getreu den beliebten alten und neuen Fernsehvorbildern wie Quizmaster?

Wie auch immer – in jedem Fall müssen immer mehr Bewerber damit rechnen, auf Einstellungstests zu stoßen: vom Azubi über den Hochschulabsolventen bis hin zu Fach- und Führungskräften.

Im Folgenden stellen wir Ihnen einige dieser Tests vor, damit Sie sich ein Bild davon machen können, was da so alles auf Sie zukommen kann.

Intelligenztests

Intelligenztests testen die Intelligenz – so könnte man naiv annehmen. Doch so einfach verhält sich das alles nicht. Denn die Unklarheit beginnt schon bei der Frage, was eigentlich Intelligenz ist. Umgangssprachlich meinen wir zwar zu wissen, worum es dabei geht, in der Psychologie jedoch ist die Definition von Intelligenz nicht eindeutig. Das Spektrum gliedert sich in die nachfolgenden Gebiete wie Allgemeinwissen und Logik bis hin zur praktisch-technischen Intelligenz.

Allgemeinwissen

Was unter dem sogenannten Allgemeinwissen zu verstehen ist, bestimmen die Arbeitsplatzvergeber. Meistens geht es um folgende Sachgebiete: Staat, Politik, Geschichte, Geografie, Wirtschaft, berühmte Persönlichkeiten, Schöngeistiges (Kunst/Literatur/Musik), manchmal auch Sport und Technik, weniger Biologie, Physik und Chemie. Von Minisammlungen (etwa 10 Fragen) am Anfang einer Testbatterie bis zu 200 Fragen (10 Gebiete à 20 Fragen) reicht die Palette. Oftmals werden die Fragensammlungen durch berufsspezifische Wissensfragen erweitert. Man kann sich viele Allgemeinwissensfragen ausdenken – unsere Beispiele jedoch stammen aus Originaltests der täglichen Testpraxis, geordnet nach Sachgebieten, unter Berücksichtigung von Wichtigkeit und Häufigkeit. Hier zunächst ein leichter Einstieg in Form eines Satzergänzungstests. Die Lösungen zu den folgenden Tests finden Sie ab S. 578.

Satzergänzung

Ihnen werden Sätze vorgegeben, die durch eines der Lösungsworte von a–f zu ergänzen sind. Nur ein Lösungswort ist richtig.

1. ***Beispiel:*** Am meisten Ähnlichkeit haben Kaninchen mit ...
   a) Hasen.
   b) Katzen.
   c) Eichhörnchen.
   d) Füchsen.
   e) Igeln.
   f) Frettchen.

Lösung: a) Hasen

2. ***Beispiel:*** Vor allem aus Mangel an ... sind Hochhäuser entstanden.
   a) Sauerstoff
   b) ästhetischem Empfinden
   c) Baugrund
   d) Bauholz
   e) Architekten
   f) Wohnungen

Lösung: c) Baugrund

Für die folgenden 20 Satzergänzungsaufgaben haben Sie 5 Minuten Zeit.

1. Beim Autofahren benötigt man besonders ...
   a) Vorsicht.
   b) Ausdauer.
   c) Geschick.
   d) Kraft.
   e) Aufmerksamkeit.
   f) Rücksicht.

2. Am wichtigsten am Fernseher ist/sind ...
   a) die Antenne.
   b) der Abstellknopf.
   c) die Transistoren.
   d) der Bildschirm.
   e) der Kontrastregler.
   f) der Lautstärkeregler.

3. ... gehört nicht zum Wetter.
   a) Der Nebel
   b) Das Gewitter
   c) Der Hagel
   d) Das Erdbeben
   e) Der Orkan
   f) Der Sturm

4. Als Verkehrsmittel ist das Flugzeug das ...
   a) unsicherste.
   b) leichteste.
   c) teuerste.
   d) größte.
   e) vernünftigste.
   f) schnellste.

5. Letztlich werden Entscheidungen ...
   a) diskutiert.
   b) überlegt.
   c) getroffen.
   d) geplant.
   e) befolgt.
   f) vermieden.

6. Am ehesten zu Lebzeiten muss der Ruf eines ... begründet sein.
   a) Komponisten
   b) Malers
   c) Bildhauers
   d) Schauspielers
   e) Dichters
   f) Schriftsteller

7. Am wenigsten kann man über längere Zeit verzichten auf das ...
   a) Fernsehen.
   b) Schlafen.
   c) Sprechen.
   d) Trinken.
   e) Essen.
   f) Gehen.

8. Quecksilber ist ...
   a) eine Legierung.
   b) ein Metall.
   c) ein Mineral.
   d) eine Lösung.
   e) ein Gemisch.
   f) eine Mixtur.

9. In der Regel sind Väter ... erfahrener als ihre Söhne.
   a) nie
   b) immer
   c) gewöhnlich
   d) grundsätzlich
   e) selten
   f) manchmal

10. ... gehört/gehören immer zu einer Prüfung.
   a) Fragen
   b) Antworten
   c) Wissen
   d) Fähigkeiten
   e) Ein Programm
   f) Ein Prüfender

11. Hat man Geld, hat man immer ...
   a) Freude.
   b) Freunde.
   c) Sicherheit.
   d) Macht.
   e) Besitz.
   f) Konten.

12. Am besten löst man ein Problem durch ...
   a) Einfühlung.
   b) Verstand.
   c) Ausprobieren.
   d) Konzentration.
   e) Nachdenken.
   f) Aufgeben.

13. Etwa ... Prozent beträgt der Anteil der Bundesrepublik Deutschland an der Festlandoberfläche der Erde.
   a) 0,2
   b) 0,5
   c) 1,5
   d) 2,3
   e) 2,8
   f) 3,2

14. Man braucht ..., wenn man arbeitet.
   a) Verstand
   b) Intelligenz
   c) Werkzeuge
   d) Chefs
   e) Aufgaben
   f) Ehrgeiz

15. ... ist die häufigste Ursache eines Hochwassers.
   a) Ein Unglück
   b) Eine Katastrophe
   c) Ein Unwetter
   d) Ein Dammbruch
   e) Regen
   f) Eisschmelze

16. Mit Menschen sollte man ... im Umgang sein.
   a) abwartend
   b) vergnügt
   c) aufgeschlossen
   d) zurückhaltend
   e) vorsichtig
   f) gewandt

17. Man benötigt viel ..., um tiefe Töne zu erzeugen.
   a) Verstand
   b) Gefühl
   c) Übung
   d) Kraft
   e) Schwung
   f) Konzentration

18. Eine mit Inhalten aus der Tierwelt gestaltete kurze Erzählung, die häufig eine Belehrung enthält, bezeichnet man als ...
   a) Anekdote.
   b) Roman.
   c) Fabel.
   d) Legende.
   e) Gleichnis.
   f) Symbol.

19. Eine/Ein ... dient nicht der Regelung des Verkehrs auf der Straße.
   a) Parkverbot
   b) Bahnschranke
   c) Einbahnstraße
   d) Ampelanlage
   e) Scheinwerfer
   f) Verkehrspolizist

20. Die Differenz zwischen sogenanntem bürgerlichem und astronomischem Jahr wird ausgeglichen durch das/die ...
   a) Schaltjahr.
   b) Kalenderjahr.
   c) Jahreszeiten.
   d) Monatslängen.
   e) Kirchenjahr.
   f) Sabbatjahr.

Geschichte

Für die folgenden 20 Aufgaben haben Sie 5 Minuten Zeit.

1. Wann endete der Zweite Weltkrieg in Europa?
   a) März 1945
   b) April 1945
   c) Mai 1945
   d) Juni 1945

2. Wann erfolgte die Proklamation der Menschen- und Bürgerrechte in Frankreich?
   a) 1776
   b) 1789
   c) 1813
   d) 1850

3. In welcher Zeitspanne ereignete sich der Erste Weltkrieg?
   a) 1913–1917
   b) 1913–1919
   c) 1914–1917
   d) 1914–1918

4. Wann fand die Oktoberrevolution statt?
   a) 1920
   b) 1918
   c) 1917
   d) 1896

5. Die Entente Cordiale wurde geschlossen zwischen …
   a) England und Russland.
   b) England und Frankreich.
   c) Frankreich und Russland.
   d) Frankreich und Deutschland.

6. Wann wurde Deutschland in den Völkerbund aufgenommen?
   a) 1924
   b) 1926
   c) 1928
   d) 1945

7. Julius Cäsar adoptierte seinen Großneffen. Er hieß …
   a) Crassus.
   b) Oktavian.
   c) Cäsario.
   d) Augustus.

8. Der Spartakusaufstand 1919: Wer versteckte sich hinter dem Pseudonym »Spartakus«?
   a) Karl Liebknecht
   b) Rosa Luxemburg
   c) Ernst Thälmann
   d) Wilhelm Pieck

9. Der Gedanke der kommunalen Selbstverwaltung stammt von …
   a) Stresemann-Severing.
   b) Wilhelm v. Humboldt.
   c) Stein-Hardenberg.
   d) August Bebel.

10. Woher kamen die Goten ihrer Stammessage nach?
    a) aus Skandinavien
    b) vom Balkan
    c) aus Vorderasien
    d) aus Lettland

11. In England wurden 1215 dem Königtum zugunsten des Klerus und des Adels feudale Vorrechte abgenötigt. Die Urkunde dieser »ersten Freiheitsrechte« heißt ...

a) Great Bill of England.
b) Magna Charta.
c) Bill of Rights.
d) Keiner dieser drei Lösungsvorschläge ist richtig.

12. Die Unabhängigkeitserklärung der USA war ...

a) 1769.
b) 1776.
c) 1793.
d) 1815.

13. Friedrich List gründete 1819 den »Deutschen Handels- und Gewerbeverein«. Dieses Modell war der Vorläufer für ...

a) das deutsche Gewerkschaftswesen.
b) den deutschen Zollverein.
c) das deutsche Kolonialwesen.
d) den deutschen Sparkassenverein.

14. Mit der Flucht Mohammeds von Mekka nach Medina beginnt im Islam eine eigene Zeitrechnung. Wann fand dies nach unserer Zeitrechnung statt?

a) 518 v. Chr.
b) 400 v. Chr.
c) 612 n. Chr.
d) 622 n. Chr.

15. Der amtliche Name des 1. Deutschen Reichs lautete ...

a) Kleindeutsches Reich.
b) Deutsches Kaiserreich.
c) Heiliges Römisches Reich Deutscher Nation.
d) Großdeutsches Reich.

16. Die Schlagworte der Französischen Revolution hießen ...

a) Freiheit, Gleichheit, Brüderlichkeit.
b) Frieden, Freiheit, Wohlstand.
c) Frieden, Freiheit, Gerechtigkeit.
d) Einigkeit und Recht und Freiheit.

17. Wer gründete das Deutsche Reich?

a) Hitler
b) Bismarck
c) Hindenburg
d) Stresemann

18. Welches Geschehen besiegelte den Untergang des spanischen Weltreiches?

a) Entdeckung Amerikas
b) Erbstreitigkeiten im spanischen Herrscherhaus
c) Vernichtung der spanischen Flotte
d) die Schlacht bei Waterloo

19. Welches kleine, aber wichtige europäische Land hat seit 1815 keine Kriege mit seinen Nachbarn geführt?

a) Holland
b) Schweiz
c) Dänemark
d) Österreich

20. Wer zerstörte Karthago?
   a) die Ägypter
   b) die Athener
   c) die Römer
   d) die Mohammedaner

Literatur

Für 15 Aufgaben haben Sie 3 Minuten Zeit.

1. »Zarathustra« (Beschreibung des sogenannten Übermenschen) ist von …
   a) George.
   b) Morgenstern.
   c) Nietzsche.

2. Der bedeutendste Erziehungs- und Entwicklungsroman um 1800 war »Wilhelm Meisters Lehr- und Wanderjahre« und stammt von …
   a) Herder.
   b) Schiller.
   c) Goethe.

3. Hans Jakob Christoph v. Grimmelshausen schuf im 17. Jahrhundert eine satirische Dichtung mit dem Namen …
   a) »Die Betschwester«.
   b) »Der arme Heinrich«.
   c) »Der Simplicissimus«.

4. Über den Dreißigjährigen Krieg schrieb Schiller sein dreiteiliges Drama …
   a) »Don Carlos«.
   b) »Wilhelm Tell«.
   c) »Wallenstein«.

5. Ein bedeutender französischer Komödiendichter des 17. Jahrhunderts war …
   a) Balzac.
   b) Molière.
   c) Tartuffe.

6. Welcher deutsche Schriftsteller wurde bekannt durch einen Kriegsroman?
   a) Zweig
   b) Brecht
   c) Remarque

7. »Die Buddenbrooks«, die Familiengeschichte einer Lübecker Kaufmannsfamilie, schrieb 1901 …
   a) Thomas Mann.
   b) Stefan Zweig.
   c) Hermann Hesse.

8. Gerhart Hauptmanns soziales Drama »Die Weber« stammt aus der Epoche des …
   a) Symbolismus.
   b) Naturalismus.
   c) Expressionismus.

9. Dürrenmatt warf die Frage nach der Eigenverantwortung der Wissenschaftler neu auf. Seine Komödie, die hinsichtlich der atomaren Aufrüstung zu denken gibt, hat den Titel …
   a) »Die Physiker«.
   b) »Der Besuch der alten Dame«.
   c) »Ein Engel«.

10. Wer schrieb den Roman »Krebsstation«?
    a) Solschenizyn
    b) Bulgakow
    c) Pasternak

11. Der deutsche Dramatiker Hochhuth provozierte mit seinem Erstlingswerk politische Spannungen mit dem Vatikan. Dieses Werk heißt ...
    a) Guerillas.
    b) Der Stellvertreter.
    c) Soldaten.

12. Wer schrieb »Die fromme Helene«?
    a) Kleist
    b) Busch
    c) Wagner

13. Wer schrieb den »Hauptmann von Köpenick«?
    a) Zuckmayer
    b) Valentin
    c) Böll

14. Wer schrieb »Emilia Galotti?«
    a) Lessing
    b) Schiller
    c) Goethe

15. Wie hieß Schillers erstes Drama?
    a) Die Räuber
    b) Kabale und Liebe
    c) Romeo und Julia

Technik

Sie haben für 15 Aufgaben 3 Minuten Zeit.

1. Bimsstein ist leichter oder schwerer als Wasser?
   a) schwerer
   b) leichter
   c) gleich schwer

2. Bei welchem Wetter pflanzt sich Schall schneller fort?
   a) bei warmem
   b) bei kaltem
   c) gleich

3. Von der Sonne bis zur Erde braucht Licht ...
   a) 8 Minuten 13 Sekunden.
   b) 1 Stunde 3 Minuten.
   c) 2 Stunden 14 Minuten.

4. Welche Funktion hat ein Transformator?
   a) Umspanner
   b) Speicher
   c) Gleichrichter

5. Das ... ist ein Messinstrument für den Luftdruck.
   a) Hygrometer
   b) Barometer
   c) Thermometer

6. Was ist weiches Wasser?
   a) ohne Kalkgehalt
   b) mit starkem Kalkgehalt
   c) mit mittlerem Kalkgehalt

7. Wie viele Stunden zeigt die Skala einer Sonnenuhr an?
   a) 6 Stunden
   b) 12 Stunden
   c) 24 Stunden

8. Der/das ... ist ein Messinstrument für Erdbeben.
   a) Quadrometer
   b) Seismograf
   c) Hygrometer

9. Welche Strahlen zeigt der Geigerzähler an?
   a) Röntgenstrahlen
   b) radioaktive Strahlen
   c) Sonnenstrahlen

10. Was ist ein Zyklotron?
    a) Beschleuniger für Elementarteilchen
    b) freiwerdendes Teilchen bei der Kernspaltung
    c) Gezeitenmesser

11. Was versteht man unter einem Semaphor?
    a) Messinstrument im Flugzeug
    b) optischer Signalgeber (Schifffahrt)
    c) Eisenbahnsignal

12. Wie wird beim Flugzeug die Geschwindigkeit geregelt?
    a) durch Neigungsveränderung der Flugflächen
    b) durch Gasgeben und Drosseln
    c) durch Verstellen der Landeklappen

13. Nach welchem Prinzip wird Rohrpost befördert?
    a) mit Druck- oder Saugluft
    b) mit dem Prinzip der schiefen Ebene
    c) mit Flüssigkeit

14. Können Diamanten verbrennen?
    a) ja, ohne Rückstand zu Kohlendioxyd
    b) nein, sie sind zu rein
    c) nein, sie sind zu hart

15. Wie bezeichnet man die in Höhlen von unten nach oben »wachsenden« Tropfsteine?
    a) Lapislazuli
    b) Stalaktiten
    c) Stalagmiten

Logisches Denken / Abstraktionsfähigkeit

Das logische Denken und die Abstraktionsfähigkeit sind Knackpunkte in jedem Einstellungstestverfahren. Unter dem Begriff Logik wird ein folgerichtiges, schlüssiges, gültiges, sogenanntes denkrichtiges Denken verstanden, das zu einleuchtenden, offenkundig und selbstverständlich richtigen Schlussfolgerungen und Aussagen führt. Logisch, dass Testanwender gern über diese Art zu denken verfügen möchten und deshalb auch ihre Testkandidaten bezüglich dieser Qualitäten einer ausführlichen Prüfung unterziehen. Der Unlogik – nämlich ihres wissenschaftlich und menschlich höchst fragwürdigen Vorgehens – sind sie sich dabei natürlich nicht bewusst.

Mithilfe unterschiedlicher Testaufgabentypen versucht man, sich an Logik- und Abstraktionsfähigkeiten der Getesteten heranzupirschen. Es lassen sich grafische Aufgaben, Sprachaufgaben (z.B. Analogien) und Zahlenaufgaben(-reihen) unterscheiden. Hier nun ein paar typische Aufgaben aus dem Testgebiet Logisches Denken und Abstraktionsfähigkeit. Die Lösungen finden Sie ab S. 578.

Sinnvoll ergänzen

Sie sehen ein Rechteck mit 8 Figuren. Welcher der vorgegebenen 9 Lösungsvorschläge (rechts, A–I) passt als Einziger in das freie 9. Feld?

Beispiel 1

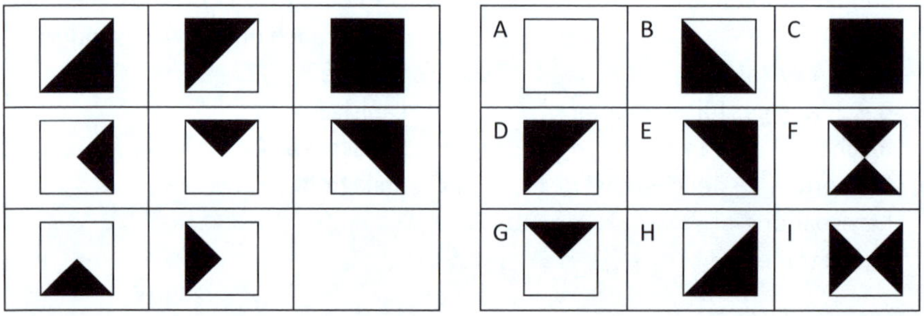

Lösung: B

Erklärung: In horizontaler Richtung ergibt die schwarze Fläche der ersten Figur, addiert mit der schwarzen Fläche der zweiten Figur sozusagen als Summe, die dritte Figur. In vertikaler Richtung wird die Fläche der zweiten Figur von der ersten subtrahiert und die dritte Figur stellt die Differenz dar.

Beispiel 2

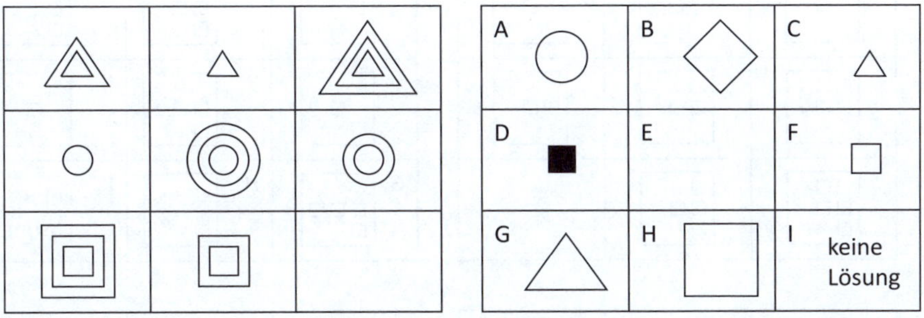

Lösung: F

Für die folgenden 7 Aufgaben haben Sie 5 Minuten Zeit.

1.

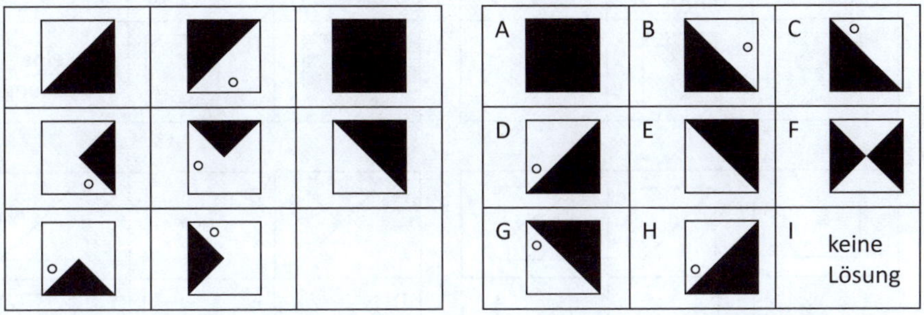

2.

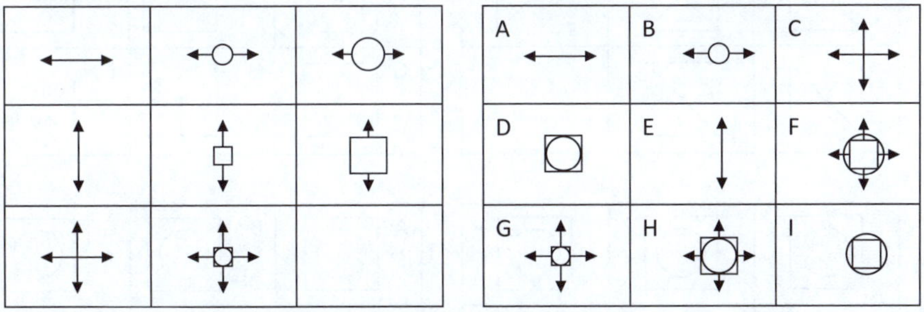

3.

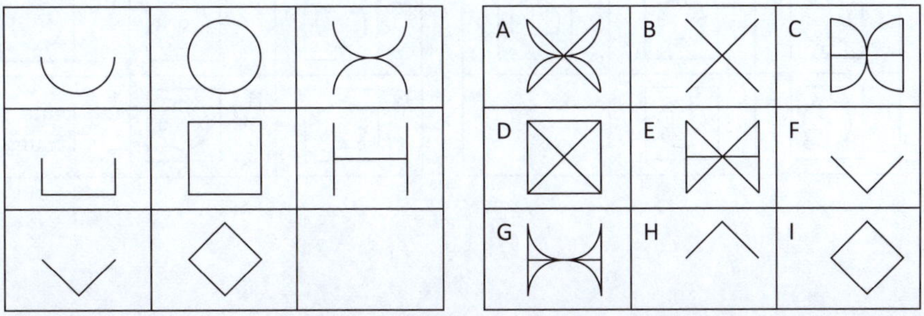

4.

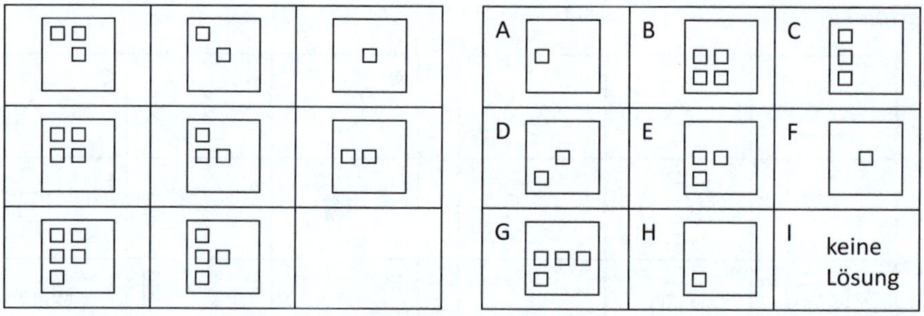
A
B
C
D
E
F
G
H
I
keine Lösung

5.

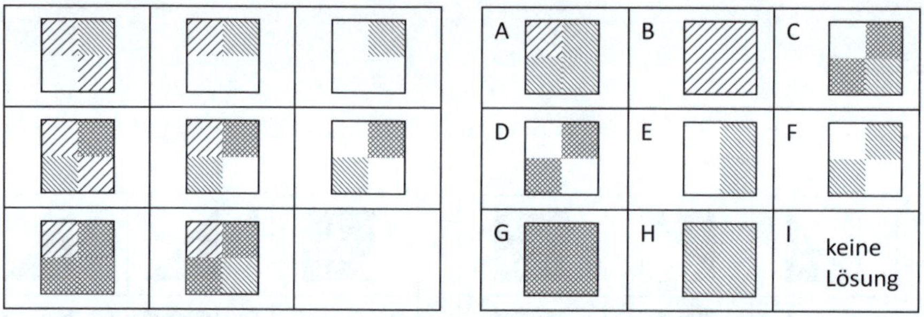
A
B
C
D
E
F
G
H
I
keine Lösung

6.

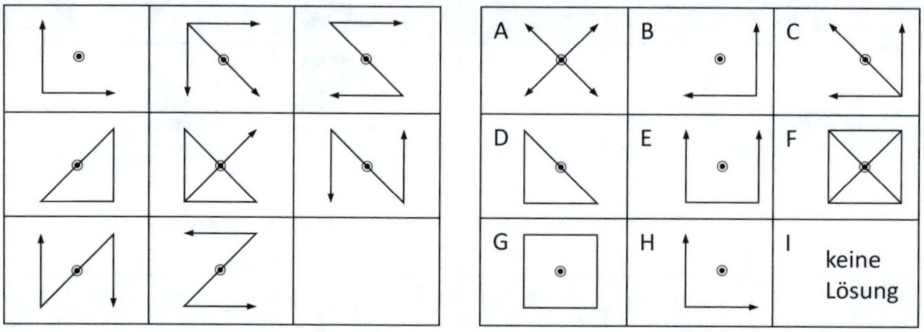
A
B
C
D
E
F
G
H
I
keine Lösung

7.

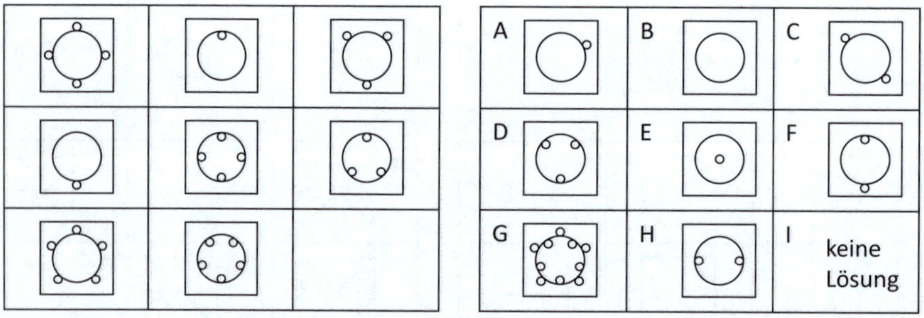
A
B
C
D
E
F
G
H
I
keine Lösung

Zahlenmatrizen

Die folgende Aufgabe ist – ähnlich wie die vorangegangenen – eine Art Kombination aus Figuren- und Zahlenreihen.

Beispiel 1

1	2	3
4	?	6
7	8	9

Lösung: 5

Beispiel 2

5	6	7
7	8	9
9	10	?

Lösung: 11

Erklärung: Senkrecht jede Zahl mit 3 bzw. 2 (2. Beispiel), waagerecht jede Zahl mit 1 addiert.

Für die folgenden 10 Aufgaben haben Sie 5 Minuten Zeit.

A

0	2	4
2	4	6
4	6	?

B

5	8	11
3	6	?
1	4	7

C

40	25	10
32	17	2
24	9	?

D

216	36	6
72	12	2
24	4	?

E

16	4	1
32	?	2
64	16	4

F

3	12	48
9	36	144
?	108	432

G

77	64	51
90	77	64
?	90	77

H

9	8	6
6	5	3
2	1	?

I

18	35	52
9	26	43
?	17	34

J

6	24	8
2	8	$^8/_3$
8	32	?

Dominos

Welcher Dominostein aus der rechten Lösungsgruppe passt in die linke Dominogruppe? Gesucht wird der Stein, der durch seine Punktzahl oben und unten die linke Dominogruppe logisch sinnvoll ergänzt. Dazu zwei Beispiele:

Beispiel 1

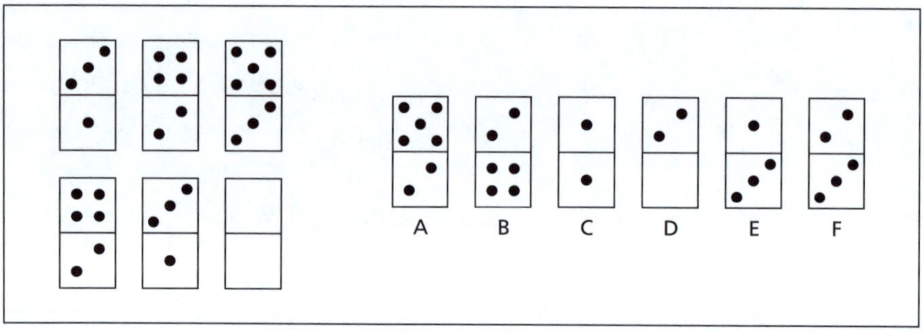

Lösung: D

Erklärung: Die erste Reihe Dominosteine baut sich im oberen (3-4-5 Punkte) wie im unteren Feld (1-2-3 Punkte) nach dem System + 1 auf. Das Aufbauprinzip der zweiten Reihe Dominosteine ist entsprechend, aber nach dem System – 1.

Beispiel 2

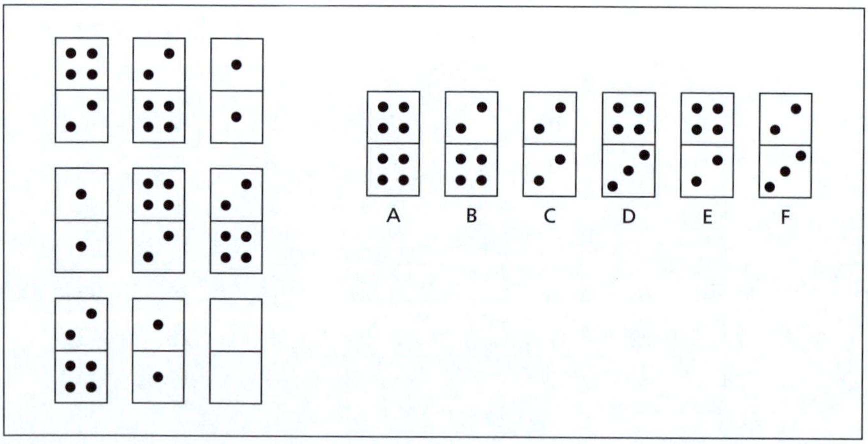

Lösung: E

Erklärung: Jetzt haben wir es mit drei Dominoreihen zu tun, die wir uns anschauen müssen. Auch hier gilt es, ein gemeinsames System festzustellen. Jede Reihe Dominosteine hat die Kombination 4-2, 2-4 (die Umkehrung) und einen 1-1-Stein. Diese Steinkombination wird lediglich unterschiedlich angeordnet. In der ersten Reihe ist der 1-1-Stein in der letzten Position, in der zweiten Reihe in der ersten, in der dritten Reihe in der zweiten Position.

Für die folgenden 8 Aufgaben haben Sie 10 Minuten Bearbeitungszeit.

1.

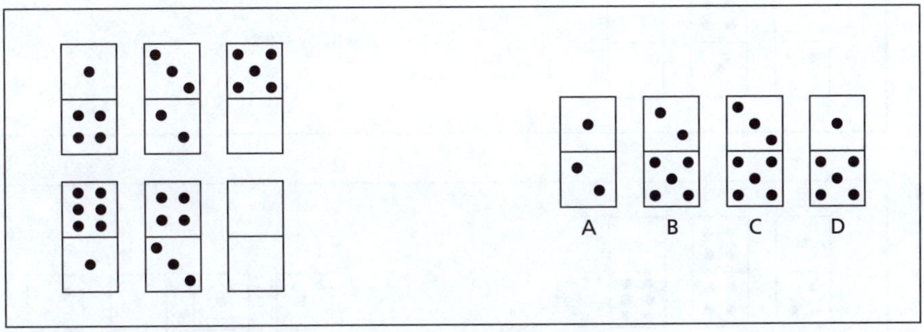

2.

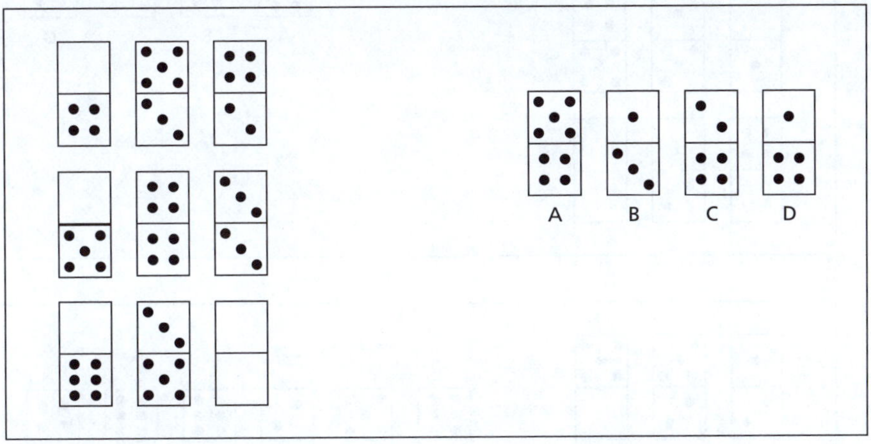

3.

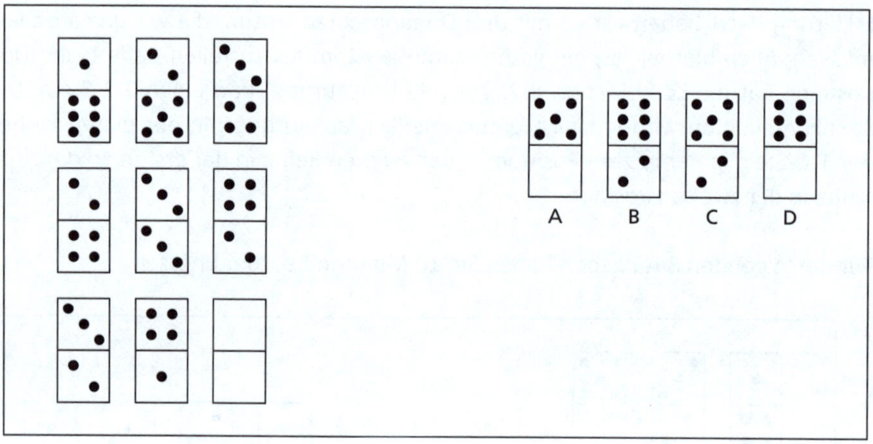

4.

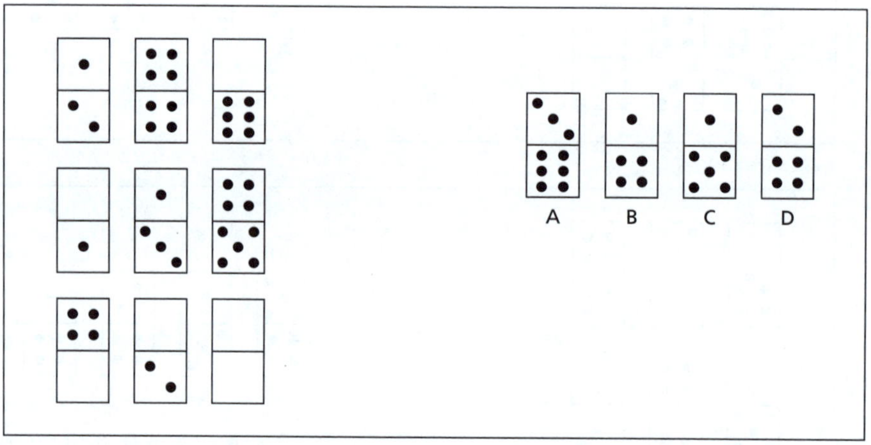

5.

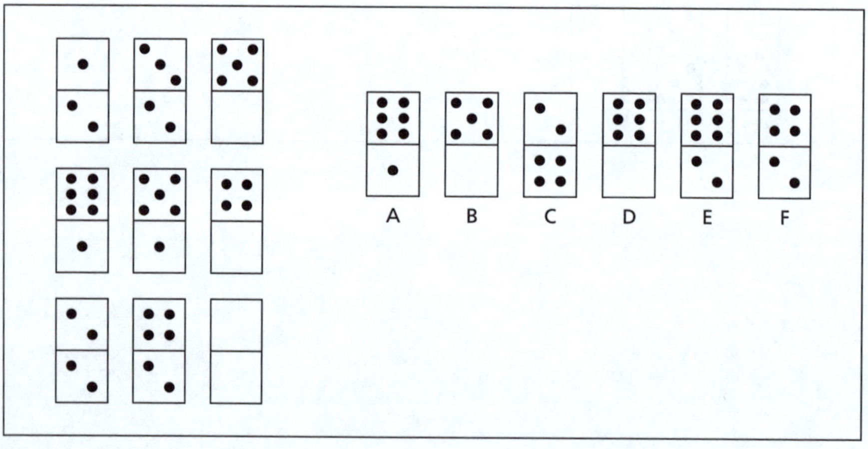

6.

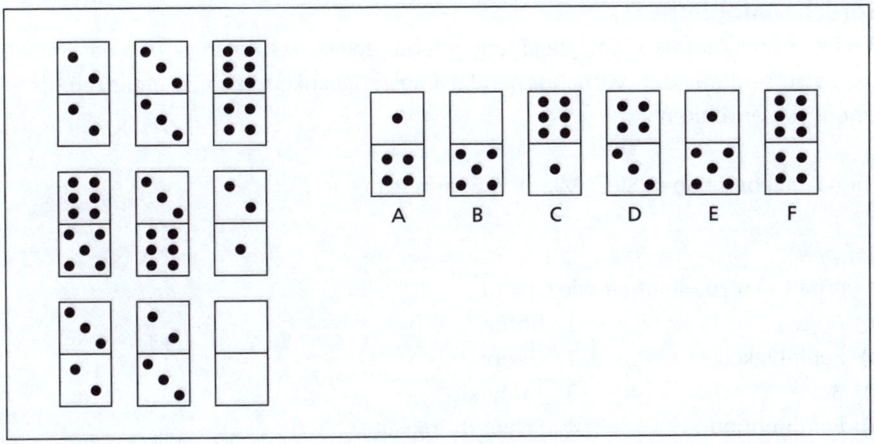

7.

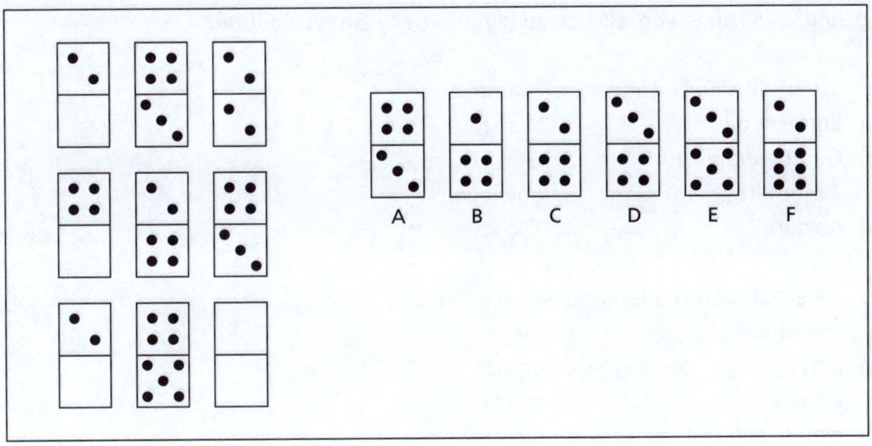

8.

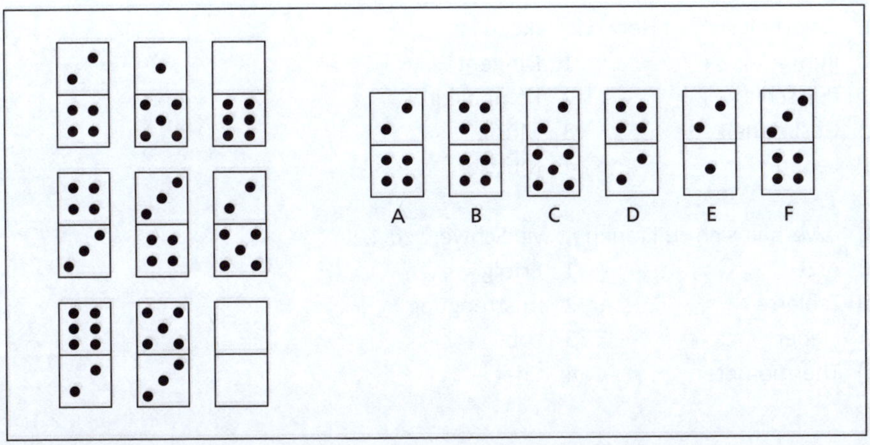

Sprachanalogien

Bei den nun folgenden Wortgleichungen fehlt jeweils das Anfangs- und das Endwort. Die Sätze sind aus den vorhandenen Lösungsmöglichkeiten so zu ergänzen, dass sie einen Sinn enthalten.

Für 4 Aufgaben haben Sie 2 Minuten Bearbeitungszeit.

Beispiel

... verhält sich zu Blindheit wie Ohr zu ...

a) Auge	1 hören
b) Sehfähigkeit	2 Gehör
c) Brille	3 Taubheit
d) Blindenhund	4 Schwerhörigkeit

Lösung: a) 3 (Auge verhält sich zu Blindheit wie Ohr zu Taubheit.)

1. ... verhält sich zu Länge wie Gramm zu ...

a) Entfernung	1 Waage
b) Geschwindigkeit	2 Gewicht
c) Zentimeter	3 abwiegen
d) Abstand	4 Kilo

2. ... verhält sich zu niemand wie alles zu ...

a) manche	1 mehr
b) jeder	2 immer
c) viele	3 nichts
d) einige	4 nie

3. ... verhält sich zu Herz wie Takt zu ...

a) Pumpe	1 Dirigent
b) Pulsschlag	2 Komposition
c) Gesundheit	3 Musik
d) Leben	4 Musiker

4. ... verhält sich zu Krankheit wie Schweiß zu ...

a) Arzt	1 Erfolg
b) Tablette	2 Anstrengung
c) Fieber	3 Lob
d) Thermometer	4 Chef

Grafik-Analogien

Ging es bei der vorigen Aufgabe darum, bestimmte Begriffe auf rein sprachlicher Ebene miteinander in Bezug zu setzen, ist jetzt die gleiche Aufgabenstellung auf grafischer Ebene zu bewältigen.

Beispiel 1

Lösungsvorschläge:

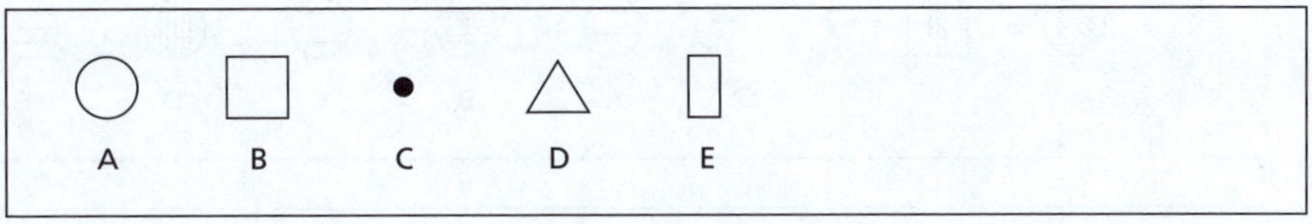

Lösung: E
Der Kreis verhält sich zum Quadrat wie die Ellipse zum Rechteck.

Beispiel 2

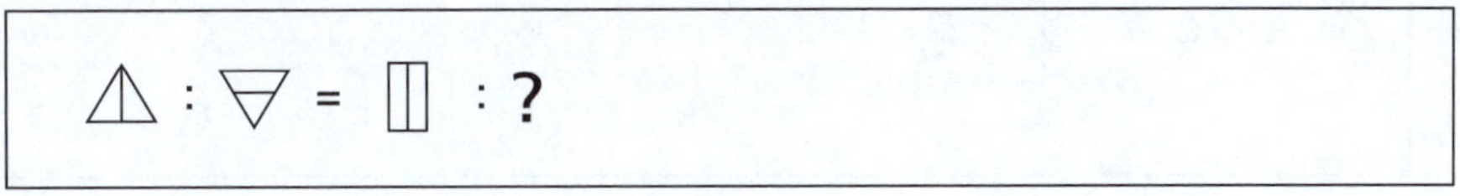

Lösungsvorschläge:

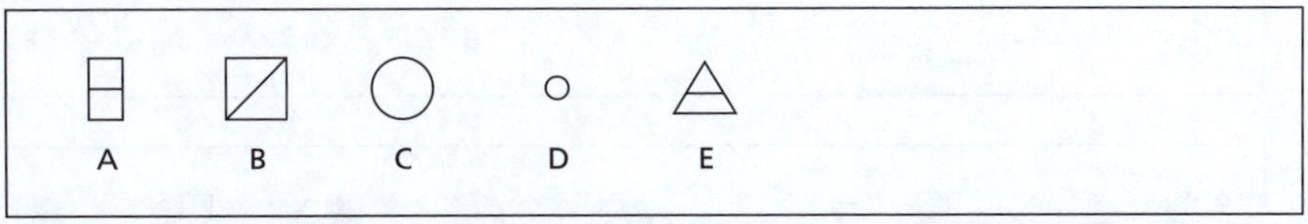

Lösung: A

Für die folgenden 8 Aufgaben haben Sie 4 Minuten Zeit.

1.

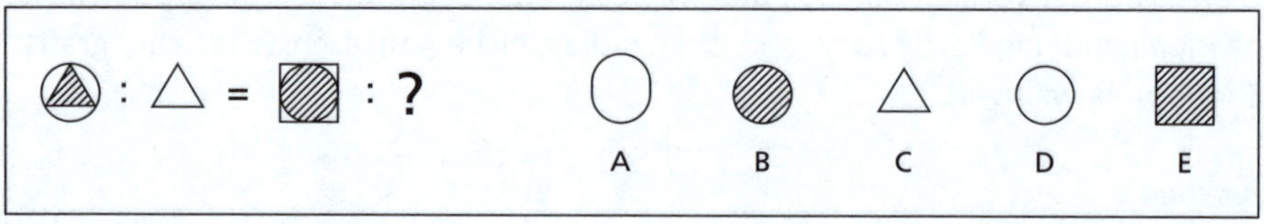

2.

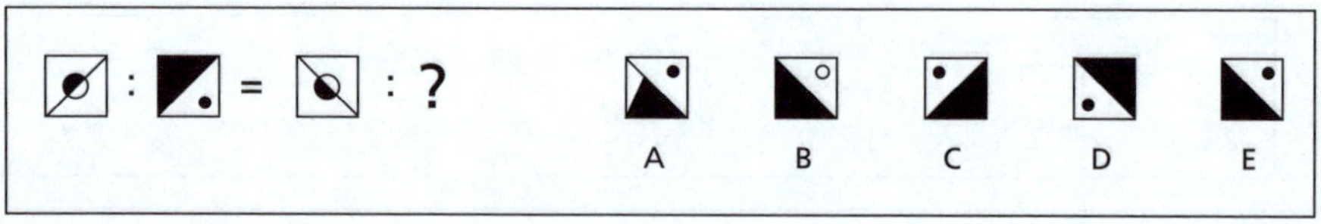

3.

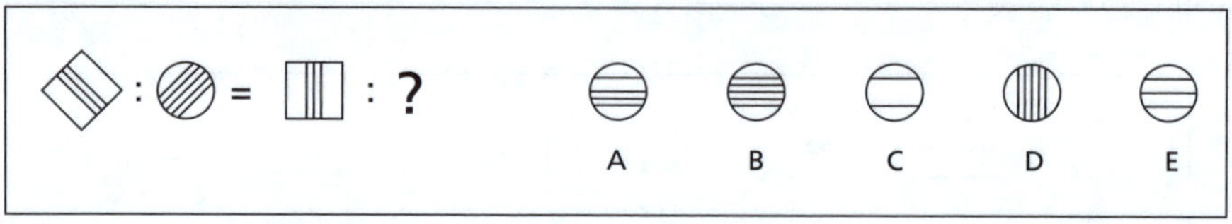

4.

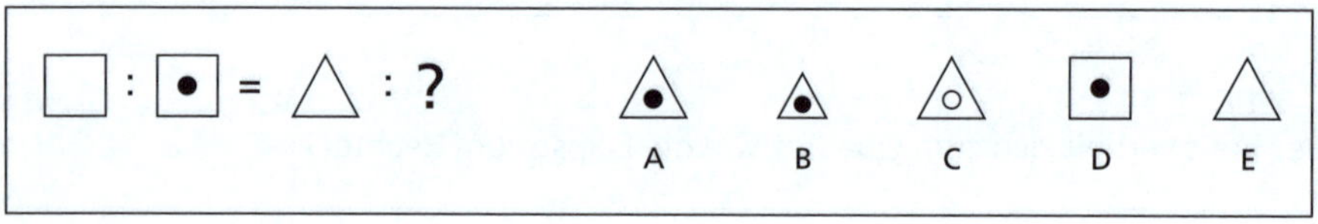

5.

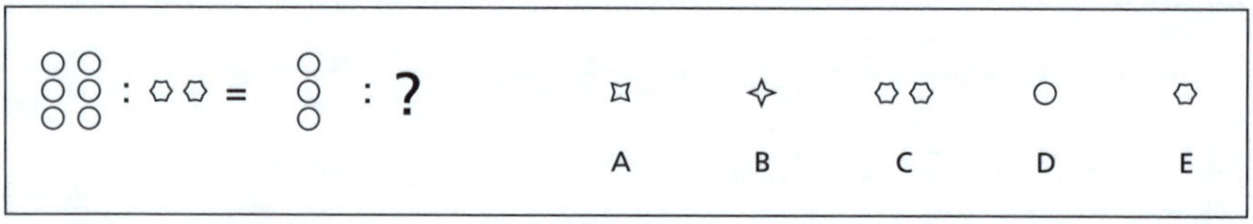

6.

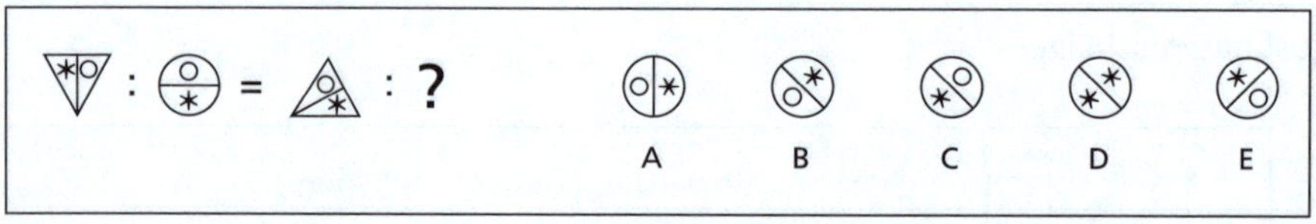

7.

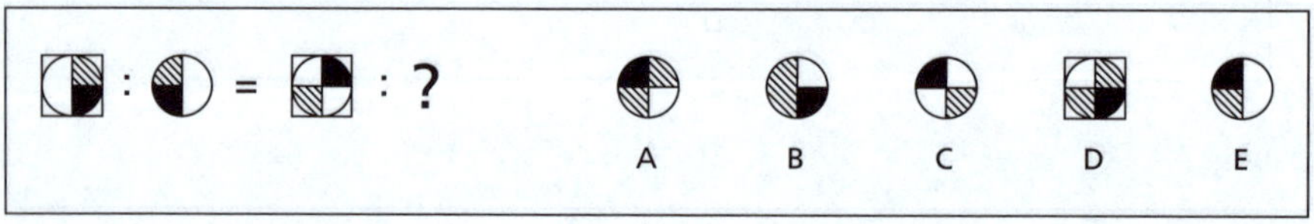

8.

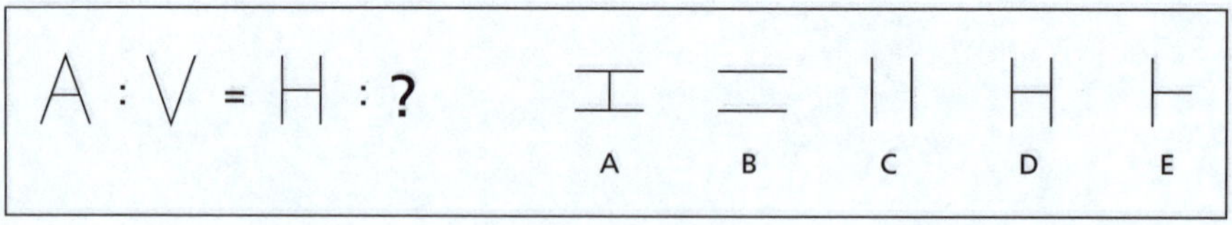

Absurde Schlussfolgerungen

Jetzt geht es darum zu überprüfen, ob Schlussfolgerungen, die aufgrund bestimmter Behauptungen gezogen werden, formal richtig oder falsch sind. Die »reale Wirklichkeit« spielt dabei keine Rolle, was die Sache erheblich erschwert und – wie so oft in Tests – Verwirrung stiftet.

Beispiel 1

Alle Schnecken haben Häuser.
Alle Häuser haben Schornsteine.

Schlussfolgerung: Deshalb haben alle Schnecken Schornsteine.

a) stimmt
b) stimmt nicht

Lösung: a

Beispiel 2

Alle Schnecken sind Rennfahrer.
Alle Rennfahrer können fliegen, weil sie Fische sind.
Fische haben zwei Beine.

Schlussfolgerung: Schnecken haben zwei Beine.

a) stimmt
b) stimmt nicht

Lösung: a

Beispiel 3

Alle Mäuse essen Fisch.
Fisch kann miauen.

Also: Alle Mäuse können miauen.

a) stimmt
b) stimmt nicht

Lösung: a

Für die folgenden 5 Aufgaben haben Sie 5 Minuten Zeit.

Die Frage lautet jeweils: Stimmt die Behauptung?

1. Alle Bleistifte können lesen. Bücher können schreiben.
Behauptung: Bleistifte können Bücher schreiben.
a) stimmt
b) stimmt nicht

2. Bücher können schreiben, aber nicht lesen. Bleistifte können lesen, aber nicht schreiben. Brillen können lesen und schreiben.
1. Behauptung: Brillen sind intelligenter als Bücher und Bleistifte.
a) stimmt
b) stimmt nicht
2. Behauptung: Bleistifte können von Brillen nicht zum Schreiben benutzt werden.
a) stimmt
b) stimmt nicht

3. Spione tauchen gerne unter. U-Boote auch.
1. Behauptung: Spione sind U-Boote.
a) stimmt
b) stimmt nicht
2. Behauptung: U-Boote tauchen gerne.
a) stimmt
b) stimmt nicht

4. Bälle können alles beißen. Alle Hunde sind Bälle, und alle Katzen sind rund, weil sie gerne Bälle essen.
1. Behauptung: Alle Hunde können beißen.
a) stimmt
b) stimmt nicht
2. Behauptung: Alle Bälle sind rund.
a) stimmt
b) stimmt nicht
3. Behauptung: Bälle können Katzen beißen.
a) stimmt
b) stimmt nicht

5. Wenn alle rosa Elefanten zur Schule gehen und lesen können und rote Kugelschreiber nur rosa Elefanten sind, wenn sie singen und zur Arbeit gehen, stimmt dann die Behauptung, dass rosa Elefanten rote Kugelschreiber sind?
a) stimmt
b) stimmt nicht

Richtige Schreibweise

Ist das Wort richtig geschrieben? Falls nicht, bitte die richtige Schreibweise notieren (Achtung: neue Rechtschreibung)! Sie haben 5 Minuten Zeit.

1. allmehlich
2. tödlich
3. wohlweißlich
4. Kannone
5. Rhabarber
6. Depäsche
7. Gelantine
8. Sattelit
9. zusehends
10. atletisch
11. Gelleee
12. Galopprennbahn
13. unversehens
14. Theke
15. Metode
16. Filliale
17. Karosserie
18. Labürinth
19. Rododendrohn
20. Rytmus
21. Portmonaie
22. Wagabund
23. Wiederstand
24. Zyklohp

Praktisch-technische Intelligenz

Aufgaben, die der praktisch-technischen Intelligenz zugeordnet werden, umfassen Übungen zum mathematischen Denken, zum technischen Basisverständnis und zum räumlichen Vorstellungsvermögen. Die Lösungen zu den folgenden Aufgaben finden Sie ab S. 579.

Grundrechnen

Bei den folgenden Aufgaben sollen Sie Ihre Rechenfähigkeit unter Beweis stellen. Für die folgenden 6 Aufgaben haben Sie 5 Minuten Zeit.

1. 33,24 + 1.725,11 + 1.845,23 + 2.936,12

a) 5.529,70
b) 5.539,71
c) 5.439,70
d) 5.539,70
e) 6.539,70

2. 12.176,11 – 2.181,32

a) 9.994,79
b) 10.994,79
c) 9.894,79
d) 9.994,69
e) 9.993,79

3. 11 • 13,125

a) 144,365
b) 143,375
c) 134,375
d) 144,375
e) 14,375

4. 102,5 : 1,25

a) 83
b) 8,2
c) 81
d) 82
e) 72

5. Welche Zahl ist um 1.000 kleiner als 177.909.483?

a) 177.809.483
b) 177.919.483
c) 177.908.483
d) 177.909.383
e) 177.819.483

6. 14 x 8 = 7 x ?

a) 14
b) 16
c) 15
d) 18
e) 22

Maße und Gewichte

Für 6 Aufgaben haben Sie 5 Minuten Zeit.

1. 4 Pfund und 30 Gramm sind wie viel Gramm?

a) 430
b) 4.030
c) 203
d) 20,3
e) 2.030

2. Ein Kanister hat die Innenmaße:
– Länge 80 cm
– Breite 40 cm
– Höhe 60 cm
Wie viele Kubikdezimeter Wasser kann er enthalten?

a) 0,192
b) 192.000
c) 1,92
d) 192
e) 19,2

3. Schreiben Sie 90 Zentner als Tonne.

a) 9
b) 4,5
c) 45
d) 0,45
e) 0,9

4. Ein Pflasterer benötigt für eine Fläche von 50 qm Platten, deren Größe 10 x 20 cm beträgt. Wie viele Platten benötigt der Pflasterer?

a) 500
b) 2.500
c) 50
d) 250
e) 5.000

5. Wie viele Stunden und Minuten sind 18.600 Sekunden?

a) 5 Std. 10'
b) 3 Std. 10'
c) 31 Std.
d) 5 Std.
e) 3 Std.

6. Schreiben Sie 0,55 a als qm.

a) 550
b) 55
c) 5.500
d) 1.100
e) 5,5

Technisch-physikalische Aufgaben

Beispiel:

Sie sehen drei Gewichte, die an einer Art Flaschenzug befestigt sind. Mit welchem Flaschenzug benötigt man die geringste Kraftanstrengung zum Heben der Last?

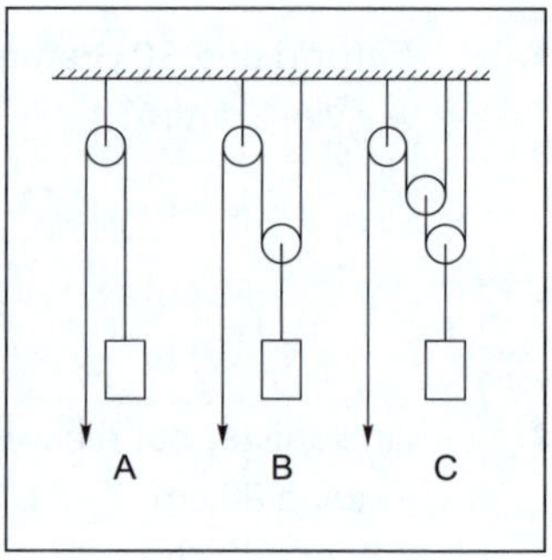

Lösung: c

Noch ein Hinweis: Im Gegensatz zur sonst üblichen Praxis können falsche Lösungen mit Minuspunkten bestraft werden – also Vorsicht beim Raten.

Für die folgenden 8 Aufgaben haben Sie 4 Minuten Zeit.

1. Wie wird die rechte Füllstandanzeige geleert?
   a) Ventil A und B werden geschlossen, Ventil C geöffnet
   b) Ventil B wird geschlossen, Ventil A und C geöffnet
   c) alle Ventile werden geöffnet

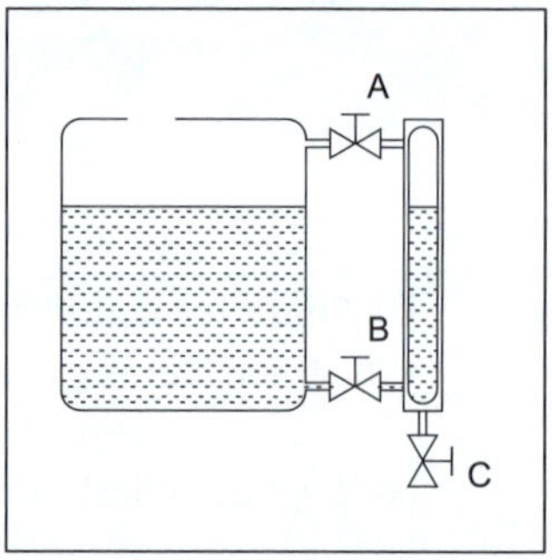

2. Welche Räder drehen sich ebenfalls in Antriebsrichtung?
   a) 1, 2, 3
   b) 2, 3, 5
   c) 3, 4, 5
   d) 1, 2, 5

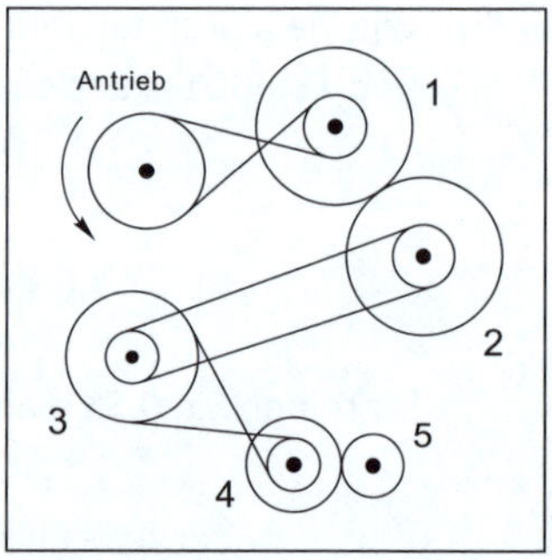

3. In welche Richtung bewegt sich die Kiste?
a) A
b) B
c) in keine

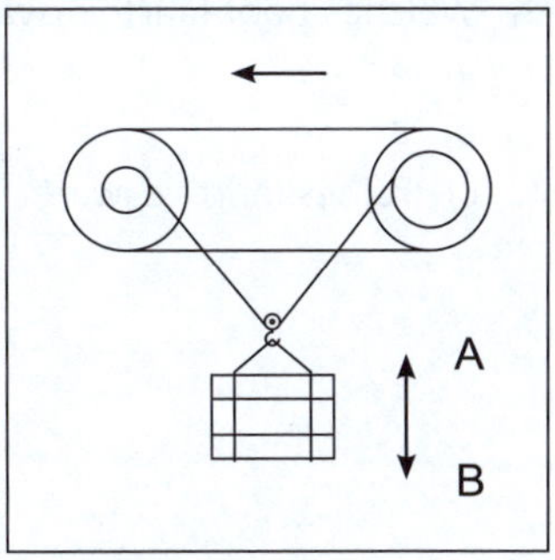

4. Aus welchem Gefäß tritt das Wasser mit dem höchsten Druck heraus?
a) A
b) B
c) C
d) kein Unterschied

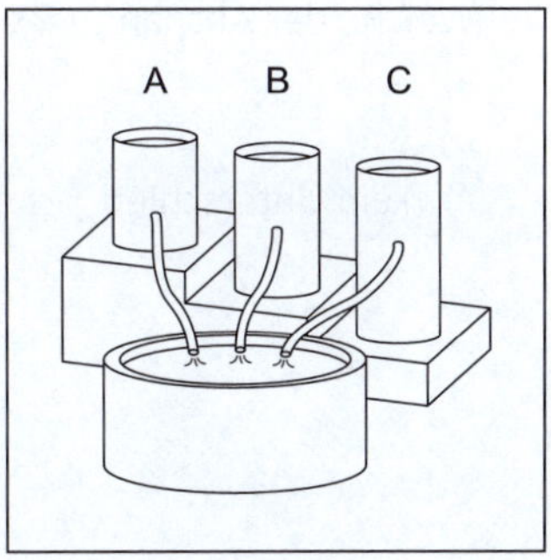

5. Welche Zahnräder drehen sich in die gleiche Richtung?
a) alle
b) 1, 3, 6, 8
c) 2, 4, 6, 8
d) Konstruktion funktioniert nicht

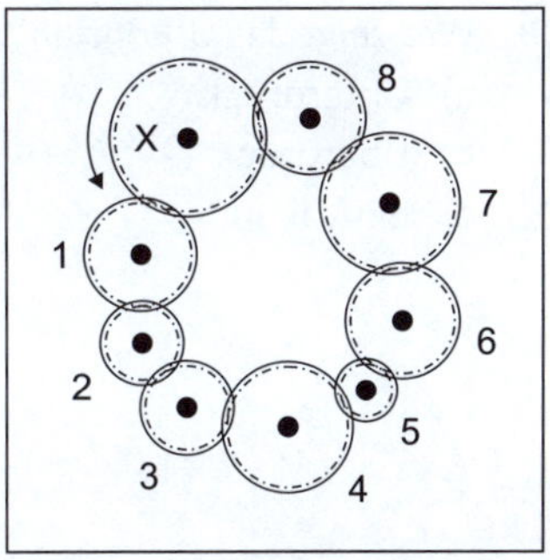

6. Welches Boot fährt vorwärts?
   a) A
   b) B
   c) keines fährt vorwärts

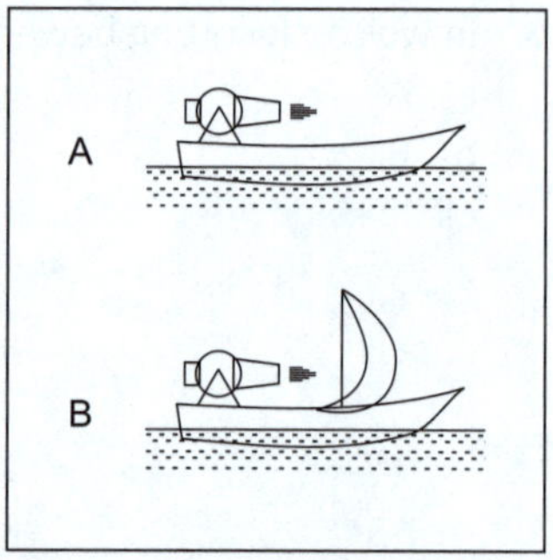

7. Welche der Abspannungen ist zweckmäßiger?
   a) A
   b) B
   c) kein Unterschied

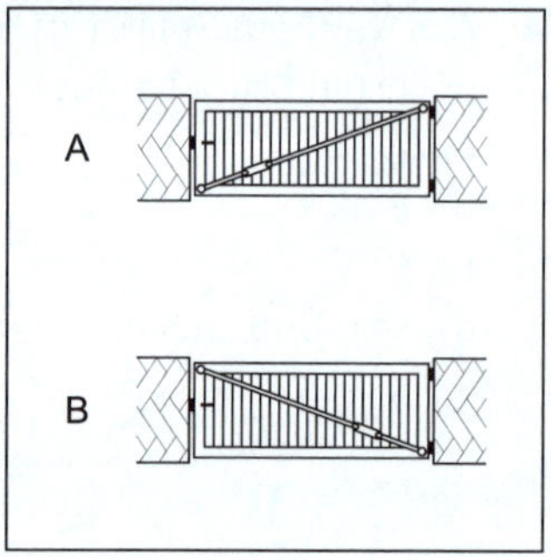

8. Was zeigt das U-Rohr an?
   a) Unterdruck
   b) Überdruck
   c) ein Vakuum

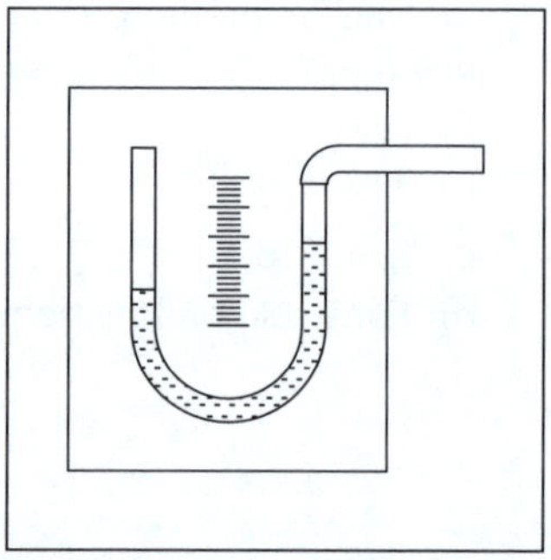

Leistungs-Konzentrationstests

Testaufgaben zur Überprüfung der Konzentrationsfähigkeit und des allgemeinen Leistungs- und Arbeitsverhaltens werden sehr oft bei Einstellungstests und Personalauswahlverfahren eingesetzt. Zu schön, um wahr zu sein, wenn man Bewerbern eine Arbeitsaufgabe vorlegen und ihnen beim Lösen – möglichst nicht länger als 30, maximal 60 Minuten – gewissermaßen über die Schulter schauen könnte, um daraus zuverlässig vorhersagen zu können: Dieser Bewerber kann gut, schnell und konzentriert arbeiten.

Dieser Wunsch ist verständlich, aber deshalb nicht leichter zu erfüllen. Es ist unrealistisch, aus einem Arbeitsproben-Miniausschnitt Rückschlüsse auf Lern- und Arbeitsverhalten ganz allgemein ziehen zu können. Und dennoch: So leicht lassen sich diese Testaufgaben trotz aller Vorbehalte nicht vom Tisch wischen. Hier geht es um das Leistungs-Konzentrations-Vermögen, Ihre Ausdauer und Belastbarkeit, um Ihren Sinn für Ordnung und Sorgfalt und um die Fähigkeit, sich die Arbeit gut zu organisieren.

Damit Sie wissen, was alles auf Sie zukommen kann und worauf es wirklich ankommt, möchten wir Ihnen einen Einblick in diese Aufgabentypen bieten. Die Lösungen finden Sie ab S. 579.

Zahlensuche

Bei dieser Aufgabe geht es darum, alle (aus zwei Zeilen bestehenden) Zahlenblöcke herauszusuchen, die folgende Bedingungen erfüllen:

– obere Zeile von 0,1600 bis 0,3350
– untere Zeile > 240

Beispiel:

A	B	C	D	E	F	G
0,1434 (131)	2, 4773 (140)	0,5540 (245)	0,8555 (222)	0,2156 (450)	0,2320 (231)	3,1843 (220)

Lösung: E

Die Lösungen sind entsprechend der Position in das Lösungsschema einzutragen.

Für die folgenden 20 Aufgaben haben Sie 5 Minuten Zeit.

	A	B	C	D	E	F	G
1	0,1124 (243)	1,2260 (134)	0,8920 (326)	0,2572 (673)	1,1502 (215)	0,7221 (451)	9,6600 (534)
2	1,1576 (345)	0,2456 (267)	0,3051 (904)	0,1050 (762)	0,8060 (267)	0, 4562 (156)	0,8742 (450)
3	0,1995 (135)	0,2950 (945)	0,2456 (456)	0,1670 (229)	0,2458 (192)	0,5470 (235)	0,2245 (210)
4	0, 4672 (256)	0,2178 (230)	0,1645 (674)	0,1296 (236)	0,6281 (456)	0,7239 (330)	0,2980 (506)
5	0,2113 (845)	0,1565 (103)	1,1452 (506)	0,1672 (220)	0,1990 (206)	0,2147 (298)	0,2001 (245)
6	0,1750 (556)	0,7810 (348)	0,3450 (453)	0,1240 (249)	0,2361 (335)	0,6712 (863)	0,1265 (437)
7	0,1602 (215)	0,1279 (349)	0,2107 (317)	0,1456 (268)	0,1562 (654)	0,1376 (159)	0,7619 (560)
8	0,2789 (229)	0,5623 (658)	0,2935 (123)	0,3250 (569)	0,3103 (437)	0,2956 (216)	0,3345 (231)
9	0,3859 (299)	0,2217 (115)	1,1355 (564)	0,2459 (209)	0,3102 (158)	0,1925 (211)	0,2376 (391)
10	0,2568 (075)	0,3127 (213)	0,2547 (192)	0,1934 (298)	3,2458 (545)	1,2983 (875)	0,2884 (739)
11	0,1995 (135)	0,2950 (945)	0,2456 (456)	0,1670 (229)	0,2458 (192)	0,5470 (235)	0,2245 (210)
12	0, 4672 (256)	0,2178 (230)	0,1645 (674)	0,1296 (236)	0,6281 (456)	0,7239 (330)	0,2980 (506)
13	0,2003 (845)	0,1560 (103)	0,1452 (506)	0,1672 (220)	0,1990 (206)	0,2147 (298)	0,2001 (245)
14	0,1750 (556)	0,7810 (348)	0,3450 (453)	0,1240 (249)	0,2361 (335)	0,6712 (863)	0,1265 (437)
15	0,1708 (125)	0,1279 (349)	0,2107 (317)	0,1456 (268)	0,1562 (654)	0,1376 (159)	0,7619 (560)
16	0,2789 (229)	0,5623 (658)	0,2935 (123)	0,3250 (569)	0,3103 (437)	0,2956 (216)	0,3345 (231)
17	0,3456 (298)	0,3210 (215)	1,2354 (514)	0,2557 (219)	0,3232 (168)	0,1445 (215)	0,2571 (341)
18	0,2568 (175)	0,3127 (213)	0,2547 (192)	0,1934 (298)	3,2458 (545)	1,2983 (875)	0,2884 (739)
19	0,1111 (240)	2,7878 (239)	1,7878 (676)	0,0001 (141)	0,2121 (889)	0,8988 (545)	0,1454 (666)
20	0,1711 (241)	3,7878 (229)	0,7878 (626)	1,0001 (121)	2,2121 (882)	0,8288 (525)	0,1464 (666)

	A	B	C	D	E	F	G
Bsp.	○	○	○	○	⊗	○	○
1	○	○	○	○	○	○	○
2	○	○	○	○	○	○	○
3	○	○	○	○	○	○	○
4	○	○	○	○	○	○	○
5	○	○	○	○	○	○	○
6	○	○	○	○	○	○	○
7	○	○	○	○	○	○	○
8	○	○	○	○	○	○	○
9	○	○	○	○	○	○	○
10	○	○	○	○	○	○	○
11	○	○	○	○	○	○	○
12	○	○	○	○	○	○	○
13	○	○	○	○	○	○	○
14	○	○	○	○	○	○	○
15	○	○	○	○	○	○	○
16	○	○	○	○	○	○	○
17	○	○	○	○	○	○	○
18	○	○	○	○	○	○	○
19	○	○	○	○	○	○	○
20	○	○	○	○	○	○	○

Zahlen verbinden

Versuchen Sie, in 30 Sekunden bei 1 beginnend so viele Zahlen wie möglich in der richtigen Reihenfolge (bis 30) zu verbinden. Fangen Sie mit dem Zahlenfeld A an:

A

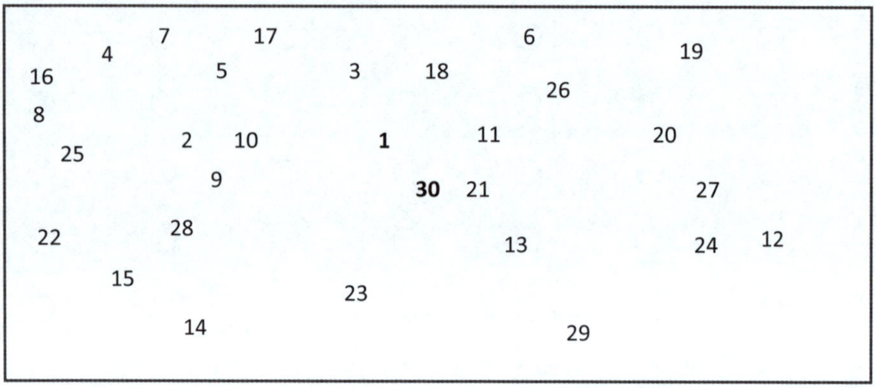

B

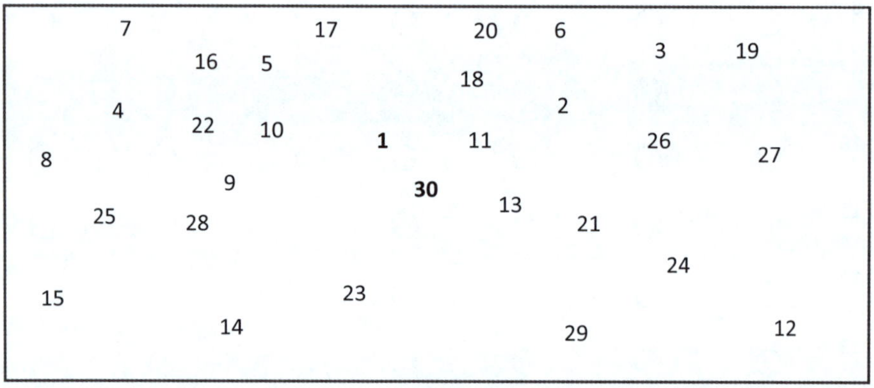

C

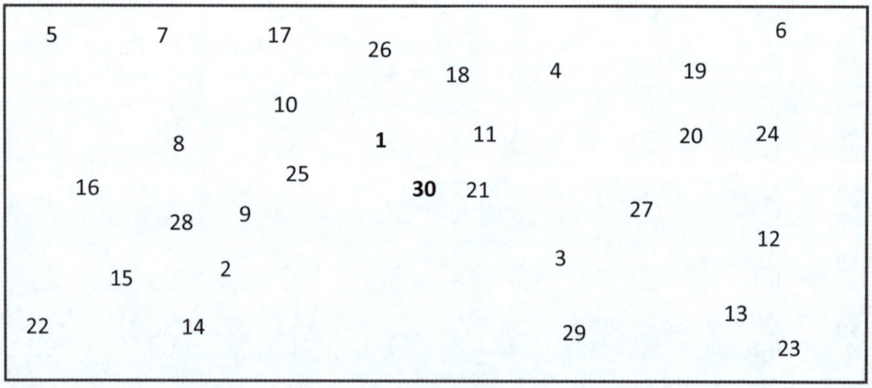

Beobachten

Schauen Sie sich bitte die folgenden drei Beispielaufgaben mit jeweils drei Gesichtern genau an. Zwei der drei Gesichter sind gleich, das dritte unterscheidet sich von den beiden anderen deutlich.

Beispiele:

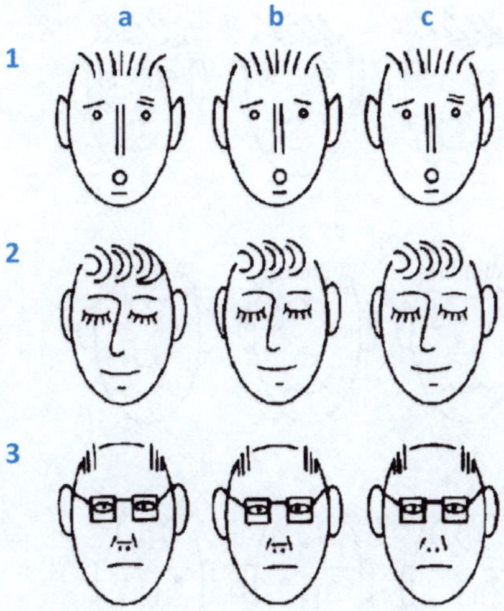

Lösungen:

1 b (Augenbraue)
2 a (Haar)
3 c (Nase)

Beachten Sie bitte, dass sich das gesuchte Gesicht von den beiden anderen deutlich unterscheiden muss. Etwas wurde verändert, hinzugefügt oder weggelassen. Minimale Unterschiede in der Zeichnung, z. B. Strichlänge oder Form, haben keine Bedeutung.

Für die folgenden 28 Aufgaben haben Sie 4 Minuten Zeit.

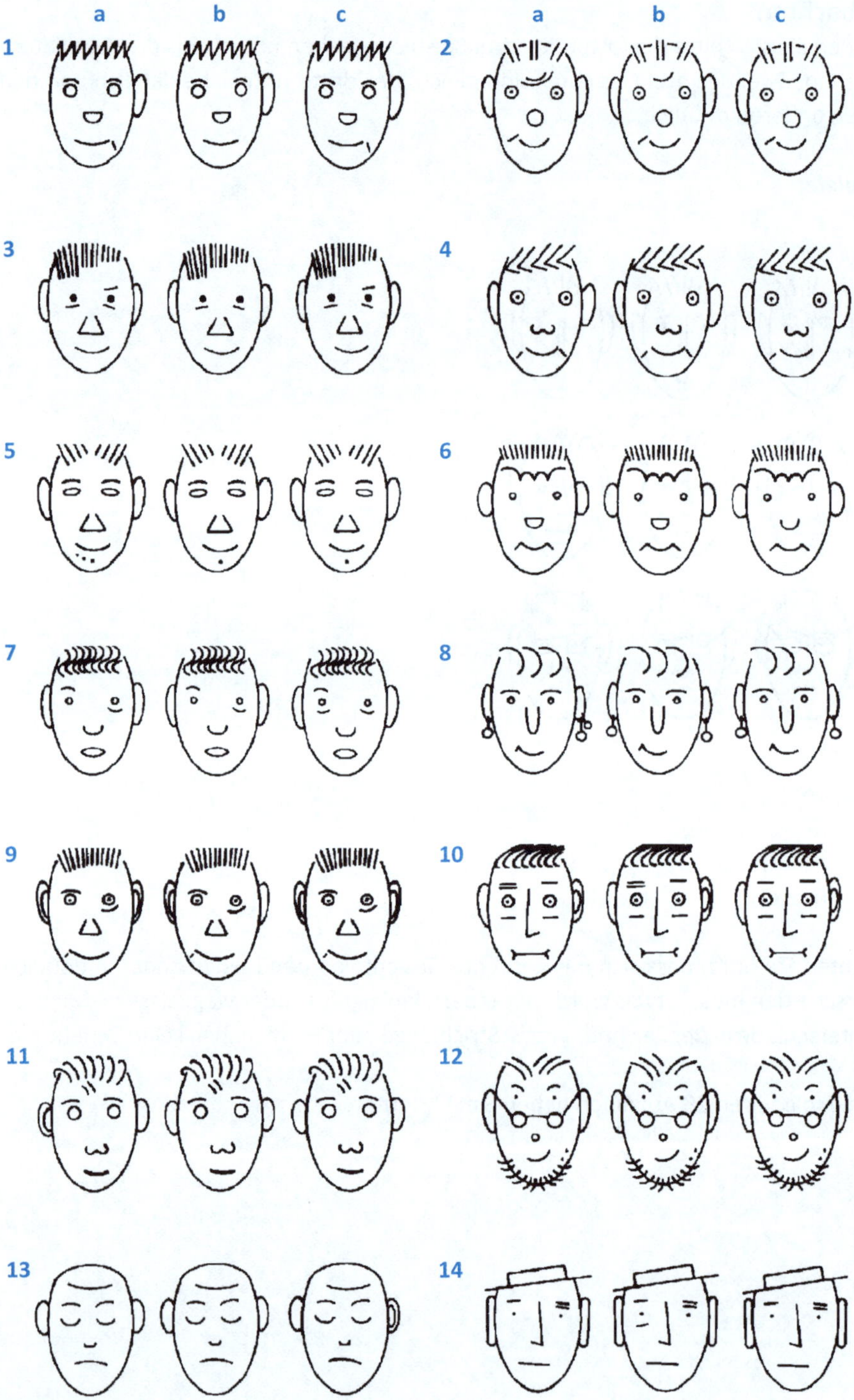
a b c
a b c
1
2
3
4
5
6
7
8
9
10
11
12
13
14

a b c

15
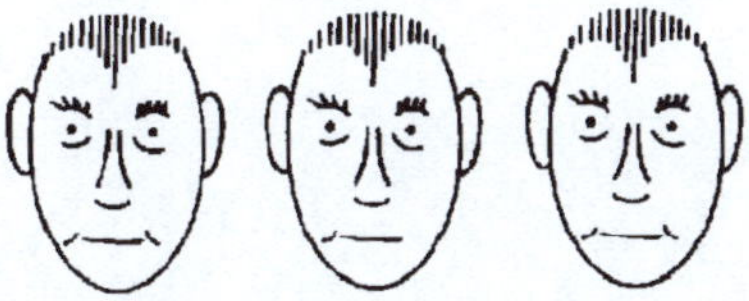

a b c

16

17

18

19
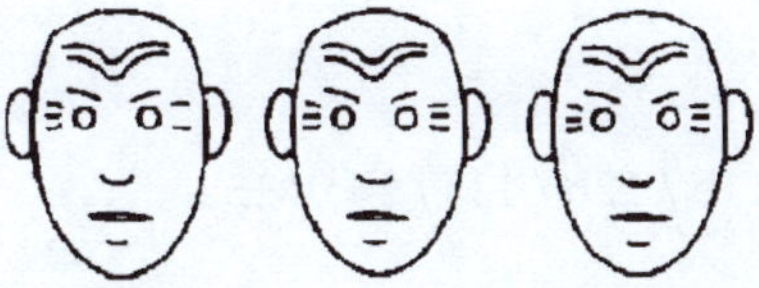

20

21

22

23
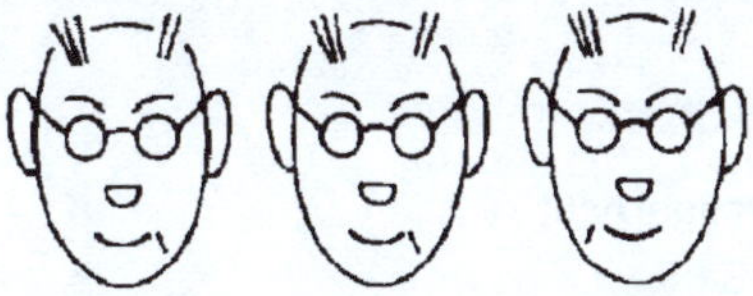

24

25

26

27
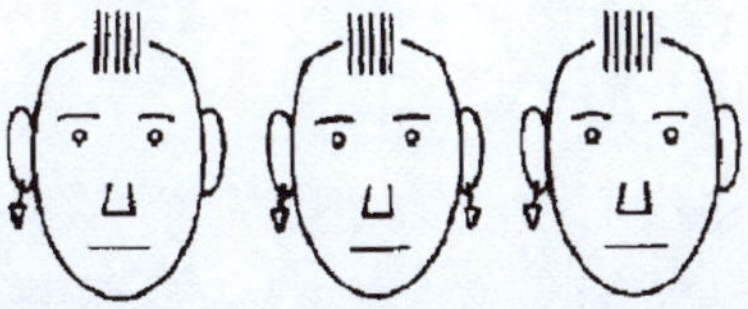

28

Lösungen

Allgemeinwissen

Satzergänzung

1e / 2d / 3d / 4f / 5c / 6d / 7d / 8b / 9c / 10f / 11e / 12e/ 13a / 14e / 15f / 16 f / 17d / 18c / 19e / 20a

Geschichte

1c / 2b / 3d / 4c / 5b / 6b / 7b / 8a / 9c / 10a / 11b / 12b / 13b / 14d / 15c / 16a / 17b / 18c / 19b / 20c

Literatur

1c / 2c / 3c / 4c / 5b / 6c / 7a / 8b / 9a / 10a / 11b / 12b / 13a / 14a / 15a

Technik

1b / 2b / 3a / 4a / 5b / 6a / 7b / 8b / 9b / 10a / 11b / 12b / 13a / 14a / 15c

Logisches Denken / Abstraktionsfähigkeit

Sinnvoll ergänzen

1 B / 2 H / 3 B / 4 E / 5 C / 6 G / 7 B

Zahlenmatrizen

A	8	senkrecht: + 2	waagerecht: + 2
B	9	– 2	+ 3
C	– 6	– 8	– 15
D	$^{2}/_{3}$	:3	:6
E	8	x 2	:4
F	27	x 3	x 4
G	103	+ 13	– 13
H	– 1	– 3, – 4	– 1, – 2
I	0	– 9	+ 17
J	10 $^{2}/_{3}$	:3, x 4	x 4, :3

Dominos

1b / 2c / 3a / 4b / 5d / 6f / 7c

Sprachanalogien

1. c 2 / **2.** b 3 / **3.** b 1 / **4.** c 2

Grafikanalogien

1d / 2e / 3b / 4a / 5e / 6b / 7c / 8 c

Absurde Schlussfolgerungen

1 b **2.1** b **2.2** a **3.1** b **3.2** a **4.1** a **4.2** b **4.3** a **5** b

Richtige Schreibweise

1 allmählich / 3 wohlweislich / 4 Kanone / 6 Depesche / 7 Gelatine / 8 Satellit / 10 athletisch / 11 Gelee / 15 Methode / 16 Filiale / 18 Labyrinth / 19 Rhododendron / 20 Rhythmus / 21 Portemonnaie (Portmonee) / 22 Vagabund / 23 Widerstand / 24 Zyklop

Praktisch-technische Intelligenz

Grundrechnen

1e / 2a / 3d / 4d / 5c / 6b

Maße und Gewichte

1e / 2d / 3b / 4b / 5a / 6b

Technisch-physikalische Aufgaben

1 b / 2 b / 3 b / 4 d / 5 d / 6 c / 7 a / 8 a

Leistungs-Konzentrationstests

Zahlensuche

1D / 2BC / 3BC / 4CG / 5AFG / 6AE / 7C / 8DE / 9G / 10DG / 11BC / 12CG / 13AFG / 14AE / 15C / 16DE / 17G / 18DG / 19E / 20A

Zahlen verbinden

Wenn Sie in 30 Sekunden etwa 15 Zahlen verbinden, ist das ganz ordentlich. Wenn Sie mehr schaffen, umso besser. Weniger als 10 sollten Sie sich nicht leisten.

Beobachten

1 b	**2** a	**3** b	**4** c	**5** a	**6** c	**7** c	**8** a
9 b	**10** c	**11** a	**12** a	**13** c	**14** b	**15** b	**16** a
17 b	**18** c	**19** a	**20** c	**21** b	**22** a	**23** c	**24** c
25 c	**26** b	**27** b	**28** a				

Sowohl zu den Testaufgaben als auch zum Thema Persönlichkeitstests und Assessment-Center gibt es von uns Spezial-Bücher.

Persönlichkeitstests

Hier stehen die Persönlichkeitsmerkmale des Bewerbers im Vordergrund. Nicht Eignung oder Intelligenz, nicht primär die Fähigkeit, eine bestimmte Tätigkeit auszuüben, sind gefragt. Der Arbeitgeber will vielmehr wissen: Mit was für einem Menschen habe ich es zu tun? Es sollen also die Charaktereigenschaften, die Wesenszüge und die Persönlichkeit des Bewerbers ergründet werden.

Das in den Mittelpunkt gerückte Hauptkriterium gipfelt in der Frage: Passt dieser Bewerber zu uns? Fügt er sich möglichst reibungslos in das vorhandene Arbeitsteam ein? Ist er ein einsatzbereiter, umgangsfreundlicher, gut funktionierender potenzieller Mitarbeiter? Getestet wird all das natürlich auch im Vorstellungsgespräch.

Charakter ergründen

Durch den Einsatz von Persönlichkeitstests versucht man, einen maximalen Einblick in die Psyche des Bewerbers und in seine allgemeinen Verhaltensweisen zu bekommen, insbesondere aber in seine möglichen Reaktionsweisen in bestimmten Situationen (z. B. Konflikten).

Was aber ist nun eigentlich Persönlichkeit und/oder Charakter? Die Psychologie ist sich hier ebenso wie beim Intelligenzbegriff herzlich uneinig. Es existieren etliche, zum Teil widersprüchliche Persönlichkeitsmodelle und-theorien, die sich diesem Spezialgebiet widmen.

Ohne Zweifel hat ein Arbeitgeber Anspruch auf eine konkrete Arbeitsleistung durch den Arbeitnehmer, den er dafür entlohnt. Dem daraus abgeleiteten Ausforschungsinteresse des Arbeitgebers bei der Bewerberauswahl müssen jedoch Grenzen gesetzt werden. Unserer Meinung nach stellt der absolute Anspruch des Arbeitgebers, genau wissen zu wollen, um welche Bewerber- bzw. Mitarbeiterpersönlichkeit es sich handelt, eine rechtswidrige Ausnutzung eines Abhängigkeitsverhältnisses und eine Verletzung von grundlegenden Persönlichkeitsrechten dar.

Situationstest

Schauen Sie sich bitte die folgenden sieben Bilder an. Eine kleine Situation wird geschildert, ein Bild illustriert dabei, worum es geht. Eine Person (A) sagt etwas, und die andere (B) antwortet darauf. Drei Antwortmöglichkeiten sind vorgegeben. Entscheiden Sie ganz spontan, welche Antwort die angesprochene Person gibt.

Für 7 Aufgaben haben Sie 15 Minuten Zeit.

1. Es ist 3.00 Uhr nachts, und das Telefon hat Person B aus dem Schlaf geklingelt. Was antwortet Person B? Bitte ankreuzen.

a) »Das macht nichts. Ich habe noch nicht so fest geschlafen.«
b) »Es ist wirklich ärgerlich, auf diese Art und Weise geweckt zu werden, aber das kann schon mal passieren.«
c) »Sie sind ein Vollidiot!«

2. Ein Mann hat einen Bekannten zum Flughafen gefahren. Dabei hat er sich verfahren, sodass die Person B ihr Flugzeug verpasst hat. Was antwortet Person B?

a) »Dass Sie sich verfahren, habe ich irgendwie vorher geahnt.«
b) »Das macht gar nichts. Der nächste Flieger geht ja in vier Stunden.«
c) »Einerseits Pech. Andererseits: Wer weiß, wofür es gut ist.«

3. Person B ist bei Person A zu Besuch und hat versehentlich eine gute Vase nebst Blumenstrauß umgestoßen. Was antwortet Person B?

a) »Ich könnte in den Boden versinken. Kann ich das überhaupt jemals wiedergutmachen?«
b) »Scherben bringen Glück! Nur keine Aufregung!«
c) »Es tut mir wirklich leid. Es war nicht meine Absicht. Selbstverständlich komme ich für den Schaden auf.«

4. Vor einer Autoreparaturwerkstatt: eine Reklamation. Was antwortet Person B?

a) »Ich höre kein Geräusch. Da können wir jetzt auch nichts mehr für Sie tun. Sie haben sich schließlich für dieses Modell entschieden.«
b) »Ich verstehe Sie gut, auch ich bin geräuschempfindlich. Soll ich mit dem Chef gleich mal über einen Preisnachlass sprechen?«
c) »Das ist bedauerlich, aber wir werden uns noch einmal darum kümmern.«

5. Nach einer halben Stunde Anstehen vor der Kinokasse erfährt Person B, dass die Vorstellung gerade ausverkauft ist. Was antwortet Person B?

a) »Pech, aber dann kaufe ich jetzt eben eine Karte für die nächste Vorstellung.«
b) »So eine Unverschämtheit, hätten Sie das nicht eher sagen können? Dann hätte ich mich ja nicht so lange anstellen müssen!«
c) »So was kann auch nur mir passieren. Wieder ein Abend im Eimer.«

6. Im Restaurant beklagt sich der Gast über das Essen. Was antwortet der Ober?

a) »Das kann nicht sein, über diese Suppe hat sich noch niemand beschwert, Sie sind der Erste.«
b) »Tut mir Leid, ich spreche sofort mit dem Koch und Sie bekommen eine neue Suppe.«
c) »Ich bedauere, dass Ihnen unsere Suppe nicht schmeckt. Darf ich Ihnen etwas anderes anbieten?«

7. In einem Radio-Fernseh-Fachgeschäft. Was antwortet der Verkäufer?

a) »Das ist mir wirklich furchtbar unangenehm, jetzt bekommen Sie ein nagelneues Gerät.«
b) »Tut mir Leid, wir versuchen noch einmal unser Bestes.«
c) »Das ist doch unmöglich. Den haben Sie bestimmt selbst kaputtgemacht.«

Auf den folgenden Seiten finden Sie die Auswertung und Interpretation des Tests.

Auswertung
Bitte addieren Sie zunächst Ihre Punktzahlen. Bei Aufgabe 1 bekommen Sie für die Ankreuzung a) 0 Punkte, für b) 2 Punkte und für c) 4 Punkte. Dazu die folgende Tabelle:

Aufgabe	Antwort a)	Antwort b)	Antwort c)
1	0	2	4
2	4	0	2
3	0	4	2
4	4	0	2
5	2	4	0
6	4	0	2
7	0	2	4

Maximal können Sie 28 Punkte erreicht haben, minimal 0. Ihr Ergebnis muss in jedem Fall eine gerade Zahl sein, ansonsten haben Sie einen Additions- bzw. Übertragungsfehler gemacht (und sind durch den Rechentest gefallen ...).

Bitte tragen Sie Ihren Punktwert auf der folgenden Skala ein:

depressiv	angemessen	aggressiv
0 2 4 6 8	10 12 14 16 18 20	22 24 26 28

Was sagt Ihnen und uns der erreichte Punktwert?
Zunächst einmal: Hier waren sieben Situationen skizziert, die durch Enttäuschungen, Ärger, Schwierigkeiten, Probleme und Unannehmlichkeiten gekennzeichnet waren. Das sind Situationen und Erlebnisse, die wir alle in unserem Alltag zur Genüge kennen. Interessant ist, wie

wir damit umgehen: Der eine macht seinem Ärger deutlich Luft und schimpft, der andere schluckt seinen Ärger runter und schweigt. Der eine brüllt, der andere weint. Der eine glaubt, sich dafür entschuldigen zu müssen, »dass er geboren wurde«, der andere verlangt wutschnaubend nach seinem Recht. Zwischen diesen beiden extremen Verhaltensweisen gibt es auch den »goldenen Mittelweg«.

Was, glauben Sie, trifft auf Sie zu? Eine Extremposition – etwa so: Mit der Faust auf den Tisch oder mit dem Ärger und dem Geschwür im Magen? Zu welcher »Sorte Mensch« gehören Sie – zu den Extremen (Faust oder Geschwür), oder liegen Sie »in der Mitte«?

Aufbau
Bei jeder Situation ging es nicht um Person B (egal ob Kellner, Aufgeweckter, Monteur etc.), sondern eigentlich um Sie. In einer durch Schwierigkeiten, Unannehmlichkeiten und Frustrationen gekennzeichneten Situation mussten Sie sich zwischen drei Antwortmöglichkeiten und damit Reaktionsweisen entscheiden.

1. Da gab es jeweils die Möglichkeit, seinem Ärger Luft zu machen und zu schimpfen (z.B. den nächtlichen Anrufer einen Vollidioten nennen: 1c; so auch bei 2a, 3b, 4a, 5b, 6a, 7c; diese Ankreuzungen bekamen jeweils 4 Punkte).

2. Als anderes Extrem wurde die Möglichkeit angeboten, den Ärger »runterzuschlucken« und in sich »reinzufressen «, z.T. auch überhaupt das Vorhandensein von Ärger, Wut und Enttäuschung zu leugnen (dem nächtlichen Anrufer zu erklären, man habe noch nicht so fest geschlafen: 1a; so auch bei 2b, 3a, 4b, 5c, 6b, 7a – jeweils mit 0 Punkten bewertet).

So ergeben sich die Eckpfeiler, die die extremen Positionen kennzeichnen, wenn es um frustrierende Situationen geht: wütende (aggressive) Reaktion auf der einen Seite und Ärger bzw. Wut »runterschluckende« (depressive) Reaktion auf der anderen.

3. Hier wurde versucht, eine halbwegs angemessene, weder zu aggressive noch zu sehr den Ärger »runterschluckende «Antwort auf die Frustration zu finden. Deutlich wurde der Versuch unternommen, irgendwie konstruktiv mit der schwierigen Situation klarzukommen, ohne die Enttäuschung und die entstandenen Schwierigkeiten verleugnend zu beschönigen: 1b, 2c, 3c, 4c, 5a, 6c, 7b.

Interpretation
0–8 Punkte
Sie neigen in ausgeprägter Weise dazu, Ihren Ärger »runterzuschlucken« bzw. ihn nicht wahrhaben zu wollen. Kennen Sie das: Magen- oder Kopfschmerzen, das ohnmächtige Gefühl, mit tränenerstickter Stimme kein Wort rauszukriegen? Das ist alles furchtbar ungesund. Bei 6 Punkten deutet sich eine Tendenz zur Hoffnung an, sich bald angemessener mit ärgerlichen Situationen auseinanderzusetzen. Machen Sie so weiter!

10–18 Punkte
Hier sind Sie im Mittelbereich. Sie scheinen in der Lage zu sein, angemessen auf Frustrationen, die das Leben bereithält, reagieren zu können. Ganz besonders gilt das für die Punktwerte 12, 14 und 16. Sollten Sie den Punktwert 10 haben, laufen Sie ein wenig Gefahr, sich dem Tal der »Runterschlucker« zu sehr zu nähern. Achtung: Dies gilt auch für den Punktwert 18. Allerdings mit entgegengesetztem Vorzeichen: Achten Sie darauf, nicht »zu viel Gas« zu geben, Ihr Temperament nicht mit Ihnen durchgehen zu lassen. Ansonsten sind 14 und 16 die Positionen, mit denen man im Leben wahrscheinlich am besten fährt.

20–28 Punkte
Sie scheinen das Motto »Wer sich nicht wehrt, lebt verkehrt« zu Ihrer generellen Richtschnur gemacht zu haben. Vorsicht! Sie laufen Gefahr, zu grob und ungerecht mit Ihrer Umwelt umzugehen. Vielleicht bekommen Sie später einmal Bluthochdruck.

Hintergrund
Wozu ein solcher Test dienen kann: Angenommen, Sie sind im Außendienst einer Versicherung tätig, müssen »Klinken putzen gehen«, viele Gespräche führen, bevor es endlich klappt und Sie jemandem eine Reisegepäckversicherung aufgeschwatzt haben, könnte es also sein, dass der Arbeitgeber Sie bei der Bewerbung mit einem ähnlichen Test konfrontiert. Er will möglichst vorher herausfinden, wie Sie mit den zu erwartenden Schwierigkeiten – viele Leute wollen gar keine Versicherung abschließen –, wie Sie also mit diesen Enttäuschungen umgehen. Lassen Sie sich davon »fertigmachen«, oder können Sie auch noch nach dem 15. vergeblichen Gespräch weiterarbeiten? Das bedeutet: weder mit Tränen in den Augen noch mit einer geballten Faust in der Tasche.

Ohne dass Sie das sofort durchschauen: Es geht bei diesem Test um Ihre Anpassungsfähigkeit. Können Sie in heiklen Situationen angemessen reagieren, d.h. nicht gleich losplatzen, explodieren und auf die Barrikaden gehen oder andererseits sich nicht sofort ganz und gar zurücknehmen, verkriechen und dafür entschuldigen, dass Sie geboren worden sind?

Den eben von Ihnen absolvierten Test gibt es wirklich. Natürlich war das nur ein ganz kurzer Auszug. Dieser »Picture Frustration Test« des amerikanischen Psychologen Rosenzweig soll – wie geschildert – Aufschluss darüber geben, wie die getestete Person auf Frustrationen reagiert. Ob Sie es glauben wollen oder nicht: Dieser Test wird tatsächlich in der einen oder anderen Form von Arbeitgebern eingesetzt. Man kann darüber spekulieren, wer mithilfe dieses Persönlichkeitstests »ausgesiebt« werden soll – die zu Aufmüpfigen oder die zu stillen Sensibelchen.

Der Satzergänzungstest

Testentwickler haben den freundlich klingenden Begriff Kreativitätsüberprüfung für den sogenannten Satzergänzungstest erfunden. Letztlich aber steckt nichts anderes als eine besondere Art von Persönlichkeitstests hinter diesem Verfahren.

Man legt Ihnen Satzanfänge vor und bittet Sie, den unvollständigen Satz nach Ihren Vorstellungen zu beenden:

- Ich möchte gerne ...
- Ich fürchte ...
- Ich mag es nicht, wenn ...

Egal wie diese Sätze anfangen, es geht darum, Ihnen Gedanken, Statements oder Meinungen zu entlocken, die dann entsprechend interpretiert werden sollen. Dass dieses Verfahren unseriös ist und Sie sich eigentlich weigern sollten, so etwas mitzumachen, ist eine Empfehlung – wenn auch in der Zwangssituation Bewerbung oftmals nicht realisierbar.

Auch wenn es scheinbar um andere Personennamen geht, wie z. B. ...

- Karl ist immer ...
- Marion mag es, wenn man ...

... handelt es sich dabei um Sie, die Vervollständigung des Satzes soll also Rückschlüsse auf Ihre Persönlichkeitsstruktur ermöglichen.

Tipps für Satzergänzungstests

Halten Sie Ihre Antworten knapp und sozial erwünscht. Bleiben Sie sachlich, vermitteln Sie den Eindruck, dass Sie sich um aufrichtige Antworten bemüht haben, und bewegen Sie sich im sozial unverfänglich und konfliktfreien Klischee.

Hier drei Negativbeispiele, wie Sie es bitte nicht machen:

- Ich fürchte ... nicht den richtigen Erfolg zu haben.
- Früher war ich ... ein bisschen schüchterner als meine Freunde.
- Es ärgert mich besonders, wenn ... man mir nicht glaubt.

Diesen Beispielen seien andere, bessere Ergänzungsmöglichkeiten gegenübergestellt:

- Ich fürchte ... mich nicht.
- Früher war ich ... ein erfolgreicher Torwart unserer Schulmannschaft.
- Es ärgert mich besonders, wenn ... andere Menschen abergläubisch sind.

Verdeutlichen Sie sich positive Verhaltensklischees, die man von Ihnen erwarten kann. Machen Sie sich noch einmal klar: Es geht nicht um Wahrheit oder Ihre reale persönliche Meinung. Banal wirkende Sätze sind keine Gefahr, sondern eher ein Indiz dafür, dass Sie kein Neurotiker sind.

Weitere Beispiele, wie Sie sich geschickt aus der Affäre ziehen:

- Ich kann nicht …
  Antwort: … klagen.
- Wenn ich einen Fehler mache, dann …
  Antwort: … bemühe ich mich, ihn zu korrigieren.
- Als man mir sagte, das könne ich nicht …
  Antwort: … bat ich, es doch einmal versuchen zu dürfen.
- Wenn alles misslingt, dann …
  Antwort: … suche ich nach der Ursache und beseitige sie.

Biografische Fragebögen

»Wir haben hier noch einige Fragen an Sie. Bitte füllen Sie doch gleich mal unseren Personalfragebogen aus …« Wenn Sie dazu aufgefordert werden, freuen Sie sich bitte nicht zu früh. Das heißt noch lange nicht, dass Sie es geschafft haben. Was aussieht wie die letzten Formalitäten vor dem endgültigen Arbeitsvertrag, ist nichts anderes als eine weitere Art von Persönlichkeitstest. Neben den persönlichen Daten (Namen, Adresse, Alter, Bildungsabschlüsse, Schuhgröße usw.) werden überwiegend Fragen aus folgenden Bereichen gestellt:

- Ursprungsfamilie (Größe, Ausbildung und Beruf der Eltern)
- Eigene Familie (Größe, Alter der Kinder, Ausbildung und Beruf des Partners)
- Kindheit/Jugend (elterlicher Erziehungsstil, prägende Erfahrungen)
- Schulischer Werdegang (geliebte/ungeliebte Fächer, Leistungen, Anpassung an Lehrer/Mitschüler)
- Ausbildung (Berufswahl, Ausbildungsschwerpunkte, Gründe für evtl. Fehlleistungen)
- Arbeits-/Berufserfahrung (Gründe für die Arbeitsplatzwahl, besondere Kenntnisse/Fähigkeiten, Häufigkeit von Arbeitsplatzwechseln, Gründe und zeitlicher Verlauf)
- Freizeitgestaltung/Interessen (Hobbys, soziales Engagement, außerberufliche Aktivitäten)
- Selbsteinschätzung (besondere Stärken und Schwächen, Gründe für Fehl- und Rückschläge, Entwicklungs- und Verbesserungschancen)

- Lebensziele (berufliche und persönliche Ziele, auch für die Kinder, optimistische/pessimistische Zukunftseinschätzung)

Aber auch Fragen, die Sie angeblich ganz frei beantworten können, etwa in Form eines Kurzaufsatzes, können es in sich haben. Dazu drei Beispiele:

- Welche Menschen bewundern Sie am meisten (bitte Namen nennen)?
- Nennen Sie einige von Ihnen bevorzugte Bücher!
- Welchen Beruf würden Sie wählen, wenn Sie ohne Rücksicht auf Gehalt und Vorbildung frei entscheiden könnten?

So bewältigen Sie Persönlichkeitstests

Entscheidend ist zunächst, Persönlichkeitstests als solche zu erkennen. Das Gebot der Bewerbungsstunde lautet deshalb: diese Testverfahren zu durchschauen und zu wissen, was auf einen zukommt und worauf es ankommt. Das ist leichter, als es sich anhört, aber diese Kunst ist erlernbar. Außerdem ist es wichtig zu wissen, wer und vor allem wie man ist, also die eigene Persönlichkeit, die eigenen Charaktermerkmale möglichst gut zu kennen. Darüber hinaus ist es unbedingt notwendig, in Erfahrung zu bringen, was die andere Seite (die Assessment-Center-Beobachter, der Arbeitgeber) für Persönlichkeitsmerkmale erwartet bzw. wünscht. Natürlich muss es einem gelingen – leichter gesagt, als getan –, diese Merkmale glaubhaft an die andere Seite zu vermitteln.

Erwartungen der anderen Seite

Es ist schwer, generelle Empfehlungen für das Bearbeiten von Persönlichkeitstests auszusprechen, aber achten Sie darauf, die Fragen nicht zu extrem in eine Richtung anzukreuzen. Es geht um die »richtige Mischung« aus folgenden drei Komponenten:

1. Wie stellt sich der Arbeitgeber den idealen Bewerber für diese Position/Aufgabe vor?
2. Wie glauben Sie wirklich zu sein?
3. Ausweichen auf die »Teils-teils« oder halbwegs neutrale-Position.

Assessment-Center: Unter Beobachtung

In einem Assessment-Center (kurz AC) geht es um die Überprüfung Ihres sozialen Verhaltens und Ihrer fachlichen Kompetenz. Wie gehen Sie mit anderen um und wie die anderen Teilnehmer mit Ihnen? Wie leistungsfähig sind Sie in Stresssituationen? Etwas verkürzt dargestellt: Es geht um die Frage, wie gut Sie in die Organisation passen. Wer weiß, was auf einen zukommt und wie man sich gut vorbereitet, braucht davor wirklich keine Angst zu haben.

Das zeit- und organisationsaufwendige Auswahlverfahren besteht aus unterschiedlichen Übungen und Tests, die in der Gruppe, manchmal auch nur zu zweit, seltener ganz allein gelöst werden müssen. Aspekte wie Kontakt- und Kommunikationsvermögen, Problemlösungskompetenz, Konzentrationsfähigkeit und selbst Allgemeinwissen werden dabei abgeklopft. Die Beobachtung der Umgangs- und Verhaltensweisen der Bewerberinnen und Bewerber übernimmt ein besonders auf Beobachtung geschultes Gremium, das meist aus mehreren Personen besteht. Während sich über die Teilnehmerzahl und Dauer (wenige Stunden bis hin zu mehreren Tagen) keine allgemeingültigen Angaben machen lassen, tauchen einzelne Aufgabentypen immer wieder auf.

Assessment-Center sind in der heutigen Berufswelt weitverbreitet. Führungskräfte, Hochschulabsolventen, Angestellte, die aufsteigen wollen, und sogar Azubis können mit diesem Auswahlverfahren konfrontiert werden. Einen ersten Eindruck, wie ein AC ablaufen kann, erhalten Sie durch den folgenden Bericht.

»Zuerst stellte sich uns, den etwa 35 Bewerbern für den gehobenen nicht-technischen Dienst, ein echter Spaßvogel von der Deutschen Gesellschaft für Personalwesen (DGP) vor, der uns im Laufe des Tests mit Witzchen unterhalten wollte – nach dem Motto: Im ersten Stock finden Sie das Kasino. Das ist natürlich nicht die Spielhölle (hihihi), sondern die (prust, gicker) Kantine …

In den folgenden achteinhalb Stunden wurde rauf- und runtergetestet, angefangen bei logischem Denken über Rechenkünste bis hin zu Merk- und Konzentrationstests. Wir bekamen es mit Wortverhältnistests zu tun (… verhält sich zu … wie … zu …), mit Schlussfolgerungsübungen der mehr oder weniger sinnvollen Art (rosa Elefanten gehen zur Schule, können singen und essen Bleistifte). Den größten Wert legte man auf richtiges Schätzen anhand von Additions-, Subtraktions-, Multiplikations- und Divisionsaufgaben mit sechs- bis achtstelligen Zahlen, Brüchen und Dezimalbrüchen sowie Interpretationen von Säulen- und Kuchendiagrammen. Des Weiteren legte man uns Textaufgaben vor, die man nur bewältigen konnte, wenn man sattelfest in Sachen Prozentrechnen war. Konfrontiert wurden wir auch mit einer ganzen Menge von Zahlenmatrizen mit vier senkrechten Zahlenreihen. Neben diesen Denkaufgaben (Zitat des DGP-Spaßvögelchens) wurden die Rechtschreibfähigkeiten der Bewerber in Form eines Lückendiktats überprüft. Hierbei kam es auch auf das Schönschreiben an, und von Verbesserungen sollte doch bitte Abstand genommen werden, damit die ach so armen

Auswerter nicht in Verlegenheit kämen, Unleserliches womöglich als falsch interpretieren zu müssen.

Endlich gab's dann für uns eine Pause, in der wir für lau in der regierungspräsidialen Kantine essen und trinken konnten. Der Pförtner, voll ehrlichen Mitgefühls, empfahl mir jedoch, diese in einem benachbarten Café zu verbringen. Frisch gestärkt ging's danach fröhlich weiter und uns wurde die Geschichte einer jungen Frau vorgelegt, die ihre Freundin besuchen wollte. Unterbrochen von anderen Konzentrationstests sollten hinterher Details der Geschichte wiedergegeben werden wie Telefonnummern, Geburtsdatum, Hausnummer, Name und Alter des Nachbarn, der ihr geholfen hatte, die Straßenbahnhaltestelle (Name und Standort) zu finden. Dazu gab es ein paar Skizzen, die im Laufe der Geschichte eingebaut wurden und die hinterher von uns wiedererkannt werden sollten. Nach weiteren Konzentrations- und anderen Aufgaben stand das große Finale auf dem Zeitplan: Der einstündige Allgemeinwissenstest, den der ach so lustige kleine Mann von der DGP uns als Entspannungsübung ankündigte. Selten so gelacht ... Wer bei einem solchen Test 95 Prozent Trefferquote erzielen will, der muss nicht nur wissen, dass Ignaz Semmelweis ein Arzt war, sondern auch, dass er das Kindbettfieber besiegte. Ich muss zugeben, dass ich bei vielen Fragen zur deutschen Gegenwartsliteratur – trotz meines Germanistik-Grundstudiums – überfordert war. Ich danke den Testern, dass sie es mühelos geschafft haben, mich von meinem hohen (Bildungs-) Ross zu schubsen. Das Bildungsideal der DGP zugrunde gelegt, verstehe ich mich von nun an als ungebildeten Vollidioten. Danke noch mal dafür.«

Allgemeine Tipps

In der Regel beginnt ein AC mit einer Vorstellungsrunde, bei der die Bewerber aufgefordert werden, sich selbst oder einen anderen Mitbewerber vorzustellen. Hier, wie auch bei Vorträgen über ein vorgegebenes oder frei wählbares Thema, geht es immer um Ihr Kommunikations- und Kontaktverhalten. Wirken Sie selbstsicher und können sich gut ausdrücken? Schaffen Sie es, dass man Ihnen zuhört? Vermeiden Sie ausschweifende Reden, aber seien Sie auch nicht zu wortkarg. Eine kleine Selbstpräsentation lässt sich vorher gut vorbereiten und an Freunden ausprobieren. Dabei kommt es darauf an, in wenigen Minuten klar formulieren zu können, wer man ist, was man anzubieten hat und wo man beruflich hinwill.

Typisch in **Gruppenübungen** sind Diskussionsrunden oder Aufgaben, die es zusammen zu lösen gilt. Zwar soll jeder seinen Standpunkt vertreten, doch am Ende ein gemeinsam erarbeitetes Ergebnis vorliegen. Diese Übungen dienen dazu, Ihre Kompromissbereitschaft und Ihre Durchsetzungsfähigkeit zu überprüfen. Wählen Sie wiederum den goldenen Mittelweg: Nicht in den Vordergrund drängen, aber sich auch nicht bevormunden lassen oder gar schweigen, nur ganz wenig sagen. Zeigen Sie Interesse daran, was andere zu sagen haben, gehen Sie auf deren Argumente ein, fassen Sie Standpunkte zusammen und versuchen Sie der Diskussion eine Richtung zu geben.

In **Rollenspielen** werden vielfältige Anforderungen an die Protagonisten gestellt. Es geht darum, Ihre Fähigkeit zur Diplomatie, Ihre Sprachgewandtheit, Ihre Entscheidungs- und Überzeugungskraft zu bewerten. Dazu bekommen Sie eine Aufgabe gestellt, z.B. ein schwieriges Mitarbeitergespräch zu führen. In der Regel haben die Konfliktparteien einen Kompromiss herauszuarbeiten und zu verhandeln.

Schriftliche Tests sind z.B. Intelligenz-, Konzentrations-, Leistungs- und Persönlichkeitstests. Daneben erwartet Sie häufig auch noch eine Postkorb-Übung. Unter enormen Zeitdruck müssen Sie eine Anzahl unterschiedlichster Aufträge bearbeiten und dabei schnell wichtige Entscheidungen treffen. Was muss als erstes bearbeitet werden? Was kann warten oder delegiert werden? Verschaffen Sie sich zunächst einen Überblick und setzen Sie dann Prioritäten. Damit beweisen Sie Organisationstalent, Entscheidungsfähigkeit und Weitblick. Im anschließenden Gespräch sollten Sie Ihre Entscheidungen plausibel machen können und sich von kritischen Bemerkungen nicht aus der Fassung bringen lassen. Denn auch Ihre Kritikfähigkeit steht auf dem Prüfstand.

Im Allgemeinen können wir Ihnen folgende Tipps und Hinweise geben:
In einem AC geht es zum Großteil um die Gewinnung von Sympathien und Vertrauen. Ihr Auftreten, Ihre Kleidung und Körpersprache werden ebenso bewertet, wie Ihr verbales Verhalten. Zeigen Sie sich offen, informationsbereit und bemühen Sie sich um eine aktive Teilnahme. Dann wird man Ihnen den Job auch zutrauen!

Vorbereitung – Training – Strategie

Assessment-Center sind mittlerweile fast Standard, wenn es um die Auswahl neuer Mitarbeiter in größeren Unternehmen aber auch im Öffentlichen Dienst geht. Die Aufgabentypen im AC werden gern Arbeitsproben oder Übungen genannt. Die wichtigsten Einzelverfahren des AC:

- Vorstellungsrunde: Sie stellen sich oder Ihren Nachbarn vor, welcher dann Sie vorstellt (beurteilt wird aber nur, wie Sie bzw. Ihr Nachbar das machen, nicht was über Sie/Ihren Nachbarn ausgesagt wird!)
- Individuell auszuführende Arbeitsproben und Aufgabensimulationen wie Organisations-, Planungs-, Entscheidungs-, Kontroll- und Analyseaufgaben
- Gruppendiskussion (mit und ohne Rollenvorgabe)
- Gruppenaufgaben (mit Wettbewerb und/oder Kooperation)
- Vorträge und Präsentationen
- Rollenspiele, meist zu zweit wie Verkaufs-, Mitarbeiter-, Konfliktgespräch
- Einzel-, Gruppen- und Panelinterviews (Befragung eines Individuums durch mehrere Interviewer)
- Unternehmensplanspiele
- Intelligenz- und Leistungs-/Konzentrationstests

- Persönlichkeits- und Interessentests
- biografische Fragebögen
- Interviews in Form von Abschluss- und/oder Beurteilungsgesprächen

Nach diesen Kriterien wird geprüft

Assessment-Center sind recht ausgeklügelte Ausleseverfahren. Wichtig ist zu wissen, worum es dabei hauptsächlich geht. Die Eignung der Bewerber wird meist an drei Kriterien festgemacht (Stichwort KLP):

- **K**ompetenz (bedeutsam): Haben Sie berufsrelevante Erfahrungen, Kenntnisse, Eigenschaften?
- **L**eistungsmotivation (wichtig): Sind Sie engagiert? Haben Sie Biss? Sind Sie wirklich lern-, einsatz- und arbeitswillig? Können Sie sich mit den Aufgaben der Organisation identifizieren?
- **P**ersönlichkeit (absolut entscheidend): Sind Sie sympathisch, anpassungsfähig, vertrauenswürdig? Passen Sie zum Unternehmen, zur Organisation?

Die drei Auswahlkriterien lassen sich nicht immer klar abgrenzen. So könnte man z. B. Eigenschaften wie Verantwortungsbewusstsein, Zuverlässigkeit und Teamfähigkeit allen drei Kategorien zuordnen.

Die Bedeutung des Faktors Sympathie

Was für ein Mensch sind Sie? Was sind Ihre Persönlichkeitsmerkmale? Wie gehen Sie mit anderen um? Sind Sie jemand, mit dem man gern den ganzen Tag und länger zusammenarbeiten würde? »Persönlichkeit« zählt (neben Kommunikationsfähigkeit) bei vielen Organisationen zu den wichtigsten Einstellungs- und Aufstiegskriterien.

Der erste Eindruck zählt

Hier spielt der berühmt-berüchtigte erste Eindruck eine wichtige Rolle. Sehr oft stellt dieser die Weichen in Richtung Sympathie oder Antipathie. Das trifft sowohl für die Beobachter, als auch für die anderen AC-Teilnehmer zu. Einige AC-Aufgaben machen das sogar zum Thema. (Wem aus der Gruppe würden Sie am ehesten ein gebrauchtes Auto abkaufen?) Sympathie entsteht aufgrund verbaler und nonverbaler Kommunikation, also über die Sprache (formal inhaltlich) und Sprechweise (laut/leise, Klang, Dialekt) einerseits und andererseits aufgrund des Aussehens, Auftretens, der Körpersprache und Kleidung. Alles nicht ganz unwichtig für Ihr Vorhaben, die Auswähler von sich zu überzeugen!

Was sich die Auswähler vom AC versprechen

Da jeder Arbeitsplatz ganz bestimmte Eignungen und Persönlichkeitsmerkmale verlangt, wird versucht, diese herauszufiltern und mittels mehr oder weniger realitätsgerechten Übungen das Vorhandensein und/oder die Entwicklungsmöglichkeiten dieser Fähigkeiten zu prüfen. Im AC stehen Sie auf dem Prüfstand. Es soll herausgefunden werden, ob Sie das Zeug zu einem fähigen Mitarbeiter haben. Dieser zeichnet sich besonders durch folgende Eigenschaften aus: soziale Kompetenz, systematisch-zielorientiertes Denken und Handeln, Aktivitätspotenzial sowie verbale und schriftliche Ausdrucksfähigkeit. Im Folgenden wird genauer erläutert, was man unter diesen Eigenschaften versteht.

Soziale Kompetenz

Nach einer gängigen Definition versteht man unter »sozialer Kompetenz« das Ausmaß, in dem ein Mensch in der Interaktion mit anderen im privaten, beruflichen und gesamtgesellschaftlichen Kontext selbständig, umsichtig und konstruktiv zu handeln vermag. Es geht um die Fähigkeit, die zwischenmenschliche Kommunikation und Interaktion optimal zu gestalten. Dazu gehören:

- Sensibilität (Einfühlungsvermögen, Probleme und Gefühle anderer erkennen und berücksichtigen, realistische Einschätzung der Wirkung der eigenen Person auf andere)
- Kontaktfähigkeit (auf andere zugehen können, leicht ins Gespräch kommen, Offenheit hinsichtlich der eigenen Ziele, Absichten, Methoden, vertrauensvoller und hilfsbereiter Umgang mit anderen)
- Kooperationsfähigkeit (Aufgreifen und Weiterführen der Ideen anderer, sich nicht auf Kosten anderer durchsetzen, Erfolg mit anderen teilen, Verzicht auf Konkurrenzdenken, Machtinteressen und Rivalität)
- Integrationsvermögen (Konfliktursachen erkennen und Lösungen anstreben, unterschiedliche Interessen zielgerichtet »kanalisieren«, ohne das eigene Konzept aufzugeben)
- Informationsbereitschaft (andere mit Informationen versorgen, wichtige Informationen nicht zurückhalten, zuhören können und Zeit für Gespräche haben)
- Selbstkontrolle (auf Angriffe nicht aggressiv reagieren, andere nicht provozieren, in der Stimmungslage berechenbar sein) Was fällt Ihnen dazu ein? Bei welchen Ereignissen in Ihrem (Berufs-)Leben haben Sie soziale Kompetenz unter Beweis gestellt?

Bei der Vorbereitung auf das AC sollten Sie sich dazu ein paar Gedanken, gegebenenfalls auch Notizen, machen. Fragen Sie im Zweifelsfall auch ihre Familie, Partner, Freunde und Bekannten, was sie zu Ihrer sozialen Kompetenz zu sagen haben.

Systematisch-zielorientiertes Denken und Handeln

Damit ist ein Denken und Handeln gemeint, das sich durch Logik, Zielsetzung und Nachvollziehbarkeit auszeichnet – also nicht einfach aus dem Bauch heraus kommt, sondern klaren Regeln folgt. Es setzt sich aus diesen Merkmalen zusammen:

- Analytisches Denken (Gemeinsamkeiten zwischen unterschiedlichen Sachverhalten erkennen, allgemeine Regeln aus mehreren Einzelfällen ableiten können und auf die Ziele anwenden)
- Konzeptionelles Denken (Entwickeln von Problemlösungsstrategien, Erstellen einer adäquaten Rangfolge von Einzelschritten bei der Projektplanung)
- Kombinatorisches Denken (Verarbeitung und Übernahme von Informationen und Denkweisen anderer Fachdisziplinen, Kombinieren vorhandener Daten in neuartiger Weise und das Entwickeln von Alternativen)
- Effiziente Arbeitsorganisation (Einhalten von Terminen und Absprachen, Überblick bewahren und Aufgaben verteilen können, eigene Aufgaben vollständig abschließen)
- Entscheidungsvermögen (Einbeziehung aller verfügbaren Informationen, Anfordern und Bewerten von Alternativen, kein Auf- oder Abschieben von Entscheidungen, kalkulierbares Risiko eingehen, Folgen der Entscheidung bedenken)
- Planungs- und Kontrollvermögen (Arbeitsziele formulieren, Ordnungskriterien suchen und sichtbar machen, planvolles Vorgehen, Arbeitsabläufe aufeinander abstimmen, komplexe Sachverhalte schnell strukturieren können, Überprüfung der Planerfüllung)

Aktivitätspotenzial

Das Aktivitätspotenzial ist eine Art Energie, ein Kraftreservoir, das – wenn es gut gefüllt ist – dafür sorgt, dass man aktiv ist, auch Widerständen trotzt, flexibel auf neue Situationen reagiert, nicht schnell aufgibt und andere begeistert. Dazu gehören:

- Arbeitsmotivation (Konstante Arbeitsleistung, auch bei komplexen Aufgaben, selbständig und zügig arbeiten, kurzfristige Veränderungen akzeptieren und verarbeiten)
- Führungsmotivation (Führungsrollen annehmen und organisieren, für Interessenausgleich bei den Mitarbeitern sorgen, stärkere Konzentration auf die Arbeitsergebnisse als auf den Arbeitsprozess)
- Autonomie (selbstständiges Arbeiten, eigenständige Formulierung neuer Aufgaben und Ziele, Streben nach besseren Arbeitsergebnissen, Bereitschaft, Neues zu erkunden und zu erlernen)
- Durchsetzungsvermögen (Ziele nicht aus dem Auge verlieren, eigenen Standpunkt auch gegen Widerstände durchsetzen, Konkurrenzsituationen nicht ausweichen, insgesamt stark zielorientiertes Vorgehen)

- Selbstvertrauen (bei Rückschlägen nicht aufgeben, sich von Fakten und Sachverhalten, nicht von der Persönlichkeit anderer beeinflussen lassen, erfolgsorientiertes und sicheres Denken und Fühlen)

Verbale und schriftliche Ausdrucksfähigkeit

Dies ist die Kompetenz, sich mündlich und schriftlich mitzuteilen. Nicht nur Wortwahl, Tonlage, Stimme und Lautstärke sind entscheidend, sondern auch die Fähigkeit, andere durch überzeugende Argumente für sich einzunehmen. Zur Ausdrucksfähigkeit gehören:

- Mündliches und schriftliches Darstellungsvermögen (klare, verständliche Sprache, flüssige Formulierung, akustisch gut zu verstehen, Stilsicherheit, Sprachgewandtheit im Schriftlichen)
- Rhetorische Fähigkeiten (argumentative Überzeugungskraft)

Gruppendiskussion

Die Gruppendiskussion ist ein klassischer Standardbaustein eines jeden ACs, wobei die Gruppengröße zwischen vier, sechs und mehr Teilnehmern schwankt; oftmals wird eine größere Bewerbergruppe für diese Übung aufgeteilt.

Aufgabe aller Gruppenteilnehmer ist es, ein bestimmtes Thema zu diskutieren. Manchmal fängt es auch damit an, dass sich die Gruppe auf ein Thema – angeboten werden mehrere – einigen soll. Eine kurze Einführung in eine Thematik, in ein Problem oder Ähnliches stellt die versammelten Gruppenteilnehmer des AC vor die Aufgabe, unterschiedliche Meinungsäußerungen zu diskutieren und eventuell auf einen Gruppenkonsens zu bringen. Dabei geht es den Beobachtern viel weniger um das Diskussionsergebnis als um die Beobachtung der Interaktion der AC-Teilnehmer untereinander.

Zwei bis drei AC-Beobachter, die während der Diskussion die Teilnehmer genau beobachten und sich Notizen machen, sind die Regel, mehr oder weniger Beobachter dagegen eher selten, aber auch das kommt vor.

Die möglichen Formen der Gruppendiskussion:

1. Diskussion eines (allgemeinen) Themas mit oder ohne Zielvorgabe

Hier besteht die Aufgabe darin, ein vom Auswahlgremium vorgegebenes oder frei zu wählendes Thema in einer Runde von Mitbewerbern gemeinsam zu diskutieren. Bisweilen wird ein Ergebnis gefordert (Stellungnahme, Konsens). Die Themenpalette reicht von Berufsbezogenem über Inhalte aus den Bereichen Politik, Umwelt, Wirtschaft, Zeitgeschehen bis hin zum privaten, persönlichen Bereich.

Möglich ist auch, dass die Gruppe die Aufgabe erhält, sich unter zehn Themen auf eins zu einigen, um dieses dann anschließend zu diskutieren. Bereits der Auswahlprozess durch die Gruppenmitglieder, der erfahrungsgemäß nicht leicht vonstattengeht, ist wichtiger Bestandteil der Beobachtung und Beurteilung. Wer hier eine von den anderen Gruppenmitgliedern akzeptierte Führungsrolle übernehmen kann, steht natürlich bei Weitem besser da als der graue Mitläufer oder der ewig nörgelnde Neinsager. Häufig werden vor einer Gruppendiskussion – wie im obigen Beispiel geschildert – die Kandidaten aufgefordert, ihre Vorabeinschätzung schriftlich festzuhalten. Zweck dieser Übung ist es, die individuellen Standpunkte/Beurteilungen festzuschreiben, um hinterher vonseiten der AC-Beobachter einen Vergleich vornehmen zu können, inwieweit die individuelle Einschätzung von der Gruppenbeurteilung abweicht.

2. Diskussion einer speziellen Problemstellung

Die Diskussion, die meistens Themen aus dem Bereich der BWL zum Gegenstand hat, läuft in Form eines Unternehmensplanspiels mit der Aufgabe, gemeinsam einen konkreten Handlungsplan zu entwickeln:

Hier geht es um eine konkrete betriebswirtschaftliche Aufgabenstellung, die auf der Grundlage von schriftlichem Informationsmaterial innerhalb der AC-Gruppe zu diskutieren ist. Fiktive unternehmerische Rahmenbedingungen sind vorgegeben und Entscheidungen auf organisatorischer Ebene gefordert.

3. Diskussion eines vorgegebenen Themas

Dabei haben die AC-Teilnehmer eine ihnen vorgegebene Rolle oder Position zu vertreten: Hier liegt eine genaue Rollenfestlegung für die Diskutanten vor und jedem ist ein Standpunkt vorgegeben. Sie erhalten zunächst eine »Regieanweisung« und müssen als Diskussionsteilnehmer ausschließlich diese Rolle, diese Überzeugung oder diesen Standpunkt vertreten.

Klassisches Beispiel: Jeder Diskutant in der Runde bekommt auf seinem Regiezettel mitgeteilt, Außendienstvertreter einer Versicherungsgesellschaft zu sein. Für seine Arbeit steht ihm ein Dienstwagen zur Verfügung. Der eine AC- Teilnehmer – jetzt in der Rolle eines (Interessen-)Vertreters – hat einen relativ großen Wagen, obwohl er hauptsächlich in der Stadt arbeitet und die Parkplatznot kennt. Der andere hat ein schon recht altes und sehr häufig störanfälliges Modell, ist aber ein recht erfolgreicher Vertreter, ein dritter hat einen zu kleinen Dienst-PKW, obwohl er häufig mit mehreren Auszubildenden geschäftlich unterwegs ist usw.

Jeder Teilnehmer ist also mit einer Vorgabe ausgestattet, mit Pro-, aber auch Kontra-Argumenten hinsichtlich seiner Tätigkeit in Relation zu seinem zur Verfügung stehenden Dienstfahrzeug.

Das zu diskutierende Problem: Ein nagelneues kleines BMW-Sportcabriolet wird von der Geschäftsleitung zur Verfügung gestellt. Wer von den Vertretern (AC-Diskutanten) soll es bekommen, wer hat es sich verdient?

Die AC-Diskutanten sollen eine gemeinsame gerechte Lösung herbeiführen. Und das, obwohl doch jeder laut Rollenvorgabe den neuen Dienstwagen für sich beansprucht. Klar, dass sich hier eine heiße Auseinandersetzung anbahnt. Da gibt es einiges zu beobachten für die AC-Regisseure.

Die meisten Diskussionsrunden dauern ca. 15 bis 45 Minuten. Nicht selten ist die dabei zu diskutierende Thematik so komplex, dass das erforderte gemeinsame Ergebnis, etwa ein Gruppenkonsens, in der Kürze der vorgegebenen Zeit nicht zu erreichen ist. Dies führt häufig zu einer aggressiv-gereizten Stimmung, weil die Diskutanten sich unter einem enormen Leistungsdruck fühlen und entsprechende Versagensängste entwickeln. Lassen Sie sich nicht mitreißen. Denn dieser zum Teil bewusst erzeugte Stress ist für die AC-Beobachter ein willkommener Prüfstein, der auf ihren Checklisten unter verschiedenen Überschriften entsprechend benotet wird. Das bedeutet: Wer als AC-Kandidat in spürbare Aufregung gerät, sammelt Minuspunkte.

Aggressiv-gereizte Stimmung

Wichtigste Empfehlung für die Gruppendiskussion: Spielen Sie nicht den stummen Fisch, aber auch nicht den eloquenten, narzisstischen Vielquatscher. Wenn es, bezogen auf die Häufigkeit Ihrer Beiträge, so etwas wie eine Dreier-Einteilung gibt, sind Sie am Ende des ersten Drittels gut platziert.

So schneiden Sie bei der Gruppendiskussion gut ab

Lassen Sie sich von dem harmlosen Begriff »Gruppendiskussion« nicht blenden. Es ist ein spezieller mündlicher Test, der hohe Konzentration erfordert. Anders als häufig angenommen wird von den Beobachtern weniger das Ergebnis der Diskussion beurteilt, sondern wie es zustande kam. Die Beobachter sind also an der Interaktion und insbesondere an Ihrem Sozialverhalten interessiert. Außerdem geht es um Ihr sprachliches Ausdrucksvermögen. Die generellen Kriterien bei der Gruppendiskussion:

Erfassung und Steuerung sozialer Prozesse

- Kontaktfähigkeit (aktives Zugehen auf andere)
- Einfühlungsvermögen (Erkennen/Berücksichtigung von Bedürfnissen/Gefühlen anderer)
- Integrationsfähigkeit (Fähigkeit, Konflikte zu analysieren und zu lösen, Bündelung divergierender Interessen auf ein Ziel hin)
- Kooperationsfähigkeit (kein Dominanzstreben auf Kosten anderer, Verzicht auf Druck- und Machtmittel)
- Informationspolitik (Weitergabe von Informationen, Fähigkeit, zuzuhören)
- Selbstdisziplin (moderat-freundlicher Umgang mit anderen, auf Angriffe angemessen reagieren)

Systematisches Denken und Handeln

- Kombinationsfähigkeit (Übernahme/Verarbeitung von Informationen/Denkstilen anderer, die Fähigkeit, Alternativen zu entwickeln)
- Entscheidungsfähigkeit (Entwicklung und Beurteilung von Alternativen, angemessene Entscheidungsfreudigkeit, kein Abschieben, Nachdenken darüber, welche Konsequenzen die jeweiligen Entscheidungen haben)

Aktivitätspotenzial

- Führungspotenzial/-motivation (Anstreben einer Führungsposition/-rolle, Initiativen zur Strukturierung/Koordination sozialer Prozesse)
- Selbstwertgefühl (positiv und erfolgsorientiert, angemessene Selbstsicherheit)
- Durchsetzungsvermögen (Zielstrebigkeit, Beharrlichkeit)

Ausdrucksmöglichkeiten

- Fähigkeit, mündlich und schriftlich zu formulieren (flüssig und unmissverständlich)
- Überzeugungskraft (Vorschläge/Ziele/Methoden werden von anderen übernommen, Argumentation erzeugt bei anderen keinen Widerstand, Flexibilität in Ausdruck/Argumentation)

Optimal wäre es, wenn Sie grafische Hilfs- und Darstellungsmittel (Flipchart etc.) einsetzen, um das Vereinbarte sichtbar zu machen. Das gilt übrigens für sämtliche Diskussions- und Präsentationsübungen im AC. Wenn Ihnen Flipchart, Tafel etc. angeboten werden, nutzen Sie diese unbedingt. In der Gruppendiskussion könnten Sie z.B. Ihre Dienste anbieten, nach vorn gehen und die wichtigsten Punkte notieren. Aber Vorsicht: Fragen Sie zuvor die anderen, ob es ihnen recht ist. Sonst sieht es so aus, als wollten Sie sich zu sehr in den Vordergrund drängen.

Weitere Pluspunkte sammeln Sie, wenn Sie diese Verhaltensregeln bei der Gruppendiskussion beachten:

- den jeweiligen Sprecher ansehen
- Aufmerksamkeit signalisieren
- kontrolliert reagieren
- gedämpftes (angemessenes) Engagement
- deutlich und ruhig sprechen
- freundliches Interesse zeigen
- sachliche Argumentation, alles vermeiden, was die Gesprächsharmonie stören könnte
- auf Argumente eingehen und sie konstruktiv weiterentwickeln
- sich nicht in den Vordergrund spielen
- sich nicht zu sehr zurück- und raushalten

- kein Sarkasmus, keine Ironie, niemanden herabsetzen
- auf ausgeglichene Rollenverteilung achten (z. B. nicht zu allen Themen Contra-Beiträge liefern, da sonst die Gefahr besteht, als Nörgler wahrgenommen zu werden)
- Teilnehmer, die Fragen aufwerfen, auch mal loben (»wichtig/bemerkenswert« etc.)
- Mängel offen zugeben (»Sie sind da auf einen heiklen Punkt gestoßen geworden«)
- stets bedenken: man muss nicht immer alles (besser) wissen und ständig versuchen, Patentrezepte und-lösungen »aus dem Hut zu zaubern«
- auch mal die eigene Meinung zur Diskussion stellen (»Mich würde interessieren, wie Sie darüber denken.«)

Rollenspiel

Das Rollenspiel ist eine Art Mini-Diskussionsgruppe. Personalchef, Vorgesetzter, Geschäftsführer, Teamleiter – das sind die typischen Rollen, die AC-Kandidaten meist übernehmen sollen. In der Regel geht es dabei um ein simuliertes Gespräch zwischen AC-Prüfling und meistens einem AC-Beobachter (oder Moderator), der aktiv den Part der zweiten Rolle übernimmt. Seltener sind Rollenspiele, die zwei AC-Prüflinge zusammen absolvieren müssen.

Für dieses Stegreif-Theater-Rollenspiel hat man 10 bis 30 Minuten Zeit. Vorher steht eine meist als zu knapp empfundene Vorbereitungszeit (etwa 5 bis 15 Minuten) zur Verfügung, in der sich der AC-Prüfling mit einer schriftlichen Rollen- und Situationsbeschreibung vertraut machen soll.

Das Rollenspiel hat ähnliche Anforderungen wie die Gruppendiskussion:

Erfassung und Steuerung sozialer Prozesse

- Einfühlungsvermögen (Erkennen/Berücksichtigen von Bedürfnissen/Gefühlen anderer)
- Kontaktfähigkeit (Beratung anbieten, Vertrauen entgegenbringen)
- Kooperationsfähigkeit (anderen aus Schwierigkeiten heraushelfen, kein Dominanzstreben auf Kosten anderer, Verzicht auf Druck- und Machtmittel)
- Informationspolitik (Fähigkeit, zuzuhören)
- Selbstdisziplin (auf Angriffe angemessen reagieren, moderat-freundlicher Umgang mit anderen)

Systematisches Denken und Handeln

- Arbeitsorganisation (sich Überblick verschaffen)
- Entscheidungsfähigkeit (suchen/verwerten von allen verfügbaren Informationen, Entwicklung und Beurteilung von Alternativen, angemessene Entscheidungsfreude/kein Aufschieben, die Konsequenzen der Entscheidungen abwägen)
- Planung und Kontrolle (Arbeitsziele setzen)

Aktivitätspotenzial

- Führungspotenzial/-motivation (Initiativen zur Strukturierung/Koordination sozialer Prozesse)
- Arbeitsantrieb/-motivation (schnelles Erledigen anstehender Arbeiten/Probleme)
- Selbstständigkeit (erkennbares Bemühen um Optimierung eigener Arbeitsergebnisse)
- Selbstwertgefühl (positiv und erfolgsorientiert, angemessene Selbstsicherheit, Durchhaltevermögen bei Rückschlägen)
- Durchsetzungsvermögen (Zielstrebigkeit, Beharrlichkeit)

Ausdrucksmöglichkeiten

- Flexibilität (rhetorische Fähigkeiten/Argumentationstechnik)
- Überzeugungskraft (Vorschläge/Ziele/Methoden werden von anderen übernommen, Argumentation erzeugt bei anderen keinen Widerstand, Flexibilität in Ausdruck/Argumentation, Führungsrolle wird anerkannt).

Auch hier dreht sich alles um die soziale Kompetenz. Gefragt sind im Wesentlichen Kontaktfähigkeit, Einfühlungsvermögen und Verhandlungsgeschick, gepaart mit Überzeugungskraft und Durchsetzungsvermögen.

Situationen im Rollenspiel

Man wird zum Vorgesetzten ernannt, der mit einem Mitarbeiter ein ernstes Wörtchen zu reden hat, da dessen Leistungen oder ein Fehlverhalten – wegen Alkohol- und Eheproblemen – absolut kritikwürdig ist. Hinzu kommt, dass in diesem Spiel das Kind/die Ehefrau des Mitspielers gerade tödlich verunglückt ist. Also keine einfache Ausgangsbasis für ein heikles Gespräch. Weiter erschwerend, die Person ist mit dem Vorstandvorsitzenden verwandt!

Nicht selten werden Verkaufs-, Überzeugungs- oder Motivationsgespräche verlangt. Beliebt sind auch »Kundengespräche«. Da hat man es dann beispielsweise mit einem enttäuschten Kunden zu tun, der sich bei Ihnen, dem Chef, über die schlechte und unfreundliche Behandlung durch einen Ihrer fiktiven Mitarbeiter/Kollegen beschwert.

Ableitung von Führungsqualitäten

Aus Ihrem Gesprächsverhalten wird versucht, Rückschlüsse auf Ihr Führungspotenzial zu ziehen:

- Wie werden Sie einmal mit Mitarbeitern, für die Sie Personalverantwortung haben, umgehen?
- Zeigen Sie Ansätze einer Gesprächsstrategie, gelingt Ihnen eine Klärung?
- Wie geschickt sind Sie im verbalen Umgang mit anderen Menschen?
- Wie stark ist Ihre Empathie, d. h. wie gut können Sie sich in Ihr Gegenüber hineinversetzen?
- Sind Sie in der Lage, Hintergründe aufzuhellen und gemeinsam eine Lösung zu erarbeiten?
- Können Sie ein Verhandlungsergebnis vorweisen bzw. sind Sie in der Lage, am Ende des Gesprächs klare Vereinbarungen, ggf. Entscheidungen, zu treffen?

Besonders wichtig ist das sich meist anschließende Gespräch über Ihr Verhalten beim Rollenspiel: Übernehmen Sie, falls Ihnen kritische Fragen gestellt werden, Verantwortung dafür. Fallen Sie also nicht bei der ersten Kritik um, bleiben Sie stattdessen ruhig und liefern Sie sachliche Gründe für Ihr Verhalten, bzw. Ihre Argumentation.

Präsentation

Ob Sie als Moderator auftreten, eine Fallstudie lösen oder ob Sie – nach kurzer Vorbereitungszeit – einen Vortrag über ein gesellschaftspolitisches Thema halten sollen: Es handelt sich stets um eine Präsentation. Dabei geht es darum, ein Thema in der zur Verfügung stehenden Zeit inhaltlich zu erfassen und dieses den Zuhörern mithilfe eines mündlichen Vortrags zu vermitteln. Entweder sollen Sie einen bestimmten Standpunkt vertreten oder Überzeugungsarbeit leisten. Es kann also sein, dass Sie dabei in die Rolle eines Beraters schlüpfen müssen, um einem fiktiven Leitungsgremium bestimmte Aktionen vorzuschlagen. Möglich ist auch, dass Sie sich gleich in der Eingangsrunde selbst vorstellen sollen. Entweder ganz frei, sodass Sie selbst entscheiden können, wie Sie was über sich erzählen, oder mit einer Vorgabe wie »Stellen Sie uns Ihre drei größten Stärken und Schwächen vor« oder »die wichtigsten Stationen in Ihrem Lebenslauf« oder »beschreiben Sie Ihren Lieblingsurlaubsort«.

Pluspunkte sammeln

Oft wird eine Präsentation aus dem Stand heraus verlangt (mit einer Vorbereitungszeit von fünf bis zehn Minuten für einen drei- bis fünfminütigen Vortrag). Die Beobachter konzentrieren sich auf das »Wie« Ihres Vortrags und nehmen die inhaltliche Beurteilung Ihres Referats später vor. Pluspunkte bringen:

Erfassung und Steuerung sozialer Prozesse

- Einfühlungsvermögen
  (Erkennen/Berücksichtigung von Bedürfnissen der Zuhörer)
- Kooperationsfähigkeit
  (Aufgreifen und Weiterführung anderer Meinungen/Ideen)

Systematisches Denken und Handeln

- Analytisches und abstraktes Denken (didaktisch sinnvoller und logischer Aufbau des Vortrags, Fähigkeit zu strukturieren)
- Arbeitsorganisation (Einhalten von Zeitvorgaben, Belastbarkeit, Stressresistenz)
- Entscheidungsfähigkeit (entwickeln und beurteilen von Alternativen, die Konsequenzen der Entscheidungen abwägen)
- Planung/Kontrolle (Formulierung von Zielen)

Aktivitätspotenzial

- Selbstwertgefühl
  (positives Denken und Erfolgsorientierung, angemessene Selbstsicherheit)
- Kreativität
- Durchsetzungsvermögen
  (Aufmerksamkeit erzielen, Konzentration, Zielstrebigkeit)

Ausdrucksmöglichkeiten

- Fähigkeit, mündlich zu formulieren
- flüssige und unmissverständliche Ausdrucksweise
- akustisch gut zu verstehen
- Überzeugungskraft (Plausibilität von Vorschlägen/Methoden/Zielen, Argumentation erzeugt keinen Widerstand)
- Flexibilität (plastische Vergleiche/Bilder, Variation des Ausdrucks, Einsatz didaktischer, optischer Hilfsmittel)

Bei dieser Übung geht es weniger um das zwischenmenschliche Verhalten, sondern um Sprache, Form, Ausdruck, Klarheit und Sicherheit, Ausstrahlung, Überzeugungskraft und erst an letzter Stelle um Sachkompetenz. Das gilt vor allem für willkürliche Ein-Wort-Themen wie »Der Glaube« oder Allerweltsthemen wie »Tempolimit – pro und contra«, die nichts mit dem späteren Arbeitsplatz zu tun haben. Fachliche Kompetenz wird dann wichtiger, wenn es um Themen ihres künftigen Arbeitsgebietes geht.

Vorbereitungsmöglichkeiten

»Lassen Sie Ihren Gedanken freien Lauf«, könnte das Motto für die Bearbeitung der Themen lauten. Es geht also zunächst darum, Material zu sammeln. Notieren Sie alles – ruhig ungeordnet – was Ihnen zu dem Thema einfällt. Hilfreiche Fragestellungen dazu sind z. B.

- Welchen Kernbegriff (Keyword) enthält das Thema?
- Welche weiteren Begriffe stecken im Thema?
- Welche anderen Begriffe/Stichworte (vergleichbare, gegensätzliche, Ober-/Unterbegriffe) assoziiert man mit dem Kernbegriff?

Auch die bekannten W-Fragen (Wer? Wie? Was? Wann? Wo? Warum?) können einen wichtigen Beitrag leisten:

- Was heißt ...? Was ist ...? Was bedeutet (für mich/den Einzelnen/die Gesellschaft) ...?
- Wer ist mit ... befasst?
- Welche Arten von ... gibt es?
- Wann geschieht ...?
- Wo geschieht ...?
- Warum ...?
- Welche Ursache ...?
- Welchen Zweck ...?
- Welche Folgen, Vor-/Nachteile, Gefahren ...?
- Wem nützt/schadet ...?
- Wozu dient ...?

Schlüpfen Sie gedanklich in andere Personen (Freunde, Arbeitskollegen, Eltern, Nachbarn etc.). Wie würden die argumentieren? Ordnen Sie die so gewonnenen Stichworte nach Zusammengehörigkeit und in die Gliederungsabschnitte Einleitung, Hauptteil, Schluss. Es gibt bestimmte Gliederungsformen, die die Vorbereitung von speziellen Aufgaben erleichtern:

Bei Themen, die eine **Pro- / Contra-Erörterung** erfordern, hat sich folgende Gliederung des Hauptteils bewährt:

- These (Argumente für ...)
- Antithese (Gegenargumente)
- Wenn möglich: Lösung, Entscheidung (Synthese)

Haben Sie es mit einem **berufstypischen Fachproblem** zu tun, bietet sich eine Gliederung anhand dieser Fragen an:

- Worin besteht das Problem?
- Wie ist bisher damit verfahren worden?
- Welche Lösungsansätze sind praktikabel, welche nicht?
- Wie sieht meine Empfehlung aus?

Die gelungene Präsentation

Die für den Vortrag vorgesehene Zeit sollten Sie unbedingt einhalten. Die fünf oder zehn Minuten sind angesichts des Prüfungsstresses jedoch schnell vorbei. Wenn Sie mit dem Vortrag aufhören müssen, weil die Zeit abgelaufen ist, und wichtige Argumente ungesagt bleiben, haben Sie die Präsentation »in den Sand gesetzt«. Verzichten Sie also lieber auf ein paar zusätzliche, aber schwächere Argumente, und lassen Sie sich genügend Zeit für die wirklich guten. Es ist wichtig, wie Sie den Vortrag beginnen. Denn hier entscheidet sich, ob Sie das Interesse der Zuhörer erregen.

Journalisten geht es, wenn sie Artikel schreiben, nicht anders. Deshalb sollten Sie sich ein »Lockmittel« überlegen, z. B. eine knallige Headline, eine spannende Einleitung, eine unvermutete Frage oder eine witzige, kurze Anekdote. Machen Sie Ihre Zuhörer neugierig auf das, was folgt. Beleuchten Sie das Thema von verschiedenen Seiten. Sparen Sie nicht mit sprachlichen Bildern, Vergleichen etc. Und greifen Sie auch bei dieser Übung zu didaktischen Hilfsmitteln (Flipchart, Tafel). Visualisieren Sie (komplizierte) Zusammenhänge (nach dem Motto: Ein Bild sagt mehr als tausend Worte), wann immer es möglich und sinnvoll ist. Zögern Sie nicht, ein Keyword an die Tafel zu schreiben, um seine Bedeutung zu unterstreichen. Zusammenhänge, die Sie durch Pfeile, Kreise oder Ähnliches sichtbar machen, werden deutlicher – eine Methode, die immer gut ankommt. Halten Sie mit Ihren Zuhörern Blickkontakt. Werden Sie unterbrochen, gehen Sie auf Zwischenfragen ein. Damit soll Ihre Flexibilität getestet werden. Aber lassen sie das Zwiegespräch nicht ausufern. Geben Sie Ihren Zuhörern etwas zum Nachdenken, beteiligen Sie sie an Ihrem Thema. Sollten diese nicht von sich aus fragen, können Sie – um Leben in die Sache zu bringen – auch Fragen stellen. Es ist besser, nicht den Einzelnen zu fragen, denn das könnte diesem peinlich sein. Stellen Sie Fragen am besten an die ganze Runde. Fassen Sie die wichtigsten Aspekte des Themas am Ende kurz und prägnant zusammen, und kommen Sie zum Schluss, der ähnlich gestrickt sein sollte wie der Anfang – nämlich interessant. Sollten Sie sehr aufgeregt sein, ist es besser – und dies bringt sogar Sympathiepunkte –, wenn Sie das offen und humorvoll ansprechen, statt sich zu verkrampfen und zu hoffen, dass es niemand sieht. Auf diese Weise machen Sie diese kleine Schwäche zu einer Stärke, indem Sie zeigen, dass Sie auch mit einem kleinen Manko umgehen können.

Postkorb-Übung

Bei der sehr oft eingesetzten Postkorb-Übung besteht Ihre Aufgabe darin, dass Sie als Chef / Vorgesetzter / Geschäftsführer eine große Anzahl von Dokumenten durcharbeiten müssen, die sich in Ihrer Post angesammelt haben, weil Sie länger abwesend, vielleicht auf Dienstreise, waren. Unheimlich viele Entscheidungen sind von Ihnen zu treffen – typischerweise auf folgenden Gebieten:

- finanzielle Schwierigkeiten
- geschäftliche Dinge
- familiäre Probleme
- private Sorgen

Hinzu kommt, dass Sie unter enormem Zeitdruck stehen, da Sie kurz danach wieder auf Dienstreise müssen oder in den Urlaub fahren. Allein die Papiere in Ihrem »Postkorb« (oder am Bildschirm) durchzulesen, erfordert schon einen erheblichen Teil der Bearbeitungszeit. Es wird jedoch auch verlangt, dass Sie schnell und angemessen auf die Ereignisse, Anforderungen, Probleme etc. reagieren. Später wird man Sie fragen, wieso Sie diese oder jene Entscheidung getroffen haben. Gehen Sie daher bei der Bearbeitung immer systematisch vor!

Beurteilungskriterien

Hier die Kriterien, nach denen Sie beurteilt werden. Einiges davon kennen Sie schon:

Erfassen und Steuern sozialer Prozesse

- Kontaktfreudigkeit (aktives Zugehen auf andere)
- Einfühlungsvermögen (Erkennen / Berücksichtigung von Bedürfnissen / Gefühlen anderer)
- Integrationsfähigkeit (Konflikte analysieren und lösen, Bündelung multipler / divergierender Interessen auf ein Ziel hin)
- Kooperationsfähigkeit (kein Dominanzstreben auf Kosten anderer, Verzicht auf Druck- und Machtmittel)
- Informationspolitik (Weitergabe von Informationen)

Systematisches Denken und Handeln

- Abstraktes und analytisches Denken (Informationen ordnen nach vorgegebenen Kriterien)
- Kombinationsfähigkeit (Übernahme / Verarbeitung von Informationen / Denkstilen anderer, Alternativen entwickeln)
- Entscheidungsfähigkeit (Informationen suchen und verarbeiten, Entscheidungsfreudigkeit, kein Aufschieben, die Konsequenzen der Entscheidungen abwägen)

- Arbeitsorganisation (Delegationsfähigkeit, Zeitvorgaben einhalten, Belastbarkeit/Stressresistenz, Überblick gewinnen, gewissenhafte Bearbeitung, Konzentrationsfähigkeit)
- Planung und Kontrolle (Strukturierung komplexer Sachverhalte)

Aktivitätspotenzial

- Arbeitsantrieb/-motivation (konstante Arbeitsleistung bei komplexen Aufgaben)

Bei dem Interview, das häufig im Anschluss auf den Postkorb folgt, erkundigen sich die Beobachter oft – manchmal auch sehr detailliert – nach den Gründen für Ihre Entscheidungen. Dabei sind sie auf der Suche nach Ihrem Organisations- und Planungstalent und hoffen, dem mit Fragen nach einem bestimmten Konzept oder Strategien auf die Spur zu kommen. Besonders interessiert sie Ihr Weitblick, d.h., ob Sie auch die Konsequenzen Ihrer Entscheidungen berücksichtigt haben. Schlechte Noten handelt sich ein, wer unsystematisch, also eher aus dem Gefühl heraus, Entscheidungen trifft oder sich gar davor drückt. Bei der Postkorb-Übung und später beim Interview geht es auch um Ihre Belastungsfähigkeit, Auffassungsgabe und Flexibilität. Können Sie vermitteln, dass Sie bei komplexen Aufgaben planvoll und überlegt organisieren, Ihre Arbeitsleistung selbst bei hohem Zeitdruck nicht abfällt, Ihre Konzentration konstant bleibt und Sie bemüht sind, begonnene Arbeiten zügig abzuschließen?

Bewältigungsstrategien

Um sich einen Überblick zu verschaffen, sollten Sie zunächst alle vorgelegten Informationen durchlesen und sich auf einem Extrazettel Notizen machen. Dabei helfen diese Fragen:

- Habe ich einen Überblick gewonnen?
- Kann ich einen Zeitplan aufstellen?
- Welche Vorgänge/Ereignisse sind wirklich wichtig und warum?
- Welche können zurückgestellt bzw. vorerst vernachlässigt werden und warum?
- Wie hängen die einzelnen Vorgänge/Ereignisse zusammen?
- Gibt es weitere Gemeinsamkeiten? Dann sind weitere Punkte wichtig:
- Welche Aufgaben muss man selbst bearbeiten?
- Welche Termine müssen eingehalten werden?
- Was geschieht, wenn ein Termin verpasst wird?
- Lässt sich ein Ordnungssystem (Unterscheidungsmerkmale) für die einzelnen Vorgänge finden?
- Wo sind Prioritäten zu setzen, aus welchen Gründen?
- Wie ist dabei die Interessenlage?
- Wird bei der Bearbeitung eine systematische Leitlinie erkennbar?

Diese Fragen helfen beim Delegieren:

- Was lässt sich an andere Personen delegieren und warum?
- Kontrollfrage dabei: Könnte bei den Beobachtern der Eindruck entstehen, sich vor Entscheidungen und Aufgaben drücken zu wollen?
- Wie lassen sich Effizienz und Erfolg kontrollieren? Unterziehen Sie Ihre Entscheidungen abschließend einer kritischen Kontrolle:
- Fließen in die Entscheidungen alle verfügbaren Informationen ein?
- Welche Konsequenzen, möglicherweise auch Probleme, ziehen die Entscheidungen nach sich? Gibt es dazu Alternativen?
- Wie lassen sich die Entscheidungen erklären, rechtfertigen, begründen?

Übrigens gibt es bei den Postkorb-Übungen fast nie einen Königsweg, also eine allein richtige Lösung. Wichtig ist vielmehr, dass Sie im Interview begründen können, weshalb Sie sich für eine bestimmte Aufgabenverteilung entschieden haben, etwa »weil Personalfragen immer Chefsache sind« etc. Gehen Sie daher bei der Postkorb-Übung selbstsicher und entscheidungsfreudig vor. Auch wenn es in der realen Arbeitswelt wichtig ist, die Dinge gründlich zu durchdenken – bei der Postkorb-Übung machen Sie damit kaum Punkte. Stattdessen sollen Sie hier Mut zur Entscheidung und Entschlossenheit demonstrieren. Dazu gehört auch ein gewisses Maß an Selbstsicherheit und Optimismus.

Ziel der Postkorb-Übung

- Wie sind Ihr Entscheidungs- und Führungsverhalten sowie Arbeitsstil und -systematik?
- Können Sie Wichtiges von Unwichtigem unterscheiden und Prioritäten setzen?
- Können Sie Aufgaben delegieren, ohne die Dinge aus den Augen zu verlieren, indem sie eine Effizienz- und Erfolgskontrolle einplanen?

Entscheidungsmut zeigen

Für die Postkorbübung steht meistens eine Stunde zur Verfügung, für »Mini-Postkörbe« weniger. Oftmals werden Sie unmittelbar danach oder auch im weiteren Verlauf des AC zu einem Gespräch gebeten, um Ihre Entscheidungen nochmals zu erklären, zu begründen. Wer dabei einen zu zögerlichen Eindruck macht und nicht klar erkennen lässt, dass er in der Lage ist, Entscheidungen zu treffen und die Verantwortung dafür zu übernehmen, wird mit Kritik an seinem Führungspotenzial rechnen müssen. Bleiben Sie gelassen, wenn Ihre Herangehensweise an die Probleme als logisch wenig sinnvoll, geschweige denn systematisch und angemessen bezeichnet wird. Es könnte sein, dass man auch jetzt wieder testen will, ob Sie leicht von Ihrem Standpunkt abzubringen sind. Verkneifen Sie sich Entschuldigungen wie »Wenn die Zeit nicht so knapp gewesen wäre, hätte ich gern noch dies oder jenes erledigt.« Erstens wissen die Beobachterinnen und Beobachter selbst, wie viel Zeit zur Verfügung stand, zweitens verfügen sie über Erfahrungswerte, was sich im Schnitt schaffen lässt, und drittens wirken Entschuldigungen und Ausreden nicht sonderlich überzeugend. Man könnte daraus sogar folgern, dass Sie überfordert oder sehr gestresst sind.

Interview

Beim Interview, einem Frage-und-Antwort-Spiel, geht es meist um die speziellen Anforderungen, die mit dem Arbeitsplatz verbunden sind. Es sind sogar mehrere Einzel- oder Kleingruppeninterviews denkbar. Parallelen zum Rollenspiel drängen sich auf. Verwechseln Sie das Interview nicht mit einem gewöhnlichen Vorstellungs- bzw. dem AC-Abschlussgespräch oder mit dem Small Talk beim Mittagstisch oder Abendessen. Persönlichkeit, Leistungsmotivation und Kompetenz sind die Kriterien, die im Interview im Mittelpunkt stehen. Im Einzelnen geht es um:

Aktivitätspotenzial

- Kontaktfähigkeit (aktives Zugehen auf andere)
- Führungspotenzial/-motivation (Anstreben einer Führungsposition/-rolle, Initiativen zur Strukturierung/Koordination sozialer Prozesse)
- Selbstwertgefühl (positiv und erfolgsorientiert, angemessene Selbstsicherheit)
- Durchsetzungsvermögen (Zielstrebigkeit, Stresstoleranz)

Ausdrucksmöglichkeiten

- Fähigkeit, mündlich zu formulieren (flüssig und unmissverständlich)
- Überzeugungskraft (Vorschläge/Ziele/Methoden werden von anderen übernommen, Argumentation erzeugt bei anderen keinen Widerstand, Flexibilität in Ausdruck/ Argumentation)

Beim Interview ist – unabhängig von den Einzelfragen, mit denen man konfrontiert wird – eine gute Portion Selbstdarstellung erforderlich. Wer von sich und seinen Fähigkeiten überzeugt ist, ohne anmaßend zu sein und zu dick aufzutragen, sowie darüber hinaus andere überzeugen kann, hat hier relativ leichtes Spiel.

Vorbereitung

Vor dem Interview sollten Sie sich Gedanken darüber machen, wie Sie folgende Aspekte präsentieren:

- Ihre Ausbildung, Ihren beruflichen Werdegang
- Ihre berufliche Kompetenz und Eignung
- aus welchen Gründen, Sie sich bei dem Unternehmen beworben haben und Ihre Leistungsmotivation
- Ihren persönlichen, sozialen Hintergrund

Das wird Ihnen umso leichter fallen, je intensiver Sie sich auf das Bewerbungsverfahren vorbereitet haben. Bevor Sie sich überhaupt irgendwo bewerben, sollten Sie sich über einige zentrale Fragen im Klaren sein:

- Was für ein Mensch bin ich?
- Was kann ich?
- Was will ich?

Die 10 wichtigsten Verhaltensregeln für das AC-Interview

1. Hören Sie aufmerksam und konzentriert zu.
2. Halten Sie angemessenen Blickkontakt.
3. Beobachten Sie genau (ohne zu mustern).
4. Überlegen Sie, bevor Sie antworten, nehmen Sie sich die Zeit.
5. Scheuen Sie sich nicht, nachzufragen.
6. Reden Sie lieber etwas weniger als zu viel.
7. Lassen Sie Ihren Gesprächspartner (aus-)reden. Warten Sie ab, stehen Sie auch mal eine kleine Gesprächspause durch.
8. Seien Sie lieber etwas mehr zurückhaltend als zu wenig.
9. Bleiben Sie sachlich, ruhig, geduldig und gelassen.
10. Versuchen Sie, die wichtigsten Regeln der Körpersprache zu berücksichtigen.

Stressinterview

Eine Abwandlung des normalen Interviews stellt das sogenannte Stressinterview dar, das in erster Linie Ihre Stress- und Frustrationstoleranz testen soll. Hauptziel der AC-Interviewer ist es dabei, Sie aus der Reserve zu locken, Sie zu provozieren und Ihr Verhalten in einer Stresssituation zu testen. Es liegt an Ihnen, wieweit Sie sich darauf einlassen und inwieweit Sie vorbereitet sind. Wichtig ist es, die Ruhe zu bewahren und gelassen zu bleiben, möglichst kurz und knapp zu antworten, jedoch nötigenfalls darauf hinzuweisen, dass es auch für Ihre Toleranz und Geduld Grenzen gibt.

Schweige-pausen ertragen

Gern legen Interviewer zwischendurch Schweigepausen ein. Das soll die Kandidaten verwirren und aus dem Konzept bringen. Sie lassen sich natürlich nicht in diese Falle locken, durchschauen diesen Versuch und ertragen ihn mit freundlicher Gelassenheit. Machen Sie aber nicht den Fehler, jede kritische Frage als den Beginn eines Stressinterviews zu interpretieren, und begegnen Sie Ihrem AC-Interviewpartner nicht von vornherein misstrauisch.

In einem Stressinterview können Sie mit folgenden Fragen rechnen:

- Was spricht gegen Sie als Kandidat?
- Was sind Ihre Schwächen, Nachteile, Defizite?
- Was haben Sie in Ihrem (Berufs-)Leben trotz Ihrer Vorsätze (noch) nicht erreicht?
- Ihr größter (beruflicher) Misserfolg, Ihre größte Enttäuschung?
- Welche Konsequenzen haben Sie daraus gezogen?
- Wovor fürchten Sie sich?
- Was kann Sie so richtig ärgerlich machen?
- Was mögen Sie nicht, schätzen Sie bei ... nicht, wo haben Sie Schwierigkeiten ... (bei der Arbeit, am Arbeitsplatz, tätigkeits- und personenbezogen, bei Kollegen, Mitarbeitern, Vorgesetzten, sich selbst)?
- Stellen Sie sich im Rahmen Ihrer beruflichen Laufbahn (Ihres Werdegangs, in Ihrem Leben) Negativ-(Anti-)Vorbilder vor und erklären Sie diese.
- Was würden Sie in Ihrem (Berufs-)Leben anders machen, wenn Sie es könnten (wenn Sie noch mal von vorn anfangen könnten)?
- Was wollen Sie wann und wie (beruflich) in Ihrem Leben erreicht haben?
- Was sind Ihre persönlichen (beruflichen) Ziele, Ihr Motto (bis hin zum Sinn des Lebens)?
- Wie definieren Sie die Begriffe Führung, Verantwortung, Schwäche, Leistung etc.?
- Wie sollte Ihre Stellvertreterin/Ihr Stellvertreter sein?
- Worin sollte er Sie ergänzen? Was sollte er haben, vorweisen, was Sie nicht haben?
- Was machen Sie, wenn wir Sie nicht nehmen?
- Was würden Sie tun, wenn Sie nicht mehr arbeiten müssten?
- Überfordert Sie diese Tätigkeit nicht?
- Sind Sie für diese Position nicht viel zu jung/zu alt?
- Ihr beruflicher Werdegang lässt jeden roten Faden vermissen!

Abschlussgespräch

Das Abschlussgespräch soll das Auswahlverfahren abrunden und zum Ausklang und Abschied eine gute Atmosphäre schaffen. Dazu können Ihnen unterschiedlichste Fragen gestellt werden:

- Wie haben Sie das AC-Verfahren erlebt?
- Was war gut am AC, was schlecht, was sollten wir ändern?
- Wo sehen Sie persönliche Stärken und Schwächen?
- Wie zufrieden sind Sie mit Ihrer Leistung?
- Wie beurteilen Sie Ihre Mitbewerber?

Wenn Ihnen Fragen zu Ihren AC-Mitbewerbern gestellt werden, kommt es auf Ihr diplomatisches Geschick an. Machen Sie sich weder über andere Bewerber lustig noch äußern sich verächtlich, selbst wenn Sie dazu aufgefordert werden. Nach der Befragung werden die Leistungen der Bewerberinnen und Bewerber von den Beobachterinnen und Beobachtern in der Regel mehr oder minder ausführlich bewertet. Dabei werden auch die Kandidaten, die das AC nicht bestanden haben, in freundlich-moderater Weise gelobt. Gelegentlich werden ihnen auch einige Tipps mit auf den Weg gegeben, an welchen Punkten sie nach Ansicht der Prüfungskommission noch arbeiten müssen, um bei künftigen ACs erfolgreich zu sein. Und natürlich wünscht man den Bewerbern alles Gute für die berufliche Zukunft.

Diplomatisches Geschick

Sollten Sie das AC nicht bestanden haben, war es dennoch eine wertvolle Erfahrung für Sie, aus der Sie nur lernen können. Mit Sicherheit werden Sie entspannter in das nächste AC gehen, da Sie nun wissen, »wie der Hase läuft«. Nicht umsonst gibt es viele Bewerber, die erst ein oder zwei ACs bei Organisationen durchlaufen, bei denen sie eigentlich nicht arbeiten wollen, um sich dann mit dieser Erfahrung bei ihrem Wunschunternehmen zu bewerben.

Online-Assessments

Um der Bewerberflut Herr zu werden, versuchen Unternehmen bisweilen, über ein Testverfahren im Internet eine Vorauswahl zu treffen. Das Ganze nennt sich dann Online-Assessment. In mehr oder weniger spielerischer Gestaltung testen Konzerne online Wissen, Soft Skills und/oder Kenntnisse der Bewerber über das jeweilige Unternehmen. Aufgrund der Ergebnisse entscheiden sie dann über eine Einladung zu einem Vorstellungsgespräch. In anderen Fällen erfolgt ein Online-Assessment erst nach einer Vorauswahl.

Was wird getestet?

Die neu entwickelten Online-Assessment-Center setzen darauf, dass sie dem Unternehmen jederzeit und an vielen Orten gleichzeitig eine Durchführung und vollautomatische Auswertung ermöglichen. Dabei geht es häufig um die Erfassung von …

- verbalen Fähigkeiten,
- numerischen Fähigkeiten,
- diagrammatischen Fähigkeiten und
- mechanischen/physikalischen Fähigkeiten

... sowie um Wissens- und Persönlichkeitstests, die versuchen, das Bildungsniveau und wesentliche Charaktermerkmale der Online-AC-Mitspieler zu erfassen wie ...

- Eigenschaften,
- Interessen,
- Motive und Motivation,
- Verhaltenstendenzen,
- Arbeitsumfeldpräferenzen,
- bevorzugte Vorgehensweisen/Führungseigenschaften.

Testverfahren: Hintergründe

Drei typische Konstruktionsprinzipien liegen einem Online-AC zugrunde:

AC-Typen

Bei *normativen* Testverfahren wird durch eine gezielte Abfrage ermittelt, wie sich die untersuchten AC-Kandidaten im Vergleich zu einer oder mehreren Referenzgruppen sehen. Da sich die Ausprägung von Merkmalen zwischen Geschlechts-, Alters-, Ausbildungs- und Berufsgruppen je nach Zugehörigkeit zu einer Religion oder einer Nationalität unterscheidet, kann man so die AC-Kandidaten einer Gruppe zuordnen. Daraus abgeleitete Typisierungen ermöglichen die Bildung von Merkmalen für ganz bestimmte Personengruppen und erlauben eine interindividuelle Vergleichbarkeit der Messwerte. Bekannte Vertreter dieser Verfahren sind z. B. das Bochumer Inventar zur berufsbezogenen Persönlichkeitsbeschreibung (BIP), der 16PF, der OPQ32-Test und viele weitere. Die Mehrzahl der Persönlichkeitstests gehört in diese Gruppe.

Die *ipsativen* Testverfahren ermitteln im Gegensatz zu den normativen Testverfahren, welche Verhaltensweisen und/oder Fähigkeiten in bestimmten Situationen von den AC-Kandidaten in der Vergangenheit immer wieder erfolgreich angewendet wurden. Dabei wird unterstellt, dass dieses Verhalten bevorzugt eingesetzt und so zum individuellen Verhaltensmuster (bei vergleichbaren Situationen) wird. Über ein Anforderungsprofil können nun gewünschte und vorhandene Verhaltensmuster verglichen werden.

Das ermöglicht einen intraindividuellen Vergleich von Eigenschaftsausprägungen (etwa in diesem Sinne: »Eigenschaft/Verhaltenstendenz A ist bei dem Kandidaten X stärker vorhanden als Verhaltenstendenz B«). Bekannte Vertreter dieser Verfahren sind z. B. Thomas International, DISC und Harrison Assessments.

Bei *kriterienorientierten* Testverfahren wird über eine Befragung zu ermitteln versucht, ob und wie stark ein bestimmtes Merkmal, eine Eigenschaft oder ein Verhalten ausgeprägt sind. Dabei werden jedoch weder interindividuelle Vergleiche angestellt noch wird untersucht, ob dieses Verhalten intraindividuell ein klassisches Verhaltensmuster darstellt. Letztlich ist dieses Verfahren eine Mischung aus dem ipsativen und dem normativen Ansatz. Bekannte Vertreter sind der CAPtain-Test sowie Alpha-Plus.

Gründe für ein Online-Assessment

Hauptargumente für den gezielten Einsatz von E-Recruiting-Tools sind eine angebliche Kostenreduktion und Handhabungseffizienz. Mehrsprachigkeit und leicht zu interpretierende Ergebnisse, die Entkopplung von Eingabe- und Ausgabesprache (kann quasi in allen Ländern/Sprachen zum Einsatz kommen) sowie das damit angestrebte innovative Image überzeugen immer mehr Unternehmen von diesem Auswahlverfahren. Manche Personaler halten ihre Online-Tests für genauso effektiv wie einen klassischen Paper & Pencil-Test, der mit Bewerbern vor Ort durchgeführt werden müsste.

Schwachstellen des Online-Assessments

Das Online-AC verspricht in unseren Augen mehr als es hält und exponiert sich damit noch stärker als sein realer großer Bruder. Die Kosten eines intelligenten IT-AC-Spiels sind erheblich; billige, weil simple gestrickte Spielszenen und leicht durchschaubare Abfrage(Spiel-)aufgaben sind noch weniger in der Lage, das komplexe Sozialverhalten der Teilnehmer abzubilden.

Auch die Identifizierung der mitspielenden Bewerbungskandidaten und die Bedingungskontrolle halten wir für problematisch. So lässt sich nicht kontrollieren, ob der Bewerber auch wirklich derjenige ist, der das virtuelle AC bearbeitet hat. Zum anderen wird man nicht sicherstellen können, dass alle Bewerber den Test unter gleichen Bedingungen absolvieren konnten. Nicht unwichtig erscheint uns darüber hinaus der Aspekt, dass man beim Online-Assessment auch noch eine technische Kompetenz benötigt bzw. gut mit Computern umgehen können muss. So wird es Kandidaten geben, die durch ihre technischen Kompetenzen und Fähigkeiten leicht in der Lage sind, ein AC im Netz zu »überlisten« und somit auf der Liste der Bewerber sicherer oben landen werden. Andererseits kann es durchaus sehr gute Bewerber geben, die aber technisch ungeübt bis unbegabt sind und dann beim Online-AC schlecht abschneiden oder entnervt vorzeitig aussteigen.

Gamer im Vorteil

Nur scheinbar bieten internetbasierte AC-Systeme die Vorzüge standardisierter Personalbeurteilung bei zusätzlicher Steigerung der Effizienz. Dementsprechend folgen den Onlinetests, die als eine Art »Pre-Assessment« dienen, meist mehrteilige Bewerbertrainings/-interviews vor Ort.

Auf den Punkt gebracht

Tests begleiten unser Leben. Ob Persönlichkeits-, Intelligenz-, Leistungstests oder ein komplettes Assessment-Center: Hinter der Testomanie steckt der Wunsch von Arbeitgebern, den richtigen Kandidaten aus der großen Schar der Bewerber auszusieben. Auch wenn Testanwender immer wieder das Gegenteil behaupten – man kann sich sehr wohl auf diese Tests vorbereiten und sie durchschauen. Je besser Sie wissen, worauf Testbeobachter und Personalentscheider achten, desto effektiver können Sie als Kandidat Ihre Performance gestalten.

Machen Sie sich mit der Prüfungssituation »Test« unbedingt im Vorfeld vertraut. Und streben Sie eine größtmögliche Gelassenheit an. Das bedeutet einerseits die Bereitschaft, wirklich etwas dafür zu tun, dass es klappt. Andererseits darf man seine Enttäuschung nicht zu groß werden lassen, wenn es nicht auf Anhieb gelingt, den angestrebten Ausbildungs- oder Arbeitsplatz zu bekommen. Deshalb ganz wichtig: Machen Sie Ihr Selbstwertgefühl unabhängig vom Testergebnis. Das Testresultat ist kein »Gottesurteil« und sagt absolut nichts über Ihren Wert als Mensch und über Ihre angebliche (Nicht-) Eignung für einen speziellen Beruf oder für eine bestimmte Hierarchieebene aus. Bauen Sie also Ihre Test-, Autoritäts- und Wissenschaftsgläubigkeit ab und versichern Sie sich der unterstützenden Solidarität wichtiger Personen in Ihrer Umgebung.

Eine Einladung zu einem mehrstündigen, bisweilen mehrtägigen Assessment-Center stellt schon eine sehr spezielle Herausforderung für die Kandidaten dar. Verschiedene Übungen und Rollenspiele in einer Gruppe von Kandidaten ermöglichen den Beobachtern und Auswählern einen unmittelbaren Vergleich zwischen den Bewerbern. Es gilt für die Kandidaten, verschiedene Gruppendiskussionen, Vortrags- und Präsentationsübungen zu überstehen und in schriftlichen Testverfahren wie Intelligenz-, Leistungs-Konzentrations- und Persönlichkeitstests einen guten Eindruck zu machen.

Sie müssen – wie übrigens im Vorstellungsgespräch auch – Sympathien für sich mobilisieren (Stichwort: Persönlichkeit). Daneben spielen Ihre Leistungsmotivation (Mitspielbereitschaft) und Ihre Problemlösungs- und Kommunikationskompetenz die zentrale Rolle.

ARBEITSZEUGNISSE & BEURTEILUNGEN

» Lehne es nicht ab, das Negative zur Kenntnis zu nehmen. Weigere dich lediglich, dich ihm zu unterwerfen. «

Unbekannt

Arbeitszeugnisse dürfen in Bewerbungsunterlagen nicht fehlen. Arbeitgeber interessieren sich für jede Art von Beurteilung und versuchen sich gerne an einer Interpretation. Bei ihnen gilt: Was steht zwischen den Zeilen? Denn mittlerweile hat sich eine kuriose Geheimsprache für Arbeitszeugnisse entwickelt. Was zunächst nett klingt, entpuppt sich bei näherer Betrachtung als mäßige oder gar schlechte Beurteilung.

Lesen Sie jetzt, was hinter der Geheimsprache steckt, was in einem Arbeitszeugnis unbedingt stehen muss und was auf keinen Fall auftauchen darf.
Mehr dazu auch auf unserer CD-ROM.

Zeugnistypen

Zeugnisse begleiten uns durch unser Leben, sie stellen schicksalhaft Weichen, können Chance und Risiko sein. Immer wieder werden wir von anderen beurteilt, nicht selten leider falsch. Somit sind in der Arbeitswelt der Ungerechtigkeit oftmals Tür und Tor geöffnet.

Jedes Jahr kommt es vor deutschen Arbeitsgerichten zu etwa 25.000 Prozessen wegen Streitigkeiten zwischen Arbeitnehmer/Zeugnisempfänger auf der einen und Ex-Arbeitgeber/Zeugnisaussteller auf der anderen Seite.

Ein immer schwieriger werdender Arbeitsmarkt erhöht die Bedeutung eines guten Zeugnisses für den geglückten Um- oder Aufstieg bei einem anderen, neuen Arbeitgeber.

Arbeitszeugnisse dürfen also in den Bewerbungsunterlagen auf keinen Fall fehlen. Kopien reichen aus, man akzeptiert sie durchaus ohne Beglaubigung. Zu unterscheiden sind verschiedene Typen von Arbeitszeugnissen nach dem Zeitpunkt bzw. Anlass ihrer Erstellung sowie nach ihrem Inhalt.

Unter inhaltlichen Gesichtspunkten gibt es das einfache und das qualifizierte Arbeitszeugnis, unter zeitlichem Aspekt das vorläufige, das endgültige und das Zwischenzeugnis. Im Folgenden werden fünf verschiedene Zeugnistypen dargestellt:

- das einfache Zeugnis
- das qualifizierte Zeugnis
- das Zwischenzeugnis
- das Berufsausbildungszeugnis
- das Praktikums-, Ferien-, Aushilfs- und Nebenjobzeugnis

Das einfache Zeugnis

Das einfache Zeugnis enthält Angaben zu:

- der Person
- der Art der Beschäftigung
- der Dauer des Beschäftigungsverhältnisses
- Beendigungsgründen und-modalitäten

Das einfache Zeugnis ist typisch für weniger qualifizierte oder kurzfristig ausgeübte Tätigkeiten und enthält keinerlei bewertende Aussagen über Leistung und Führung des Mitarbeiters. Dennoch reicht die bloße Berufsbezeichnung nicht aus (z. B. Verkäuferin, kaufmännischer Angestellter etc.). Der konkrete Tätigkeitsbereich (z. B. Verkäuferin in der Herrenschuhabteilung, kaufmännischer Angestellter im Schreibwaren-Groß- und Einzelhandel mit dem Schwerpunkt Schulbedarfsartikel) muss aufgeführt werden.

Bei der Dauer des Beschäftigungsverhältnisses ist der rechtliche und nicht der tatsächliche Zeitraum zu berücksichtigen. Das bedeutet, ein Arbeitsvertragsverhältnis beginnt etwa am 1. Januar (auch wenn das ein Feiertag war) und endet zum Quartalsende am 31. Dezember, auch wenn die letzten 14 Tage für den Arbeitnehmer eventuell Urlaub gewesen sind.

Das qualifizierte Zeugnis

Dies ist der gängigste Zeugnistyp und eine deutlich erweiterte Version des oben beschriebenen einfachen Zeugnisses. Es enthält zusätzlich zu den Informationen über Art und Dauer des Beschäftigungsverhältnisses eine Beschreibung und Beurteilung der Leistung und Führung des Arbeitnehmers während der gesamten Dauer der Zugehörigkeit zum Unternehmen.

Erstaunlich, aber juristisch gesehen korrekt: Ein qualifiziertes Zeugnis sollte nur auf ausdrücklichen Wunsch des Arbeitnehmers erteilt werden. Ein nicht gewünschtes qualifiziertes Zeugnis darf der Arbeitnehmer zurückweisen. Er kann aber in diesem Falle zusätzlich ein einfaches Zeugnis verlangen. Einfache Zeugnisse machen Arbeitgeber heutzutage allerdings eher misstrauisch, denn Standard bei den Bewerbungsunterlagen ist nun einmal das qualifizierte Zeugnis.

Dieser Zeugnistyp sollte der Gesamtpersönlichkeit des Arbeitnehmers Rechnung tragen und sie würdigen. Dabei geht es um die Beurteilung der Qualität der Fähigkeiten und erbrachten Leistungen des Arbeitnehmers, insbesondere um seine Belastbarkeit, Initiative und Bereitschaft zum Engagement sowie das Verhalten gegenüber Vorgesetzten, Kollegen und Mitarbeitern (evtl. ergänzt um das Führungsverhalten).

»Prinzip Wohlwollen«

Hierbei wird dem Arbeitgeber ein Beurteilungsspielraum zugestanden mit der gleichzeitigen Verpflichtung, zwei Geboten gerecht zu werden: der Zeugniswahrheit und dem Prinzip der wohlwollenden Beurteilung. Oberster und erster Grundsatz für die Zeugnisformulierung ist die Wahrheit der Beurteilung (Bundesarbeitsgericht, Urteil vom 23.6.1960, 5 AZR560/58). Das bedeutet, dass nur Tatsachen, aber keine Behauptungen, Annahmen oder Verdachtsmomente angeführt werden dürfen. Zweitens ist der wohlwollende Maßstab eines verständnisvollen Arbeitgebers zugrunde zu legen, der dem Arbeitnehmer das berufliche Fortkommen nicht ungerechtfertigt erschweren darf (Bundesgerichtshof, Urteil vom 26. November 1963, VI ZR 221/62).

Das Zwischenzeugnis

Wenn auch der Anspruch auf ein Zwischenzeugnis gesetzlich nicht vergleichbar eindeutig geregelt ist wie beim Endzeugnis (insbesondere beim qualifizierten), so wird doch in der Praxis akzeptiert, dass der Arbeitnehmer bei berechtigtem Interesse ein Recht auf ein Zwischenzeugnis hat.
Obwohl das Arbeitsverhältnis weiter besteht, können Anlässe dafür sein:

- Kündigungsvorhaben des Arbeitnehmers bzw. sicher in Aussicht stehende Beendigung des Arbeitsverhältnisses (z. B. befristeter Arbeitsvertrag oder drohender Konkurs des Unternehmens)
- Spezielle Fortbildungs- und Aufstiegsvorhaben und-wünsche
- Wechsel von Arbeitsplatz, Verantwortungsbereich und/oder Vorgesetztem
- Wenn das normale Beschäftigungsverhältnis auf absehbare Zeit unterbrochen wird (z. B. Schwangerschaft, Wahl zum Betriebsrat, Einberufung Wehr-/Zivildienst, Übernahme eines politischen Mandats).

Nicht selten trifft man bei Arbeitnehmern, die ein Zwischenzeugnis wünschen, auf das Motiv, lediglich den eigenen Marktwert zu testen, eine Gehaltserhöhung durchsetzen zu wollen oder in einer Art Drohgebärde den Arbeitgeber darauf aufmerksam zu machen, dass eine Aufkündigung der Mitarbeit potenziell anstehen könnte.

»Abkehrwille«

In allen einschlägigen Fachbüchern wird davor immer wieder gewarnt. Nicht nur die Arbeitsatmosphäre kann reichlich belastet werden. Darüber hinaus kann der Arbeitgeber – mit dem Recht auf seiner Seite – unter Umständen sogar in die Position geraten, dem Arbeitnehmer zu kündigen, weil er formaljuristisch gesehen mit der Bitte nach einem Zwischenzeugnis aus den zuletzt angeführten Motiven einen sogenannten Abkehrwillen dokumentiert.

Wer wirklich vorhat, seinen Arbeitsplatz zu wechseln, tut gut daran, es Vorgesetzte und Kollegen nicht vorzeitig merken, geschweige denn wissen zu lassen. Ein neuer Arbeitgeber weiß sehr wohl, dass ein Bewerber in ungekündigter Position in der Regel kein Zwischenzeugnis vorweisen kann.

Andererseits ist bei der passenden Gelegenheit (wie weiter vorne beschrieben) jedem Arbeitnehmer zu empfehlen, sich ein Zwischenzeugnis ausstellen zu lassen. Es wird in der Regel positiv ausfallen und einen guten Status quo schaffen, denn jeder Arbeitgeber will seinen Arbeitnehmer natürlich nicht demotivieren, sondern ihn durch ein freundlich-wohlwollendes, auch lobendes Zwischenzeugnis eher anspornen.

Sollte der Arbeitgeber später anlässlich der Auflösung des Arbeitsverhältnisses eine andere Beurteilung geben wollen, ist er mit einem lobenden Zwischenzeugnis relativ stark gebunden und kann nicht plötzlich in der Endbeurteilung einen ganz anderen Tenor wählen.

Das Berufsausbildungszeugnis

Alle Auszubildenden haben einen Anspruch auf ein Berufsausbildungszeugnis – auch dann, wenn sie die Abschlussprüfung nicht absolviert oder nicht bestanden haben. Dabei gibt es wieder einfache und qualifizierte Zeugnisse, aber auch die Möglichkeit eines Zwischenzeugnisses.

Inhaltlich geht es vor allem um die erworbenen Kenntnisse und Fähigkeiten, jedoch auch um die Beurteilung von Leistungs- und Verhaltensmerkmalen (z. B. Lernfähigkeit, Auffassungsgabe, Engagement, Arbeitsquantität und -qualität, Sozialverhalten, Teamfähigkeit). Die durchlaufenen Ausbildungsbereiche sollten ebenso Erwähnung finden wie Ort und Art der erfolgreich abgelegten Abschlussprüfungen.

Das Praktikums-, Ferien-, Aushilfs-, Nebenjobzeugnis

Ob eine oder acht Wochen – auch kurzfristige Tätigkeiten, egal aus welchem Anlass, sind eine gute Möglichkeit, um mittels eines Zeugnisses zu dokumentieren, wie man sich in der Arbeitswelt behauptet hat. Gerade für Schüler oder Studenten ist diese Art Zeugnis ein erstes Dokument zur Bewährung in dem, was den Ernst des Lebens ausmacht. Zur Länge: Eine halbe Seite reicht aus. Zum Inhalt: grundsätzlich wie bei anderen qualifizierten Zeugnissen.

Gesetzliche Regelungen

Wer hat wann Anspruch auf ein Arbeitszeugnis?

Die gesetzlichen Grundlagen für den Anspruch auf ein Arbeitszeugnis ergeben sich aus verschiedenen Paragrafen des Bürgerlichen Gesetzbuches (BGB), des Handelsgesetzbuches (HGB), der Gewerbeordnung (GewO), des Berufsbildungsgesetzes (BBiG) sowie aus Tarifverträgen. Hier wird auch deutlich, dass jeder Arbeitnehmer, der unselbstständig beschäftigt und damit wirtschaftlich von seinem Arbeitgeber abhängig ist, Anspruch auf ein Arbeitszeugnis hat.

Zeugnisentwurf auf Verlangen

Generell kann man sagen: Der Arbeitgeber ist gegenüber dem Arbeitnehmer gemäß § 630 BGB verpflichtet, nach Beendigung des Arbeitsverhältnisses ein Zeugnis auszustellen – allerdings nur dann, wenn der Arbeitnehmer dies ausdrücklich verlangt. Es handelt sich somit juristisch gesprochen um eine »Holschuld« und nicht um eine »Bringschuld«. Der Arbeitgeber hat dabei kein Recht, das Arbeitszeugnis zurückzuhalten (z. B. mit der Begründung, Arbeitsgeräte und -kleidung seien noch nicht zurückgegeben worden).

Bei Leiharbeitern ist der »Verleiher« der eigentliche Arbeitgeber und nicht der »Entleiher«, d.h. der Betrieb, bei dem es zum eigentlichen Arbeitseinsatz kommt und der die Qualität der Arbeit eigentlich besser beurteilen könnte. Freie Mitarbeiter sowie Handelsvertreter haben einen eingeschränkten Anspruch auf ein Arbeitszeugnis, der sich aus ihrem besonderen Vertragsverhältnis ableitet.

Mitarbeiter im öffentlichen Dienst haben nach den Vorschriften des Bundesangestelltentarifvertrags (BAT) ebenfalls Anspruch auf ein Zeugnis. Bei Beamten heißt das Arbeitszeugnis Dienstzeugnis. Im Fall von Rechtsstreitigkeiten ist hier nicht das Arbeits-, sondern das Verwaltungsgericht (nach vorangegangenem Widerspruchsverfahren) zuständig.

Wer stellt das Arbeitszeugnis aus?

Der Arbeitgeber/Dienstherr ist verpflichtet, dem Arbeitnehmer auf begründeten Antrag hin ein Zeugnis auszustellen. Die Anlässe sind das Arbeitsende oder Gründe, wie beim Zwischenzeugnis beschrieben. In größeren Unternehmen ist die Personalabteilung dafür zuständig, in kleinen der Inhaber.

Entscheidender Punkt bei der Erstellung eines Arbeitszeugnisses ist neben den inhaltlichen Kriterien die Frage, wer das Zeugnis unterschreibt und damit als Aussteller und eventueller Ansprechpartner Verantwortung übernimmt.

Wer unterschreibt?

Ein gleichberechtigter Mitarbeiter, ein Kollege oder die Schreibkraft aus dem Lohnbüro kommen als Unterzeichner nicht infrage. Das Arbeitszeugnis muss immer von einem ranghöheren Mitarbeiter unterschrieben werden. Es ist wichtig zu wissen, dass man als Arbeitnehmer keinen Anspruch darauf hat, dass der Chef persönlich unterschreibt (Ausnahme: Er ist der einzige Ranghöhere).

Im öffentlichen Dienst ist der Behördenleiter oder sein Stellvertreter, gegebenenfalls auch die Personalabteilung für die Ausstellung des Arbeitszeugnisses zuständig. Vorstellbar sind auch zwei Unterschriften unter Ihrem Arbeitszeugnis, wobei eine von Ihrem direkten Fachvorgesetzten sein darf.

Je ranghöher, desto besser

Da der geschulte Blick eines potenziellen neuen Arbeitgebers bei der Zeugnisanalyse garantiert zur Kenntnis nimmt, wer Ihr Zeugnis unterschrieben hat, sollten Sie unbedingt verlangen, dass nicht irgendjemand, sondern möglichst der Geschäftsführer, Direktor, Personalchef, Prokurist, Abteilungsleiter oder gegebenenfalls wenigstens ein Meister unterschreibt. Je ranghöher die Person, die unterzeichnet, desto mehr Wertschätzung und Glaubwürdigkeit werden durch das Zeugnis belegt. Damit dies auch für den Leser deutlich wird, sollten unter der maschinenschriftlichen Wiederholung des Namens des Unterzeichnenden auch dessen Titel und Funktion stehen. Auf keinen Fall ist eine Übertragung der Zeugnisausstellung an eine dritte Person zulässig, die gar nicht zum Unternehmen gehört (z.B. nach einer arbeitsrechtlichen Auseinandersetzung an den Anwalt).

Wann ist das Zeugnis fällig?

Unabhängig davon, ob es sich um eine ordentliche, fristgerechte oder eine außerordentliche und damit fristlose Kündigung handelt, und egal, ob sie von Arbeitgeber- oder Arbeitnehmerseite ausgeht: Mit der tatsächlichen Beendigung des Arbeitsverhältnisses hat der Arbeitnehmer ein Recht auf ein einfaches oder besser auf ein qualifiziertes Arbeitszeugnis. Bei längeren Kündigungsfristen – während der Arbeitnehmer noch weiter beschäftigt, aber bereits auf Arbeitsplatzsuche ist – besteht der berechtigte Anspruch auf ein vorläufiges Arbeitszeugnis. Dieses bindet den Arbeitgeber weitestgehend bei der Formulierung des endgültigen Zeugnisses, es sei denn, in der Zwischenzeit sind nachweislich gravierende Dinge vorgefallen, die mit Recht Eingang in das endgültige Arbeitszeugnis finden müssen.

Wann verjährt der Zeugnisanspruch?

Je nach Branche ist die Verjährungsfrist unterschiedlich bemessen. In der Alltagsrealität empfiehlt es sich, nicht so lange zu warten, sondern sein Zeugnis so rasch wie möglich zu erbitten und diesen Anspruch gegebenenfalls juristisch durchzusetzen. Wer hier nachlässig ist, geht bereits nach etwa drei Monaten ein unkalkulierbares Risiko ein.

Am besten bitten Sie also gleichzeitig mit der Kündigungserklärung um die schnelle Ausfertigung eines qualifizierten Zeugnisses. Sollten Sie damit keinen Erfolg haben, müssen Sie wohl oder übel ein vorläufiges Zeugnis akzeptieren, das aber in seiner hoffentlich positiven Beurteilung die letzten Arbeitswochen oder-monate, die oftmals nicht unproblematisch verlaufen (Stichwort: Enttäuschungen), festschreibt.

Geheimsprache im Arbeitszeugnis

Inzwischen hat es sich herumgesprochen, dass Arbeitszeugnisse die Leistung des Arbeitnehmers in einer Art Geheimsprache zu beurteilen versuchen – was übrigens für vielfältige Verwirrung sorgt.

Jedoch kennt nicht jeder Chef (z.B. eines kleineren Unternehmens) die entsprechenden Formulierungen dieser Geheimsprache und deshalb kann nicht jeder Zeugnistexte richtig interpretieren. Natürlich weiß dieser unbedarfte Chef nicht, wenn er selbst ein Zeugnis ausstellen muss, was er dem nächsten Arbeitgeber damit – vielleicht völlig unbeabsichtigt – über den Bewerber mitteilt.

Unscheinbar, aber doch bedeutend

Dabei kommt es besonders auf die »kleinen«, beinahe unscheinbaren Worte an: Die Beschreibung von Zufriedenheit im Arbeitszeugnis ohne weitere Zusätze attestiert lediglich ausreichende Leistungen. Im Zusammenhang mit dem Adjektiv »voll« oder besser noch »vollst« – einer sprachlichen Steigerung, die grammatikalisch bedenklich ist – werden qualifizierte, also bessere Leistungen attestiert. Wichtig: Damit es wirklich »gut« bzw. »sehr gut« bedeutet, bedarf es der Zusätze »stets«, »jederzeit« bzw. der Kombination »jederzeit und in jeder Hinsicht«.

Die Formulierungen »… bescheinigen wir Herrn/Frau XYZ, dass wir mit seinen/ihren Leistungen zufrieden waren …« oder »… hat Herr/Frau XYZ zufriedenstellend gearbeitet …« sind Urteile, die in ihrer Schlichtheit knapp die Untergrenze des Akzeptablen beschreiben, also vielleicht gerade noch ein knappes Ausreichend darstellen.

Heißt es aber: »Herr/Frau XY erledigte die ihm/ihr übertragenen Arbeiten im Großen und Ganzen zu unserer Zufriedenheit …« oder »… wurde Herr/Frau XY den ihm/ihr übertragenen vielseitigen Aufgaben im Wesentlichen gerecht …« oder »… entsprachen die Leistungen von Herrn/Frau XY weitestgehend unseren Erwartungen …«, werden damit mangelhafte bis unzureichende Arbeitsleistungen attestiert. Einschränkungen räumlicher oder zeitlicher Art bringen immer eine Geringschätzung zum Ausdruck.

Die entsprechenden Negativformulierungen stecken in den Zusätzen »im Großen und Ganzen«, »im Wesentlichen«, »teilweise«, »in etwa«.

Noch Schlimmeres wird bescheinigt, wenn man zu Umschreibungen greift wie »bemüht«, »bestrebt« oder »willens«. Auch die Formulierungen »… hatte Gelegenheit, die gestellten Aufgaben zu unserer Zufriedenheit zu erledigen …« oder »… zeigte für seine/ihre Arbeit Verständnis …« enthalten im Klartext eine krasse Abwertung der Arbeitsleistung und herbe Rügen. Es sagt aus, dass jemand etwas versucht, aber nicht geschafft hat.

Aussagen über Ihre Führung, wie z. B. vorbildliches Verhalten, aufgeschlossenes Wesen, Hilfsbereitschaft, sind mit entsprechendem zeitlichen Zusatz wie »jederzeit« oder »in jeder Hinsicht« positiv.

Wird aber formuliert: »… können wir Herrn/Frau XY bestätigen, dass sein/ihr Verhalten gegenüber Kollegen und Kunden einwandfrei war …« oder »… bestätigen wir, dass das persönliche Verhalten von Herrn/Frau XY einwandfrei war …« (alternativ: »… gab es zu Beanstandungen keinen Anlass …«), steckt hier der bös-kritische Hinweis auf Fehlverhalten in der Tatsache, dass im ersten Beispiel nichts über das Verhalten gegenüber dem Vorgesetzten gesagt wurde.

Gemeint ist: Achtung – hier gab/gibt es Probleme. Auch sind die beiden letzten Formulierungen so knapp (insbesondere der ausdrückliche Hinweis »müssen wir bestätigen«), dass diese die denkbar schlechteste Benotung bedeuten.

Selbst dabei kann es noch Steigerungsformen geben, z.B. durch den Hinweis »... war im Wesentlichen ...« bzw. »... gab selten zu Beanstandungen Anlass ...« (Einschränkung, Stilmittel der Verneinung).

Arbeitgeber können ihre Unzufriedenheit auch in einer Art beredtem Schweigen und durch die Kunst der Weglassung zum Ausdruck bringen: »... Herr/Frau XY war fleißig und ehrlich ... Darüber hinaus verfügt Herr/Frau XY über ein bemerkenswertes Bildungsniveau, das ihn/sie stets zu einem interessanten Gesprächspartner machte. Seine/ihre Kolleginnen und Kollegen schätzten ihn/sie insbesondere wegen seiner/ihrer mannigfachen Fähigkeiten und seines/ihres humorvollen Wesens. Auch in schwierigen Situationen kam Herrn/Frau XY seine/ihre stets freundliche Gelassenheit zugute ...«

Geheimcodes entschlüsseln

Diese vermeintlich wohlwollend-lobend klingenden Ausführungen eines Arbeitszeugnisses sind in Wahrheit ein Faustschlag ins Gesicht. Es fängt damit an, dass die – falls überhaupt aufgeführt – eigentlich nur in einer Einheit zu verwendende Beschreibung Ehrlichkeit, Pünktlichkeit und Fleiß hier eine böse Lücke aufweist und damit grobe Unpünktlichkeit und Unzuverlässigkeit signalisiert. In einer übergeordneten Position dürften diese Beschreibungskriterien übrigens überhaupt nicht auftauchen, weil sie schlicht beschreibungsunwürdig sind, es sei denn, man möchte jemandem schaden.

Der »interessante Gesprächspartner« bedeutet in der Interpretation Geschwätzigkeit, das humorvolle Wesen verweist auf einen unangenehmen Witzbold und die bescheinigte »freundliche Gelassenheit in schwierigen Situationen« heißt so viel wie: Der Beurteilte leistete passiven Widerstand.

Folgendes wird auf Arbeitgeber- und Auswählerseite an Ihrem Arbeitszeugnis analysiert: Zunächst geht es um den formalen Rahmen, um Angaben über Art und Inhalt Ihrer Tätigkeit, Leistung und Führung, Einschätzung Ihres Arbeitserfolges, um eine Bewertung Ihres interpersonellen betrieblichen Verhaltens, Kündigungs- bzw. Ausscheidungsgrund sowie einen globalen Gesamteindruck, der sich aus verschiedenen Aspekten zusammensetzt.

Auf das *Wie* kommt es an

Die Interpretation Ihres Arbeitszeugnisses richtet sich danach, wie etwas gesagt oder auch nicht gesagt, also weggelassen wird. Da nach dem Gesetz Arbeitszeugnisse einerseits vom Arbeitgeber für den Arbeitnehmer wohlwollend zu formulieren sind, um sein weiteres berufliches Fortkommen nicht unnötig zu erschweren, andererseits die Aussagen aber auch der Wahrheit entsprechen müssen, hat sich eine bestimmte Zeugnis-Codesprache entwickelt, deren Inhalte nun wirklich ganz anders klingen, als sie gemeint sind.

Die folgende Übersicht gibt einen weiteren kurzen Einblick in die Interpretation von Standardformulierungen und ihre wirklichen Bedeutungen:

- »... erledigte alle Arbeiten mit großem Fleiß und Interesse ...«
  = Eifer ja, aber kein Erfolg.
- »... hat alle übertragenen Arbeiten ordnungsgemäß erledigt ...«
  = ein Bürokrat ohne Eigeninitiative.
- »... war tüchtig und wusste sich gut zu verkaufen ...«
  = ein unangenehmer Mitarbeiter und Zeitgenosse.
- »... war wegen seiner Pünktlichkeit stets ein gutes Vorbild ...«
  = eine totale Niete.
- »... lernten wir als umgänglichen Kollegen kennen ...«
  = man sah ihn lieber von hinten als von vorn.
- »... trug durch seine Geselligkeit zur Verbesserung des Betriebsklimas bei ...«
  = Vorsicht, Alkoholiker!
- »...bewies stets Einfühlungsvermögen für die Belange der Belegschaft ...«
  = Vorsicht, sucht Sexualkontakte bei Mitarbeitern/Mitarbeiterinnen!
- »... bewies ein umfassendes Einfühlungsvermögen für die Belegschaft ...«
  = ist homosexuell veranlagt.
- »... galt im Kollegenkreis als toleranter Mitarbeiter ...«
  = für seine Vorgesetzten ein harter Brocken.

Von ganz besonderer Bedeutung sind Abschlussformulierungen und auch das Datum. Ein Zeugnisdatum, das zwei bis drei Wochen (und mehr) nach dem realen Austrittsdatum liegt, muss als Zeichen dafür gewertet werden, dass es zwischen Arbeitnehmer und Arbeitgeber juristische Auseinandersetzungen, zumindest aber Schwierigkeiten gegeben hat, die zu einer Verzögerung und deshalb also zu diesem späten Ausstellungsdatum des Zeugnisses geführt haben.

Mögliche Missverständnisse

Es muss abermals betont werden, dass nicht jeder Chef die Codierungs- und Dechiffrierungskunst beherrscht. Damit gibt es einen gewissen Spielraum für Missverständnisse. Darüber hinaus kann der Arbeitnehmer in Absprache mit dem Arbeitgeber deutlichen Einfluss auf die Formulierungen des Zeugnisses nehmen. Manche Chefs versuchen aber auch, ihre überzähligen oder ungeliebten Mitarbeiter durch ein besonders gutes Zeugnis loszuwerden (wegzuloben). Papier ist geduldig.

Auf den Punkt gebracht umfassen die Zeugnis-Verschlüsselungstechniken folgende Methoden:

- Wichtige und notwendige Zeugnisinhalte fehlen bzw. werden bewusst weggelassen (Stichwort: »beredtes Schweigen«).
- Selbstverständliches wird über Gebühr betont.
- Entwertungen werden durch die Reihenfolge der Aufgaben signalisiert, indem Unwichtiges vor Wichtigem rangiert.
- Einschränkungen räumlicher oder zeitlicher Art bringen eine Geringschätzung zum Ausdruck.
- Mehrdeutigkeiten werden bewusst eingesetzt, um negative Vorkommnisse oder Eigenschaften anzudeuten.
- Die häufige Verwendung der Passivform soll auf mangelnde Aktivität und Eigeninitiative aufmerksam machen.
- Der Einsatz des Stilmittels der Verneinung bedeutet in der Regel das Gegenteil des Gesagten.
- Die lediglich kurze, knappe Würdigung oder Abhandlung einzelner inhaltlicher Punkte dokumentiert eine Geringschätzung.
- Fast karikierende Übertreibung und Ironie sind deutliche Warnsignale in Richtung massiv fehlender Wertschätzung bzw. Entwertung des gesamten Zeugnisses.

Checkliste Arbeitszeugnis

1. Formales

- Ist Ihr Zeugnis auf Firmenpapier, fehlerfrei getippt und enthält es formal richtig Ihre persönlichen und arbeitsbezogenen Daten? Ist das Zeugnis von einer bei Ihrem Arbeitgeber hierarchisch klar über Ihnen stehenden Person mit Vertretungsvollmacht unterschrieben worden und nicht später als wenige Tage nach Ausscheiden aus dem Unternehmen datiert?
- Können Sie Merkwürdigkeiten in Richtung Kenn- bzw. Geheimzeichen entdecken (Punkte, Striche etc.)?

2. Tätigkeitsbeschreibung

- Sind Art und Inhalt Ihrer Tätigkeit ausführlich geschildert, sodass sich ein Dritter ein zutreffendes Bild von Ihren Arbeitsaufgaben machen kann?
- Stimmen Stellen- und Tätigkeitsbeschreibung inhaltlich überein?
- Sind besonders qualifizierende Tätigkeiten entsprechend detailliert dargestellt, werden Selbstständigkeit und Eigenverantwortlichkeit angemessen betont?

- Wichtig: Wirkt die Aufgaben- und Tätigkeitsbeschreibung angemessen, entsprechend Ihrer Beschäftigungszeit, oder ist sie eher knapp und lieblos?
- Nicht akzeptabel: wenn Ihre Tätigkeitsbeschreibung Formulierungen enthält, die man als abwertend interpretieren könnte, die mehrdeutig auszulegen sind und die eher Selbstverständlichkeiten oder Nebensächlichkeiten in den Vordergrund stellen und ausführlich beschreiben.

3. Leistungs- und Führungsbeurteilung

- Findet beides im Text Erwähnung, und wie wird beurteilt? Welche Leistungen, Verhaltensweisen oder Eigenschaften finden besondere lobende Erwähnung?
- Welcher Grad der Zufriedenheit mit Ihrer Arbeitsleistung wird formuliert?
- Achtung: Was wird weggelassen, welche Nebensächlichkeiten werden in den Vordergrund gerückt?
- Werden Kenntnisse und Können, Arbeitsweise und Arbeitsstil beschrieben und bewertet?
- Attestiert man Ihnen und Ihrer Arbeit auch entsprechenden Erfolg?
- Wie verhalten sich Einzelbeurteilungen zur Gesamtbewertung?
- Achtung: Gibt es Aussagen, die Einschränkungen wie »im Großen und Ganzen«, »im Allgemeinen«, »im Wesentlichen« enthalten?
- Werden berufsrelevante Eigenschaften stillschweigend übergangen bzw. nicht gelobt?
- Gibt es doppeldeutige Aussagen, die Ihr Verhalten zu Vorgesetzten, Kollegen, Untergebenen, Kunden, Kooperationspartnern beschreiben?
- Oder wird Ihr Verhalten bestimmten Personengruppen gegenüber besonders betont, während andere weggelassen werden?
- Stimmt die Abfolge: Vorgesetzte, Kollegen, sonstige Mitarbeiter oder Kunden? (Die Kunden können auch ganz vorne stehen.)
- Attestiert man Ihnen Personalkompetenz, d.h. den richtigen Umgang mit Mitarbeitern, für die Sie verantwortlich sind?
- Was sagt Ihr Zeugnis über Ihre Fähigkeit aus, andere Menschen zu führen?
- Wie beurteilt man Ihre Verantwortungs- und Delegationsbereitschaft?
- Welche Aussagen gibt es über Ihre Fähigkeit, Ihre Mitarbeiter zu motivieren?
- Welche Formulierungen sind hinsichtlich Ihrer organisatorischen Fähigkeiten gewählt?
- Ist Ihre Teilnahme an (betrieblichen) Fort- und Weiterbildungsveranstaltungen erwähnt worden?

4. Auflösungsgrund

- Steht in Ihrem Zeugnis, dass Sie auf eigenen Wunsch gekündigt haben bzw. den Arbeitgeber verlassen?
- Bedauert das Unternehmen Ihr Ausscheiden? (Heute keine Pflicht mehr!)
- Dankt man Ihnen für die geleistete Arbeit? (Ebenfalls keine Pflicht mehr!)
- Spricht man Ihnen gute Wünsche für die Zukunft aus? (Korrekte Reihenfolge: erst beruflich, dann privat. Formulierung: sehr knapp oder angemessen?)

5. Gesamteindruck

- In welchem Tenor ist Ihr Zeugnis geschrieben (wohlwollend und warm, kühl, kurz, knapp, verkomplizierend, lange, schwer nachzuvollziehende Sätze, Floskeln bzw. allgemeine Redewendungen oder präzise, klare Informationen und Formulierungen)?
- Stimmen Orthografie und Grammatik?
- Entdecken Sie Ausrufe- und/oder Anführungszeichen (dürfen in Arbeitszeugnissen nicht vorkommen)?

Bitten Sie rechtzeitig um Ihr Arbeitszeugnis und machen Sie wenn möglich davon Gebrauch, wichtige Punkte Ihres Arbeitszeugnisses selbst vorzuschlagen. Lassen Sie Ihr Arbeitszeugnis auch von anderen gegenlesen und informieren Sie sich im Zweifelsfalle bei einem Profi, wie er Ihr Zeugnis ehrlich (ungeschminkt) einschätzt. Versuchen Sie, bei Differenzen eine gütliche Einigung über den Inhalt des Zeugnisses herbeizuführen. Wenn nötig können Sie Ihr Arbeitszeugnis vor dem Arbeitsgericht mit guter Aussicht auf Erfolg ganz entscheidend verbessern. Wichtigster Hinweis aber: Erbitten Sie bei einer günstigen Gelegenheit (wenn die Zeiten gut sind) ein Zwischenzeugnis. Das sicherlich positive Zwischenzeugnis kann dann zu einem späteren Zeitpunkt (z.B. ein halbes oder ein Jahr später) sehr wichtig für Sie sein, falls Sie (aus welchem Grund auch immer) beim Verlassen der Firma ein ungerechtfertigt schlechtes Arbeitszeugnis bekommen.

Bei jedem Arbeitszeugnis stellt sich die Frage, ob es wirklich in dem Sinne geschrieben wurde, wie es der Leser jetzt liest und interpretiert, und ob sowohl die Schreib- als auch die Lese- und Interpretationsart gerechtfertigt sind. Mit anderen Worten: Meint der Zeugnisschreiber, was er schreibt, und schreibt er, was er meint? Alles in allem eine wirklich diffizile Materie. Und schon unsere Schulzeugnisse sollten uns eigentlich gelehrt haben, dass nicht nur Papier geduldig ist, sondern auch jegliche Beurteilung relativ und subjektiv.

Deshalb kann vor einer Selbstüberschätzung im Erstellen und Interpretieren von Zeugnissen nur gewarnt werden. Es liegt nicht nur an der einzelnen Formulierung, die zu einem positiven oder negativen Arbeitszeugnis führt, sondern vielmehr am Gesamteindruck, der sich dem geschulten Leser vermittelt.

So wird es ihn zum Beispiel nicht sonderlich beeindrucken, zu lesen, welche positiven Leistungen ein Mitarbeiter erbracht hat, wenn am Ende des Zeugnisses sein selbstgewählter Fortgang nicht auch bedauert wird (sogenannte Widerspruchstechnik). Und auch die kurze Verweildauer (bis zu zwei Jahren) im Betrieb ist ein deutlicher Hinweis darauf, dass die »verantwortungsvolle Tätigkeit in höchst wichtigen Arbeitsbereichen« nicht viel mehr als warme Luft ist.

Fazit: Kein Superzeugnis (das wäre verdächtig, weil wahrscheinlich selbst geschrieben – oder man will jemanden wegloben), aber auch möglichst kein zweifelhaftes, sondern schlicht ein gutes Zeugnis sollten Sie als Arbeitnehmer anstreben und deshalb bei seiner Erstellung mithelfen.

Kommentierte Zeugnisbeispiele

Die nun folgenden Zeugnisse werden zum Teil in einer Vorher- und einer (verbesserten) Nachher-Version präsentiert. Alle Arbeitszeugnisse sind ausführlich kommentiert, sodass Sie an praktischen Beispielen aus dem Berufsalltag nachvollziehen können, worauf es beim Text wirklich ankommt – sei es, dass Sie Ihr Arbeitszeugnis selbst abfassen müssen oder wollen, sei es, dass Sie ein vom Arbeitgeber ausgestelltes Zeugnis überprüfen möchten.

Eine wichtige Hilfe für die Formulierung von Arbeitszeugnissen wie auch für deren Überprüfung und »Übersetzung« bieten die im Anhang gelieferten Textbausteine.

Dabei beschränkt sich dieses Buch nur auf die Beurteilungsnoten »sehr gute« Beurteilung, »noch gute« Beurteilung und »knapp befriedigende« Beurteilung! Wir haben darauf verzichtet, das Geschäftspapier des Arbeitgebers zu imitieren. Ein Zeugnis muss aber immer auf ordentlichem Geschäftspapier geschrieben sein.

Weitere Informationen und Beispiele zu dem Thema Arbeitszeugnis finden Sie auch auf der CD-ROM zu diesem Buch.

1. Version

Zeugnis

Frau
Alexandra Meyer
Vedeller Bogen 35
20539 Hamburg

Frau Alexandra Meyer, geb. am 15.2.1995, war in der Zeit vom 1. April 2014 bis zum 31. März 2016 als Zahnarzthelferin in meiner Praxis beschäftigt.

Zu ihren Aufgaben zählten im Wesentlichen:
- die Assistenz am Stuhl
- Erstellen und Abrechnen von HUK-Plänen
- der Empfang der Patienten
- die Abrechnung

Frau Meyer war ehrlich und immer pünktlich. Ferner arbeitete sie stets sehr fleißig und zuverlässig.

Die Patienten schätzten ihre zuvorkommende und hilfsbereite Art.

Hamburg, 15. Juli 2016

Dr. Peter Waller

Zum Zeugnis von Alexandra Meyer

Insgesamt viel zu kurz und nicht der Norm entsprechend. Formale Fehler: Die Anschrift wird heute nicht mehr angegeben, um nicht eventuellen Vorurteilen bezüglich der sozialen Abstufung bestimmter Wohnorte und -viertel Vorschub zu leisten. Das Datum ist auf den 31. März zu ändern, da es mit 15. Juli 2016 viel zu spät datiert ist (es sollte nicht später als maximal ein, zwei Tage nach Beendigung des Arbeitsverhältnisses ausgestellt sein). Der Name des Ausstellers sollte maschinenschriftlich wiederholt werden.

Der Aufgabenbereich muss detaillierter beschrieben werden, ebenso ist ggf. die Reihenfolge der Tätigkeiten zu verändern, denn auch die Rangfolge der einzelnen Aspekte in der Aufgabenbeschreibung erfordert Beachtung. Es ist grundsätzlich das Wichtigste und Bedeutendste innerhalb der Aufzählung am Anfang zu nennen, und weniger wichtige Aufgaben dürfen wenn überhaupt erst am Schluss aufgelistet sein.

Die Leistungsbeurteilung erscheint viel zu dürftig. Es gibt keine Aussagen über Motivation, Fachwissen oder Weiterbildung, und vor allem fehlt die zusammenfassende Leistungsbeurteilung.

Die Verhaltensbeurteilung ist vollkommen unzureichend. Sie enthält keine Äußerung über das Verhalten zum Chef und zu den Kollegen. Einziges Plus: Die Patienten werden benannt. Diese Personengruppe ist wichtig, das bleibt jedoch ohne Vorgesetzte und Kollegen ohne Wirkung.

Der Abschluss fehlt, d.h. Gründe für das Ausscheiden. Diese sind zwar nicht zwingend notwendig. Es wäre aber besser, wenn sie genannt würden, damit es keinen Anlass zu Spekulationen gibt. Eine Dankes-Bedauern-Formel kommt auch nicht vor.

Einschätzung: Ein vollkommen unzureichendes und mangelhaftes Zeugnis, das dringend zu überarbeiten ist. In dieser Form wäre es ein gravierender zukünftiger Stolperstein.

2. Version

Zeugnis

Frau Alexandra Meyer, geb. am 15.2.1995, war in der Zeit vom 1. April 2014 bis zum 31. März 2016 als Zahnarzthelferin in meiner Praxis beschäftigt.

Zu ihren Aufgaben gehörten folgende Tätigkeiten:
- die Betreuung und der Empfang der Patienten
- Führung des Patiententerminbuches
- die Assistenz am Behandlungsstuhl
- Erstellung und Abrechnung von Heil- und Kostenplänen
- die Quartalsabrechnung für die Krankenkassen
- die Erstellung von Privatliquidationen

In den zwei Jahren ihrer Tätigkeit habe ich Frau Meyer als eine sehr ehrliche und stets pünktliche Mitarbeiterin kennen- und schätzen gelernt. Sie führte ihre Arbeiten immer mit großem Engagement, Fleiß und unbedingter Zuverlässigkeit aus. Ferner erledigte sie ihre Aufgaben auch sehr ordentlich, zügig und gewissenhaft und wusste ihr Fachwissen immer erfolgreich einzubringen.

Frau Meyers Leistungen waren stets sehr gut.

Sie war wegen ihres freundlichen und kollegialen Umgangs bei ihren Vorgesetzten und Kollegen gleichermaßen sehr beliebt. Gegenüber den Patienten war sie ebenfalls jederzeit hilfsbereit und zuvorkommend.

Frau Meyer hat das Beschäftigungsverhältnis fristgemäß auf eigenen Wunsch gelöst, um sich mit Ablauf des Erziehungsurlaubes ganz der Familie zu widmen. Ich bedaure ihr Ausscheiden aus unserem Praxisbetrieb sehr, bedanke mich und wünsche Frau Meyer auf ihrem weiteren Berufs- und Lebensweg alles Gute, viel Glück und Erfolg.

Hamburg, 31. März 2016

Dr. Peter Waller

Dr. Peter Waller

Zum Zeugnis von Alexandra Meyer (2. Version)

Nach der Überarbeitung ist das Zeugnis in dieser 2. Version jetzt der Norm entsprechend. Die formalen Fehler sind beseitigt und die Länge ist nun angemessen.

Der Aufgabenbereich wird detaillierter beschrieben, die Leistungsbeurteilung ist jetzt ausführlicher und alle notwendigen Bestandteile werden angesprochen (es fehlen nur Aussagen zur Weiterbildung, die es eventuell aber auch nicht gab).

Die zusammenfassende Leistungsbeurteilung folgt am Schluss. Sie ist deutlich abgehoben durch einen eigenen Absatz und die Verhaltensbeurteilung ist nun vollständig genannt und positiv. Abschluss und Gründe für das Ausscheiden werden genau beschrieben.

Eine gute Dankes-Bedauern-Formel sowie Zukunftswünsche sind jetzt enthalten.

Einschätzung: Nach professioneller und positiver Überarbeitung ein gutes Zeugnis und für die weitere berufliche Laufbahn der Kandidatin sehr hilfreich.

Zeugnis

Hannover, 31.12.2016

Herr Markus Preussag, geb. am 26. September 1995, erlernte in unserem Hause vom 1.9.2011 bis zum 31.10.2014 den Beruf des Kfz-Mechatronikers. Über diese Tätigkeit wurde ihm ein gesondertes Zeugnis ausgestellt.

Nach erfolgreichem Abschluss seiner Ausbildung wurde er ab dem 1.11.2014 in der Reparaturabteilung unseres Tochterunternehmens in Minden eingesetzt. Hier hatte er alle in der Autoelektrik und -elektronik anfallenden Arbeiten auszuführen. Es handelte sich vorwiegend um Personenkraftwagen der verschiedensten Fabrikate – besonders der Marken VW und BMW. Ab und zu waren auch Lastkraftwagen und landwirtschaftliche Nutzfahrzeuge zu reparieren.

Herr Preussag hat sich sehr schnell und selbstständig in sein Aufgabengebiet eingearbeitet. Er war äußerst stark motiviert, arbeitete stets sehr effizient, routiniert und zielstrebig. Seine Aufgaben erledigte Herr Preussag immer zu unserer vollen Zufriedenheit.

Sein Verhalten gegenüber Vorgesetzten und Kollegen war einwandfrei.

Wegen erheblicher betriebsbedingter Einsparungen mussten wir das Arbeitsverhältnis zum 31.12.2016 leider auflösen.

Wir bedauern diese Entscheidung sehr und wünschen diesem vorbildlichen Mitarbeiter beruflich und persönlich alles Gute.

N. Heinrich GmbH & Co KG

Nadja Heinrich

Personalbüro

Zum Zeugnis von Markus Preussag

Ein recht kurzes, knappes Zeugnis, das aber alle wichtigen Komponenten enthält. Wegen relativ kurzer Betriebszugehörigkeit ist das jedoch noch zu entschuldigen.

Die Bewertung fällt insgesamt ganz ordentlich aus: Note gut bis befriedigend.

Der Rang des Unterzeichners ist leider nicht klar definiert, und der Name ist nicht maschinenschriftlich wiederholt.

Der Kündigungsgrund ist klar und glaubhaft benannt.

Ausstellungs- und Ausscheidungsdatum stimmen überein. Das unterstreicht den positiven Eindruck.

Einschätzung: Gutes, ordentliches Zeugnis ohne ganz großen Glanz. Die Benotung liegt zwischen gut und befriedigend. Die genannten formalen Kriterien wären noch zu berücksichtigen und zu verbessern.

Zwischenzeugnis

Frau Antonia Arndt, geb. am 18.4.1985 in Peine, trat am 1. Juli 2006 als Stenotypistin in unser Unternehmen ein. Ab dem 1. August 2008 übernahm sie die Position einer Sekretärin in unserer Vertriebsleitung.

Frau Arndt bearbeitete zunächst in der Vertriebsabteilung die Kundenkorrespondenz, die sie nach Diktat, Stichworten oder auch teilweise selbstständig erledigte. Außerdem führte sie unsere Beschaffungs- und Lagerkartei.

Da Frau Arndt auf Dauer eine abwechslungsreichere Tätigkeit anstrebte und sich persönlich fortbilden wollte, erwarb sie durch den Besuch von abends stattfindenden Fortbildungskursen an der Hofmeisterschule in Erlangen den Abschluss zur staatlich geprüften Sekretärin. Wir unterstützten diesen Wunsch und konnten sie innerbetrieblich versetzen. Seit dem 1.8.2008 ist sie als Sekretärin in der Vertriebsleitung tätig.

Ihr Aufgabengebiet umfasst hier die allgemeinen Sekretariatsaufgaben:
- Schriftverkehr nach Diktat oder Stichworten in deutscher und englischer Sprache unter Anwendung des Textverarbeitungssystems MS Word
- Vorbereitung und Planung von Dienstreisen
- Abrechnung der Reisen mit MS Excel
- Organisation von Besprechungen, Tagungen und Konferenzen
- Terminplanung und -koordinierung für den Vertriebsleiter
- Kundenbetreuung
- Führen eines Ablagesystems der Akten
- Pflege der Adressdatenbank der Kunden
- Einarbeitung neuer Sekretariatsmitarbeiter
- Posteingang und -ausgang

Weiterhin führt Frau Arndt die Investitionsplanung und Personalstatistik. Sie ist auch für das gesamte Vertragswesen innerhalb der internen und externen Vertriebsorganisation zuständig. Zu ihren besonderen Arbeitserfolgen gehört die selbstständige Sachbearbeitung der Preisdokumentation. Frau Arndt versteht es, Präsentationen kreativ zu gestalten und sie stets durch Statistiken und Grafiken transparent darzustellen.

Frau Arndt hat sich in ihr umfangreiches Arbeitsgebiet außerordentlich schnell und gewissenhaft eingearbeitet. Sie zeigt großes Engagement und ist immer bereit, auch zusätzlich anfallende Aufgaben zu übernehmen. Ihre Arbeitseinteilung ist so gut, dass sie auch in Stresssituationen immer den Überblick behält. Frau Arndt zeichnet sich jederzeit durch eine schnelle Auffassungsgabe und überdurchschnittliche Sorgfalt und Genauigkeit aus. Sie arbeitet außerdem sehr zielstrebig, umsichtig und stets termingerecht. Außerdem ist sie absolut vertrauenswürdig. Mittlerweile verfügt Frau Arndt über eine sehr breite und beachtliche Berufserfahrung, und sie beherrscht ihren Arbeitsbereich stets souverän.

Frau Arndt erfüllt ihre Aufgaben immer zu unserer vollsten Zufriedenheit und ist uns damit eine sehr wertvolle Mitarbeiterin.

Ihr Verhalten gegenüber Vorgesetzten und Kollegen ist stets vorbildlich. Unseren Geschäftspartnern und Kunden gegenüber tritt sie immer höflich, sicher und gewandt auf.

Dieses Zwischenzeugnis erstellen wir auf Wunsch von Frau Arndt, da ein Wechsel des Vorgesetzten stattgefunden hat.

Wir danken ihr für die bisherige erfolgreiche Mitarbeit und freuen uns auf eine weiterhin gute und vertrauensvolle Zusammenarbeit.

Erlangen, 15. Mai 2016

O. Neumann GmbH
Kosmetikgroßhandel

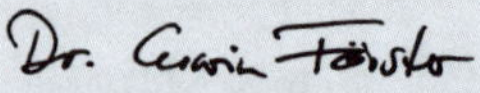

Dr. Erwin Förster
Geschäftsleitung

Zum Zeugnis von Antonia Arndt

Hier ein Beispiel für ein angemessen ausführliches Zwischenzeugnis bei einer 10-jährigen Tätigkeit innerhalb des Unternehmens. Das Weiterbildungsinteresse der Kandidatin kommt gut zum Ausdruck. Passive Formulierungen werden kaum verwendet.

Die Tätigkeitsbeschreibung ist detailliert. In der Aufzählung werden die wichtigsten Aufgaben zuerst genannt. Die Beschreibung der Tätigkeiten endet im fünften Absatz mit der Nennung eines besonderen Arbeitserfolges, der eigentlich in die Leistungsbeurteilung gehört, wenn man sich streng an die Reihenfolge der einzelnen Bestandteile halten will. Da er aber eine zusätzliche Wertschätzung darstellt, kann er auch hier bleiben. Die Leistungsbeurteilung ist ausführlich. Bei der Beschreibung wurde auf die adverbialen Bestimmungen der Zeit geachtet. Die Zeiten der Verben sind korrekt. Die zusammenfassende Leistungsbeurteilung entspricht der üblichen Formulierung und ist von der Note her eindeutig einzuschätzen.

Ebenso ist die Verhaltensbeurteilung sehr lobend und klar benotet. Der Ausstellungsgrund wird korrekt genannt, und ein Dank wird ausgesprochen. Das Datum enthält auch die Ortsangabe.

Einschätzung: Ein gutes bis sehr gutes Zwischenzeugnis. Die Leistungen der Kandidatin kommen sehr glaubwürdig rüber.

Formulierungen und Bedeutung auf einen Blick

In dem nun folgenden Katalog von Beispielformulierungen für ein Arbeitszeugnis geht es uns darum, Ihnen übersichtlich zu zeigen, mit welchen Formulierungen welche Bewertung verbunden ist.

Die Beispielformulierungen sind nach dem folgenden Gliederungsschema geordnet, wie es heutzutage üblicherweise bei Arbeitszeugnissen verwendet wird, auch wenn nicht immer zu jedem Unterpunkt eine Aussage getroffen werden muss:

- Einleitung
- Positions-, Aufgaben- und Tätigkeitsbeschreibung
- Leistungsbeurteilung
  - Arbeitsbereitschaft und-befähigung
  - Arbeitsweise
  - Arbeitserfolg (Arbeitsmenge,-tempo und-qualität)
  - Besondere Arbeitserfolge
  - Gegebenenfalls Führungsleistung
  - Gegebenenfalls Fachwissen/Weiterbildungsmotivation
  - Zusammenfassende Beurteilung der Leistung

- Verhaltensbeurteilung
  - Verhalten gegenüber Vorgesetzten, Kollegen und Dritten
  - Weitere persönliche und soziale Verhaltensaspekte
- Abschluss
  - Kündigung durch den Arbeitnehmer mit Begründung
  - Kündigung durch den Arbeitnehmer ohne Begründung
  - Kündigung durch den Arbeitnehmer bei Nichteinhaltung der Kündigungsfrist
  - Beendigung des Arbeitsverhältnisses durch Aufhebungsvertrag oder Vergleich
  - Betriebsbedingte Kündigung durch den Arbeitgeber
  - Andere Formen der Kündigung durch den Arbeitgeber
  - Fristlose Kündigung durch den Arbeitgeber
  - Beendigung des Arbeitsverhältnisses durch Vertragsablauf
- Dankes-Bedauern-Formel
- Zukunftswünsche

Bei den großen Abschnitten Leistungs- und Verhaltensbeurteilung sowie bei der Dankes-Bedauern-Formel und bei den Zukunftswünschen wurde folgendes Benotungsschema zugrunde gelegt:

- Sehr gute Beurteilung
- Noch gute Beurteilung
- Knapp befriedigende Beurteilung

Mit diesem Formulierungskatalog für Zeugnisse können Sie ein vorliegendes Zeugnis besser einordnen und interpretieren. Er dient aber auch vor allem als Hilfe bei der Formulierung eines eigenen Zeugnisentwurfes, wobei betont werden muss, dass die einzelnen Textbausteine nicht schematisch aneinandergereiht werden dürfen, sondern im Rahmen einer Gesamtzeugniskonzeption moderat und stilistisch geglückt miteinander verbunden werden müssen, angereichert durch individuelle Erweiterungen/Ergänzungen.

Selbstverständlich sind die Formulierungsbeispiele unter einem Oberthema alternativ zu verstehen, d.h., es ist jeweils nur ein Beispielbaustein zu dem behandelten Thema für den Zeugnisentwurf auszuwählen. Falls passend, können jedoch Formulierungen aus den beiden Zielgruppen kombiniert werden.

Sehr gute und noch gute Beurteilungsbeispiele sind ausführlicher berücksichtigt als knapp befriedigende.

Damit wollen wir der Tatsache Rechnung tragen, dass auf dem Arbeitsmarkt vor allem gute Zeugnisse die Bewerbungschancen verbessern. Befriedigende oder gar schlechtere Benotungen verderben die Chancen. Allerdings haben sehr gute Zeugnisbeurteilungen häufig einen Beigeschmack des Übertriebenen, »Geschönten«. Es mag paradox klingen, aber so gesehen sind gute Zeugnisse – weil weniger verdächtig – besser als sehr gute.

Um auf diese Problematik deutlicher hinzuweisen, haben wir ab der Kategorie »gut« die Benotungsstufen pointierter formuliert (»noch gut«, »knapp befriedigend«).

Die für den Laien nicht immer einsichtige Zuordnung bestimmter Formulierungen zu einzelnen Benotungsstufen orientiert sich an der gängigen Praxis unter Berücksichtigung von Rechtsprechung und Fachliteratur sowie an zahlreichen in unserem Büro für Berufsstrategie analysierten Arbeitszeugnissen.

Bei etwa 80 Prozent aller Arbeitszeugnisse wird das Präteritum (Vergangenheitsform) verwendet, lediglich bei Zwischenzeugnissen und zur Beschreibung von zeitkonstanten Leistungs- und Verhaltensmerkmalen wird das Präsens (Gegenwartsform) eingesetzt.

Textbausteine

Einleitung

- Herr/Frau (Vorname, Name), geboren am ... in ..., war vom ... bis ... in unserer Abteilung (Bezeichnung) als (Berufsbezeichnung) tätig.
- Herr/Frau (Vorname, Name), geboren am ... in ..., trat am ... als (Berufsbezeichnung) in unser Unternehmen ein.
- XY, geboren am ..., wurde am ... als ... eingestellt.
- XY war vom ...bis zum ...bei uns im Rahmen eines befristeten Arbeitsverhältnisses als ...beschäftigt.

Positions-, Aufgaben- und Tätigkeitsbeschreibung

- XY arbeitete in der Abteilung ...vorwiegend in dem Bereich ... Zu seinen Aufgaben gehörte ...
- XY war in unserem Unternehmen im Bereich ...mit unterschiedlichen Aufgaben betraut. Dazu zählten: ...(Aufzählung nach Wichtigkeit).
- XYs Aufgabengebiet umfasste in der Hauptsache: ...(Aufzählung). Nach erfolgreicher Einarbeitung übernahm XY das Verkaufsgebiet ...zur umsatzverantwortlichen Bearbeitung. Sein Aufgabengebiet umfasste ... Außerdem wirkte er bei den Projekten ...mit.

- XY war zunächst in der Abteilung ...als ...tätig. Zu seinen Aufgaben gehörten ... (Aufzählung). Ab dem ...wurde XY aufgrund seiner guten Leistungen und einer erfolgreichen internen Bewerbung in der Abteilung ...als ...eingesetzt. Dort war XY in der Tarifgruppe ...mit der selbstständigen Bearbeitung folgender Aufgaben betraut: ...(Aufzählung).
- XY war im Bereich ... für ... tätig. Er besaß Handlungsvollmacht nach § 54 HGB. Seine Aufgabenschwerpunkte lagen in der selbstständigen Bearbeitung von ... (Aufzählung).

Leistungsbeurteilung

Arbeitsbereitschaft

Sehr gute Beurteilung der Arbeitsbereitschaft

- XY zeigte stets außerordentliche Initiative, großen Fleiß und Eifer.
- XY war stets hoch motiviert.
- XY hat sich mit großem Engagement und Erfolg in das neue Arbeitsgebiet eingearbeitet.
- Schon nach sehr kurzer Einarbeitungszeit arbeitete XY vollkommen selbstständig.
- XY war stets ein engagiert arbeitender und fleißiger Mitarbeiter, der aufgrund seines hohen persönlichen Einsatzes einen bedeutenden Beitrag zum Aufbau unseres/des ... geleistet hat.

Noch gute Beurteilung der Arbeitsbereitschaft

- XY zeigte stets Initiative, Fleiß und Eifer.
- XY war stark motiviert und verfolgte beharrlich die gesetzten Ziele.
- XYs Arbeitsbereitschaft war stets gut.
- Schon nach einer kurzen Einarbeitungszeit arbeitete XY vollkommen selbstständig.

Knapp befriedigende Beurteilung der Arbeitsbereitschaft

- XY zeigte Initiative, Fleiß und Eifer.
- XY war ein motivierter Mitarbeiter, der die ihm gesetzten Ziele verfolgte.
- XYs Arbeitsmotivation/-bereitschaft/Dienstauffassung war gut.

Arbeitsbefähigung

Sehr gute Beurteilung der Arbeitsbefähigung

- XY bewältigte neue Arbeitssituationen stets sehr gut und sicher.
- XY stellte an sich selbst sehr hohe fachliche Anforderungen, die er jederzeit voll erfüllte.
- XY war ein ausdauernder und außerordentlich belastbarer Mitarbeiter, der auch unter schwierigen Arbeitsbedingungen alle Aufgaben stets sehr gut bewältigte.
- XY verfügt über sehr große Berufserfahrung und beherrscht seinen Arbeitsbereich in jeder Weise umfassend, sicher und vollkommen.
- XY arbeitete stets sicher und selbstständig.
- XY hat oft neue praktikable Ideen, die er erfolgreich in seine Arbeit integriert.
- XY verfügt über ein umfassendes und detailliertes Fachwissen.
- XY verfügt über/hat sehr gute, fundierte Kenntnisse, die er erfolgreich einsetzt.

Noch gute Beurteilung der Arbeitsbefähigung

- XY bewältigte neue Arbeitssituationen stets gut.
- XY stellte an sich selbst hohe Fachanforderungen, die er jederzeit voll erfüllte.
- XY war ein ausdauernder und belastbarer Mitarbeiter, der auch unter schwierigen Arbeitsbedingungen alle Aufgaben stets gut bewältigte.
- XY hat eine umfassende Berufserfahrung und beherrscht seinen Arbeitsbereich überdurchschnittlich.
- XY setzt seine guten und fundierten Fachkenntnisse sehr erfolgreich ein.
- Aufgrund der soliden Fachkenntnisse erzielte XY überdurchschnittliche Erfolge.

Knapp befriedigende Beurteilung der Arbeitsbefähigung

- XY bewältigte neue Arbeitssituationen erfolgreich.
- XY beherrscht sein Arbeitsgebiet umfassend.
- XY verfügt über gute Berufserfahrungen.
- XY verfügt über fundierte Fachkenntnisse auf seinem Gebiet.

Arbeitsweise

Sehr gute Beurteilung der Arbeitsweise

- XY erledigte seine Aufgaben stets selbstständig mit äußerster Sorgfalt und größter Genauigkeit.
- XY arbeitete stets sehr zielstrebig, umsichtig und termingerecht.
- XYs Arbeitsweise ist geprägt durch hohe Zielorientierung und Systematik sowie ausgezeichnetes Verantwortungs- und Kostenbewusstsein.

- XY zeichnete sich bei der Erledigung aller Aufgaben durch Gewissenhaftigkeit, Genauigkeit und Umsicht aus. Auch in schwierigen Situationen kann man sich sehr gut auf ihn verlassen.
- XY war ein äußerst pflichtbewusster, zuverlässiger und verschwiegener Mitarbeiter, der stets sehr konzentriert und zielgerichtet arbeitete.

Noch gute Beurteilung der Arbeitsweise

- XY erledigte seine Aufgaben stets selbstständig mit großer Sorgfalt und Genauigkeit.
- Wir lernten XY als einen engagierten, aufgeschlossenen Mitarbeiter kennen, der seine Tätigkeiten mit vollem Einsatz erfolgreich ausführte.
- XY ist ein engagierter und fleißiger Mitarbeiter, der sich schnell in seine neuen Arbeitsaufgaben einarbeitet und dem Betrieb auf seinem Gebiet wichtige Impulse gegeben hat.

Knapp befriedigende Beurteilung der Arbeitsweise

- XY erledigte seine Aufgaben stets sorgfältig und genau.
- XY arbeitete sicher und selbstständig.

Arbeitserfolg (Arbeitsmenge, -tempo und -qualität)

Sehr gute Beurteilung des Arbeitserfolges

- XY beeindruckte uns stets durch eine sehr gute Arbeitsqualität, wobei er die selbst gesetzten und vereinbarten Ziele auch unter schwierigsten Bedingungen stets erreichte, meist sogar noch übertroffen hat.
- XY war immer ein zuverlässiger, leistungsfähiger Mitarbeiter, der seine umfangreichen Arbeitsaufgaben folgerichtig, zügig und stets sehr gut erledigte.
- XY findet stets hervorragende Problemlösungen, die er auch erfolgreich umsetzt.
- XYs Arbeitsqualität ist stets weit überdurchschnittlich.
- Engagement und Arbeitsergebnisse von XY sind stets außergewöhnlich.

Noch gute Beurteilung des Arbeitserfolges

- XY war ein zuverlässiger, leistungsfähiger Mitarbeiter, der seine umfangreichen Arbeitsaufgaben folgerichtig, zügig und sehr gut erledigte.
- Die von XY gefundenen Lösungen und Umsetzungen sind sehr gut.
- XY ist ein leistungsfähiger, zuverlässiger Mitarbeiter, der seine Aufgaben stets gut erledigt.
- XY zeigt stets eine überdurchschnittliche Arbeitsqualität.

Knapp befriedigende Beurteilung des Arbeitserfolges

- XYs Arbeitsqualität war gut, wobei er die vereinbarten Ziele erreichte.
- XY arbeitet sorgfältig und genau.
- Die Arbeitsqualität von XY ist überdurchschnittlich.

Besondere Arbeitserfolge

In diesem Abschnitt bestehen individuelle inhaltliche Gestaltungsmöglichkeiten. Schwerpunktthemen können in den Bereichen Vertrieb, Marketing und Außendienstaktivitäten liegen, aber auch in der Reorganisation, der Projektarbeit sowie bei Verbesserungsvorschlägen. Weitere besondere Arbeitserfolge sind z. B. aus der Erweiterung von Kompetenzen oder der Beförderung abzuleiten.

- XY erreichte trotz schwieriger Wirtschaftslage eine sehr hohe Umsatz- und Gewinnsteigerung. Damit gehörte er zu unseren besten Verkäufern.
- XY erledigte vertrauliche geschäftliche Sonderaufgaben selbstständig und zügig stets zu unserer vollsten Zufriedenheit.
- Hervorzuheben sind XYs schnelle Auffassungsgabe, die sehr selbstständige Arbeitsweise sowie ein überdurchschnittlicher Arbeitseinsatz, mit dem es XY gelang, schwierige Projektierungsaufgaben stets fristgerecht und erfolgreich zu beenden.

Fachwissen / Weiterbildungsmotivation

Sehr gute Beurteilung von Fachwissen/Weiterbildungsmotivation

- XY verfügt über eine sehr breite und beachtliche Berufserfahrung und beherrscht seinen Arbeitsbereich stets umfassend, souverän und vollkommen.
- XY ist sehr lernmotiviert und hat sich in eigener Initiative neben seinem Beruf mit hohem zeitlichen Engagement und sehr gutem Ergebnis bei ... weitergebildet.
- XY besitzt ein umfassendes, detailliertes und aktuelles Fachwissen im Bereich ... und wendet die vorhandenen Methoden/Instrumente und Techniken jederzeit sehr wirksam in seiner Berufspraxis an.

Noch gute Beurteilung von Fachwissen/Weiterbildungsmotivation

- XY verfügt über eine breite Berufserfahrung und beherrscht seinen Arbeitsbereich umfassend und überdurchschnittlich.
- XY ist lernmotiviert und hat sich in eigener Initiative neben seinem Beruf mit hohem zeitlichen Engagement und gutem Ergebnis bei ... weitergebildet.

Knapp befriedigende Beurteilung von Fachwissen/Weiterbildungsmotivation

- XY beherrschte seinen Arbeitsbereich umfassend.
- XY war lernmotiviert und hat sich neben seinem Beruf bei ... weitergebildet.
- XY besitzt Fachwissen im Bereich ... und kann die vorhandenen Methoden/Instrumente und Techniken wirksam in seiner Berufspraxis anwenden.
- XY ist mit der modernen ... (z.B. Textverarbeitung) vertraut.

Zusammenfassende Beurteilung der Leistung (Zufriedenheitsaussage)

Sehr gute Gesamtbeurteilung der Leistungen

- XY erfüllte seine Aufgaben stets zu unserer vollsten Zufriedenheit und war uns damit ein sehr wertvoller Mitarbeiter.
- XYs Leistungen waren stets/immer/jederzeit sehr gut.
- Wir waren stets mit XYs Leistungen in jeder Hinsicht außerordentlich/höchst/äußerst zufrieden. Er war ein sehr guter Mitarbeiter.
- Die ihm übertragenen Arbeiten erfüllte er stets zu unserer höchsten Zufriedenheit.
- XY hat als hoch qualifizierte Fachkraft im Bereich ... stets zu unserer vollsten Zufriedenheit gearbeitet.
- Seine Leistungen haben uns jederzeit und in jeder Hinsicht voll befriedigt und unsere ganze Anerkennung gefunden.

Noch gute Gesamtbeurteilung der Leistungen

- XY erfüllte seine Aufgaben zu unserer vollen Zufriedenheit. Er war für uns ein wertvoller Mitarbeiter.
- XY arbeitete selbstständig, zuverlässig und stets zu unserer vollen Zufriedenheit.
- XYs Leistungen haben stets unsere volle Anerkennung gefunden. Damit gehörte er zu unseren guten Mitarbeitern.
- XY hat als hoch qualifizierte Fachkraft im Bereich ... stets zu unserer vollen Zufriedenheit gearbeitet.
- Seine Leistungen haben unsere volle Anerkennung gefunden. XY gehörte stets zu unseren guten ...

Knapp befriedigende Gesamtbeurteilung der Leistungen

- XYs Leistungen waren gut.
- Wir waren mit XYs Leistungen jederzeit zufrieden.

Verhaltensbeurteilung

Verhalten gegenüber Vorgesetzten, Kollegen und Dritten

Sehr gute Beurteilung des Verhaltens

- XYs Verhalten gegenüber Vorgesetzten, Kollegen und Kunden (Klienten, Mandanten, Patienten etc.) war stets vorbildlich/einwandfrei. Er trug in starkem Maße zu einem harmonischen Betriebsklima bei.
- XYs Zusammenarbeit mit Vorgesetzten und Kollegen war stets sehr gut.
- Besonders hervorzuheben ist auch seine jederzeit sehr gute Zusammenarbeit mit unseren ... , auf deren Anliegen er flexibel einging.
- XY war wegen seiner freundlichen und zuvorkommenden Art stets sehr geschätzt und beliebt bei seinen Vorgesetzten, Kollegen und ...
- XY war wegen seiner stets verbindlichen, kooperativen und hilfsbereiten Art seinen Vorgesetzten eine äußerst wertvolle Unterstützung und bei den Kollegen immer/jederzeit sehr geschätzt. Auch sein Verhalten gegenüber ... (zB. Klienten) war vorbildlich. Im Umgang mit anspruchsvollen und schwierigen ... bewies er jederzeit Gewandtheit und hervorragendes diplomatisches Geschick.
- XY ist ein verantwortungsbewusster und zuverlässiger Mitarbeiter, der zu seinen Vorgesetzten, Kollegen und ... stets ein sehr gutes Verhältnis hatte.

Noch gute Beurteilung des Verhaltens

- XYs Verhalten gegenüber Vorgesetzten, Kollegen und ... war einwandfrei/vorbildlich. Er trug wesentlich zu einem harmonischen Arbeitsklima bei.
- XYs Zusammenarbeit mit Vorgesetzten und Kollegen war stets gut. Besonders hervorzuheben ist auch seine jederzeit gute Zusammenarbeit mit unseren ..., auf deren Anliegen er flexibel einging.
- Aufgrund seiner kooperativen Haltung war XY stets bei Vorgesetzten, Kollegen und ... anerkannt und beliebt.

Knapp befriedigende Beurteilung des Verhaltens

(Durch eine Umstellung der Reihenfolge in den Personengruppen Vorgesetzte, Kollegen usw. wird Kritik am Verhalten zum Ausdruck gebracht, ebenso auch durch die sogenannte Negationstechnik, wie z.B. mit der Formulierung »kein Anlass zur Beanstandung/Klage/Tadel« etc.).

- XYs Verhalten gegenüber Kollegen, Vorgesetzten und ... war gut/vorbildlich/einwandfrei.
- XYs Zusammenarbeit mit Kollegen und Vorgesetzten ist als gut/verbindlich/korrekt zu bezeichnen.
- XYs Führung war jederzeit tadellos/ohne Beanstandung.

Weitere persönliche und soziale Verhaltensaspekte

Sehr gute Beurteilung des Verhaltens

- XY fügte sich stets vorbildlich in die unterschiedlichen Arbeitsteams ein und ist mit Mitarbeitern aller Hierarchieebenen jederzeit sehr gut zurechtgekommen.
- Mit XYs exzellenten Umgangsformen waren wir stets außerordentlich zufrieden.
- Besonders hervorzuheben ist sein außerordentliches pädagogisches Geschick. Unsere Auszubildenden haben jederzeit sehr gerne von ihm gelernt.

Noch gute Beurteilung des Verhaltens

- XY fügte sich vorbildlich in die unterschiedlichen Arbeitsteams ein und ist mit Mitarbeitern aller Hierarchieebenen jederzeit gut zurechtgekommen.
- Mit XYs guten Umgangsformen waren wir stets voll zufrieden.

Knapp befriedigende Beurteilung des Verhaltens

- XY fügte sich gut in die unterschiedlichen Arbeitsteams ein und ist mit Mitarbeitern aller Hierarchieebenen zurechtgekommen.
- Mit XYs Umgangsformen waren wir voll zufrieden.

Zeugnisabschluss

Formulierung der Kündigung

Kündigung durch den Arbeitnehmer (mit Begründung)

- XY verlässt unser Unternehmen am heutigen Tag, um sich beruflich zu verändern.
- XY verlässt uns auf eigenen Wunsch, um sich neuen beruflichen Aufgaben zu stellen.
- XY scheidet auf eigenen Wunsch aus, um sich beruflich zu verbessern.
- XY verlässt uns, um in einem anderen Unternehmen eine weiterführende Aufgabe zu übernehmen.
- XY verlässt uns auf eigenen Wunsch, um ... Er hatte das Arbeitsverhältnis fristgemäß zum ... gekündigt. Aufgrund der Tatsache, dass sein neuer Arbeitgeber ihn bat, möglichst frühzeitig in das neue Unternehmen zu wechseln, waren wir trotz gewisser Überbrückungsschwierigkeiten für uns aufgrund des sehr guten wechselseitigen Verhältnisses und in bester Absicht für XY mit einem vorzeitigen Wechsel einverstanden.

- Zum ... hat XY das mit uns bestehende Arbeitsverhältnis fristgemäß gekündigt, um ... (z.B. ein Studium aufzunehmen, sich selbstständig zu machen, einen durch Berufswechsel des Ehepartners bedingten Ortswechsel mitzuvollziehen etc.).
- XY hat das Beschäftigungsverhältnis fristgemäß auf eigenen Wunsch gelöst, um sich mit Ablauf des Erziehungsurlaubes ganz der Familie zu widmen.
- XY verlässt uns auf eigenen Wunsch, um ... (z.B. sich finanziell zu verbessern/beruflich weiterzukommen/neue Aufstiegschancen wahrzunehmen, die wir ihm nicht bieten konnten). (Eher negativ wirkende Formulierung.)

Kündigung durch den Arbeitnehmer (ohne Begründung)

- XY scheidet auf eigenen Wunsch aus unserem Unternehmen aus.
- Auf eigenen Wunsch beendete XY zum ... seine Tätigkeit bei uns.
- XY trennt sich zum ... von unserer Firma aus eigenem Entschluss. (Die Formulierung »trennt sich« und »Entschluss« können eine vom Arbeitgeber geforderte bzw. erbetene Eigenkündigung andeuten.)
- XY verlässt unsere Firma zum ... (Auf wessen/eigenen Wunsch??)

Kündigung durch den Arbeitnehmer bei Nichteinhaltung der Kündigungsfrist

- XY beendete auf eigenen Wunsch das Arbeitsverhältnis zum ... (sogenanntes »krummes« Datum).
- Um in einem anderen Unternehmen seinen Berufsweg fortzusetzen, verließ uns XY vorzeitig am ... (»krummes« Datum).
- XY schied zum ... (»krummes« Datum) auf eigenen Wunsch aus unserem Unternehmen aus, um sich umgehend einer neuen Arbeitsaufgabe stellen zu können.

Beendigung des Arbeitsverhältnisses durch Aufhebungsvertrag oder Vergleich

- Am ... endet das Arbeitsverhältnis in gegenseitigem Einvernehmen.
- Das Arbeitsverhältnis endet mit Datum vom ... in beiderseitigem besten Einvernehmen.
- Auf Wunsch von Herrn XY endet das Arbeitsverhältnis in beiderseitigem guten Einvernehmen am ...
- Das Ausscheiden von XY erfolgte in beiderseitigem guten Einvernehmen am ...
- Das Arbeitsverhältnis endet zum ... durch einvernehmliche Trennung. (Deutet Probleme an/Trennung = Initiative des Arbeitgebers.)

Betriebsbedingte Kündigung durch den Arbeitgeber

- Zu unserem Bedauern musste das Arbeitsverhältnis mit Herrn XY fristgemäß und betriebsbedingt gekündigt werden.
- Das Ausscheiden von XY erfolgte betriebsbedingt unter Einhaltung sozialer Auswahlkriterien.
- Nach erfolgter Umstrukturierung unseres ...-Bereiches konnten wir XY keinen neuen Arbeitsplatz in unserem Unternehmen anbieten und mussten daher leider das Arbeitsverhältnis betriebsbedingt beenden.

Andere Formen der Kündigung durch den Arbeitgeber

- Das Arbeitsverhältnis endete zum ...
- Die Auflösung des Arbeitsverhältnisses erfolgte zum ...
- Das Arbeitsverhältnis endet mit Ablauf des Monats ... innerhalb der Probezeit. Wir bedauern, dass es nicht zu einer Festanstellung gekommen ist.

Fristlose Kündigung durch den Arbeitgeber

- Vorzeitig/ungeplant/unwiderruflich/kurzfristig mussten wir uns am ... von XY trennen.
- Das Arbeitsverhältnis endet aus besonderen Gründen.
- Bedauerlicherweise sahen wir uns gezwungen, zum ... (»krummes« Datum) das Arbeitsverhältnis zu beenden.

Beendigung des Arbeitsverhältnisses durch Vertragsablauf (Befristung)

- Mit Ablauf der vereinbarten Zeit beenden wir das befristete Arbeitsverhältnis mit XY.
- Zu unserem großen Bedauern können wir XY zurzeit keine Dauerbeschäftigung bieten, sodass das Arbeitsverhältnis mit Ablauf der vereinbarten befristeten Zeitspanne zum ... endet.

Dankes-Bedauern-Formel (im Endzeugnis)

Sehr gute Dankes-Bedauern-Formel

- Wir bedauern, in Herrn XY eine ausgezeichnete Fach-/Führungskraft zu verlieren, und danken ihm für die stets vorbildliche Leistung/Leitung im Bereich ...
- Wir danken für die stets sehr gute Zusammenarbeit und bedauern sehr, XY zu verlieren. Für seine Entscheidung, unser Unternehmen zu verlassen, haben wir aber Verständnis.
- Mit Bedauern über sein Ausscheiden danken wir XY für seine stets sehr guten Leistungen.

- Für die langjährige ergebnisreiche und wertvolle Zusammenarbeit sind wir XY zu Dank verpflichtet. Wir bedauern es außerordentlich, diesen ausgezeichneten Mitarbeiter zu verlieren.
- Wir danken XY für die stets hervorragende Zusammenarbeit. Wir verlieren mit ihm einen erfahrenen Spezialisten, verstehen aber, dass er im Rahmen seiner beruflichen Entwicklung die ihm gebotene Chance wahrnehmen möchte.

Noch gute Dankes-Bedauern-Formel

- Wir bedauern, in Herrn XY eine gute Fach-/Führungskraft zu verlieren, und danken ihm für die stets gute Leistung/Leitung im Bereich …
- Wir danken für die stets gute Zusammenarbeit und bedauern sehr, XY zu verlieren. Für seine Entscheidung, unser Unternehmen zu verlassen, haben wir aber Verständnis.
- Mit Bedauern über sein Ausscheiden danken wir XY für seine stets guten Leistungen.
- Für die langjährige erfolgreiche Zusammenarbeit sind wir XY zu Dank verpflichtet. Wir bedauern es außerordentlich, diesen guten Mitarbeiter zu verlieren.

Knapp befriedigende Dankes-Bedauern-Formel

- Wir bedauern, in Herrn XY eine gute Fach-/Führungskraft zu verlieren, und danken ihm für die gute Leistung/Leitung im Bereich …
- Wir danken für die gute Zusammenarbeit und bedauern, XY zu verlieren. Für seine Entscheidung, unser Unternehmen zu verlassen, haben wir aber Verständnis.

Zukunftswünsche

(Fehlende Zukunftswünsche können auf erhebliche Differenzen hinweisen.)

Sehr gute Zukunftswünsche

- Wir wünschen XY auf seinem weiteren Berufs- und Lebensweg alles Gute und weiterhin viel Erfolg.
- Wir wünschen diesem vorbildlichen Mitarbeiter beruflich und persönlich alles Gute und weiterhin viel Erfolg.
- Für seinen weiteren beruflichen Werdegang wünschen wir XY alles Gute, viel Glück und Erfolg.

Noch gute Zukunftswünsche

Wir wünschen XY auf seinem weiteren Berufs- und Lebensweg alles Gute.

Knapp befriedigende Zukunftswünsche

Wir wünschen XY für seine weitere Arbeit/Tätigkeit alles Gute.

Auf den Punkt gebracht

Immer wieder stellt sich bei der Analyse und Interpretation von Arbeitszeugnissen die Frage: Meint der Zeugnisschreiber, was er schreibt, und schreibt er, was er meint? Eine schwierige Materie. Dabei zählt nicht nur die einzelne Formulierung, die zu einem positiven oder negativen Arbeitszeugnis führt, sondern der Gesamteindruck, der sich dem geschulten Leser vermittelt. Fazit: Sie sollten als Arbeitnehmer schlicht ein gutes Zeugnis anstreben, also kein zweifelhaftes, aber auch nicht unbedingt das absolute »Superzeugnis«. Deshalb ist es sinnvoll, bei der Erstellung des Zeugnisses mitzuhelfen.

Leider wird auf Arbeitnehmerseite die Bedeutung von Arbeitszeugnissen sehr häufig unterschätzt. Erst wenn man im Vorstellungsgespräch angesprochen wurde, was es denn für Probleme gegeben habe – im Zeugnis wären da so einige Hinweise –, wachen viele Bewerber auf. Das Problem ist allerdings: Ein sehr schlechtes Zeugnis führt erst gar nicht zu einer Einladung zum Vorstellungsgespräch. Machen Sie sich deshalb unbedingt schlau, dann wissen Sie auch, was über Sie in den (alten) Arbeitszeugnissen wirklich ausgesagt wird.

Folgende Punkte müssen in einem qualifizierten Zeugnis enthalten sein:

- Angaben zu Person, Dauer der Beschäftigung mit genauen Daten
- Darstellung des Arbeitsplatzes und Aufgabengebiets
- Erfahrungen, Kenntnisse und Kompetenzen
- Beurteilung der Arbeitsleistung und Würdigung positiver Eigenschaften des Stelleninhabers
- Bewertung der Lern- und Fortbildungsbereitschaft
- Beurteilung des Verhaltens gegenüber Vorgesetzten, Kollegen, Mitarbeitern und Geschäftspartnern
- Angaben über Gründe des Ausscheidens
- Abschließende Dankes-Bedauern- und Wunschformeln für die Zukunft

Zudem sollte das qualifizierte Arbeitszeugnis …

- fehlerlos auf Firmenpapier getippt sein,
- mit einem Datum versehen sein, das nahe am Austrittsdatum liegt,
- mindestens eine Seite lang sein,
- von einem deutlich ranghöheren Mitarbeiter unterschrieben sein.

Wichtig ist es auch, sich rechtzeitig um ein Zwischenzeugnis zu bemühen und damit den Status quo abzusichern. So hat man hoffentlich etwas Positives in der Hand für den Fall der Fälle, wenn man sich aus dem noch bestehenden Arbeitsverhältnis wegbewerben möchte und den Noch-Arbeitgeber nicht um ein Zeugnis bitten kann.

ARBEITSEINSTIEG & ORIENTIERUNG

» Neue Leute dürfen nicht Bäume ausreißen, nur um zu sehen, ob die Wurzeln noch dran sind. «

Henry Kissinger

Mit der Aufnahme Ihrer Tätigkeit fängt eine neue Phase in Ihrem (Berufs-)Leben an. Sie haben Erwartungen an den neuen Arbeitsplatz, die Kollegen, den Vorgesetzten und diese wiederum an Sie. Es ist oft gar nicht so leicht, sich gleich zurechtzufinden. Vieles ist neu und ungewohnt. Zudem will man als Neue(r) alles besonders gut machen, um nicht schnell als unfähig abgestempelt zu werden. Wie Sie den Neuanfang gut überstehen und sich bei Konflikten am besten verhalten, lesen Sie jetzt.

Geschafft!

Auf Arbeitgeberseite hat man sich unter den vielen Kandidaten für Sie entschieden. Und auch Sie haben eine Entscheidung getroffen: Der angebotene Arbeitsplatz, die Aufgaben und die Rahmenbedingungen sagen Ihnen zu. Sie sind bereit, Ihr jetziges Engagement aufzugeben, und haben den neuen Arbeitsvertrag unterschrieben.

Nicht untypisch ist der 1. Oktober oder April als Ihr Eintrittstermin. Dem ist auf Arbeitgeber- wie -nehmerseite einiges vorausgegangen. Auf beiden Seiten ging diesem Auswahl- und Entscheidungsprozess ein nicht zu unterschätzender Kosten- und Zeitaufwand voran (vor Einstellung entstehen Kosten in Höhe von 50 bis 100 Prozent des Jahreseinkommens des zu besetzenden Arbeitsplatzes).

Beim für den Arbeitgeber mit erheblichem finanziellen und personellen Aufwand verbundenen Suchen, Auswählen und Entscheiden ist es umso erstaunlicher, was dann in der Regel folgt. Der neue Mitarbeiter, für den bereits so viel Zeit und Geld investiert wurden, wird in den ersten Wochen und Monaten kaum oder nur mangelhaft betreut und eingearbeitet. Die meisten Unternehmen haben kein dafür speziell entwickeltes Programm. Während man auf Arbeitgeberseite bereit ist, Zeit, Mühe und damit verbunden auch hohe finanzielle Kosten für die Auswahl angeblich bestgeeigneter Mitarbeiter zu investieren, ist nach der Unterschriftenleistung im Arbeitsvertrag das Investitionsinteresse erlahmt.

Natürlich gibt es eine Probezeit, drei Monate bis ein halbes Jahr, aber durch den formalen Aspekt, dass man sich ja relativ leicht voneinander trennen kann, wird das Augenmerk auf die neue konstruktive Zusammenarbeit generell eher vernachlässigt.

In jedem Fall steht das, was nach der Unterschriftenleistung und mit Arbeitsbeginn für den neuen Mitarbeiter und dessen Integration in das Unternehmen getan wird, in keinem Verhältnis zu dem vorher betriebenen Aufwand.

Es liegt auf der Hand, dass gerade in dieser sensiblen Prägephase des Neubeginns, des Einstiegs in einen neuen Arbeitsplatz und dessen Aufgaben, wichtige Weichen gestellt werden. Da gibt es wechselseitige Erwartungen, aber auffallend wenig Struktur, Rahmen oder Rituale, sich offen darüber auszutauschen. Natürlich macht es einen Unterschied, ob es sich um ein sehr großes Unternehmen handelt, in dem Sie als neuer Mitarbeiter, Kollege, Auszubildender oder Vorgesetzter anfangen, oder eher um einen kleineren Betrieb. Ebenso spielt der Bereich, in den Sie einsteigen – ob Vertrieb, Produktion, Verwaltung oder Forschung –, eine nicht zu unterschätzende Rolle.

In jedem Fall stehen Sie als Einsteiger vor der Aufgabe, herauszufinden, wie was an Ihrem neuen Arbeitsplatz funktioniert. Während man vielleicht bei größeren Unternehmen – auch im öffentlichen Dienst – mit etwas mehr Geduld gegenüber dem Neueinsteiger in der Einarbeitungszeit rechnen kann, sind gerade kleinere Unternehmen, die vielleicht in ihrer Personalplanung etwas kurzfristiger handeln, darauf bedacht, dass der Neue möglichst schnell profitabel arbeitet.

Ob als Berufseinsteiger oder Wechsler, Sie haben bestimmt eine ganze Menge Hoffnungen im Zusammenhang mit der neuen Aufgabe und Position. Dazu kommt das schöne Gefühl, von vielen Bewerbern für diesen Arbeitsplatz derjenige zu sein, der es geschafft hat.

Als Neueinsteiger droht Ihnen vielleicht der erste (Berufs-)Praxisschock, weil alles doch ein wenig anders ist, als Sie sich das so vorgestellt haben. Aber auch wenn Sie schon länger im Berufsleben stehen, kann der Wechsel von einem Arbeitsplatz zum anderen ein kritisches Lebensereignis mit einer Reihe potenzieller Fußangeln sein. Damit aus Ihrem neuen Traumjob kein Albtraum wird, müssen Sie eine Menge von Anpassungsleistungen erbringen. Ein Vorgeschmack darauf war bereits der Initiationsritus Bewerbung, den Sie ohne eine gute Begabung für Anpassungsübungen wohl nicht so erfolgreich überstanden hätten. Während Sie an Ihrem alten Arbeitsplatz wussten, nach welchen Gesetzen der Laden läuft, die offiziellen, aber auch inoffiziellen Wege, Möglichkeiten und Chancen kannten, befinden Sie sich nun bei Ihrem neuen Arbeitsplatz erneut in einer Anfängersituation.

Praxisschock

Sie sind zunächst einmal ein Lernender. Vieles von dem, was Sie an Wissen mitbringen, erweist sich möglicherweise als hilfreich, aber längst nicht alles funktioniert so, wie Sie es gewohnt waren oder erfolgreich praktizieren konnten.

Was Ihnen jetzt weiterhilft, sind zunächst einmal die akribischen Beobachtungen von Arbeitsabläufen und interpersonellen Strukturen sowie die richtigen Schlussfolgerungen daraus. Suchen Sie sich Ansprechpartner, die Sie unterstützen und die Sie hemmungslos ausfragen können. Vermeiden Sie es, Kollegen, Mitarbeiter und Vorgesetzte dadurch schnell zu Gegnern werden zu lassen, dass Sie alles ganz anders und natürlich viel besser machen wollen.

Als neuer Mitarbeiter sind Sie in diesem Stadium auf Informationen aller Art dringend angewiesen. Ob es sich bei dem Versuch, die Eingliederungsphase so effizient wie möglich zu gestalten, und dem dafür notwendigen Know-how um Bring- oder Holschulden handelt, ist sekundär.

Natürlich hat die Unternehmensleitung die Aufgabe, dafür zu sorgen, dass Sie umfassend über alle für Ihre Eingliederung wichtigen Details informiert werden. Darüber hinaus sind aber auch andere Informationsquellen wie Kollegen oder Mitarbeiter wichtig für Sie und zudem als Kooperationspartner von nicht zu unterschätzendem Wert.

In jedem Fall ist es jetzt Ihre Aufgabe, auf andere zuzugehen, Fragen zu stellen und sich aktiv darum zu bemühen, alle wichtigen Informationen zu bekommen. Dies schließt natürlich auch ein, dass Sie bereit sind, Ihrerseits den anderen Informationen über sich und Ihre eigene Arbeit zur Verfügung zu stellen.

Aktiv sein

Übrigens: Wenn es mittags in die Kantine geht, fragen Sie einen netten Kollegen, ob Sie mitkommen können. Bleiben Sie aber bescheiden im Hintergrund, hören Sie den anderen aufmerksam zu und bekunden Sie freundliches Interesse. So sammeln Sie weiter Pluspunkte, weil die anderen sehen: Sie interessieren sich für das, was sie zu sagen haben. Ihr Verhalten auch bei Tisch wird fein säuberlich registriert und trägt zu dem Bild bei, das man sich von Ihnen macht.

Die beiden Unterschriften, die Ihres zukünftigen Arbeitgebers und die Ihrige, unter dem neuen Arbeitsvertrag sind also keinesfalls der krönende Abschluss Ihres Bewerbungsverfahrens. Das Sich-Bewerben geht weiter. Da müssen etwa langjährige Mitarbeiter umworben werden, hätten sie doch vielleicht lieber einen ihrer Kollegen aus dem Haus auf dem von Ihnen jetzt eingenommenen Platz gesehen. Oder – noch viel schwieriger – Sie wären selbst gerne in diese Position aufgestiegen.

Extratipp für Azubis / Berufseinsteiger

Nach all den Bewerbungsmühen, die Sie auf sich genommen haben, noch immer ein bisschen schwebend auf Wolke sieben, den Uni- oder Schulabschluss in der Tasche, und endlich ... haben Sie ihn nun, Ihren Traumjob. Aus der Traum? Die erste Woche oder der erste Monat an Ihrem neuen Arbeitsplatz kann sehr ernüchternd wirken.

Ankommen im Berufsalltag

Der Berufseinstieg wird von Psychoexperten gern mit dem Terminus »Praxisschock« charakterisiert. Und in der Tat: Damit aus dem Traumjob kein Albtraum wird, muss weiter so manches an Anpassungsleistung von Ihnen erbracht werden. Wieder sind Sie Lernender, vieles an der Uni oder in der Schule Einstudierte erweist sich im Berufsalltag als wenig hilfreich. Jetzt müssen Sie, und das fällt gerade Hochschulabsolventen nicht ganz leicht, mit der Zumutung fertig werden, sich nach dem Uniabschluss quasi in den Niederungen des Anfängerstatus wieder zurechtzufinden. Aufkommende Frustrationsgefühle sind keine Seltenheit, aber es besteht kein Grund, ihnen nachzugeben. Viele Berufsanfänger sind speziell in den ersten Tagen am Arbeitsplatz verunsichert. Wie verhalte ich mich? Ist es peinlich, wenn ich nicht gleich kapiere, wie ich etwas machen soll?

Machen Sie als Neue(r) nicht den Fehler, sich in einer Ecke zu verkriechen. Eine wesentliche Regel lautet: »Sie zuerst.« Wenn Sie neu in ein Team kommen, ist es an Ihnen, zuerst auf die anderen zuzugehen, jene zuerst anzulächeln usw.

Es ist schon richtig, sich nicht um jeden Preis in den Vordergrund zu drängen. Aber Sie sind ja dort, um etwas zu lernen. Und das gelingt Ihnen nicht, wenn Sie darauf warten, dass andere auf Sie zukommen. Bieten Sie Ihre Mitarbeit an, fragen Sie, ob Sie helfen können.

Haben Sie am Arbeitsplatz Verbesserungsvorschläge, müssen Sie damit nicht hinterm Berg halten. Andererseits sollten Sie diese den anderen nicht gleich zu Beginn um die Ohren hauen. Sonst haben Sie schnell den Stempel »Besserwisser« weg. Und Sie wissen ja: Einen ersten Eindruck zu revidieren ist sehr schwierig.

Die Phasen des Neuanfangs

Die Eingliederung neuer Mitarbeiterinnen und Mitarbeiter in ein Unternehmen lässt sich in drei aufeinanderfolgende Phasen einteilen:

Nach der Phase der Vorbereitung (Bewerbung, Auswahlverfahren, Wünsche und Hoffnungen) folgt mit dem Eintritt in das Unternehmen die Phase der Orientierung. Hier geht es hauptsächlich um die wechselseitigen Erwartungen, also die des neuen Mitarbeiters an die Organisation und umgekehrt. Dass dies häufig als Realitätsschock oder milder als Überraschung erlebt wird, ist bedauerlicherweise nicht außergewöhnlich. Entsprechend sind Enttäuschungen und die Auseinandersetzung mit ersten Konflikten vorprogrammiert.

In der dritten Phase geht es um den Versuch der Bewältigung von Widersprüchen zwischen Erwartungen und der Realität, aber auch der bewussten Integration oder Anpassung an die vorhandene Organisation. Nun kommt es vor allem darauf an, sich Verhaltensweisen anzueignen und die zugedachte Rolle aufzunehmen, um nunmehr als vollwertiges Mitglied des Teams seinen Teil zu den Ergebnissen oder Zielen beitragen zu können.

Es liegt auf der Hand: Die erste Zeit an einem neuen Arbeitsplatz ist im Wesentlichen durch Unsicherheit, teilweise sogar auch durch Angstgefühle und das Erleben von Stress gekennzeichnet. In dieser durch wechselseitige Unsicherheit geprägten Phase kommt es auf beiden Seiten zu Einstellungen und Verhaltensweisen, die sich im unglücklichen Falle für den Fortbestand des Arbeitsverhältnisses und ein entsprechendes Engagement von Arbeitnehmerseite negativ auswirken können.

Angstgefühle

Ungelöste Konflikte in der Einarbeitungszeit führen nicht selten zu Kündigungsfantasien oder auch zu vorzeitigem Ausscheiden aus dem Unternehmen. Dass dies mit erheblichen Kosten für beide Seiten verbunden ist, dürfte klar sein. Umso mehr ist die Forderung berechtigt, gerade die Einarbeitungszeit vonseiten des Arbeitgebers aktiv erfolgreich mitzugestalten. Hier muss der nicht einfachen Sozialisation und Eingliederung des neuen Mitarbeiters viel mehr Aufmerksamkeit gewidmet werden, als dies bisher geschieht.

Sie als neuer Mitarbeiter können dazu beitragen, indem Sie über Ihre Schwierigkeiten offen kommunizieren.

Extratipp für Führungskräfte

Als Neue/-r werden Sie in der Anfangsphase von Ihren unmittelbaren Vorgesetzten und den für diese Personalentscheidung zuständigen Verantwortungsträgern beäugt, um zu sehen, ob die Wahl des Kandidaten die richtige gewesen ist. Dieser Prüfungsvorgang ist immer von zwei Aspekten gekennzeichnet: Die einen hoffen, dass sich ihre positive Prognose bewahrheitet, nur Sie seien der richtige Kandidat, die anderen suchen nach Bestätigung ihrer negativen Vorahnung, sie hätten doch gleich gewusst, dass man sich besser nicht für Sie, sondern für jemand anderen entschieden hätte.

Fragen stellen und Zuhören

Jetzt helfen Ihnen Gespräche und vor allem die Fähigkeit, sorgfältig zuzuhören. Versuchen Sie um Gottes willen nicht, sich als der dynamische Erneuerer zu profilieren, bevor Sie Ihre Vorgesetzten, Kollegen und Mitarbeiter genauer kennengelernt und die Spielregeln des neuen Unternehmens begriffen haben. Fragen an die Umgebung bieten die beste Möglichkeit zur Orientierung: »Was sind die Probleme in der Abteilung und wie sollte man sie Ihrer Meinung nach lösen? Gibt es bestimmte Erwartungen, die Sie an mich haben?« Nehmen Sie sich also genügend Zeit für intensive Gespräche. Fragen Sie präzise nach dem, was man von Ihnen erwartet. Hören Sie heraus, was man Ihnen dabei auch an indirekten Botschaften vermittelt. Investieren Sie Zeit, um die Qualitäten, aber auch Fehler Ihres Vorgängers (sofern es einen gab) kennenzulernen.

Prüfen Sie die Vorschläge und Wünsche Ihrer Mitarbeiter genau. Diese kennen sich in dem für Sie neuen Unternehmen besser aus und können Ihnen wertvolle Informationen für eine erfolgreiche Einarbeitung geben. Besprechen Sie die zukünftige Kooperation mit den Kollegen anderer Abteilungen. Verhalten Sie sich dabei anfangs besonders bescheiden und zurückhaltend, denn nichts macht neue Kollegen unbeliebter als deren oft übertriebene Arbeitswut, kombiniert mit dem Drang, alles auf den Kopf zu stellen. Wichtigstes Verhalten ist und bleibt die Bereitschaft und die Fähigkeit des Zuhörens.

Denken Sie daran, die internen Mitbewerber einzubeziehen, die vielleicht auch gern auf Ihrem Stuhl gesessen hätten. Sonst haben Sie von Anfang an knallharte Konkurrenz im eigenen Haus, die Ihnen das Leben – nicht zuletzt wegen ihres Wissensvorsprungs – sehr schwer machen kann.

Wenn es am Arbeitsplatz kracht

Das Arbeitsleben ist durch höchst unterschiedliche Interessen Einzelner und ganzer Gruppen geprägt. Wo aber der eine – ob Mitarbeiter, Kunde oder Chef – glaubt, sein Ziel nur auf Kosten des anderen erreichen zu können, wo Werthaltungen, Interessenschwerpunkte oder konkretes Verhalten in direktem Widerspruch zueinander stehen, entsteht der (Zünd-)Stoff, aus dem Konflikte sind.

Wer kennt sie nicht: Konflikte, Auseinandersetzungen, Machtmissbrauch, Streitereien, Rivalität, Neid, Missgunst und Intrigen, Mobbing. Warum sollte das menschliche Grundthema Aggression ausgerechnet unser Arbeitsleben aussparen?

Konflikte sind normal

Wo immer Menschen zusammenarbeiten, treten Unterschiede und Widersprüche in ihren Zielvorstellungen, Werthaltungen, Interessen und in ihrem Verhalten auf. Banal, aber wahr: Menschen unterscheiden sich in ihrem Fühlen, Denken und Handeln und differieren in ihrer Persönlichkeitsstruktur – Hintergrund für jede Menge Konfliktpotenzial.

Was also tun, wenn etwa ein Kollege Gerüchte über Sie verbreitet? Sprechen Sie am besten den Urheber an und fragen Sie ihn, warum er das tut. Überlegen Sie vorher auch für sich selbst, ob Sie ihn irgendwie verärgert haben könnten, dass er so reagiert. Und fordern Sie ihn eindringlich auf, damit aufzuhören.

Konflikte werden häufig – vor allem im Anfangsstadium – nicht offen ausgetragen. Sie kündigen sich jedoch durch Symptome an. Dies ist vergleichbar mit einer Krankheit, deren Diagnose durch das Erkennen und das richtige Deuten der Symptome bereits im Frühstadium eine adäquate und damit aussichtsreichere Behandlung ermöglicht. Die Chancen zur Klärung und Lösung sind beim rechtzeitigen Erkennen deutlich verbessert. Warten Sie also nicht, bis der Konflikt eskaliert. Wichtig ist, dass Sie – auch wenn's schwerfällt – versuchen, die Situation möglichst nüchtern und ehrlich zu analysieren. Haben Sie wirklich nichts zu dem Konflikt beigetragen, sind Sie wirklich nur das Opfer?

Reflexion

Noch einmal grundsätzlich: Wenn der Konfliktfall da ist und Spannungen zu spüren sind, sollten Sie zunächst einmal reflektieren: Was bedrückt Sie? Sie spüren, dass sich die Beziehung zu einer oder mehreren Personen in Ihrem Arbeitsumfeld verschlechtert. Denken Sie noch einmal in Ruhe über dieses Gefühl nach – ehe es überhandnimmt. Sind Sie sich der Beurteilung dieser Situation sicher und können Sie die Quelle der Spannungen klar benennen? Liegt es wirklich an der anderen Person, oder sind möglicherweise Sie gestresst? Erleben und werten Sie Äußerungen oder Handlungen einer anderen Person empfindlicher und bedeutungsvoller, als sie eigentlich gemeint sind? Wenn Sie sicher sind, dass es sich um ein echtes Problem handelt, kommen Sie mit folgenden Fragen weiter:

- Wer hat ein Interesse, Sie anzugreifen?
- Worin könnten die Ursachen und Motive liegen?
- Worauf legt es der Kollege/legen es die Kollegen an?
- Wie ist seine/ihre Position?
- Wen könnten Sie zu Ihrem Verbündeten machen?
- Was können und wollen Sie zur Konfliktlösung beitragen?

Nach dieser ersten Überprüfung Ihres eigenen Standpunktes und der gesamten Situation sollten Sie sich überlegen, ob Sie das Problem zum jetzigen Zeitpunkt bereits ansprechen wollen oder ob es Ihnen günstiger erscheint, die Situation zunächst weiter zu beobachten. Vielleicht handelt es sich ja auf der Gegenseite nur um eine kurze, vorübergehende Schlechtwetterlage oder um ein persönliches Tief, das Sie nicht auf sich beziehen sollten.

Wenn Sie sich bezüglich der Einschätzung einer beginnenden Problemsituation unsicher sind, kann ein Gespräch mit gründlich ausgewählten Personen aus Ihrer (Arbeits-)Umgebung sinnvoll sein. Ziel dabei ist es, deren Beurteilung und Einschätzung kennenzulernen und mit der eigenen Sichtweise abwägend zu vergleichen.

Wenn Sie dann aktiv werden und mit dem betreffenden Kollegen, mit dem Sie den Konflikt haben, gesprochen und hoffentlich eine Vereinbarung getroffen haben, gilt es, deren Umsetzung abzuwarten.

Was tun Sie, wenn sich der Erfolg nicht einstellt?

Auch wenn es schwerfällt und Sie eine große Wut im Bauch haben, sollten Sie dem Kollegen erneut das Gespräch anbieten. Wem ist damit gedient, den Konflikt eskalieren zu lassen? Sie sollten zudem über erste Konsequenzen nachdenken und diese ankündigen, falls auch nach diesem Gespräch keine Besserung einkehrt.

Wenn sich trotz aller Gesprächsversuche der Erfolg nicht einstellt, müssen Sie die Situation neu analysieren. Worum geht es wirklich? Was ist der wahre Hintergrund dieser Auseinandersetzung? Mit was für einem Gegenüber haben Sie es zu tun? Versuchen Sie einmal weitgehend vorbehaltlos, sich in dessen Rolle hineinzuversetzen. Was kann Motivation, was Ziel sein? Auf jeden Fall dürfen Sie nicht resignieren und sich zurückziehen. Sie brauchen jetzt Unterstützung. Überlegen Sie, wer Ihnen helfen könnte. Das kann ein älterer, erfahrener Kollege sein, dem Sie vertrauen. Sie können letztlich auch beim Personal- oder Betriebsrat um Hilfe bitten. Vor allem sollten Sie sich nicht verkriechen und aus lauter Frustration nur noch Dienst nach Vorschrift machen. Infolgedessen kann es dann zu wirklichen Problemen und zu einer Eskalation kommen, die nur noch schwer in den Griff zu bekommen ist. Stellen Sie sich den Auseinandersetzungen möglichst mit sachlichen Argumenten und der nötigen inneren Ruhe.

Gespräch suchen

Auf den Punkt gebracht

Manchmal erinnert der erste Arbeitstag an einen Gang auf unsicheres Eis. Fast jeder, der eine neue Stelle antritt, weiß nicht wirklich, was ihn erwartet. Ist die Aufgabe wirklich so, wie sie im Vorstellungsgespräch dargestellt wurde? Auch Arbeitgeber zeigen im Auswahlgespräch nun mal nur ihre Schokoladenseite. Und wie wird die Zusammenarbeit mit den Kollegen sein?

Fehlen dem Neuen wichtige Informationen oder die Unterstützung der Kollegen, um die übertragenen Aufgaben erledigen zu können, fühlt er sich bald wie mit Schonern unter den Schlittschuhen aufs Eis geschickt. Leider mit dem Unterschied, dass er oftmals nicht weiß, wo die Fehlerursache ist. Das traurige Ende ist, dass er das Handtuch wirft oder nach der Probezeit nicht übernommen wird.

Die Eingliederung neuer Mitarbeiter in ein Unternehmen lässt sich in drei aufeinanderfolgende Phasen einteilen: Nach der Phase der Vorbereitung (Bewerbung, Auswahlverfahren, Wünsche und Hoffnungen) folgt mit dem Eintritt in das Unternehmen die Phase der Orientierung. Hier geht es hauptsächlich um die wechselseitigen Erwartungen, also die des neuen Mitarbeiters an die Organisation und umgekehrt. Dass dies häufig als Realitätsschock – oder milder: als Überraschung – erlebt wird, ist nicht außergewöhnlich. Entsprechend sind Enttäuschungen und die Auseinandersetzung mit ersten Konflikten vorprogrammiert.

In der dritten Phase geht es um den Versuch der Bewältigung von Widersprüchen zwischen Erwartungen und der Realität, aber auch der bewussten Integration bzw. Anpassung an die vorhandene Organisation. Dabei kommt es vor allem auf das Aneignen von Verhaltensweisen an, das Aufnehmen der zugedachten Rolle, um nunmehr als vollwertiges Mitglied der Arbeitsgemeinschaft seinen Teil zum Ergebnis oder Ziel beitragen zu können.

Jeder Neubeginn ist eine sensible Prägephase, in der wichtige Weichen gestellt werden. Für Sie als Einsteiger gilt es jetzt, herauszufinden, was Ihr neuer Arbeitsplatz von Ihnen fordert. Zunächst ist es vor allem wichtig, akribisch die Arbeitsabläufe und interpersonellen Strukturen zu beobachten und sich darüber hinaus Unterstützer zu suchen. Gehen Sie auf andere zu, stellen Sie Fragen. Vermeiden Sie besserwisserisch wirkendes Verhalten. Treten Konflikte auf, ist es gut, sie möglichst früh anzusprechen. Wenn keine Besserung eintritt, können Sie sich bei einem erfahrenen Kollegen oder auch beim Betriebsrat Hilfe holen. Und: Lassen Sie sich nicht aus der Ruhe bringen.

Konflikte gehören leider zum Berufsalltag.

RESÜMEE

» Was ist der langen Rede kurzer Sinn? «

Friedrich von Schiller

Begreifen Sie sich bitte unbedingt als Unternehmer,
als Problemlösungsexperte und Ihr Gegenüber,
den Arbeitsplatzanbieter, als Ihren wichtigsten Kunden.
Diese Denkweise wird Ihr Handeln im Such- und Bewerbungsprozess deutlich erfolgreicher werden lassen.
Setzen Sie vor allem auf Sympathie und Vertrauensbildung,
dann wird Ihr »Kunde« Ihnen die Problemlösung zutrauen.
Investieren Sie Zeit und Geist in Ihre Bewerbungsunterlagen,
und bereiten Sie sich auf das Vorstellungsgespräch intensiv vor.
Ihre Kompetenz, Leistungsmotivation und Persönlichkeit
sind die entscheidenden Weichensteller, im schriftlichen
wie im mündlichen Bewerbungs- und Auswahlprozess.

Die 50 wichtigsten Merksätze für die Bewerbung

Um Ihnen die Erinnerung an die entscheidendsten Regeln zu vereinfachen, haben wir die 50 wichtigsten Merksätze zur Bewerbung für Sie zusammengestellt:

1. Arbeitsplatzsuche und Bewerbungen sind Schwerstarbeit.
2. Lernen Sie, unternehmerisch zu denken, und betreiben Sie Marketing in eigener Sache.
3. Die innere Vorbereitung – die Einstellung zur Einstellung – ist ein entscheidender Faktor.
4. Nehmen Sie sich ausreichend Zeit für die Vorbereitung.
5. Es ist nicht leicht, aber sehr wichtig, vorab herauszufinden, wer man ist, was man kann, was man will und was möglich ist.
6. Nehmen Sie die Unterstützung durch andere an.
7. Bauen Sie systematisch ein Beziehungsnetz auf, pflegen und nutzen Sie diese Kontakte.
8. Sie müssen wissen, was Sie in Ihren Bewerbungsunterlagen über sich und Ihr Anliegen vermitteln wollen.
9. Recherchieren geht vor Probieren. Wer mehr über den Adressaten seiner Bewerbung weiß, ist eindeutig im Vorteil.
10. Das Internet ist ein hervorragendes Rechercheinstrument. Es bietet Ihnen neben wertvollen Informationen über potenzielle Arbeitgeber, Arbeitsmärkte und Stellenangebote auch den Einstieg in soziale Netzwerke. Im Einzelnen können Sie das Netz für folgende Zwecke nutzen:
    - Die Suche nach Stellenangeboten in Zeitungen
    - Die Suche nach Stellenangeboten auf den Firmenhomepages
    - Die Suche auf virtuellen Arbeitsmärkten
    - Das Stellengesuch
    - Die digitale Kontaktaufnahme
    - Social Networking: Die Suche nach Kontakten im Netz
11. Form- und Inhaltsfehler in den schriftlich und digital erstellten Bewerbungsunterlagen sind meistens der Grund, weshalb Bewerber nicht zum Vorstellungsgespräch eingeladen werden, nicht etwa deren mangelnde Eignung. Es kommt auf die Verpackung und auf die gelungene Präsentation an. In der Kürze liegt die Würze.
12. Verwenden Sie für Bewerbungsanschreiben und Lebenslauf gutes weißes oder dezent getöntes, nicht liniertes DIN-A4-Papier, das Sie nur einseitig beschreiben.
13. Benutzen Sie – wenn nicht ausdrücklich etwas Handschriftliches verlangt wird – einen PC mit gutem (Laser- oder Tintenstrahl-)Drucker.

14. Für Ihre Unterschrift (kein Autogramm und keine Rezeptblock-Arzt-Unterschrift) empfehlen wir konservatives Königsblau aus einem Füllfederhalter oder Tintenschreiber. Rot, Grün oder Schwarz kommen nicht gut an.
15. Für Ihre Schreiben gilt: nicht radieren, verbessern, durchstreichen oder mit Tipp-Ex korrigieren, sondern im Falle eines Fehlers neu schreiben.
16. Rechtschreibung und Zeichensetzung müssen korrekt sein.
17. Achten Sie auf eine übersichtliche, klare Gliederung (Absätze).
18. Wichtig sind eine gute Platzeinteilung und angemessene Ränder (ca. 4 cm links, ca. 3 cm rechts).
19. Flecken, Eselsohren, zerknülltes Papier fallen extrem negativ auf, aber die Dokumente in einzelne Klarsichtfolien einzuschweißen ist auch keine Lösung. Niemals alle Unterlagen in eine Hülle zwängen, aus der sie der Personalchef dann wieder mühsam hervorzerren muss.
20. Das Anschreiben nur lose oben auf die Bewerbungsmappe legen. Für die Mappe gibt es schöne, moderne Präsentationssysteme. Thermoschnell- oder Spiralbindesysteme zusammen mit Klarsichtfolien- und Kartondeckel stellen eine solche Alternative dar. Ähnliche Effekte erzielt man mit preiswerten Klemmschienen.
21. Ein gutes Foto ist Ihr Sympathieträger. Es sagt mehr als tausend Worte.
22. Auch die Anlagen sind mit größter Sorgfalt auszuwählen.
23. Machen Sie unbedingt Fotokopien von allen Unterlagen, die Sie verschicken, damit Sie nach 6 oder gar 10 Wochen noch wissen, wer was von Ihnen weiß oder auf dem Tisch hat.
24. Verwenden Sie für die postalische Zusendung aller Unterlagen einen stabilen, rückenkartonierten DIN-A4-Umschlag.
25. Achten Sie auf die korrekte Umschlaggestaltung – keine innovativen Experimente bei Adresse, Absender, Briefmarkenpositionierung (bloß keine Aufkleber). Professionell wirken maschinengeschriebene Adressen- und Absenderetiketten (oder eigener Stempel).
26. Versandart: ganz normal, nur in Ausnahmefällen Express, auf keinen Fall jedoch per Einschreiben-Rückschein senden (= Zwangscharakter).
27. Wichtig: die richtige Frankierung.
28. Der Einsatz des Telefons kann in der Bewerbungssituation sehr hilfreich sein.
29. Bereiten Sie das Telefonat gut vor, machen Sie sich Notizen.
30. Seien Sie am Telefon präzise, vermeiden Sie allzu leere Floskeln und kommen Sie schnell zur Sache.
31. Achten Sie auf den Klang Ihrer Stimme. Klingen Sie fröhlich, freundlich, selbstbewusst, pessimistisch, aggressiv oder unsicher?
32. Auch beim Telefonieren gilt: Übung macht den Meister. *Learning by doing* ist eine gute Methode. Starten Sie Ihre Telefonaktion also nicht gerade bei dem Unternehmen, für das Sie am liebsten arbeiten würden.

33. Die Bewerbung im Netz wird mehr und mehr zur Selbstverständlichkeit. Auch hier gibt es zahlreiche Möglichkeiten, die Sie – individuell abgestimmt auf das jeweilige Unternehmen und mit ebenso großer Sorgfalt wie bei der klassischen schriftlichen Bewerbung – für Ihren Bewerbungsprozess nutzen können. Im Einzelnen sind das:
    - Die E-Mail-Bewerbung
    - Online-Bewerbungsformulare
    - Profile auf der Firmenhomepage
    - Online-Assessments
    - PowerPoint-Präsentation
    - Die eigene Homepage
    - Das Weblog
    - Das Bewerbervideo
34. Machen Sie sich mit den technischen Voraussetzungen für eine Bewerbung im Netz vertraut, nutzen Sie jede Möglichkeit, sich in standardisierten Abläufen mit individuellen Aussagen und gut gemachten Unterlagen von der Masse der Mitbewerber abzuheben. Sehen Sie diese Form der Bewerbung stets nur als eine sinnvolle Ergänzung im Bewerbungsprozess und vernachlässigen Sie keinesfalls den persönlicheren Kontakt zu Ihrem potenziellen neuen Arbeitgeber.
35. Auch das überzeugend formulierte Stellengesuch kann Ihnen zu einem Arbeitsplatz verhelfen.
36. Vergessen Sie nie: Es geht um Werbung in eigener Sache, um Ihr Produkt Arbeitskraft.
37. Selbstdarstellung will geübt sein. Auch ein Schauspieler muss seine Rolle gut einstudieren, muss sich vorbereiten und üben.
38. Die Fragen des Vorstellungsgesprächs stehen vorher bereits fest. Überlegen Sie sich vorab Ihre Antworten und die Tendenz Ihrer Präsentation.
39. Bereiten Sie sich gezielt auf Ihr Gegenüber vor (Person, Institution, Aufgabe).
40. Als Bewerber sollten Sie wissen, was und wie Sie etwas sagen wollen. Insbesondere aber muss Ihnen klar sein, was Sie nicht sagen wollen – und wie Sie mit Worten schweigen.
41. Es geht im Vorstellungsgespräch primär um Ihre Persönlichkeit und damit um die Frage, wie sympathisch Sie wirken. Leistungsmotivation und Kompetenz sind auch wichtig, aber deutlich nachrangig.
42. Machen Sie sich bewusst: Sie bestimmen den Vorstellungsgesprächsverlauf weitestgehend mit.
43. Angemessene, selbstbewusste Gelassenheit und höfliche Konzentration kennzeichnen einen erfolgreichen Bewerber.
44. Das per Grundgesetz geschützte Persönlichkeitsrecht setzt dem Fragerecht des Arbeitgebers Grenzen. Wo er es überschreitet, dürfen Sie ungestraft lügen.
45. Was immer man gegen Sie einwendet, es kommt darauf an, wie Sie damit umgehen.

46. Sprechen Sie nie negativ über ehemalige Vorgesetzte, Kollegen oder Arbeitsplatzbedingungen.
47. Hier die wichtigsten zehn Bewerber-Verhaltensregeln für das »Frage- und Antwort-Spiel« Vorstellungsgespräch:
    - Hören Sie aufmerksam und konzentriert zu.
    - Halten Sie angemessenen Blickkontakt.
    - Beobachten Sie genau (ohne zu mustern).
    - Überlegen Sie, bevor Sie antworten.
    - Scheuen Sie sich nicht nachzufragen.
    - Reden Sie lieber etwas weniger als zu viel.
    - Lassen Sie Ihren Gesprächspartner (aus-)reden.
    - Warten Sie ab, stehen Sie auch mal eine kleine Gesprächspause durch.
    - Seien Sie lieber etwas zurückhaltend als zu forsch.
    - Versuchen Sie, Ihre Mimik, Gestik und Körperhaltung zu beherrschen.
    - Bleiben Sie immer höflich, sachlich, ruhig, geduldig und gelassen.
48. Versuchen Sie nicht, perfekt zu erscheinen. Räumen Sie auch ruhig mal ein, etwas nicht zu wissen, getan oder bedacht zu haben. Präsentieren Sie sich auf keinen Fall rechthaberisch oder kleinkariert.
49. Bereiten Sie sich gründlich auf die Gehaltsverhandlung vor. Sie sollten sich z.B. über die aktuellen Tarifgehälter und Sonderleistungen informieren.
50. Und bedenken Sie: Wir sind nicht auf der Welt, um so zu sein, wie andere uns haben wollen.

Anmerkungen

1 Ausführlicher haben wir uns zu diesem Thema in unserem Buch Selbstbewusstsein (2005) geäußert.

2 Patricia Linville von der Duke-Universität ließ eine Gruppe von Versuchspersonen zwei Wochen lang Tagebuch über ihr Seelenleben führen. Fazit: Je komplexer die Tagebuchschreiber ihr Selbst darstellen konnten, desto weniger Stimmungsschwankungen waren sie unterworfen. Menschen, die über ein sehr komplexes und detailliertes Selbstbild verfügen und die eigenen Widersprüche und Abgründe gut kennen, lassen sich durch Erfolgs- oder Misserfolgserlebnisse offenbar viel weniger aus der Bahn werfen als Menschen, die ein eher einfach strukturiertes Charakterbild von sich entworfen haben. Vgl. Saum-Aldehoff 2001, S 30 – 33

3 Vgl. Branden 2002, S. 299

4 Vgl. André/Lelord 2002, S. 278

5 Vgl. von Münchhausen 2002 sowie von Münchhausen/Scherer 2003

6 Vgl. Becker 1994, S. 184 – 188

7 Bolles, Richard Nelson: What Color Is Your Parachute? 1997, S. 109

8 Vgl. zu David Maister in Bolles 1997

9 E. Stengel, zit. nach Fenichel 1981, S. 166

10 Zit. nach Stevens-Bartol 1990, S. 167

Literatur

- *André, Christophe und Lelord, François:* Die Kunst der Selbstachtung. Berlin 2002
- *Becker, Kuni:* Die perfekte Frau und ihr Geheimnis. Reinbek bei Hamburg 1994
- *Branden, Nathaniel:* Die sechs Säulen des Selbstwertgefühls, München 2002
- *Bolles, Richard Nelson:* What Color Is Your Parachute? A Practical Manual for Job-Hunters & Career-Changers. Berkeley 1997, dt. Ausgabe: *Richard Nelson Bolles:* Durchstarten zum Traumjob. Frankfurt/New York 2009
- *Woischwill, Branko, und Rippler, Stefan:* Erfolgreich als Quereinsteiger, Heidelberg 2014
- *Bolles, Richard Nelson:* The Parachute Workbook & Resource Guide. Berkeley 1997, dt. Ausgabe: *Richard Nelson Bolles:* Durchstarten zum Traumjob. Das Workbook. Frankfurt/New York 2007
- *Christiani, A. und Scheelen, F. M.:* Stärken stärken, München 2002
- *Fenichel, Otto:* Aufsätze, Band II. Olten/Freiburg 1981
- *Friedrich, Kerstin und Seiwert, Lothar J.:* Das 1 x 1 der Erfolgsstrategie. Bremen 1993
- *Hossiep, R. et al.:* Persönlichkeitstests im Personalmanagement, Göttingen 2000, S. XVII
- *Jeserich, Wolfgang:* Mitarbeiter auswählen und fördern. München/Wien 1981
- *Kernberg, Otto F.:* Innere Welt und äußere Realität. München/Wien 1988
- *König, Karl:* Kleine psychoanalytische Charakterkunde. Göttingen 1992
- *Saum-Aldehoff, Thomas:* »Heute so, morgen so«. In: Psychologie Heute compact, Wie gut kennen Sie sich? Heft 6, Wiesbaden 2001, S. 30 – 33
- *Schuler, Heinz:* »Assessment Center als Auswahl- und Erfolgsinstrument: Einleitung und Überblick«. In: *Heinz Schuler Willi Stehle:* Assessment Center als Methode der Personalentwicklung. Stuttgart 1987
- *Sternberg, Robert J.:* Erfolgsintelligenz. Warum wir mehr brauchen als EQ und IQ. München 1998
- *Stevens-Bartol, Eckehart:* Bewerbung, Einstellung, Vertragsschluss. München 1990
- *von Münchhausen, Marco:* So zähmen Sie Ihren inneren Schweinehund! Vom ärgsten Feind zum besten Freund. Frankfurt/New York 2002
- *von Münchhausen, Marco und Scherer, Hermann:* Die kleinen Saboteure. So zähmen Sie die inneren Schweinehunde im Unternehmen. Frankfurt/New York 2003

Stichwortverzeichnis

Jürgen Hesse

Hans Christian Schrader

Die CD-ROM

Geben Sie folgenden **Code** ein, um auf die Inhalte der CD-ROM zuzugreifen:

E3107P

Auf der CD sind zusätzliche Informationen zu allen Phasen der Bewerbung sowie Hörbeispiele, Videos, Mustervorlagen und Lerntests. Eine genaue Übersicht finden Sie auf der Innenseite des Buchumschlags.

Das eBook

So erhalten Sie Ihr eBook

1. Gehen Sie auf die Seite **ebooks.stark-verlag.de**.
2. Wählen Sie im Menü links **Beruf & Karriere aus** und rufen Sie den Punkt **Bewerbung** auf und klicken Sie Ihr Buch im gewünschten **Format PDF oder ePub** an.
3. Packen Sie den Titel in den **Warenkorb.**
4. Geben Sie im Warenkorb in das Feld **Rabattcodes** den unten stehenden Code (bitte freirubbeln) mit den Bindestrichen ein und klicken Sie auf **Rabattcode einlösen**, der Preis im Warenkorb wird dadurch auf »0,00 €« gesetzt.
5. Gehen Sie jetzt zur **Kasse** – falls Sie noch nicht eingeloggt sind, loggen Sie sich jetzt ein oder melden Sie sich neu an – und schließen Sie danach den Bestellvorgang ab. Bei den Zahlungsinformationen erscheint »Keine Zahlungsinformationen benötigt«; indem Sie den AGBs zustimmen und auf den Button **Zahlungspflichtig bestellen** klicken, schließen Sie den Vorgang ab, ohne dass Ihnen für das eBook eine Zahlungspflicht entsteht.
6. In der Rubrik **Meine eBooks** finden Sie Ihr eBook jetzt zum Download, es steht Ihnen bei jeder weiteren Anmeldung zum erneuten Herunterladen zur Verfügung.